Theorie und Praxis der Nachhaltigkeit

Reihe herausgegeben von

Walter Leal Filho, Faculty of Life Sciences, Hochschule für Angewandte Wissenschaft, Hamburg, Deutschland

Das Thema Nachhaltigkeit hat eine zentrale Bedeutung, sowohl in Deutschland – aufgrund der teilweisen großen Importabhängigkeit Deutschlands für bestimmte Rohstoffe und Produkte – als auch weltweit. Weshalb brauchen wir Nachhaltigkeit? Die Nutzung natürlicher und knapper Ressourcen und die Konkurrenz um z. B. Frischwasser, Land und Rohstoffe steigen weltweit. Gleichzeitig nehmen damit globale Umweltprobleme wie Klimawandel, Bodendegradierung oder Biodiversitätsverlust zu. Ein schonender, also ein nachhaltiger Umgang mit natürlichen Ressourcen ist daher eine zentrale Herausforderung unserer Zeit und ein wichtiges Thema der Umweltpolitik. Die Buchreihe Theorie und Praxis der Nachhaltigkeit beleuchtet Fragestellungen zu sozialen, ökonomischen, ökologischen und ethischen Aspekten der Nachhaltigkeit und stellt dabei nicht nur theoretische, sondern insbesondere praxisnahe Ansätze dar. Herausgeber und Autoren der Reihe legen besonderen Wert darauf, die Nachhaltigkeitsforschung ganzheitlich darzustellen. Die Bücher richten sich nicht nur an Wissenschaftler, sondern auch an alle in Wirtschaft und Politik Beschäftigten. Sie werden durch die Lektüre wichtige Denkanstöße und neue Einsichten gewinnen, die ihnen helfen, die richtigen Entscheidungen zu treffen.

Walter Leal Filho
(Hrsg.)

Lernziele und Kompetenzen im Bereich Nachhaltigkeit

 Springer Spektrum

Hrsg.
Walter Leal Filho
Faculty of Life Sciences
Hamburg University of Applied Sciences
Hamburg, Hamburg, Deutschland

ISSN 2366-2530   ISSN 2366-2549 (electronic)
Theorie und Praxis der Nachhaltigkeit
ISBN 978-3-662-67739-1   ISBN 978-3-662-67740-7 (eBook)
https://doi.org/10.1007/978-3-662-67740-7

Die Deutsche Nationalbibliothek verzeichnet diese Publikation in der Deutschen Nationalbibliografie; detaillierte bibliografische Daten sind im Internet über http://dnb.d-nb.de abrufbar.

Planung/Lektorat: Simon Shah-Rohlfs
Springer Spektrum ist ein Imprint der eingetragenen Gesellschaft Springer-Verlag GmbH, DE und ist ein Teil von Springer Nature.
Die Anschrift der Gesellschaft ist: Heidelberger Platz 3, 14197 Berlin, Germany

Vorwort

Der Bedarf an einem besseren Verständnis von Lernzielen und Kompetenzen im Bereich der Nachhaltigkeit ist in den letzten Jahren gewachsen, da Nachhaltigkeit in vielen Lebensbereichen zunehmend an Bedeutung gewinnt. Organisationen und Bildungseinrichtungen haben erkannt, dass die Menschen mehr Wissen und Kompetenz in diesem Bereich benötigen. Um diesem Bedarf gerecht zu werden, wurden umfassendere und strukturiertere Lernziele und Kompetenzen für Nachhaltigkeit entwickelt. Diese können dazu beitragen, dass der Einzelne über die notwendigen Fähigkeiten und Kenntnisse verfügt, um Nachhaltigkeitsthemen effektiv anzugehen.

Lernziele und Kompetenzen für Nachhaltigkeit sollten sich auf die Entwicklung der notwendigen Fähigkeiten und Kenntnisse konzentrieren, um die komplexe und vernetzte Natur der Nachhaltigkeit zu verstehen und die damit verbundenen Herausforderungen zu erkennen und anzugehen. Dazu gehört auch die Vermittlung von Kenntnissen über die verschiedenen Aspekte der Nachhaltigkeit, wie z. B. ökologische, soziale und wirtschaftliche Aspekte, und über deren Wechselwirkung miteinander. Darüber hinaus sollte den Menschen beigebracht werden, wie sie die möglichen Auswirkungen von Entscheidungen und Maßnahmen auf die Nachhaltigkeit einschätzen und bewerten können. Darüber hinaus sollten sich die Lernziele und Kompetenzen auch auf die Entwicklung der Fähigkeit konzentrieren, nachhaltigkeitsbezogene Informationen wirksam zu vermitteln, sodass der Einzelne in der Lage ist, sich effektiv am Dialog zu beteiligen und fundierte Entscheidungen zu treffen. Schließlich sollten die Lernziele und Kompetenzen auch die Entwicklung der Fähigkeit umfassen, Lösungen für Nachhaltigkeitsprobleme zu finden und umzusetzen.

Vor diesem Hintergrund und um dem erkannten Bedarf an Veröffentlichungen zum Thema Nachhaltigkeit und Lernen gerecht zu werden, wurde dieses Buch erstellt. Das Buch beschreibt die Zusammenhänge zwischen Nachhaltigkeit und Lernen. Es wird erörtert, wie Bildung und Lernen im Bereich der Nachhaltigkeit uns helfen können, die natürliche Welt und unsere Beziehung zu ihr besser zu verstehen und bessere Entscheidungen zu treffen, um unser Leben und die Umwelt zu verbessern. Das Buch betrachtet die Nachhaltigkeit aus verschiedenen Perspektiven, u. a. aus wirtschaftlicher, sozialer und ökologischer Sicht. Es untersucht auch die Rolle von Technologie und Bildung im

Bereich der Nachhaltigkeit und erkundet, wie Nachhaltigkeit in den Unterricht und das Lernen integriert werden kann. Schließlich enthält das Buch praktische Ratschläge zur Schaffung eines nachhaltigen Lernumfelds und zur Anwendung von Nachhaltigkeit in der Hochschulbildung und in den unteren Bildungsstufen.

Ich danke allen Autorinnen und Autoren für ihre Bemühungen und ihre Bereitschaft, ihr Know-how in ihren Kapiteln weiterzugeben. Ich hoffe, dass dieses Buch für alle, die im Bereich Bildung für Nachhaltigkeit arbeiten und sich für den transformativen Wert des Lerners für Nachhaltigkeit interessieren, von Nutzen sein wird.

Frühjahr 2024   Prof. Dr. (mult.), Dr. h.c. (mult.) Walter Leal

Inhaltsverzeichnis

Der Teaching-Research-Practice Nexus als Implementierungsrahmen für Klimaschutz am Beispiel der Hochschule Magdeburg-Stendal

Petra Schneider, Lukas Folkens, Julia Zigann und Tino Fauk

Einleitung

Hochschulen sind wichtige Zentren für Forschung und Lehre zum Klimawandel. Als große Organisationen haben sie auch erhebliche Emissionen, die zur Klimakrise beitragen. Sie sollten daher bei globalen Maßnahmen zur Begrenzung des Klimawandels eine Vorreiterrolle übernehmen. Viele Einrichtungen höherer Bildung orientieren sich dabei an den UN-Nachhaltigkeitszielen, was die Selbstverpflichtung zur radikalen Reduktion der Treibhausgas-Emissionen (THG) impliziert.

Einerseits streben einige Hochschulen danach, „klimaneutrale" (treibhausgasneutrale) Einrichtungen zu werden, indem sie kohlenstoffarme Betriebspraktiken übernehmen und unvermeidbare Emissionen kompensieren. Andererseits werden Lehrpläne und pädagogische Ansätze entwickelt, um Studierende (und damit auch die Gesellschaft) über die Erfordernisse der Klimaneutralität und der Eindämmung und Anpassung an den

P. Schneider (✉) · L. Folkens · J. Zigann · T. Fauk
Hochschule Magdeburg-Stendal, Magdeburg, Deutschland
E-Mail: petra.schneider@h2.de

L. Folkens
E-Mail: lukas.folkens@h2.de

J. Zigann
E-Mail: julia-marie.zigann@h2.de

T. Fauk
E-Mail: tino.fauk@h2.de

W. Leal Filho (Hrsg.), *Lernziele und Kompetenzen im Bereich Nachhaltigkeit,* Theorie und Praxis der Nachhaltigkeit, https://doi.org/10.1007/978-3-662-67740-7_1

Klimawandel aufzuklären. In der Literatur wurde diese duale Ausbildung als eine kritische Zwillingsstrategie konzipiert, bei der Universitäten gleichzeitig ihren eigenen „Kohlenstoff-Fußabdruck" reduzieren (indem sie Netto-Null-Emissionen von institutionellen THG anstreben) und den gesellschaftlichen „Kohlenstoff-Brainprint" erweitern (durch Vermittlung von Wissen und Fähigkeiten im Bereich THG-neutraler Praktiken) (vgl. BAUMBER et al., 2019; CHATTERTON et al., 2015; HELMERS et al., 2021).

Die h^2 verbindet unter dem Motto „Studieren im Grünen" rund 5400 Studierenden und mehr als 800 Beschäftigte an zwei Standorten: Magdeburg und Stendal. An drei Fachbereichen in Magdeburg und zwei Fachbereichen am Standort Stendal können Interessenten aus etwa 50 Studiengängen wählen. Dieses breite Fächerspektrum bindet in einigen Studiengängen und in Forschungsprojekten bereits das Thema Nachhaltigkeit ein. Der Standort Magdeburg herbergt die Fachbereiche Soziale Arbeit, Gesundheit und Medien (SGM), Wasser, Umwelt, Bau und Sicherheit (WUBS) als auch Ingenieurwissenschaften/-Industriedesign (IWID). Am Standort Stendal sind die Fachbereiche Angewandte Humanwissenschaften (AHW) und Wirtschaft (WI) angesiedelt. Zudem gehört die h^2 zu den forschungsstarken Hochschulen für angewandte Wissenschaften bundesweit. Ausdruck findet diese Forschungsstärke unter anderem im 2021 gegründeten Promotionszentrum „Umwelt und Technik".

Angesichts der Folgen der globalen Klimakrise und der daraus resultierenden Gefährdungen ist ein entschlossenes Handeln der Gesellschaft und ihrer Institutionen zur Wahrnehmung der gesellschaftlichen und regionalen Verantwortung nötig. Dies kann im besten Fall einen Innovationsschub ermöglichen. Hochschulen wie die h^2 sind Teil des Innovationssystems. Sie tragen nicht nur durch ihre Forschung zu einer nachhaltigen Entwicklung bei. Die h^2 hat sowohl als Arbeitgeberin als auch als öffentliche Bildungseinrichtung den gesellschaftlichen Auftrag, sich mit den Implikationen ihres Handelns auf Umwelt und Klima auseinanderzusetzen. Nachhaltigkeit und Klimaschutz sind mit dem partizipativ entwickelten Papier „h^2 aktiv für Nachhaltigkeit und Klimaschutz – Deklaration der h^2 zu Klimazielen" seit dem 12. Mai 2021 im Hochschulwesen konstituiert. Mit dem paritätisch besetzten Klimabeirat, dem Klimaschutz- und Energiemanagement wird Klimaschutz auch in der Organisationsstruktur der Hochschule fest verankert. Mit dem Senatsbeschluss vom 12.10.2022 wurde das integrierte Klimaschutzkonzept der h^2 einstimmig verabschiedet und stellt das Rahmenprogramm für die Umsetzung der Klimaschutzmaßnahmen an der Hochschule dar.

Nicht nur im Bereich Klimaschutz, auch im Themenfeld Didaktik hat sich die h^2 eine führende Position erarbeitet. Dies beinhaltet sowohl die praktische Umsetzung in Form von Weiterbildungsmaßnahmen im Themenfeld Didaktik wie beispielsweise die „Hochschuldidaktischen Wochen", als auch die Grundlagenentwicklung zur Bereitstellung methodischer Rahmenwerke und Werkzeuge. In diesem Zusammenhang wurde im Jahr 2018 das Rahmenwerk des Teaching-Research-Practice Nexus (TRPN) entwickelt (vgl. SCHNEIDER et al., 2018a, b). Im Rahmen der Hochschulbildung betrachtet der TRPN eine gleichberechtigte Verknüpfung der Bereiche Lehre, Forschung und Praxis, um durch einen ganzheitlichen Rahmen Nachhaltigkeit in der angewandten Lehre zu erreichen.

Auch wenn in der Literatur eine breite Diskussion über die Bedeutung der Verknüpfung von Forschung und Lehre besteht, diskutieren nur wenige Studien die Dringlichkeit des Einbezugs praktischer Komponenten (vgl. SMIRNOVA & DOS, 2020). Diese Studien konzentrieren sich weitgehend auf die Vermittlung praktischer Fähigkeiten in der medizinischen Grundausbildung (z. B. ANDRÉ et al., 2016; DOLAN et al., 2015; VOGEL & HARENDZA, 2016), wobei die Rolle des Erwerbs praktischer Kompetenzen unbestritten ist. Die Notwendigkeit einer Intensivierung der praxisorientierten Lehre in den Sozial-, Geistes- und Naturwissenschaften wurde in SCHNEIDER et al., (2018a, b) thematisiert. Außerdem ist es für die richtige Balance zwischen Lehre, Forschung und Praxis entscheidend, sicherzustellen, dass die Stimme der Studierenden gehört wird (vgl. JUSOH & ABIDIN, 2012; STAPPENBELT, 2013).

Wie der vorliegende Beitrag zeigt, eignet sich das Thema Klimaschutz hervorragend, um im Sinne des TRPN an Hochschulen implementiert zu werden. Dies ist einerseits der Fall, da die Einrichtungen der höheren Bildung Klimaschutzthemen in der Lehre vergegenständlichen müssen, aber auch weil Klimaforschung an und mit den Einrichtungen der höheren Bildung durchgeführt werden kann und sollte, mit den Einrichtungen selbst als Forschungsgegenstand. Wenn derartige Untersuchungen und Forschungen durchgeführt werden, sollten diese naturgemäß in der Praxis auch implementiert werden, d. h. die Studierenden können sich aktiv an der Umsetzung der Klimaschutz-Maßnahmen an der eigenen Bildungsstätte beteiligen. Tatsächlich ist genau dies an der h^2 passiert, wo die Initiative zur Klimaneutralität aus einer starken studentischen Initiative erwachsen ist. Im Folgenden wird gezeigt, wie die TRPN-Komponenten im Bereich des Klimaschutzes an der h^2 in die Maßnahmenentwicklung eingeflossen sind.

Nur wenn Hochschulen proaktiv handeln, um ihre eigenen Klimaauswirkungen zu verstehen und zu reduzieren, können sie glaubwürdige Vorreiter im Klimaschutz sein. Ihre Rolle als Plattformen für den Klimadiskurs auf gesellschaftlicher und politischer Ebene, die Erforschung des Klimawandels, von Klimaschutzmaßnahmen und Klimafolgenanpassung, die Anwendung der Erkenntnisse in der Praxis und der Transfer der „Blaupausen" machen sie zu Vorbildern für Klimaschutzmaßnahmen bis hin zur globalen Ebene.

Methodischer Ansatz: Implementierungsrahmen Teaching-Research-Practice Nexus

Im Rahmen der Hochschulbildung betrachtet der TRPN eine gleichberechtigte und gleichwertige Verknüpfung der Randbedingungen zur Erreichung von Nachhaltigkeit in der angewandten Lehre durch einen ganzheitlichen Rahmen, der sich allgemein auf das „research-teaching-practice triangle" nach KAPLAN (1989) bezieht. Die Methodik unterstreicht die Herausforderungen, die mit einem Nexus-Ansatz verbunden sind: die zu verknüpfenden Themen, ihre Verknüpfungsmechanismen und die jeweiligen Kommunikationsmechanismen. Durch den Fokus auf problemorientiertes und fallbezogenes Lehren und Lernen lernen die Studierenden interdisziplinär und problembezogen zu handeln, um eine nachhaltige Lösung zu erreichen. Analog zum integrierten Nachhaltigkeitsansatz, der soziale, ökologische und ökonomische Aspekte umfasst, beschreibt der TRPN die gleichberechtigte Existenz von Lehre, Forschung und Praxis an akademischen Einrichtungen. Hochschulen für angewandte Wissenschaften sind für die TRPN -Umsetzung besonders geeignet, da sie ohnehin schon einen hohen Praxisbezug haben. Im Fall des Klimaschutzes lässt sich dies besonders gut darstellen und umsetzen, da der Campus nicht nur als Lernort genutzt wird, sondern zum Gestaltungs-, Erfahrungs- und Experimentierort wird. Auf diese Weise verschmelzen Lehre, Praxisanwendung des erworbenen Wissens und Forschung am Objekt vor Ort zu einer Einheit. Die Ergebnisse dieser ganzheitlichen Herangehensweise werden von den Studierenden bewusst wahr- und angenommen und die Entwicklung weiterer Gestaltungs- und Forschungsideen angeregt.

Dimensionen des Lernens und der Lernorte

Seit gut zwei Jahrzehnten findet das informelle Lernen im deutschsprachigen Raum in bildungspolitischen und wissenschaftlichen Teilbereichen zunehmend Beachtung (vgl. KAUFMANN, 2016; ROHS, 2016). Das informelle Lernen lässt sich bis zu Aristoteles zurückverfolgen (vgl. ROHS, 2016). So führt ROHS (2016) die Einteilung der Lehre nach Art und Ort auf. Ferner sind die zwei Seiten als „Lernen in Alltagssituationen" und „einem Lernen in dafür geschaffenen Institutionen" definiert. Die Wirkung der unterschiedlichen Lehrart und -ort kann historisch mit den Ausführungen des Philosophen und Ökonomen John Stuart Mill (1806–1873) unterlegt werden (vgl. ROHS, 2016). So trifft Mill die Unterscheidung zwischen formellem (*„formal instruction"*) und informellem Lernen (*„self-education"*). Wenngleich es keine einheitliche international und national geltende Definition von Lernen im Kontext von formal und informell gibt, soll im Folgenden die Abgrenzung anhand des European Centre for the Development of Vocational Training (Cedefop) angesetzt werden. Die formelle Lehre wird vom Cedefop definiert als: „Lernen, dass in einer organisierten und strukturierten Umgebung (z. B. Schulen, Lehrinstitutionen, Berufsumfeld) ausgeübt und ausdrücklich als Lernen bezeichnet (in Begriffen von Zielen, Zeit oder Ressourcen) wird. Formales Lernen ist aus Sicht des Lernenden beabsichtigt. Es führt in der Regel zu einer Zertifizierung." (WERQUIN, 2016 [sinngemäß übersetzt]). Im Kontrast dazu ist das informelle Lernen durch das Cedefop definiert als: „Erlernen als Resultat der täglichen Aktivitäten auf der Arbeit, im familiären Umfeld oder der Freizeit. Es ist nicht organisiert oder strukturiert (im Kontext von Zeit und Unterstützung). Informelles Lernen ist in den meisten Fällen nicht bewusst aus Sicht der lernenden Person. Typischerweise erfolgt keine Zertifizierung. Anmerkung: informelles Lernen wird auch als erfahrungsbasiertes oder beiläufiges/zufälliges Lernen bezeichnet" (WERQUIN, 2016 [sinngemäße Übersetzung]). Die Bedeutung des informellen Lernens ist in der beruflichen Praxis und Ausbildung von großer Bedeutung und zeigt sich durch den fachlichen Austausch über die „eigentlichen Aufgaben" hinaus.

Wie die vorherigen Ausführungen nahelegen, sind Hochschulen generell als Institutionen der formalen Lehre zu betrachten, die ein klares Bildungsziel mit entsprechenden strukturellen und organisatorischen Vorkehrungen verfolgen, was eine klare Abgrenzung bei didaktisch vorgesehenem selbstständigen Erlernen von Inhalten zum informellen Lernen erschwert (vgl. HOFHUES, 2016). Nach der wissenschaftstheoretischen Ausbildung werden die Kernkompetenzen in dem jeweiligen Berufsfeld im Arbeitsalltag erfahrungsbasiert erlernt. Dies wiederum hebt die Bedeutung eines Praxisbezugs der wissenschaftstheoretischen Ausbildung hervor. Der Diskurs zwischen Lehrenden, Lernenden, Forschenden und den Berufspraktiker:innen trägt zur Verbesserung der ganzheitlichen Erwachsenbildung bei. Hierbei wird der informelle Inhalt außerhalb der eigentlichen Thematik vom Rezipierenden bewusst wahrgenommen.

Wird nun der Fokus auf Nachhaltigkeit in der Lehre gelegt, ist ein umfassendes Wissen erforderlich. Eine geläufige Definition von nachhaltiger Entwicklung ist, ursprünglich von der Brundlandt-Kommission: „eine Entwicklung, die die Bedürfnisse der Gegenwart befriedigt, ohne zu riskieren, dass künftige Generationen ihre eigenen Bedürfnisse nicht befriedigen können" (ADOMßENT, 2016; HOLZBAUR, 2020 zit. n. HAUFF, 1987). Die Nachhaltigkeit in all ihren Facetten abzubilden, geht mit einem Verlust der thematischen Tiefe einher. Aus diesem Grund werden die vielfältig und komplex untereinander agierenden Einflussfaktoren auf die nachhaltig-gesamtheitliche Entwicklung der Gesellschaft in fachspezifischen formalen Lehrveranstaltungen untergliedert. Diese fachspezifische Vermittlung von Lehrinhalten für das jeweilige Gebiet, in dem die Lehrenden ihre entsprechende Kompetenz aufweisen, ist für die Lernenden Ausgangspunkt der informellen Wissenserweiterung. Die korrespondierenden Komponenten der jeweils fachspezifisch vermittelten Inhalte werden bei dem informellen Lernen selbstständig ergänzt.

Das informelle Lernen birgt Potenziale sowie Risiken. Abgeleitet aus den Feststellungen von GNAHS (2016), können die Potenziale und Gefahren in Verantwortungsbewusstsein (Entfaltung und Überforderung), Zielstrebigkeit (Effizienz und Desorientierung), Zeitmanagement (Flexibilität und Zeitdruck) und Ort (festem Lernort und Entgrenzung) eingeteilt werden. Das Verantwortungsbewusstsein kann dazu beitragen, dass eine Persönlichkeitsentfaltung in einem bestimmten fachspezifischen Inhalt aus eigenem Interesse erfolgt. Maßgeblich für die Selbstentfaltung ist die geringere Fremdbestimmung des Lehrinhaltes, wenngleich die Mehrheit der Menschen das kulturhistorisch gewachsene Lernen gewohnt ist (vgl. GNAHS, 2016). Bei unzureichender Lernkultur des Individuums kann sich schnell eine Lernblockade einstellen (ebd.). Die Zielstrebigkeit als Einfluss auf das informelle Lernen lässt sich im Wesentlichen auf die Problemlösungskompetenz (sowohl individuell als auch in Lernarrangements) zurückführen (ebd.). Einerseits erfassen die Lernenden am besten, wo die Wissensdefizite liegen, andererseits kann die Motivation sowie Zielstrebigkeit beim Auftreten von Problemen, die nicht selbstständig gelöst werden können, schwinden. Insgesamt kann so die Effizienz des Lernens durch das Erlernen von nicht relevanten Themen und den entsprechenden Umwegen vermindert werden. Dem Zeitmanagement im Kontext von Work-Life-Balance ist in der schnelllebigen Gegenwart eine große Bedeutung zu zuschreiben. Während ein Großteil der Zeit für das Erreichen der Zertifizierung von formalen Lehrinhalten aus Sicht des Lernenden sowie ggf. die zusätzliche

Finanzierung des Lebensunterhaltes durch Nebentätigkeiten aufgewendet wird, verbleibt lediglich ein kleines Zeitfenster für das informelle Lernen. Die Bedeutung von Motivation spielt in diesem Kontext eine große Rolle. Gleichermaßen kann die Bedeutung eines individuellen Zeitmanagements für das Erlernen an dieser Stelle hervorgehoben werden. Aus Sicht der Nachhaltigkeit sind zudem informelle Lernorte hervorzuheben. Während bei den konventionellen Lehr-Lern-Arrangements ein zentraler Ort angesteuert werden muss, kann die individuelle Wahl des Lernortes durch Lernende eine Entlastung, beispielsweise der verkehrsbedingten Emissionen bedeuten. Für Personen mit Zeit- und Mobilitätseinschränkungen wird durch die informellen Lernorte der Zugang zu Bildung ermöglicht (vgl. GNAHS, 2016). Negativ ist der geringere Austausch der Lernenden untereinander, die meist schlechteren Rahmenbedingungen (z. B. Ausstattung, Support) sowie Störungsanfälligkeit und klare Abgrenzung von Privatsphäre und Lernumfeld aufzuführen (ebd).

BNE und Gestaltungskompetenz

Als Ergebnis des Weltaktionsprogramms wurde 2017 in Deutschland der Nationale Aktionsplan Bildung für Nachhaltige Entwicklung (BNE) verabschiedet, der Ziele und Maßnahmen für alle Bildungsbereiche, darunter auch für Hochschulen verabschiedet. Die h^2 ist seit Anfang 2022 ein BNE-Akteur (s. https://www.unesco.de/bildung/bne-akt eure/hochschule-magdeburg-stendal). Die Integration von Klimaschutzbelangen in Lehre, Studium und Forschung ist im Kontext von BNE als grundständige Aufgabe von Einrichtungen höherer Bildung anzusehen (vgl. HRK, DUK, 2009). Dabei bezieht sich BNE im deutschsprachigen Hochschulraum vor allem auf ein kompetenzorientiertes Verständnis von Lehren und Lernen (vgl. WEINERT, 2001; ERPENBECK ET AL., 2017). Anwendungsorientierte Hochschulen betonen daher die Notwendigkeit der Förderung von Kompetenzen, die es den Studierenden ermöglichen, nachhaltige Entwicklung in einem interdisziplinären Zusammenhang zu erkennen, zu beurteilen und darüber hinaus in ihrer beruflichen Domäne informierte und verantwortungsvolle Entscheidungen treffen zu können (vgl. HRK, DUK, 2009). Als zentraler Kompetenzbegriff für BNE kann in diesem Zusammenhang die von DE HAAN (2008) definierte Gestaltungskompetenz angesehen werden. Diese kombiniert die Anwendung von Wissen über nachhaltige Entwicklung mit dem Erkennen von Problemen einer nicht nachhaltigen Entwicklung (vgl. DE HAAN, 2008). Dabei kommt im Hochschulkontext hinzu, dass die Lernmotivation von Studierenden erheblich gefördert wird, wenn die Bedeutung eines Lerninhalts mit dem eigenen lebensweltlichen Kontext verknüpft und die eigene Selbstwirksamkeit weiterentwickelt werden kann (vgl. FITZKE, 2019). Am Fachbereich Wasser, Umwelt, Bau und Sicherheit (WUBS) der h^2 wurde aus diesem Grund 2019 damit begonnen, Teile des interdisziplinären Masterstudiengangs Ingenieurökologie gestaltungskompetenzorientiert auszurichten und in diesem Zusammenhang den Praxisbezug gemäß dem TRPN sukzessive zu erhöhen.

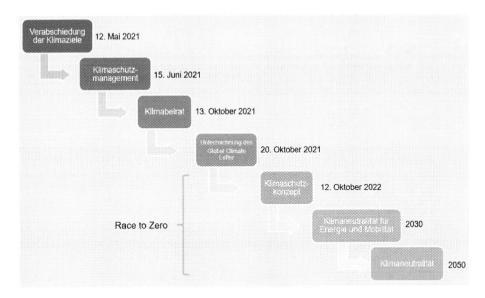

Abb. 1 Zeitplan der Hochschule Magdeburg-Stendal zur Erreichung der Klimaneutralität. (Bildquelle: Julia Zigann, Klimaschutzkonzept der Hochschule Magdeburg-Stendal)

Engagement der Studierenden für Klimaschutz an der Hochschule Magdeburg-Stendal

Der TRPN befähigte 2020 daher zwei Studierende (Julia Zigann und Robin Ebbrecht) aus zwei unterschiedlichen Fachbereichen der h^2 dazu, Klimaziele für die Hochschule zu entwickeln. Sie brachten gemeinsam ein Papier für Klimaschutz auf den Weg, an dem sich alle Hochschulangehörigen beteiligen konnten. Die Klimaziele der h^2 besagen u. a., bis 2030 im Bereich der Energie und Mobilität und bis 2050 im gesamten Hochschulbetrieb klimaneutral (Netto-Null) zu werden. Den Zeitplan der Hochschule Magdeburg-Stendal zur Erreichung der Klimaneutralität zeigt Abb. 1. Die Ziele werden nicht nur dem Hochschulentwicklungsplan von 2015 bis 2024 gerecht, sondern bilden auch die europäischen Klimaziele, die der Region und nahezu die Ziele der Bundesrepublik Deutschland ab. Als erste Hochschule für Angewandte Wissenschaft unterzeichnete die h^2 den Global Climate Letter, um sich offiziell für den globalen „Race to Zero" zu qualifizieren. Damit besteht eine internationale Bindung an das Versprechen der Klimaneutralität.

Der Begriff Klimaneutralität ist nicht gesetzlich geschützt. In Deutschland werden häufig folgende Typen sortiert nach der Komplexität unterschieden:

- Mit der CO_2-Neutralität bzw. Dekarbonisierung (englisch „Carbon neutrality") wird ausschließlich CO_2 betrachtet, welches nicht ausgestoßen bzw. kompensiert wird.
- Die Treibhausgasneutralität bzw. Netto-Null (englisch „Net Zero") beziehungsweise rechnerische Klimaneutralität ist die häufigste Art der Klimaneutralität. Diese setzt

voraus, dass keine Treibhausgas-Emissionen (THG) ausgestoßen bzw. die nicht vermeidbaren Emissionen durch Ausgleichsmaßnahmen kompensiert werden. Zu den THG gehören CO_2, Methan, Lachgas und einige fluorierte Gase. Zur Vereinfachung werden diese in CO_2-Einheiten, die CO_2-Äquivalente (kurz: CO_2-Äq.) umgerechnet.

- Die „GHG-Neutrality" bedeutet, dass die Treibhausgasemissionen und biogeophysische Effekte der Treibhausgase vermieden, vermindert oder ausgeglichen werden. Im deutschen Sprachgebrauch wird die „Treibhausgasneutralität" anders definiert als im englischen.
- Die Klimaneutralität (englisch „Climate neutrality") bedeutet, dass die Treibhausgasemissionen und biogeophysische Effekte des Klimawandels (wie der Albedo-Effekt) vermieden, vermindert oder ausgeglichen werden.
- Die Emissionsfreiheit bzw. Null-Klimagas-Emissionen (englisch „Absolute zero") lässt keine Möglichkeit des Ausgleichs zu, sodass keine Emissionen ausgestoßen werden dürfen.

Die Klimaneutralität bezieht sich im Kontext der Klimaziele der h^2 als auch des globalen Race to Zero auf die Treibhausgasneutralität. Werden sogar mehr Treibhausgase gebunden als freigesetzt (oder je nach Ziel zusätzlich mehr Effekte erzielt, die den Klimawandel mindern, z. B. durch Kühlungseffekte), ist von einer klimapositiven Entwicklung die Rede.

Einige Institutionen bevorzugen den Begriff der Klimafreundlichkeit gegenüber der Klimaneutralität, um sich von der komplexen Klimaterminologie und den schwer fassbaren Systemgrenzen zu verabschieden (bspw. „Wann sind Emissionen nicht vermeidbar?").

Teaching: Klimaschutz in der Lehre
Hochschulen für Angewandte Wissenschaften (HAW) fokussieren sich auf anwendungsbezogene Lehre und Forschung. Die Lehre der Hochschule Magdeburg-Stendal greift dabei zentrale Trends auf. Dabei werden die Lehrinhalte mit der Forschung verknüpft.

Gestaltungsdimensionen für Klimaschutz in der Lehre an der Hochschule Magdeburg-Stendal
Die h^2 bietet nicht nur ein grünes Klassenzimmer am Campus Stendal, sondern auch eine Vielzahl an Studiengängen im Bereich der Nachhaltigkeit, Klimaschutz und Klimaanpassung. Dazu gehören die Bachelorstudiengänge Wasserwirtschaft, Recycling und Entsorgungsmanagement, Nachhaltige Betriebswirtschaftslehre, Sustainable Resources, Engineering and Management (StREaM) sowie Sicherheit und Gefahrenabwehr als auch die Masterstudiengänge Ingenieurökologie, Wasserwirtschaft, Water Engineering und Energieeffizientes Bauen und Sanieren.

Das unterschiedliche Verständnis von „Nachhaltigkeit" schlägt sich an der Hochschule in verschiedenen Lehrveranstaltungen nieder. Der Begriff der Nachhaltigkeit kann z. B. von der neuartigen Materialität in einer Lehrveranstaltung ausgehen oder auf den ökologisch-kritischen Diskurs, langwirkende Handlungsansätze oder auf inklusiv-ganzheitliche Konzepte abzielen. In allen Fachbereichen werden unterschiedlichste Lehr- und Bildungskonzepte, die in verschiedenen Studiengängen, Modulen oder Lernzusammenhängen unterschiedliche Gestaltungskompetenz fördern, umgesetzt wie z. B. die Reflexion von Leitbildern bei den Reflexionstagen, die Entwicklung einer eigenständigen Planungs- und Handlungssicherheit, die Herausbildung und Festigung von Empathie oder die Reflexion von Handlungsstrategien mit Blick auf auftretende Zielkonflikte durch die Klima- und Umweltkrise. In einer interdisziplinären Veranstaltungsreihe, der Ringvorlesung „Nachhaltige Entwicklung", an der sich alle fünf Fachbereiche der Hochschule beteiligen, werden die verschiedenen Aspekte und Ansätze von Nachhaltigkeit beleuchtet. Die h^2 lädt mit der Ringvorlesung alle Fachbereiche sowie interessierte Bürgerinnen und Bürger ein.

Die h^2 bietet seit einigen Jahren in Kooperation mit der Hochschule Zittau-Görlitz den TÜV-Zertifikatskurs „Umweltmanagement nach ISO 14001 und EMAS" an. Im Jahr 2020 wurde die Kooperation auf der Ebene der Hochschulleitungen beider Einrichtungen vertraglich fixiert. Die Studierenden können neben dem Umwelt-Zertifikat auch das TÜV-Zertifikat „Arbeitsschutzmanagement nach ISO 45001" erwerben. Die Nachfrage nach beiden Kursen ist sehr groß. Praktische Themen im Studium zu behandeln und Probleme, die tatsächlich im Berufsalltag vorkommen zu bearbeiten, sind Aufgaben von Hochschulen für angewandte Wissenschaften. So lernen Studierende die Möglichkeiten der Umsetzung Ihres erworbenen Wissens besser kennen. Dies erfolgt beispielsweise durch Exkursionen, wie etwa die der Wasserwirtschaftler zum hydrometrischen Testfeld Siptenfelde im Harz. Dort werden unter anderem klimatologische und hydrologische Langzeitmessungen sowie hydrobiologische Untersuchungen durchgeführt.

LEAL et al. (2021) veröffentlichten eine Übersicht, welche nachstehend zu sehen ist und die Themenstellungen zeigt, welche im Vergleich mit anderen Hochschulen im globalen Maßstab in der Lehre zur Klimaanpassungen enthalten sind. Kursiv markiert sind die Themen, die auch an der h^2 in den verschiedenen Fachbereichen in der Lehre enthalten sind:

- *Kohlenstoffkreislauf und klimabezogene Aspekte*
- *Projektionen des zukünftigen Klimawandels*
- *Indikatoren zum Klimawandel*
- *Klimaschutz*
- *Anpassung an den Klimawandel*
- *Gesellschaftliche Folgen des Klimawandels*
- *Umweltauswirkungen des Klimawandels*
- *Ökonomische Auswirkungen des Klimawandels*
- *Ökonomie des Klimawandels*
- *Lösungen zum Klimawandel*
- *Klimaschutzpolitik*

- *Verhaltens- und Lebensstiländerungen*
- *Ziel 13 für nachhaltige Entwicklung (SDG) – Klimaschutz*
- *Klimaintelligente Praktiken*
- Klimaführerschaft
- Klima-Governance
- Klimadiplomatie
- *Nachhaltigkeitsberichterstattung*
- Environmental, social, and corporate governance (ESG) Berichterstattung.

Informelles Lernen und Lernorte – praxisnahes Lernen mit Forschungsaspekten für den ganzheitlichen Klimaschutz an der Hochschule Magdeburg-Stendal

Die Berücksichtigung der lernrelevanten Aspekte erfolgt durch einen vertrauten Austausch zwischen lehrenden und lernenden Personen. Ein Beitrag der informellen Lehre im Hochschulalltag sind die vielfältigen Exkursionen, bei denen ein Erfahrungsaustausch zwischen Berufspraktikern, Lehrenden und Lernenden erfolgt. Nicht nur der Campus und die Hochschule selbst werden dabei als Lehr/Lern-Objekt genutzt, sondern auch das Umfeld. Der Campus Herrenkrug und der Elbauenpark sind gute Beispiele für gelungenes Flächenrecycling, die Erzeugung erneuerbarer Energien, die Verbesserung der Biodiversitätsausstattung sowie Klimaanpassungsmaßnahmen. Beim gesamten Areal handelt es sich um militärische Konversionsflächen, die seit der Wende eine neue Nutzung erfahren.

Im benachbarten Elbauenpark wird aus Deponiegas und mittels Solarflächen Strom erzeugt, auf dem Hochschulgelände passiert das bisher nur solarbasiert und nur in kleinem Umfang. Auch die Standorte zur Erzeugung erneuerbarer Energien werden in der anwendungsbezogenen Lehre genutzt. Auch die grobgefassten Aufgabenstellungen für Belegarbeiten, die die individuelle Entfaltung im Rahmen eines nachhaltigen Themas ermöglicht, gehören hier dazu. Es wird ein Fokus auf die selbstgesteuerte Wissenserweiterung gelegt, da dies einen elementaren Bestandteil des ingenieur-/naturwissenschaftlichen Arbeitsalltags darstellt. Die außerschulischen Aktivitäten der Hochschule fördern den gesellschaftlichen Zusammenhalt und haben ein Potenzial für eine interdisziplinäre Vernetzung. Darüber hinaus bergen ehrenamtliche Aktivitäten von Studierenden und Lehrenden (z. B. Ingenieurökologische Vereinigung e. V.) ein Potenzial der gesamtgesellschaftlichen Bildung. Der Erfahrungsaustausch zwischen verschiedenen Fachgruppen oder Individuen erfolgt auf Basis der jeweiligen Expertisen und Erfahrungen, ist demnach als erfahrungsbasiertes Lernen zu verstehen. Eine Förderung des Diskurses kann die Bildung von Seminargruppen bieten (vgl. HOFHUES, 2016). Wenngleich die Vorlesung meist organisiert und strukturiert ist, ist der Diskurs zwischen Lehrenden und Lernenden insgesamt gefragt. Die Mechanismen des Lernens an der h^2 sind nach Art und Ort in Abb. 2 dargestellt. Illustriert ist auch der Einfluss und Nutzen von informellem Lernen auf verschiedenen Ebenen der Erwachsenbildung an Hochschulen. Blended Learning Formen bilden eine innovative Form der Wissensvermittlung.

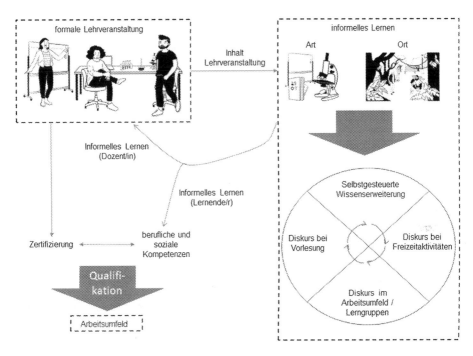

Abb. 2 Einfluss und Nutzen von informellem Lernen auf verschiedenen Ebenen der Erwachsenbildung an Hochschulen. (Bildquelle: Tino Fauk)

Beispiel: Klimaschutz und Treibhausgasbilanzierung – Die Bedeutung des Menschen als Schlüsselart der Erdökosysteme

Anhand des Berichtsrahmens der Treibhausgase eines Landes und den innerdeutschen Sektoren unter dem Rahmen des Intergovernmental Panel on Climate Change (IPCC) wird in Tab. 1 gezeigt, welche Lehrinhalte im Themenfeld Klimaschutz und Treibhausgasbilanzierung an der h^2 in die Lehre integriert werden sollten und wurden. Als Quellen für Treibhausgase sind die *„Common Reporting Frameworks"* (CRF)-Sektoren Energie, Industrie, Landwirtschaft sowie Abfall und Abwasser als auch nach entsprechender Allokation der CRF-Sektor für sonstige Emissionen (keine klassischen Treibhausgase) hervorzuheben. Die einzige innerdeutsche Senke für Treibhausgasäquivalente ist der CRF-Sektor Landnutzung, Landnutzungsänderung und Forstwirtschaft. Die Sektoren des Nationalen Inventarberichtes zum Deutschen Treibhausgasinventar und die des Intergovernmental Panel on Climate Change (IPCC-Guidelines 2006) sind Tab. 1 zu entnehmen. Hieraus leiten sich die Anwendungsfelder ab.

Basierend auf den Schwerpunktthemen werden Maßnahmen zur Vermeidung, Reduktion und Kompensation in der Lehre diskutiert. Möglichkeiten und Grenzen von regenerativen Energien werden aufgezeigt und mit den vorherigen Aspekten in einen

Tab. 1 Allgemeiner Berichtsrahmen der Treibhausgase eines Landes unter dem Rahmen des Intergovernmental Panel on Climate Change Guidelines 2006

Common Reporting Frameworks (CRF-Sektoren Deutschland)	Nationaler Inventarbericht zum Deutschen Treibhausgasinventar	IPCC-Guidelines 2006 (sectors and categories)
1	Energie	Energy
2	Industrieprozesse	Industrial Processes and Product use (IPPU)
3	Landwirtschaft	Agriculture, Forestry and Other Land Use (AFOLU)
4	Landnutzung, Landnutzungsänderung und Forstwirtschaft	Agriculture, Forestry and Other Land Use (AFOLU)
5	Abfall und Abwasser	Waste
6	Andere (NO_x, CO, NH_3)	Other

Kontext gesetzt. Naturbasierte Lösungen in Form optimierter multifunktionaler ökosystemleistungsbasierter Ansätze für die Anpassung an Klimaextreme werden vorgestellt und die Wirkmechanismen erläutert. In Summe zielt die Lehre von Klimaschutz und Treibhausgasbilanzierung auf die gesamtheitliche Bildung hinsichtlich klimatologischer Fragestellungen sowie dem schonenden Umgang mit Ressourcen und einem allgemein gültigen Verständnis der Mensch-Umwelt-Interaktion. Abb. 3 gibt eine Übersicht über die Mensch-Umwelt-Interaktion im Kontext von Klimaschutz und Treibhausgasbilanzierung. Neben der klassischen Lehre an der h^2 werden Lehrinhalte an der Hochschule auch a) im Rahmen der bürgeroffenen Ringvorlesung „Nachhaltige Entwicklung", und b) informell verbreitet. Dies trägt nicht zur Wissensvermittlung zur gesellschaftlichen Transformation bei, sondern auch zur Rückspiegelung der Erfahrungen aus der Lebenswirklichkeit der Menschen in den akademischen Bereich.

An der h^2 erfolgt die Vermittlung dieser Sachverhalte in unterschiedlicher Tiefe in unterschiedlichen Studiengängen, insbesondere beim Bachelorstudiengang Sustainable Resources, Engineering and Management (StREaM) und im Masterstudiengang Ingenieurökologie.

Research: Klimaschutz in der Forschung

An der h^2 werden zahlreiche Forschungsprojekte zu den Themen Effizienz, Klima und Klimafolgenanpassung durchgeführt. Ein abgeschlossenes Projekt ist beispielsweise PRO-SPECT2030 (Promoting regional Sustainability Policies on Energy and Climate change mitigation towards 2030) zur Entwicklung von Maßnahmen zur Reduzierung der CO_2-Emissionen und zur Beschleunigung der Energiewende hin zu einer dekarbonisierten

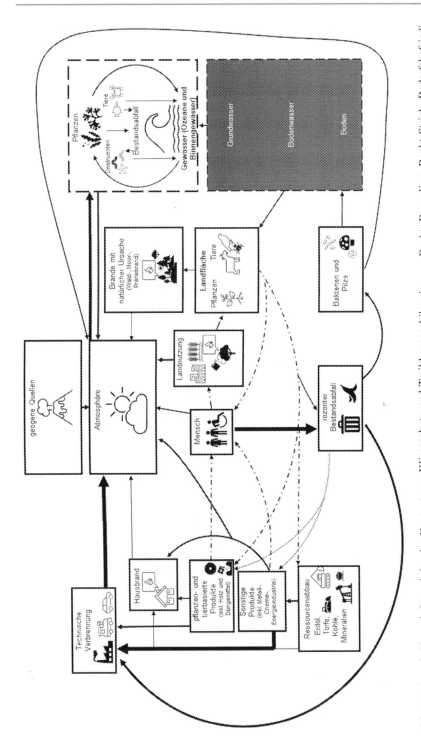

Abb. 3 Mensch-Umwelt-Interaktion im Kontext von Klimaschutz und Treibhausgasbilanzierung; Punkt: Recycling, Punkt-Strich: Bedarfsbefriedigung, Strich: Emissionen. (Bildquelle: Tino Fauk)

Gesellschaft (Interreg Central Europe; 02/2019 bis 10/2021). Aktuell (Stand 2022) laufende Drittmittel-Forschungsprojekte im Themenfeld Klimaschutz und Klimaanpassung sind:

- DryRivers – Ziele, Anforderungen, Strategien und Werkzeuge für ein zukunftsfähiges Niedrigwasserrisikomanagement (NWRM)
- ProQKomp – Entwicklung eines sensorgeschützten Prozess- und Qualitätssicherungssystems als Standard zur kontinuierlichen Überwachung von offenen Kompostierungsanlagen
- PyroProBiD – Entwicklung eines Pyrolyse-Prognosemodelles für Dämmstoffe aus nachwachsenden Rohstoffen
- KielFlex II – Kiel als Vorbild für die Errichtung von Ladeinfrastruktur in einem flexiblen Stromnetz zur Umsetzung einer Emissionsreduktion im Transportsektor
- Ambu eStore – Entwicklung und Erprobung von zuverlässigen und nachhaltigen autarken Energiespeichersystemen für Rettungswagen und Krankentransportdiensten
- INSEGDA – Förderung der Biodiversität im Fichtelgebirge durch Renaturierung und naturnahe Bewirtschaftung
- KLIBO – Strategisches Netzwerk Klima und Boden
- Recycle-KBE – Verbesserung der Nachhaltigkeit sowie Stärkung der urbanen grünen Infrastruktur durch Einsatz von Ersatzbaustoffen in Kunststoff-Bewehrten-Erde-Konstruktionen
- Recycle-BIONET – Ersatzbaustoffe in bautechnischen Biotopnetzelementen der Urbanen Grünen Infrastruktur: Machbarkeit, Ökobilanzierung und Ökosystemleistungen
- UGI Plan – Valorisierung von Ökosystemleistungen des urbanen Gartenbaus als Teil der urbanen grünen Infrastruktur in der kommunalen Entwicklungsplanung
- WaKem – Wasseraufbereitung von Oberflächenwasser mit katalytischen Keramikmembranen für den mobilen und energieautarken Einsatz in Regionen mit problematischer Frischwasserversorgung
- PIRAT-Systems – Energetische Prozessoptimierung und Implementierung von Ressourceneffizienten Abwassertechnologien auf kommunalen Kläranlagen
- flexigast – Entwicklung und Erprobung eines Verfahrens zur flexiblen Biogasproduktion und optimierten Wärmespeicherung auf Basis gezielter Variationen der Gärtemperaturen
- InSchuKa4.0 – Kombinierter Infrastruktur- und Umwelt-Schutz durch KI-basierte Kanalnetzbewirtschaftung
- RECYBA – Ressourceneffiziente Cyberphysikalische Abwasserbehandlungsanlagen/ Teilvorhaben/Entscheidungsunterstützende Systeme
- CleanBREATHE – Technologische & bildungspolitische Lösungen zum Thema Luftverschmutzung mittels eines Blended Research Ansatzes.

Abb. 4 Pilotkonstruktion zur Untersuchung von Ersatzbaustoffen in Grüner Infrastruktur am Beispiel einer begrünungsfähigen Wallkonstruktion auf dem Campus Magdeburg. (Bildquelle: Petra Schneider)

Die Liste erhebt keinen Anspruch auf Vollständigkeit, zeigt jedoch, dass der Fokus der laufenden drittmittelfinanzierten Forschungsprojekte im Bereich Umwelttechnik und Ökologie liegt.

Naturgemäß ist auch der Campus der Hochschule Gegenstand der Forschung. Beispiele hierfür sind die Projekte Recycle-KBE und Recycle-BIONET. Für beide Projekte erfolgte die Errichtung der Pilotkonstruktionen auf dem Hochschulgelände unter Nutzung der dortigen Infrastruktur. Während im Rahmen des Projektes Recycle-KBE eine begrünungsfähige Wallkonstruktion errichtet wurde (Abb. 4), die aus vier verschiedenen Ersatzbaustoffen besteht, wurden für das Projekt Recycle-BIONET Testfelder zur Untersuchung der Eignung von Ersatzbaustoffen in Dachbegrünen angelegt, welche sich auf dem Dach der Mensa befinden. Hinzuzufügen ist, dass die Versuchsflächen und -konstruktionen von Studierenden in Abstimmung mit den Forschergruppen selbst gebaut wurden. Die Forschungsarbeiten wurden durch Detailuntersuchungen im Rahmen von Qualifizierungsarbeiten der Studierenden inhaltlich untersetzt. Abb. 3 zeigt die Pilotkonstruktion zur Untersuchung von Ersatzbaustoffen in Grüner Infrastruktur am Beispiel der begrünungsfähigen Wallkonstruktion auf dem Campus Magdeburg. Dieses Objekt wurde bereits während der Errichtung als Lernobjekt im Bauingenieurwesen genutzt, und wird seit der Fertigstellung langzeitlich ökologisch beobachtet und dient in diesem Zusammenhang als Lernobjekt in Studiengängen mit ökologischer Ausrichtung.

Ein schönes Beispiel des forschenden Lernens ist auch die Bienenversuchsstation auf dem Campus Herrenkrug in Magdeburg. Diese Versuchsstation dient der Erforschung des Verhaltens von Bienen mit dem Ziel der Vorsorge gegen die bienenschädliche Varroa-Milbe mithilfe der Nutzung von künstlicher Intelligenz (KI). Auf dem Dach des Hauses 16 befinden sich zahlreiche Sensoren an den Bienenbeuten. Die Daten werden mittels Fernübertragung in dem Fachbereich Industriewissenschaften und Industriedesign ausgewertet. Abb. 5 zeigt die Bienenversuchsstation zur Erforschung des Verhaltens von Bienen mit dem Ziel der Vorsorge gegen die Varroa-Milbe mithilfe von KI.

Abb. 5 Bienenversuchsstation zur Erforschung des Verhaltens von Bienen mit dem Ziel der Vorsorge gegen die Varroa-Milbe mithilfe von künstlicher Intelligenz. (Bildquelle: Petra Schneider)

Practice: Klimaschutz in der praktischen Anwendung
Weitere verschiedene Gruppen engagieren sich für eine nachhaltigere Hochschule, denn mit einer Vernetzung einzelner Transformationsexperten (Change Agents) kann mehr erreicht werden. Die vom Studierendenrat im Oktober 2019 gegründete AG „Nachhaltigkeit und Umwelt" hat das Ziel, mittels naturnaher Gestaltungselemente Mensch und Natur wieder näher zusammenzubringen sowie die Akzeptanz und Befürwortung von urbaner grüner Infrastruktur zu fördern. Dazu gehören die Büchertelefonzelle im Lesegarten der Bibliothek sowie eine Saatguttauschbörse in der Innenstadt Magdeburgs. Zudem sind einige Elemente auf dem Campus so gestaltet, dass sie problemlos nachgebaut werden können, wie die Benjeshecke, Hochbeete, Nistkästen und ein Insektenhotel.

Im Jahr 2013 hat die EU das Ziel der Schaffung Grüner Infrastruktur in der Biodiversitätsstrategie festgeschrieben. Grüne Infrastruktur ist definiert als ein strategisch geplantes Netzwerk von qualitativ hochwertigen natürlichen und naturnahen Gebieten mit anderen Umweltmerkmalen, das so konzipiert und verwaltet wird, dass es eine breite Palette von Ökosystemleistungen bereitstellt und die biologische Vielfalt in ländlichen und städtischen Gebieten schützt (vgl. Europäische Kommission, 2014). Außerdem hilft Grüne Infrastruktur dabei, den Wert der Vorteile zu verstehen, die die Natur für die menschliche Gesellschaft bietet. Sie kann eine Alternative oder Ergänzung zur Grauen Infrastruktur bieten (vgl. Europäische Kommission, 2013). Im Jahr 2017 hat das Bundesamt für Naturschutz das „Bundeskonzept Grüne Infrastruktur" veröffentlicht. Die dort definierten Rahmenbedingungen finden mittlerweile auch bei der Campusgestaltung Anwendung. Das Konzept der Biotopnetzwerke gilt sowohl in ländlichen als auch städtischen Gebieten als grundlegendes Gestaltungskonzept für eine Grüne Infrastruktur, die sich auf ein räumlich und funktional zusammenhängendes Netzwerk konzentriert, das die biologische Vielfalt und die Lebensqualität fördert, indem es Ökosystemleistungen wie beispielsweise die Reduzierung von Hitzestress zur Klimaanpassung erbringt (vgl. Bundesamt für Naturschutz, 2017). Die Abb. 6 und 7 zeigen Ergebnisse der Campusgestaltung, basierend auf Entwicklungsvorschlägen von Studierenden der Hochschule Magdeburg-Stendal, mit dem

Abb. 6 Campusgestaltung nach Entwicklungsvorschlägen von Studierenden – Fokus Grüne Infrastruktur: extensiv gepflegte Wiesen, Benjeshecke, Hochbeete und vertikales. (Bildquelle: Petra Schneider)

Fokus Grüne Infrastruktur. Die grüne Campusgestaltung ist seit vielen Jahren ein studentisches Anliegen, wofür auch eine große Motivation besteht, sich einzubringen, was dazu führte, dass das Thema in Form der AG „Campusgestaltung Herrenkrug" institutionalisiert und operationalisiert wurde. Die AG „Campusgestaltung Herrenkrug" wurde am 12. Februar 2020 vom Senat gegründet, um den Forderungen einer neuen Campusgestaltung nachzukommen. Die AG unterstützte 2020 u. a. eine Masterarbeit von Studierenden der Landschaftsarchitektur der Hochschule Anhalt, die die ca. 110.000 m^2 große Magdeburger Grünfläche als Potenzial für eine neue Campusgestaltung betrachtete. Darüber hinaus wurden gemeinsam Anforderungen der künftigen Grünflächenausschreibung festgelegt. Schwerpunkte bilden die Errichtung Grüner Infrastruktur, die Habitatvernetzung und biodiversitätsfördernde Maßnahmen.

Die h^2 führte zudem einen akademischen Selbstversuch mit unterschiedlichen Begegnungsformaten zum Buch „Apokalpyse Jetzt! Wie ich mich auf eine neue Gesellschaft vorbereite" (ein Selbstversuch von Greta Taubert) in Form mehrerer Workshops durch. Das Buch aus dem Jahr 2014, das im April 2020 den Wettbewerb des Stifterverbandes für die Deutsche Wissenschaft gewann, besitzt in der grundsätzlichen Frage nach dem Umgang jeder und jedes Einzelnen mit zunehmend dringlicher werdenden gesellschaftlichen Antworten auf ein globales Problem eine unverminderte, wenn nicht gar wachsende

Abb. 7 Campusgestaltung nach Entwicklungsvorschlägen von Studierenden – Fokus Biodiversitätsfördernde Maßnahmen: Nistkästen für Vögel, Insektenhotel, stehen gelassene Wiesen und Insekten-/Vogeltränken. (Bildquelle: Matthias Piekacz)

Aktualität. Nicht nur einen einzigen Weg propagierend, führt die Autorin G. Taubert viele mögliche Lebens- und Handlungsansätze vor und stößt neue Denk- und Forschungswege in viele Richtungen an. Das ist auch der Ansatz dieser Initiative: möglichst viele Menschen unserer Hochschule und darüber hinaus miteinander ins Gespräch und vor allem auch ins gemeinsame Tun zu bringen, Gemeinschaft zu schaffen und gemeinsam gegen die Apokalypse zu arbeiten. Dazu wurden bereits „apokalyptische Frühstücke" (zum Austauschen und Diskutieren) und Workshops (bspw. das Anlegen von insektenfreundlichen Staudenbeeten) umgesetzt. Auch zum Tag der Nachhaltigkeit gab es Anregungen für die Umsetzung von nachhaltigem Umgang mit Ressourcen, Kreislaufwirtschaft und Biodiversitätsförderung (Abb. 8, rechts), die dann auch im Rahmen des Baus von insektenfreundlichen Hochbeeten mit allen Statusgruppen der Hochschule weiter umgesetzt wurden (Abb. 8, links).

Erfahrungstransfer und weitere Vernetzung
Erfahrungstransfer und die weitere Vernetzung über die Hochschule hinaus sind substanziell für eine erfolgreiche Umsetzung des Klimaschutzes und finden auf mehreren Ebenen statt. Dies betrifft sowohl die räumliche Ebene, d. h. dass Klimaschutzmaßnahmen wie beispielsweise grüne Infrastruktur nicht am Rand des Hochschulgeländes

Abb. 8 Bau von insektenfreundlichen Hochbeeten mit allen Statusgruppen der Hochschule (links); Bau von Insektentränken aus weiterverwendeten und Naturmaterialien (rechts). (Bildquelle: Petra Schneider)

enden, sondern durch Kooperationen nach außen getragen werden. Als Beispiel kann hier die Zusammenarbeit mit der Stadt Magdeburg angeführt werden, die einerseits als Kooperationspartner bei einer Reihe von Forschungsprojekten zur grünen Infrastruktur in Erscheinung tritt (z. B. Recycle-KBE, Recycle-BIONET, UGI Plan), andererseits aber auch um fachliche Unterstützung für die Umsetzung ökologischer Projekte in Magdeburg, wie beispielsweise der Freilegung des teilverrohrten Gewässers Schrote gebeten hat. Im Abstand von ca. 2 Monaten findet seit 2019 die von der Stadt organisierte „Klimawerkstatt" statt, ein Partizipations- und Austauschformat für Personen, die sich in den Themenfeldern Klimaschutz und Klimaneutralität engagieren. Im Gegenzug formuliert die Stadt aber auch neben stadtplanerischen Anforderungen Forschungsbedarfe, die von der Hochschule aufgegriffen werden. Kooperationen bestehen auch mit den wichtigsten gewerblichen und kommunalen Institutionen, wie den städtischen Werken und den Magdeburger Verkehrsbetrieben (MVB).

Daneben wurde mit dem Projekt „KlimaPlanReal" ein Umsetzungs- und Transferprojekt ins Leben gerufen, welches seit 2022 vom Bundesministerium für Bildung und Forschung (BMBF) finanziert und von der Otto-von-Guericke-Universität (OvGU) Magdeburg geleitet wird. In Rahmen des Projektes arbeiten alle akademischen Einrichtungen in Sachsen-Anhalt zusammen, um wirksame Transferstrukturen an den akademischen Einrichtungen in Sachsen-Anhalt zu entwickeln und zu implementieren. Im Kern des Projektes „KlimaPlanReal" steht ein partizipatorischer, deliberativer Ansatz, der alle Statusgruppen der Hochschulen einbezieht, sich gesamtinstitutionell über alle Wirkbereiche erstreckt und über die Einbindung von Kooperationspartner:innen bereits während des Projektes eine Strahlkraft in die Region verspricht. Die fachlichen Kompetenzen der beteiligten Hochschulen werden gezielt aktiviert und genutzt. Hierzu werden nach einer Bestandsaufnahme Hochschulklimaräte (Umsetzung als Planungszellen) eingesetzt. In diesen Räten werden Gutachten erstellt, aus denen priorisierte Teilprojekte für Transferlabore (Umsetzung als Reallabore) konzipiert werden. Auch hier werden partizipatorische

Instrumente eingesetzt, die die Transferlabore gemeinsam mit Praxispartner:innen umsetzen, um Hemmnisse zu identifizieren und Überwindungsmöglichkeiten zu erarbeiten. Innerhalb der Hochschulklimaräte werden Transferbereiche fokussiert, die impactstark (CO_2-Emissionen) und/oder kooperativ und hochschulübergreifend bearbeitbar sind und möglichst viele Hochschulakteur:innen direkt betreffen, in den Themenfeldern Mobilität, regenerative Campusgestaltung (u. a. Energieeffizienz, Biodiversität), Ernährung und Beschaffung. Dieser Ansatz wird den Dialog zwischen den verschiedenen Statusgruppen befördern und somit alle Personen aktiv in den Transformationsprozess einbeziehen. Der Prozess wird in Form hochschulübergreifender Transformationsforschung vergleichend erforscht und evaluiert. Die Hochschule Magdeburg-Stendal hat in diesem Rahmen eine Leuchtturm- und Erfahrungsträgerfunktion, da sie mit Stand 12/2021 die einzige Hochschule in Sachsen-Anhalt ist, die über ein Klimaschutzmanagement verfügt. Die ersten Erfahrungen in diesem Projekt haben gezeigt, dass mit derartigen Projekten Hemmnisse zur Implementierung des Klimaschutzes wirksam abgebaut werden können.

Schlussfolgerungen und Empfehlungen

Bereits 2020 hat der Prozess der intensiven Transformation der Hochschule Magdeburg-Stendal in Richtung Klimaschutz begonnen. Nach einer umfangreichen Beteiligung von Gremien und Arbeitsgruppen der h^2 wurde hierfür im Jahr 2021 mit der Verabschiedung der 16 Klimaziele ein erster großer Meilenstein gesetzt. Die aktuellen Situationen zeigen nun, dass langanhaltende Trockenheit in der Region, Waldbrände im Harz und steigende Energiepreise ein zunehmendes Handeln im Bereich Klimaschutz und erneuerbare Energien aller Institutionen und Menschen erfordert. Die Hochschule möchte mit ihren Bemühungen ihrer gesellschaftlichen Vorbildfunktion sowie ihrer Verantwortung im Rahmen der europäischen, nationalen und regionalen Klimaziele gerecht werden.

Ein Meilenstein auf dem Weg zur Erreichung der Klimaziele bildet das am 12.10.2022 vom Senat einstimmig verabschiedete h^2-Klimaschutzkonzept. Das Konzept beinhaltet Maßnahmen und Strategien in Form eines Handlungsleitfadens, der die Hochschule bis 2030 in den Bereichen Energie und Mobilität zur Klimaneutralität führt und in allen weiteren Bereichen bis 2050 erfolgt. Die unterschiedlichen Formate der Top-down- als auch Bottom-up-Prozesse in der Akteursbeteiligung ermöglichten eine Beteiligung auf allen Ebenen. Es wurden 135 Maßnahmen in 14 Handlungsfeldern erarbeitet. Das Konzept ist naturgemäß ein dynamisches Konzept, da Anpassungen basierend auf Gesetzesänderungen, Ansprüchen, finanziellen Vorgaben, usw. erforderlich sein werden. Mit einem Controlling und einer Verstetigung von Klimaschutz wird es der Hochschule möglich sein, die Entwicklungen weiterzuverfolgen und ggf. die Maßnahmen anzupassen. Grundlage des Konzeptes stellt eine Ist-Analyse und eine THG-Bilanz mit Zukunftsszenarien dar.

Letztendlich sind nicht emittierte Emissionen die beste Lösung. Der Schwerpunkt in den folgenden Jahren sollte zunächst auf die Umstellung auf erneuerbare Energien für Wärme und Energie gesetzt werden. Nach einer Umstellung auf erneuerbare Energien

(Wärme und Strom) sind weitere Einsparungen aufgrund des niedrigen THG-Faktors für die THG-Bilanz der Hochschule von deutlich geringerer Bedeutung. Somit haben spätestens 2024 die Flugreisen den größten Anteil an den Emissionen der Hochschule. Einsparungen des Strom- und Wärmeverbrauchs sind dennoch übergeordnet sinnvoll. Ab 2024 bis 2035 wird sich die Höhe der Emissionen nach folgender Reihenfolge aufteilen: Flugreisen der Beschäftigten, Flugreisen der Studierenden, Nutzerverhalten im Bereich Wärme, Dienstreisen mit dem privaten PKW, sofern bis 2024 eine Umstellung der Energieversorgung auf Erneuerbaren erfolgt ist. Möglichst viele Hochschulmitglieder sollten weiterhin dafür gewonnen werden, sich aktiv an den Klimaschutzmaßnahmen der h^2 zu beteiligen. Dabei ist weiterhin notwendig alle Ebenen der Hochschulpolitik, der Wissenschaft und des Betriebs sowie die Hochschulangehörigen in einen lösungsorientierten Diskurs zum Klimaschutz einzubinden.

Die TRPN-basierte Verzahnung der hochschulrelevanten Tätigkeitsfelder Lehre, Forschung und Praxis stellt einen ganzheitlichen und konsistenten Rahmen dar, um die h^{2-}Klimaschutzagenda Schritt für Schritt zu implementieren und die Hochschule als Lern-, Erfahrungs- und Erlebnisraum zu gestalten. Für die bereits umgesetzten Maßnahmen ist ein hohes Maß an Interdisziplinarität charakteristisch, und das Zusammenwirken von naturwissenschaftlicher, ingenieurtechnischer und sozialwissenschaftlicher Expertise. Ein wesentliches didaktisches Merkmal, welches die Lernmotivation von Studierenden erheblich fördert, ist, dass sie die Bedeutung eines Lerninhalts in Bezug auf ihren lebensweltlichen Kontext und ihre Zukunft verstehen und auch praktisch beeinflussen können. Bei einer akademischen Ausbildung kommt der Anspruch hinzu, die spätere berufliche Praxis auch wissenschaftlich fundiert ausüben zu können. Hierbei sind Elemente der didaktischen Formate des Forschenden Lernens sowie des Service Learning enthalten.

Hier besteht auch eine Verbindung zum kürzlich gestarteten Vorhaben „KlimaPlanReal", in welchem sich fünf Hochschulen der AG Nachhaltige Hochschulen Sachsen-Anhalt zusammengeschlossen haben, um gemeinsame Interessen gegenüber dem Land Sachsen-Anhalt voranzutreiben. Mit den beantragten Projektmitteln können systemische Barrieren für die Hochschulen im Land Sachsen-Anhalt identifiziert und Lösungsmöglichkeiten gefunden, passende Transferlabore umgesetzt, Transformationsforschung betrieben und Blaupausen für andere Hochschulen entwickelt werden. Der/die Klimaplanmanager:in setzt explizit Maßnahmen der Ernährung/Beschaffung, Mobilität oder des regenerativen Campus um, die während der Projektlaufzeit partizipativ festgelegt werden.

Als wichtigste Randbedingung zur nachhaltigen Umsetzung aller Maßnahmen wurde frühzeitig die partizipatorische Konzeption und Kommunikation aller Klimaschutzmaßnahmen erkannt. Dies hatte in der Praxis zur Folge, dass wesentliche Implementierungshemmnisse abgebaut werden könnten. Aus diesem Grund bestehen Grenzen für Maßnahmen im Wesentlichen im technischen oder formaljuristischen Stand der Infrastruktur (z. B. Denkmalschutzanforderungen) und in limitierten finanziellen Mitteln, die letztlich die Projektumsetzung aber nicht verhindert sondern im Einzelfall verzögert.

Zusammenfassung und Ausblick

Hochschule und Campus als Lehrort, Lernort und Experimentierfeld für Klimaschutz und Klimaneutralität, das ist es, was die h^2 ausmacht. Die Transformation hat dabei eine sich selbst beschleunigende Dynamik entwickelt. Disziplinübergreifend engagieren sich Studierende und Lehrende für den Klimaschutz und die Klimaanpassung an der h^2. Das mittelfristige Ziel ist die Transformation des „Grünen Campus" (so der bisherige Werbe-Slogan der Hochschule) zum klimaneutralen Biodiversitätscampus. Agroforstflächen und weitere Solarareale sind geplant sowie eine substanzielle Transformation der Mobilität der Hochschulangehörigen. Mit der Einreichung des Forschungsantrages „Klimawandel und demografischer Wandel in strukturschwachen Regionen" bei der Deutschen Forschungsgemeinschaft (DFG) soll mittelfristig unter anderem auch ein Forschungscampus zum Thema Klimawandel und Klimaanpassung entstehen und Lehre und Praxis befruchten.

Literatur

Adomßent, M. (2016). Informelles Lernen und nachhaltige Entwicklung. In Rohs, M. (Hrsg.), *Handbuch Informelles Lernen*. (S. 437–454). Springer. https://doi.org/10.1007/978-3-658-05953-8_1.

André, B., Aune, A. G., & Brænd, J. A. (2016). Embedding evidence-based practice among nursing undergraduates: Results from a pilot study. *Nurse education in practice, 18,* 30–35. https://doi.org/10.1177/237796082210945.

Baumber, A., Luetz, J. M., & Metternicht, G. (2019). Carbon neutral education: Reducing carbon footprint and expanding carbon brainprint. In L. W. Filho, A. Azul, L. Brandli, P. Özuyar, & T. Wall (Hrsg.), *Quality education. Encyclopedia of the UN sustainable development goals.* Springer. https://doi.org/10.1007/978–3–319–69902–8_13–1.

Bundesamt für Naturschutz. (2017). Bundeskonzept Grüne Infrastruktur. https://www.bfn.de/filead min/BfN/planung/bkgi/Dokumente/BKGI_Broschuere.pdf. Zugegriffen: 31. Dez. 2021.

Chatterton, J., Parsons, D., Nicholls, J., Longhurst, P., Bernon, M., & Palmer, A. et al. (2015) Carbon brainprint—an estimate of the intellectual contribution of research institutions to reducing greenhouse gas emissions. *Process Saf Environ Prot, 96,* 74–81. https://doi.org/10.1016/j.psep. Zugegriffen: 4. Aug. 2015.

de Haan, G. (2008). Gestaltungskompetenz als Kompetenzkonzept für Bildung für nachhaltige Entwicklung. In I. Bormann, G. de Haan (Hrsg.), *Kompetenzen der Bildung für nachhaltige Entwicklung. Operationalisierung, Messung, Rahmenbedingungen* (S. 23–44). Befunde. https://doi.org/10.1007/978-3-531-90832-8_4.

Dolan, E., Hancock, E., & Wareing, A. (2015). An evaluation of online learning to teach practical competencies in undergraduate health science students. *The Internet and Higher Education, 24,* 21–25. https://doi.org/10.1007/s10389-022-01791-3.

European Commission, Directorate-General for Environment, Building a green infrastructure for Europe, Publications Office. (2014). https://data.europa.eu/doi.org/10.2779/54125. Zugegriffen: 14. Nov. 2022.

Eyring, V., Gillett, N. P., Achuta Rao, K. M., Barimalala, R., Barreiro Parrillo, M., Bellouin, N., Cassou, C., Durack, P. J., Kosaka, Y., McGregor, S., Min, S., Morgenstern, O., & Sun, Y. (2021). Human Influence on the climate system. In Contribution of Working Group I to the Sixth Assessment Report of the Intergovernmental Panel on Climate Change. In V. Masson-Delmotte, P. Zhai,

A. Pirani, S.L. Connors, C. Péan, S. Berger, N. Caud, Y. Chen, L. Goldfarb, M.I. Gomis, M. Huang, K. Leitzell, E. Lonnoy, J.B.R. Matthews, T.K. Maycock, T. Waterfield, O. Yelekçi, R. Yu, and B. Zhou (Hrsg.), *Climate Change 2021: The Physical Science Basis* (S. 423–552). Cambridge University Press. https://doi.org/10.1017/9781009157896.005.

Erpenbeck, J., Rosenstiel, L. von, Grote, S., & Sauter, W. (2017). Handbuch Kompetenzmessung: Erkennen, verstehen und bewerten von Kompetenzen in der betrieblichen, pädagogischen und psychologischen Praxis. Schäffer-Poeschel. https://link.springer.com/book/doi.org/10.1007/978-3-658-11904-1?source=shoppingads&locale=de&gclid=EAIaIQobChMIyrWsxOPo_QIVGOl RCh1LCgDFEAQYASABEgIq5PD_BwE.

Fitzke, C. (2019). *Förderung überfachlicher Kompetenzen an Hochschulen: Neurowissenschaftliche Erkenntnisse in der Studienberatung nutzen.* Springer. https://doi.org/10.1007/978-3-658-269 03-6.

Gnahs, D. (2016) Informelles Lernen in der Erwachsenenbildung/Weiterbildung. In Rohs, M. (Hrsg.): *Handbuch Informelles Lernen* (S. 107–122). Springer. https://doi.org/10.1007/978-3-658-05953-8_1.

Hauff, V. (1987). *Unsere gemeinsame Zukunft: Der Brundtland-Bericht der Weltkommission für Umwelt und Entwicklung* (1. Aufl.). Eggenkamp, ISBN 978–3–923166–16–9.

Helmers, E., Chang, C. C., & Dauwels, J. (2021). Carbon footprinting of universities worldwide: Part I-objective comparison by standardized metrics. *Environ Sci Europe.* https://doi.org/10.1186/s12 302-021-00454-6.

Hofhues, S. (2016). Informelles Lernen mit digitalen Medien in der Hochschule. In M. Rohs (Hrsg.), *Handbuch Informelles Lernen* (S. 39–64). Springer. https://doi.org/10.1007/978-3-658-05953-8_ 1.

Holzbaur, U. (2020). *Nachhaltige Entwicklung – Der Weg in eine lebenswerte Zukunft.* Springer. https://doi.org/10.1007/978-3-658-29991-0.

HRK & DUK. (2009). Hochschulen für nachhaltige Entwicklung. Erklärung der Hochschulrektorenkonferenz (HRK) und der Deutschen UNESCO-Kommission (DUK) zur Hochschulbildung für nachhaltige Entwicklung. https://www.hrk.de/positionen/beschluss/detail/hochschulen-fuer-nachhaltige-entwicklung/. Zugegriffen: 22. Nov. 2022.

Jusoh, R., & Abidin, Z. Z. (2012). The teaching-research nexus: A study on the students' awareness, experiences and perceptions of research. *Procedia-Social and Behavioral Sciences, 38,* 141–148. https://doi.org/10.1016/J.SBSPRO.2012.03.334.

Kaplan, R. S. (1989). Connecting the research-teaching-practice triangle. *Account Horiz,* 129–132. https://www.proquest.com/openview/469acc491e8963e9fd5b1df0a4ada98c/1?pq-origsite= gscholar&cbl=3330.

Kaufmann, K. (2016) Beteiligung am informellen Lernen. In M. Rohs (Hrsg.), *Handbuch Informelles Lernen* (S. 65–86). Springer. https://doi.org/10.1007/978-3-658-05953-8_1.

Leal Filho, W., Sima, M., Sharifi, A., Luetz, J. M., Salvia, A. L., Mifsud, M., Olooto, F. M., Djekic, I., Anholon, R., Rampasso, I., Kwabena Donkor, F., Dinis, M. A. P, Klavins, M., Finnveden, G., Chari, M. M., Molthan-Hill, P., Mifsud, A., Sen, S. K., & Lokupitiya, E. (2021). Climate change education at universities: An overview. *Environ Sci Eur, 33*(1), 109. https://doi.org/10.1186/s12 302-021-00552-5 Epub. PMID: 34603904; PMCID: PMC8475314. Zugegriffen: 25. Sep. 2021.

Roedel, W., & Wagner, T. (2017). *Physik unserer Umwelt: Die Atmosphäre.* Springer, ISBN 978–3–662–54257–6. https://doi.org/10.1007/978-3-662-54258-3.

Rohs, M. (2016) Genese informellen Lernens. In M. Rohs (Hrsg.), *Handbuch Informelles Lernen* (S. 3–38). Springer. https://doi.org/10.1007/978-3-658-05953-8_1.

Schneider, P., Gerke, G., Folkens, L., & Busch, M. (2018) Vernetzung und Weiterentwicklung des Wis-senspools zu Nachhaltigkeit in Theorie und Praxis: Umsetzung des Teaching-Research-Practice Nexus an der Hochschule Magdeburg-Stendal. In W. Leal Filho (Hrsg.), *Nachhaltigkeit in der Lehre – Eine Herausforderung für Hochschulen, Buchserie: Theorie und Praxis der Nachhaltigkeit* (S. 107–126, ISBN 978–3–662–56385–4). Springer. https://doi.org/10.1007/978-3-662-56386-1_7.

Schneider, P., Folkens, L., & Busch, M. (2018) The teaching-research-practice nexus as framework for the implementation of sustainability in curricula in higher education. In W. Leal Filho (Hrsg.), *Implementing Sustainability in the Curriculum of Universities. World Sustainability Series* (S. 113–136). Springer. https://doi.org/10.1007/978-3-319-70281-0_8. ISBN: 978–3–319–70280–3.

Smirnova, Y., & Dos, B. (2020). The nexus of teaching, research and practice: Perceptions and expectations of undergraduate education students in Southeast Turkey, *Journal of Applied Research in Higher Education,* Vol. ahead-of-print No. ahead-of-print. https://doi.org/10.1108/JARHE-06-2020-0164.

Stappenbelt, B. (2013). The effectiveness of the teaching–research nexus in facilitating student learning. *Engineering Education, 8*(1), 111–121. https://doi.org/10.11120/ened.2013.00002.

Vogel, D., & Harendza, S. (2016). Basic practical skills teaching and learning in undergraduate medical education–a review on methodological evidence. *GMS journal for medical education, 33*(4). https://doi.org/10.3205/zma001063.

Weinert, F. E. (2001). Concept of competence: A conceptual clarification. In D. S. Rychen, L. H. Salganik (Hrsg.), *Defining and selecting key competencies* (S. 45–65). Hogrefe & Huber Publishers.https://doi.org/10.4236/ojpp.2015.51013.

Werquin, P. (2016) International perspectives on the definition of informal learning. In Rohs, M. (Hrsg.), *Handbuch Informelles Lernen* (S. 39–64). Springer. https://doi.org/10.1007/978-3-658-05953-8_1.

Transformatives Lernen im Selbst- und Realexperiment: Wie das Format #climatechallenge neue Perspektiven auf Klimaschutz ermöglicht

Markus Szaguhn

1 Große Transformation und BNE an Hochschulen

Die multiplen Krisen unserer Zeit erfordern eine Große Transformation hin zu einer klimaverträglichen Gesellschaft, die im Wesentlichen in den 2020er-Jahren erfolgen muss (WBGU, 2011). Die wichtigsten Gründe dafür sind die sich zuspitzende Klimakrise (IPCC, 2022) und das weltweite massenhafte Artensterben (WWF, 2022) – mit all den Nachteilen für die Menschheit und die Ökosysteme. Eine Dekarbonisierung durch die Abkehr von fossilen Energieträgern ist jedoch auch aus geopolitischen Gründen erstrebenswert, wie die negativen wirtschaftlichen Folgen des völkerrechtswidrigen russischen Angriffskrieges 2022 auf die Ukraine zeigen.

Die Transformation kann einerseits durch politisch geschaffene Rahmenbedingungen befördert werden (wie z. B. das Pariser Klimaabkommen). Andererseits leisten lokale experimentelle Veränderungsprozesse z. B. in Städten einen wichtigen Beitrag (Hahne & Kegler, 2016). Auch der Wissenschaftliche Beirat für Globale Umweltveränderungen schlägt in seinem Hauptgutachten „Welt im Wandel" die Strategie des Experimentierens vor, da sie transformative Lerneffekte auf allen Ebenen fördern und beschleunigen können (WBGU, 2011). Zentrale Akteure, die diese Transformation vorantreiben, sind die sogenannten Pioniere des Wandels (engl. Change Agents; ebd.).

Hochschulen und Universitäten stehen angesichts dieser Großen Transformation vor einer Herausforderung: Sie müssen durch zukunftsfähige Bildungsangebote die Studierenden mit jenen Kompetenzen (vgl. Brundiers et al. (2021)) ausstatten, mit denen sie

M. Szaguhn (✉)
Institut für Technikfolgenabschätzung und Systemanalyse (ITAS), Karlsruher Institut für Technologie (KIT), Karlsruhe, Deutschland
E-Mail: markus.szaguhn@kit.edu

© Der/die Autor(en), exklusiv lizenziert an Springer-Verlag GmbH, DE, ein Teil von Springer Nature 2024
W. Leal Filho (Hrsg.), *Lernziele und Kompetenzen im Bereich Nachhaltigkeit,* Theorie und Praxis der Nachhaltigkeit, https://doi.org/10.1007/978-3-662-67740-7_2

einen Beitrag zu dieser Transformation leisten können. Dies betrifft nicht nur die Vermittlung einer fachlichen Kompetenz, sondern auch die Förderung der Emanzipation, sich mit diesem Wissen in die oft komplexen gesellschaftlichen Aushandlungsprozesse zu begeben und so konstruktiv notwendige Veränderungen im Sinne einer Nachhaltigen Entwicklung voranzutreiben.

Transformatives Lernen (tL) ist im Fokus der Debatte über die Hochschulbildung für eine Nachhaltige Entwicklung angelangt. Die Theorie des transformativen Lernens steht der kritischen Theorie nahe. Diese setzt mit ihrer Kritik an den oft im Verborgenen liegenden Deutungs- und Machtstrukturen unserer Gesellschaft an und verdeutlicht, wie die zugrunde liegenden Annahmen unseres kapitalistischen Wirtschaftssystems und unserer Lebensstile soziale Ungerechtigkeiten rechtfertigen und aufrechterhalten (Brookfield, 2012).

1.1   Transformative Lerntheorie und zehnstufiges Phasenmodell

Der Soziologe Jack Mezirow konzeptualisierte Anfang der 1980er-Jahre erstmals seine Theorie des transformativen Lernens mit Bezug auf die Erwachsenenbildung. Im Fokus seiner Forschung stand der Wiedereinstieg von Frauen in ein Studium, nachdem sie sich für eine bestimmte Zeit um die Kindererziehung gekümmert hatten (Mezirow, 1981; Mezirow & Marsick, 1978). Besonderes Interesse richtete er auf die Frage, wie Lernprozesse den Wandel sogenannter „Bedeutungsperspektiven" (engl: meaning perspectives) und die Ausbildung eines kritischen Denkens unterstützen können (Mezirow, 1997). Diese Bedeutungsperspektiven sind als innerer Bezugsrahmen zu verstehen, an dem sich Menschen gewöhnlich bei der Interpretation und Bewertung ihrer Erfahrungen orientieren (ebd.). Einer besonderen Aufmerksamkeit in der transformativen Lerntheorie kommt „desorientierenden Dilemmata" zu, also Irritationen der bestehenden Bedeutungsperspektiven, die als Startpunkt für Lern- und Transformationsprozesse dienen können (Mezirow, 2000; Singer-Brodowski, 2018). Transformative Lernprozesse müssen jedoch nicht zwingend durch drastische oder tiefgreifende desorientierende Dilemmata oder Lebenskrisen ausgelöst werden. Wie Nohl (2015) zeigt, können auch neue, bewusst aufgenommene Praktiken ausreichend Impuls dafür geben, einen Lernprozess anzustoßen. Dieses Ergebnis deckt sich mit der mehrjährigen Erfahrung des Autors durch die Arbeit mit dem Format #cc: die Experimente der Teilnehmenden können als aktivierendes Moment dienen, um die eigenen Bedeutungsperspektiven zu erkennen, zu reflektieren und – wie in diesem Artikel beforscht wird – zu verändern. Das zugehörige zehnstufige Phasenmodell systematisiert die transformative Lerntheorie und wurde über die Jahre stetig weiterentwickelt (Kitchenham, 2008; Mezirow, 1981). Es dient zudem als Grundlage für die Entwicklung des Kodierleitfadens in diesem Artikel (siehe Abschn. 2.2).

Zehnstufiges Phasenmodell der transformativen Lerntheorie

1. Desorientierendes Dilemma
2. Selbstprüfung mit Schuld- oder Schamgefühlen
3. Kritische Bewertung epistemischer, soziokultureller oder psychischer Annahmen
4. Erkenntnis, dass die eigene Unzufriedenheit und der Veränderungsprozess geteilt werden und dass andere eine ähnliche Veränderung bewältigt haben
5. Erkundung von Optionen für neue Rollen
6. Planung einer Vorgehensweise
7. Erwerb von Wissen und Fähigkeiten zur Umsetzung der eigenen Pläne
8. Vorläufiges Ausprobieren der neuen Rollen
9. Aufbau von Kompetenz und Selbstvertrauen in neuen Rollen und Beziehungen
10. Wiedereingliederung in das eigene Leben auf der Grundlage von Bedingungen, die durch die eigene Perspektive vorgegeben sind

1.2 Mit #climatechallenge zu neuen Perspektiven auf Klimaschutz im Alltag?

Das Lern- und Lehrformat #climatechallenge (#cc) ermöglicht seinen Teilnehmenden die Entwicklung und Erprobung individueller und kollektiver Handlungsoptionen für Klimaschutz (Sippel, 2018; Szaguhn et al., 2021; Szaguhn & Sippel, 2021). Die #cc weist Bezüge zu verschiedenen Diskursen auf: der Aktions- und Interventionsforschung (Kemmis, 2011; Lewin, 1946), der transdisziplinären Forschung (Jantsch, 1972; Lang et al., 2012), der transformativen Forschung (Wanner et al., 2022; Schneidewind, 2015), sowie der Reallaborforschung (Beecroft et al., 2018; Wagner & Grunwald, 2015), weil sich die Teilnehmenden in dem Format gemeinsam mit der Lösungsfindung für real-weltliche Probleme befassen, indem sie empirisch, iterativ, experimentell und reflexiv vorgehen. Groß et al. bezeichnen Experimente als den effektivsten Weg, um Korrekturen vorzunehmen und weiterzukommen (Groß et al., 2015). Kern einer #climatechallenge bilden daher auch zwei aufeinander folgende Selbstexperimente (Trenks et al., 2018; Parodi et al., 2016), in denen die Teilnehmenden Teil des Experiments werden, indem sie selbstständig Aspekte ihrer gewöhnlichen Praktiken verändern und dokumentieren.

Im ersten Selbstexperiment, der „Footprint-Challenge", widmen sich die Teilnehmenden der Reduktion ihres individuellen CO_2-Fußabdrucks (dieser wird zu Beginn berechnet und gemeinsam besprochen). Für einen Zeitraum von etwa vier Wochen legen sie den Fokus auf eine möglichst konsequente Veränderung ihrer Alltagspraktiken in einem der Bereiche Ernährung, Konsum, Mobilität oder Wohnen. Dabei erleben die Teilnehmenden u. a., dass manche Verhaltensänderungen leichter umzusetzen sind als erwartet. Sie stoßen jedoch auch an die Grenzen des (für sie) Machbaren, wenn z. B. höhere Kosten, ein höherer Zeit- oder Planungsaufwand oder fehlende Angebotsstrukturen mit nachhaltigeren Verhaltensalternativen einhergehen. Das bewusste Heranführen der Teilnehmenden an diese strukturelle Nicht-Nachhaltigkeit bildet einen wichtigen Reflexions- und Drehpunkt für das Format. In der Tradition der kritischen Theorie werden diese hinderlichen Strukturen nicht als gegeben hingenommen. Vielmehr vermittelt das Format, dass sie das Potenzial für Transformationsprozesse offenbaren und umgestaltet werden können.

Daher hat das zweite Experiment, das auch Handprint-Challenge genannt wird, zum Ziel, in einem Zeitraum von ca. acht Wochen über das Private hinaus zu wirken und die Transformation hemmende, nicht-nachhaltige Strukturen durch gezielte Praktiken des zivilgesellschaftlichen Engagements zu adressieren, bzw. auf ihren Abbau hinzuwirken. Die Ursprünge des Handprints gehen auf die 4. Internationale Umweltkonferenz der UNESCO 2007 zurück. Dort stellte die indische Organisation „Center for Environment Education" das Konzept des Handabdrucks vor und verknüpfte es in einer Erklärung mit der Vision einer Welt, in der Arbeit und Lebensstil zum Wohlergehen allen Lebens auf der Erde beitragen sollen (CEE, 2022). Germanwatch e. V. beschreibt den Handabdruck als die „bleibende Wirkung unseres Handelns für die Transformation und für das Ziel nachhaltige Strukturen als gesellschaftlichen Standard zu verankern" (Heitfeld & Reif, 2020; Reif & Heitfeld, 2015).

Die Workshopeinheiten des #cc-Formats sind so konzipiert, dass sie einen möglichst geschützten Raum (engl. „safe space") eröffnen, in dem die Teilnehmende ihre persönlichen Erfahrungen aus den Experimenten reflektieren, neue transformationsrelevante Fähigkeiten erlernen, neues Wissen entwickeln (Ko-Kreation) und Vertrauen zueinander aufbauen können (Ryan, 2016; Wamsler et al., 2020).

Ziel dieses Artikels ist es, zu untersuchen, ob Teilnehmende des Formats #climatechallenge transformative Lernprozesse durchlaufen und ob sie dabei neue Bedeutungsperspektiven entwickeln, die sie darin bestärken, selbstbestimmt eine aktive Rolle in der Transformation hin zu einer klimafreundlichen Gesellschaft einzunehmen.

2   Methode: Qualitative Inhaltsanalyse

2.1   Stichprobe

Die Stichprobe besteht aus 20 Studierenden der Hochschule Konstanz, die im Sommersemester 2022 an dem Format #climatechallenge im Rahmen ihres Studium Generales teilgenommen haben. Die Gruppe setzt sich aus zehn männlichen und zehn weiblichen Studierenden zusammen. Angaben zum Alter bzw. zum sozio-ökonomischen Status der Personen ist nicht dokumentiert, da eine Auswertung der Daten zunächst nicht vorgesehen war. Die Teilnehmenden haben sich eigeninitiativ für den Kurs angemeldet und ECTS erhalten.

2.2   Analysemethode und Kodierleitfaden

Bei der Auswertung der Daten kommt die Qualitative Inhaltsanalyse nach Kuckartz und
Rädiker (2022) mit der inhaltlich-strukturierenden Basismethode zur Anwendung: Wie
auch bei anderen inhaltsanalytischen Methoden steht das Verstehen und Interpretieren der
Texte, bzw. deren Inhalt im Mittelpunkt des Forschungsprozesses. Die klassischen Schritte
einer qualitativen Inhaltsanalyse lassen sich wie folgt fassen: a) Kategorie Bildung, b)
Codierung c) Analyse, d) Ergebnisdarstellung. In dieser Untersuchung wurden die Kate-
gorien „a-priori" auf Basis der zehn Schritte der transformativen Lerntheorie gebildet
(Kitchenham, 2008; Mezirow, 1981), siehe auch Abschn. 1.1. Tab. 1 zeigt den Leitfa-
den für die Kodierung, der die Kategorien definiert. Die Texte werden satzweise kodiert.
Mehrfachkodierungen sind möglich.

2.3   Datensatz: Erfahrungsberichte der Teilnehmenden

Die Analyseeinheit, also die Gesamtheit der ausgewerteten Daten, besteht aus 35 Tex-
ten bzw. „Stories", in denen Studierende ihre Erfahrungen durch ihre Teilnahme an der
#climatechallenge im Sommersemester 2022 in einem hybriden Studium-Generale-Kurs
der Hochschule Konstanz geschrieben haben. Die Studierenden waren jeweils zum Ende
ihrer ca. 30- bzw. 60-tägigen Experimente dazu aufgerufen, grundlegende Reflexionen
über ihre Footprint- bzw. Handprint-Challenge, wahrgenommene Hürden und herausfordernde Situationen, sowie gemachte Erfolge schriftlich festzuhalten. Für die Struktur und
Inhalte der Stories gab es darüber hinaus keine Vorgaben. Der Autor hat den Kurs, in
dem die Erfahrungsberichte entstanden sind, selbst nicht als Dozent durchgeführt und die
Daten nicht selbst erhoben.

Tab. 2 zeigt die Veränderungen, die die Teilnehmenden (TN) in ihren Selbstexperimenten umgesetzt haben. Anzumerken ist, dass aus dem Datensatz fünf Handprint-Stories
ausgeschlossen wurden, die sich aufgrund fehlender Dokumentation eines Reflexions-
prozesses für eine textbasierte qualitative Datenanalyse nicht eigneten, z. B. Poster mit
knapper Ergebnisdokumentation in Form von Stichpunkten. Ein direkter thematischer
Zusammenhang der Handprint-Challenge zur Footprint-Challenge war in diesem Kurs
nicht erforderlich. D. h. die Footprint- und Handprint-Challenges der TN bauen nicht
aufeinander auf.

Tab. 1 Kodierleitfaden. Angelehnt an (Kitchenham, 2008)

Kategorie	Definition
K1: Irritation / desorientierendes Dilemma	Formulierung einer Irritation bzw. eines desorientierenden Dilemmas: die aktuelle Interpretation der Wirklichkeit bzw. die eigene Bedeutungsperspektive ist begrenzt
K2: Reflexion und Selbstprüfung von Gefühlen	Reflexion bzw. Selbstprüfung entstehender Gefühle wie z.B. Schuld- bzw. Schamgefühl, Angst, Wut etc. / ggf. auch Formulierung einer Orientierungslosigkeit
K3: Bewertung eigener Annahmen	Hinterfragen der eigenen Bedeutungsperspektiven, kritische Bewertung der individuellen und gesellschaftlichen Annahmen (Normen/Werte) und des Status Quo
K4: Erkenntnis: eigener Transformationsprozess ist weit verbreitet	Erkenntnis, dass die erforderlichen Transformationsprozesse weit verbreitet sind und andere diese bereits bewältigt haben
K5: Neuausrichtung der eigenen Rolle	Suche nach Optionen für eigene Rolle oder Beziehung zu etwas
K6: Planung neuer Handlung	Konkrete Planung neuer Handlungsweisen
K7: Aneignung neuer Fähigkeiten	Aneignung neues Wissen und neuer Fähigkeiten bzw. Kompetenzen, um den Plan umsetzen zu können.
K8: Ausprobieren neuer Rollen	Ausprobieren neuer Rollen und Beziehungen im realweltlichen Kontext
K9: Stärkung des eigenen Selbstvertrauens durch neue Rolle bzw. Fähigkeiten	Entwicklung neuer Fähigkeiten und Gewinnen von Selbstvertrauen durch die neue Rolle
K10: Wiederaufnahme des Lebens mit neuer Perspektive	Wiederaufnahme des Lebens, angereichert durch die neuen Bedeutungsperspektiven

3   Ergebnisse

In diesem Absatz werden die Ergebnisse der Kodierung dargestellt. Zunächst werden die Kategoriehäufigkeiten (quantitative Daten) fallweise und absolut ausgewertet. Anschließend werden die kodierten Textstellen (qualitativen Daten) entlang der 10 Phasen der transformativen Lerntheorie zusammengefasst.

Tab. 2 Selbstexperimente der TN auf den Ebenen des Foot- und Handprints

Footprint	Handprint
▪ Autoverzicht, ÖPNV (4x) ▪ Vegetarische Ernährung (5x) ▪ Vegane Ernährung (7x) ▪ Zero Food-Waste (1x) ▪ Nachhaltiger Konsum (1x) ▪ Nachhaltige Geldanlage (2x)	▪ Veganen Kochblog geschrieben (1x) ▪ Energieeffizienz in einem Friseursalon vorangebracht (1x) ▪ Infobroschüre und versch. Gesprächsformate (nachhaltigen Konsum, Energie sparen, Wald, Einzelhandel, vegane Ernährung) entwickelt (8x) ▪ Fahrraddemo organisiert (1x) ▪ Mülltrennung in Vereinsheim eingeführt (1x) ▪ Vegane Abendessen veranstaltet und Gespräche geführt (1x) ▪ Mit dem Imkern begonnen (1x) ▪ Klimaschutzpotenziale in Unternehmen identifiziert und Umsetzung angestoßen (2x) ▪ Veranstaltung für Gespräche über nachhaltige Lebensstile organisiert (1x)

3.1 Kategoriehäufigkeiten nach den 10 Phasen der transformativen Lerntheorie

Im Folgenden werden die fallweisen Kategoriehäufigkeiten (d. h. auch mehrmalige Kodierungen innerhalb eines Datensatzes werden einfach gezählt (Abb. 1) und die absoluten Kategoriehäufigkeiten (d. h. mehrmalige Kodierungen innerhalb eines Datensatzes werden auch mehrfach gezählt (Abb. 2) nach folgendem Muster dargestellt: (K steht für die jeweilige Kategorie: Anzahl der fallweisen Kategoriehäufigkeit; Anzahl der absoluten Kategoriehäufigkeit). Insgesamt wurden 430 Sätze kodiert.

Besonders häufig dokumentieren die Teilnehmenden eine Stärkung ihres Selbstvertrauens durch die erfolgreichen Aspekte der Verhaltensänderung (K9: 26; 87), eine Irritation zu Beginn der Selbstexperimente (K1: 31; 80), die Planung ihres alternativen Verhaltens (K6: 29; 61), das Ausprobieren neuer Rollen (K8: 20; 58), sowie die selbständige Aneignung von Wissen und Fähigkeiten (K7: 19; 42). Die TN formulierten auch, dass sie die ausprobierte Verhaltensweise in Zukunft fortführen wollen, was in dieser Studie als Wandel der Bedeutungsperspektive kodiert wurde, da diese Intention vor der Durchführung der #cc nicht vorhanden war (K10: 22; 35). Weniger ausführlich schrieben die Teilnehmenden über ihre Gefühle angesichts der Herausforderungen der notwendigen Veränderungen (K2: 14; 23). Sie nahmen auch nur wenige Bewertungen eigener oder gesellschaftlicher Normen und Werte vor (K3: 19; 26) oder beschrieben die Auseinandersetzung mit einer

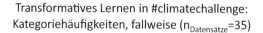

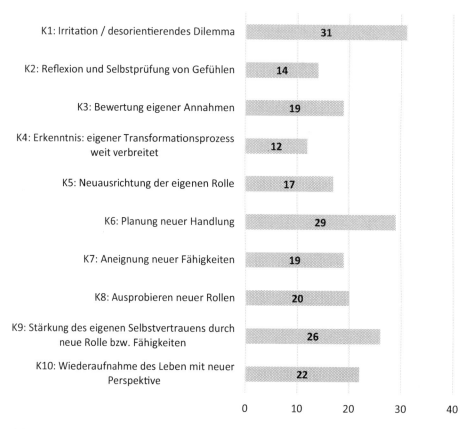

Abb. 1 Kategoriehäufigkeiten, fallweise

Neuausrichtung der eigenen Rolle (K5: 17; 25). Selten wurde die Erkenntnis reflektiert, dass der eigene Transformationsprozess weit verbreitet ist (K4: 12; 16).

3.2   Qualitative Nachweise der 10 Phasen der transformativen Lerntheorie

Nachfolgend werden die Ergebnisse der Qualitativen Inhaltsanalyse entlang der 10 Kategorien des Kodierleitfadens dargestellt (vgl. Abschn. 2.2). Aussagen der TN sind den

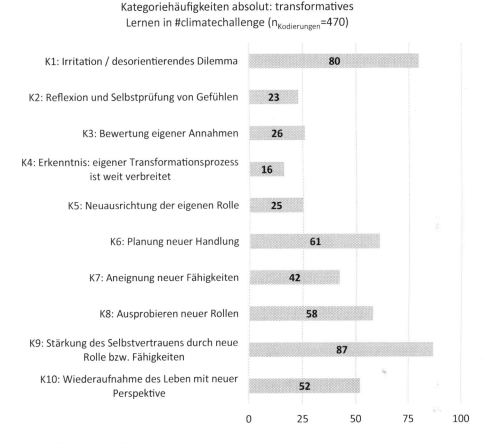

Kategoriehäufigkeiten absolut: transformatives
Lernen in #climatechallenge ($n_{Kodierungen}$=470)

K1: Irritation / desorientierendes Dilemma — 80

K2: Reflexion und Selbstprüfung von Gefühlen — 23

K3: Bewertung eigener Annahmen — 26

K4: Erkenntnis: eigener Transformationsprozess ist weit verbreitet — 16

K5: Neuausrichtung der eigenen Rolle — 25

K6: Planung neuer Handlung — 61

K7: Aneignung neuer Fähigkeiten — 42

K8: Ausprobieren neuer Rollen — 58

K9: Stärkung des Selbstvertrauens durch neue Rolle bzw. Fähigkeiten — 87

K10: Wiederaufnahme des Leben mit neuer Perspektive — 52

Abb. 2 Kategoriehäufigkeiten, absolut

ausgewerteten Footprint- und Handprint-Stories entnommen, die zur besseren Lesbarkeit mit „F" für Footprint-Story und „H" für Handprint-Story und pro TN mit einer durchlaufenden Nummer abgekürzt gekennzeichnet sind (z. B. F008 oder H002).

Kategorie 1: Irritation/desorientierendes Dilemma
In den Erfahrungsberichten (Stories) haben die Teilnehmenden Gedanken dokumentiert, die auf Irritationen bzw. desorientierende Dilemmata hinweisen. Sie reflektieren nicht-nachhaltige Strukturen, individuelle (und kollektive) Herausforderungen für Klimaschutz, sowie Grenzen des Möglichen. Das Besondere ist, dass diese zudem als Ansatzpunkte für Handprint-Challenges verstanden werden können.

Footprint-Stories

Die größte Irritation dokumentieren die TN vor Beginn der #cc bezogen auf ihren individuellen CO_2-Fußabdruck (F006, F008). Hier merkten einige Teilnehmende an, dass ihre Bilanzen in einem Teilbereich stark erhöht sind (vor allem in den Bereichen Ernährung und Mobilität). Ein Teilnehmer stellte z. B. fest, dass die Emissionen, die durch die eigene Mobilität verursacht werden, bei ihm mehr als 50 % der gesamten Bilanz ausmachten (F017). Drei Teilnehmende beschrieben explizit, dass ihre CO_2-Bilanzen deutlich über dem deutschen Durchschnitt liegen (F013, F020). Die Teilnehmenden möchten ihren CO_2-Fußabdruck möglichst effizient reduzieren und orientieren sich bei der Auswahl ihres Selbstexperiments im Footprint an Maßnahmen, in denen sie eine große CO_2-Reduktion erwarten können (F011, siehe auch: Key-Point-Konzept nach Bilharz (2008)).

Generell nehmen die TN die bisherigen Gewohnheiten als Hürde wahr (F019). Mehr als die Hälfte der Teilnehmenden spricht von Bedingungen und externen Einflüssen, die voraussichtlich einen Einfluss auf die Umsetzung ihrer Selbstexperimente haben. Beispiele dafür sind:

- Die vermeintliche **Abhängigkeit vom Auto,** das bisher regelmäßig mit einer gewissen Selbstverständlichkeit für Freizeitaktivitäten genutzt wird (F017, F020). Bei einem Selbstexperiment mit dem Ziel des Autoverzichts erwarten die TN Probleme durch weite Entfernungen, die schwer mit dem Rad zurückzulegen sind (F004), dass das ÖPNV-Angebot unzureichend ist (F006), insbesondere in ländlichen Regionen, oder weil sie Transporte für andere übernehmen müssen (F014).
- Die Herausforderungen, die sich durch eine **vegane oder vegetarische Ernährung** ergeben könnten. Zwei TN möchten vorsichtig sein, weil eine vegetarische bzw. vegane Ernährung anderen gegenüber unhöflich erscheinen könnte (F011, F012). Ein TN geht von einem eingeschränkten veganen Angebot im Restaurant aus (F013). Auch das Grillen kann für eine TN herausfordernd sein, da sie gewöhnlich gerne Fleisch konsumiert (F018).
- Eine TN beschreibt ihr Interesse an **nachhaltigen Geldanlagen.** Jedoch merkt sie an, dass das Beratungsangebot in konventionellen Banken bisher unzureichend ist (F015).

Handprint-Stories

In den Handprint-Stories dokumentieren die TN, welche nicht-nachhaltigen Strukturen und gewöhnlichen Praktiken sie in der Gesellschaft identifiziert haben. Auch hier treten Irritationen auf, die sich in Bezug zur ersten Phase der transformativen Lerntheorie setzen lassen.

- Einige TN sind durch die Auseinandersetzung mit **ökologischen Problemen** sensibilisiert und verstehen, dass hierfür tiefgreifende strukturelle Veränderungen notwendig sind. So beschreibt z. B. ein TN, der eine globalere Perspektive einnimmt, dass das anhaltende Bevölkerungswachstum zu einem immensen Ressourcenverbrauch führt (H003). Ein TN hebt hervor, dass die Wälder stark unter Druck sind (H008). Ein anderer weist auf die stetig sinkende Anzahl an Insekten und ihre wichtige Rolle für die Ökosysteme hin (H012).

- Zwei TN adressieren den **hohen Strom- und Wasserverbrauch in den Unternehmen,** in denen sie neben dem Studium arbeiten. Sie beschreiben, wie nicht-nachhaltige Prozesse dauerhaft bestehen bleiben, da sie nicht im Fokus der Geschäftstätigkeit stehen (H013, z. B. Beleuchtung einer Lagerhalle). Ein TN weist darauf hin, dass es in einigen Organisationen (H006, z. B. Probelokal eines Musikvereins) noch **kein funktionierendes System für die Mülltrennung** gibt.
- Drei TN sprechen davon, dass das Thema **Klimaschutz noch nicht in allen Bereichen der Gesellschaft angekommen** ist und dass es mehr Menschen braucht, die sich aktiv für das Thema einsetzen (F003, F005, H001). Ein TN vermisst auch Gesprächsräume bzw. -anlässe für Klimaschutz (H006).

Kategorie 2: Reflexion und Selbstprüfung von Gefühlen

Kategorie 2 betrifft die Reflexion bzw. Selbstprüfung der bei den TN entstehenden Gefühle. Diese können z. B. Schuld- bzw. Schamgefühl, Angst, Wut, etc. umfassen, aber auch die Formulierung von Orientierungslosigkeit. Die folgenden Punkte wurden ausschließlich aus den Footprint-Stories entnommen, da die Handprint-Stories keine entsprechenden Nennungen aufweisen.

- In einigen Fällen dokumentieren die TN ein Gefühl des **Schocks,** mit Bezug auf ihre hohe CO_2-Bilanz (F005, F009, F017). Ein TN spricht sogar von einer **Ausweglosigkeit** angesichts der Emissionen, da eine Reduktion beinahe unmöglich erscheint (F008). Bei einem anderen TN wird das Gefühl einer **Überwältigung** deutlich, als er den Handlungsbedarf zum Klimaschutz beschreibt: andere Themen würden in den Hintergrund treten, wenn es der Menschheit nicht gelingt, die Klimakrise abzuschwächen (F009). Ein TN spürt einen dringenden Handlungsdruck und erklärt sein **schlechtes Gewissen** damit, dass er in der Vergangenheit viel Fleisch gegessen hat.
- Sechs der TN beschreiben das Gefühl der **Unsicherheit** darüber, ob sie die Verhaltensänderung **in dem anvisierten Zeitraum durchhalten** können. Gründe sind u. a., dass sie gerne tierische Produkte konsumieren (F018) oder sich abhängig von ihrem Auto (F017, F020) fühlen (siehe auch Kategorie 1). Zwei Teilnehmende dokumentieren eine gewisse **Zurückhaltung,** da sie vermuten, dass das Selbstexperiment **nicht leicht in den Alltag zu integrieren** sein wird (F003, F19). Ein TN war mit der Umstellung auf eine vegetarische Ernährung in der Vergangenheit gescheitert.
- Den TN scheint es **Mut für die Veränderung** zu machen, wenn sie einen übertriebenen Perfektionismus ablegen und mit s.g. Cheat-Days punktuell auch vom Plan des Experiments abweichen können (F005, F016). Ein TN ist **vom großen Einsparpotenzial**

begeistert (F005). Ein weiterer TN äußert **Vorfreude auf das Selbstexperiment,** weil er weiß, dass tierproduktarme Ernährung positive Aspekte auf Umwelt und Gesundheit hat (F009).

- Mit einer gewissen Ernüchterung formulieren drei TN das Eingeständnis, dass sie ggf. doch **noch nicht ausreichend viel über Klimaschutz wissen** (F005, H007, H015). Jedoch scheinen in den Stories Gefühle wie **Neugier** (F017) und **Wettkampf-Bereitschaft** (F008) durch, um mehr über Handlungsoptionen und Lösungsansätze herauszufinden.

Kategorie 3: Bewertung individueller und gesellschaftlicher Annahmen
Kategorie 3 betrifft die Bewertung der individuellen und gesellschaftlichen Annahmen (Normen/Werte) und des Status Quo. Es geht hier um das Hinterfragen der eigenen Bedeutungsperspektiven. Die folgenden Punkte wurden den Footprint- und Handprint-Stories entnommen, weil eine getrennte Darstellung keinen Mehrwert bot; so auch bei den Kategorien 4, 9 und 10.

- Einige TN hinterfragen tiefgreifende Wahrnehmungsmuster unserer Gesellschaft. Durch die ständige Verfügbarkeit eines Autos habe sich z. B. die **räumliche und zeitliche Wahrnehmung** im Vergleich zu einer vorindustriellen Zeit stark verändert (F001). Dies zeuge von einer selbst geschaffenen, **nicht-nachhaltigen Normalität** (F001). Ein TN fordert einen **grundlegenden Bewusstseinswandel in der Gesellschaft** (F003). Ein anderer übt Kritik an der **Konsumgesellschaft** (F004).
- Andere TN sprechen sich dafür aus, dass einige ihrer **bisherigen Sichtweisen nicht haltbar** sind und Klimaschutz eine größere Rolle spielen muss. Dies zeigt sich, wenn TN berichten, dass sie nicht wahrhaben wollten, dass ihr **Pendeln** einen so großen Einfluss auf ihre CO_2-Bilanz hat (F008). Auch im Bereich der Ernährung setzt sich bei einem TN der Gedanke durch, dass der hohe **Fleischkonsum** aus ökologischer Sicht nicht tragbar ist (F016).
- Interessant sind auch **Neubewertungen von Einflüssen aus dem sozialen Umfeld.** Ein TN dokumentiert, dass er sich trotz hohem **Fleischkonsum des Partners** nicht von dem Plan der vegetarischen Ernährung abbringen lassen will (F011). Auch die **Erwartungshaltung** von Eltern oder Großeltern zum „Mitessen" von Fleisch wird kritisch hinterfragt (F012). Ein TN möchte sogar eine Argumentationsliste erarbeiten, damit angefeindete Veganer noch selbstbewusster auftreten können (H010).
- Zuletzt lässt sich auch **Selbstkritik** in den Stories finden (F015). Die TN beschreiben, dass es ihnen oft schwer fällt aus dem nicht-nachhaltigem Konsumverhalten, das ihnen durchaus bewusst ist, zu entfliehen.

Kategorie 4: Erkenntnis: eigener Transformationsprozess ist weit verbreitet
Kategorie 4 beschreibt die Erkenntnis, dass die erforderlichen Transformationsprozesse für mehr Klimaschutz in der Gesellschaft weit verbreitet sind und andere diese bereits bewältigt haben.

- In den Stories finden sich Äußerungen darüber, dass für Klimaschutz **ein größerer Teil der Gesellschaft aktiv** werden muss (F001, H006). In dem Zusammenhang reflektieren die TN, dass sie wahrnehmen, dass viele nicht-nachhaltige Praktiken von vielen Menschen **als normal empfunden** werden. Durch den russischen Angriffskrieg auf die Ukraine und die damit einhergehenden Kostensteigerungen gäbe es jetzt jedoch einen weiteren Grund zu einer effizienten Nutzung der Energie (F007). Ein TN verweist darauf, dass man von Großeltern lernen könne, die sparsamer leben würden (F009).
- Andere TN dokumentieren, dass Menschen, die **heute bereits nachhaltig** leben wollen, **Einschränkungen** erleben. So wäre z. B. vegane Ernährung noch nicht im Mainstream angekommen, was zu einem geringen Angebot führe (F013) und immer wieder **Anfeindungen** in sozialen Kontexten verursache (H010). Wer heute den öffentlichen Nahverkehr nutzen wollte fände vielerorts ein schlechtes Angebot oder unpünktliche Verbindungen vor und müsse mit einem höheren Zeitaufwand rechnen (F018).
- Die TN beschreiben ein **großes Interesse an den nachhaltigen Themen** ihrer Selbstexperimente in ihrem sozialen Umfeld. Mit Bezug auf eine vegetarische Ernährung entstünden z. B. schnell Gespräche, in denen Erfahrungen ausgetauscht würden (F011).

Kategorie 5: Neuausrichtung der eigenen Rolle
Kategorie 5 betrifft die Neuausrichtung der eigenen Rolle, das Suchen nach neuen Handlungsoptionen und einer neuen Beziehung mit Blick auf Klimaschutz.

Footprint

- Für einige TN ist das **Abwägen der Folgen verschiedener Handlungsoptionen** wichtig. Dabei spielen sowohl der zu erwartende Zeitaufwand, Mehrkosten, das Angebot und die soziale Anerkennung der einzelnen Varianten eine Rolle. So entscheidet sich z. B. ein TN gegen ein Autofrei-Experiment, da die für ihn zurückzulegende Strecke zu weit ist und die ÖPNV-Anbindung schlecht ist (F004). Andere TN stellen bei der Suche nach nachhaltigeren Handlungsoptionen fest, dass sie selbst Mitfahrtgelegenheiten nutzen oder anbieten können (F006, F008). Ein anderer TN hadert mit einem Experiment für vegane Ernährung, da er Irritationen in seinem sozialen Umfeld befürchtet (F005).
- In manchen Stories **entdecken TN neue Aspekte nachhaltiger Verhaltensweisen,** die ihnen bisher verborgen schienen. Eine TN, die gewöhnlich mit dem Auto zur Hochschule kommt, stellt fest, dass sie die Zeit im Zug aktiv nutzen kann (F014). Ein TN achtet durch sein Experiment erstmals auf die CO_2-Emissionen einzelner Lebensmittel (F012).

- Auch beim Ausprobieren spielen **vorausgegangene Einflüsse und Erfahrungen** eine Rolle. Ein TN (F018) wird durch den sich bereits vegan ernährenden Bruder zu seinem Experiment inspiriert. Eine andere TN befasst sich schon länger mit dem Thema Lebensmittelverschwendung und ist daher bereits sensibilisiert.

Handprint

- In Handprint-Stories finden sich Aspekte, die zeigen, wie sich die TN mit der Idee anfreunden, sich in **realweltliche Kontexte der Aushandlung** begeben, um Veränderungen anzustoßen. So sind bei einem TN mehrere Anläufe nötig, um einen befreundeten Friseur davon zu überzeugen, im eigenen Salon Energiesparmaßnahmen umzusetzen (H001). Ein TN möchte sich daran versuchen, einen persönlichen Austausch mit Menschen zu schaffen, denen nachhaltige Themen unzugänglich erscheinen (H003). Außerdem ist der Wunsch dokumentiert, andere Menschen dazu zu motivieren, eine Veränderung anzupacken, die sie sich diese bisher nicht vorstellen können (H010). Sich an eine neue Rolle heranzuwagen, bedeutet für einen TN auch, mit Rückschlägen zu rechnen (H002).

Kategorie 6: Planung neuer Handlung
Kategorie 6 umfasst die konkrete Planung neuer Handlungsweisen für die Experimente. Es ist zu beobachten, dass die TN ihr Vorhaben an ihre Vorerfahrungen anknüpfen und die eignen Einflussbereiche identifizieren. Neben der Planung ist die Entschlussfassung der TN dokumentiert.

Footprint

- Im Bereich der **Mobilität** identifizieren die TN, welche **alternativen Fortbewegungsmittel** sie zum Auto nutzen können, um ihren **Bedarf** zu decken, wie z. B. Scooter, Fahrrad, ÖPNV (F001). Auch eine **effizientere Nutzung** des Autos ist Thema, z. B. durch eine kraftstoffsparende Fahrweise, die Vermeidung von Fahrten, das Nutzen von Mitfahrgelegenheiten (F006, F008, F014, F017). Sie denken bereits an **potenziell herausfordernde Situationen** und planen hierfür Alternativen (F002).
- Die TN, die eine **vegetarische oder vegane Ernährung** ausprobieren wollen, planen den **Einkauf** für die **Gerichte,** die sie zubereiten wollen (F003, F005, F015, H008). Ein TN macht sich bewusst, dass es **Verlockungen** geben wird (F009). Das Wegwerfen von Lebensmittel solle vermieden werden (F015). Auch die CO_2-Emissionen einzelner Produkte werden vor dem Einkaufen reflektiert (F010, F011).
- Im Bereich des **Konsums** nehmen sich die TN vor, mit Dingen möglichst bewusst umzugehen, ungenutzte Gegenstände wegzugeben und nur in Ausnahmefällen etwas Neues einzukaufen (F004).

Handprint

- Eine TN hat vor, eine Handlungsempfehlung für möglichst **nachhaltiges Konsumieren** zu entwickeln: Vorhandenes nutzen, ausleihen, gebraucht kaufen, usw. (H003).
- Mehrere TN planen für die Bereiche Ernährung und Konsum, **Informationen** aufzubereiten und diese möglichst verständlich in Form von Broschüren zur Verfügung zu stellen (H001, H003, H004, H007, H013). Damit wollen sie **Menschen in ihrem sozialen Umfeld** dabei helfen, **klimafreundliche Handlungsoptionen** zu entdecken. Die Broschüren sollen dann einen Anlass für vertiefende Gespräche mit Menschen aus dem sozialen Umfeld bieten (H001, H003, H004 H008). Ein TN verbindet das Gespräch mit einem veganen Abendessen, damit Familienangehörige eine alternative Ernährung erleben können (H008).
- Eine TN möchte mit einer **Fahrrad-Demo** auf **nachhaltige Mobilität** aufmerksam machen und nimmt sich die Schritte der Ideenfindung, Organisation, Kommunikation und Durchführung vor (H005). Eine Person organisiert eine Abschlussveranstaltung für den #climatechallenge-Kurs, der den **Austausch über Klimaschutz und Nachhaltigkeit** ermöglicht und offen für die Teilnahme anderer Personen ist (H014).
- Manche TN wollen jedoch auch **strukturelle Veränderungen** bewirken, die **dauerhaft und für andere sichtbar** sind (H013). Ein TN legt sich einen Plan für die Identifikation von Einsparpotenzialen bei elektrischen Geräten und der Nutzung durch die Mitarbeitenden in einem Friseursalon zurecht (H002). Ein weiterer TN plant, wie er durch Gespräche mit Vereinsmitgliedern über die Vorteile der aufzubauenden Recycling-Station sprechen möchte, um Akzeptanz zu schaffen (H006).

Kategorie 7: Aneignung neuer Fähigkeiten

Kategorie 7 adressiert die Aneignung von neuem Wissen und neuen Fähigkeiten, um den Plan bzw. das Selbstexperiment umsetzen zu können. Den Erfahrungsberichten lässt sich entnehmen, wie die TN selbstständig relevante Informationen recherchieren und sich durch exploratives und experimentelles Vorgehen neue Fähigkeiten erschließen.

Footprint

- Bei einigen TN ist dokumentiert, dass die **Aneignung des neuen Wissens und der Fähigkeiten gemeinsam mit anderen** erfolgt ist. Insbesondere bei Experimenten im Bereich Ernährung lernen die TN durch den Austausch mit anderen über vegane und vegetarische Gerichte, auch beiläufig beim geselligen Kochen in der Gruppe (F011, F018). Ein TN lernt von einer erfahrenen Person mehr über das Imkern und reflektiert die Bedeutung der Bienen für die Ökosysteme (H012).
- Zentrales Element ist, dass sich die TN durch die Auseinandersetzung mit dem Thema ihres Selbstexperiments **selbstständig wichtige Indikatoren für die Beurteilung eigener Handlungsoptionen** erarbeiten. So nennen sie z. B. Flächenverbrauch

der Nutztierhaltung, Müllaufkommen, Energieverbrauch, CO_2-Bilanz verschiedener Lebensmittel, voraussichtliche Treibstoffeinsparungen durch veränderte Kfz-Nutzung, usw. – und sie berücksichtigen dieses Wissen in ihrem Experiment (F002, F004, F006, F008, H009). Ein TN der bisher viel Fleisch gegessen hat und Sport treibt interessiert sich für die Nährwerte verschiedener Obst- und Gemüsearten (F007). Eine TN setzt sich intensiv mit nachhaltigen Geldanlagen auseinander und möchte entsprechende Gütekriterien besser verstehen (F015).

Kategorie 8: Ausprobieren neuer Rollen
Kategorie 8 umfasst das Ausprobieren neuer Rollen und Beziehungen im real-weltlichen Kontext. Die TN ergreifen überwiegend mutig Initiative für ihre Verhaltensänderungen und evaluieren fortlaufend ihre Erlebnisse.

- Die TN, die auf ihr Auto verzichten, beschreiben, wie sich im Experiment ihre **Mobilitätsroutinen verändern**. Ein TN stand früher auf, um die Bahn zu erreichen (F001). Zwei TN sagen, dass sie ihr Fahrrad für die Wege zum Einkaufen beim Markt oder beim lokalen Bauer genutzt haben (F002). Andere heben die Vorteile regenfester Kleidung für das Radfahren hervor (F004). Zwei TN haben sich bei einer Mitfahr-Plattform angemeldet und haben damit positive Erfahrungen gemacht (F008, F017).
- Jene TN, die sich mit **Ernährung** befassen, berichten über verschiedene Erfahrungen. Mit veganen Produkten, die Fleisch ersetzen sollen, haben die TN überwiegend positive Erfahrungen gemacht (F009, F010, F013, F016). Nur ein TN berichtet negativ darüber (F011). Ein anderer TN beschreibt die Familie als unterstützendes Umfeld, das die Hinwendung zu veganer Ernährung mitträgt (F007, F009). Ein TN fühlt sich durch die vegane Ernährungsweise gesünder (F019). Ein anderer TN startet mit seinem Experiment etwas später, um beim Familienfest noch ein Fleischgericht essen zu können (F016).
- Ein TN versucht, **nachhaltigen Konsum** durch den Kauf eines gebrauchten Regals umzusetzen – und entschied sich dazu, dieses Regal mit seinem Auto abzuholen und dabei eine Strecke von insgesamt 60 km zurückzulegen; eine weitere Reflexion über die CO_2-Emissionen des gesamten Vorhabens fehlt (F005).
- Ein TN, der sich der **Energieeinsparung** in einem Friseursalon widmet, spricht von einer Startschwierigkeit und versucht verschiedene Wege, um die Mitarbeitenden zum Mitmachen zu motivieren (H002). Eine weitere TN betont, wie sie mithilfe der Info-Broschüre eine offene Gesprächsgrundlage schaffen konnte und neue Perspektiven auf Klimaschutzlösungen kennenlernt (H007).

Kategorie 9: Stärkung des Selbstvertrauens durch neue Rolle/Fähigkeiten
Kategorie 9 umfasst die Stärkung des Selbstvertrauens der TN in ihre neuen Rollen und durch erfolgreiche Erfahrungen mit den neu angeeigneten Fähigkeiten. Einige TN sagen, dass sie die #cc zurückblickend leichter umsetzen konnten, als ursprünglich gedacht (F003, F019).

- Viele Teilnehmende beschreiben, dass sie **stolz** darauf sind, **ihre #climatechallenge erfolgreich gemeistert zu haben** (F003, F011 F017, F018, H005). Zudem beschreiben sie ihre Experimente als bereichernd (F005), spannend (F020) und dass es ihnen **die Augen geöffnet** hat, wie hoch das Potenzial zur CO_2-Einsparung ist (F006, F018). Ein TN resümiert, dass ein gutes Gefühl ist, zu wissen, dass eigene Gewohnheiten auch veränderbar sind (F004).
- Außerdem reflektieren die TN **positive Erfahrungen durch die neuen Handlungsweisen.** Ein TN berichtet, dass er bei jedem neuen vegetarisch/veganen Gericht etwas Neues über eine gesunde Ernährung gelernt hat und dass es nicht erforderlich ist, jeden Tag Fleisch zu essen (F009). Ein anderer TN stellt fest, dass er entgegen der ursprünglichen Erwartung oft schneller mit dem Fahrrad ist als mit dem Auto. Ein TN möchte den regionalen Bauer unterstützen (F002). Auch die erfolgreiche Etablierung der Mülltrennung im Vereinsheim und das positive Feedback der Mitarbeitenden, die beim Energiesparen im Friseursalon mitanpacken, empfinden die TN als persönlichen Erfolg (H002, H007).
- Besondere Hinweise finden sich in den Stories zu **positiven sozialen Erfahrungen im Bereich Mobilität,** die scheinbar Eindruck auf die TN hinterlassen haben. Ein TN spricht erstaunt davon, wie problemlos es funktioniert hat, eine Mitfahrgelegenheit anzubieten und freut sich über die netten Gesprächspartner_innen (F008). Ein TN betont eine entspannte Zugfahrt im Vergleich zu einer stressigen Verkehrssituation auf den Straßen (F014).
- Im **Bereich der Ernährung** sind weitere **positive Erfragungen im sozialen Umfeld** dokumentiert. So haben sich z. B. Freunde eines TN in der Mensa entgegen der Erwartung für das vegane Essen entschieden (F005). Ein weiterer TN berichtet von aufgeschlossenen Gesprächen mit der Familie (H010). Zudem beschreibt ein TN die interkulturelle Erfahrung einer tamilischen Hochzeit, bei der es nur vegetarische Gerichte gab, die lecker waren (F011).

Kategorie 10: Wiederaufnahme des Lebens mit neuer Perspektive
Kap. 10 betrifft die Wideraufnahme des Lebens. Durch das Selbstexperiment wurden neue Bedeutungsperspektiven entwickelt.

- Alle TN, die eine **Verhaltensänderungen im Bereich der Ernährung** erprobt haben, bewerten ihre Erfahrung positiv und möchten **das neu Entdeckte in Zukunft mit wenigen Ausnahmen beibehalten.** So können sich die TN vorstellen, sich auch außerhalb der #climatechallenge überwiegend vegetarisch/vegan zu ernähren bzw. ihren Fleischkonsum stark zu reduzieren (F002, F003, F004, F005, F011, F012, F018, F019). Regionale Produkte – solange es der Geldbeutel zulässt (F002, F013) und eine CO_2-Reduktion durch möglichst fleischlose Ernährung (F009) sind hier einigen TN wichtig. Einem TN hilft es weiterzumachen, weil er in der Zeit des Experiments viele neue Gerichte kennengelernt hat (F010, F011).

- Auch im **Bereich Mobilität wollen die TN ihre Veränderung im Rahmen des ihnen Möglichen fortführen.** So möchte ein TN künftig komplett auf sein Auto verzichten und es verkaufen (F006). Andere TN planen, das Autofahren auf ein Minimum zu begrenzen und es nur noch an wenigen Wochenenden zu nutzen (F008, F014). Es ist festzustellen, dass die TN Mobilität diverser wahrnehmen und alternative Formen, fernab des motorisierten Individualverkehrs, benennen: eine TN möchte die 40 km von Zuhause zum Hochschulstandort mit dem Rad zurücklegen (F016), ein anderer reflektiert den zeitlichen Mehraufwand bei der Nutzung des ÖPNVs (F017). Wieder andere formulieren eindeutige CO_2-Einsparziele, die sie nach dem Kurs weiterverfolgen wollen (F008),. Ein TN schreibt, dass er in Zukunft nicht in einem Job arbeiten möchte, in dem er viel im Auto sitzt (F006).

- Außerdem finden sich in den Stories **weitere Willensbekundungen zur Fortsetzung der Veränderungen.** Eine TN hat bereits einen Termin bei einer ökologischen Bank vereinbart. Ihr erscheint es wichtig, zum Abschluss des Studiums zu wissen, wie sie ihr Geld verantwortungsbewusst anlegen kann (F015). Ein TN, der sich mit nachhaltigem Konsum befasst hatte, gibt sich für die Zukunft ein festes monatliches Budget, um nicht unkontrolliert Geld auszugeben (F020) und damit Ressourcenverbrauch und CO_2-Emissionen zu begrenzen. Eine TN hat die Fahrrad-Demo über eine Fridays for Future-Gruppe verstetigt; sie findet nun über den Sommer 2022 an jedem Freitag statt (H005). Außerdem beschreibt ein TN, dass er trotz der nur geringen CO_2-Einsparung des Mülltrenn-Systems Lust auf weitere strukturell wirksame Aktionen bekommen hat (H006). Ein TN möchte auch weiterhin einen Beitrag zum Klimaschutz leisten und sich weiter mit der Imkerei beschäftigen (H012).

4 Diskussion

Für das Format #climatechallenge sollte in diesem Artikel erstmals empirisch untersucht werden, ob und wie es den TN transformative Lernerfahrungen ermöglicht. Von einer transformativen Lernerfahrung lässt sich dann sprechen, wenn die TN die 10 Phasen der transformativen Lerntheorie durchlaufen (nicht zwingend chronologisch von 1–10, auch durcheinander) und ein Wandel ihrer inneren Bedeutungsperspektiven (Kitchenham, 2008; Mezirow, 2000) sichtbar wird.

Die Auswertung der quantitativen Daten (Kategoriehäufigkeiten) und der qualitativen Daten (kodierte Textstellen) deutet darauf hin, dass ein Großteil der TN jene Handlungen dokumentiert, die sich den zehn Phasen der transformativen Lerntheorie zuordnen lassen. Jedoch ist festzustellen, dass einzelne Phasen häufiger beschrieben wurden als andere. Mögliche Gründe werden im Folgenden diskutiert.

Das Format #climatechallenge besteht im Kern aus zwei Selbstexperimenten, die die TN gezielt an Verhaltensänderungen heranführt. Es ist deshalb nicht überraschend, dass sich in den Erfahrungsberichten der TN vermehrt folgende Phasen wiederfinden – gehen sie doch naturgemäß mit dem Experimentieren einher: Neuausrichtung der eigenen Rolle (Kategorie 5), Planung neuer Handlung (Kategorie 6), Aneignung neuer Fähigkeiten (Kategorie 7) und Ausprobieren neuer Rollen (Kategorie 8).

Positiv zu bewerten ist jedoch, dass der Großteil der TN ebenso Erfahrungen in jenen Phasen dokumentiert hat, die nicht explizit im Format #cc angelegt sind.

- So bezeugen die TN unterschiedliche Irritationen bzw. desorientierende Dilemmata (Kategorie 1), wie z. B. durch einen großen CO_2-Fußabdruck, die Auseinandersetzung mit Big-Points des nachhaltigen Konsums oder das Bewusstwerden von strukturellen Hürden im Klimaschutz in Unternehmen oder Organisationen. Hier zeigt sich, dass transformative Lernerfahrungen im Kontext von Selbstexperimenten niederschwellig angestoßen werden können.
- Zudem heben viele TN die Stärkung ihres Selbstvertrauens durch ihre neue Rolle bzw. durch die neu erlernten Fähigkeiten in der #climatechallenge hervor (Kategorie 9). Dieses neue Vertrauen begründen die TN u. a. damit, dass sie neue Handlungsoptionen ausprobiert haben und die Veränderungen erfolgreich umgesetzt haben. Positive Erfahrungen im sozialen Umfeld stärken dieses Selbstvertrauen.
- Besonders sind jene dokumentierten Erfahrungen hervorzuheben, die sich der Wiederaufnahme des Lebens mit neuer Perspektive (Kategorie 10) zuordnen lassen. Alle TN beschreiben, dass sie erprobte Veränderungen (vollständig oder in Teilen) auch nach ihren Selbstexperimenten in ihr Leben integrieren möchten. Dies zeigt sich auf der Ebene des Footprint u. a. daran, dass die TN z. B. die fleischreduzierte Ernährung beibehalten möchten oder künftig auf ihr Auto verzichten wollen. Auch auf der Ebene des Handprints wollen einige TN weiter aktiv bleiben, z. B. in zivilgesellschaftlichen Gruppen oder auch in Organisationen und Unternehmen.

Demgegenüber wurden andere Phasen weniger stark durch die TN dokumentiert. Keine der Phasen ist explizit im Format angelegt und die TN wurden auch nicht dazu aufgefordert, entsprechende Themen zu beschreiben.

- In wenigen Fällen beschreiben die TN eine Reflexion oder Selbstprüfung ihrer Gefühle (Kategorie 2). Gründe dafür sind vermutlich auch, dass die Texte im Hochschulkontext entstanden sind und die TN gewöhnlich in vergleichbaren Abgaben oder wissenschaftlichen Berichten nicht über Gefühle sprechen. Dennoch wird deutlich, dass die TN durch die Klimakrise tief angefasst sind und das Format #cc die Auseinandersetzung mit diesen Emotionen zulässt.
- Wenige TN bewerten in ihren Erfahrungsberichten die individuellen und gesellschaftlichen Annahmen (Kategorie 3). Jedoch setzen sie sich kritisch mit ihrem individuellen Konsum- und Mobilitätsverhalten auseinander und formulieren auch für die Gesellschaft, dass es einen tiefgreifenden Bewusstseinswandel für mehr Nachhaltigkeit benötigt.
- Unklar ist, warum nur wenige TN davon berichten, dass der eigene Transformationsprozess weit verbreitet ist (Kategorie 4) oder von anderen bereits gemeistert wurde. Vermutlich ist dies dadurch eingeschränkt, dass die TN der ausgewerteten Stichprobe die #climatechallenge als hybrides Format durchgeführt haben und so der übliche Austausch in Präsenz über erfolgreiche Lösungsansätze bei anderen eingeschränkt war.

4.1 Mit Selbstexperimenten transformative Lernprozesse ermöglichen

Diese qualitative Untersuchung zum Lern- und Lehrformat #climatechallenge zeigt, wie es die TN im Kontext ihrer Selbstexperimente (Trenks et al., 2018) dabei unterstützt, transformative Lernerfahrungen zu machen. Als Beitrag zu einschlägigen Diskursen (Hochschulbildung für eine Nachhaltige Entwicklung, transformative Nachhaltigkeitsforschung, Reallaborforschung, etc.) sollen im Folgenden einige Impulse für die Entwicklung vergleichbarer Bildungs- und Experimentierformate formuliert werden.

Darüber hinaus möchte dieser Artikel einen Beitrag zur Hochschulbildung für eine Nachhaltige Entwicklung leisten, indem er das große Potenzial von Selbstexperiment-Formaten aufzeigt. Schließlich evaluieren die TN den Status Quo kritisch, planen ihre Verhaltensänderungen, erarbeiten sich eigenverantwortlich neue Fähigkeiten bzw. Kompetenzen und kommen – zumindest für den Zeitraum des Experiments – ins konkrete Handeln. Damit tragen die Selbstexperimente auch die Überwindung der Intention-Verhalten-Lücke (Sniehotta et al., 2005) bei.

4.2   Zukünftige Herausforderungen

Wie die Auswertung der Erfahrungsberichte zeigte, dokumentierten die TN die Phasen 2, 3 und 4 eher selten. Diese sind aber wichtige Bestandteile des transformativen Lernprozesses (Mezirow, 2000). Daher sollten sie in #cc und vergleichbaren Bildungs- und Experimentierformaten mehr Aufmerksamkeit erhalten. Eine Herausforderung wird sein, wie Einheiten integriert werden können, die einen Fokus legen auf: Selbstprüfung der Gefühle, Reflexion über die Bewertung der individuellen und gesellschaftlichen Annahmen, sowie zur Beobachtung, ob intendierten Transformationsprozesse bereits an anderen Stellen umgesetzt werden.

Trotz der großen Aufmerksamkeit für transformative Lernprozesse ist ihre Einbindung im Hochschulkontext noch immer begrenzt. Der Autor möchte Verantwortliche an Hochschulen dazu ermutigen, für Studierende neue Reflexionsanlässe und (geschützte) Räume zu schaffen, in denen sie in real-weltlichen Kontexten lernen und wirken können – um ihre eigenen Beiträge zu einer Großen Transformation auszuloten und die dafür erforderlichen Kompetenzen zu entwickeln. Ein Beitrag zur Verstetigung des Formats leistet das bundesweite Projekt #climatechallenge im Projektzeitraum 2023–2025, dessen Angebot sich auch an Hochschule richtet (www.climatechallenge.de).

4.3   Einschränkungen der Untersuchung und Ausblick

Für diese Untersuchung wurde ein kleiner Datensatz mit insgesamt 35 Stories ausgewertet. Auch wenn die Daten wertvolle Hinweise darauf geben, ob und wie das Format #climatechallenge seine TN dabei unterstützt, transformative Lernerfahrungen zu durchlaufen, bleiben die Ergebnisse auf das untersuchte Format #climatechallenge bezogen. Diese Untersuchung könnte in Zukunft mit einer größeren Stichprobe und über mehrere Jahre und einem methodischen Ansatz (Mixed-Methods) wiederholt werden.

Obwohl sich die Ergebnisse zu den transformativen Lernerfahrungen auf den Ebenen Footprint und Handprint unterscheiden, wurden diese Unterschiede im Rahmen dieses Artikels nicht vertieft untersucht. Auch die Frage, ob Irritationen (Kategorie 1) auf der Ebene des Footprints einen Anlass für Aktivitäten auf der Ebene des Handprints erzeugen, wurde nicht untersucht. Hier sind weitere Arbeiten zum sogenannten Footprint-Handprint-Gap möglich (siehe auch: Szaguhn et al. (2021)).

Hervorzuheben ist, dass die Challenge-Abbruchquote in dieser Gruppe gering ist, ggf. deshalb, weil die Studierenden Credits erhalten wollten. In Kontexten außerhalb der Hochschule ist die Quote voraussichtlich höher. Außerdem haben sich die TN pro-aktiv zu diesem Studium Generale-Kurs angemeldet, was ein Grundinteresse am Thema vermuten lässt.

5 Fazit

Die Ergebnisse zeigen, dass der Großteil der TN einer #climatechallenge eine transformative Lernerfahrung macht, indem sie die 10 Phasen der transformativen Lerntheorie durchlaufen. Ihre transformativen Lernerfahrungen werden zunächst durch Irritationen (Phase 1) angestoßen und führen dann über die real-weltliche Verhaltensänderungen in den Selbstexperimenten zu neuen Einsichten und einem Wandel ihrer Bedeutungsperspektiven (Phase 10) – zumindest in einem Teilbereich ihres Lebens. Die TN beschreiben in ihren Erfahrungsberichten auch ihre Intention, die Verhaltensänderungen auch nach der #climatechallenge fortzuführen. Da die TN diese in der #cc überwiegend erfolgreich über einen mehrwöchigen Zeitraum in ihr Leben integriert haben, ist eine erhöhte Langfristwirkung zu erwarten.

Abschließend ist festzustellen, dass Selbstexperiment-Formate ein großes Potenzial haben, ihren TN ein geschütztes Umfeld für die Entwicklung und Erprobung selbst gewählter Verhaltensänderungen für individuelle und kollektive Klimaschutzaktivitäten – und für transformativer Lernprozesse – zu schaffen. Studierende können so selbstbestimmt ihre eigene Rolle in der Großen Transformation finden.

Literatur

Beecroft, R., Trenks, H., Rhodius, R., Benighaus, C., & Parodi, O. (2018). Reallabore als Rahmen transformativer und transdisziplinärer Forschung: Ziele und Designprinzipien. In A. Di Giulio, & R. Defila (Hrsg.), Transdisziplinär und transformativ forschen (S. 75–99). Springer. https://doi.org/10.1007/978-3-658-21530-9.

Bilharz, M. (2008). „Key Points" nachhaltigen Konsums: Ein strukturpolitisch fundierter Strategieansatz für die Nachhaltigkeitskommunikation im Kontext aktivierender Verbraucherpolitik (1. Aufl). Metropolis-Verlag.

Brookfield, S. (2012). Critical theory of transformative learning. In E. W. Taylor & P. Cranton (Hrsg.), The handbook of transformative learning: Theory, research, and practice (S. 131–146). John Wiley & Sons.

Brundiers, K., Barth, M., Cebrián, G., Cohen, M., Diaz, L., Doucette-Remington, S., Dripps, W., Habron, G., Harré, N., Jarchow, M., Losch, K., Michel, J., Mochizuki, Y., Rieckmann, M., Parnell, R., Walker, P., & Zint, M. (2021). Key competencies in sustainability in higher education—Toward an agreed-upon reference framework (S. 13–29). Sustainability Science, 16(1). https://doi.org/10.1007/s11625-020-00838-2.

CEE. (2022). Handprint CARE theory chapters. Centre for environment education. https://www.handprint.in/theory_chapters. Zugegriffen: 07. März 2023.

Groß, M., Hoffmann-Riem, H., & Krohn, W. (2015). Realexperimente: Ökologische Gestaltungsprozesse in der Wissensgesellschaft. In Realexperimente. transcript. https://doi.org/10.1515/9783839403044.

Hahne, U., & Kegler, H. (Hrsg.). (2016). Resilienz: Stadt und Region: Reallabore der resilienzorientierten Transformation. PL Academic Research.

Heitfeld, M., & Reif, A. (2020). Transformation gestalten lernen: Mit Bildung und transformativem Engagement gesellschaftliche Strukturen verändern (S. 60). Hintergrundpapier. Germanwatch e. V. www.germanwatch.org/de/19607. Zugegriffen: 07. März 2023.

IPCC. (2022). Climate change 2022: Impacts, adaptation and vulnerability. Contribution of working group II to the aixth assessment report of the intergovernmental panel on climate change (S. 168). In H. -O. Pörtner, D. C. Roberts, M. Tignor, E. S. Poloczanska, K. Mintenbeck, A. Alegría, M. Craig, S. Langsdorf, S. Löschke, V. Möller, A. Okem, & B. Rama (Hrsg.), Cambridge University Press. doi:https://doi.org/10.1017/9781009325844.

Jantsch, E. (1972). Interdisciplinarity: Problems of teaching and research in universities. OECD Publications Center, Suite 1207, 1750 Pennsylvania Avenue, N. https://eric.ed.gov/?id=ED0 61895. Zugegriffen:7. März 2023.

Kemmis, S. (2011). A self-reflective practitioner and a new definition of critical participatory action research (S. 11–29). In N. Mockler, N. & J. Sachs, J. (Hrsg.), *Rethinking educational practice through reflexive iInquiry*. Springer. https://doi.org/10.1007/978-94-007-0805-1_2.

Kitchenham, A. (2008). The evolution of John Mezirow's transformative learning theory (S. 104–123). *Journal of Transformative Education, 6*(2). https://doi.org/10.1177/1541344608322678.

Kuckartz, U., & Rädiker, S. (2022). *Qualitative Inhaltsanalyse: Methoden, Praxis, Computerunterstützung: Grundlagentexte Methoden* (5. Aufl.). Beltz Juventa.

Lang, D. J., Wiek, A., Bergmann, M., Stauffacher, M., Martens, P., Moll, P., Swilling, M., & Thomas, C. J. (2012). Transdisciplinary research in sustainability science: Practice, principles, and challenges (S. 25–43). *Sustainability Science, 7*(S1). https://doi.org/10.1007/s11625-011-0149-x.

Lewin, K. (1946). Action research and minority problems (S. 34–46). *Journal of Social Issues, 2*(4). https://doi.org/10.1111/j.1540-4560.1946.tb02295.x.

Mezirow, J. (1981). A critical theory of adult learning and education (S. 3–24). *Adult Education, 32*(1). https://doi.org/10.1177/074171368103200101.

Mezirow, J. (1997). Transformative Erwachsenenbildung. In Arnold, K. (Hrsg.), Schneider.

Mezirow, J. (2000). Learning as transformation: Critical perspectives on a theory in progress. The Jossey-Bass Higher and Adult Education Series. Jossey-Bass Publishers, 350 Sansome Way, San Francisco, CA 94104.

Mezirow, J., & Marsick, V. (1978). Education for perspective transformation. Women's re-entry programs in community colleges.

Nohl, A. -M. (2015). Typical phases of transformative learning: A practice-based model (S. 35–49). *Adult Education Quarterly, 65*(1). https://doi.org/10.1177/0741713614558582.

Parodi, O., Beecroft, R., Albiez, M., Quint, A., Seebacher, A., Tamm, K., & Waitz, C. (2016). Von „Aktionsforschung" bis „Zielkonflikte". TATuP (S. 9–18). *Zeitschrift für Technikfolgenabschätzung in Theorie und Praxis, 25*(3). https://doi.org/10.14512/tatup.25.3.9.

Reif, A., & Heitfeld, M. (2015). Wandel mit Hand und Fuß mit dem Germanwatch Hand Print den Wandel politisch wirksam gestalten: Hintergrundpapier. Germanwatch.

Ryan, K. (2016). Incorporating emotional geography into climate change research: A case study in Londonderry (S. 5–12). Vermont. *Emotion, Space and Society, 19.* https://doi.org/10.1016/j.emo spa.2016.02.006.

Schneidewind, U. (2015). Transformative Wissenschaft – Motor für gute Wissenschaft und lebendige Demokratie (S. 88–91). *GAIA – Ecological Perspectives for Science and Society, 24*(2). https://doi.org/10.14512/gaia.24.2.5.

Singer-Brodowski, M. (2018). Transformative Bildung durch transformatives Lernen. Zur Notwendigkeit der erziehungswissenschaftlichen Fundierung einer neuen Idee. https://doi.org/10.25656/01:15443.

Sippel, M. (2018). Klimaschutz in der Lehre und darüber hinaus: Erfahrungen mit dem Format #climatechallenge (S. 16–19). *Die Neue Hochschule, 3.*

Sniehotta, F. F., Scholz, U., & Schwarzer, R. (2005). Bridging the intention–behaviour gap: Planning, self-efficacy, and action control in the adoption and maintenance of physical exercise (S. 143–160). *Psychology & Health, 20*(2). https://doi.org/10.1080/08870440512331317670.

Szaguhn, M., & Sippel, M. (2021). Vom Konsumhandeln zum zivilgesellschaftlichen Engagement – Können Veränderungsexperimente für mehr Klimaschutz im Alltag dazu beitragen, den Footprint-Handprint-Gap zu überwinden? (S. 169–183). In W. Wellbrock & D. Ludin (Hrsg.), *Nachhaltiger Konsum*. Springer. https://doi.org/10.1007/978-3-658-33353-9_10.

Szaguhn, M., Sippel, M., & Wöhler, T. (2021). Mit #climatechallenge zu mehr CSR? Ein innovatives Lernformat für Verantwortungsübernahme in der großen Transformation (S. 237–251). In A. Boos, M. van den Eeden, & T. Viere (Hrsg.), CSR und Hochschullehre. Springer. https://doi.org/10.1007/978-3-662-62679-5_12.

Trenks, H., Waitz, C., Meyer-Soylu, S., & Parodi, O. (2018). Mit einer Realexperimentreihe Impulse für soziale Innovationen setzen—Realexperimente initiieren, begleiten und beforschen (S. 233–278). In Di Giulio, A. & Defila, R. (Hrsg.), *Transdisziplinär und transformativ forschen*. Springer.

Wagner, F., & Grunwald, A. (2015). Reallabore als Forschungs- und Transformationsinstrument Die Quadratur des hermeneutischen Zirkels. *GAIA – Ecological Perspectives for Science and Society, 24*(1), 26–31. https://doi.org/10.14512/gaia.24.1.7.

Wamsler, C., Schäpke, N., Fraude, C., Stasiak, D., Bruhn, T., Lawrence, M., Schroeder, H., & Mundaca, L. (2020). Enabling new mindsets and transformative skills for negotiating and activating climate action: Lessons from UNFCCC conferences of the parties. *Environmental Science & Policy, 112*, 227–235. https://doi.org/10.1016/j.envsci.2020.06.005.

Wanner, M., Schmitt, M., Fischer, N., & Bernert, P. (2022). Transformative Innovation Lab: Handbuch zur Ermöglichung studentischer Reallabor-Projekte (S. 33). Wuppertal Institut für Klima, Umwelt, Energie. https://epub.wupperinst.org/frontdoor/index/index/docId/7674.

WBGU. (2011). *Welt im Wandel: Gesellschaftsvertrag für eine Große Transformation; Hauptgutachten* (2., veränd. Aufl). Wissenschaftlicher Beirat der Bundesregierung Globale Umweltveränderungen (WBGU).

WWF. (2022). Living Planet Report 2022 – Building a nature- positive society. In R.E.A. Almond, M. Grooten, D. Juffe Bignoli, & T. Petersen (Hrsg.), *WWF*. Gland.

ERIC- Ein hochschulweites Lehrprojekt zur Förderung des nachhaltigen Denkens und Handelns i. S. nachhaltigen (zukünftigen) Unternehmertums von Studierenden aller Fakultäten der Hochschule Coburg

Christian Schadt, Isabelle Reißer und Susanne Esslinger

1 Einführung

Bildung gilt als wichtiger Schlüssel dafür, dass die notwendigen Anstrengungen bzw. Potenziale für eine lebenswerte, gerechte Zukunft bewältigt bzw. genutzt werden können (Euler, 2021). Damit nachhaltige Entwicklung gelingen kann, ist es demnach wichtig, dass Lernende sensibilisiert und befähigt werden, sowohl im privaten als auch im *beruflichen (ökonomischen) Handeln,* innerhalb der planetaren Grenzen sozial-nachhaltig zu wirken (Tafner et al., 2022). Letzteres adressiert nicht zuletzt auch den Lern- und Bildungsraum Hochschule (z. B. Michaelis & Berding, 2021a; Singer-Brodowski et al., 2019). Bemühungen in diese Richtung scheinen durchaus lohnenswert, deutet der wissenschaftliche Konsens doch darauf hin, dass die Hochschule (mit geeigneten Lehr-Lernangeboten) ein geeigneter Lernraum ist, der die hierfür notwendigen Fähigkeiten und Denkhaltungen

Wir bedanken uns bei unseren Projektkolleg_innen Prof. Dr. Felix Weispfenning, Prof. Mario Tvrtkovic, Janine Koch sowie unseren studentischen Hilfskräften, ohne deren Engagement und Unterstützung die Planung, Umsetzung und Weiterentwicklung der im Beitrag beschriebenen Maßnahmen nicht möglich wäre.

C. Schadt (✉) · I. Reißer · S. Esslinger
Hochschule für Angewandte Wissenschaften Coburg, Coburg, Deutschland
E-Mail: christian.schadt@hs-coburg.de

I. Reißer
E-Mail: isabelle.reisser@hs-coburg.de

S. Esslinger
E-Mail: susanne.esslinger@hs-coburg.de

W. Leal Filho (Hrsg.), *Lernziele und Kompetenzen im Bereich Nachhaltigkeit,* Theorie und Praxis der Nachhaltigkeit, https://doi.org/10.1007/978-3-662-67740-7_3

befördern kann (z. B. Klusmeyer et al., 2015; Wiek et al., 2011). Zudem zeigen Befragungen von Studierenden, dass sich diese eine stärkere Integration derartiger Themen bzw. hierauf bezogener Lehr-Lern-Möglichkeiten in universitären und hochschulischen Bildungsangeboten wünschen würden (z. B. LAK Bayern, 2022). Nicht zuletzt wird eine nachhaltige institutionelle Transformation (welche u. a. selbstverständlich auch die Lehre adressieren soll) immer stärker als (bildungs-)politische Maßgabe an die Hochschulen herangetragen bzw. sogar gesetzlich vorgeschrieben (vgl. für das Bundesland Bayern z. B. KRINAHOBAY, 2017 sowie BayHIG, 2022). Hochschulen dürfen bzw. können es sich demnach nicht mehr erlauben, sich diesem Thema zu entziehen.

Wirft man einen Blick in wissenschaftliche Diskussionslinien, so stellen sich die Lernziele und anvisierten Kompetenzziele einer Bildung für Nachhaltige Entwicklung (BNE) – die thematisch ja im Fokus des vorliegenden Bandes stehen – i. S. e. nachhaltigen Unternehmertums (auch in der Hochschullehre) als äußerst vielfältig und voraussetzungsreich dar. Versucht man sich an einer Zusammenführung einiger Zielstellungen, wie sie bei oft rezipierten Forscher_innen (die nachfolgende Auswahl ist sicherlich nicht vollständig!) benannt werden, so könnte man festhalten, dass die Hochschule als Lernraum *zukünftig beruflich Handelnden* Möglichkeiten geben sollte, die für nachhaltige Entwicklung relevanten Einstellungen, Überzeugungen und Haltungen sowie das darauf bezogene notwendige Wissen aufzubauen. Ferner wird genannt, dass es Aufgabe ist, die (Weiter-) entwicklung problemlösungsbezogener Fähigkeiten und Fertigkeiten derart zu unterstützen, dass die Lernenden in die Lage versetzt werden, aktiv, eigenverantwortlich und mit anderen gemeinsam Zukunft im berufsbezogenen Handeln nachhaltig zu gestalten (z. B. De Haan, 2008; Euler, 2021; Kanning & Meyer, 2019; Schütt-Sayed et al., 2021; Tafner et al., 2022; Weinert, 2001; Wiek et al., 2011).

Will man sich als Lehrende_r in der Hochschule dieser voraussetzungsreichen Aufgabe annehmen, findet man mittlerweile erfreulicherweise zahlreiche didaktisch-methodische Anregungen und/oder Best Practice Beispiele als wertvolle Inspirationsquellen. Um nur einige, ausgewählte zu nennen, sei beispielsweise auf die deutsche Modellversuchsforschung (z. B. Kuhlmeier et al., 2013; Melzig et al., 2021), einschlägige „hochschuldidaktisch akzentuierte" Sammelbände (auch innerhalb der vorliegenden Herausgerberreihe, z. B. Leal Filoh, 2018a), oder aktuelle Lehrbücher, die (u. a.) Themen der Nachhaltigkeitsdidaktik bzw. Nachhaltige Wirtschaftslehre aufgreifen (z. B. Michaelis & Berding, 2021b; Brahm et al., 2022) hingewiesen.

In diesem Beitrag wird der Ansicht gefolgt, dass die Förderung eines (zukünftig) *nachhaltigen Unternehmertums* von Studierenden durch hochschulische Lehr-Lern-Angebote, ein – mit Blick auf den bisherigen Publikationsstand (vgl. z. B. oberhalb genannte Quellen) – aktuell noch wenig adressiertes, spezifisches (Teil-)Thema der BNE in der Hochschullehre darstellt. Entsprechend werden im vorliegenden Beitrag die Maßnahmen und Lehr-Lern-Angebote des Projekts ERIC wie sie an der Hochschule Coburg umgesetzt werden, vorgestellt. Schließlich sollen die zuvor benannten Lern- und Kompetenzziele von Studierenden dadurch befördert werden (vgl. Kap. 2).

Vor dem Hintergrund didaktisch-methodischer Überlegungen wird in Kap. 3 ein Überblick über die an der Hochschule Coburg implementierten Maßnahmen und Angebote zur Förderung eines i. S. nachhaltigen Unternehmertums notwendigen „Mindsets", Wissens und praktischen Erfahrungsschatzes der Studierenden gegeben. Zudem wird dargelegt, wie diese Projektbausteine wissenschaftlich evaluiert und anschließend modifiziert werden sollen (Kap. 4), um letztendlich einen Ausblick auf die weitere Umsetzung des Projektes und der Lehre für nachhaltiges Unternehmertum an der Hochschule geben zu können (Kap. 5). Um den Leser_innen die Nachvollziehbarkeit der später beschriebenen Maßnahmen und Lehr-Lern-Angebote zu erleichtern und ihnen einen besseren Überblick über das Forschungsprojekt ERIC und dessen Zielsetzungen geben zu können, soll dieses im nachfolgenden Kapitel zunächst kurz vorgestellt werden.

2 Das drittmittelgeförderte Verbundprojekt ERIC: Akteure, Partner_innen und Zielsetzungen

„ERIC – Entrepreneurship Track for Regional Impact on Global Challenges" ist ein Verbundprojekt der Technischen Hochschule Ingolstadt (insb. des Centre of Entrepreneurship der TH Ingolstadt) und der Hochschule für angewandte Wissenschaften Coburg. Das Projekt hat eine Gesamtlaufzeit von vier Jahren (Start 2022) und wird vom Bayerischen Staatsministerium für Wissenschaft und Kunst gefördert sowie vom bayerischen Entrepreneurship-Netzwerk HOCHSPRUNG begleitet.

Mit ERIC wird das Ziel verfolgt, auf regionaler Ebene über impact-orientierte Gründungsvorhaben und Pilotprojekte, Antworten auf globale Herausforderungen, wie sie in den 17 Nachhaltigkeitszielen (SDGs) der Vereinten Nationen beschrieben sind, zu geben. In diesem Sinne werden im Rahmen des Projekts ERIC Lösungen entwickelt, welche eine positive Wirkung (Impact) auf ökologische, ökonomische und soziale Herausforderungen der Region leisten können. Insbesondere die SDGs 3 (Gesundheit und Wohlergehen), 4 (Hochwertige Bildung), 7 (Bezahlbare und saubere Energie), 9 (Industrie, Innovation und Infrastruktur), 11 (Nachhaltige Städte und Gemeinden) und 12 (Nachhaltiger Konsum und Produktion) bilden dabei einen zentralen Bestandteil des Vorhabens der beiden Partnerhochschulen und leiten sich aus deren Profilen ab (vgl. United Nations, 2015). Die Zielsetzung von ERIC besteht darin, nachhaltigkeitsorientiertes Denken und Handeln innerhalb der Organisation „Hochschule Coburg" zu fördern, und dadurch auch über deren Grenzen in das regionale Umfeld hinaus zu wirken und innovative Projektideen und bestenfalls sogar nachhaltige Gründungsvorhaben zu unterstützen. Gemeinsam mit Kooperationspartner_innen aus Wissenschaft, Wirtschaft, Politik und der Zivilgesellschaft erfolgt eine Lern- und Gründungsreise, welche die folgenden Etappen umfasst: „Mindset" – Wissens- und Kompetenzerwerb durch Lehre – Umsetzung. Die Hauptadressat_innen der aus dem Projekt heraus entwickelten und implementierten Maßnahmen und Angebote sind die Studierenden der Hochschule.

Im ersten Schritt (Etappe 1: „Mindset") besteht die Zielstellung zunächst in der *Sensibilisierung* für die Themen Nachhaltigkeit und Entrepreneurship. Durch geeignete Formate, wie z. B. kurze Impulsvorträge (sog. Impact-Talks), einem mehrtägigen Festival (Coburger Nachhaltigkeitstage) und einer Kurzfilm-Challenge (sog. Impact-Movie-Challenge) (vgl. hier und nachfolgend auch Kap. 3) soll den Studierenden und den weiteren Adressat_innen die Brisanz der Themen nähergebracht werden, sodass diese zum eigenen nachhaltigen Handeln angeregt bzw. motiviert werden.

Anschließend wird in Etappe zwei (Lehre) ein starker Fokus an den *Wissensaufbau* gelegt. Insbesondere die Implementierung eines thematisch einschlägigen Zertifikatsstudiums ist an dieser Stelle besonders hervorzuheben. Die hierfür anrechenbaren Lehrangebote sollen Studierenden das notwendige fachliche Grundlagenwissen vermitteln, um im nächsten Schritt ziel- sowie nachhaltigkeitsorientiert handeln und wirken zu können.

Die Lern- und Gründerreise findet ihren Abschluss im dritten und finalen Schritt (Etappe 3: Umsetzung). In diesem sollen Studierende das erworbene Wissen aus den vorangegangenen Phasen *anwenden* und in die Praxis überführen. Hierfür werden neben praxisorientierten Lehrangeboten (sog. Lab-of-Change-Projekte), bei denen die Studierende zumeist kleingruppenbasiert Lösungsansätze für nachhaltigkeitsbezogene Herausforderungen entwickeln, auch Coachings und Wettbewerbe für angehende nachhaltige Gründer_ innen angeboten.

Das Lehrangebote und die Projekte sind primär im Studium Generale verankert und richten sich somit an Studierende aller Fakultäten und Studiengänge der Hochschule. Es wird ein besonderer Schwerpunkt auf die Interdisziplinarität, die gewinnbringende Verknüpfung von Theorie und Praxis sowie die Vernetzung mit relevanten Stakeholder_ innen der Region gelegt.

ERIC soll hierbei nicht nur eine weitere Option für Studierende im Bereich der belegbaren Lehrveranstaltungen oder Events an der Hochschule Coburg sein. Vielmehr dient das Projekt der Befähigung junger Student_innen sowohl in privaten als auch in beruflichen Kontexten, Verantwortung vor dem Hintergrund der gesamtgesellschaftlichen Herausforderungen zu übernehmen. Es geht nicht nur darum, nachhaltige(re) Entscheidungen treffen zu können, sondern vor allem auch, nicht nachhaltige Zustände, Entwicklungen und Entscheidungen identifizieren zu können und diesen mit zukunftsfähigen und nachhaltigen Alternativen zu begegnen. Das Wissen und diese Kompetenzen sollen dabei nicht an den Grenzen der Hochschule enden, sondern in die Region getragen werden, um einen nachhaltigen Impact zu schaffen. Dies kann einerseits durch nachhaltige Gründungen, aber auch durch eine zukunftsfähige (Um-)Gestaltung der regionalen Wirtschaft (nachhaltiges innovatives Handeln im Sinne der Weiterentwicklung bestehender Organisationen) gelingen.

3 Implementierte Maßnahmen und Lehrformate vor dem Hintergrund der Förderung nachhaltigen beruflichen Denkens und Handelns im Rahmen der Hochschullehre

Wie in den vorausgehenden Kapiteln deutlich wurde, bestehen die Zielsetzungen im Verbundprojekt ERIC v. a. darin, Studierende für (zukünftiges) nachhaltiges Unternehmer_innentum zu sensibilisieren, ihnen Möglichkeiten zu bieten, das für nachhaltiges berufliches Handeln notwendige Wissen zu erwerben sowie erste nachhaltigkeitsorientierte Projekte in der Umsetzung zu üben. Das Lernziel „nachhaltiges Unternehmer_innentum" wird dabei so verstanden, dass Studierende ein gedankliches und handwerkliches Grundgerüst erwerben können, um im späteren beruflichen Wirken (egal innerhalb welcher Institutionen, in welcher Branche und in welchem Berufsfeld sie letztendlich tätig sein werden) derart zu entscheiden und zu handeln, dass ökologische und soziale Rahmenbedingungen und Auswirkungen den ökonomischen Zielen der Institutionen *zumindest* gleichberechtigt gegenüberstehen. Studierende sollen ermutigt und befähigt werden, innerhalb der Organisationen, in denen sie tätig sind, *nachhaltigkeitsorientiert innovativ zu denken und zu handeln,* oder bestenfalls sogar eigene *nachhaltigkeitsorientierte Unternehmen zu gründen bzw. sich nachhaltigkeitsorientiert selbstständig zu machen;* gemeinsam mit dem Projektpartner TH Ingolstadt werden also Maßnahmen entwickelt, um Fähigkeiten und Denkhaltungen nachhaltigen Intra- und Entrepreneurships bei Studierenden zu fördern (vgl. z. B. Dreisiebner et al., 2019; Ebbers, 2022). So sollen die Lernenden befähigt werden, in ihren zukünftigen beruflichen Handlungsumfeldern (im jeweils möglichen Handlungsrahmen) einen Beitrag zur Verbesserung der Welt im Sinne der besseren Erreichungsgrade der Sustainable Development Goals der UN leisten zu können.

Diese Zielsetzung erscheint absolut anschlussfähig an die in Kap. 1 adressierten Lern- und Kompetenzziele im Bereich Nachhaltigkeit in der Hochschullehre. So geht es demnach ja einerseits um eine Beförderung von fachlichen bzw. fachinhaltlichen Dispositionen und Kompetenzen, die für ein nachhaltiges Denken und Gestalten unerlässlich sind, andererseits aber werden wiederkehrend auch fachübergreifende Fähigkeiten, die auf Konzepte wie Selbstkompetenz, moralische Kompetenz, Kooperationsfähigkeiten, usw. abzielen als grundlegende Zielstellungen einer BNE genannt. Schließlich sind letztere unerlässlich, um nachhaltiges Denken und Handeln auch (erfolgreich) umsetzen zu können (vgl. z. B. Wiek et al., 2011). Übertragen auf die Förderung *nachhaltigen beruflichen Handelns i. S. e. nachhaltigen Unternehmer_innentums* sollten Lernende Wissen und Fähigkeiten aufbauen, um – wie bereits benannt – ökonomisch innerhalb der planetaren Grenzen und im Sinne sozialer Nachhaltigkeit zu denken und zu handeln. Es geht zudem um berufliche Selbstkompetenzen i. S. eines Entre- und Intrapreneurships, eine Wertevermittlung i. S. der Befähigung für moralisch adäquates Handeln im Beruf, und/oder eine zielbezogene Kommunikation und Kooperation während der Ausübung beruflicher Tätigkeit.

Folgende „didaktisch-methodische" Ansätze und Leitlinien bieten für die Maßnahmen und Lehr-Lern-Angebote daher wichtige Orientierungspunkte (eine gänzlich trennscharfe Abgrenzung ist dabei nicht immer möglich und auch nicht intendiert):

- Bildung für Nachhaltige Entwicklung (in der Hochschule) (z. B. Euler, 2021; Kanning & Meyer, 2019; Schütt-Sayed et al., 2021)
- Sustainable/Social Entrepreneurship Education (in der Hochschule) (z. B. Ebbers, 2019, 2022; Gerholz & Slepcevic-Zach, 2015; Klusmeyer et al., 2015; Weyland et al., 2022)
- Selbstgesteuertes, kooperatives Lernen in authentischen, problem- bzw. problemlösungsorientierten Lehr-Lern-Settings (z. B. Bleck & Lipowsky, 2021; Böhner & Dolzanski, 2016; Braun et al., 2014)
- Moralerziehung/Sensibilisierung für moralisches Entscheiden im beruflichen Handeln (z. B. Heinrichs et al., 2019)
- Innovative projektorientierte Lehre und Service Learning (z. B. Altekruse et al., 2018; Gerholz & Slepcevic-Zach, 2015; Gessler et al., 2021)
- Lernbegleitung statt Wissensvermittlung durch die Lehrpersonen (z. B. Braun et al., 2014; Bleck & Lipowsky, 2021)

All dies erfolgt mit der Zielsetzung, Interdisziplinarität durch den Einbezug verschiedener Studiengänge und Fakultäten der Hochschule (auch und v. a. diejenigen, an die man beim Thema nachhaltiges Unternehmertum zunächst nicht primär denken würde) sowie Organe der (erweiterten) Hochschulleitung und weiterer interner Organisationseinheiten (Referate der Hochschule, Studentische Initiativen) zu gewährleisten (siehe nachfolgende Tabelle). Durch die Zusammenarbeit der verschiedenen Organisationsmitglieder soll eine nachhaltige Organisationsentwicklung stattfinden, um als gesamte Hochschule (mit regionalen und weiteren außerhochschulischen Partner_innen und Interessensgruppen) nachhaltigkeitsorientiert in die Region hineinwirken zu können (vgl. Leal Filoh, 2018b).

Ggf. erscheinen die aktuellen didaktisch-methodischen Referenzpunkte der Maßnahmen und Lehr-Lern-Angebote im Hinblick darauf, dass die Angebote per se interdisziplinär und studiengangsübergreifend ausgerichtet werden sollen, (noch) etwas stark an wirtschaftsdidaktischen bzw. berufs- und wirtschaftspädagogischen Lehr-Lern-Methoden orientiert. Gleichermaßen aber sind derartige Bezugspunkte im Sinne der Förderung von Kompetenzen für nachhaltiges Unternehmer_innentum zunächst nicht unpassend und lassen sich zukünftig weiteren Fachdisziplinen bzw. -diskursen gegenüber öffnen, um anschlussfähige didaktisch-methodische Ansätze zu integrieren.

Die folgende Tabelle (Tab. 1) gibt eine Übersicht über ausgewählte Maßnahmen und Lehr-Lern-Angebote, wie sie seit Projektstart an der Hochschule Coburg bereits umgesetzt wurden. Zudem werden die anvisierten Lernziele und didaktisch-methodische Überlegungen überblicksartig aufgezeigt.

Tab. 1 Darstellung ausgewählter Maßnahmen und Lehr-Lern-Angebote im Projekt ERIC. (Eigene Darstellung)

Seminar/Format	Lernziele	Didaktisch-methodische Rahmung	Zusammenarbeit Projektteam ERIC und
BWL I im Studiengang Integrative Gesundheitsförderung (Pflichtmodul)	Unternehmerisches Handeln im Sinne des Treffens betriebswirtschaftlich-unternehmerischer Entscheidungen antizipieren, umsetzen und reflektieren können	Sustainable Entrepreneurship Education / teilnehmerzentrierte, kooperative und selbstgesteuerte Lehre	Professor_innen der Fakultät Ganzheitliche Gesundheitswissenschaften
	Einnahme neuer Perspektiven vor dem Hintergrund gesellschaftlicher Herausforderungen	Business Plan Erstellung für ein selbstüberlegtes, fiktives soziales Dienstleistungs- bzw. gesundheitsförderndes Unternehmen	
Projektseminar/ Lab-of-Change Projekt Green Office – Kommunikation und Partizipation Studierender erreichen (Wahlpflichtbereich Studium Generale)	Kenntnisse über die Relevanz der Themen "Nachhaltigkeit" und "Bildung für nachhaltige Entwicklung" erlangen	Interdisziplinäre Lehre / teilnehmerzentrierte, kooperative und selbstgesteuerte Lehre	Professor_innen der Fakultäten Ganzheitliche Gesundheitswissenschaften, Wirtschaftswissenschaften und Design
	Verständnis für die Relevanz adressatengerechter Kommunikation für Nachhaltigkeitspartizipation schaffen	Projektorientierte Lehre	Mitglieder der Hochschulleitung
	Erstellung eines Kommunikationskonzepts (im Zuge der Etablierung eines Green Office an der Hochschule Coburg)	Bildung für nachhaltige Entwicklung / Konzepterstellung und -pitch für ein Kommunikationskonzept für Nachhaltigkeitspartizipation vor einer Jury aus internen und externen Partner_innen des Green Office	Studentische Vertreter_innen / Nachhaltigkeitsaktive aus der Zivilgesellschaft / Partnerunternehmen aus der Region
Nachhaltiges Handeln im Beruf (Wahlpflichtbereich im Studium Generale)	Erwerb von Grundlagenwissen zu den Themen Nachhaltigkeit, zu (beruflichen) Nachhaltigkeitszielen sowie Grundannahmen zu nachhaltigkeitsbezogenen Bildungszielen in der Hochschullehre	Bildung für nachhaltige Entwicklung / Sustainable Entrepreneurship Education	Professor_innen und Dozent_innen der Fakultäten Ganzheitliche Gesundheitswissenschaften, Soziale Arbeit, Maschinenbau, Design
		Moralerziehung	Partner_innen aus Unternehmen der Region als Referent_innen
		interdisziplinäre Lehre	Mitarbeiter_innen weiterer Projekte der Hochschule
		Informations-, Diskussions-, und Austauschplattform zum Thema Nachhaltiges Handeln im Beruf	
Impact Talks (Maßnahme außerhalb bestehender Curricula)	Niederschwellige Information über aktuelle Trends und Entwicklungen im Bereich Sustainable Entrepreneurship	Sustainable Entrepreneurship Education / Bildung für Nachhaltige Entwicklung	Externe Kooperationspartner_innen (Nachhaltigkeits-Gründer_innen und Selbstständige)
	Kennenlernen von Best Practice Beispielen	Information zu Möglichkeiten nachhaltigen Unternehmertums	
	Kennenlernen von Erfahrungsberichten zu Herausforderungen und Potentialen nachhaltiger Gründungen		
Public Climate School Aktionswoche (Maßnahme außerhalb bestehender Curricula)	Bewusstseinsschaffung und Aufklärung zu den Herausforderungen sowie Handlungspotentialen in Folge der Klimakrise	Sustainable Entrepreneurship Education / Bildung für Nachhaltige Entwicklung	Professor_innen der Fakultäten Wirtschaftswissenschaften, Soziale Arbeit, Design
	Sensibilisierung zu Möglichkeiten nachhaltigen Handelns im Beruf aus individueller und gesamtunternehmerischer Perspektive	Informations-, Diskussions- und Austauschplattform zum Thema Nachhaltigkeit zwischen hochschulinternen und externen Gruppen	externe Partner_innen aus Unternehmen der Region als Referenten / Mitarbeiter_innen weiterer Projekte der Hochschule
	Einnahme neuer Perspektiven vor dem Hintergrund gesellschaftlicher Herausforderungen		Studentische Initiativen
Coburger Nachhaltigkeitstage (Maßnahme außerhalb bestehender Curricula)	Erwerb von Grundlagen- und Fachwissen zu den Themen globale Gesundheit, Energie und Klima, Mensch, Natur und Gesellschaft, Mobilität, Wirtschaft, u.v.m.	Bildung für Nachhaltige Entwicklung / Service Learning	Partner_innen des Vereins Making Culture e.V. Coburg
	Einnahme neuer Perspektiven vor dem Hintergrund gesellschaftlicher Herausforderungen	Impulsvorträge, Diskussionsrunden und Exkursionen zum Austausch/ Erleben von Nachhaltigkeit	Externe Referent_innen sowie Referent_innen der Hochschule Coburg aus unterschiedlichen Fakultäten
		Möglichkeiten zum Netzwerken und Anbahnung gemeinsamer Nachhaltigkeitsaktivitäten	Mitarbeiter_innen weiterer Projekte der Hochschule / Nachhaltigkeitsaktive aus Zivilgesellschaft, Stadt und Unternehmen der Region

Die voranstehende Tabelle gibt einen Überblick, über die bereits umgesetzten Lehr-Lern-Formate zur nachhaltigen Beteiligung u. a. der Studierenden (i. S. der Organisationsentwicklung und regionalen Vernetzung). In den kommenden Semestern sollen diese Angebote verstetigt bzw. weiterentwickelt sowie durch weitere Formate thematisch ergänzt werden. Im kommenden Semester werden beispielhaft (in Zusammenarbeit mit Dozierenden verschiedener Fakultäten) Themen behandelt wie die Erarbeitung eines Marketing- und Vetriebskonzeptes für einen nachhaltigen Möbelproduzenten oder nachhaltige Finanzierungsmöglichkeiten von Unternehmen. Ebenso wird der Frage nachgegangen wie man ein nachhaltiges Unternehmen gründet und welche Bewertungskriterien zur Identifizierung nachhaltiger Unternehmen herangezogen werden können. Die Themen und Fragestellungen werden bewusst unter Einbezug externer Kooperationspartner_innen realisiert. Wie bisher, sollen Lehr-Lern-Formate und weitere Maßnahmen entwickelt und angeboten werden, die sowohl Angebote im regulären Pflichtstudium, als auch im (inter-disziplinären) Wahlpflichtbereich darstellen. Zusätzlich soll Information und Partizipation hochschulinterner und -externer Gruppen ermöglicht werden, damit die Formate zwar auch, aber eben nicht ausschließlich, für Studierende zugänglich sind (vgl. Tab. 1).

4 Wissenschaftliche Evaluation und Weiterentwicklung der eingesetzten Maßnahmen und Lehrformate

Mit dem eigenen Anspruch als Dozierende und Forschende gleichermaßen die bestehenden Angebote stetig zu evaluieren und zu optimieren, und vor dem Hintergrund, dass die Projektmittel und -ziele keine wissenschaftliche Evaluation der ein- und umgesetzten Vorhaben verpflichtend vorsehen, wurde ein ressourceneffizientes bzw. „(test-)ökonomisches" Format der Rückmeldungen von v. a. Studierenden im Rahmen der gängigen Evaluationen gewählt. Schließlich sind die Studierenden die wichtigsten Adressat_innen des Lehr-Lern-Angebots. Nach internen Abstimmungen mit dem Referat Lehrinnovation und -qualität der Hochschule wurde es möglich, im Rahmen der ohnehin obligatorischen Lehrveran-staltungsevaluationen einen eigenen Fragebogen (mit offenen Antwortformaten) für die ERIC-Veranstaltungsformate einzusetzen. So gelingt es für einen großen Teil der Maß-nahmen und Lehr-Lern-Angebote Feedback zu erhalten. Nach Recherche und Sichtung von Erhebungsinstrumenten aus Evaluationsstudien zu Bildungs- bzw. Studienprogram-men (z. B. Böttcher & Thiel, 2017) werden, in Anlehnung an dort eingesetzte Instrumente zur Evaluation von Lehr-Lern-Angeboten, die Studierenden mit Blick auf die intendierten Lern- und Kompetenzziele, beispielsweise um deren subjektive, anonyme Einschätzung zu folgenden Fragen (hier beispielhaft für projektorientierte Angebote) gebeten:

- Inwieweit hat die Veranstaltung Ihnen dabei geholfen, Sie für die Themenbereiche Nachhaltigkeit bzw. nachhaltiges berufliches Engagement zu sensibilisieren?
- Inwieweit hat die Veranstaltung Ihnen dabei geholfen, relevantes Wissen über die Themenbereiche Nachhaltigkeit und nachhaltiges berufliches Engagement aufzubauen?
- Inwiefern hat die Veranstaltung dazu beigetragen, Ihr Interesse an den Themenberei-chen Nachhaltigkeit und nachhaltiges berufliches Engagement zu steigern?
- Inwiefern denken Sie, dass die Veranstaltung dazu beigetragen hat, dass Sie zukünf-tig beruflicher nachhaltiger agieren werden bzw. sich für Nachhaltigkeit engagieren werden?
- Was haben Sie bzgl. der zuvor genannten Punkte in der Lehrveranstaltung vermisst? Was könnte man zukünftig besser machen?

Die Antworten/Rückmeldungen der Studierenden werden im Projektteam regelmäßig gesammelt, kategorisiert und diskutiert. Darüber hinaus finden sowohl innerhalb des Projektteams als auch gemeinsam mit den hochschulinternen und -externen Projektpartner_ innen regelmäßig weitere formale und informelle Austauschformate statt, bei denen das Vorhaben und die zugrunde liegenden Ideen mit Blick auf die Aufdeckung etwaiger Optimierungspotenziale zur Diskussion gestellt und letztendlich in konsensualer Abstimmung modifiziert werden kann. Überall dort, wo das ERIC-Team im Rahmen der Angebote von den Studierenden Prüfungsleistungen abnehmen kann und prüfungsrechtlich die Möglichkeit hat, werden als (Teil-)Leistungen schriftliche Reflexionen der individuell wahrgenommenen Lehr-Lern-Prozesse verlangt. Zusätzlich wird explizit um die ehrliche Rückmeldung von Optimierungspotenzialen der Angebote aus Sicht der Lernenden gebeten (z. B. durch die offene Frage „Was hat mir bzgl. der zu Beginn des Seminars vorgestellten Lernziele und -inhalte gefehlt, was hätte ich mir noch weiter gewünscht und warum?").

Ein erstes Ergebnis führt zukünftig dahin, dass thematisch bzw. fachinhaltlich z. B. das Thema „Digitalisierung als Unterstützungstool für Nachhaltige Entwicklung" vor dem Hintergrund der o. g. originären Projektziele stärker fokussiert werden wird. Dies bedingt sich einerseits dadurch, dass Digitalisierung bzw. der Einsatz digitaler Technologien vielfachen Mehrwert für die Gestaltung von institutionalisierten Bildungssettings (auch in der Hochschule bietet) und gerade die jüngere Generation Lernender ein hohes Interesse am Thema Digitalisierung mitbringt (vgl. z. B. Beiträge in Büchter et al., 2022). Hier besteht also ein geeigneter Ansatzpunkt dafür, die Themen Digitalisierung und Nachhaltige Entwicklung bzw. Digitalisierung als Unterstützungstool für nachhaltiges Unternehmertum zusammenzubringen. Andererseits bedingen die sich durch Digitalisierung verändernden Anforderungen und Möglichkeiten mithin Notwendigkeiten an berufliche Tätigkeiten bzw. ganze Berufsbilder und damit auch die Kompetenzen der berufstätigen Personen selbst (z. B. Bardmann, 2019; Geiser, 2022), dass diskutiert, erforscht und ausprobiert wird, wie die Möglichkeiten digitaler Technologien ein nachhaltiges berufliches Handeln bzw. nachhaltiges Unternehmertum unterstützen können (vgl. Nölting & Dembski, 2021). Schließlich verschwimmen die Grenzen zwischen Arbeiten und Lernen durch Digitalisierung immer mehr und gerade Bildungsinstitutionen sollten zukünftig Berufstätige darauf vorbereiten und ihnen Rüstzeug zum adäquaten Umgang mit den daraus resultierenden Veränderungen an die Hand geben. So können und sollen Studierende auf ihre Rolle als aktive Gestalter_innen der Veränderungen mit und durch Digitalisierung (auch im Sinne nachhaltiger Entwicklung!) vorbereitet werden, damit diese sich nicht als weitgehend passive Rezipient_innen digitaler (beruflicher) Transformation erleben (vgl. Reimann, 2022; WBGU, 2019). Aus diesen Gründen wird– neben den in Kap. 3 genannten Lehrformaten – gemeinsam mit einem regionalen Kooperationspartner „Zukunft.Coburg.Digital", dem digitalen Gründerzentrum der Region, und dem Studiengang Informatik im kommenden Semester erstmals ein Modul „E-Entrepreneurship" angeboten, um mit und durch studentische Projekte, die Möglichkeiten von digitalen Geschäftsprozessen und -modellen als Gegenstandsbereich und Treiber nachhaltigen Unternehmertums in den Blick zu nehmen.

Die bisherigen Rückmeldungen zu den bereits implementierten Formaten und Lehr-Lern-Angeboten stimmen durchaus positiv, dass die eingesetzten Maßnahmen geeignet sind, die anvisierten Lern- und Kompetenzziele von Studierenden befördern zu können. Gleichzeitig zeigen sie aber auch die Notwendigkeit weiterer Optimierungen/ Modifizierungen bzw. Erweiterungen des Angebotsportfolios auf.

So schreibt ein_e Student_in in der Lehrveranstaltungsevaluation eines angebotenen Projektseminars: „Ich hoffe, dass ich später in meinem Beruf einen Posten bekomme, in dem nachhaltige Themen gefördert werden. Nachhaltigkeit wird in Unternehmen immer wichtiger, also sollte es eigentlich ein grundlegender Baustein sein, ein nachhaltiges Bewusstsein zu besitzen. Das [Seminar] hat mich gelehrt, dass man überall etwas schaffen kann. Sei es in einem Unternehmen oder in der Gesellschaft. Durch Engagement und kleinen Aufwand kann man viel bewirken. Dieses Wissen werde ich auch über meine Zeit als Student_in hier an der Hochschule hinaus mitnehmen." Während ein_e weitere_r Student_in im Rahmen einer schriftlichen Reflexion als Teil der Prüfungsleistung zu einem der angebotenen Grundlagenseminare sich scheinbar noch mehr praxisbezogene Lernmöglichkeiten wünschen würde: „Ich hielt das Thema Nachhaltigkeit vor dem Besuch dieses Moduls für wichtig und halte es nach wie vor für unentbehrlich. Allerdings hatte ich nicht erwartet, wie viel informativer und aufgeklärter ich mich zum Ende der Veranstaltung hin fühlen werde. Diese Veranstaltung endet mit einem erfolgreichen Besuch eines für mich sinnvollen Studium Generale Moduls. Es bleibt jedoch abzuwarten, ob die erlernten Inhalte aus dem Seminar sich gesellschaftlich bewähren und idealerweise beruflich umsetzbar werden können".

5   Fazit und Ausblick

Der Fokus des vorliegenden Beitrags lag auf der Vorstellung einer nachhaltigkeitsorientierten Entrepreneurship Education, wie sie im Rahmen des drittmittelgeförderten Verbundprojektes ERIC (und mit der fachlichen Unterstützung der Kolleg_innen der TH Ingolstadt) Einzug in die Lehre der Hochschule Coburg findet. Hierfür wurden Möglichkeiten aufgezeigt, wie nachhaltiges Denken und Handeln in die Lehr-Lern-Angebote der Hochschule eingebunden und wie Student_innen zu wichtigen Akteur_innen für eine lebenswerte und nachhaltige Zukunft ausgebildet werden können, indem sie zu nachhaltigem beruflichem Denken und Handeln befähigt werden und bestenfalls mit eigenen nachhaltigen und innovativen Ideen, die Umsetzung von Projekten und im Optimalfall sogar Gründungen anvisieren, um die Zukunft nachhaltig (mit) zu gestalten. Wohlwissend, dass das Projekt noch jung ist und sicherlich Optimierungsbedarfe bestehen, ist der Beitrag ein Praxisbeispiel, mit welchem (exemplarischen) Angebotsportfolio man den oft genannten Dreischritt aus Sensibilisierung, Wissensaufbau und praktischer Umsetzung (vgl. Kap. 1 und 2) im Lehr- (und weiterem) Angebot in der Hochschule fokussieren kann.

Ob und inwiefern es mit den skizzierten Maßnahmen *tatsächlich* gelingt, dass die relevanten o. g. Kompetenz- und Lernziele einer BNE in der Hochschullehre bei Studierenden befördert werden können, lässt sich zu diesem frühen Stand der Projektlaufzeit noch nicht verlässlich sagen. Schließlich stehen die Auswertungen der Rückmeldungen der Studierenden zu den Evaluationen der eingesetzten Maßnahmen noch am Anfang; und wären ohnehin sicherlich zudem durch die Erhebung zusätzlicher, objektiver Daten weiter zu prüfen. Der Kern des Beitrags lag vielmehr darin, den Leser_innen ein mögliches bzw. *unser* hochschuleigenes Lehr-Lern-*Konzept* darzustellen (und fachwissenschaftlich sowie lehr-lern-theoretisch zu begründen), mit dem wir Studierende vor dem Hintergrund der drängenden aktuellen gesamtgesellschaftlichen, ökologischen, sozialen und ökonomischen Herausforderungen und Zielsetzungen unterstützen wollen, nachhaltige (berufliche) Entwicklung zukünftig aktiv mitgestalten zu können. Auch vor diesem Hintergrund werden wir fachinhaltlich noch stärker das Thema Digitalisierung aufgreifen. Schließlich deutet einerseits der fachwissenschaftliche Diskurs darauf hin, dass diese beiden großen „Megatrends" unserer Zeit im Sinne der Gestaltung einer lebenswerten Zukunft zusammengedacht werden müssen (vgl. WBGU, 2019). Andererseits besteht Konsens, dass Fähigkeiten zur aktiven Gestaltung nachhaltiger Entwicklung und dem adäquaten, verantwortungsvollen Umgang mit und durch Digitalisierung simultan gefördert werden sollten. Schließlich werden diese als diejenigen berufsübergreifenden Kompetenzen angesehen, die i.S.e. zukunftsorientierten Berufsbefähigung fortan unentbehrlich sein werden (vgl. Bundesinstitut für Berufsbildung, 2021). Abschließend wollen wir den Studierenden mit unserem Lehr-Lern-Angebot künftig noch mehr Möglichkeiten geben, dass sie – neben dem Aufbau einer breiten Wissensbasis zu Handlungspotenzialen nachhaltigen zukünftigen beruflichen Handelns – immer auch praktisch aktiv werden, und nachhaltige Entwicklung mitzugestalten, einüben können. Dies erscheint nicht nur fachdidaktisch und vor den Hintergründen der Kompetenz- und Lernziele begründet, sondern auch die Studierenden (zumindest diejenigen Teilnehmer:innen unserer ersten Lehr-Lern-Formate) scheinen sich dies noch stärker zu wünschen.

Durch die weitere Vertiefung der fakultäts- und studiengangsübergreifenden Ausrichtung und Möglichkeiten der interdisziplinären Zusammenarbeit mit internen und externen Stakeholder_innen, sind wir noch zuversichtlicher, dass die für nachhaltige Entwicklung bzw. nachhaltiges Unternehmertum relevante Lern- und Kompetenzziele adressiert werden können. Um dies zu gewährleisten und um die Lehr-Lern-Angebote und weitere Maßnahmen stetig optimieren und weiterentwickeln zu können, werden sie zukünftig regelmäßig und v. a. systematisch(er) evaluiert. Hierfür dienen zum einen die Rückmeldungen der Studierenden bzw. Teilnehmenden an den verschiedenen Formaten, zum anderen reflektieren die Mitglieder des Projektteams Optimierungspotenziale in regelmäßigen Feedbackrunden intern und mit externen Projektpartner_innen (vgl. Kap. 4).

Durch die anvisierte Intensivierung der interdisziplinären Zusammenarbeit mit den verschiedenen Fakultäten, soll sich die Hochschule schlussendlich über die Beteiligung verschiedener Organisationsteilnehmer_innen nach und nach zu einer nachhaltigeren Organisation entwickeln, deren Absolvent_innen die Herausforderungen der (beruflichen) Zukunft aktiv annehmen und Lösungsansätze generieren. Darüber hinaus zielen viele der Maßnahmen des Verbundprojektes, die über klassische Lehr-Lern-Angebote hinausgehen bzw. diese ergänzen (vgl. Kap. 3), auf das Hineinwirken in die Region und den Einbezug relevanter regionaler Stakeholder_innen ab, um auch über die Grenzen der Hochschule hinaus eine nachhaltige Transformation zu befördern.

Literatur

Altekruse, J., Fischer, D., & Ruckelshauß, T. (2018). Kollaborative Kurzfilmproduktion als innovativer Ansatz in der Hochschulbildung für nachhaltige Entwicklung an der Leuphana Universität Lüneburg. In W. Leal Filho (Hrsg.), *Nachhaltigkeit in der Lehre. Eine Herausforderung für Hochschulen* (S.365–389). Springer Spektrum.

Bardmann, M. (2019). *Grundlagen der Allgemeinen Betriebswirtschaftslehre.* Springer.

BayHIG. (2022). Das Bayerische Hochschulinnovationsgesetz. https://www.stmwk.bayern.de/wissenschaftler/hochschulen/hochschulrechtsreform.html. Zugegriffen: 02. Jan. 2023.

Bleck, V., & Lipowsky, F. (2021). Kooperatives Lernen – Theoretische Perspektiven, empirische Befunde und Konsequenzen für die Implementierung. In T. Hascher, T.-S. Idel, & W. Helsper (Hrsg.), *Handbuch Schulforschung* (S. 1–19). Springer.

Böhner, M., & Dolzanski, C. (2016). *Fachdidaktik für Lehrende im Bereich Wirtschaft.* Schlüssel für den erfolgreichen Unterricht.

Böttcher, F., & Thiel, F (2017). Ergebnisse der Evaluation der Forschungsorientierten Lehre (FoL) an der Freien Universität Berlin. URL: https://www.fu-berlin.de/sites/fol/_media/FoL-Evaluationsbericht_Dez_2017.pdf. Zugegriffen: 02. Jan. 2023.

Brahm, T., Iberer, U., Kärner, T., & Weyland, M. (2022). *Ökonomisches Denken lehren und lernen. Theoretische, empirische und praxisbezogene Perspektiven.* Wbv Verlag.

Braun, E., Weiß, T., & Seidel, T. (2014). Lernumwelten in der Hochschule. In T. Seidel & A. Krapp (Hrsg.), *Pädagogische Psychologie* (S. 433–453). Beltz.

Büchter, K., Wilbers, K., Windelband, L., & Gössling, B (2022). Digitale Arbeitsprozesse als Lernräume für Aus- und Weiterbildung. *Berufs- und Wirtschaftspädagogik online - bwp@, Ausgabe 43.*

Bundesinstitut für Berufsbildung. (2021). *Vier sind die Zukunft. Digitalisierung. Nachhaltigkeit. Recht.* Budrich.

De Haan, G. (2008). Gestaltungskompetenz als Kompetenzkonzept der Bildung für nachhaltige Entwicklung. In I. Bormann & G. de Haan (Hrsg.), *Kompetenzen der Bildung für nachhaltige Entwicklung* (S. 23–43). Springer VS.

Dreisiebner, G., Krajger, I., Schwarz, E. J., & Stock, M. (2019). Game based learning in der Entrepreneurship Education im wirtschaftlichen Unterricht – Das Planspiel inspire! build your business. *Berufs- und Wirtschaftspädagogik online bwp@, Spezial AT-2,* 1–18.

Ebbers, I. (2022). Ökonomisches Denken lehren und lernen in der Entrepreneurship Education. In T. Brahm, U. Iberer, T. Kärner, & M. Weyland (Hrsg.), *Ökonomisches Denken lehren und lernen* (S. 159–170). Wbv Media.

Ebbers, I., et al. (2019). Entrepreneurship Education als Möglichkeits- und Ermöglichungsraum – eine erste theoretische Annäherung aus fachdidaktischer Perspektive. In T. Bijedic (Hrsg.), *Entrepreneurship Education* (S. 43–61). Springer.

Euler, P. (2021). „Nicht-Nachhaltige Entwicklung" und ihr Verhältnis zur Bildung. Das Konzept „Bildung für nachhaltige Entwicklung" im Widerspruch. In C. Michaelis & F. Berding (Hrsg.), *Berufsbildung für Nachhaltige Entwicklung. Umsetzungsbarrieren und interdisziplinäre Forschungsfragen* (S. 71–90). Wbv Verlag.

Geiser, P. (2022). *Lehrerüberzeugungen zur Bedeutung der Digitalisierung. Eine Interviewstudie mit Lehrkräften zur Ausbildung kaufmännischer Fachkräfte.* Wbv Verlag.

Gerholz, K.-H., & Slepcevic-Zach, P. (2015). Social Entrepreneurship Education durch Service Learning – eine Untersuchung auf Basis zweier Pilotstudien in der wirtschaftswissenschaftlichen Hochschulbildung. *Zeitschrift für Hochschulentwicklung, 10*(3), 91–111.

Gessler, M., Kühn, K., & Uhlig-Schoenin, J. (2021). Unterrichtsprojekte anstatt Projektunterricht. Ein Plädoyer für innovatives Lernen. In S. Marti (Hg.), *Wirksamer Projektunterricht: Unterrichtsqualität* (S. 91–101). Schneider Verlag Hohengehren.

Heinrichs, K., Schadt, C., & Weinberger, A. (2019). Moralische Entscheidungen in beruflichen Kontexten. Empirische Befunde und Perspektiven für die berufliche Bildung. *Berufsbildung in Wissenschaft und Praxis, 4,* 14–18.

Kanning, H., & Meyer, C. (2019). Verständnisse und Bedeutungen des Wissenstransfers für Forschung und Bildung im Kontext einer Großen Transformation. In M. Abassiharofteh et al. (Hrsg.), *Räumliche Transformation: Prozesse, Konzepte, Forschungsdesigns* (S. 9–28). Verlag der ARL.

Klusmeyer, J., Schlömer, T., & Stock, M. (2015). Editorial: Entrepreneurship Education in der Hochschule. *Zeitschrift für Hochschulentwicklung, 10*(3), 9–22.

Kuhlmeier, W., Mohoric, A., & Vollmer, T. (2013). *Berufsbildung für Nachhaltige Entwicklung. Modellversuche 2010–2013: Erkenntnisse, Schlussfolgerungen und Ausblicke.* Bundesinstitut für Berufsbildung.

KRINAHOBAY – Netzwerk Hochschule und Nachhaltigkeit Bayern. (2017). F+E-Projekt des STMUV „Nachhaltige Hochschule: Kriterien für eine Bestandsaufnahme". https://www.nachhaltigehochschule.de/kriterienkatalog/. Zugegriffen: 02. Jan. 2023.

LAK Bayern Die bayerische Landesstudierendenvertretung. (2022). Nachhaltige Transformation der Hochschulen. https://www.lak.bayern/2022/04/03/nachhaltige-transformation-der-hochschulen/. Zugegriffen: 02. Jan. 2023.

Leal Filoh, W. (2018a). *Nachhaltigkeit in der Lehre. Eine Herausforderung für Hochschulen.* Springer Spektrum.

Leal Filoh, W. (2018b). Identifizierung und Überwindung von Barrieren für die Umsetzung einer nachhaltigen Entwicklung an Universitäten: Von Studienplänen bis zur Forschung. In W. Leal Filoh (Hrsg.), *Nachhaltigkeit in der Lehre. Eine Herausforderung für Hochschulen* (S. 1–22). Springer Spektrum.

Melzig, C., Kuhlmeier, W., & Kretschmer, S. (2021). *Berufsbildung für nachhaltige Entwicklung. Die Modellversuche 2015–2019 auf dem Weg vom Projekt zur Struktur.* Bundesinstitut für Berufsbildung

Michaelis, C., & Berding, F. (2021a). Editorial. In C. Michaelis & F. Berding (Hrsg.), *Berufsbildung für Nachhaltige Entwicklung. Umsetzungsbarrieren und interdisziplinäre Forschungsfragen* (S. 11–16). Wbv Verlag.

Michaelis, C., & Berding, F. (2021b). *Berufsbildung für Nachhaltige Entwicklung. Umsetzungsbarrieren und interdisziplinäre Forschungsfragen.* Wbv Verlag.

Nölting, B. & Dembski, N. (2021). Digitalisierung und nachhaltiges Wirtschaften zusammenden-ken – Eine Herausforderung für die Lehre. In W. Leal Filoh (Hrsg.), *Digitalisierung und Nach-haltigkeit* (S. 23–43). Springer Spektrum.

Reimann, F. (2022). Möglichkeiten und Grenzen digitaler Technik – Zur aktuellen Relevanz berufs-bildungstheoretischer Auseinandersetzungen. *Berufs- und Wirtschaftspädagogik online, bwp@. Ausgabe, 43,* 1–20.

Schütt-Sayed, S., Casper, M., & Vollmer, T. (2021). Mitgestaltung lernbar machen – Didaktik der Berufsbildung für nachhaltige Entwicklung. In C. Melzig, W., Kuhlmeier, & S. Kretschmer (Hrsg.), *Berufsbildung für nachhaltige Entwicklung. Die Modellversuche 2015–2019 auf dem Weg vom Projekt zur Struktur* (S. 200–230). Bundesinstitut für Berufsbildung.

Singer-Brodowski, M., Etzkorn, N., & von Seggern, J. (2019). One transformation path does not fit all - Insights into the diffusion processes of education for sustainable development in different educational areas in Germany. *Sustainability, 11*(1), 269.

Tafner, G., Thole, C., Hantke, H., & Casper, M. (2022). Paradoxien und Spannungsfelder in Beruf und Wirtschaft wirtschaftspädagogisch nutzen. In K. Kögler, U. Weyland, & H.-H. Kremer (Hrsg.), *Jahrbuch der berufs- und wirtschaftspädagogischen Forschung 2022* (S.13–36). Budrich.

United Nations. (2015). Resolution adopted by the General Assembly on 25 September 2015. https://documents-dds-ny.un.org/doc/UNDOC/GEN/N15/291/89/PDF/N1529189.pdf?OpenEl ement. Zugegriffen: 05. Jan. 2023.

Weinert, F. E. (2001). Concept of competence: A conceptual clarification. In D.S. Rychen & L.H. Salganik (Hrsg.), *Defining and selecting key competencies* (S. 45–65). Hogrefe & Huber.

Weyland, M., Brahm, T., Kärner, T., & Iberer, U. (2022). Ökonomische Bildung und ökonomisches Denken – eine Einordnung. In T. Brahm et al. (Hrsg.), *Ökonomisches Denken lehren und lernen. Theoretische, empirische und praxisbezogene Perspektiven* (S. 7–23). Wbv Verlag.

Wiek, A., Withycombe, L., & Redman, C. L. (2011). Key competencies in sustainability. A reference framework for academic program development. *Sustainability Science 6*(2), 203–218.

WBGU – Wissenschaftlicher Beirat der Bundesregierung Globale Umweltveränderungen. (2019). *Unsere gemeinsame digitale Zukunft. Zusammenfassung.* WBGU.

Studieren(d) transformieren – Wie Studierende einen Unterschied machen

Hannah Prawitz, Julica Raudonat, Charlotte Schifer, Veronika Pinzger,
Jennifer Kremer, Franz Schorr, Torben Rode, Anna Hinderer,
Hanna Hoffmann-Richter und Pascal Kraft

H. Prawitz (✉) · J. Raudonat · C. Schifer · V. Pinzger · J. Kremer · F. Schorr · T. Rode ·
A. Hinderer · H. Hoffmann-Richter · P. Kraft
Humboldt Universität zu Berlin, Berlin, Deutschland
E-Mail: hannah.prawitz.1@hu-berlin.de

J. Raudonat
E-Mail: julica.meret.raudonat@student-hu-berlin.de

C. Schifer
E-Mail: Charlotte.Schifer@hu-berlin.de

V. Pinzger
E-Mail: pinzgerv@hu-berlin.de

J. Kremer
E-Mail: Jennifer.Kremer@mail.de

F. Schorr
E-Mail: franz.schorr@gmx.de

T. Rode
E-Mail: torben.rode@hu-berlin.de

A. Hinderer
E-Mail: hinderea@hu-berlin.de

H. Hoffmann-Richter
E-Mail: h.hoffmann-richter@student.hu-berlin.de

P. Kraft
E-Mail: kraftpas@hu-berlin.de

H. Prawitz
Technische Universität Berlin, Berlin, Deutschland

W. Leal Filho (Hrsg.), *Lernziele und Kompetenzen im Bereich Nachhaltigkeit*, Theorie
und Praxis der Nachhaltigkeit, https://doi.org/10.1007/978-3-662-67740-7_4

1   Einleitung

Im Angesicht weltweiter ökonomischer, sozialer und ökologischer Krisen spielen Bildungseinrichtungen wie Universitäten und Hochschulen eine besondere Rolle. Als wichtige Akteur_innen in Wissenschaft und Gesellschaft haben sie das Potential und die Verantwortung, regionale und globale Transformationsprozesse anzustoßen, indem sie Treiber und Barrieren von nachhaltigen Entwicklungen erforschen, zukünftige Entscheidungsträger_innen ausbilden und Beispiele für andere gesellschaftliche Institutionen geben können (Barth, 2013; Block et al., 2012; Brocchi, 2007; Drupp et al., 2012).

Die besondere Bedeutung von Universitäten für eine sozioökologische Transformation wurde viel besprochen und ist anerkannt (Barth, 2013). Allerdings wird oft die Rolle der größten und einer der wichtigsten Interessengruppen an Hochschulen vernachlässigt: Die Rolle der Studierenden (Drupp et al., 2012; Murray, 2018). In diesem Kapitel soll genau diese Statusgruppe und ihr Potential für die Transformation hin zu nachhaltigen Universitäten beleuchtet werden.

Im Diskurs über studentische Initiativen und ihr Engagement wird oft der Lerneffekt für Studierende in den Vordergrund gestellt: Studierende, die sich über ihr Studium hinaus engagieren und einbringen, erlangen viele Schlüsselkompetenzen der Bildung für Nachhaltige Entwicklung (BNE) und weitere Soft-Skills. Diese können sie in ihrem eigentlichen Studium oft nur schwer erlernen (Schneidewind & Singer-Brodowski, 2013, S. 291; Singer-Brodowski & Bever, 2016; Xypaki, 2015). Dabei werden Studierende häufig als Empfänger_innen von BNE beschrieben und ihre Rolle als Initiator_innen von institutionellen Veränderungen tritt in den Hintergrund (Drupp et al., 2012; Murray, 2018). Allerdings haben schon einige Studien gezeigt, wie entscheidend die Rolle der Studierenden für erfolgreiche Transformationen in und auch außerhalb der Universitäten ist (Brulé, 2016; Filho et al., 2019; Grady-Benson & Sarathy, 2016; Shriberg & Harris, 2012).

Anhand von Beispielen studentisch vorangetriebener Projekte und Veränderungen an der Humboldt-Universität zu Berlin (HU) soll dieser Einfluss und die Wichtigkeit von studentischem Engagement für erfolgreiche institutionelle Transformationen dargestellt und analysiert werden. Dabei wird deutlich, dass studentisches Engagement innerhalb von Universitäten, aber auch darüber hinaus, soziale Kipppunkt-Dynamiken für eine nachhaltige Entwicklung anstoßen können.

Unter sozialen Kipppunkt-Dynamiken sind plötzliche Ausbreitungsprozesse in komplexen sozialen Netzwerken zu verstehen. Dabei geht es um Veränderung von Meinungen, Wissen, Technologien, sozialen Normen sowie strukturellen Veränderungen und Reorganisation. Diese plötzlichen Ausbreitungsprozesse ähneln der exponentiell ansteigenden Ansteckungsrate bei einem Virus – allerdings im Positiven. Dadurch können unter bestimmten Voraussetzungen einzelne Projekte und Initiativen viele andere „anstecken" und eine Transformation hin zu einer nachhaltigen Gesellschaft in der Fläche ermöglichen (Lenton et al., 2022; Otto et al., 2020).

Anhand drei konkreter Projekte soll im Folgenden gezeigt werden, wie solche Kipppunkt-Prozesse angestoßen werden können: Erstens bietet das studentische Team seit elf Semestern das Studium Oecologium (StudOec) an, das Studierenden aller Fachrichtungen und anderen Interessierten die Möglichkeit bietet, sich in vielfältiger Weise mit dem Themenkomplex der Nachhaltigkeit zu befassen und damit Multiplikator_innen ausbildet, die das Wissen um nachhaltige Entwicklungen verbreiten können. Im Bündnis der „Mensarevolution" konnten Studierende zweitens erwirken, dass die Mensenlandschaft des Berliner Studierendenwerks (StW) im Sinne einer nachhaltigen Entwicklung ressourcenschonend, emissionsarm und gesundheitsbewusst umgestaltet wurde. Drittens konnte studentisches Engagement einen wichtigen Beitrag dazu leisten, dass an der HU eine „Kommission für Nachhaltige Universität" (KNU) sowie ein „Klimaschutzmanagement" eingesetzt wurde, um eine Klimaschutzstrategie für die Universität zu erarbeiten und zukünftig umzusetzen.

Alle genannten Projekte wurden von oder unter der Beteiligung des NHBs der HU initiiert und maßgeblich vorangetrieben. Das NHB wurde 2013 gegründet und hat seither das Ziel, auf die fünf Handlungsbereiche der HU (Kommunikation, Betrieb, Lehre, Forschung und Governance) einzuwirken und die Universität somit zu einer klimaneutralen und nachhaltigen Institution zu transformieren. Letztendlich verfolgt sie damit auch das größere Vorhaben: den Wandel hin zu einer nachhaltigen Gesellschaft aktiv mitzugestalten[1].

Dieser Beitrag wurde bewusst ausschließlich von Studierenden verfasst und schildert damit die Perspektive Studierender, die sich im NHB engagieren oder engagiert haben. Allerdings steht das NHB an der HU nicht ganz allein. Vielmehr ist es Teil größerer Nachhaltigkeitsstrukturen an der Universität, die alle ihren Teil für eine nachhaltige Transformation beitragen und unterschiedliche Perspektiven auf diese haben. So kooperiert das NHB unter anderem oft mit der Themenklasse „Nachhaltigkeit und globale Gerechtigkeit". In dieser forschen jedes Jahr ca. 15 Studierende verschiedener Fachrichtungen zu einem selbstgewählten Thema im Bereich der Nachhaltigkeit. Zudem wird die Arbeit des NHBs durch das „Integrative Research Institute on Transformations of Human-Environment Systems" (IRI THESys) an der HU unterstützt.

Dieses Kapitel ist wie folgt strukturiert: Im nächsten Abschnitt (2) werden die drei genannten Projekte analysiert. Dabei wird jeweils das Projekt selbst sowie dessen Entstehungsgeschichte dargestellt, die Rolle der Studierenden analysiert und es werden zuletzt die Wirkung und zukünftige Ziele und Planungen aufgezeigt. Im dritten Abschnitt werden dann Parallelen gezogen und die Charakteristika der sozialen Kipppunkt-Dynamiken diskutiert. Am Schluss werden „Lessons Learned" zusammengefasst. So können auch andere studentische Initiativen aus den gemachten Erfahrungen lernen und Anregungen für das eigene Engagement bekommen. Darüber hinaus können sie universitären Leitungen als Leitfaden dienen, um gute Rahmenbedingungen für ein solches Engagement, das

---

[1] Da alle Autor_innen Teil dieser studentischen Initiative sind, ist dieser Text ausschließlich aus studentischer Perspektive geschrieben. Der Inhalt dieses Kapitels basiert dabei auf der Erfahrung der Autor_innen, mehreren qualitativen Interviews sowie intensiver Recherche.

letztendlich auch in ihrem eigenen sowie im gesamtgesellschaftlichen Interesse liegt, zu schaffen.

2   Analyse exemplarischer Projekte

2.1   Nachhaltigkeit in der Lehre: Das Studium Oecologiucm

Das Studium Oecologicum (StudOec) an der HU ist eines der ersten und längsten Projekte des NHBs. Das zehn Leistungspunkte umfassende Lehrmodul wird von Studierenden für Studierende angeboten und hat daher einen einzigartigen Charakter an der HU.

Sich an dem schon implementierten Programm an der Eberhard-Karls-Universität Tübingen (Herth et al., 2018) orientierend, soll mit dem StudOec das Nachhaltigkeitsprofil der HU im Bereich der Lehre gestärkt werden. Das Vorhaben hatte von Anfang an das Ziel, allen Studierenden und darüber hinaus weiteren Interessierten die Möglichkeit zu bieten, sich in vielfältiger Weise mit dem Themenkomplex der Nachhaltigkeit zu befassen.

Dabei sollen sozial – ökologische Krisen, ihre Ursachen, Gründe für ihre Persistenz, sowie mögliche Lösungen aus verschiedenen Perspektiven betrachtet und kritisch diskutiert werden. Mit dem multidisziplinären Programm wird dazu eingeladen, neue Aspekte des Nachhaltigkeitsdiskurses aus vielen verschiedenen Perspektiven zu erforschen. Dabei erstreckt sich das Themenspektrum von Climate Fiction in der Literatur über planetare Grenzen bis hin zu dekolonialen Perspektiven auf Klimagerechtigkeit.

Über die thematische Arbeit hinaus sollen im StudOec auch Methodiken der BNE angewendet werden. Ziel ist es, dass die teilnehmenden Studierenden Handlungs- und Gestaltungskompetenzen erlangen (Haan, 2002): Im Rahmen des StudOecs sollen die Studierenden lernen, ihr eigenes Verhalten zu verstehen und in einen globalen Kontext zu setzen. Daher ist gerade der multidisziplinäre Charakter des StudOecs wichtig: Die entsprechenden Veranstaltungen finden fachübergreifend statt, so dass Studierende interdisziplinäres Arbeiten kennenlernen und Methoden und Perspektiven aus anderen Fächern begegnen.

Chronologie

Gemeinsam mit der Themenklasse hat das NHB in den Jahren 2014 und 2015 das erste Konzept für ein eigenes StudOec entwickelt. Schon damals war das Ziel ein zehn Leistungspunkte umfassendes Lehrangebot zu implementieren, das sich aus einem Grundkurs bzw. einer Ringvorlesung (StudOec I) und einem Wahlbereich (StudOec II) zusammensetzt.

Basierend auf dieser konzeptionellen Idee haben Studierende im Sommersemester 2015 zum ersten Mal eine Ringvorlesung organisiert. Bereits ein Jahr später konnten Studierende drei Leistungspunkte durch die Teilnahme an der Veranstaltung erwerben. Zu diesem Zeitpunkt war das gesamte Vorhaben jedoch vom Engagement einzelner Studierender abhängig. Um dies zu ändern und das Lehrprogramm zu verstetigen und zu institutionalisieren, wurden neben der Organisation der Veranstaltung auch immer wieder Gespräche mit verschiedenen Entscheidungsträger_innen der Universität geführt. Darüber hinaus wurde mit unterschiedlichen öffentlichen Veranstaltungen eine breite Aufmerksamkeit für das Programm geschaffen. So wurde erreicht, dass 2018 eine studentische Hilfskraft (sHk) eingestellt werden konnte, die die Aufgabe hatte, das Programm, das zu der Zeit ausschließlich aus der Ringvorlesung (StudOec I) bestand, weiterzuentwickeln und auch das StudOec II zu implementieren, wie es das erste Konzept von 2014/15 schon vorsah.

Das StudOec II zielt darauf ab, dass sich Studierende mit einem nachhaltigkeitsrelevanten Thema vertiefend befassen. Dabei können alle Kurse an der HU gewählt werden, die einen klaren Nachhaltigkeitsbezug aufweisen. Auf welche Kurse das zutrifft, wird vor Beginn jeden Semesters durch ein studentisches Team aus dem NHB anhand eines Kriterienkatalogs entschieden.

Durch die Unterstützung mehrerer Professor_innen gelang es zudem, die Ringvorlesung ab 2018 jedes Semester und nicht nur alle zwei Semester anzubieten. Zudem konnte erreicht werden, dass die Vorlesung als Lehrveranstaltung in einer Prüfungsordnung festgeschrieben und die Teilnahmeleistung auf fünf Leistungspunkte erweitert wurde.

Seit 2018 kann daher ein zehn Leistungspunkte umfassendes Lehrprogramm angeboten werden. Zudem können Studierende, die das gesamte StudOec absolviert haben, nun einen Nachweis für die Teilnahme beim Vizepräsidium für Lehre der HU beantragen.

Obwohl sich die Ringvorlesung innerhalb der letzten Jahre weiterentwickelt hat, basiert ihr Erfolg nach wie vor auf der freiwilligen Arbeit von Studierenden. Gleichzeitig nahm die Teilnehmer_innenzahl der Vorlesung stetig zu. Es war zuletzt nicht mehr möglich, das Angebot ausschließlich durch ehrenamtliches Engagement aufrechtzuerhalten, sodass die Universitätsleitung 2019 zusagte, eine weitere sHk für die Organisation und Durchführung der Ringvorlesung einzustellen.

Seither wird das Lehrangebot in jedem Semester von einem Team freiwilliger Studierender zusammen mit zwei sHks organisiert, durchgeführt und weiterentwickelt.

Rolle der Studierenden

Da das StudOec nicht nur ein Angebot für Studierende darstellt, sondern auch von ihnen konzipiert, organisiert und durchgeführt wird, ist gerade bei diesem Format die Rolle der Studierenden von herausragender Bedeutung. Lehrformate und -inhalte werden so durch einen Bottom-Up-Prozess von Studierenden, statt Top-Down durch die universitäre Leitung zusammengestellt. So kann ein solches Lehrangebot entstehen, welches sich ansonsten in universitären Lehrplänen selten findet. Dies bringt zwar einige Herausforderungen mit sich, bietet jedoch auch einzigartige Chancen:

Studierende gestalten Vorlesungen oder Tutorien oft anders als Lehrende. Da es beim StudOec keinen konkret vorgegebenen Lehrplan gibt, bekommen Studierende die Möglichkeit, Inhalte zu thematisieren, die sie besonders interessieren und auch solche, die eher kontrovers oder radikal erscheinen. Dies bietet Raum für visionäre Ideen. Zudem entsteht ein besonders diverses und abwechslungsreiches Lehrprogramm, wenn eine Gruppe Studierender aus verschiedenen Fachrichtungen dieses organisiert. Darüber hinaus können die Studierenden in jedem Semester die angewandten Methoden und Prüfungsleistungen überarbeiten und hinterfragen. Dabei wird nicht nur ein Bildungsprozess bei den Teilnehmenden, sondern auch bei den Konzipierenden in Gang gesetzt.

Bei einem solchen Format ergeben sich jedoch auch Herausforderungen: Zunächst richtet sich das Angebot, das StudOec mitzugestalten, an alle Studierenden. Allerdings haben nicht alle dieselben Möglichkeiten, sich freiwillig zu engagieren. Viele Studierende müssen neben dem Studium Lohnarbeit, Care-Arbeit oder anderen Verpflichtungen nachgehen. Die Einstellung von zwei sHks ist insofern ein wichtiger Schritt. Jedoch reicht die Arbeitszeit dieser nicht aus, um das gesamte StudOec zu organisieren und durchzuführen, sodass vieles weiterhin ehrenamtlich geschieht. Zudem ist die derzeitige Finanzierung befristet, die Verlängerung der Stellen ist eine wiederkehrende und zeitaufwändige Thematik. Weitere Herausforderungen stellen die sehr komplexen universitären Strukturen dar: Auch wenn die Studierenden grundsätzlich selbstständig über Inhalte entscheiden können, müssen doch grundlegende Voraussetzungen erfüllt werden, was die Planung des StudOecs ebenfalls erschweren kann. So müssen beispielsweise die Prüfungsleistungen immer den Bestimmungen der Prüfungsordnung entsprechen.

Grundsätzlich stellt das StudOec eine einzigartige Lehrveranstaltung dar, in der Studierende die Möglichkeit haben, sich in den Universitätsalltag einzubringen und inter-und transdisziplinäre Kontakte auf unterschiedlichen Ebenen zu knüpfen. Dadurch, dass die Teilnahme am StudOec mit Leistungspunkten vergütet wird, bekommen Studierende, die aufgrund von äußeren Einflüssen (z. B. Elternschaft oder Nebenjobs) sonst nicht die Möglichkeit haben, sich in ihrem Studium mit Themen der Nachhaltigkeit auseinandersetzen, nun die Chance, diese Themen regulär in ihr Studium zu integrieren und die erbrachten Leistungen anrechnen zu lassen. Darüber hinaus wäre es wünschenswert, wenn auch die Studierenden, die die Vorlesung vorbereiten, die Möglichkeit bekommen, sich ihr Engagement entweder in monetärer Form oder durch Leistungspunkte vergüten zu lassen.

So wurde im Sommersemester 2022 die Planung der Ringvorlesung (StudOec I) erstmals innerhalb eines ebenfalls von Studierenden geleiteten Projekttutoriums durchgeführt. Studierende konnten somit für ihr Engagement erstmals Leistungspunkte (und die Anrechnung für das StudOec II) erhalten.

Wirkung und Zukunftsperspektiven

Das StudOec erfreut sich großer Beliebtheit unter den Studierenden. Zwischen den Wintersemestern (WiSe) 2019/2020 und 2022/2023 haben an der Ringvorlesung (StudOec I) fast 1500 Studierende teilgenommen. Dabei ist die Nachfrage in den letzten Semestern

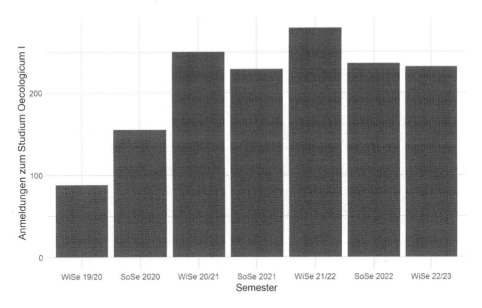

Abb. 1 Anmeldungen zum Studium Oecologicum zwischen den Wintersemestern 2019/2020 und 2022/2023. (Eigene Darstellung)

stark angestiegen. Im WiSe 2019/20 lag die Teilnahme bei rund 90 Personen und beläuft sich seit dem WiSe 2020/21 auf ca. 200 bis 300 Studierenden pro Semester (siehe Abb. 1).

Bei der Evaluation der Ringvorlesung im WiSe 2021/22 gaben 95 % der Teilnehmer_innen an, dass ihnen die Vorlesung eher gut bis sehr gut gefallen hat. Über drei Viertel der Teilnehmenden berichteten zudem, das Gefühl zu haben, dass sie das Erlernte gut in ihrer eigenen Disziplin anwenden können.

Die Inhalte des StudOec sind sowohl für bereits engagierte Menschen im Bereich Nachhaltigkeit als auch für neu Interessierte gut geeignet, da die verschiedenen Impulsvorträge im StudOec I sicherstellen, dass auch Teilnehmende ohne Vorwissen an den anschließenden, vertiefenden Diskussionen teilnehmen können. Die Evaluation zeigt, dass gut zwei Drittel sich auf jeden Fall und etwas unter einem Drittel sich sehr wahrscheinlich nach dem Besuch des StudOec I weiter mit Nachhaltigkeitsthemen beschäftigen möchten. Diese Evaluation macht demnach deutlich, dass das StudOec im Sinne der BNE, Themen der Nachhaltigkeit in alle Disziplinen tragen kann.

Neben der Teilnahme an der Ringvorlesung (StudOec I) möchten immer mehr Studierende auch den offiziellen Nachweis für den erfolgreichen Abschluss des gesamten StudOecs (I + II) erhalten. Zwischen März 2021 und September 2022 konnten bereits über 100 Nachweise ausgestellt werden. Allerdings erreicht das StudOec noch nicht alle Studierenden aller Fächer gleichmäßig. Während Studierende aus den Fächern der Mathematisch-Naturwissenschaftlichen und der Sozial- und Bildungswissenschaftlichen Fakultät immer stark vertreten sind, werden nur selten Studierende aus Fächern wie Jura

oder Theologie erreicht. Dies liegt möglicherweise unteranderem daran, dass die Lehrveranstaltungen nicht in allen Fächern angerechnet werden können. Somit bleibt das Angebot
derzeit noch hinter seinem Anspruch zurück, Studierende aus allen Fachrichtungen zu
erreichen.

Das StudOec soll neben den schon genannten Zielen auch als Katalysator wirken,
um die derzeit vorherrschenden Lehrformen zu hinterfragen. Dabei soll eine zukunfts-
weisende Art der methodischen, didaktischen und inhaltlichen Lehre an Universitäten
zu etabliert werden. Dies kann auch außerhalb der HU andere Institutionen anregen,
ähnliche Programme umzusetzen. Im Sinne der BNE soll Nachhaltigkeit hier also nicht
nur im Kontext der Umwelt, sondern auch in Verbindung mit anderen gesellschaftlichen
Aspekten verstanden werden. Zudem werden unterschiedliche, alternative Lehr- und Prüfungsformen genutzt, die weit über die klassische Vorlesung hinaus gehen. Somit stellt das
StudOec einen Raum da, in dem Lehre anders und neu gedacht werden kann. Allerdings
ist fraglich, inwiefern sich diese Entwicklungen auch auf andere Lehrveranstaltungen an
der HU übertragen können und ob sie auch außerhalb der Universität Anklang finden,
oder ob diese Überlegungen nur Teil des StudOecs bleiben.

Eine große Schwierigkeit beim Erreichen dieser Ziele stellt zudem die Finanzierung
des StudOecs dar: Zum einen müssen laufende Projekte wie das StudOec finanziert werden, zum anderen bedarf es einer gewissen finanziellen Sicherheit, um Lehre neu zu
denken und innovative Konzepte auszuarbeiten.

Insgesamt ist das StudOec jedoch innerhalb der universitären Strukturen ein großer
Erfolg und erreicht Studierende verschiedenster Fachrichtungen. Dadurch können Nach-
haltigkeitsthematiken breiter gestreut werden: Studierende werden zu Multiplikator_innen,
die dazu beitragen, auch außerhalb der universitären Strukturen nachhaltigkeitsrelevante
Themen in die Gesellschaft zu tragen und damit einen großen Beitrag für eine nachhaltige
Transformation leisten.

2.2   Nachhaltigkeit im Betrieb: Die Mensarevolution

Die Mensarevolution gründete sich 2019 in Berlin als Netzwerk aus Studierenden der
Nachhaltigkeits- und Klimabewegung und verschiedenen gesellschaftspolitischen Akteur_
innen, die sich für eine ökologische und nachhaltige Ernährung in der Gesellschaft ein-
setzten. Das Ziel ist es, eine ressourcenschonende, emissionsarme, gesundheitsbewusste
und partizipative Gestaltung der Berliner Mensen zu erreichen. Die zentrale Forderung sieht dabei vor, das Angebot nach der Planetary Health Diet auszurichten: Es soll
ein Speiseplan angeboten werden, der die Gesundheit des Menschen und des Planeten
gleichermaßen schützen soll (EAT-Lancet, 2019). Außer dem häufig im Fokus stehenden Essensangebot soll ebenso auf Transparenz, Abfallvermeidung und eine nachhaltige
Innen- und Außengestaltung der Speisesäle Wert gelegt werden.

In Berlin ist dies größtenteils gelungen: Seit Oktober 2021 wurde das Speisenangebot des Berliner Studierendenwerks (StW), das die 57 Mensen und Cafés der Berliner Universitäten und Hochschulen betreibt, auf ein überwiegend vegan-vegetarisches Angebot umgestellt (Skolimowska, 2021). Die Ernährungswende, die sich in den Berliner Mensen vollzog, löste auch international ein Medienecho aus (z. B. Oltermann, 2021).

Durch das Engagement der Studierenden und das Interesse des ortsansässigen StWs wurden in den letzten Jahren an vielen Mensen verschiedene Nachhaltigkeits- und Klimaschutzprojekte verwirklicht. Nach dem ganzheitlichen Erfolg in Berlin und in einzelnen anderen Städten fanden sich 2022 Studierende bundesweit zusammen, um diesen Umbau der Mensalandschaft in die Fläche zu bringen.

Chronologie

Erstmals in Richtung eines nachhaltigeren und gesünderen Essensangebotes in Berliner Universitätsmensen ging 2010 die Mensa „Veggie N°1" der Freien Universität (FU) Berlin. Parallel zu ohnehin geplanten Renovierungsmaßnahmen nutzte das StW Berlin gleichzeitig die Chance, den Wünschen der Studierenden nach einem vegetarisch-veganen Speiseplan nachzugehen (Freie Universität Berlin, o. J.; netzwerk n, 2022). Nach der Eröffnung übertraf der tatsächliche Verkauf der Speisen die vom StW erwartete Nachfrage. Der Aufwand stieß auch außerhalb der Universitäten auf positive Resonanz: 2013 wurde die Veggie N°1 von der Tierrechtsorganisation PETA mit „sehr gut plus" für das zweitbeste pflanzliche und tierfreundliche Angebot an Mensen in Deutschland ausgezeichnet (PeTa, 2014).

Auch die Thematik der Müllentstehung durch Wegwerfbecher wurde durch eine Kampagne des StWs und durch die Forschung der Themenklasse „Sustainability in Humboldt's Canteens" angegangen. So konnte 2015 die Verwendung von Wegwerfbechern stark reduziert und ab 2019 komplett eingestellt werden. (Rupieper & Coskun, 2019).

In dieser Themenklasse wurden außerdem Steuerungsmaßnahmen für ein nachhaltigeres Konsumverhalten auf mehreren Ebenen in öffentlichen Kantinen untersucht (Hachmann et al., 2019). Beide Forschungspapiere wurden dem StW vorgelegt und öffentlich diskutiert.

Im Jahr 2019 entstand nach der ersten vegetarischen Mensa (s. o.) auch die erste vegane Mensa, „Veggie 2.0" an der Technischen Universität (TU) Berlin. Die „Veggie 2.0" wird sehr gut angenommen und von PeTA als exzellente Mensa mit 5 Sternen ausgezeichnet (PeTa, 2022).

Nach der Umwandlung der TU-Mensa in die erste vegane Mensa Berlins und der Vorlegung des Forschungspapiers der Themenklasse wurde die Zeit des Covid-19-Lockdowns genutzt, um eine berlinweite Implementierung eines überwiegend veganen Angebotes in Berliner Mensen zu planen. Dafür wandte sich das StW an die Students for Future der TU, welche eng mit dem NHB vernetzt waren. Beide nutzten gemeinsam das Momentum:

Mithilfe verschiedener Akteur_innen, wie dem Ernährungsrat Berlin, ProVeg und NAHhaft e. V. gewann das Bündnis an Expertise, die sie in ihren Forderungen gegenüber

dem StW nutzen konnten. Im März 2021 wurden diese dann den Entscheidungsträger_
innen des StWs präsentiert und mit ihnen gemeinsam diskutiert.

Parallel dazu entstand 2021 die bundesweite Initiative „CO_2-Projekt Klimabewusste
Mensa". Diese Initiative, bestehend aus Studierenden und Umweltgruppen, fordert eine
transparente und langfristige Kennzeichnung von CO_2-Äquivalenten aller Gerichte und
ansprechender Visualisierungsoptionen in allen deutschen Mensen. In Berlin, Stuttgart,
Erlangen und Karlsruhe sind diese bereits eingeführt, hinzu kommen über 20 StWe der
bundesweit 57 StWe, die den Wunsch auf Einführung teilen (CO_2-Projekt Klimabewusste
Mensa, 2021). Diese Beobachtungen und Erfahrungen aus dem vorangehenden Projekt
führten schließlich zum Zusammenschluss eines bundesweiten Netzwerks mit dem Namen
MENSArevolution. Auch hier beteiligt sich das NHB.

Rolle der Studierenden

Das Thema Ernährung ist bei Diskussionen rund um Klimaneutralität und Nachhaltigkeit
omnipräsent. Daher ist es nicht überraschend, dass nachhaltiges Essen in universitären
Mensen ein wichtiges Thema für viele Studierende ist. Zurzeit nutzen mehr als 400.000
Personen täglich die hochschulgastronomischen Einrichtungen der deutschen Studieren-
denwerke (Bock, 2022). Eine Umstellung des Speiseangebots betrifft daher eine hohe
Personenzahl.

Die Ernährungswende in der Berliner Mensenlandschaft vollzog sich prozesshaft auch
aufgrund der hartnäckigen Nachfrage von Studierenden. So gibt es schon seit zehn Jahren
den Wunsch nach mehr vegetarischen Speisen. Aufgrund dieser konstanten Nachfrage
und weil Studierende die größte Zielgruppe der Mensen ausmachen, konnten diese die
bereits erwähnte Umstellung auf ein Angebot von 96 % vegetarischen und veganen Speisen erwirken. Des Weiteren hatte die Selbstverpflichtung der Berliner Universitäten, in
den kommenden 3–7 Jahren klimaneutral zu werden, einen erheblichen Einfluss auf die
Entscheidung, das Speisenangebot in den Mensen nachhaltiger zu gestalten (Hucht, 2022).
Auch der Beschluss zur Klimaneutralität der Universitäten wurde stark von Studierenden
geprägt (siehe Abschn. 2.3).

Studierende haben nicht nur den Druck ausgeübt, der eine Veränderung möglich
gemacht hat, sie haben den Prozess und das Ergebnis entscheidend mitgestaltet: Einerseits die studentische Forschung im Rahmen der Themenklasse und andererseits das
studentische Engagement in Form der Mensarevolution konnten als Schnittstellen von
idealistischen Forderungen und realistischen Umsetzungen fungieren. So konnte in der
Themenklasse Systemwissen gesammelt, und mit konkreten, umsetzbaren Forderungen
wie der Vermeidung von Wegwerfbechern an das StW herangetreten werden. Die Studierenden der Mensarevolution haben es zudem geschafft, ein breites Netzwerk zu bilden,
dem auch Expert_innen beiwohnten, so dass konstruktive und informierte Vorschläge
gemacht werden konnten.

Auch über die Umstellung des Speisenangebots an den Mensen Berlins hinaus nehmen Studierende Einfluss: So beraten Mitglieder des NHBs unterschiedliche studentische

Initiativen in Deutschland, aber auch in anderen Ländern Europas, bezüglich einer Umstellung auf ein nachhaltigeres und klimaneutrales Angebot.

Allerdings war der Erfolg der Mensarevolution maßgeblich von dem Interesse und der Bereitschaft des Berliner StWs abhängig. Wie beschrieben konnte ein gewisses Momentum genutzt werden und die beteiligten Institutionen haben sich offen gegenüber Veränderungen gezeigt. Es ist fraglich, ob studentisches Engagement ohne diese Voraussetzungen das gleiche Ergebnis erreicht hätte.

Wirkung und Zukunftsperspektiven

Seit Oktober 2021 versorgt das Berliner StW die 57 Mensen und Cafés der Berliner Universitäten und Hochschulen mit Gerichten, die zu über zwei Dritteln vegan, zu fast einem Drittel vegetarisch und nur zu 4 % aus Fisch und Fleisch bestehen (Brodkorb-Kettenbach, 2021). Weiterhin sind die Speisen mit einigen Labeln gekennzeichnet. Seit Oktober 2022 weist das StW nun auch die CO_2- und Wasserbilanz der angebotenen Gerichte aus (Studierendenwerk Berlin, 2022). Dennoch ist die Umstellung des Speiseplans an den Berliner Mensen nicht ganz ohne Abstriche geschehen. Um weiterhin niedrige Preise anbieten zu können, wurde der Kompromiss geschlossen, auf „Bio"-Produkte zu verzichten.

Der Prozess wurde mit weitem Interesse beobachtet: Die nationale und internationale Presse wurde schnell auf die Ernährungswende, die sich in den Berliner Mensen und bundesweit vollzog, aufmerksam. Dies führte zu einem Dialog in ganz Deutschland und inspirierte andere studentische Initiativen. Beispielsweise veröffentlichte die Umweltinitiative der TU Dresden im Oktober 2021 einen Artikel mit dem Titel „Berlin goes vegan – gehen wir mit!" (Wendler, 2021).

Die Umstellung in Berlin und das dort gesammelte Wissen macht es somit anderen Universitäten und Institutionen leichter, auch einen Wechsel hin zu nachhaltigeren Speisen zu erwägen.

Inzwischen kam es zur Gründung der bundesweiten studentischen Initiative MENSArevolution, die die flächendeckende Umsetzung einer Planetary Health Diet in Mensen in ganz Deutschland zum Ziel hat. Diese bundesweite Initiative besteht derzeit aus einem zwölfköpfigen Kernteam neben 65 weiteren Involvierten aus verschiedenen Städten in Deutschland und hat bereits einen ausführlichen Forderungskatalog erarbeitet, im Oktober 2022 verabschiedet und dem Studierenden-Rat des Deutschen Studierenden Werkes (DSW) präsentiert.

Dieser Forderungskatalog hebt die vielen Leuchtturmprojekte in der deutschlandweiten Mensenlandschaft hervor, die zeigen, dass die geforderte Transformation der Mensen hin zu mehr ökologischer und sozialer Nachhaltigkeit umsetzbar ist und fordert deswegen eine Umsetzung in ganz Deutschland.

Sowohl an den Berliner als auch den bundesweiten Beispielen ist außerdem erkennbar, wie erfolgreich Bündnisse, Gespräche untereinander, evidente Forschungspapiere und ein gut erarbeitetes Konzept im Zusammenspiel sind, wie ein Erfahrungsaustausch weitere Impulse geben kann, wie ein Bottom-Up- und ein Top-Down-Prinzip erfolgreich

zusammenarbeiten und welche Synergien und welche weiteren Möglichkeiten sich ergeben können. Auf Grundlage der Erfahrungen, dass nur viele Stimmen eine Veränderung
schaffen, plant die deutschlandweite Initiative MENSArevolution, sich großflächig mit
allen interessierten Allgemeinen Studierendenausschüssen (ASten) der Universitäten zu
vernetzen, um sich deren Zustimmung und Unterstützung einzuholen.

2.3 Nachhaltigkeit in der Governance: Das Nachhaltigkeitskompetenzzentrum

Das NHB setzte sich bereits frühzeitig dafür ein, Nachhaltigkeit und Klimaschutz in die
(Governance-) Strukturen der HU zu implementieren: 2016 wurde durch den Impuls der
Initiative ein Energiemanagement an der HU eingesetzt. Ende 2018 erarbeitete das NHB
zusammen mit anderen Akteur_innen einen Antrag für die Einsetzung eines Klimaschutzmanagements, das 2020 seine Arbeit aufnahm. Dieses bildet zusammen mit dem NHB und
der Kommission Nachhaltige Universität (KNU) das Nachhaltigkeitskompetenzzentrum
(NKZ) an der HU (siehe Abb. 2).

Die KNU der HU ist eine 2019 einberufene, statusübergreifende und den Akademischen Senat beratende Kommission. Sie setzt sich paritätisch aus 12–15 Mitgliedern
zusammen. Das bedeutet, dass jeweils drei Personen pro Statusgruppe (Hochschulleh-
rer_innen; Akademische Mitarbeiter_innen; Mitarbeiter_innen für Technik, Service &
Verwaltung; Studierende) in der Kommission vertreten sind. Hinzu kommen noch das
Klimaschutzmanagement (bestehend aus zwei Personen) und falls Bedarf besteht, weitere Expert_innen, die beratend zur Seite stehen. Die Kommission tritt alle zwei
Monate zusammen und hat die Aufgabe, eine Nachhaltigkeits- und Klimaschutzstrategie für die HU zu erarbeiten und entsprechende Maßnahmen zu ihrer Umsetzung
einzuleiten (Kommission Nachhaltige Universität, 2020). Diese Strategie soll in einem
partizipativen Prozess erarbeitet werden, der allen HU-Angehörigen, unabhängig von
ihrem universitären Status, offensteht. Das stellt nicht nur den Wissenstransfer zwischen
allen universitären Statusgruppen sicher, sondern sorgt auch dafür, dass im Prozess der
Strategieentwicklung alle Interessen berücksichtigt werden.

Chronologie

Wie oben beschrieben setzt sich das NHB schon seit langem für die institutionelle Verankerung von Umwelt- und Klimaschutz an der HU ein. Um auch in den Austausch mit
anderen universitären Statusgruppen zu kommen, hat das NHB 2016 das Forum Nachhaltige Universität (FoNU) ins Leben gerufen. Zu diesem Gremium zählten der damalige
Präsident der HU, eine Vertretung aus der Gruppe der Dekan_innen, zwei Professor_
innen, eine Vertretung der Technischen Abteilung, zwei wissenschaftliche Mitarbeiter_
innen, eine Vertretung der Fakultätsverwaltung, eine Vertretung des Gesamtpersonalrates
sowie vier Studierende, davon drei aus den Reihen des NHBs. In dieser Zusammensetzung

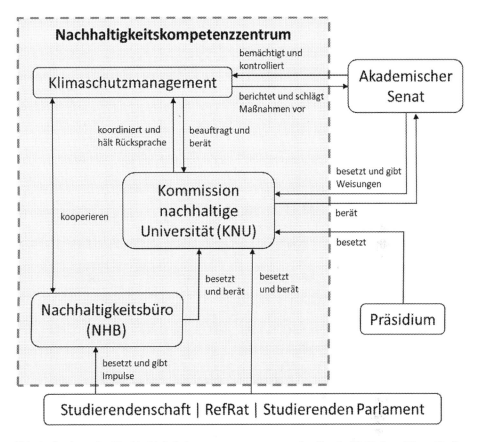

Abb. 2 Struktur des Nachhaltigkeitskompetenzzentrums an der Humboldt Universität zu Berlin. (Eigene Darstellung)

gelang es, ein Klimaschutzmanagement für die HU zu konzipieren und einen entsprechenden Antrag zu formulieren, der eineinhalb hauptamtliche Stellen für die Erarbeitung einer Klimaschutzstrategie vorsah.

Beflügelt durch den Druck von der Straße und der öffentlichen Diskussion, stellten die Students For Future Gruppe der HU Forderungen an die Universitätsleitung, welche das Ziel der Klimaneutralität der HU beinhalteten. Konzeptionelle Überlegungen des NHBs und angestoßene Prozesse, wie die Einsetzung des Klimaschutzmanagements, fielen auf fruchtbaren Boden und bekamen somit eine neue Dynamik.

Eine durch den Referent_innenrat (gesetzlich AStA) einberufene studentische Vollversammlung war schließlich ausschlaggebend für die Gründung des Nachhaltigkeitskompetenzzentrums (NKZ): In der Vollversammlung wurde ein Forderungskatalog verabschiedet und dem akademischen Senat überreicht. Dieser Katalog beinhaltete auch die schon vorher vorbereiteten Forderungen des NHBs und der FFF-Gruppe und forderte unter anderem eine klimaneutrale Universität. Der akademische Senat rief die Studierenden daraufhin dazu auf, darzulegen, wie ein solches NKZ ausgestaltet sein könnte. Auf der Grundlage von sorgfältigen Recherchen und Interviews mit Akteur_innen verschiedener Statusgruppen der HU formulierte das NHB nun das angedachte NKZ aus. Dieses sollte neben dem NHB und dem Klimaschutzmanagement auch die KNU als Nachfolgegremium des FoNU beinhalten. Die KNU stellt dabei ein Schlüsselelement dar, da sie in der Satzung der HU fest verankert ist und einen partizipativen, statusgruppenübergreifenden und gemeinschaftlichen Prozess garantiert. Sie ist eine ständige Kommission des Akademischen Senats und damit ein Gremium auf der höchsten Entscheidungsebene der Universität.

Damit wurden feste, universitätseigene Strukturen und Stellen geschaffen, die nun die Transformation hin zu einer klimaneutralen Universität bis 2030 umsetzen sollen. Seit 2020 haben nun alle Strukturen (siehe Abb. 2) des NKZs ihre Arbeit aufgenommen. So wurde mittlerweile bereits ein erster Ziel- und Indikatorenkatalog sowie die Klimaschutzstrategie erarbeitet und dem akademischen Senat vorgelegt (Kommission Nachhaltige Universität, 2021).

Rolle der Studierenden

Die Entstehung des NKZs geht zu einem erheblichen Anteil auf die ehrenamtliche Tätigkeit engagierter Studierender zurück. Der hartnäckige Einsatz aktiver Studierender führte dazu, dass Nachhaltigkeit und Klimaschutz in einem partizipativen Prozess institutionell an der HU verankert werden.

Dabei konnten engagierte Studierende unbelastet und frei von der Systemlogik des Universitätsbetriebs agieren, da sie eher außerhalb der universitären Hierarchien arbeiten können. Ihnen fehlte einiges Vorwissen über die institutionellen Strukturen der Universität. Zunächst war dies womöglich eine Hürde, da sehr viel Systemwissen akquiriert werden musste, das kann jedoch auch von Vorteil sein, da es den Studierenden ermöglichte, kreativ neue Ideen zu entwickeln und den Prozess neu zu denken.

Für die Einsetzung des NKZs waren besonders Allianzen unter den Studierenden, aber auch mit anderen Verbündeten aus dem akademischen Senat sowie dem Lehrkörper wichtig. Die Studierenden konnten hierbei neue Kooperationen bilden und – anders als festangestellte Mitarbeiter_innen – quer zu bisher bestehenden universitären Strukturen arbeiten und eine „Koalition der Willigen" schmieden. Somit haben Studierende auch die wichtige Rolle eingenommen, Menschen zu vernetzen, zusammenzuführen und Interessen und Kräfte an einen gemeinsamen Tisch zu bringen, um dort geeignete Maßnahmen zu entwickeln. Allerdings sind auch hier die engagierten Studierenden vom Wohlwollen und Interesse der andern Akteur_innen abhängig. Hätte es kein grundlegendes Interesse zum Handeln gegeben, wäre die Einsetzung des NKZs nicht möglich gewesen.

Obwohl universitätsweit und auch unter den Studierenden nur geringe Kapazitäten bestanden, war allen die Dringlichkeit des Unterfangens klar. Im Sommer 2019 hatte es sich eine kritische Masse an Studierenden zur Aufgabe gemacht, die Forderungen von FFF an die eigene Universität zu tragen. Sie konnte, zusammen mit dem NHB, welches sich schon vorher für die Institutionalisierung von Nachhaltigkeit an der HU einsetzte, den nötigen Druck auf die Universitätsleitung ausüben, der schließlich zur Gründung des NKZs führte.

Da das NHB den Entwurf für das NKZ selbst erarbeitet hat, konnte es dafür Sorge tragen, dass es für Studierende langfristig möglich ist, Einfluss auf den Prozess zu nehmen und den Betrieb der Universität nachhaltiger zu gestalten.

Als Studierende selbstorganisiert an diesen Strukturen und deren Umsetzung zu arbeiten, hat neben dem Lerneffekt auch eine zentrale institutionelle Wirkung.

Wichtig zu betonen ist, dass das eigenständige Aneignen des Wissens über die Prozesse und Strukturen an der Universität zeitaufwendig und anstrengend ist. Es setzt voraus, dass neben dem Studium genug Zeit bleibt diese (unvergütete) Arbeit zu verrichten. Dies ist nicht für alle Studierende möglich, sodass auch hier wieder die Gefahr besteht, dass Perspektiven von weniger privilegierten Studierenden ungehört bleiben.

Wirkung und Zukunftsperspektiven

Auch zwei Jahre nach Gründung des NKZs verfolgt dieses weiterhin das Ziel, Nachhaltigkeit und Klimaschutz an der HU auf die Tagesordnung zu setzen und institutionell zu verankern.

Wie eingangs beschrieben, geschieht das in einem statusgruppenübergreifenden und partizipativen Prozess. Dies hat entscheidende Vorteile: Durch die hohe Diversität der Mitarbeitenden wird versucht, möglichst umfassende Nachhaltigkeits- und Klimaschutzziele zu erarbeiten. Zudem soll die Beteiligung einer Vielzahl an Statusgruppen bereits bei der Erstellung der Maßnahmen dazu führen, dass es auch bei der Umsetzung eine hohe Bereitschaft zur aktiven Mitarbeit gibt. Wenn diejenigen, die die Maßnahmen umsetzen sollen, schon an der Erstellung jener beteiligt sind, können Probleme und Konflikte schon früh identifiziert und Kompromisse gefunden werden, sodass eine direkte Umsetzung möglich ist.

Daher geht auch die KNU nach diesem Prinzip vor und bildet ein wichtiges Bindeglied zwischen Studierenden und der Leistungsebene der Universität. Dabei bietet sie zugleich einen Raum, in dem neue Ideen entwickelt und diskutiert werden können. Allerdings ist dieser Zugang auch zeitaufwendig und abhängig von stetigem Interesse und Kapazitäten verschiedener Akteur_innen.

Schließlich sollte betont werden, dass das NKZ nur eine Institution an der Hochschule darstellt und der Nachdruck und die Geschwindigkeit mit der Klima- und Umweltziele erreicht werden können auch maßgeblich von anderen (hochschul)politischen Akteur_innen abhängt.

Der Einfluss des NKZs sollte zudem nicht nur auf die Universität selbst reduziert werden. Die politische Komponente dieser Bemühungen ist enorm: Alle drei Berliner Universitäten (HU, FU, TU) eint der Wunsch, Nachhaltigkeit und Klimaschutz in all ihren Prozessen zu berücksichtigen. Gerade bei Rahmenverhandlungen mit dem Land

Berlin könnte effektiver verhandelt werden, wenn bewiesen würde, dass eine Umstrukturierung während des laufenden Betriebes nicht nur möglich, sondern erstrebenswert ist. Dies könnte andere Universitäten oder Behörden den Anstoß geben, ebenfalls eine Transformation in Richtung Nachhaltigkeit und Klimaschutz anzustreben.

3   Schlussfolgerungen

3.1   Angestoßene Kipppunkte

Die beschriebenen Beispiele von wirkungsvollem studentischem Engagement haben das Potential, die schon erwähnten sozialen Kipppunkt-Dynamiken anzustoßen oder können zumindest dazu beitragen, Bedingungen zu schaffen, die für das Auslösen von solchen Kipppunkten nötig sind. Sie verfolgen alle drei ein größeres Ziel und bieten das Potential über die Universität hinaus gesamtgesellschaftliche Veränderungen hervorzurufen:

Das StudOec soll als Katalysator für eine Transformation hin zu nachhaltiger Lehre an der HU aber auch darüber hinaus dienen. Immer mehr Studierende belegen das StudOec und transferieren das dort erlernte Handlungswissen in ihre eigenen Studiengänge und Disziplinen. So könnte dadurch eine Transformation des Lehrangebots im Sinne der BNE angestoßen werden, die vorsieht, dass Themen der Nachhaltigkeit integraler Bestandteil aller Disziplinen und Lehrangebote sein muss. Die HU ist zudem nicht die erste Universität, die ein entsprechendes Modul anbietet (siehe Abschn. 2.1.1). Immer mehr Universitäten und Hochschulen organisieren eine solche Lehrveranstaltung, in der sich alle Studierenden mit Nachhaltigkeits- oder Klimathematiken auseinandersetzen können. Daher kann das StudOec an der HU als Teil des Kipppunkt-Elements „Bildungssystem" gesehen werden (Otto et al., 2020), gesehen werden, welches langfristig zu einer gesamtgesellschaftlichen Transformation führen kann.

Auch das studentische Engagement im Bündnis der Mensarevolution konnte innerhalb der Universität strukturelle Veränderungen herbeiführen und hat das Potential, auch darüber hinaus Einfluss zu nehmen: Die Studierenden der Berliner Universitäten haben durch ihre Beharrlichkeit eine kritische Masse erreicht, die nötig war, um institutionellen Wandel anzustoßen und das Speisenangebot langfristig zu verändern. Die Umstellung des Mensaangebots in Berlin kann damit als sogenanntes „Leuchtturm"-Projekt verstanden werden, welches die Schwelle für andere Institutionen senkt, selbst ihr Mensaangebot anzupassen. Wie in Abschn. 2.3 beschrieben, gibt es immer mehr StWe, die ihr Angebot anpassen und nachhaltiger gestalten. Diese Entwicklungen können auch über die Universitäten hinaus Einfluss nehmen und haben das Potential, andere Institutionen zu inspirieren, ihr Angebot umzustellen und nachhaltige und klimaneutrale Speisen zur Norm zu machen.

Das Einsetzen des NKZs an der HU und der dadurch entstandene Anstoß hin zu einer klimaneutralen Universität 2030 kann als institutionelle Veränderung verstanden werden. Wie auch bei der Mensarevolution konnten die Studierenden eine kritische

Masse erreichen, die den entsprechenden Druck aufgebaut hat, der schließlich zu der Reorganisation einiger Bereiche der HU führt. Auch darüber hinaus kann diese Umstrukturierung Wirkung entfalten: Wenn es immer mehr Institutionen wie der HU gelingt, ihren Betrieb nachhaltig zu transformieren, kann dies auch andere Institutionen zu Veränderungen motivieren. Des Weiteren entsteht durch diesen Prozess Handlungswissen, das andere Institutionen für ihre Transformation nutzen können und den Prozess für andere vereinfacht.

Allerdings reicht das beständige studentische Engagement allein für eine nachhaltige Transformation der Universität nicht aus. Die drei benannten Beispiele zeigen Ansatzpunkte, die große Wirkung entfalten können, dies ist allerdings auch von dem Einsatz und Bemühungen anderer Akteur_innen abhängig. So haben die Student_innen des NHBs immer Mitstreiter_innen und Akteur_innen der verschiedenen Entscheidungsebenen gefunden, die sich bereit gezeigt haben, über die Vorschläge der Studierenden zu sprechen und diese ernst zu nehmen. Diese Voraussetzungen sind, neben weiteren (wie zum Beispiel finanzielle und zeitlich Kapazitäten), notwendig, damit studentische Engagement soziale Kipppunkte auslösen kann. Damit diese auch gesamtgesellschaftliche Transformationen auslösen können, ist weiterhin eine Wirkung weit über die Universitätsgrenzen hinaus nötig. Daher versuchen die beschriebenen Projekte auch Personen und Gruppen außerhalb der eigenen Institution mit einzubeziehen. Dies stellt jedoch eine wiederkehrende Herausforderung dar, da Studierende dabei ihren gewohnten Raum verlassen müssen und auf weitere Hürden treffen. Es besteht also bei allen drei genannten Beispielen das Risiko, dass diese nur inner-universitäre Effekte erzielen. Am StudOec nehmen z. B. fast nur Studierende Teil und die Mensen der Berliner StWs werden auch zu einem großen Teil von Studierenden besucht. Dennoch zeigen die genannten Projekte fruchtbare Ansätze, mit denen es gelingen kann, immer mehr Strukturen auch außerhalb der Universität anzusprechen und dort Transformation anzustoßen. So ist das StudOec für alle Interessierten Personen geöffnet, auch außer-universitäre Kantinen können sich ein Beispiel an den Mensen des Berliner Studierendenwerks nehmen und andere Institutionen können auf der Grundlage der NKZ an der HU ebenfalls über eigene strukturelle Verankerungen von Nachhaltigkeitsstrukturen nachdenken.

3.2   Lessons learned

In diesem Kapitel wurde gezeigt, welche Wirkung studentisches Engagement entfalten kann. Zuletzt sollen die daraus gewonnen Erkenntnisse für wirksames studentisches Engagement zusammengefasst werden, damit Interessierte Studierende die gemachten Erfahrungen für Ihre Arbeit und ihr Engagement nutzen können. Diese „Lessons learned" richten sich dabei nicht nur an studentische Initiativen, wie in der Literatur vorgeschlagen (Murray, 2018), sondern auch an Universitätsleitungen (s. Abb. 3).

Studentische Initiativen

- Klare Forderungen und Definitionen
- Netzwerke in und außerhalb der Uni aufbauen
- Strategisch denken
- Utopisch denken
- Raum für zweckfreien Spaß schaffen & Erfolge feiern
- Strukturen zum Wissenstransfer und Skill-Sharing aufbauen
- Klare Organisationsstruktur und Aufgabenverteilung
- Laufend Mitglieder gewinnen
- Transparente und weitreichende Kommunikation (in und außerhalb der Uni)
- Stabile Gruppe aufbauen
- Aus Rückschlägen lernen
- Hartnäckig bleiben
- Möglichkeiten der Gremienarbeit wahrnehmen
- Coachingmöglichkeiten nutzen (z.B. von netzwerk n)

Universitätsleitungen

- Initiativen finanziell unterstützen
- Physische Räume schaffen
- Studierende in alle Entscheidungsprozesse von Beginn an einbeziehen
- Transparent Entscheidungen kommunizieren
- Mit Studierenden auf Augenhöhe kommunizieren
- Studierenden Plattformen bieten
- Bei Führungswechsel Kontakte und Kooperationen weitergeben
- Leistungspunkte für Projekte vergeben
- Nachweise für Engagement vergeben
- Stipendien für Engagement vergeben

Abb. 3 Lessons Learned für Studentische Initiativen und Universitätsleitungen. (Eigene Darstellung)

Nach den Erfahrungen des NHBs in den beschriebenen Beispielen, aber auch darüber hinaus ist es für studentische Initiativen wichtig, eine gute und klare Organisationsstruktur zu schaffen, innerhalb derer Wissen und Kompetenzen gut geteilt werden können, klar definierte und oftmals radikale Forderungen und Ziele formuliert werden, aber auch der Spaß nicht zu kurz kommen darf.

Auch Universitätsleitungen profitieren von aktivem und konstruktivem studentischem Engagement: Studierende können anders als festangestellte Mitarbeiter_innen oft neue Wege gehen und experimentieren, da sie in ihrer Rolle einen größeren Freiraum genießen und kaum an hierarchischen Strukturen gebunden sind. Sie können „von unten quer zu den herkömmlichen institutionellen Logiken des Hochschulbetriebs agieren" (Schneidewind & Singer-Brodowski, 2013, S. 289), somit radikalere Ideen einbringen und haben gleichzeitig eine geringere Fallhöhe, wenn Projekte scheitern. Studierende haben, wenn finanziell abgesichert, oft auch mehr zeitliche Kapazitäten, um neue Konzepte zu entwickeln und diesen nachzugehen. Dabei können sie gleichzeitig, ein hohes Maß an Enthusiasmus, Kreativität und Energie mitbringen, das bei einer erfolgreichen Zusammenarbeit, auf Mitarbeiter_innen übergehen kann und notwendig für grundlegende und institutionelle Veränderungen ist (Drupp et al., 2012; Shriberg & Harris, 2012; Singer-Brodowski & Bever, 2016). So ist laut mehreren Untersuchungen die Einbeziehung studentischen Engagements fundamental für den Erfolg der Transformation hin zu einer nachhaltigen und klimaneutralen Universität (Drupp et al., 2012; Murray, 2018; Shriberg & Harris, 2012).

Um die beschriebenen Bottom-up-Prozesse und nachhaltiges Engagement möglich zu machen, liegt es also an der Universitätsleitung, Räume für studentisches Engagement zu schaffen. Dies muss sowohl physisch als auch finanziell geschehen. Unter anderem ist es wünschenswert, studentisches Engagement finanziell durch Stipendien, aber auch mit dem Vergeben von entsprechenden Nachweisen und Leistungspunkten zu entlohnen. Dies würde es auch Studierenden ermöglichen sich zu engagieren, die dies sonst aus finanziellen oder zeitlichen Gründen nicht könnten. Darüber hinaus ist eine klare Kommunikation auf Augenhöhe entscheidend dafür, dass Studierende sich ernst genommen fühlen und konstruktiv einbringen können.

3.3   Schluss

Dieser Beitrag zeigt, dass studentisches Engagement eine nachhaltige Transformation der Universität maßgeblich mitgestalten kann, wenn die genannten Voraussetzungen zu weiten Teilen erfüllt werden. Zudem konnte belegt werden, dass diese ehrenamtliche Arbeit weit mehr als einen Lerneffekt für die beteiligten Studierenden bedeutet. Gleichzeitig ist es allerdings auch wichtig, die Grenzen des studentischen Engagements zu beachten: Studierende spielen eine wichtige Rolle, allerdings sollten sie nur einen Akteur unter vielen Beteiligten darstellen. Dabei sollten Universitätsleitungen darauf achten, dass Sie studentisches Engagement nicht hauptsächlich für eine gute Außenwirkung nutzen. Eine Zusammenarbeit auf Augenhöhe und Bemühungen von allen Akteur_innen ist zwar häufig herausfordernd, aber unumgänglich, wenn die Universität eine nachhaltige Transformation gemäß des „Whole Institution Approach" erfahren soll.

Die hier dargestellten Beispiele sind aus genannten Faktoren Beispiele des Gelingens. Das heißt aber keinesfalls, dass alle Projekte und Ideen der Studierenden des NHB erfolgreich sind. Andere Projekte wie z. B. das Einsetzen eine_r Professor_in für Transformationslehre oder eine konsequente Mülltrennung konnten bisher nicht umgesetzt werden. Daran zeigt sich, wie schwer es sein kann eine große Institution wie die HU zu transformieren.

Dennoch ist das Ausprobieren von neuen Strukturen, Lehr- und Lernweisen wie es z. B. beim StudOec oder dem NKZ der Fall ist, wird im Angesicht der stets stärker werdenden sozial – ökologischen Krisen und der damit verbundenen Herausforderungen immer bedeutender, da immer klarer wird, dass ein „Weiter so" die aktuellen Krisen nicht lösen kann. Engagierte studentische Akteur_innen haben dabei das Potential wichtige Transformationen sowohl in der Universität als auch in der gesamten Gesellschaft anzustoßen.

Literatur

Barth, M. (2013). Many roads lead to sustainability: A process-oriented analysis of change in higher education. *International Journal of Sustainability in Higher Education, 14*(2), 160–175. https://doi.org/10.1108/14676371311312879.

Block, M., Braßler, M., Orth, V., Riecke, M., Lopez, J. M. R., Perino, G., & Lamparter, M. (2012). Dies Oecologicus—How to foster a whole institutional change with a student-led project as tipping point for sustainable development at universities. In W. Leal Filho & P. Pace (Hrsg.), *Sustainable Development at Universities: New Horizons* (S. 341–355). Peter Lang Scientific Publisher. https://doi.org/10.1007/978-3-319-32928-4_24.

Bock, S. (2022). Qualitätsleitlinien der Studentenwerke. https://www.studentenwerke.de/de/content/qualit%C3%A4tsleitlinien-der-studentenwerke. Zugegriffen: 28. Okt. 2022.

Brocchi, D. (2007). Initiativen für Nachhaltigkeit an deutschsprachigen Universitäten: Ergebnisse einer Umfrage mit Profilen der teilnehmenden Initiativen. Universität Dusiburg-Essen. https://www.davidebrocchi.eu/wp-content/uploads/2020/11/0595-Initiativen-fuer-Nachhaltigkeit-an-deutschsprachigen-Universitaeten.pdf. Zugegriffen: 28. Okt. 2022.

Brulé, E. (2016). Voices from the margins: The regulation of student activism in the new corporate university. *Studies in Social Justice, 9(2)*, 159–175. https://doi.org/10.26522/ssj.v9i2.1154.

CO2-Projekt Klimabewusste Mensa. (2021). Schluss mit Bauchgefühl – CO2-Kennzeichnung für klimabewusste Mensen [Press release]. Dresden. https://tuuwi.de/PM-DSW-Beschluss-CO2-Projekt/. Zugegriffen: 28. Okt. 2022.

Drupp, M. A., Esguerra, A., Keul, L., Löw Beer, D., Meisch, S., & Roosen-Runge, F. (2012). Change from below: Student initiatives for universities in sustainable development. In W. Leal Filho & P. Pace (Hrsg.), *Sustainable Development at Universities: New Horizons* (Bd. 34). Peter Lang Scientific Publisher.

EAT-Lancet. (2019). EAT-Lancet commission brief for everyone. https://eatforum.org/content/uploads/2019/01/EAT_brief_everyone.pdf. Zugegriffen: 28. Okt. 2022.

Filho, W. L., Will, M., Salvia, A. L., Adomßent, M., Grahl, A., & Spira, F. (2019). The role of green and Sustainability Offices in fostering sustainability efforts at higher education institutions. *Journal of Cleaner Production, 232,* 1394–1401. https://doi.org/10.1016/j.jclepro.2019.05.273.

Brodkorb-Kettenbach, F. (2021). Veggie-Revolution: Magere 4 % Fisch und Fleisch auf der Karte. Gv Praxis. https://gvpraxis.food-service.de/gvpraxis/news/studierendenwerk-berlin-mehr-veggie-wagen-49128?crefresh=1. Zugegriffen: 28. Okt. 2022.

Freie Universität Berlin. (o. J.). Ernährung. https://www.fu-berlin.de/sites/nachhaltigkeit/handlungsfelder/campus/ernaehrung/index.html. Zugegriffen: 28. Okt. 2022.

Grady-Benson, J., & Sarathy, B. (2016). Fossil fuel divestment in US higher education: Student-led organising for climate justice. *Local Environment, 21*(6), 661–681. https://doi.org/10.1080/13549839.2015.1009825.

Haan, G. de (2002). Die Kernthemen der Bildung für eine nachhaltige Entwicklung. *ZEP : Zeitschrift für internationale Bildungsforschung und Entwicklungspädagogik, 25.* https://doi.org/10.25656/01:6177.

Haan, G. de (2008). Gestaltungskompetenz als Kompetenzkonzept der Bildung für nachhaltige Entwicklung. In I. Bormann & G. de Haan (Hrsg.), *Kompetenzen der Bildung für nachhaltige Entwicklung* (S. 23–43). VS Verlag. https://doi.org/10.1007/978-3-531-90832-8_4.

Hucht, H. (2022). Klarer Kurs: Nachhaltige Studierendenwerke. *DSW Journal, 26–35.* https://www.studentenwerke.de/sites/default/files/dsw-jornal_2-3_2022.pdf. Zugegriffen: 28. Okt. 2022.

Herth, C., Petrlic, A., & Potthast, T. (2018). Lehre heute für die Herausforderungen von morgen: Studium Oecologicum und Bildung für Nachhaltige Entwicklung an der Universität Tübingen. In W. Leal Filho (Hrsg.), *Theorie und Praxis der Nachhaltigkeit. Nachhaltigkeit in der Lehre* (S. 207–222). Springer. https://doi.org/10.1007/978-3-662-56386-1_13.

Komission Nachhaltige Universität. (2020). Zielkatalog. https://www.nachhaltigkeitsbuero.hu-berlin.de/de/kommission-nachhaltige-universitaet/kommission-nachhaltige-universitaet-2/knu-zielkatalog.pdf. Zugegriffen: 28. Okt. 2022.

Komission Nachhaltige Universität. (2021). Indikatorenkatalog. https://www.nachhaltigkeitsbuero.hu-berlin.de/de/kommission-nachhaltige-universitaet/kommission-nachhaltige-universitaet-2/indikatorenkatalog_knu.pdf. Zugegriffen: 28. Okt. 2022.

Lenton, T. M., Benson, S., Smith, T., Ewer, T., Lanel, V., Petykowski, E., & Sharpe, S. (2022). Operationalising positive tipping points towards global sustainability. *Global Sustainability, 5,* https://doi.org/10.1017/sus.2021.30.

Skolimowska, M. (2021). Berliner Unis streichen Fleisch fast vollständig vom Speiseplan. Welt. https://www.welt.de/vermischtes/article233418943/Klimaschutz-Berliner-Unis-reduzieren-Fleischangebot-in-Mensen.html. Zugegriffen: 28. Okt. 2022.

Murray, J. (2018). Student-led action for sustainability in higher education: A literature review. *International Journal of Sustainability in Higher Education, 19*(6), 1095–1110. https://doi.org/10.1108/IJSHE-09-2017-0164.

netzwerk n. (2022).Veggie N°1 – die grüne Mensa. https://netzwerk-n.org/good-practice/veggie-n1-die-gruene-mensa/. Zugegriffen: 28. Okt. 2022.

Otto, I. M., Donges, J. F., Cremades, R., Bhowmik, A., Hewitt, R. J., Lucht, W., & Schellnhuber, H. J. (2020). Social tipping dynamics for stabilizing Earth's climate by 2050. *Proceedings of the National Academy of Sciences of the United States of America, 117*(5), 2354–2365. https://doi.org/10.1073/pnas.1900577117.

PeTa. (2014). PETA zeichnet die vegan-freundlichste Mensa 2014 aus. https://www.peta.de/themen/mensa2014/. Zugegriffen: 28. Okt. 2022.

PeTa. (2022). Die vegan-freundlichsten Mensen 2019. https://www.peta.de/neuigkeiten/mensa-ranking-2019/. Zugegriffen: 28. Okt. 2022.

Rupieper, L., & Coskun, A. (2018): Themenklassenprojekt 2018/19: Wie müssen umweltpolitische Maßnahmen gestaltet sein, damit sie eine nachhaltige Verhaltensänderung bewirken? Maßnahmen im Spannungsfeld zwischen Bevormundung und Aufklärung. Humboldt-Universität zu Berlin. https://www.iri-thesys.org/media/Empirische-Forschungsgruppe-Wegwerfbecher-im-Studierendenwerk-Berlin-Wie-mussen-umweltpolitische-Masnahmen-gestaltet-sein-damit-sie-eine-nachhaltige-Verhaltensanderung-bewirken.pdf. Zugegriffen: 28. Okt. 2022.

Hachmann, S., Frittrang, M., Sladek, A., Küspert, N., Möller, K., Kaupmann, M., & Pukrop S. (2019). Maßnahmen zur nachhaltigen Ernährung in öffentlichen Kantinen zwischen Bevormundung und Mündigkeit (THESys Discussion Papers). https://www.iri-thesys.org/media/Masnahmen-zur-nachhaltigen-Ernahrung-in-offentlichen-Kantinen.pdf. Zugegriffen: 28. Okt. 2022.

Schneidewind, U., & Singer-Brodowski, M. (2013). *Transformative Wissenschaft: Klimawandel im deutschen Wissenschafts- und Hochschulsystem.* Metropolis-Verlag.

Shriberg, M., & Harris, K. (2012). Building sustainability change management and leadership skills in students: Lessons learned from "Sustainability and the Campus" at the University of Michigan.

Journal of Environmental Studies and Sciences, 2(2), 154–164. https://doi.org/10.1007/s13412-012-0073-0.

Singer-Brodowski, M., & Bever, H. (2016). At the bottom lines – Student initiatives for sustainable development in higher education. In A. Franz-Balsen & L. Kruse-Graumann (Hg.), *Edition Humanökologie: Volume 10. Human ecology studies and higher education for sustainable development: European experiences and examples* (S. 40–53). Oekom.

Studierendenwerk Berlin. (2022). CO_2-Fußabdruck im Speiseplan. https://www.stw.berlin/mensen/faq-mensen/co2-fussabdruck.html. Zugegriffen: 28. Okt. 2022.

Oltermann, P. (2021). Berlin's university canteens go almost meat-free as students prioritise climate. The Guardian. https://www.theguardian.com/world/2021/aug/31/berlins-university-canteens-go-almost-meat-free-as-students-prioritise-climate. Zugegriffen: 28. Okt. 2022.

Wendler, F. (2021). Berlin goes vegan – gehen wir mit! https://tuuwi.de/2021/10/09/berlin-goes-vegan-gehen-wir-mit/. Zugegriffen: 28. Okt. 2022.

Xypaki, M. (2015). A practical example of integrating sustainable development into higher education: Green Dragons, City University London Students' Union. *Local Economy: The Journal of the Local Economy Policy Unit, 30*(3), 316–329. https://doi.org/10.1177/0269094215579409.

Gestaltungskompetenz und Design Thinking im Kontext einer Bildung für nachhaltige Entwicklung

Iris Schmidberger und Ulrich Müller

1 Einführung

Das UNESCO-Programm ‚Bildung für nachhaltige Entwicklung: die globalen Nachhaltigkeitsziele verwirklichen' betont die bedeutsame Rolle von Bildung für nachhaltige Entwicklung (BNE) zur Umsetzung der globalen Nachhaltigkeitsagenda. Bildung stellt den Schlüsselfaktor für nachhaltige Entwicklung dar (Bundesministerium für Bildung und Forschung, 2023). Durch BNE werden Menschen zum nachhaltigen Gestalten ihrer Lebenswelt befähigt. Sie fördert Partizipation, Solidarität sowie zukunftsgerichtetes Denken und Handeln – dies sind Schlüsselkompetenzen zur Gestaltung einer nachhaltigen Entwicklung unserer Gesellschaft (BNE-Portal, 2023). Den internationalen Rahmen bieten dabei die 17 Nachhaltigkeitsziele der Vereinten Nationen sowie der Nationale Aktionsplan BNE (UNESCO, 2017). BNE bezeichnet ein ganzheitliches Konzept, das den globalen – ökologischen, ökonomischen und sozialen – Herausforderungen unserer vernetzten Welt begegnet. Ziel der Bildungsoffensive ist es, zu informieren und zu verantwortungsvollen Entscheidungen im Sinne ökologischer Integrität, ökonomischer Lebensfähigkeit und einer chancengerechten Gesellschaft zu befähigen (BNE-Portal, 2023). Durch sie wird ermöglicht, Probleme nicht-nachhaltiger Entwicklung zu erkennen und bewerten zu können und Wissen über nachhaltige Entwicklung anzuwenden. Es geht

I. Schmidberger (✉) · U. Müller
Institut für Bildungsmanagement, Pädagogische Hochschule Ludwigsburg, Ludwigsburg, Deutschland
E-Mail: iris.schmidberger@ph-ludwigsburg.de

U. Müller
E-Mail: ulrich.mueller@ph-ludwigsburg.de

W. Leal Filho (Hrsg.), *Lernziele und Kompetenzen im Bereich Nachhaltigkeit,* Theorie und Praxis der Nachhaltigkeit, https://doi.org/10.1007/978-3-662-67740-7_5

darum, aktiv an der Analyse und Bewertung von nicht nachhaltigen Entwicklungsprozessen teilzuhaben, sich an Kriterien der Nachhaltigkeit im eigenen Leben zu orientieren und nachhaltige Entwicklungsprozesse gemeinsam mit anderen lokal wie global in Gang zu setzen (de Haan, 2009). Dabei ist das Konzept der Gestaltungskompetenz zentral, das auf de Haan und Harenberg (1999) zurückgeht. Im Folgenden werden wesentliche Aspekte der Gestaltungskompetenz näher beleuchtet.

2   Gestaltungskompetenz

Kompetenzen bezeichnen „die bei Individuen verfügbaren oder durch sie erlernbaren kognitiven Fähigkeiten und Fertigkeiten, um bestimmte Probleme zu lösen, sowie die damit verbundenen motivationalen, volitionalen und sozialen Bereitschaften und Fähigkeiten, um die Problemlösungen in variablen Situationen erfolgreich und verantwortungsvoll nutzen zu können" (Weinert, 2001, S. 27 f.).

Dem Konzept der Gestaltungskompetenz liegen als Referenzrahmen die Schlüsselkompetenzen der OECD zugrunde, die in zwölf Teilkompetenzen ausdifferenziert werden (de Haan et al., 2008, S. 188). Tab. 1 gibt einen Überblick über diese Teilkompetenzen und ihren Bezug zu den Kompetenzkategorien der OECD.

Nach de Haan (2008, S. 31) bezeichnet Gestaltungskompetenz die Fähigkeit, „Wissen über nachhaltige Entwicklung anwenden und Probleme nicht nachhaltiger Entwicklung erkennen zu können. Das heißt, aus Gegenwartsanalysen und Zukunftsstudien Schlussfolgerungen über ökologische, ökonomische und soziale Entwicklungen in ihrer wechselseitigen Abhängigkeit ziehen und darauf basierende Entscheidungen treffen, verstehen und umzusetzen zu können, mit denen sich nachhaltige Entwicklungsprozesse verwirklichen lassen".

Gestaltungskompetenz ermöglicht nach de Haan (2008) somit einen Perspektivenwechsel von der Reaktion hin zur Aktion. Dieser Perspektivenwechsel erfordert die Nutzung von prospektiven Strategien, retrospektive Strategien erweisen sich hier als wenig erfolgversprechend. Retrospektive Strategien gehen von bewährten Strategien aus und suchen nach Fakten, die diese erneut verifizieren. Sie bereiten auf eine erfolgreiche Bewältigung von Zukünftigen vor, indem unterstellt wird, dass es sich dabei um eine lineare Fortschreibung der Gegenwart handelt. Prospektive Strategien suchen hingegen nach einer Vielzahl von Informationen und entwickeln daraus kreative Hypothesen, die in die Zukunft reichen. Durch den Zukunftsbezug der BNE sind prospektive Strategien eindeutig zu bevorzugen (de Haan, 2008). Hier zeigt sich ein wesentlicher Anknüpfungspunkt an die Innovationmethodologie Design Thinking. *„Everyone designs who devises courses of action aimed at changing existing situations into preferred ones"* (Simon, 1996, S. 111). Nach dieser Lesart lässt sich Design als Praxis der Transformation und Zukunftsgestaltung charakterisieren (Mareis, 2016). Design Thinking greift diese Sichtweise auf und zielt auf die Gestaltung prospektiver Entwicklungsprozesse (Brown, 2019).

Tab. 1 12 Teilkompetenzen der Gestaltungskompetenz nach de Haan. (Quelle: Eigene Darstellung in Anlehnung an de Haan et al., 2008, S. 188)

Kompetenzkategorien der OECD	Nr.	Teilkompetenzen der Gestaltungskompetenz
Interaktive Verwendung von Medien und Tools	T.1	Kompetenz zur Perspektivübernahme: Weltoffen und neue Perspektiven integrierend Wissen aufbauen
	T.2	Kompetenz zur Antizipation: Vorausschauend Entwicklungen analysieren und beurteilen können
	T.3	Kompetenz zur disziplinenübergreifenden Erkenntnisgewinnung: Interdisziplinär Erkenntnisse gewinnen und handeln
	T.4	Kompetenz zum Umgang mit unvollständigen und überkomplexen Informationen: Risiken, Gefahren und Unsicherheiten erkennen und abwägen können
Interagieren in heterogenen Gruppen	G.1	Kompetenz zur Kooperation: Gemeinsam mit anderen planen und handeln können
	G.2	Kompetenz zur Bewältigung individueller Entscheidungsdilemmata: Zielkonflikte bei der Reflexion über Handlungsstrategien berücksichtigen können
	G.3	Kompetenz zur Partizipation: An kollektiven Entscheidungsprozessen teilhaben können
	G.4	Kompetenz zur Motivation: Sich und andere motivieren können, aktiv zu werden
Eigenständiges Handeln	E.1	Kompetenz zur Reflexion auf Leitbilder: Die eigenen Leitbilder und die anderer reflektieren können
	E.2	Kompetenz zum moralischen Handeln: Vorstellungen von Gerechtigkeit als Entscheidungs- und Handlungsgrundlage nutzen können
	E.3	Kompetenz zum eigenständigen Handeln: Selbständig planen und handeln können
	E.4	Kompetenz zur Unterstützung anderer: Empathie für andere zeigen können

3 Design Thinking

Der Begriff des Designs ist im Deutschen mit einer Doppelbedeutung versehen: Einerseits wird damit der Prozess des bewussten Gestaltens einer Sache beschrieben, andererseits dient er als Sammelbegriff für alle bewusst gestalteten Aspekte einer Sache (Mareis, 2011). In den 1960er Jahren erhält das Designverständnis durch den Ansatz des partizipatorischen Designs neue Impulse. Dieser Ansatz ist bestrebt, die von einem Planungsprozess betroffenen Stakeholder in die Planung einzubeziehen. Krippendorff spricht hier von einer semantischen Wende, die von einem technologiegetriebenen Design zu einem Human-Centered Design führt, das den Menschen in den Mittelpunkt stellt (Krippendorff, 2013).

Eine maßgebliche Entgrenzung des Designbegriffs nimmt der Nobelpreisträger Herbert A. Simon vor: „Engineers are not the only professional designers. Everyone designs who devises courses of action aimed at changing existing situations into preferred ones. […] Schools of engineering, as well as schools of architekture, business, education, law, and medicine, are centrally concerned with the process of design" (Simon, 1996, S. 111). Auf der Grundlage dieses weitgefassten Verständnisses von Design überträgt Simon (1996) erstmals Methoden und Denkansätze des Designs in den Managementbereich. Die Bezeichnung Design Thinking verwendet er dabei jedoch nicht. Diese findet sich im Jahr 1987 in einer Publikation von Rowe, die den Titel Design Thinking trägt. Design Thinking steht hierbei für einen prozessualen Ansatz zur systematischen Lösung von Design-Problemen in der Architektur und Städteplanung (Rowe, 1987). Eine erweiterte Perspektive auf Design Thinking eröffnet Buchanan (1992). Er nimmt dabei Bezug auf Rittel und Webber, die im Zusammenhang mit Planungsproblemen im Bereich der Architektur zwischen „tame problems" und „wicked problems" unterscheiden (Rittel & Webber, 1973, S. 160 ff.). Während die Lösung überschaubarer Probleme mit bekannten Problemlösungsstrategien erfolgen kann, lassen sich komplexe Probleme auf diese Weise nicht beherrschen. Buchanan sieht hier die Chance, durch Design Thinking neue Lösungswege entwickeln zu können (Buchanan, 1992).

Das heutige Verständnis von Design Thinking als Methodologie zur Initiierung zielgruppenorientierter Innovationen geht maßgeblich auf die im Jahr 2005 gegründete d.school an der Stanford University zurück (Meinel et al., 2015). Seit dem Jahr 2007 wird Design Thinking auch an der d.school des Hasso Plattner Instituts in Potsdam gelehrt. Beide Institutionen kooperieren eng miteinander und führen gemeinsame Forschungsprogramme im Bereich des Design Thinking durch (Meinel & Leifer, 2011). Inzwischen hat sich Design Thinking international an weiteren Universitäten und Hochschulen in der Lehre und Forschung etabliert und auch in unterschiedlichen Bildungsbereichen findet Design Thinking bereits verstärkt Beachtung (Lor, 2017).

Nach Meinel und Leifer (2011, S. 8) kann Design Thinking wie folgt charakterisiert werden: *„Its human-centric methodology integrates expertise from design, social sciences, engineering, and business. It blends an end-user focus with multidisciplinary collaboration*

and iterative improvement to produce innovative products, systems, and services" Plattner et al. (2009) beschreiben Design Thinking als erfinderisches Denken in heterogenen
Teams zur Entwicklung kreativer Lösungsideen für komplexe Problemstellungen. Wesentliche Kernelemente sind dabei die Zusammenarbeit in einem multidisziplinären Team,
eine flexible Raumgestaltung und ein iterativer Prozessverlauf.

3.1   Zusammenarbeit in einem multidisziplinären Team

Teams aus gleichgesinnten Spezialisten erzielen zwar häufig aufgrund ähnlicher Herangehensweisen und Kommunikationsstile schneller Ergebnisse, dabei wird allerdings die
Vorgehensweisen selten kritisch hinterfragt. Vielmehr wird zur Problemlösung auf vorhandene Erfahrungen und bekannte Lösungsansätze zurückgegriffen. In multidisziplinären
Teams kann durch die breite Fächerung des Fachwissens eine größere Perspektivenvielfalt
erreicht werden, die den Lösungshorizont erweitert. Die Zusammenarbeit gestaltet sich
insbesondere dann erfolgreich, wenn die Teammitglieder über ein sogenanntes T-Profil
verfügen (Lewrick et al., 2018). Hier findet sich das Konzept der *T-Shaped People* wieder, deren Fähigkeiten und Wissensbestände sowohl breitgefächert als auch tiefgehend
sind (Leonard & Swap, 2005). Der vertikale Balken des T-Profils steht für die tiefge-
henden analytischen Fähigkeiten eines Menschen, die sich beispielsweise im fachlichen
Wissen zeigen. Der horizontale Balken bezieht sich auf übergreifende und integrierende
Fähigkeiten eines Menschen, die sich insbesondere in der Fähigkeit zur Empathie und zur
Zusammenarbeit zeigen (Lewrick et al., 2018).

Das Design Thinking Team wird während des Prozessverlaufs von einem Design Thinking Coach begleitet. Der Design Thinking Coach ist für die Planung des Prozessverlaufs,
die Auswahl der entsprechenden Methoden und Materialien sowie für die Strukturierung
des Zeitrahmens verantwortlich. Er erläutert die Herangehensweise, moderiert die Phasen
des Design Thinking Prozesses und steht für Fragen zur Verfügung. Seine Aufgabe ist es
auch, beispielsweise durch Warm-ups und Teamreflexionen etc., die Basis für eine gelin-
gende Zusammenarbeit zu schaffen und den gleichberechtigten Austausch im Team zu
fördern. Im Weiteren achtet der Coach auf die Einhaltung der vorgegebenen Zeitfenster.
Dabei wird der Zeitrahmen knapp bemessen, um die Spontanität der Teammitglieder zu
fördern. Im Vordergrund steht hier zunächst die Ideenvielfalt und nicht die Perfektion der
einzelnen Ausführungen (Plattner et al., 2009).

3.2   Flexible Raumgestaltung

Um die Kreativität des Design Thinking Teams zu fördern, sollte eine flexible Raumgestaltung ermöglicht und ein Bereich mit unterschiedlichen Gestaltungsmaterialien

(Bastelutensilien, Zeitschriften, Legosteine, Spielzeugfiguren etc.) zur Erstellung modellhafter Prototypen vorgesehen werden. Wichtig ist dabei, dass die Materialien übersichtlich aufbewahrt werden und jederzeit für das Team leicht zugänglich sind. Arbeiten während des Design Thinking Prozesses mehrere Design Thinking Teams gleichzeitig zusammen, ist für jedes Team ein abgetrennter Arbeitsbereich vorzusehen. Darüber hinaus ist in diesem Fall ein zentraler Versammlungsort empfehlenswert, der zum Beispiel einen gemeinsamen Start sowie die Präsentation der Arbeitsergebnisse und eine abschließende Reflexion ermöglicht (Lewrick et al., 2018).

Ein weiterer Aspekt der Raumgestaltung bezieht sich auf die Ermöglichung der Wissenskommunikation (Schmidberger & Wippermann, 2022). Während des gesamten Prozessverlaufs ist eine konsequente Visualisierung von neuen Impulsen und Arbeitsergebnissen von Bedeutung. Hierzu eignen sich z. B. Klebezettel, die auf allen glatten Oberflächen haften und dadurch die beschreibbaren Flächen erweitern. Visualisierte Inhalte werden schneller verarbeitet, besser verstanden und bleiben darüber hinaus länger im Gedächtnis haften. Skizzen, Fotos oder Ablaufpläne etc. machen Abstraktes verständlich und erleichtern den Wissensaustausch zwischen den einzelnen Teammitgliedern. Dabei geht es nicht um künstlerisches Können, sondern um ein hilfreiches Mittel zur Kommunikation. Wirkungsvolle Visualisierungen lenken den Blick auf das Wesentliche und regen zur Konkretisierung von Ideen an. (Lewrick et al., 2018).

3.3   Iterativer Design Thinking Prozess

Ausgangspunkt eines jeden Design Thinking Prozesses bildet eine spezifische Leitfrage, die als Design Challenge bezeichnet wird (Plattner et al., 2009). Die Fragestellung kann zu Beginn des Prozesses bereits vorgegeben sein oder sie wird gemeinsam mit dem Design Thinking Team erarbeitet. Die einleitende Formulierung ‚Wie könnten wir…' trägt dazu bei, die Problemstellung näher zu bestimmen und erleichtert die zielgruppenorientierte Definition der Fragestellung. Während des iterativen Prozessverlaufs kann die Design Challenge konkretisiert oder bei Bedarf auch neu formuliert werden (Lewrick et al., 2018). Abb. 1 gibt einen Überblick über die einzelnen Phasen des iterativen Design Thinking Prozesses.

Wie in Abb. 1 dargestellt, lässt sich der Design Thinking Prozess in zwei fiktive Räume gliedern. Während der ersten drei Phasen des Prozessverlaufs wird der Fokus auf die Erkundung des Problemraums gelegt. Erst danach geht es um die Entwicklung neuer Lösungsideen für die Design Challenge.

Diese Trennung zwischen Problemraum und Lösungsraum wird als Doppelter Diamant bezeichnet und stellt einen wichtigen Aspekt des Design Thinking dar (Design Council, 2007). Auf diese Weise wird eine ausführliche Betrachtung der Problemstellung ermöglicht, ohne dass vorschnell in die Lösungsfindung eingetaucht wird. Die ausführliche Klärung der tatsächlichen Problemstellung schafft die Grundlage für die

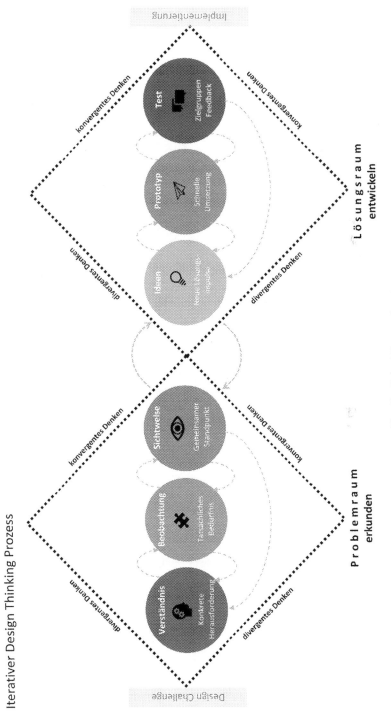

Abb. 1 Verlauf des iterativen Design Thinking Prozesses. (Quelle: Schmidberger & Wippermann, 2022)

Entwicklung von zielgruppenorientierten Lösungen für komplexe Herausforderungen. Zu Beginn des Prozesses steht das divergente Denken im Vordergrund. Dadurch wird möglichst offen und unvoreingenommen auf die Fragestellung und die betreffende Zielgruppe eingegangen. Bei der Auswertung und Einordnung der Zielgruppenbeobachtung steht dann verstärkt das konvergente Denken im Vordergrund. Die Ergebnisse dieser Erkundungsphase schaffen die Basis zur Definition eines gemeinsamen Standpunktes, der den Übergang in den Lösungsraum markiert. Hier ist wieder divergentes Denken gefragt, dass kreative Lösungsimpulse ermöglicht. Zur Konkretisierung und praktischen Umsetzung der Lösungsidee in Form eines Prototyps ist wiederum verstärkt konvergentes Denken erforderlich. Während des gesamten Prozessverlaufes bleibt stets die Verbindung zum Problemraum bestehen. Nach Brown (2016) liegt dies darin begründet, dass Design Thinking ein explorativer Vorgang ist. Dadurch kann es zu unerwarteten Entdeckungen kommen, die das Überdenken grundlegender Annahmen erfordern. Dieses experimentelle Entwickeln von Innovationsideen ist wesentlich für das Design Thinking und das Lernen aus Fehlern wird als Chance zur Weiterentwicklung angesehen.

Für den Verlauf des Design Thinking Prozesses wird in der Fachliteratur eine unterschiedliche Anzahl von Prozessschritten beschrieben, die im Grunde alle das gleiche Ziel verfolgen. In diesem Beitrag werden die einzelnen Phasen des in Abb. 1 dargestellten sechs-schnittigen Prozessverlaufs näher erläutert.

Der erste Handlungsschritt des Prozesses bezieht sich auf das vertiefte Verstehen der Problemstellung. Hierzu wird bestehendes Wissen gesammelt und die eigenen Vorannahmen in Bezug auf die Design Challenge reflektiert (Plattner et al., 2009).

In der anschließenden Beobachtungsphase werden Methoden der qualitativen Sozialforschung (z. B. in Form von teilstrukturierten Interviews oder Beobachtungen) genutzt, um die Perspektive der Zielgruppe kennenzulernen (Lewrick et al., 2018). Die gewonnen Beobachtungsergebnisse können in einer sogenannten Empathy Map zusammengetragen werden (siehe Abb. 2). Dadurch wird deutlich, was die Zielgruppe denkt, fühlt, hört und sieht sowie sagt und tut. Darüber hinaus werden vorhandene Spannungen, Widersprüche oder auch mögliche Überraschungen festgehalten (Schmidberger & Wippermann, 2022).

Die Ergebnisse der Beobachtungen können die Frage aufwerfen, ob die Problemstellung tatsächlich richtig verstanden wurde. In diesem Fall ist eine Rückkopplung auf den vorangegangenen Handlungsschritt hilfreich (Plattner et al., 2009).

In der nächsten Phase der Prozessverlaufs hat das Design Thinking Team die Aufgabe, die gesammelten Daten auszuwerten und eine gemeinsame Sichtweise auf die Problemstellung zu entwickeln. Hierzu kann eine Persona kreiert werden (Lewrick et al., 2018). Anhand der bisher gewonnenen Erkenntnisse wird mithilfe von detaillierten Profilbeschreibungen, Zitaten und Fotos etc. eine idealtypische Person der Zielgruppe entwickelt. Dies kann beispielsweise in Form eines Plakates, einer Collage oder einer Zeichnung geschehen. Auf diese Weise soll ein besseres Verständnis für die tatsächlichen Bedürfnisse der Zielgruppe ermöglicht werden. Dabei kann sich herausstellen, dass die Beobachtungen noch nicht aussagekräftig genug sind oder die Problemstellung anders als angenommen

Abb. 2 Template einer Empathy Map. (Quelle: Schmidberger & Wippermann, 2022)

zu verstehen ist. Daher kann auch in dieser Phase eine Rückkopplung auf vorangegangene Phasen erforderlich sein (Plattner et al., 2009).

Die gemeinsam entwickelte Sichtweise auf die Problemstellung schafft die Basis für die Ideenfindung. In dieser Phase werden in kurzer Zeit möglichst viele Lösungsideen generiert. Hierbei haben sich unterschiedliche Kreativitätstechniken, wie beispielsweise die freie Assoziation oder das Silent Brainwriting, bewährt. Anschließend werden die Ideen, zunächst ohne Bewertung, im Team vorgestellt. Erst in einem nächsten Schritt wird die Idee ausgewählt, die weiterentwickelt werden soll. Zur Ideenauswahl eignen sich beispielsweise Methoden der ganzheitlichen Bewertung, wie das Rosinenpicken oder das Punktekleben (Geschka, 2006). Sollte sich die Ideenauswahl oder bereits die Ideensammlung schwierig gestalten, erfolgt auch hier eine Rückkopplung auf die vorangegangenen Phasen (Plattner et al., 2009).

Für die ausgewählte Idee wird ein sehr einfacher Prototyp erstellt. Ziel ist es, eine erste Idee möglichst schnell kommunizierbar zu machen, damit diese von der Zielgruppe getestet werden kann. Daher werden für die Entwicklung des Prototyps nur die Ressourcen eingesetzt, die zur Darstellung der relevanten Merkmale wirklich erforderlich sind (Plattner et al., 2009). Prototypen können auf vielfältige Weise sowohl als physische Modelle als auch digital erstellt werden. Physische Prototypen können aus den bereits genannten Gestaltungsmaterialien plastisch hergestellt werden. Allerdings lässt sich nicht jede Idee dreidimensional abbilden. Insbesondere im Bildungsbereich sind zumeist andere Darstellungsformen erforderlich, um Lösungsideen zu visualisieren und nachvollziehbar zu machen. Hier können beispielsweise Rollenspiele, Storyboards oder ein Service Blueprint als Prototypen dienen. Auch kann durch die Erstellung eines digitalen Prototyps, zum Beispiel in Form eines Videofilmes, die Lösungsidee veranschaulicht werden. Im Weiteren können physische und digitale Prototypen auch miteinander kombiniert werden (Lewrick et al., 2018).

In der letzten Phase des Prozesses wird der Prototyp von der Zielgruppe getestet. Dabei steht für das Design Thinking Team der Lernaspekt und die Offenheit für neue Perspektiven im Vordergrund. Ziel ist es, die Stärken und Schwächen einer Innovationsidee kennenzulernen und die Richtung der weiteren Entwicklung festzulegen (Plattner et al., 2009). Das Testen ist ein wesentlicher Schritt im Prozessverlauf und es ist durchaus möglich, dass in dieser Phase entscheidende Änderungen am bisherigen Prototyp vorgenommen werden müssen oder dieser gänzlich verworfen wird. Zur systematischen Dokumentation empfiehlt sich der Einsatz eines Feedback-Erfassungsrasters. Auf diese Weise kann das gesammelte Feedback visualisiert und allen Teammitgliedern zugänglich gemacht werden. Auch in dieser Phase kann sich zeigen, dass noch Klärungsbedarf besteht und eine Rückkopplung auf vorangegangene Handlungsschritte erforderlich ist (Plattner et al., 2009). Abschließend werden die gewonnenen Erkenntnisse zusammengefasst und der Verlauf des gesamten Design Thinking Prozesses im Team reflektiert (Lewrick et al., 2018).

Design Thinking kann in unterschiedlichen Formaten eingesetzt werden. Bei der Auswahl eines passenden Formates ist der Grad der Komplexität der Design Challenge zu berücksichtigen. Die kleinste Einheit ist ein Design Thinking Meeting. Hier werden in ca. zwei bis vier Stunden einzelne Schritte des Design Thinking Prozesses bearbeitet. Eine weitere Variante ist der Design Thinking Workshop, der eine Dauer von ein bis drei Tagen umfasst und die Entwicklung von vielfältigen Innovationsideen und ersten einfachen Prototypen zum Ziel hat. In einem Design Thinking Projekt, das sich meist über mehrere Wochen oder Monate erstreckt, kann eine Innovationsidee in Form eines ausgereiften Prototyps langfristig implementiert werden (Schmidberger & Wippermann, 2018).

4   Das Design Thinking Mindset

Design Thinking umfasst mehr als die Bearbeitung einzelner Prozessschritte. Um erfolgreiche Innovationen zu erzielen, spielt das Mindset eine wesentliche Rolle (Schmidberger & Wippermann, 2022). Eine der größten Stärken des Design Thinking ist die menschzentrierte Denkweise. Dies erfordert eine offene und urteilsfreie Haltung gegenüber Menschen mit unterschiedlichen Hintergründen und Perspektiven. Hierbei spielt die Fähigkeit zur Empathie eine wichtige Rolle, die es ermöglicht die tatsächlichen Bedürfnisse der Zielgruppe zu erkennen. Ein empathisches Miteinander wirkt sich auch positiv auf die Zusammenarbeit des multidisziplinären Design Thinking Teams aus, dessen Heterogenität als Chance zur Entwicklung innovativer Lösungen geschätzt wird. Design Thinking basiert auf einer explorierenden Herangehensweise und die Integration von neuen Perspektiven spielt eine wichtige Rolle bei der Erkundung des Problemraums. Ziel ist es, die Problemstellung in ihrem Kontext möglichst umfassend zu verstehen und blinde Flecken aufzudecken. Iterationsschleifen schaffen kontinuierlich die Gelegenheit zur Reflexion. Fehler werden dabei als wichtige Lernerfahrung verstanden, um gegebenenfalls bereits eingeschlagene Pfade wieder zu verlassen und neue Lösungswege zu erkunden. Unsicherheiten, Mehrdeutigkeiten und Widersprüche werden als Teil von komplexen Herausforderungen akzeptiert und konstruktiv zur Lösungsfindung genutzt. Dies erfordert eine optimistische Denkhaltung, die es ermöglicht neue Ideen entstehen zulassen (Graves & Fuchs, 2022). Das Design Thinking Mindset schafft eine wirkungsvolle Basis, um Neues zuzulassen. Allerdings kann das Potenzial von Design Thinking erst dann voll ausgeschöpft werden, wenn das Mindset tatsächlich gelebt wird und nicht nur als Lippenbekenntnis endet. (Schmidberger & Wippermann, 2022).

5 Begrenzungen des Design Thinking

Jeder Design Thinking Prozess wird durch äußere Gegebenheiten limitiert. Brown (2019, S. 23 f.) sieht darin jedoch Chancen und stellt den Aspekt der Grenzen als konstitutiv für den Prozess des Design Thinkings heraus: *„[…] the willing and even enthusiastic acceptance of constraints is the foundation of design thinking. The first stage of the design process is often about discovering which constraints are important and establishing a framework for evaluating them"*.

Nach Brown (2016) sind Innovationsideen erst dann erfolgversprechend, wenn sie mit den Begrenzungen durch die Erwünschtheit, durch die Machbarkeit und durch die Berücksichtigung der Rentabilität im Einklang stehen. Die Erwünschtheit bezieht sich auf die tatsächlichen Bedürfnisse der Zielgruppe. Die Machbarkeit steht für die funktionelle Umsetzung der Innovationsidee und die Rentabilität nimmt den wirtschaftlichen Erfolg in den Blick. Ziel ist es, eine Balance zwischen diesen drei Kriterien herzustellen. In den ersten Phasen des Design Thinking Prozesses stehen zunächst uneingeschränkt die Bedürfnisse der Zielgruppe im Vordergrund. Dadurch soll sichergestellt werden, dass die Innovationsidee tatsächlich der Erwünschtheit der Zielgruppe entspricht. Im weiteren Verlauf des Prozesses schließt sich dann die Betrachtung der technologischen Umsetzbarkeit und der betriebswirtschaftlichen Rentabilität an. Erst wenn alle drei Perspektiven Berücksichtigung findet, kann eine Innovationsidee als erfolgversprechend bezeichnet werden.

Vor dem Hintergrund der globalen Herausforderung der Großen Transformation hin zu nachhaltigen Lebens- und Wirtschaftsweisen sind Innovationen in allen Bereichen, wie beispielsweise der Produktentwicklung, der Entwicklung neuer Dienstleistungen oder in der Bildung, auf ihre Nachhaltigkeit bzw. ihre Unterstützung der notwendigen Entwicklung hin zur Nachhaltigkeit zu überprüfen. Es gilt, die planetaren Grenzen als konstitutive Bedingung zu verstehen, die Regenerationsfähigkeit der natürlichen Systeme auf diesem

Abb. 3 Design Thinking im
Kontext einer nachhaltigen
Entwicklung. (Quelle: Eigene
Darstellung; erweitert in
Anlehnung an Brown, 2016,
S. 17)

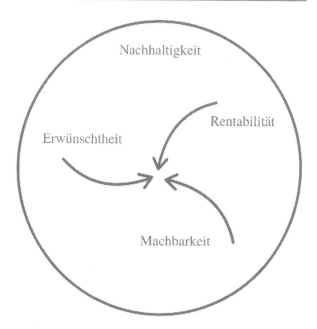

Planeten zu berücksichtigen und Innovationen in Bezug auf ihre möglichen Folgen und
ihren Beitrag zu einer nachhaltigen Entwicklung kritisch zu beleuchten (WBGU, 2011).
Um Design Thinking bestmöglich zur Entwicklung nachhaltiger Innovationen nutzen zu
können, erscheinen Modifikationen am Ansatz selbst sinnvoll.

Es wird daher vorgeschlagen, die genannten Kriterien der Erwünschtheit, der Machbarkeit und der Rentabilität um das Kriterium der Nachhaltigkeit zu erweitert. Da
dieses Kriterium umfassend zu verstehen ist, wird es in der graphischen Darstellung
um die bestehenden drei Kriterien gelegt. Es steht für die planetaren Grenzen und den
grundlegenden Imperativ der Nachhaltigkeit (Müller & Schmidberger, 2022).

6   Gestaltungskompetenz und Design Thinking

Im Folgenden werden auf Basis der vorangegangenen Ausführungen beispielhaft Unterstützungspotenziale des Design Thinking zur Aneignung der in Tab. 1 dargestellten
Teilkompetenzen der Gestaltungskompetenz nach de Haan et al. (2008) im Hochschulbereich aufgezeigt. Dabei kann im Rahmen der Begrenzungen dieses Artikels nur auf
ausgewählte Aspekte eingegangen werden.

(T.1) Kompetenz zur Perspektivübernahme:

Design Thinking ermöglicht Studierenden im Rahmen der Erkundung des Problemraums, beispielsweise in der Beobachtungsphase durch Zielgruppeninterviews oder

teilnehmenden Beobachtungen etc., die Integration neuer Perspektiven in den Wissensaufbau. Auch beim Testen des Prototyps geht es darum, offen für neue Sichtweisen zu sein und diese zur Weiterentwicklung des Prototyps einzubringen.

(T.2) Kompetenz zur Antizipation:

In der Phase der Ideenfindung geht es insbesondere bei der Ideenauswahl auch darum, dass die Studierenden vorausschauend analysieren und beurteilen können, inwieweit eine Lösungsidee zukünftig erfolgversprechend ist.

(T.3) Kompetenz zur disziplinübergreifenden Erkenntnisgewinnung:

Ein Kernelement des Design Thinking stellt die Zusammenarbeit in multidisziplinären Teams dar. Auf diese Weise können Studierende disziplinübergreifend Erkenntnisse gewinnen, die bei der Erkundung des Problemraums hilfreich sind und zur Entwicklung des Lösungsraum eingebracht werden können.

(T.4) Kompetenz zum Umgang mit unvollständigen und überkomplexen Informationen:

Der Prozessverlauf des Design Thinking bietet Studierenden einen strukturierten Rahmen zur Lösungsentwicklung für komplexe Fragestellungen. Die gedankliche Trennung zwischen Problemraum und Lösungsraum sowie das explorative Vorgehen unterstützen den Umgang mit unvollständigen und überkomplexen Informationen.

(G.1) Kompetenz zur Kooperation:

Design Thinking basiert auf Teamarbeit. Gemeinsam mit anderen planen und handeln zu können, spielt dabei eine wesentliche Rolle. Der Prozessverlauf ermöglicht Studierenden eine konstruktive Zusammenarbeit und ein gleichberechtigtes Miteinander in einem heterogen zusammengesetzten Team.

(G.2) Kompetenz zur Bewältigung individueller Entscheidungsdilemmata:

Der iterative Verlauf des Design Thinking Prozesses schafft Raum zur Reflexion von Handlungsstrategien und ermöglicht Studierenden einen konstruktiven Umgang mit vorhandenen Zielkonflikten.

(G.3) Kompetenz zur Partizipation:

Die Definition einer gemeinsamen Sichtweise im Design Thinking Prozess basiert auf einer kollektiven Entscheidungsfindung der Studierenden, an der alle Teammitglieder gleichberechtigt beteiligt sind.

(G.4) Kompetenz zur Motivation:

Das in diesem Beitrag beschriebene Design Thinking Mindset schafft die Basis für eine vertrauensvolle Zusammenarbeit der Studierenden und ermöglicht einen offenen Austausch im Team. Dies trägt dazu bei, Unsicherheiten im Umgang mit komplexen Herausforderungen zu bewältigen und sich und andere zum Aktivwerden zu motivieren.

(E.1) Kompetenz zur Reflexion eigener Leitbilder:

Der Design Thinking Prozesses schließt Iterationsphasen ein. Dabei wird beispielsweise auch der eigene Umgang mit Fehlern kritisch reflektiert. Aufgabe des Design Thinking Coachs ist es, bestehende Leitbilder zu hinterfragen und die Studierenden dabei zu unterstützten, Fehler als wertvolle Lernchancen auf dem Weg zur Lösungsfindung für komplexe Herausforderungen zu erkennen.

(E.2) Kompetenz zum moralischen Handeln:

Diese Teilkompetenz ermöglicht es Studierenden, Vorstellungen von Gerechtigkeit als Entscheidungs- und Handlungsgrundlage nutzen zu können. Die Ergänzung der Nachhaltigkeit als viertes Kriterium der Begrenzungen des Design Thinking (siehe Abb. 3), schafft eine wichtige Basis für eine Handlungsplanung, die auf die Ansprüche künftiger Generationen Rücksicht nimmt.

(E.3) Kompetenz zum eigenständigen Handeln:

Design Thinking ermöglicht Studierenden eigenständig planen und handeln zu können. Dies beginnt bereits mit der Möglichkeit, den Arbeitsraum nach den individuellen Bedürfnissen des Teams umgestalten zu können. Im Weiteren zeigt sich dies beispielsweise bei der Durchführung und Auswertung von Zielgruppeninterviews in der Beobachtungsphase oder auch während der Testphase des Prototyps.

(E.4) Kompetenz zur Unterstützung anderer:

Empathie für andere zeigen zu können, ist ein wesentlicher Aspekt des Design Thinking. Durch ausgewählte Methoden, wie beispielsweise der Bearbeitung einer Empathy Map (siehe Abb. 2) oder der Visualisierung einer Persona, werden die Studierenden dabei unterstützt, ihre Fähigkeit zur Empathie weiterzuentwickeln.

7 Praxisbeispiel aus der eigenen Hochschullehre am Institut für Bildungsmanagement der Pädagogischen Hochschule Ludwigsburg

Im Sommersemester 2023 nahmen studiengangsübergreifend Studierende der Masterstudiengänge Bildung und Erziehung im Kindesalter, Erwachsenenbildung, Sonderpädagogik und Kulturelle Bildung der Pädagogischen Hochschule Ludwigsburg an einem Kompaktseminar zum Thema „Ausgewählte Probleme des Bildungsmanagements" teil. Ziel des Seminars war es, durch Design Thinking Lösungsideen für Herausforderungen im Bereich des Bildungsmanagements für eine Bildung für nachhaltige Entwicklung zu gewinnen. Den Auftakt des Seminars bildete eine Präsenz-Kick-off-Veranstaltung, die ein persönliches Kennenlernen ermöglichte und in die Grundlagen des Design Thinking einführte. Im Weiteren erhielten die Studierenden über die Online-Lernplattform der Pädagogischen Hochschule Ludwigsburg Zugang zu verschiedenen Lernmedien wie Videos, vertonte Präsentationen, Studientexte und weiterführende Fachliteratur zu den Themenfeldern Bildungsmanagement, Design Thinking und BNE. Auf diese Weise eigneten sich die Studierenden theoretisches Wissen im Bereich des Bildungsmanagements im Kontext einer Bildung für nachhaltige Entwicklung und der Methodologie des Design Thinking an. Während dieser asynchronen Selbstlernphasen setzten sich die Studierenden mit vertiefenden Impulsfragen auseinander und nutzten die Online-Lernplattform als Austauschforum. Im Anschluss daran wurden die erarbeiteten Lerninhalte im Rahmen von synchronen Präsenzveranstaltungen diskutiert und kritisch reflektiert. Ein weiterer wesentlicher Aspekt des Seminars stellte das Sammeln von praktischen Erfahrungen bei der Anwendung des Design Thinking im Kontext der BNE dar. Hierzu bildeten die Studierenden multidisziplinäre Teams (bestehend aus jeweils ca. 10 Personen), die während des gesamten Semesters eine von ihnen gewählte Design Challenge sowohl synchron in Präsenzveranstaltungen als auch asynchron (z. B. in den Interviewphasen) bearbeiteten. Während des Prozessverlaufs übernahmen die Dozierenden die Rolle des Design Thinking Coachs.

Die Design Challenges wurden in Kooperation mit der Arbeitsstelle für Hochschuldidaktik sowie mit dem Büro für Nachhaltigkeit und Mobilität der Pädagogischen Hochschule Ludwigsburg entwickelt und lauteten wie folgt:

- Wie könnten wir das Lernen für Studierende an der Pädagogischen Hochschule Ludwigsburg zukünftig unter Berücksichtigung der Qualitätskriterien der BNE noch attraktiver gestalten?
- Wie könnten wir Studierende zur Unterstützung von Nachhaltigkeitsthemen an der Pädagogischen Hochschule Ludwigsburg gewinnen?

Auf Grundlage des in diesem Beitrag dargestellten sechs-schrittigen Design Thinking Prozesses erkundeten die Studierenden zunächst den Problemraum. Hierzu wurden mehrere Interviews mit der Zielgruppe geführt. Die Ergebnisse wurden anhand der in Abb. 2 dargestellten Empathy Map ausgewertet und flossen in die Visualisierung einer Persona ein. Anschließend wurde mit Unterstützung von verschiedenen Kreativitätstechniken der Lösungsraum entwickelt und es wurden erste Prototypen erstellt, die in einem nächsten Schritt in der Praxis getestet werden konnten. Im Rahmen einer Abschlusspräsentation stellten die Studierenden ihre Ergebnisse den Kooperationspartnern vor und erhielten ein Feedback. Während des gesamten Prozessverlaufs stand das in diesem Artikel beschriebene Design Thinking Mindset im Vordergrund. Die abschließende Seminarreflexion zeigte, dass die Methodologie des Design Thinking den Studierenden Raum bot, innovative Lösungsideen für Herausforderungen im Bereich der BNE zu generieren und die Gestaltungskompetenz weiterzuentwickeln.

8 Zusammenfassung

In diesem Beitrag wurde auf das Konzept der Gestaltungskompetenz nach de Haan et al. (2008) und Design Thinking im Kontext der BNE eingegangen. Im Zukunftsbezug der BNE, der prospektive Strategien erfordert, zeigte sich ein wesentlicher Anknüpfungspunkt an die Innovationsmethodologie des Design Thinking. Um Design Thinking jedoch bestmöglich zur Entwicklung nachhaltiger Innovationen nutzen zu können, wurden Modifikationen am Ansatz selbst für sinnvoll erachtet. Daher wurden die von Brown (2009) für erfolgversprechende Innovationsideen benannten Kriterien der Erwünschtheit, der Machbarkeit und der Rentabilität um das Kriterium der Nachhaltigkeit erweitert. Dieses Kriterium ist umfassend zu verstehen und steht für die planetaren Grenzen und den grundlegenden Imperativ der Nachhaltigkeit. Auf Basis der vorangegangenen Ausführungen in diesem Beitrag konnten beispielhaft Unterstützungspotenziale des Design Thinking zur Aneignung der zwölf ausdifferenzierten Teilkompetenzen der Gestaltungskompetenz nach de Haan et al. (2008) aufgezeigt werden. Ein Beispiel aus der eigenen Lehre veranschaulichte die praktische Umsetzung des Design Thinking im Kontext der BNE im Hochschulbereich.

Sowohl die theoretischen Bezüge zwischen Design Thinking und Gestaltungskompetenz als auch die praktischen Erfahrungen zeigen eine große Passung der beiden Ansätze. Der Einsatz des Design Thinking im Feld der BNE kann und sollte daher noch weiter ausgebaut werden.

Aktuelle Konzepte der BNE fokussieren auf den „Whole Institutionen Approach" und fordern, Bildungseinrichtungen zu „Lernumgebungen für Nachhaltigkeit" umzubauen (Deutsche UNESCO-Kommission, 2021, S. 28). Gerade hierfür eignet sich Design Thinking auf besondere Weise, um als Innovationsmethodologie den Prozess einer zukunftsweisenden und kreativen Transformation von Hochschulen zu gestalten und in der Verknüpfung von Organisationentwicklung und Lehre die Entwicklung von Gestaltungskompetenz zu unterstützen.

Literatur

BNE-Portal. (2023). Das UNESCO Programm in Deutschland. https://www.bne-portal.de/bne/de/bundesweit/das-unesco-programm-in-deutschland/das-unesco-programm-in-deutschland. Zugegriffen: 4. Jan. 2023.

Brown, T. (2016). *Change by design. Wie Design Thinking Organisationen verändert und zu mehr Innovationen führt*. Vahlen.

Brown, T. (2019). *Change by Design. How design thinking transforms organizations and inspires innovation. Revised and* (Updated). Harper.

Buchanan, R. (1992). Wicked problems in design thinking. *Design Issues, 8*(2), 5–21.

Bundesministerium für Bildung und Forschung. (2023). Bildung für nachhaltige Entwicklung. https://www.bmbf.de/bmbf/de/bildung/bildung-fuer-nachhaltige-entwicklung/bildung-fuer-nachhaltige-entwicklung. Zugegriffen: 04. Jan. 2023.

de Haan, G., & Harenberg, D. (1999). Bildung für eine nachhaltige Entwicklung, Gutachten zum Programm. BLK. www.blk-bonn.de/papers/heft72.pdf. Zugegriffen: 4. Jan. 2023.

de Haan, G. (2008). Gestaltungskompetenz als Kompetenzkonzept für Bildung für nachhaltige Entwicklung. In I. Bormann & G. de Haan (Hrsg.), *Kompetenzen der Bildung für nachhaltige Entwicklung* (S. 23–43). Springer VS.

de Haan, G., Kamp, G., Lerch. A., Martignon, L., Müller-Christ, G., & Nutzinger, H.G. (2008). *Nachhaltigkeit und Gerechtigkeit. Grundlagen und schulpraktische Konsequenzen.* Springer.

de Haan, G. (2009). *Programm Transfer-21. Bildung für nachhaltige Entwicklung. Hintergründe, Legitimation und (neue) Kompetenzen.* Freie Universität Berlin.

Design Council, U. K. (2007). *Eleven lessons: Managing design in eleven global companies. Desk research report.* Design Council.

Deutsche UNESCO-Kommission. (2021). BNE 2030 – Bildung für nachhaltige Entwicklung. Eine Roadmap. https://www.unesco.de/sites/default/files/2022-02/DUK_BNE_ESD_Roadmap_ DE_barrierefrei_web-final-barrierefrei.pdf. Zugegriffen: 4. Jan. 2023.

Geschka, H. (2006). Kreativitätstechniken und Methoden der Ideenbewertung. In T. Sommerlatte, G. Beyer, & G. Seidel (Hrsg.), *Innovationskultur und Ideenmanagement. Strategien und praktische Ansätze für mehr Wachstum.* Symposion, S. 217–248.

Graves, M., & Fuchs, J. (2022). Teaching the design thinking mindset: A practitioner's perspektive. In I. Schmidberger & S. Wippermann, T. Stricker, & U. Müller (Hrsg.), *Design thinking im Bildungsmanagement. Innovationen in Bildungskontexten erfolgreich entwickeln und umsetzen.* Springer VS.

Krippendorff, K. (2013). *Die semantische Wende. Eine neue Grundlage für Design.* Birkhäuser.

Leonard, D. A., & Swap, W. C. (2005). *When sparks fly. Harnessing the power of group creativity.* Harvard Business School Press.

Lewrick, M., Link, P., & Leifer, L. (2018). *Das Design Thinking Playbook. Mit traditionellen, aktuellen und zukünftigen Erfolgsfaktoren.* Vahlen.

Lor, R. (2017). Design thinking in education: A critical review of literature. Conference Paper. https://www.researchgate.net/publikation/324684320. Zugegriffen: 4. Jan. 2023.

Mareis, C. (2011). *Design als Wissenskultur. Interferenzen zwischen Design- und Wissensdiskursen seit 1960.* Transcript.

Mareis, C. (2016). *Theorien des Designs zur Einführung.* 2 (korrigierte). Junius.

Meinel, C., & Leifer, L. (2011). Design thinking research. In H. Plattner, C. Meinel, & L. Leifer (Hrsg.), *Design thinking. Understand – Improve – Apply* (S. xiii–xxi). Springer.

Meinel, C., Weinberg, U., & Krohn T. (2015). Design Thinking Live – Eine Einfühung. In C. Meinel, U. Weinberg, & T. Krohn (Hrsg.)., *Design thinking live* (S. 11–23). Murmann.

Müller, U., & Schmidberger, I. (2022): Design Thinking und Bildung für nachhaltige Entwicklung: Auf kreativen Pfaden lernen, eine .achhaltige Zukunft zu gestalten. In I. Schmidberger, S. Wippermann, T. Stricker, & U. Müller (Hrsg.), *Design Thinking im Bildungsmanagement. Innovationen in Bildungskontexten erfolgreich entwickeln und umsetzen.* Springer VS.

Plattner, H., Meinel, C., & Weinberg, U. (2009). *Design Thinking. Innovationen lernen – Ideenwelten öffnen.* FinanzBuch.

Rittel, H. W. J., & Webber, M. M. (1973). Dilemmas in a general theory of planning. *Policy Science, 4*(1973), 155–169.

Rowe, P. G. (1987). *Design thinking.* MIT Press.

Simon, H. A. (1996). *The sciences of the artificial* (3. Aufl.). MIT Press.

Schmidberger, I., & Wippermann, S. (2018). Design Thinking in der Erwachsenenbildung. Weiter bilden. DIE (Deutsches Institut für Erwachsenenbildung). *Zeitschrift für Erwachsenenbildung, 3,* 53–56.

Schmidberger, I., & Wippermann, S. (2022). Die Innovationsmethodologie Design Thinking. In I. Schmidberger, S. Wippermann T. Stricker, & U. Müller (Hrsg.), *Design Thinking im Bildungsmanagement. Innovationen in Bildungskontexten erfolgreich entwickeln und umsetzen.* Springer VS.

UNESCO. (2017). Unpacking SDG 4. Fragen und Antworten zur Bildungsagenda 2030. Dt. UNESCO.Kommission. https://www.unesco.de/sites/default/files/2018-01/Unpacking_SDG4_web_2017.pdf. Zugegriffen: 04. Jan. 2023.

WBGU (Wissenschaftlicher Beirat der Bundesregierung Globale Umweltveränderungen). (2011). Welt im Wandel: Gesellschaftsvertrag für eine Große Transformation. WBGU. https://www.wbgu.de/fileadmin/user_upload/wbgu/publikationen/hauptgutachten/hg2011/pdf/wbgu_jg2011.pdf. Zugegriffen: 04. Jan. 2023.

Weinert, F. E. (2001). Vergleichende Leistungsmessung in Schulen – eine umstrittene Selbstverständlichkeit. In F. E. Weinert (Hrsg.), *Leistungsmessung in Schulen* (S. 17–32). Beltz.

Nachhaltigkeit durch Pluralität der Wissensressourcen: Prämissen und Praktiken Transdisziplinären Lernens

Thorsten Philipp

Eine zentrale Frage in der Auseinandersetzung mit globalen Herausforderungen wie Klimawandel, Urban Turn, Biodiversitätsverlust und ähnlich komplexen Umwelt- und Sozialkonflikten betrifft die Produktion, die Vergemeinschaftung und die Nutzung von Wissensressourcen. Der Aufbau von Forschungs- und Lernallianzen, an denen neben institutionalisierten Bildungsträgern wie Hochschulen und Universitäten auch Akteur_innen aus Zivilgesellschaft, Politik, Wirtschaft und Kultur beteiligt sind, gilt als Voraussetzung für einen methodischen Arbeitsprozess, in dessen Verlauf ökologische und soziale Problemlagen aus einer Vielzahl von Perspektiven analysiert werden, eine breite Streuung von Einschätzungen, Erfahrungen und Expertisen aufeinandertrifft und das Erfahrungswissen Betroffener Anwendung findet. Welche konkreten Aufgaben und normativen Ziele erwachsen daraus für Hochschulen, die sich der Arbeit an Nachhaltigkeitsthemen verschrieben haben? Wie lässt sich das Didaktik- und Hochschulverständnis skizzieren, das in Nachhaltigkeitsthemen zur Anwendung gelangt? Welche Erscheinungs- und Anwendungsformen kollaborativer Wissensproduktion im Nachhaltigkeitskontext sind denkbar, umsetzfähig oder erprobt?

Die folgenden Überlegungen setzten an diesen Fragen an und erschließen transdisziplinäre Arbeit als kooperatives Lerngeschehen unterschiedlicher Wissensträger_innen, indem sie dessen Potenzial, Grenzen und Voraussetzungen für die Umwelt- und Nachhaltigkeitsarbeit herausstellen. Der Artikel gewährt einen Überblick über (1) Hintergrund und Ursprung transdisziplinären Lernens, erläutert (2) grundlegende konzeptionelle Zugänge

T. Philipp (✉)
Technische Universität Berlin, Berlin, Deutschland
E-Mail: thorsten.philipp@tu-berlin.de

W. Leal Filho (Hrsg.), *Lernziele und Kompetenzen im Bereich Nachhaltigkeit,* Theorie
und Praxis der Nachhaltigkeit, https://doi.org/10.1007/978-3-662-67740-7_6

und zeichnet auf dieser Grundlage (3) deren Anwendungskraft für die Nachhaltigkeitsarbeit entlang ausgewählter Praxisbeispiele nach. Darüber hinaus fächert er (4)
Voraussetzungen und Anforderungen an die Adresse der Hochschulen auf, um aus dieser Überlegung heraus (5) konkrete Optionen der Förderung zu diskutieren und (6)
Schlussfolgerungen zu formulieren.

1   Hintergrund und Ursprung Transdisziplinärem Lernens

Das Postulat der Transdisziplinarität prägt seit den 1960er Jahren die Debatte um
Anspruch, Selbstverständnis und Wirksamkeit universitärer Forschung, doch sind die
spezifischen Ableitungen für Lehre und Studium eher ein Nebenthema geblieben. Kon-
kurrierende, teils ineinandergreifende Konzepte wie *Co-Learning* (Knickel et al., 2019),
Social Learning (Cundill & Rodela, 2012; Reed et al., 2010; Wals & Rodela, 2014),
Transformative Learning (Mezirow, 2008) und *Experiential Learning* (Kolb, 2015) begleiten die Diskussion um den didaktischen Impetus nachhaltiger Entwicklung, ohne dass
sich daraus ein kohärentes Bild zeichnen ließe. Während Interdisziplinarität nach allge-
meinem Verständnis kooperative Arbeitstechniken und Reflexionsprozesse beschreibt, in
deren Rahmen unterschiedliche Fachdisziplinen an der Lösung gemeinsamer Fragen und
Problemstellungen arbeiten (NASEM, 2005; Thompson Klein & Philipp, 2023; Sukopp,
2014) beschreibt Transdisziplinarität den Anspruch, Forschungs- und Lernallianzen zu
etablieren, an denen neben Expert_innen aus Hochschulen und wissenschaftlichen Einrichtungen auch Vertreter_innen von Kultur, Wirtschaft, Politik und Zivilgesellschaft
mitwirken: der Fokus erweitert sich von innerwissenschaftlichen Fragen auf gesellschaftliche Problemlagen (Dienel, 2022, S. 49 f.; Jahn, 2005, S. 34). Der Mentalitäts- und
Haltungswechsel betrifft einerseits die Hochschulen in der Öffnung ihrer wissenschaftlichen Suchbewegungen. Der Kreis der Teilhaber_innen an der Wissensproduktion dehnt
sich: in forschender Zusammenarbeit mit Akteur_innen außerhalb der institutionellen
Grenzen wissenschaftlicher Einrichtungen wird Wissen zur Lösung gesellschaftlicher Herausforderungen nutzbar gemacht. Auch auf gesellschaftlicher Seite ist der Übergang
herausfordernd: Praxisexpert_innen kooperieren mit Vertreter_innen theoriegestützter
Wissenschaften, denen die Nähe zur konkreten lokalen Situation auf den ersten Blick
zu fehlen scheint.

Ähnlich wie bei der Forderung nach Interdisziplinarität speist sich das Postulat der
Transdisziplinarität aus der Kritik an der unzureichenden Legitimation disziplinärer Kategorien (Philipp, 2021, S. 164). Die Komplexität der Probleme führt dazu, dass aktuelle
Herausforderungen nicht mehr rein akademisch zu lösen sind, sondern eine möglichst
hohe Vielfalt an Wissensressourcen einfordern. Die Frage nach der Gestaltung des Ver-
hältnisses von Forschung und Gesellschaft bildet seit den 1990er Jahren einen stabilen
Kern der sozial-ökologischen Forschung und der Nachhaltigkeitswissenschaften, die seit
ihren Anfängen grundlegend durch die Forderung nach Transdisziplinarität geprägt sind

(Kates et al., 2001, S. 641). Nicht mehr allein Forschung, sondern das Verständnis und methodische Design von Forschung werden angesichts globaler Weltprobleme zur Frage der „Zukunftsfähigkeit" von Gesellschaften (Vilsmaier, 2021, S. 336). Vernetzung und Kooperation möglichst vielfältiger Wissensträger_innen versprechen zugleich die Chance, die – häufig medial ausgetragenen – Legitimitätskrisen von Wissenschaft (Görke & Rhomberg, 2017, S. 51; Weingart, 2001, S. 15) bewältigen oder zumindest austarieren zu können.

2 Ausgangsprämissen transdisziplinären Lernens

Grundlage eines solchen Paradigmenwechsels in der Gestaltung von Forschungs- und Lernprozessen an Hochschulen ist die Bejahung und Verteidigung von *Pluralität,* die sich über mehrere Lebens- und Arbeitsdimensionen erstreckt. Sie betrifft zunächst die Vielfalt und Verschiedenheit der *(1) Wissensressourcen,* auf die der wissenschaftliche Suchprozess zugreift: neben disziplinär erschlossenem, akademischem Fachwissen werden auch performatives Wissen, Alltags-, Erfahrungs-, Berufs-, und Körperwissen (Keller & Meuser, 2011; van den Berg & Schmidt-Wulffen, 2023; Allen et al., 2023) als gleichwertige Wissensbestände zur Problembearbeitung anerkannt. Dies setzt voraus, dass Wissensressourcen in einem ersten Schritt erkannt, beschrieben, in ihrem Potenzial zur Lösung am jeweiligen Problem unterschieden und bewertet werden. Mit dieser Aufgabe ist zwangsläufig die Pluralität der *(2) Akteur_innen* angesprochen, die sich an der Wissensproduktion beteiligen: neben Hochschulmitgliedern sind dies Praxisexpert_innen aus Zivilgesellschaft, Industrie, Kultur und Politik, Betroffene, Anwender_innen, Träger_innen autochthonen oder situierten Wissens usw. Damit geht einher, dass die häufig geübte Unterscheidung zwischen wissenschaftlichen und „nicht-wissenschaftlichen" oder „nicht-verwissenschaftlichten" Wissensressourcen aufgegeben wird und die Kooperation stattdessen auf den Aufbau öffentlich sichtbarer, partnerschaftlicher Allianzen und auf die Aufhebung der Grenze zwischen universitärer und außeruniversitärer Welt zielt (Philipp & Schmohl, 2021, S. 16–17). Gleichzeitig ist mit einer solchen Forderung auch der Pluralisierung von *(3) Bildungsbiographien und Erkenntniswegen* der Raum bereitet: Alle Karrieren, Lebens- und Bildungswege erbringen Wissensbestände und bergen Potenziale, die zu einer Problemlösung beitragen können. Transdisziplinäre Lernprojekte verlangen von ihren Teilnehmer_innen, dass die unterschiedlichen Erlebnisse, Erfahrungen, aber auch Widersprüchlichkeiten in der Wissensakquise – ob im Rahmen institutionalisierter Ausbildung oder durch informelle und non-formale Wege – nicht einfach in Kauf genommen, sondern in ihrer Wertigkeit zur Problemlösung Anerkennung finden.

Die Anzeichen für einen solchen Wandel betreffen nicht nur die Hochschulen: So zeig ten etwa die großen Kunstausstellungen des Jahres 2022 *documenta fifteen* in Kassel (Hofmann et al., 2022, 50 ff.) und *Il latte die sogni* der Venezianer Biennale (Fossa

et al., 2022; Luke, 2022) einerseits den Reichtum und die Varianz der Bewältigungs-
versuche in der Auseinandersetzung mit Umwelt- und Sozialkonflikten, andererseits aber
auch die Breite der Lernbiographien und Wissensexpertisen ihrer Mitwirkenden. Eine
solche Kultur des Voneinander-Lernens ist auf mehreren Ebenen voraussetzungsreich und
erfordert eine möglichst barrierefreie Vielfalt der *(4) Partizipationschancen.* Die zentrale
Aufgabe besteht darin, gesellschaftliche Freiräume zu erschließen und zu garantieren,
in denen die Begegnung, der strukturierte Dialog und die partnerschaftliche Zusammenarbeit von Personen aus unterschiedlichen Bildungs- und Wissenskontexten möglich ist.
Darüber hinaus erfordert Transdisziplinäre Arbeit im Hochschulkontext auch die Anerkennung der Vielfalt von *(5) Verantwortungsrollen und Aufgaben:* Auch wenn die Zahl der
Beteiligten und mit ihr die Komplexität des wissenschaftlichen Prozesses steigt, haben
nicht alle dieselbe Funktion und Verantwortung. Fragen der Haftung, Verpflichtung und
des Controllings über den Arbeits- und Forschungsprozess und dessen Ergebnisse müssen
im Vorfeld ausgehandelt werden (Lüdtke, 2018). Gerade bei globalen Umweltkonflikten
zeigen sich zudem eklatante Unterschiede in der Betroffenheit und in der Verursachung
bei Personen, Gruppen und Bevölkerungen (etwa hinsichtlich des Klimawandels), auch
daher ist eine differenzierte Betrachtung von Aufgaben und Verantwortung unerlässlich.
Transdisziplinäres Lernen ist kein „Sitzen im selben Boot" und keine Einebnung von Verantwortungsrollen, sondern ein stets konflikthafter Prozess reflexiver Responsibilisierung
und permanenter Neuaushandlung von Zuständigkeiten.

3   Anwendungsformen im Nachhaltigkeitskontext

Das Panorama transdisziplinärer Arbeits- und Lernformen im Kontext universitärer Nachhaltigkeitsarbeit ist facettenreich und im Studienalltag teils selbstverständlich etabliert,
etwa in der Gestalt von Praktika – einer allgemein anerkannten Methode zur Erweiterung
akademischer Lernerfahrungen um Praxiserfahrungen. Ihr Potenzial für transdisziplinäres
Lernen und für die Gestaltung von Nachhaltigkeitsprozessen hängt allerdings unter anderem davon ab, ob Reflexionsräume bereitstehen, wissenschaftliches (Lehr-)Wissen und
praktisches Berufswissen systematisch zusammenzuführen und die Tätigkeit der Studierenden primär pädagogischen Zielen und nicht der Verwertungslogik des Arbeitsmarktes
unterliegt.

Die spezifischen Potenziale transdisziplinärer Arbeit für den Nachhaltigkeits- und
Klimaschutzkontext gehen allerdings weit darüber hinaus und erstrecken sich über
vielfältige kreative Versuche der Hochschulinnovation, von denen einzelne Konzepte
ausschnittsweise im Folgenden zusammengefasst werden.

3.1   Service Learning

Service Learning bietet nachhaltigkeitsinteressierten Studierenden die Möglichkeit zu bedarfsorientierten Forschungsprojekten, in denen sich zivilgesellschaftliches Engagement *(service)* und akademisches Lernen *(learning)* verbinden. Die Lernerfahrungen stehen einerseits im Dienst der Gesellschaft, andererseits sind sie Teil der Persönlichkeitsentwicklung der Studierenden, der Wertebildung und der Reflexion eigener Verantwortung und lebensgeschichtlicher Ressourcen (Bringle & Hatcher, 2009). Service Learning ist darüber hinaus eine Institutionalisierung von Wissenstransfer (Backhaus-Maul & Gerholz, 2020). Konkret stellen Studierende ihre Untersuchungsarbeit zeitlich befristet in den Dienst einer Non-Profit-Organisation, häufig einer Umwelt- und Naturschutzorganisation, einer lokalen Bürgerinitiative oder anderer gemeinnützig arbeitender lokaler Akteur_innen. Im deutschsprachigen Raum wurden Erfahrungsaustausch und Qualitätssicherung durch das *Hochschulnetzwerk Bildung durch Verantwortung* institutionalisiert (Hofer & Derkau, 2020). Entscheidend für den Erfolg solcher didaktischen Nachhaltigkeitsprojekte, die nicht nur bei Studierenden, sondern auch bei Dozent_innen gesellschaftliches Engagement voraussetzen und ein dichtes Netzwerk im Geflecht zwischen Universität und Zivilgesellschaft verlangen, sind reflexive Räume, in denen Studierende ihre erworbenen Erfahrungen – gerade auch in der Spannung zwischen akademischer Theorie und lokaler Praxis – sowohl im Blick auf die eigene Bildungsgeschichte wie auch in der Frage der Werte- und Persönlichkeitsentwicklung austauschen und auswerten können (Yorio & Ye, 2012). Im Berliner Beispiel *Hortopie Jacobi* etwa widmeten sich Studierende einem zunehmend drängenden Problem der Evangelischen Kirche Deutschlands: Durch den allgemeinen Wandel der Bestattungskulturen stehen immer mehr Flächen auf Friedhöfen leer, deren Bewirtschaftung zunehmend schwieriger wird. Das Service-Learning-Projekt konnte am Praxisbeispiel eines Neuköllner Friedhofs zeigen, wie sich ungenutzte Brachen in Zusammenarbeit verschiedener Akteur_innen der Umweltbildung in eine sowohl pädagogisch wie ökologisch hochproduktive urbane Fläche umwidmen lassen, ohne die spezifischen Anforderungen des Ortes hinsichtlich Trauerkultur und Ruhezeiten zu verletzen (Bilianu et al., 2019).

3.2   Citizen Science

Citizen Science bezeichnet eine partizipative Praxis, bei der Bürger_innen aktiv in Forschungsprozesse eingebunden werden, indem sie sich beispielsweise an Datenerhebung, und -auswertung, an der Aushandlung des Forschungsdesigns oder an der Archivierung der Ergebnisse beteiligen (Jaeger-Erben, 2021; Kullenberg et al., 2016). Die historischen Anfänge dieser populären Form kooperativer Forschung liegen im Vogelschutz (Resnik et al., 2015, S. 476), wo sie bis heute fest verankert sind. Allerdings erstreckt sich der

Anwendungsbereich längst über zahlreiche weitere Gebiete wie Archäologie, Demokra-
tieforschung, politische Bildung und Kunstgeschichte. Ein zentraler Anwendungspunkt
besteht weiterhin darin, Umweltveränderungen, insbesondere Artenentwicklungen und
-verluste zu bemessen (Zizka, 2017, S. 44), etwa im Rahmen regelmäßiger Artenzäh-
lungen. Wie die Erfahrungen zeigt, birgt dieser Ansatz hohes, aktivierendes Potenzial
in der Einbindung verschiedener Wisssensträger_innen; zunehmend wird allerdings deutlich, dass Citizen Science seine Attraktivität für Nachhaltigkeitsziele nur dann behaupten
wird können, wenn Bürger_innen nicht nur als Datenlieferant_innen wahrgenommen werden, sondern in die gesamte Mitgestaltung des Forschungsvorgangs einbezogen werden
(Cavalier & Kennedy, 2016; Newman et al., 2012). So untersucht etwa das Berliner
Projekt *Mind The Fungi* unter wissenschaftlicher Mitarbeit von Bürger_innen, inwieweit Pilzbiotechnologie als Innovationsmotor für eine nachhaltige, postfossile Wirtschaft
genutzt werden kann (Meyer & Rapp, 2020). Wissenschaftliche Forschung wird um künst-
lerische und designbasierte Arbeit erweitert. Die Aufgaben der mitwirkenden Bürger_
innen umfassten das Sammeln Baumpilz- und Flechtenproben sowie ihre fachgerechte
Konservierung und Kultivierung in den Biotechnologie-Laboren der TU Berlin.

3.3   Reallabore

Auch Reallabore bieten hybride Lernmöglichkeiten im produktiven Spannungsraum zwischen akademischer Lehre und gesellschaftlichen Lebenswelten. Gemeint sind kollaborative Forschungsallianzen, die in einem räumlich und zeitlich abgegrenzten Arbeitskontext
Nachhaltigkeitsfragen experimentell bearbeiten, um (urbane) Transformation anzuregen
und Gesellschaft mitzugestalten (Beecroft, 2020; Parodi et al., 2018). Ihren Kern bilden integrierte Forschungs- und Innovationsprozesse zwischen universitären und lokalen
Akteur_innen im Rahmen eines Public-Private-Partnership (Schäpke et al., 2018). Forschung findet nicht mehr in geschlossenen Laboren statt – Gesellschaft selbst ist ihr
„Labor" (Krohn & Weyer, 1989), um nachhaltige Lösungen partizipativ zu entwickeln, etwa in den Bereichen Stadtentwicklung, Abfallwirtschaft und Kreislaufwirtschaft.
Obwohl die Reallaborforschung in den letzten Jahren zunehmend an Bedeutung gewonnen
hat, ist die Beteiligung von Studierenden weiterhin in vielen Fällen marginal, zumal der
Fokus der Reallaborarbeit in der Regel auf Forschung und weniger auf Lehre liegt. Allerdings sind Methoden der Reallaborforschung auch in hochschuldidaktischen Formaten
umsetzbar, wie Beispiele der Leuphana Universität Lüneburg zeigen (Henkel et al., 2018),
etwa in Gruppenexperimenten, Projektseminaren, Praxis- oder Szenarien-Workshops oder
in spielerischen Formaten wie Planspielen (Beecroft, 2020, S. 22). Optionen innovativer
Umsetzung zeigen sich auch im Berliner *Haus der Materialisierung,* einem von der TU
Berlin mitentwickelten Reallabor zur zirkulären Ökonomie. Als Teil des Modellprojekts
Haus der Statistik umfasst es einen Gebrauchtmaterial-Markt, Werkstätten für Textil, Holz
und Metall, ein Repair-Café, einen Leihladen, ein Showroom für Gebrauchtgüter sowie

Abb. 1 Partizipatives Experiment nachhaltiger Stadtentwicklung: Seminar im Gemeinschaftsgarten des Berliner Modellprojekts *Haus der Statistik*. (Foto: Thorsten Philipp)

Raum für Kunst und Kultur (Lynen et al., 2020). Im Haus wird erprobt, was gesamt-gesellschaftlich umsetzbar sein könnte: Wie entsteht eine kreislaufgerechte Wirtschaft? Wir sieht eine sozial gerechte Stadt aus? Die Arbeit wird durch das Reallaborzentrum der TU Berlin begleitet und in ihrer Wirkung und gesellschaftlichen Wirksamkeit ausgewertet (Abb. 1).

3.4   Makerspaces, Fablabs und Reparaturkultur

2003 hatte der US-amerikanische Physiker Neil Gershenfeld am Massachusetts Insti-tute for Technology (MIT) eine Lehrveranstaltung unter dem Titel *How to Make Almost Anything* angeboten (Gershenfeld, 2012). Damit folgte er einerseits den Impulsen der Do-it-yourself-Bewegungen, die Menschen zu einem selbstbestimmten und kompetenten Umfang mit Technologie zu befähigen suchten. Andererseits überführte er einen didak-tischen Impuls der Nachhaltigekeitsbewegung und der Maker Education, der in Offenen

Werkstätten, Repair-Cafés, Fablabs und Makersspaces erprobt worden war, an eine Universität (Brandenburger & Voigt, 2021, S. 108 f.). Der Gedanke ist einfach und reagiert auf eines der drängendsten Umweltprobleme der Gegenwart: den Umgang mit Abfällen. Erhebungen zeigen, dass die Menge an globalem Müll jährlich steigt (IRP, 2017, S. 10 f.; UNEP, 2021, S. 10 ff.) insofern ist die Reform von Materialzyklen, der Kampf gegen (geplante) Obsoleszenz und der Übergang zu kreislaufgerechter Wirtschaft ein entscheidender Beitrag zu einer nachhaltigen Gestaltung von Konsum und Produktion. Reparieren, Weiterverwenden, Recycling und Upcycling ermöglichen nicht nur Studierenden, sondern einer breiten Bürger_innengesellschaft ein buchstäbliches Sich-Auseinandersetzen mit Material und damit eine echte didaktische Erfahrung (Heckl, 2013, 15 f.). Reparaturkultur birgt zudem den Schlüssel zur Befreiung aus Konsumdruck und Marktabhängigkeit – ein Akt der Selbstbefähigung und Konsumentensouveränität (Baier et al., 2016, S. 34; s.a. Abb. 2).

Repair-Cafés, in denen Nutzer_innen und Expert_innen gemeinsam Geräte reparieren sind ebenso wie Gemeinschaftsgärten, Fablabs und offene Werkstätten nicht nur Orte kooperativer Lösung von Nachhaltigkeitsproblemen, sondern auch Wissensallmenden. Insofern verwundert es eher, dass nicht längst alle Universitäten eigene Repair-Cafés, FabLabs oder Makerspaces eröffnet haben, in denen Studierende, Wissenschaftler_innen und Bürger_innen Geräte reparieren, Open-Source-Technologien entwickeln und den öffentlichen Diskurs über Material und Kreislaufwirtschaft stärken. Hochschulen wie die

Abb. 2 Offene Werkstätten und Repaircafés sind Orte transdisziplinären Lernens und konkreter Nachhaltigkeitspraxis zugleich. Filmstill aus dem Erklärvideo *Was ist transdisziplinäre Didaktik?* (Quelle: https://youtu.be/VCxfziuNsAQ))

Universität Hannover, die TU Dresden, die BTU Cottbus, die Ruhr-Universität Bochum und das University College London haben es jedenfalls umgesetzt und den Campus damit auch zu einem Ort der Reparaturkultur werden lassen.

4   Anforderungen und Voraussetzungen

Der ausschnittsweise Überblick über einzelne Anwendungsformen transdisziplinärer didaktischer Praxis lässt bereits die zentralen Hürden und Herausforderungen erahnen, denen transformative Lernprojekte begegnen. Die Einrichtung interinstitutioneller Partnerschaften erfordert hohen kommunikativen Aufwand (insbesondere für Vertrauensbildung, Zielabsprache, Arbeitsaufteilung und -koordination) und zusätzlichen Zeit- und Ressourceneinsatz, der über die gängigen Förderstrukturen wissenschaftlicher Arbeit nur schwer finanzierbar ist. Schwache Möglichkeiten der Profil- und Karriereförderung in einem universitären System, dessen Karrierechancen überwiegend durch disziplinären Wettbewerb erfolgen (Wissenschaftsrat, 2020) gelten ebenso als Hindernisse wie Fachsprachen, Übersetzungsprobleme sowie starre institutionell kultivierte Weltbilder. In vielen europäischen Ländern, wie z. B. Deutschland und Österreich, hängt der Zugang zu einer Professur von der Anzahl und Qualität wissenschaftlicher Publikationen ab, während die Erfahrung mit partizipativen Lehrprojekten eine untergeordnete oder gar keine Rolle spielt. Nachhaltigkeitsorientierte Bildung setzt daher voraus, dass transdisziplinäre Expertise bei der Besetzung von Professuren und akademischem Personal eingefordert und anerkannt wird.

4.1   Unsicherheitskultur

Transdisziplinäres Lernen gelingt nur durch einen System- und Mentalitätswandel der pädagogischen Grundhaltungen. Der Übergang erfordert von Hochschullehrenden die Bereitschaft, temporären Kontrollverlust und Unsicherheiten in Kauf zu nehmen, um das freie Spiel kreativer Kräfte im Zusammenwirken von Studierenden und Gesellschaft zu ermöglichen. Die Unsicherheit im didaktischen Geschehen erscheint allerdings als Spiegel einer weit umfassenderen „Kultur der Unsicherheit" (Bonß, 2012), die die Diskussion um Risiko, Nichtwissen und Technikfolgenabschätzung seit Jahren begleitet (Bogner, 2021, S. 47). Unsicherheit ist in transdisziplinären Projekten schon daher unvermeidlich, weil die Methoden transdisziplinären Forschens und Lernens nicht vorbestimmt sind und entlang der Forschungsfrage, der Kooperationsgruppe und dem konsentierten Arbeitsweg gestaltet werden müssen (Blättel-Mink et al., 2003, S. 14). Das Risiko des Scheiterns ist aufgrund der Vielzahl der Interessensträger_innen und der Komplexität des Prozesses deutlich erhöht (Defila et al., 2016, S. 27). Darüber hinaus stellt die Freiheit der Studierenden im Forschungsdesign eingeübte Muster von Aufsicht und Kontrolle durch Dozent_innen infrage.

4.2   Partizipative Kultur

Die verstärkt seit den 1990er Jahren erhobene normative Forderung nach einer Forschung, die unter Gesichtspunkten der Mitwirkung und Teilhabe von Gesellschaft gestaltet wird, hatte ihren Ursprung vor allem in der Auseinandersetzung mit der Zielsetzung nachhaltiger Entwicklung und der Frage nach Wirkung und Wirksamkeit von Wissenschaft im Umgang mit Natur und Umwelt (Ukowitz, 2021, S. 223; Unger, 2014). Partizipative Kultur als Beteiligungsverfahren, das Hierarchien und Machtstrukturen zwangsläufig verändert, erfordert nicht nur eine sorgsame Auswahl der Mitwirkenden, sondern auch eine entschiedene Vermittlungstätigkeit zwischen verschiedenen Akteur_innen divergierender Interessen und Systemlogiken. Die hohen Erwartungen an partizipative Prozesse bergen jedoch die Gefahr der Überforderung auf allen Seiten (Ukowitz, 2017); im Bereich der Hochschulen erfordern sie günstige Betreuungsschlüssel und entlastende Rahmenbedingungen in der Institutionalisierung.

4.3   Fehlerkultur

Mit der Förderung der Pluralität von Bildungsbiographien verbindet sich das Erfordernis, deviante Bildungs- und Lebenswege, Misserfolge und scheinbare Sackgassen im Lerngeschehen nicht nur in Kauf zu nehmen, sondern in ihrer didaktischen Wertigkeit anzuerkennen (Hanschitz, 2009, S. 180). Scheitern und Fehler erscheinen nach bürgerlichen Maßstäben und im Wissenschaftsbetrieb häufig ohne positiven Wert (Dressel & Langreiter, 2005). In transdisziplinären Projekten allerdings sind sie konstitutiv, um neue, revidierte und überarbeitete Lösungsmethoden zu generieren (Dessel et al., 2014, S. 212). Fehler ermöglichen nicht nur Erkenntnisfortschritt, sondern auch Sichtbarkeit von „Klippen und Sackgassen" (Dessel et al., 2014, S. 212), die sich aus dem Zusammentreffen pluraler Akteur_innen ergeben.

4.4   Kommunitäre Kultur

Transdisziplinäres Arbeiten wird die gegebenen Strukturen an Universitäten verändern und dazu beitragen, Hierarchien abzubauen und die kollektive Verantwortung zu erweitern. Ihr Wert liegt im Aufbau von Partnerschaften prinzipiell gleichberechtigter Mitglieder. Transdisziplinäre Lehre birgt zwangsläufig eine politische Komponente, denn sie stellt eingeübte Ordnungen, Abhängigkeitspfade und Machtgefüge in Forschungskontexten infrage – und erweist sich damit als Empowerment (Dressel et al., 2019) nicht nur der Studierenden, sondern aller Wissensträger_innen.

4.5   Reflexive Kultur

Inter- und Transdisziplinarität sind in der Lehre nach wie vor eher ein Phänomen der Anwendung als der Reflexion. Viele Studiengänge nehmen für sich inter- oder transdisziplinäre Prägung in Anspruch, doch fehlt in vielen Fällen eine angemessene Evaluation und Bewertung der Erfahrungen und wissenschaftstheoretischen wie didaktischen Herausforderungen inter- oder transdisziplinären Arbeitens (Philipp, 2021, S. 169). Transdisziplinäre Bildung braucht eine ständige und systematische Reflexion zu Curriculaentwicklung (Kelly, 2012), Sinn, Ziele und Grenzen transdisziplinärer Methoden innerhalb eines Studiengangs (Jenert, 2014). Die zentrale Aufgabe besteht darin, curriculare Reflexionsphasen für Disziplinarität, Inter- und Transdisziplinarität in alle Studiengänge einzuführen. Reflektierende und metakognitive Praktiken müssen etabliert, respektiert und verteidigt werden (Keestra, 2017).

4.6   Feedbackkultur

Die Vielzahl und Verschiedenheit der Teilhaber_innen, die in transdisziplinären Projekten kooperieren, bringt Interessendivergenz, Konflikthaftigkeit und Differenzspannungen mit sich, die nach professioneller Moderation und Lösungsverfahren verlangen. Systematisierte, dialogische Feedbackpraktiken, in denen die Teilnehmer_innen voneinander lernen und sich in der Verschiedenheit ihrer Interessen und ihrer Bildungspraktiken anerkannt sehen (Carless & Boud, 2018; Winstone & Carless, 2020), sind daher eine Grundvoraussetzung für den Erfolg transdisziplinären Arbeitens. Im Bildungskontext wird Feedback häufig als unidirektionaler Vorgang verstanden, in dem sich Lehrpersonen an Studierende wenden. Neuere, soziokonstruktivistische Ansätze betonen hingegen die gemeinsame Verantwortung aller Teilnehmer_innen am Lernprozess und werben für eine rekursive, dialogische Feedbackkultur (Nash & Winstone, 2017), um das Bewusstsein für die eigene Handlungskompetenz und das eigene Handlungsvermögen zu schärfen. Da individuelle, gruppendynamische und kontextuelle Dimensionen ineinanderragen, ist die Aufgabe durchaus voraussetzungsvoll: sie erfordert – auf individueller und auf Gruppenebene – die Bereitschaft und die Fähigkeit, Feedback zu gewähren, entgegenzunehmen, zu verstehen, eigene Widerstände einzuordnen und für den eigenen Lernprozess zu nutzen. Gerade der hohe Stellenwert partizipativer Prozesse im Nachhaltigkeitsgeschehen stellt Universitäten vor die Aufgabe, einen konzeptionellen Rahmen für studentische Feedback-Kompetenz zu entwickeln (Chong, 2021). Dies gilt insbesondere für die Gestaltung informellen Lernens (Kyndt et al., 2009).

5   Nachhaltigkeit konkret. Schritte zur Förderung transdisziplinärer Lehre

Wie lässt sich die Zukunftsfähigkeit von Hochschulen angesichts dieser Anforderungen entlang des Postulats nachhaltiger Entwicklung sichern und gestalten? Der Überblick zeigt, dass nicht nur in der Curriculaentwicklung, in der Reform von Arbeits- und Studienalltagen, sondern auch in der grundlegenden wissenschaftstheoretischen Reflexion hohe Potenziale liegen. Theoretisch, praktisch und institutionell ist die Hochschule als *lernende* Gemeinschaft gefragt.

Die Öffnung akademischer Lehre auf transdisziplinäres Arbeiten im Nachhaltigkeitskontext erfordert nicht nur kommunikative Anstrengungen, sondern auch ständige Fort- und Weiterbildungsangebote, um Hochschulmitgliedern Zugang zum Panorama transdisziplinärer Methoden zu eröffnen. Eine interne Transferstelle, Kontakt- und Aktivitätsdatenbanken können dabei helfen, externe Expert_innen, die mit ihrem Fachwissen zu einem Projekt beitragen können, zu ermitteln und mögliche kollaborative Arbeitsformen anzudenken. Die Vernetzung mit externen Akteur_innen erfordert eine sorgfältige Dokumentation transdisziplinärer Aktivitäten (Ausstellungen, Web, Publikationen, soziale Medien) und eine regelmäßige Wirkungsevaluation, die allerdings gerade im Bereich transdisziplinären Arbeitens hohe Herausforderungen birgt (Holtmannspötter et al., 2022; Nagy & Schäfer, 2021). Da alle diese strukturellen Maßnahmen das Risiko der Verunsicherung erhöhen und tiefgreifende Veränderungen in Arbeitsabläufen, Selbstverständnis und institutionellen Kulturen einleiten können, werden Hochschulleitungen professionelles Change Management in Erwägung ziehen müssen, wollen sie Konflikte frühzeitig vermeiden und möglichst allen Bedürfnissen ihrer Hochschulangehörigen Rechnung tragen.

Transdisziplinäre Projekte sind häufig auf einen mehrjährigen Zeitrahmen festgelegt, der nicht immer mit curricularen Zyklen in Einklang zu bringen ist; ein besonderes Problem stellt die Verstetigung und Institutionalisierung der Zusammenarbeit dar (Thompson Klein et al., 2022). Reallabore etwa sind auf einen mehrjährigen Zeitraum zur Problemlösung geplant, nicht entlang curricularer Studienverläufe. Als großformatige Wissenschaftsunternehmungen bedürfen sie umfassender Finanzierung durch Universität und Gesellschaft. Die Doppelbelastung für Wissenschaftler_innen, die nicht mehr nur forschen, sondern auch moderieren und gestalten sollen, ist hoch (Parodi & Steglich, 2021, S. 261).

Projektorientiertes, fachübergreifendes Studieren hingegen verlangt Studierenden nicht nur zeitliche Investitionen ab, sondern ist oft mit Ungewissheiten und Zusatzbelastungen durch erhöhte Eigenorganisation verbunden. Gerade die Einrichtungsphase studentischer transdisziplinärer Projekte ist zeitaufwendig und anfällig für Konflikte. Projektmanagement-Kompetenzen können in einigen Fällen eine günstige Voraussetzung sein und das Problem mindern. Um die Attraktivität transdisziplinären Arbeitens für Studierende zu erhöhen, können auch Coaching-Angebote unterstützen. Hier geht es darum,

Studierenden individuell zu helfen, den eigenen Bildungsweg entlang transdisziplinärer Perspektiven zu bereichern: Wie sehe ich meine Rolle in der Gesellschaft? Welche Ableitungen, Ideen oder Verpflichtungen ergeben sich dazu aus meinem Studium? Coaching als curriculares Dialog- und Beratungsgeschehen (Blom, 2000) ist in der Praxis allerdings nur an wenigen Hochschulen erprobt und birgt in der Frage flächendeckender Umsetzbarkeit weiterhin Forschungsbedarf (Willicks, 2022, S. 5).

6   Der *experimental turn*: Schlussfolgerungen und Ausblick

Wäre die Einrichtung einer Fakultät für Transdisziplinarität und Nachhaltigkeit die logische institutionelle Konsequenz? Auch wenn eine solche Maßnahme für die meisten Hochschulen utopisch erscheint, zeigen Modelle wie das Leuphana-Semester an der Leuphana-Universität Lüneburg zumindest die Machbarkeit der Einführung und Umsetzung eines verpflichtenden inter- und transdisziplinären ersten, einführenden Semesters für alle Studierenden aller Fachrichtungen. Die entscheidende Ressource der Universitäten wird ihre Kreativität und Fähigkeit zur Überwindung eingeübter administrativer Muster sein. Transdisziplinäres Lernen für Nachhaltigkeit ist Teil eines *experimental turn* (Candy & Dunagan, 2016), dem sich Hochschulen nicht nur didaktisch, sondern auch institutionell stellen müssen. Die Verlagerung universitären Lernens und Arbeitens in eine Shopping-Mall etwa ist – wie ein Berliner Beispiel unlängst zeigte – trotz vieler Hürden keineswegs unmöglich und alles andere als wirkungslos, erfordert aber Risikobereitschaft und die Fähigkeit, administrative Kulturen neu zu gestalten (Philipp et al., 2023). Das Aufsuchen neuer Räumlichkeiten jenseits des Campus, die Vergabe von Lehrpreisen für transdisziplinäres Engagement und wiederkehrende Konferenzen zu transdisziplinärer Bildung sind wesentliche Bestandteile im Mosaik der neuen, transformativen Lehre (Abb. 3).

Die Erprobung transdisziplinärer Techniken zur Förderung des Nachhaltigkeitsprofils von Hochschulen offenbart indes weiteren Forschungsbedarf. Qualitative Erhebungen zu Wirkung und didaktischen Erfolgen oder Dysfunktionen bleiben zentrale Herausforderungen im neuen Selbstverständnis von Hochschulen. Deren Zukunft entscheidet sich, wie die hier ausschnittsweise skizzierten Beispiele zeigen, an ihrer Fähigkeit, ihr Bildungsversprechen entlang globaler Problemlagen und wandelnder Wissensbedarfe umzusetzen und die eigenen Lehrangebote auch an neuen, bislang unerschlossenen Öffentlichkeiten auszurichten. Indem sie kategoriale Schranken des Lehrbetriebs infrage stellen und disziplinäre wie transdisziplinäre Arbeitsformen in ihren Methoden ständig neu erproben, verwirklichen Hochschulen den partizipativen Impetus, den das Leitbild nachhaltiger Entwicklung voraussetzt – und sind damit Teil der „großen Transformation" (Polanyi, 2017), von der die Zukunftsfähigkeit verunsicherter Gesellschaften im Zeitalter globaler Herausforderungen abhängt. Transdisziplinarität ist der Schlüssel zu einer integralen Nachhaltigkeitspraxis,

Abb. 3 Universität im Einkaufszentrum? Mit *Mall Anders – Offenes Lernlabor für Wissenschaft und Gesellschaft* beschritten Freie Universität, Humboldt-Universität zu Berlin, TU Berlin und Charité – Universitätsmedizin neue Wege der Wissenschaftskommunikation und der partizipativen Forschung. (Foto: Matthew Crabbe)

in der sich wissenschaftstheoretische Reflexion, didaktische Innovation und angewandter Umwelt-, Klima- und Naturschutz in unzähligen Ausprägungen zusammenfinden und bereichern.

Literatur

Allen, L., Pratt, S., Le Hunte, B., Melvold, J., Doran, B., Kligyte, G., & Ross, R. (2023). Embodied Learning. In T. Philipp & T. Schmohl (Hrsg.), *Handbook Transdisciplinary Learning* (S. 103–111). Transcript.

Backhaus-Maul, H., & Gerholz, K.-H. (2020). Feine Gelegenheiten zur Kooperation: Wissenstransfer zwischen Universitäten und zivilgesellschaftlichen Organisationen. In M. Hofer & J. Derkau (Hrsg.), *Campus und Gesellschaft: Service Learning an deutschen Hochschulen. Positionen und Perspektiven* (S. 37–52). Beltz.

Baier, A., Hansing, T., Müller, C., & Werner, K. (2016). Die Welt reparieren: Eine Kunst des Zusammenmachens. In A. Baier, T. Hansing, C. Müller, & K. Werner (Hrsg.), *Die Welt reparieren: Open Source und Selbermachen als postkapitalistische Praxis* (S. 34–62). Transcript.

Beecroft, R. (2020). *Das Reallabor als transdisziplinärer Rahmen zur Unterstützung und Vernetzung von Lernzyklen.* Leuphana Universität. https://pub-data.leuphana.de/1031. Zugegriffen: 12. Okt. 2023.

Bilianu, F., Jansen, S., Kolbinger, L.-M., Möning, J., Reichl, S., Reis, L., Rönn, B., & Wester, N. (2019). Hortopie Jacobi. https://www.nbl.berlin/projects/hortopie-jacobi. Zugegriffen: 12. Okt. 2023.

Blättel-Mink, B., Kastenholz, H., Schneider, M., & Spurk, A. (2003). *Nachhaltigkeit und Transdiszi-plinarität: Ideal und Forschungspraxis. Arbeitsbericht.* Akademie für Technikfolgenabschätzung in Baden-Württemberg. Abrufbar unter https://elib.uni-stuttgart.de/handle/11682/8586. Zugegriffen: 12. Okt. 2023.

Blom, H. (2000). *Der Dozent als Coach.* Luchterhand.

Bogner, A. (2021). Politisierung, Demokratisierung, Pragmatisierung. Paradigmender Technikfolgenabschätzung im Wandel der Zeit. In S. Böschen, A. Grunwald, B. -J. Krings, & C. Rösch (Hrsg.), *Technikfolgenabschätzung: Handbuch für Wissenschaft und Praxis* (S. 43–58). Nomos.

Bonß, W. (2012). Für eine neue Kultur der Unsicherheit. In M. -L. Beck, K. Steinmüller, & L. Gerhold (Hrsg.), *Schriftenreihe Sicherheit: Sicherheit 2025* (S. 100–107). Forschungsforum Öffentliche Sicherheit.

Brandenburger, B., & Voigt, M. (2021). FabLab. In T. Philipp & T. Schmohl (Hrsg.), *Handbuch Transdisziplinäre Didaktik* (S. 107–117). Transcript.

Bringle, R. G., & Hatcher, J. A. (2009). Innovative practices in service-learning and curricular engagement. *New Directions for Higher Education, 2009*(147), 37–46.

Candy, S., & Dunagan, J. F. (2016). The experiential turn. *Human Futures., 1,* 26–29.

Carless, D., & Boud, D. (2018). The development of student feedback literacy: Enabling uptake of feedback. *Assessment & Evaluation in Higher Education, 43*(8), 1315–1325.

Cavalier, D., & Kennedy, E. B. (2016). *The rightful place of science: Citizen science. The rightful place of science series.* Consortium for Science Policy & Outcomes.

Chong, S. W. (2021). Reconsidering student feedback literacy from an ecological perspective. *Assessment & Evaluation in Higher Education, 46*(1), 92–104.

Cundill, G., & Rodela, R. (2012). A review of assertions about the processes and outcomes of social learning in natural resource management. *Journal of Environmental Management, 113,* 7–14.

Defila, R., Di Giulio, A., & Schäfer, M. (2016). Hotspots der transdisziplinären Kooperation: Ausgangslagen von besonderer Bedeutung. In R. Defila (Hrsg.), *Transdisziplinär forschen: Zwischen Ideal und gelebter Praxis: Hotspots, Geschichten, Wirkungen* (S. 27–89). Campus.

Dessel, G., Heimerl, K., Berger, W., & Winiwarter Verena (2014). Interdisziplinäres und transdisziplinäres Forschen organisieren. In G. Dressel, W. Berger, K. Heimerl, & V. Winiwarter (Hrsg.), *Science Studies. Interdisziplinär und transdisziplinär forschen: Praktiken und Methoden* (S. 207–212). Transcript.

Dienel, H. L. (2022). Transdisciplinarity. In L. Gerhold, D. Holtmannspötter, C., Neuhaus, E. Schüll, B. Schulz-Montag, K. Steinmüller, & A. Zweck (Hrsg.), *Research. Standards of futures research: Guidelines for practice and evaluation* (S. 49–57). Springer VS.

Dressel, G., & Langreiter, N. (2005). WissenschaftlerInnen scheitern (nicht). In S. Zahlmann & S. Scholz (Hrsg.), *Scheitern und Biographie: Die andere Seite moderner Lebensgeschichten* (S. 107–126). Psychosozial-Verlag.

Dressel, G., Reitinger, E., Pichler, B., Heimerl, K., & Wegleitner, K. (2019). Partizipatives Forschen mit SchülerInnen als Empowerment – Erfahrungen aus dem Projekt „Who cares?". In M. Ukowitz & R. Hübner (Hrsg.), *Interventionsforschung: Wege der Vermittlung. Intervention – Partizipation* (S. 157–178). Springer.

Fossa Margutti, F., Pietragnoli, M., Albano, A., Dolzani, F., & Gasparato, G. (Hrsg.). (2022). *The Milk of dreams: Biennale arte 2022. Il latte dei sogni.* SIAE.

Gershenfeld, N. (2012). How to make almost anything: The digital fabrication revolution. *Foreign Affairs, 91*(6), 43–57.

Görke, A., & Rhomberg, M. (2017). Gesellschaftstheorien in der Wissenschaftskommunikation. In H. Bonfadelli, B. Fähnrich, C. Lüthje, J. Milde, M. Rhomberg, & M. S. Schäfer (Hrsg.), *Forschungsfeld Wissenschaftskommunikation* (S. 41–62). Springer.

Hanschitz, R. -C. (2009). *Transdisziplinarität in Forschung und Praxis: Chancen und Risiken partizipativer Prozesse.* VS Verlag.

Heckl, W. M. (2013). *Die Kultur der Reparatur.* Hanser.

Henkel, A., Hobuß, S., Jamme, C., & Wuggenig, U. (Hrsg.). (2018). *Die Rolle der Universität in Wissenschaft und Gesellschaft im Wandel.* Pro Business.

Hofer, M., & Derkau, J. (Hrsg.) (2020). *Campus und Gesellschaft: Service Learning an deutschen Hochschulen. Positionen und Perspektiven.* Beltz.

Hofmann, V., Euler, J., Zurmühlen, L., & Helfrich, S. (2022). *Commoning Art: Die transformativen Potenziale von Commons in der Kunst.* Transcript.

Holtmannspötter, D., Schulz-Montag, B., & Zweck, A. (2022). Practical relevance and effectiveness. In L. Gerhold, D. Holtmannspötter, C. Neuhaus, E. Schüll, B. Schulz-Montag, K. Steinmüller, & A. Zweck (Hrsg.), *Research. Standards of futures research: Guidelines for practice and evaluation* (S. 116–118). Springer VS.

IRP [International Resource Panel]. (2017). *Assessing global resource use: A systems approach to resource efficiency and pollution reduction.* UNEP.

Jaeger-Erben, M. (2021). Citizen science. In T. Philipp & T. Schmohl (Hrsg.), *Handbuch Transdisziplinäre Didaktik* (S. 45–55). Transcript.

Jahn, T. (2005). Soziale Ökologie, kognitive Integration und Transdisziplinarität. *Technikfolgenabschätzung – Theorie und Praxis, 13*(2), 32–38.

Jenert, T. (2014). Implementing outcome-oriented study programmes at university: The challenge of academic culture. *Zeitschrift Für Hochschulentwicklung, 9,* 1–12.

Kates, R. W. et al. (2001). Environment and development. Sustainability science. *Science, 292*(5517), 641–642.

Keestra, M. (2017). Metacognition and reflection by interdisciplinary experts: Insights from cognitive science and philosophy. *Issues in Interdisciplinary Studies, 35,* 121–169.

Keller, R., & Meuser, M. (Hrsg.). (2011). *Körperwissen.* VS Verlag.

Kelly, A. V. (2012). *The curriculum: Theory and practice.* SAGE.

Knickel, M., Knickel, K., Galli, F., Maye, D., & Wiskerke, J. S. C. (2019). Towards a reflexive fFramework for fostering co-learning and improvement of transdisciplinary collaboration. *Sustainability, 11*(23), 6602.

Kolb, D. A. (2015). *Experiential learning: Experience as the source of learning and development* (2. Aufl.). Pearson Education.

Krohn, W., & Weyer, J. (1989). Gesellschaft als Labor: Die Erzeugung sozialer Risiken durch experimentelle Forschung. *Soziale Welt. Zeitschrift für sozialwissenschaftliche Forschung., 40,* 349–373.

Kullenberg, C., Kasperowski, D., & Dorta-González, P. (2016). What Is citizen science? A scientometric meta-analysis. *PLoS ONE, 11*(1).

Kyndt, E., Dochy, F., & Nijs, H. (2009). Learning conditions for non-formal and informal workplace learning. *Journal of Workplace Learning, 21*(5), 369–383.

Lüdtke, N. (2018). Transdisziplinarität und Verantwortung: Wissenschaftssoziologische Perspektiven auf projektförmig organisierte Forschung. In A. Henkel, N. Lüdtke, N. Buschmann, & L. Hochmann (Hrsg.), *Sozialtheorie. Reflexive Responsibilisierung: Verantwortung für nachhaltige Entwicklung* (S. 105–121). Transcript.

Luke, B. (2022). The stuff of dreams: Cecilia Alemani delivers a perfectly judged Biennale. https://www.theartnewspaper.com/2022/04/22/the-stuff-of-dreams-cecilia-alemani-delivers-a-perfectly-judged-biennale. Zugegriffen: 12. Okt. 2023.

Lynen, L., Marlow, F., & Weise, C. (2020). *Modellprojekt Haus der Statistik*. ZK/U Press.

Meyer, V., & Rapp, R. (Hrsg.) (2020). *Mind the Fungi*. Universitätsverlag der TU Berlin. https://dir ectory.doabooks.org/handle/20.500.12854/71530. Zugegriffen: 12. Okt. 2023.

Mezirow, J. (2008). An overview on transformative learning. In J. Crowther & P. Sutherland (Hrsg.), *Lifelong learning: concepts and contexts* (S. 24–38). Taylor and Francis.

Nagy, E., & Schäfer, M. (2021). Wirkung und gesellschaftliche Wirksamkeit. In T. Philipp & T. Schmohl (Hrsg.), *Handbuch Transdisziplinäre Didaktik* (S. 369–381). Transcript.

Nash, R. A., & Winstone, N. E. (2017). Responsibility-sharing in the giving and receiving of assessment feedback. *Frontiers in Psychology, 8*, 1519.

NASEM [National Academies of Sciences, Engineering and Medicine]. (Hrsg.). (2005). *Facilitating Interdisciplinary Research*. National Academies Press.

Newman, G., Wiggins, A., Crall, A., Graham, E., Newman, S., & Crowston, K. (2012). The future of citizen science: Emerging technologies and shifting paradigms. *Frontiers in Ecology and the Environment, 10*(6), 298–304.

Parodi, O., Ley, A., Fokdal, J., & Seebacher, A. (2018). Empfehlungen für die Förderung und Weiterentwicklung von Reallaboren: Erkenntnisse aus der Arbeit der BaWü-Labs. *GAIA – Ecological Perspectives for Science and Society, 27*(1), 178–179.

Parodi, O., & Steglich, A. (2021). Reallabor. In T. Philipp & T. Schmohl (Hrsg.), *Handbuch Transdisziplinäre Didaktik* (S. 255–265). Transcript.

Philipp, T. (2021). Interdisziplinarität. In T. Philipp & T. Schmohl (Hrsg.), *Handbuch Transdisziplinäre Didaktik* (S. 163–173). Transcript.

Philipp, T., Marej, K., & Fenster, L. (2023). Didaktische Experimente im Spielfeld zwischen Universität und Gesellschaft: Ein transdisziplinäres Lernlabor im Einkaufszentrum. In K. Kiprijanov, T. Philipp, & T. Roelcke (Hrsg.), *Transferwissenschaften: Mode oder Mehrwert?* (S. 255-269). Peter Lang.

Thompson Klein, J., & Philipp, T. (2023). Interdisciplinarity. In T. Philipp & T. Schmohl (Hrsg.), *Handbook Transdisciplinary Learning* (S. 195–204). Transcript.

Polanyi, K. (2017). *The great transformation: Politische und ökonomische Ursprünge von Gesellschaften und Wirtschaftssystemen* (13. Aufl.). Suhrkamp.

Reed, M. S., Evely, A. C., Cundill, G., Fazey, I., Glass, J., Laing, A., Newig, J., Parrish B., Prell, C., Raymond C., & Stringer, L. C. (2010). What is social learning? *Ecology and Society, 15*(4).

Resnik, D. B., Elliott, K. C., & Miller, A. K. (2015). A framework for addressing ethical issues in citizen science. *Environmental Science & Policy, 54*, 475–481.

Philipp, T. & Schmohl, T. (2021). Transdisziplinäre Didaktik: Eine Einführung. In T. Philipp & T. Schmohl (Hrsg.), *Handbuch Transdisziplinäre Didaktik* (S. 13–23). Transcript.

Sukopp, T. (2014). Interdisziplinarität und Transdisziplinarität: Definitionen und Konzepte. In M. Jungert, E. Romfeld, T. Sukopp, & U. Voigt (Hrsg.), *Interdisziplinarität: Theorie, Praxis, Probleme* (2. Aufl., S. 13–29). WBG.

Thompson Klein, J., Vienni Baptista, B., & Streck, D. (2022). Institutionalizing interdisciplinarity and transdisciplinarity: Cultures and communities, timeframes and spaces. In B. Vienni Baptista & J. T. Klein (Hrsg.), *Research and teaching in environmental studies. Institutionalizing interdisciplinarity and transdisciplinarity: Collaboration across cultures and communities* (S. 1–10). Routledge.

Ukowitz, M. (2017). Überzogene Ansprüche? *TATuP – Zeitschrift Für Technikfolgenabschätzung in Theorie Und Praxis, 26*(1–2), 76–78.

Ukowitz, M. (2021). Partizipative Forschung. In T. Philipp & T. Schmohl (Hrsg.), *Handbuch Transdisziplinäre Didaktik* (S. 221–230). Transcript.

UNEP [United Nations Environment Program]. (Hrsg.) (2021). *Drowning in Plastics –Marine Litter and Plastic Waste Vital Graphics*. UNEP.

van den Berg, K., & Schmidt-Wulffen, S. (2023). Performative Knowledge. In T. Philipp & T. Schmohl (Hrsg.), *Handbook Transdisciplinary Learning* (S. 267–276). transcript.

von Unger, H. (2014). *Partizipative Forschung: Einführung in die Forschungspraxis. Lehrbuch.* Springer.

Vilsmaier, U. (2021). Transdisziplinarität. In T. Philipp & T. Schmohl (Hrsg.), *Handbuch Transdisziplinäre Didaktik* (S. 333–346). Transcript.

Wals, A. E., & Rodela, R. (2014). Social learning towards sustainability: Problematic, perspectives and promise. *NJAS: Wageningen Journal of Life Sciences, 69*(1), 1–3.

Weingart, P. (2001). *Die Stunde der Wahrheit? Zum Verhältnis der Wissenschaft zu Politik, Wirtschaft und Medien in der Wissensgesellschaft.* Velbrück Wissenschaft.

Willicks, F. (2022). *Coaching-Praxis an deutschen Hochschulen.* Tectum Wissenschaftsverlag.

Winstone, N. E., & Carless, D. (2020). *Designing effective feedback processes in higher education: A learning-focused approach.* Taylor & Francis.

Wissenschaftsrat. (2020). *Anwendungsorientierung in der Forschung: Positionspapier.* Wissenschaftsrat. https://www.wissenschaftsrat.de/download/2020/8289-20.html. Zugegriffen: 12. Okt. 2023.

Yorio, P. L., & Ye, F. (2012). A meta-analysis on the effects of service-learning on the social, personal, and cognitive outcomes of learning. *Academy of Management Learning & Education., 11,* 9–27.

Zizka, G. (2017). Citizen science. *Biologie in unserer Zeit, 47*(1), 40–45.

Zehn evidenzbasierte Kernprinzipien der Klimakommunikation – und wie Hochschulen diese anwenden können

Maike Sippel

1   Einleitung

Die globale Erhitzung stellt eine gefährliche Bedrohung für das menschliche Wohlergehen und die Umwelt dar. Um eine lebenswerte Zukunft zu sichern, brauchen wir einen grundlegenden und schnellen gesellschaftlichen Wandel. Die dazu erforderlichen raschen Emissionssenkungen benötigen erhebliche Änderungen der Lebensstile und eine Ökologisierung der Wirtschaft, sowie unterstützende politische Rahmenbedingungen, die das Handeln der Einzelnen in einen Kontext kollektiven Handelns stellen (WBGU, 2011). Ein solcher Wandel braucht über Jahre hinweg die Akzeptanz und das aktive Mitwirken der Menschen – und Klimakommunikation kann dazu beitragen, ein derartiges gesellschaftliches Engagement zu erzeugen.

Hochschulen spielen eine wichtige Rolle als Pioniere des Wandels für das Klima und für den Übergang zur Nachhaltigkeit (Ralph & Stubbs, 2014; Müller-Christ et al., 2014; Leal et al., 2019). Hochschulaktivitäten können dabei in vier Bereiche eingeteilt werden: Lehre, Forschung, *Third Mission* und Betrieb (Velazquez et al., 2006). In allen vier Bereichen sind Lösungen in hohem Maße davon abhängig, dass die beteiligten Menschen die Veränderungen akzeptieren, unterstützen und vorantreiben. Es scheint deshalb vielversprechend, zu überlegen, ob und was Hochschulen von einer Klimakommunikation lernen können, die auf gesellschaftliches Engagement abzielt.

M. Sippel (✉)
Hochschule Konstanz – HTWG, Gastforscherin Climate Outreach in Oxford, University of Applied Sciences Konstanz, Konstanz, Deutschland
E-Mail: maike.sippel@htwg-konstanz.de

© Der/die Autor(en), exklusiv lizenziert an Springer-Verlag GmbH, DE, ein Teil von   121
Springer Nature 2024
W. Leal Filho (Hrsg.), *Lernziele und Kompetenzen im Bereich Nachhaltigkeit,* Theorie und Praxis der Nachhaltigkeit, https://doi.org/10.1007/978-3-662-67740-7_7

2   Methodik

2.1   Herangehensweise

Basierend auf einer Reihe einschlägiger Handbücher (Corner & Clarke, 2016; CRED & ecoAmerica, 2014; Hesebeck, 2018; Marshall, 2014; Schrader, 2021; Stoknes, 2015; Webster & Marshall, 2019) und einer breiten Durchsicht der entsprechenden wissenschaftlichen Veröffentlichungen wurde eine Liste mit zehn Kernprinzipien der Klimakommunikation entwickelt. Der erste Teil dieses Texts präsentiert einen Überblick über die zehn identifizierten Kernprinzipien (für mehr Details zu den Prinzipien siehe Sippel et al., 2022, für einen knappen Überblick siehe Sippel, 2022a, b). Im zweiten Teil setzt sich die Autorin in einer Haltung als *Reflective Practitioner* (Copeland et al., 1993) im Bereich Hochschulen und Nachhaltigkeit damit auseinander, was Hochschulen von den Erkenntnissen der Klimakommunikationsforschung lernen könnten. Dieser zweite Teil ist konzeptioneller Natur und soll zur Diskussion einladen.

2.2   Grenzen dieses Beitrags

Der folgende Überblick über zehn Kernprinzipien der Klimakommunikation ist eine Zusammenfassung und naturgemäß ein vereinfachtes Bild des vielfältigen und komplexen Forschungsgebiets der Klimakommunikation. Für alle zehn Prinzipien gibt es noch detailliertere weiterführende Informationen. Außerdem gibt es Aspekte, die für Engagement und Klimakommunikation von zunehmender Bedeutung zu sein scheinen, die aber noch nicht eingehend erforscht wurden und daher in der Zusammenfassung nicht berücksichtigt sind. Ein Beispiel hierfür ist die Frage, wie wir Resilienz aufbauen können, um mit den negativen Auswirkungen der Klimakrise sowohl auf persönlicher als auch auf gesellschaftlicher Ebene umzugehen, und welche Rolle die Klimakommunikation hierfür spielen kann.

Des Weiteren ist zu beachten, dass die Forschungsergebnisse spezifisch für die sozialen, kulturellen und politischen Umstände in den jeweils untersuchten Gesellschaften sind. Hier unterscheiden sich z. B. Gesellschaften, die in dieser Frage stark polarisiert sind, wie die USA, von Gesellschaften, in denen bereits ein hohes Maß an Besorgnis verbreitet ist, wie Großbritannien oder Deutschland. In vielen Ländern, vor allem in Entwicklungsländern, fehlt es zudem bisher an Forschungsarbeiten zur Klimakommunikation, und bei der Zusammenfassung der vorhandenen Forschungsergebnisse weist dieser Beitrag denselben Mangel auf.

Schließlich basieren die Überlegungen, was sich aus den Prinzipien der Klimakommunikation für die Beförderung von Nachhaltigkeit an Hochschulen lernen lässt auf individuellem Wissen, Erfahrungen und Gedanken der Autorin – sie sind also nicht Ergebnis einer systematischen wissenschaftlichen Analyse und in ihrer Wirksamkeit bisher auch nicht evaluiert.

3   Ergebnisse – Kernprinzipien einer effektiven Klimakommunikation

Wenn uns etwas am Herzen liegt, kann uns dies stark motivieren, in dieser Angelegenheit aktiv zu werden. Abb. 1 zeigt, dass es bei der Sorge um das Klima nicht nur um den Verstand geht, sondern auch um Gefühle und das Verhalten.

Diese Erkenntnis bildet die Grundlage für die im folgenden vorgestellten Kernprinzipien wirksamer Klimakommunikation. Dabei lassen sich die Kernprinzipien in drei Gruppen unterteilen: (1) Was braucht es, um die Tür zu öffnen; (2) was ist nötig, um Köpfe und Herzen zu erreichen; und (3) was hilft, wenn es darum geht, vom Bewusstsein zum Handeln zu kommen. Es gibt eine gewisse logische Reihenfolge in dieser Kategorisierung (die erste Kategorie von Prinzipien ist wahrscheinlich die Grundlage für die Prinzipien der anderen Kategorien usw.). Wahrscheinlich sind jedoch die Prinzipien aller drei Kategorien wichtig, um Engagement auszulösen.

Zunächst einmal scheinen drei Prinzipien besonders wichtig zu sein, um die Tür zu öffnen und den Boden für Klimagespräche zu bereiten:

3.1   An die Werte der Menschen anknüpfen

Auch wenn dies keine allgemeine Regel ist (siehe z. B. Kollmuss und Ageyman (2002) für die sogenannte ‚Einstellungs-Verhaltens-Lücke‘), bieten die Werthaltungen von Menschen häufig eine gute Orientierung, wie diese Menschen zu einer ganzen Reihe verschiedener Themen denken, fühlen und handeln – einschließlich der Themen Energie und Klimakrise (Corner et al., 2014; Corner et al., 2016; Hornsey et al., 2016). Deshalb liegt ein Schwerpunkt der Klimakommunikationsforschung darauf, besser zu verstehen, wie Klimakommunikation mit den Werten und Weltanschauungen von Zielgruppen in Verbindung gebracht werden kann (Moser, 2016). Da Klimakommunikator_innen früher häufig einen Umwelthintergrund hatten, kam ihre intuitive Art Klima zu kommunizieren wahrscheinlich am besten innerhalb der ‚Ökoblase‘ an (Whitmarsh & Corner, 2017). Eine zentrale Herausforderung besteht heute jedoch darin, Gruppen aus allen Gesellschaftsbereichen gut zu erreichen.

Weil die Klimakrise eine Bedrohung für alle Bereiche unseres Lebens darstellt, kann für die unterschiedlichsten Werte einer Zielgruppe eine Verbindung zum Klima hergestellt werden. Verschiedene wissenschaftliche Studien analysieren unterschiedliche Gesellschaftssegmente und deren Wertehaltungen und Verbindung zum Klima, z. B. für

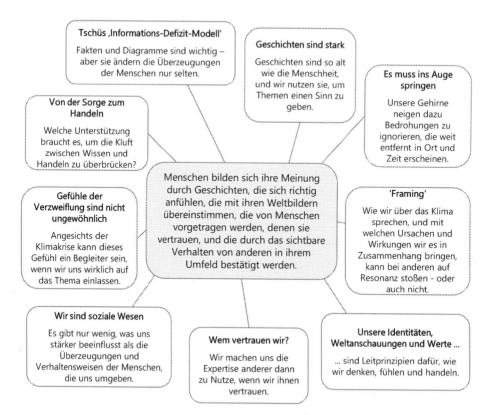

Abb. 1 Kurzer Exkurs in die Klimapsychologie. (Quellen: Basierend auf Seethaler, Evans et al., 2019; Leiserowitz, 2006 (zum ‚Informationsdefizit-Modell'); Gustafson et al., 2020 (zu ‚Geschichten'); Gifford, 2011; Lorenzoni & Pidgeon, 2006 (zu ‚Bedeutsamkeit'); Badullovich et al., 2020; Nabi, Gustafson & Jensen, 2018 (zu ‚Framing'); Corner et al., 2014; Leiserowitz, 2006 (zu ‚Werte'); Goodwin & Dahlstrom, 2014 (zu ‚Vertrauen'); Hawkins et al., 2019; Sparkman et al., 2021 (zu ‚soziale Normen'); Gunasiri et al., 2022; Baudon & Jachens, 2021 (zu *Eco-Anxiety*'); Kollmuss & Agyeman, 2002; Bouman et al., 2021 (zu ‚Handeln'); Brick et al., 2021 (allgemein)

verschiedene nationale Kontexte wie Großbritannien (Wang et al., 2020; Wang et al., 2021), die Vereinigten Staaten (Leiserowitz et al., 2022), Australien (Morrison et al., 2018) oder Deutschland (Melloh et al., 2022). Diese Studien weisen unter anderem auf geteilte Werte in Bezug auf das Klima hin – diese können eine gute Grundlage für eine Klimakommunikation bilden, die bei den meisten Menschen auf Resonanz stößt. Zu diesen gemeinsamen Werten scheinen zum Beispiel zu gehören: Gesundheit; Wiederherstellung des Gleichgewichts zwischen Mensch und Natur; Energieautonomie und -sicherheit; Weitergabe einer guten Welt an unsere Kinder (IPCC WGIII, 2022; Melloh et al., 2022; Wang et al., 2020, 2021).

3.2   Vertrauen in ‚Klima-Botschafter_innen' fördern

Vertrauen ist in jeder Kommunikation ein kostbares Gut. Menschen werden sich in der Regel leichter mit der Botschaft eines Botschafters identifizieren, den sie als glaubwürdig empfinden und der ihre Weltanschauung teilt oder sogar zu ihrer Gruppe gehört (Fielding et al., 2020). Vertrauen in die Klimakommunikation kann gefördert werden, indem neue Klimakommunikator_innen identifiziert und unterstützt werden, die bereits Vertrauenspersonen für eine bestimmte Zielgruppe sind. Eine Studie in den USA hat beispielsweise gezeigt, dass die Wirkung von Klimabotschaften zunahm, wenn sie Mitgliedern der republikanischen Partei oder des Militärs zugeschrieben wurden (Bolsen et al., 2019). Klimakommunikation kann solche ‚neuen Stimmen' unterstützen.

Wenn man sich bestimmte Typen von Kommunikator_innen anschaut, so zeigen globale Erhebungen zum Thema Vertrauen ein geringes gesellschaftliches Vertrauen in Politiker_innen und Medien und ein hohes Maß an Vertrauen in Wissenschaftler_innen (Edelman, 2021). Die Glaubwürdigkeit von Wissenschaftler_innen kann weiter gestärkt werden, wenn ihre Kompetenz und ihre guten Absichten wahrnehmbar sind (National Academies of Sciences, Engineering, and Medicine, 2017; Hendriks et al., 2015) und wenn sie authentisch wirken (Saffran et al., 2020; Dudman & de Wit, 2021). Darüber hinaus ist eine wahrgenommene Übereinstimmung zwischen der Botschaft eines Kommunikators und seinem eigenen Verhalten wichtig, d. h., dass die Kommunikatorin ‚ihren Worten Taten folgen lässt', indem sie einen klimafreundlichen Lebensstil verfolgt und die Menschen davon wissen lässt (Attari et al., 2019; Attari et al., 2016; Sparkman & Attari, 2020).

3.3   Recherchieren, testen und nicht auf die eigene Intuition vertrauen

Klimakommunikator_innen können davon profitieren, eine Haltung des ‚*Reflective Pratitioner*' einzunehmen und wissenschaftliche Erkenntnisse in ihrer Arbeit zu berücksichtigen. Da jeder von uns in seinen eigenen Themen und Problemen verstrickt ist, können wir uns nicht auf unsere eigene Intuition verlassen, um zu wissen, wie man andere Menschen gut erreichen kann. Klimakommunikation muss sich deshalb bewusst darum bemühen, eine Zielgruppe wirklich zu verstehen. Dies kann durch das Heranziehen bestehender Forschungsarbeiten (z. B. für Großbritannien Wang et al., 2020, 2021; für Deutschland Melloh et al., 2022) oder durch eigene Untersuchungen geschehen. Letztere können von informellen Gesprächen bis hin zu formaleren Forschungsdesigns reichen, wie narrativen Workshops und Fokusgruppen (Shaw & Corner, 2017) oder Befragungen. Es ist ratsam, die Inhalte und Formate von Klimakommunikation zu testen, bevor sie auf breiter Ebene veröffentlicht werden, und es besteht ein Bedarf, Klimakommunikation zu evaluieren, um erfolgreiche Beispiele zu identifizieren (Whitmarsh et al., 2013).

Die folgenden vier Prinzipien fokussieren auf Aspekte, die sich als hilfreich erwiesen haben, um Kopf und Herz der Menschen zu erreichen. Es geht also darum, wie Kommunikator_innen neben der rationalen auch die eher emotionale Seite der Menschen ansprechen können:

3.4 Das Klima nach Hause holen – und Lösungen zeigen

Obwohl die Auswirkungen der Klimakrise in den letzten Jahren immer deutlicher werden, wird Klima manchmal immer noch als ein weit entferntes Thema dargestellt und wahrgenommen. Diese wahrgenommene Distanz verleitet unser Gehirn dazu, die Bedrohung zu ignorieren (z. B. Gifford, 2011). Das Aufzeigen von Beispielen relevanter Klimaschutzmaßnahmen und Klimafolgen auf lokaler (oder regionaler und nationaler) Ebene kann Brisanz erzeugen, und so dazu beitragen, die notwendige Aufmerksamkeit zu erreichen (Loy & Spence, 2020; Howe et al., 2019; Scannell & Gifford, 2013).

Risikowahrnehmung kann Menschen motivieren (z. B. Smith & Mayer, 2018), es ist allerdings unwahrscheinlich, dass sich Menschen mit dem Thema Klima befassen, wenn sie von Angst und Sorge überwältigt sind, und zudem können häufige alarmistische Botschaften Menschen auch abstumpfen lassen (Gifford, 2011). Positive Emotionen wie Hoffnung hingegen begünstigen nachweislich individuelles Klimaschutzhandeln (Schneider et al., 2021; Nabi et al., 2018), und das Aufzeigen von Lösungsbeiträgen für die Klimakrise kann diese Hoffnung schüren (Feldman & Hart, 2018). Es scheint dabei wichtig, das richtige Gleichgewicht zu treffen, und auch kein unrealistisch rosiges Bild der Zukunft zu zeichnen.

3.5 Frames und Narrative bewusst einsetzen

Bewusst oder unbewusst werden alle Botschaften über die Klimakrise ‚geframet‘: durch die Worte und Erzählungen, die wir verwenden, um das Thema vereinfacht zu beschreiben. Der eine mag die Klimakrise als ‚Umweltproblem‘ bezeichnen, eine andere als ‚Risiko für die Wirtschaft‘ und wieder ein anderer als ‚Problem für die öffentliche Gesundheit‘. Zahlreiche Forschungsarbeiten zeigen, dass das verwendete *Framing* des Klimathemas die Assoziationen der Menschen beeinflusst (Balludovich et al., 2020) – je nachdem, ob die verwendeten *Frames* mit ihren Weltbildern, Werten und ihrer Identität übereinstimmen (Corner et al., 2014). Um eine Zielgruppe zu erreichen, kann die Klimakommunikation auf diesem Wissen aufbauen (Nisbet, 2009). Um ein Beispiel zu nennen: In einer Reihe von Studien wurden Klimanarrative mit eher konservativen Gruppen in Großbritannien getestet (Climate Outreach, 2022; Corner et al., 2016; Whitmarsh & Corner, 2017). Dabei kam heraus, dass die folgenden Framings beim konservativen britischen

Publikum Anklang finden, wenn über erneuerbare Energien gesprochen wird: ‚Abfallvermeidung' (für Energieeffizienz), ‚saubere Energie und schmutzige fossile Brennstoffe' und ‚Erneuerung des Energiesystems'.

3.6 Bilder nutzen und starke Geschichten erzählen

Wir neigen dazu, uns unsere Meinung zu einem Thema über Geschichten zu bilden, die wir uns erzählen, und über die Bilder, die diese Geschichten in unseren Köpfen entstehen lassen (z. B. Bruner, 1991). Forschungen zeigen, dass persönliche Geschichten auch den ‚Glauben' an die Klimakrise verändern können (Gustafson et al., 2020). Geschichten sprechen den eher emotionalen Teil unseres Gehirns an, indem sie die menschlichen Gesichter hinter einem ansonsten abstrakten Thema zeigen. Dieser emotionale Teil ist durch Grafiken oder Statistiken nicht so leicht zu erreichen, hat aber für unsere moralische Risikowahrnehmung und Motivationsprozesse zentrale Bedeutung (Roeser, 2012). Im Allgemeinen scheinen folgende Bestandteile für eine gute Geschichte wichtig zu sein: eine Struktur, die z. B. Herausforderungen, Planung und emotionale Höhepunkte umfasst, eine detaillierte Beschreibung der beteiligten Objekte und bedeutsame Ereignisse (McCabe & Peterson, 1984).

Die Bildsprache, die bei der Klimakommunikation verwendet wird, ist ebenfalls von entscheidender Bedeutung: Bilder können, wenn sie richtig eingesetzt werden, ein wirkungsvolles Instrument sein, um eine Botschaft zu unterstreichen (Feldman & Hart, 2018; O'Neill & Smith, 2014; Wang et al., 2018). Wissenschaftler_innen haben einige Leitlinien für Bildsprache in der Klimakommunikation formuliert (Chapman et al., 2016) und damit den Aufbau einer evidenzbasierten Klima-Bildbibliothek (Climate Visuals, 2022) ergmöglicht.

3.7 Sorgfältig mit Informationen umgehen

Korrekte Informationen allein reichen nicht aus, um gesellschaftliches Engagement auszulösen (Shi et al., 2016; Sturgis & Allum, 2004). Informationen spielen jedoch eine wichtige Rolle. Das Verständnis der Öffentlichkeit für die Klimakrise ist oft eher oberflächlich (Moser, 2016), beispielsweise sehen viele Menschen die Verbindung zwischen Klimakrise und Energiewende nicht (Climate Outreach, 2022). Hier sind korrekte Informationen erforderlich, die auf leicht verständliche Weise vermittelt werden.

In den Klimawissenschaften gibt es oft Quellen von Unsicherheit, z. B. durch abweichende Modellschätzungen (Kause et al., 2021). So wird z. B. für Klimaszenarien eine Schwankungsbreite angegeben, oder bestimmte Extremwetterereignisse werden mit einer bestimmten Wahrscheinlichkeit der Klimakrise zugeordnet. In der Kommunikation scheint es hilfreich zu sein, voranzustellen, was sicher bekannt ist (Corner et al., 2018) und Gründe für Unsicherheiten zu erläutern (Kause et al., 2021).

Die letzten drei Prinzipien fokussieren darauf, was sich als hilfreich erwiesen hat, um vom Bewusstsein zum Handeln zu kommen:

3.8   Räume für Interaktion schaffen

Traditionell wurde Klimakommunikation als ‚strategische Nachrichtenübermittlung‘ verstanden, die von Eliten betrieben wird und Menschen als passive Empfänger von optimierten Botschaften wahrnimmt (Moser, 2016; Pearce et al., 2015). Wissenschaftler_innen fordern, diesen unidirektionalen Ansatz zu erweitern und die Menschen zu aktiven Gesprächspartner_innen zu machen, um gesellschaftliches Engagement zu fördern (Badullovich, 2022; Brulle, 2010). Dies steht im Einklang mit einem Paradigmenwechsel von ‚Transmission‘ zu ‚Interaction‘ in der breiteren Kommunikationstheorie (Ballantyne, 2016).

Es gibt eine Reihe von Vorschlägen dazu, wie Klimakommunikation interaktiver werden kann. Zunächst einmal scheint das Einflechten von Klima in Alltagsgesprächen mit Freunden und Familie eine positive Wirkung zu haben – die Gesprächspartner_innen lernen etwas über das Klima und sehen, dass sich ihre Liebsten um das Klima kümmern (Goldberg et al., 2019). Es konnte auch festgestellt werden, dass solche Gespräche zu politischen Aktivitäten motivieren (Roser-Renouf et al., 2014). Webster und Marshall (2019) geben einige praktische Hinweise, wie das Führen solcher Gespräche gefördert werden kann.

Darüber hinaus kann Klimakommunikation ‚Klimadialoge‘ zwischen Wissenschaft, Gesellschaft und Politik veranstalten und moderieren. Beispiele hierfür sind: ein Dialog zwischen Wissenschaft und Gesellschaft in Tasmanien (Kelly et al., 2020); ein an den IPCC gerichteter Vorschlag, den Dialog mit Laien zu führen, um alternative, nicht-wissenschaftliche Formen des Wissens zu integrieren (Dudman & de Wit, 2021); dialogische und beratende Prozesse in der Klimapolitik, die die Akzeptanz und das Engagement der Menschen fördern können (Pearce et al., 2015); und die Förderung von konstruktiven Diskussionen als Beziehungsaufbau zwischen den verschiedenen Akteuren, die an der Umsetzung von Klimaschutzmaßnahmen beteiligt sind (Badullovich, 2022).

3.9   Handeln für Klimaschutz zu einer Frage der sozialen Zugehörigkeit machen

Es gibt nur wenig, was die Einstellungen und Verhaltensweisen von Menschen stärker beeinflusst als ihre Freunde und sozialen Netzwerke, und als die Überzeugungen und Verhaltensweisen, die Menschen in ihrem Umfeld als ‚normal‘ wahrnehmen (Mackay et al.,

2021; Hawkins et al., 2019). Solche ‚Überzeugungen zweiter Ordnung' schaffen soziale Normen (Mildenberger & Tingley, 2019), und sie können zu persönlichem Klimaschutzhandeln und zur Unterstützung von Klimapolitiken motivieren (Nolan, 2021; Fielding & Hornsey, 2016). Wenn es Klimakommunikation gelingt, den sozialen Beweis zu erbringen, dass ‚Menschen wie du und ich jetzt handeln', kann sie soziale Normen verändern. Eine Herausforderung ergibt sich aus der Tatsache, dass Klimahandeln oft noch nicht das vorherrschende Verhalten in einer Gruppe ist. Diese Herausforderung kann überwunden werden, indem gezeigt wird, dass andere ihr Verhalten geändert haben – so wird unterstrichen, wie sich Normen aktuell verändern (Sparkman et al., 2021).

3.10 Möglichkeiten für sinnvolles persönliches Handeln aufzeigen

Mit dem Ziel, gesellschaftliches Engagement für Klimaschutz zu fördern zielt Klimakommunikation offensichtlich darauf ab, Menschen zu motivieren und zu befähigen, Klimaschutzmaßnahmen zu ergreifen. Aus einer systemischen Perspektive stellen persönliche Handlungen die Bausteine der Energiewende dar, aus einer individuellen Perspektive betrachtet kann persönliches Handeln dabei helfen, *Eco-Anxiety* zu bewältigen (Baudon & Jachens, 2021; Gunasiri et al., 2022) und kognitive Dissonanz zu reduzieren – ein weit verbreitetes Phänomen, bei dem das eigene Verhalten nicht mit den eigenen Werten übereinstimmt (z. B. Stoknes, 2015).

Es gibt im Wesentlichen zwei Richtungen des persönlichen Klimaschutzhandelns, die beide für den Wandel erforderlich sind: Erstens die Verringerung des individuellen CO_2-Fußabdrucks und zweitens die Akzeptanz von Klimaregulierungen und die Beteiligung an den politischen Prozessen, die notwendig sind, um diese Regulierungen zu schaffen. Letzteres schließt auch kollektives Handeln ein, und es hat sich gezeigt, dass dieses ‚Sich Organisieren' den gesellschaftlichen Wandel unterstützt, z. B. durch eine Verlagerung des Möglichkeitenraums öffentlicher Politik (IPCC WGIII, 2022. S. 5–83).

Für beide Richtungen des individuellen Handelns kann Klimakommunikation eine wichtige Rolle spielen (Ockwell et al., 2009), auch wenn bisher noch zu wenig Augenmerk darauf lag, wie das politische Engagement von Individuen unterstützt werden kann (Carvalho et al., 2017).

Kernprinzipien für Klimakommunikation, die auf gesellschaftliches Engagement abzielt

Die Tür öffnen:
1. An die Werte der Menschen anknüpfen
2. Vertrauen in die ‚Klima-Botschafter' fördern
3. Recherchieren, testen und nicht auf die eigene Intuition vertrauen

Köpfe und Herzen erreichen:
4. Das Klima nach Hause holen – und Lösungen zeigen
5. Frames und Narrative bewusst einsetzen
6. Bilder nutzen und starke Geschichten erzählen
7. Sorgfältig mit Informationen umgehen

Vom Bewusstsein zum Handeln kommen:
8. Räume für Interaktion schaffen
9. Handeln für Klimaschutz zu einer Frage der sozialen Zugehörigkeit machen
10. Möglichkeiten für sinnvolles persönliches Handeln aufzeigen

4   Gedankenspiel: Was können Hochschulen daraus lernen?

Im Folgenden werden nun einige Überlegungen präsentiert, wie die vorgestellten Ergebnisse der Klimakommunikationsforschung die transformative Arbeit von Hochschulen und Hochschulmitgliedern bereichern und stärken könnten. Diese Überlegungen sind konzeptionell und beruhen in erster Linie auf den Kenntnissen, Erfahrungen und Gedanken der Autorin. Es wäre schön, wenn dies Leser_innen zu eigenen Überlegungen und weitere Diskussionen inspirieren könnte.

Hochschulen tragen in vier Bereichen zum Übergang zur Nachhaltigkeit bei: Lehre, Forschung, Third Mission und nachhaltiger Betrieb (Velazquez et al., 2006). Es werden einige Gedanken für jeden dieser Bereiche vorgestellt, wobei der Schwerpunkt auf der Lehre liegt. Anschließend wird eine konkrete Projektidee skizziert, die schrittweise alle vier Bereiche einbeziehen kann.

4.1   Lehre

Hochschullehre könnte auf die vorgestellte Wissensbasis auf zwei Arten reagieren: Erstens könnte sie die Kompetenz für eine wirksame Klimakommunikation vermitteln sowie ein Verlangen, diese Kompetenz anzuwenden wecken. Damit würde sie Studierende auf einen wichtigen Bereich ihrer Rolle als Gestalter_innen der Nachhaltigkeitstransformation vorbereiten. Für Studiengänge mit einem Klima- oder Nachhaltigkeitsschwerpunkt scheint diese Kommunikationskompetenz von besonderer Bedeutung zu sein, da die Wahrscheinlichkeit groß ist, dass die Studierenden in ihrem Beruf zum Thema Klima kommunizieren werden. Eine solche Kompetenzvermittlung könnte in speziellen Kursen stattfinden (z. B. durch die Integration eines neuen Kurses ‚Klimakommunikation‘ mit zwei Credits in die Curricula), und sie könnte auch in bestehenden Kursen ergänzt werden (z. B. könnten in Projekt-basierten Kursen grundlegende Informationen über wirksame Klimakommunikation vermittelt werden, und die Studierenden aufgefordert werden, einen projektspezifischen Beitrag zur Kommunikation zu entwickeln, der auf diesen Informationen beruht).

Zweitens ist ‚Lehren' an sich ein kommunikativer Akt, und die folgenden Aspekte erscheinen vielversprechend, um diese Kommunikation im Hinblick auf das Wecken von Engagement bei den Studierenden effektiver zu gestalten:

- Verknüpfung des Klimathemas mit den Werten der Studierenden und Nutzung von *Framings,* die mit diesen Werten übereinstimmen.

  Dies könnte gelingen, indem Klimabotschafter_innen aus dem weiteren Umfeld der Studierenden eingebunden werden, zu denen die Studierenden leicht einen Bezug herstellen können (z. B. durch Beiträge entsprechender Youtuber, Sportlerinnen oder Musiker, die sich glaubwürdig für den Klimaschutz engagieren). Es kann auch hilfreich sein, Analogien zu nutzen, die den spezifischen disziplinären Hintergrund eines Studiengangs ansprechen. Ein Kollege gibt beispielsweise MBA-Studierenden die Aufgabe, den Planeten Erde als Unternehmen zu betrachten und für dieses Unternehmen eine Geschäftsstrategie zu entwerfen – was dazu führt, dass die Studierenden äußerst ehrgeizige Nachhaltigkeitskonzepte entwickeln.
- Erhöhung der Glaubwürdigkeit der Lehrenden, indem diese nicht nur korrekte Informationen liefern, sondern auch als Menschen greifbar werden.

  Dies könnte z. B. gelingen, indem Lehrende auch ihre eigene Geschichte erzählen, d. h. wie sie mit dem Klimathema in Berührung gekommen sind und was sie seit dem unternommen haben. Es hat sich gezeigt, dass Konsistenz zwischen der Botschaft und dem Verhalten der Botschafter_innen sehr wichtig ist – und Hochschullehrer_innen sollten sich bewusst sein, dass sie mit ihrem persönlichen Verhalten einen überdurchschnittlich großen Einfluss darauf haben, was Studierende als soziale Normen wahrnehmen (z. B. Westlake (2017) zum Einfluss von Professor_innen, die das Fliegen aufgegeben haben).
- Klima auch als Geschichte erzählen, und damit Grafiken und wissenschaftliche Fakten ergänzen, um nicht nur die rationale, sondern auch die emotionale Seite der Studierenden anzusprechen.

  Dazu kann auch der Einsatz von aussagekräftigen Bildern gehören. Das Zeigen von greifbaren Beispielen relevanter Klimafolgen und Klimaschutzmaßnahmen auf lokaler (oder regionaler und nationaler) Ebene kann das Thema Klima ‚erlebbar' machen und ihm mehr Gewicht verleihen.
- Einbeziehen von Hochschul-externen Personen, die über einschlägige Erfahrungen und Fachkenntnisse verfügen (z. B. Landwirtin, Mitarbeiter im Gesundheitswesen, Ingenieurin für erneuerbare Energien, Klimabeauftragter der lokalen Verwaltung, Geschäftsführerin von lokalem Nachhaltigkeitsunternehmen).

  Dies zeigt den Studierenden die menschlichen Gesichter hinter dem theoretischen Wissen. Dabei kommt dem Austausch über ‚Klimalösungen' besondere Bedeutung zu, da er Hoffnung nährt und motivierend ist. Die Einbindung externer Personen in einen Kurs hat sich mit der breiten Verfügbarkeit von Videokonferenzen erheblich vereinfacht.

- Schaffen von Räumen für Interaktion und Vernetzung anstelle von rein unidirektionaler Lehre.

Ein Lehrformat, das die Autorin mitentwickelt hat und in diesem Sinne für besonders effektiv hält, ist ein sogenanntes persönliches Veränderungsexperiment (Climatechallenge, 2022). Es ermutigt und befähigt Studierende, während des Kurses probeweise Klimaschutzmaßnahmen zu ergreifen, sowohl zur Reduzierung des eigenen CO_2-Fußabdrucks als auch als Bürger_innen mit Einfluss auf gesellschaftliche und politische Strukturen. In vielen Fällen führt dies zur Erfahrung von Selbstwirksamkeit, und gleichzeitig zum Entstehen und Austausch persönlicher Klimaschutzgeschichten unter den Studierenden und darüber hinaus.

4.2   Forschung

Abhängig vom Forschungsprofil einer Hochschule könnten die folgenden vier Aspekte interessant sein: Erstens kann die Klimakommunikation zum Gegenstand von Forschung gemacht werden, und zu den bisher weniger erforschten Bereichen gehören: alle Aspekte der Klimakommunikation in den meisten Entwicklungsländern, wie die Wirksamkeit von Klimakommunikation bewertet werden kann, wie Klimakommunikation vermehrt interaktive Kommunikationsformen nutzen kann, oder wie Klimakommunikation mit wachsender Verzweiflung angesichts der Erfahrung einer fortschreitenden Klimakrise umgehen kann (Moser, 2016). Zweitens kann angewandte Forschung dabei helfen, regionale Daten zu analysieren und aufzubereiten, damit das Klima als lokales und regionales Thema dargestellt werden kann (z. B. lokale klimabedingte Veränderungen des Wetters, der Wälder, der Landwirtschaft, im Gesundheitssystem, oder lokale Entwicklung der Installation von PV- und Windenergieanlagen oder der Gebäudedämmung). Drittens könnte angewandte Forschung Lehransätze, die auf die Förderung eines ‚Klimabewusstseins' bei den Studierenden abzielt, evaluieren und optimieren. Viertens kann die Evidenzbasis zur Klimakommunikation Klimawissenschaftler_innen (und wohl auch Nachhaltigkeitswissenschaftler_innen allgemein) Hinweise liefern, wie sie ihre Erkenntnisse generell effektiv an Laien vermitteln können.

4.3   Third Mission

Wie die *Third Mission* Aktivitäten einer Hochschule auf die Kernprinzipien der Klimakommunikation reagieren können, hängt zum einen vom Profil der Hochschule ab und zum anderen von den gesellschaftlichen Nachhaltigkeitsherausforderungen vor Ort. Es könnte interessant sein, Klimadialoge zu organisieren, wobei ein besonderer Schwerpunkt auf der Beteiligung aller Teile der Gesellschaft liegen könnte. Es wäre vermutlich auch spannend, mit regionalen Nachrichtenunternehmen wie Lokalzeitungen oder regionalen Radio- und TV-Sendern zusammenzuarbeiten, um diese mit wissenschaftlich fundierten, lokalisierten Klimainformationen zu versorgen und Erkenntnisse über wirksame Klimakommunikation auszutauschen. Die Kompetenz zu wirksamer Klimakommunikation könnte auch für andere lokale Akteure interessant sein und das Angebot von Klimakommunikationstrainings könnte Teil des Wissenstransfers einer Hochschule werden.

4.4   Campusmanagement

Um eine klimaneutrale Hochschule zu werden, bedarf es technischer Veränderungen wie beispielsweise der Installation erneuerbarer Energien oder Energieeffizienzmaßnahmen an Gebäuden. Ein erheblicher Teil der Emissionen ist jedoch auch direkt auf das Verhalten der Hochschulangehörigen zurückzuführen (z. B. Pendlerverhalten, Dienst- und Studienreiseverhalten, Ernährungsgewohnheiten in der Mensa, energiesparendes Verhalten in Hörsälen, Büros und Laboren). Darüber hinaus liegen auch vielen technischen Veränderungen Entscheidungen von Personen zugrunde, die Mitglieder der Hochschule sind. Die Transformation zur Nachhaltigkeit innerhalb der Hochschule hängt damit in hohem Maße von der Akzeptanz und der Beteiligung der Hochschulmitglieder ab. Eine Kommunikation, die hier auf ein effektives Engagement abzielt spielt deshalb eine Schlüsselrolle. Hochschulen sollten diese Chance erkennen und eine Art ‚Engagement-Infrastruktur' aufbauen, die die Hochschulmitglieder für die geplanten Veränderungen begeistert, sodass sie Teil des Wandels sein und ‚ihren Beitrag' leisten wollen.

4.5   Projektidee: *University Storytelling Exchange*

Inspiriert durch das Pilotprojekt ‚*Local Storytelling Exchange*' in Großbritannien (Corner, 2022), wird im Folgenden eine Projektidee skizziert, die auf einigen der eingangs vorgestellten Erkenntnissen zur Klimakommunikation aufbaut. Ein Storytelling Exchange an der Hochschule könnte reale Geschichten über strategisch wichtige Klimaschutzmaßnahmen von Hochschulmitgliedern identifizieren und aufbereiten. Die Auswahl der Geschichten und Personen, sowie die Art und Weise, wie die Geschichten aufbereitet werden, würde sich an den Kernprinzipien der Klimakommunikation orientieren, und die Geschichten würden Stärke daraus ziehen, dass sie kein unrealistisch rosiges Bild zeichnen, sondern auch Zweifel und Herausforderungen beinhalten. Das könnten Geschichten über eine Professorin sein, die die Arbeitsgruppe zur CO_2-Bilanzierung an der Universität leitet, über einen Mitarbeiter, der neue Energiemess- und steuerungsgeräte im Heizsystem der Hochschule installiert, über eine Studentin, die sich im studentischen ‚Green Office‘ engagiert, über den Leiter der Mensa, der nach und nach klimafreundlichere Gerichte einführt, oder über die Präsidentin der Hochschule, die politisch eine bessere Finanzierung für die Gebäudesanierung der Hochschule einfordert. Die Geschichten könnten über die bestehenden Kommunikationskanäle der Hochschule, einschließlich der sozialen Medien, verbreitet werden.

Der *University Storytelling Exchange* könnte den Bereich der Lehre einbeziehen, z. B. könnte die Ausarbeitung von Geschichten Teil von Studienprojekten sein (wahrscheinlich sind Kommunikationsstudiengänge dafür besonders gut geeignet), und künftige Lehrveranstaltungen zum Thema Klima an der Hochschule könnten die Geschichten als ergänzendes Lehrmaterial nutzen. Forscher_innen könnten versuchen, den *University Storytelling Exchange* auf seine Wirksamkeit hin zu evaluieren und so wichtige Informationen für die Optimierung liefern. Was die *Third Mission* betrifft, könnte der *University Storytelling Exchange* Geschichten mit der Gesellschaft vor Ort teilen. Das Umfeld der Hochschule würde so wahrnehmen, dass die Hochschule Maßnahmen zum Klimaschutz ergreift, was wiederum zur Dynamik des lokalen Wandels beitragen könnte. Darüber hinaus könnte das Projekt auch lokale Partner wie grüne Unternehmen einbinden, die ihre Mitarbeiter_innen ebenfalls für Nachhaltigkeitstransformation gewinnen wollen, und mit diesen Unternehmen einen Konvoi zum gemeinsamen Austausch von Geschichten bilden.

5   Fazit

Es kann als wissenschaftlich belegt gelten, dass Fakten und Zahlen zwar wichtig sind, aber bei Menschen im Allgemeinen keine Meinungsänderungen bewirken. Der immer noch weit verbreitete Ansatz der Klimakommunikation, der auf dem ‚Informationsdefizit-Modell‘ basiert und in erster Linie darauf abzielt, die Menschen besser zu informieren, kann deshalb als gescheitert angesehen werden. Stattdessen neigen Menschen dazu, sich für das Klima zu interessieren, wenn sie auch emotional berührt werden. Es hat sich gezeigt, dass die Klimakommunikation dafür weit über die Vermittlung von Informationen hinausgehen muss. Die zehn Kernprinzipien, die in diesem Text vorgestellt werden, veranschaulichen dies: Für eine wirksame Kommunikation ist es unerlässlich, an die Werte und Weltanschauungen der Menschen anzuknüpfen – und der überlegte Einsatz von *Framings* sowie die Unterstützung von vertrauenswürdigen Botschafter_innen sind Wege, dies zu erreichen. Um die Menschen wirklich zu erreichen, ist es auch wichtig, das Klima als lokales Thema mit menschlichen Gesichtern greifbar zu machen. Schließlich scheint es, dass interaktive Kommunikation eine entscheidende Rolle spielen kann, damit aus Besorgnis Handeln wird. Das schließt einen Austausch von Geschichten ein, wie Menschen wie du und ich begonnen haben, verschiedene Arten von Klimaschutzmaßnahmen umzusetzen.

In diesem Text wurden dann Überlegungen darüber angestellt, was die Nachhaltigkeit an Hochschulen aus den wissenschaftlichen Erkenntnissen zur Klimakommunikation lernen könnte. Es wurden einige Vorschläge gemacht: für die Lehre (z. B. Ergänzung der bereitgestellten Informationen durch konsistentes Verhalten der Dozent_innen, Integration externer Personen und lokaler Geschichten, sowie Vermittlung grundlegender Kompetenzen für eine wirksame Klimakommunikation an die Studierenden), für die Forschung (z. B. eine Lehre, die auf wirksames Engagement der Studierenden abzielt zum Gegenstand angewandter Forschung machen), für die *Third Mission* (z. B. Angebot von Trainings, um lokalen Akteuren Kompetenz zu wirksamer Klimakommunikation zu vermitteln) und für das Campusmanagement (Aufbau einer geeigneten Infrastruktur um Hochschulmitglieder zu aktivieren). Abschließend wurde die Projektidee eines *University Storytelling Exchange* skizziert. Durch die Aufbereitung von Geschichten über ganz unterschiedliche Hochschulangehörige, die strategisch wichtige Klimaschutzmaßnahmen umsetzen, könnten verschiedene der vorgestellten Kernprinzipien der Klimakommunikation umgesetzt werden. Solch ein *University Storytelling Exchange* könnte ein Baustein beim Aufbau einer Engagement-Infrastruktur für eine Hochschule sein und auch zum Nukleus für einen breiteren lokalen Austausch von Klimaschutzgeschichten in der Region werden, nach dem Motto „so sieht die Transformation aus." Diese Überlegungen sind explorativer und interpretativer Natur und stellen eine Einladung zur Diskussion dar.

Herausforderungen bei der Umsetzung der skizzierten Ideen bestehen u. a. im begrenzten Zeitbudget der Lehrenden. Um dieser Herausforderung zu begegnen könnten Lehrende die turnusmäßige Weiterentwicklung von Lehrveranstaltungen nutzen, die sie sowieso vornehmen, und es könnten auch mehrere Lehrende zusammen Synergieeffekte nutzen, z. B. indem sie lokale Geschichten gemeinsam identifizieren und für die Lehre nutzbar machen. Eine weitere Herausforderung könnte darin bestehen, dass Hochschulen sich teilweise als Orte reiner Wissensvermittlung verstehen, und traditionell darunter vielleicht allein das rationale Vermitteln von Fakten verstanden wird und ein gezieltes Ansprechen von Emotionen unangemessen erscheint. Hier könnte ein Bezug auf die etablierten Kompetenzen einer Bildung für Nachhaltige Entwicklung hilfreich sein, in denen klar auch eher emotionale Aspekte wie „Empathie" oder „Wille zum Handeln" benannt werden (Lozano et al., 2017).

Zukünftige Forschungen könnten die einzelnen Prinzipien der Klimakommunikation mit den wissenschaftlichen Erkenntnissen zur Bildung für Nachhaltige Entwicklung zusammenbringen. Dabei könnte es auch interessant sein zu analysieren, was die Klimakommunikation wiederum von den Erkenntnissen zur Bildung für Nachhaltige Entwicklung lernen kann.

Literatur

Attari, S. Z., Krantz, D. H., & Weber, E. U. (2019). Climate change communicators' carbon footprints affect their audience's policy support. *Climatic Change, 154*(3), 529–545. https://doi.org/10.1007/s10584-019-02463-0.

Attari, S. Z., Krantz, D. H., & Weber, E. U. (2016). Statements about climate researchers' carbon footprints affect Their credibility and the impact of their advice. *Climatic Change, 138*(1), 325–338. https://doi.org/10.1007/s10584-016-1713-2.

Badullovich, N. (2022). From influencing to engagement: A framing model for climate communication in polarised settings. *Environmental Politics, 1–20.* https://doi.org/10.1080/09644016.2022.2052648.

Badullovich, N., Grant, W. J. & Colvin, R. M. (2020). Framing climate change for effective communication: A systematic map. *Environmental Research Letters, 15(12).* https://doi.org/10.1088/1748-9326/aba4c7.

Ballantyne, A. G. (2016). Climate change communication: What can we learn from communication theory? *WIREs Climate Change, 7*(3), 329–344. https://doi.org/10.1002/wcc.392.

Baudon, P., & Jachens, L. (2021). A scoping review of interventions for the treatment of eco-anxiety. *International Journal of Environmental Research and Public Health, 18*(18), 9636. https://doi.org/10.3390/ijerph18189636.

Bolsen, T., Palm, R., & Kingsland, J. T. (2019). The impact of message source on the effectiveness of communications about climate change. *Science Communication, 41*(4), 464–487. https://doi.org/10.1177/1075547019863154.

Bouman, T., Steg, L., & Perlaviciute, G. (2021). From values to climate action. *Current Opinion in Psychology, 42,* 102–107. https://doi.org/10.1016/j.copsyc.2021.04.010.

Brick, C., Bosshard, A., & Whitmarsh, L. (2021). Motivation and climate change: A review. *Current Opinion in Psychology, 42,* 82–88. https://doi.org/10.1016/j.copsyc.2021.04.001.

Brulle, R. J. (2010). From Environmental campaigns to advancing the public dialog: Environmental communication for civic engagement. *Environmental Communication, 4*(1), 82–98. https://doi.org/10.1080/17524030903522397.

Bruner, J. (1991). The narrative construction of reality. *Critical Inquiry, 18*(1), 1–21. https://doi.org/10.1086/448619.

Chapman, D. A., Corner, A., Webster, R., & Markowitz, E. M. (2016). Climate visuals: A mixed methods investigation of public perceptions of climate images in three countries. *Global Environmental Change, 41,* 172–182. https://doi.org/10.1016/j.gloenvcha.2016.10.003.

Climatechallenge. (2022). #climatechallenge. https://www.climatechallenge.cc. Zugegriffen: 7. Juli 2022.

Climate Outreach. (2022). NEW: Net zero, fairness and climate politics. https://climateoutreach.org/britain-talks-climate/seven-segments-big-picture/net-zero-fairness-politics/. Zugegriffen: 27. Mai 2022.

Climate Visuals. (2022). Welcome to climate visuals. https://climatevisuals.org/. Zugegriffen: 6. Juli 2022.

Cooper, O., Keeley, A., & Merenlender, A. (2019). Curriculum gaps for adult climate literacy. *Conservation Science and Practice, 1*(10), e102. https://doi.org/10.1111/csp2.102.

Copeland, W. D., Birmingham, C., de la Cruz, E., & Lewin, B. (1993). The reflective practitioner in teaching: Toward a research agenda. *Teaching and Teacher Education, 9*(4), 347–359. https://doi.org/10.1016/0742-051X(93)90002-X.

Corner, A. (2022). This is what the transition looks like: Introducing the local storytelling exchange. *Reset Narratives*, 25.5.2022. https://medium.com/reset-narratives/this-is-what-thetransition-looks-like-introducing-the-local-storytelling-exchange-eb0d053bcc4d. Zugegriffen: 6. Juli 2022.

Corner, A., Markowitz, E., & Pidgeon, N. (2014). Public engagement with climate change: The role of human values. *WIREs: Climate Change, 5(3)*, 411–422. https://doi.org/10.1002/wcc.269.

Corner, A., Marshall, G., & Clarke, J. (2016). *Communicating effectively with the centre-right about household energy-efficiency and renewable energy technologies.* Climate Outreach.

Corner, A., & Clarke, J. (2016). *Talking climate: From research to practice in public engagement.* Palgrave Macmillan.

Corner, A., Shaw, C., & Clarke, J. (2018). *Principles for effective communication and public engagement on climate change: A handbook for IPCC authors.* Climate Outreach.

CRED (Center for Research on Environmental Decisions) & ecoAmerica. (2014). *Connecting on climate: A guide to effective climate change communication.* New York & Washington, D.C.

Dudman, K., & de Wit, S. (2021). An IPCC that listens: Introducing reciprocity to climate change communication. *Climatic Change, 168(2).* https://doi.org/10.1007/s10584-021-03186-x.

Edelman. (2021). Trust barometer. https://www.edelman.com/sites/g/files/aatuss191/files/2021-03/2021%20Edelman%20Trust%20Barometer.pdf. Zugegriffen: 18. Mai 2022.

Feldman, L., & Hart, P. S. (2018). Is there any hope? How climate change news imagery and text influence audience emotions and support for climate mitigation policies. *Risk Analysis, 38*(3), 585–602. https://doi.org/10.1111/risa.12868.

Fielding, K. S., & Hornsey M. J. (2016). A social identity analysis of climate change and environmental attitudes and behaviors: Insights and opportunities. *Frontiers in Psychology, 7(121).* https://doi.org/10.3389/fpsyg.2016.00121.

Fielding, K. S., Hornsey, M. J., Thai, H. A., & Toh, L. L. (2020). Using ingroup messengers and ingroup values to promote climate change policy. *Climatic Change, 158*(2), 181–199. https://doi.org/10.1007/s10584-019-02561-z.

Gifford, R. (2011). The dragons of inaction: Psychological barriers that limit climate change mitigation and adaptation. *American Psychologist, 66*(4), 290–302. https://doi.org/10.1037/a0023566.

Goldberg, M. H., van der Linden, S., Maibach, E., & Leiserowitz, A. (2019). Discussing global warming leads to greater acceptance of climate science. *PNAS – Proceedings of the National Academy of Sciences of the United States of America, 116(30),* 14804–14805. https://doi.org/10.1073/pnas.1906589116.

Goodwin, J., & Dahlstrom, M. F. (2014). Communication strategies for earning trust in climate change debates. *Wiley Interdisciplinary Reviews: Climate Change, 5*(1), 151–160. https://doi.org/10.1002/wcc.262.

Gunasiri, H., Wang, Y., Watkins, E. M., Capetola, T., Henderson-Wilson, C., & Patrick, R. (2022). Hope, coping and eco-anxiety: Young people's mental health in a climate-impacted Australia. *International Journal of Environmental Research and Public Health, 19*(9), 5528. https://doi.org/10.3390/ijerph19095528.

Gustafson, A., Ballew, M. T., Goldberg, M. H., Cutler, M. J., Rosenthal, S. A., & Leiserowitz, A. (2020). Personal stories can shift climate change beliefs and risk perceptions: The mediating role of emotion. *Communication Reports, 33*(3), 121–135. https://doi.org/10.1080/08934215.2020.1799049.

Hawkins, R. X. D., Goodman, N. D., & Goldstone, R. L. (2019). The emergence of social norms and conventions. *Trends in Cognitive Sciences, 23*(2), 158–169. https://doi.org/10.1016/j.tics.2018.11.003.

Hendriks, F., Kienhues, D., & Bromme, R. (2015). Measuring laypeople's trust in experts in a digital age: The Muenster Epistemic Trustworthiness Inventory (METI). *PloS one, 10(10).* https://doi.org/10.1371/journal.pone.0139309.

Hesebeck, B. (Hrsg.). (2018). *Chancen und Fallen der Nachhaltigkeitskommunikation.* Poster, Oroverde.

Hornsey, M. J., Harris, E. A., Bain, P. G., & Fielding, K. S. (2016). Meta-analyses of the determinants and outcomes of belief in climate change. *Nature Climate Change, 6*(6), 622–626. https://doi.org/10.1038/nclimate2943.

Howe, P. D., Marlon, J. R., Mildenberger, M., & Shield, B. S. (2019). How will climate change shape climate opinion? *Environmental Research Letters, 14(11).* https://doi.org/10.1088/1748-9326/ab466a.

IPCC WGIII, (2022). *Climate change 2022: Mitigation of climate change. The working group III contribution to the IPCC sixth assessment report*

Jacobson, S. K., Seavey, J. R., & Mueller, R. C. (2016). Integrated science and art education for creative climate change communication. *Ecology and Society, 21(3).* https://www.jstor.org/stable/26269971.

Kause, A., Bruin, W. B., Domingos, S., Mittal, N., Lowe, J., & Fung, F. (2021). Communications about uncertainty in scientific climate-related findings: A qualitative systematic review. *Environmental Research Letters, 16*(5), 053005. https://doi.org/10.1088/1748-9326/abb265.

Kelly, R., Nettlefold, J., Mossop, D., Bettiol, S., Corney, S., Cullen-Knox, C., & Pecl, G. T. (2020). Let's talk about climate change: Developing effective conversations between scientists and communities. *One Earth, 3*(4), 415–419. https://doi.org/10.1016/j.oneear.2020.09.009.

Kollmuss, A., & Agyeman, J. (2002). Mind the gap: Why do people act environmentally and what are the barriers to pro-environmental behavior? *Environmental Education Research, 8*(3), 239–260. https://doi.org/10.1080/13504620220145401.

Leal Filho, W., Vargas, V. R., Salvia, A. L., Brandli, L. L., Pallant, E., Klavins, M., & Vaccari, M. (2019). The role of higher education institutions in sustainability initiatives at the local level. *Journal of Cleaner Production, 233,* 1004–1015. https://doi.org/10.1016/j.jclepro.2019.06.059.

Leiserowitz, A. (2006). Climate change risk perception and policy preferences: The role of affect, imagery, and values. *Climatic Change, 77*(1), 45–72. https://doi.org/10.1007/s10584-006-9059-9.

Leiserowitz, A., Maibach, E., Rosenthal, S., Kotcher, J., Neyens, L., Marlon, J., Carman, J., Lacroix, K., & Goldberg, M. (2022). Global warming's six Americas, September 2021. Program on Climate Change Communication. https://climatecommunication.yale.edu/publications/global-warmings-six-americas-september-2021/. Zugegriffen: 21. Juni 2022.

Lorenzoni, I., & Pidgeon, N. F. (2006). Public views on climate change: European and USA Perspectives. *Climatic Change, 77*(1), 73–95. https://doi.org/10.1007/s10584-006-9072-z.

Loy, L. S., & Spence, A. (2020). Reducing, and bridging, the psychological distance of climate change. *Journal of Environmental Psychology, 67,* https://doi.org/10.1016/j.jenvp.2020.101388.

Lozano, R., Merrill, M. Y., Sammalisto, K., Ceulemans, K., & Lozano, F. J. (2017). Connecting competences and pedagogical approaches for sustainable development in higher education: A literature review and framework proposal. *Sustainability, 9*(19), 1889. https://doi.org/10.3390/su9101889.

Mackay, C. M. L., Schmitt, M. T., Lutz, A. E., & Mendel, J. (2021). Recent developments in the social identity approach to the psychology of climate change. *Current Opinion in Psychology, 42,* 95–101. https://doi.org/10.1016/j.copsyc.2021.04.009.

Marshall, G. (2014). *Don't even think about It: Why our brains are wired to ignore climate change.* Bloomsbury.

McCabe, A., & Peterson, C. (1984). What makes a good story. *Journal of Psycholinguist Research, 13,* 457–480. https://doi.org/10.1007/BF01068179.

Melloh, L., Rawlins, J., & Sippel, M. (2022). *Übers Klima reden: Wie Deutschland beim Klimaschutz tickt. Wegweiser für den Dialog in einer vielfältigen Gesellschaft.* Climate Outreach.

Mildenberger, M., & Tingley, D. (2019). Beliefs about climate beliefs: The importance of second-order opinions for climate politics. *British Journal of Political Science, 49*(4), 1279–1307. https://doi.org/10.1017/S0007123417000321.

Morrison, M., Parton, K., & Hine, D. W. (2018). Increasing belief but issue fatigue: Changes in Australian household climate change segments between 2011 and 2016. *PLoS ONE, 13*(6), e0197988. https://doi.org/10.1371/journal.pone.0197988.

Moser, S. C. (2016). Reflections on climate change communication research and practice in the second decade of the 21st century: What more is there to say? *Wiley Interdisciplinary Reviews: Climate Change, 7*(3), 345–369. https://doi.org/10.1002/wcc.403.

Müller-Christ, G., Sterling, S., van Dam-Mieras, R., Adomßent, M., Fischer, D., & Rieckmann, M. (2014). The role of campus, Curriculum, and community in higher education for sustainable development – A conference report. *Journal of Cleaner Production, 62*, 134–137. https://doi.org/10.1016/j.jclepro.2013.02.029.

Nabi, R. L., Gustafson A., & Jensen R. (2018). Framing climate change: Exploring the role of emotion in generating advocacy behavior. *Science Communication, 40(4)*, 442–468. https://doi.org/10.1177%2F1075547018776019.

National Academies of Sciences, Engineering, and Medicine. (2017). *Communicating science effectively: A research agenda.* Washington, DC.

Nisbet, M. C. (2009). Communicating climate change: Why frames matter for public engagement. *Environment: Science and Policy for Sustainable Development, 51(2)*, 12–23. https://doi.org/10.3200/ENVT.51.2.12-23.

Nolan, J. M. (2021). Social norm interventions as a tool for pro-climate change. *Current Opinion in Psychology, 42*, 120–125. https://doi.org/10.1016/j.copsyc.2021.06.001.

O'Neill, S. J., & Smith, N. (2014). Climate change and visual imagery. *WIRES Climate Change, 5*, 73–87. https://doi.org/10.1002/wcc.249.

Pearce, W., Brown, B., Nerlich, B., & Koteyko, N. (2015). Communicating climate change: Conduits, content, and consensus. *Wiley Interdisciplinary Reviews: Climate Change, 6*(6), 613–626. https://doi.org/10.1002/wcc.366.

Ralph, M., & Stubbs, W. (2014). Integrating environmental zustainability into universities. *Higher Education, 67*(1), 71–90. https://doi.org/10.1007/s10734-013-9641-9.

Roeser, S. (2012). Risk communication,public engagement, and climate change: A role for emotions. *Risk Analysis, 32*, 1033–1040. https://doi.org/10.1111/j.1539-6924.2012.01812.x.

Rooney-Varga, J. N., Brisk, A. A., Adams, E., Shuldman, M., & Rath, K. (2014). Student media production to meet challenges in climate change science education. *Journal of Geoscience Education, 62*(4), 598–608. https://doi.org/10.5408/13-050.1.

Roser-Renouf, C., Maibach, E. W., Leiserowitz, A., & Zhao, X. (2014). The genesis of climate change activism: From key beliefs to political action. *Climatic Change, 125*, 163–178. https://doi.org/10.1007/s10584-014-1173-5.

Saffran, L., Hu, S., Hinnant, A., Scherer, L. D., & Nagel, S. C. (2020). Constructing and influencing perceived authenticity in science communication: Experimenting with narrative. *PloS one, 15(1)*. https://doi.org/10.1371/journal.pone.0226711.

Scannell, L., & Gifford R. (2013). Personally relevant climate change: The role of place attachment and local versus global message framing in engagement. *Environment and Behavior, 45(1)*, 60–85. https://doi.org/10.1177%2F0013916511421196.

Schneider, C. R., Zaval, L., & Markowitz, E. M. (2021). Positive emotions and climate change. *Current Opinion in Behavioral Sciences, 42*, 114–120. https://doi.org/10.1016/j.cobeha.2021.04.009.

Schrader, C. (2021). *Über Klima sprechen. Das Handbuch.* https://klimakommunikation.klimafakten.de/. Zugegriffen: 14. Jun. 2022.

Seethaler, S., Evans, J. H., Gere, C., & Rajagopalan, R. M. (2019). Science, values, and science communication: Competencies for pushing beyond the deficit model. *Science Communication, 41(3)*, 378–388. https://doi.org/10.1177%2F1075547019847484.

Shaw, C., & Corner, A. (2017). Using narrative workshops to socialise the climate debate: Lessons from two case studies – Centre-right audiences and the Scottish public. *Energy Research & Social Science, 31*, 273–283. https://doi.org/10.1016/j.erss.2017.06.029.

Shi, J., Visschers, V., Siegrist, M., & Arvai, J. (2016). Knowledge as a driver of public perceptions about climate change reassessed. *Nature Climate Change, 6*, 759–762. https://doi.org/10.1038/nclimate2997.

Sippel, M. (2022a). Besser übers Klima reden: 10 wissenschaftlich belegte Regeln. 4-Seiter zur Klimakommunikation für die Praxis. https://www.htwg-konstanz.de/fileadmin/pub/hochschule/personen/maike.sippel/10_regeln_klimakommunikation_auf_4_seiten.pdf. Zugegriffen: 8. Aug. 2022.

Sippel, M. (2022b). Wie können wir besser über das Klima reden? Zehn evidenzbasierte Kernprinzipien der Klimakommunikation. *Politische Ökologie, in der Veröffentlichung*.

Sippel, M., Shaw, C., & Marshall, G. (2022). Ten key principles: How to communicate climate change for effective public engagement. *Climate Outreach Working Paper*. Climate Outreach. https://doi.org/10.2139/ssrn.4151465.

Smith, E. K., & Mayer, A. (2018). A social trap for the climate? Collective action, Trust and climate change risk perception in 35 countries. *Global Environmental Change, 49*, 140–153. https://doi.org/10.1016/j.gloenvcha.2018.02.014.

Sparkman, G., Howe, L., & Walton, G. (2021). How social norms are often a barrier to addressing climate change but can be part of the solution. *Behavioural Public Policy, 5(4)*, 528–555. https://doi.org/10.1017/bpp.2020.42.

Sparkman, G., & Attari, S. Z. (2020). Credibility, communication, and climate change: How lifestyle inconsistency and Do-Gooder derogation impact decarbonization advocacy. *Energy Research & Social Science, 59*. https://doi.org/10.1016/j.erss.2019.101290.

Stoknes, P. E. (2015). *What we think about when we try not to think about global warming: Toward a new psychology of climate action*. Green Publishing.

Sturgis, P., & Allum, N. (2004). Science in society: Re-evaluating the deficit model of public attitudes. *Public Understanding of Science, 13*, 55–74. https://doi.org/10.1177%2F0963662504042690.

Velazquez, L., Munguia, N., Platt, A., & Taddei, J. (2006). Sustainable university: What can be the matter? *Journal of Cleaner Production, 14(9–11)*, 810–819. https://doi.org/10.1016/j.jclepro.2005.12.008.

Wang, S., Corner, A., Chapman, D., & Markowitz, E. (2018). Public engagement with climate imagery in a changing digital landscape. *WIREs Climate Change, 9(2)*, e509. https://doi.org/10.1002/wcc.509.

Wang, S., Corner, A., & Nicholls, J. (2020). *Britain talks climate: A toolkit for engaging the British public on climate change*. Climate Outreach.

Wang, S., Latter, B., Nicholls, J., Sawas, A., & Shaw, C. (2021). *Britain talks COP26: New insights on what the UK public want from the climate summit*. Climate Outreach.

WBGU. (2011). *Welt im Wandel – Gesellschaftsvertrag für eine Große Transformation*. Berlin

Webster, R., & Marshall, G. (2019). *The #TalkingClimate Handbook. How to have conversations about climate change in your daily life*. Climate Outreach.

Westlake, S. (2017). A counter-narrative to carbon supremacy: Do leaders who give up flying because of climate change influence the attitudes and behaviour of others? *Dissertation*. https://doi.org/10.2139/ssrn.3283157.

Whitmarsh, L., O'Neill, S., & Lorenzoni, I. (2013). Public engagement with climate change: What do we know and where do we go from here? *International Journal of Media & Cultural Politics, 9*(1), 7–25. https://doi.org/10.1386/macp.9.1.7_1.

Whitmarsh, L., & Corner, A. (2017). Tools for a New climate conversation: A mixed-methods study of language for public engagement across the political spectrum. *Global Environmental Change, 42*, 122–135. https://doi.org/10.1016/j.gloenvcha.2016.12.008.

Hochschullehrkräfte und nachhaltige Entwicklung: eine Bewertung der Kompetenzen

Walter Leal Filho, Amanda Lange Salvia, Arminda Paco,
Barbara Gomes Fritzen, Fernanda Frankenberger, Luana Damke,
Luciana Brandli, Lucas Veigas Ávila, Mark Mifsud, Markus Will,
Paul Pace, Ulisses Azeiteiro, Vanessa Levesque und Violeta Lovren

1   Einleitung: Die Lehre der nachhaltigen Entwicklung an Universitäten

Die Universitäten haben die traditionelle Rolle als Führer und Mentoren in der Gesellschaft übernommen (White, 2015) und sich an neue Kontexte und Bedürfnisse angepasst. Ausgehend von dem Ziel, „unsere Welt zu transformieren" (UN, 2015), bekräftigt die Agenda 2030 eindeutig „das Streben nach ganzheitlicher, integrierter und interdisziplinärer Bildung" (Lovren, 2017) und fordert alle Bildungseinrichtungen, insbesondere die Universitäten, auf, zu diesem komplexen Transformationsprozess beizutragen.

Den Hochschulen wurde die schwierige Aufgabe übertragen, Fachkräfte für die wissensbasierte Wirtschaft vorzubereiten und gleichzeitig reflektierende Bürger*innen heranzubilden, die dazu beitragen, Armut, Ungerechtigkeit und Umweltzerstörung in der Welt zu beenden. Infolgedessen wurde der Schwerpunkt erneut auf die Ermittlung der erforderlichen Kompetenzen sowie auf die Ergebnisse der Hochschullehre und -ausbildung gelegt (Rieckmann & Gardiner, 2015; Levesque & Blackstone, 2020). Die Bewältigung dieser höchst anspruchsvollen Aufgaben erfordert eine Neuausrichtung der

W. Leal Filho (✉) · A. Lange Salvia · A. Paco · B. Gomes Fritzen · F. Frankenberger · L. Damke ·
L. Brandli · L. Veigas Ávila · M. Mifsud · M. Will · P. Pace · U. Azeiteiro · V. Levesque ·
V. Lovren
Inter-University Sustainable Development, Research Programme (IUSDRP) Forschungs-und
Transferzentrum „Nachhaltigkeit und Klimafolgenmanagement" , HAW Hamburg Ulmenliet,
Hamburg, Deutschland
E-Mail: walter.leal2@haw-hamburg.de

bestehenden Strukturen innerhalb der Universität sowie eine Neudefinition der Rolle von Studierenden, Lehrenden und Forschenden (Steiner & Posch, 2006).

Eine solche Neuausrichtung muss sich auf tiefgreifende Veränderungen der gesellschaftlichen und wissenschaftlichen Überzeugungen und Praktiken stützen (Manuel & Prylipko, 2019). Die Integration des Nachhaltigkeitskonzepts wirkt sich auf alle Bereiche aus – vom Campusbetrieb über die Lehre, die universitäre Forschung, die Beratung bis zur institutionellen Philosophie (Leal Filho, 2009). In dem Maße, wie die Zahl der Hochschulen, die sich an dieser Art der Integration orientieren, wächst, werden die Hochschulen allmählich als Mitwirkende bei der Bewältigung der Nachhaltigkeitskrise gesehen (Tillbury, 2011). In Anbetracht eines Bildungsprozesses, der sich mit den Globalen Zielen befasst, müssen Universitäten nachhaltigkeitsbewusste Bürger*innen ausbilden, und zwar nicht nur durch spezifische Disziplinen, sondern auch durch einen allgemeinen Kontextansatz, der die Lernenden dazu anregt, in ihrem Berufsleben Einfluss zu nehmen (Leal Filho et al., 2019).

All diese Herausforderungen erfordern von den Hochschullehrkräften entsprechende Kenntnisse und Fähigkeiten, um die Studierenden angemessen vorzubereiten. Es wird weithin argumentiert, dass es von entscheidender Bedeutung ist, die Lehrpläne zu überarbeiten, aber auch die gesamten Lehransätze zu überdenken und zu erneuern. In diesem mehrdimensionalen Prozess sollten die Lehrenden eine multifunktionale Rolle spielen – sie sollten nicht nur die Studierenden beim „Erwerb von Kompetenzen unterstützen, die es den Menschen ermöglichen, nachhaltig zu leben und zu handeln" (Dannenberg & Grapentin, 2016, S. 8), sondern auch ihre Zeit und ihre Bemühungen darauf verwenden, ihre eigenen Nachhaltigkeitskompetenzen zu entwickeln. Neben den allgemeinen Lehrkompetenzen ist es von besonderer Bedeutung, Lehrkräfte beim Aufbau von Kompetenzen für Bildung für nachhaltige Entwicklung (BNE) zu unterstützen, die als „die Fähigkeit einer Lehrkraft, Menschen bei der Entwicklung von Nachhaltigkeitskompetenzen durch eine Reihe innovativer Lehr- und Lernpraktiken zu unterstützen", (Rieckman, 2018, S .56) beschrieben werden. Darüber hinaus wird eine Verbesserung der beruflichen Entwicklung gefordert, um „ein Klima zu schaffen, das es den Lehrkräften ermöglicht, sich an der Transformation ihrer Lehrstrategien im Rahmen der Reformen der gesamten Institution zu beteiligen, die von der Politik auf globaler, nationaler und lokaler Ebene unterstützt werden" (Lovren, 2019, S. 2).

Viele der Hindernisse für Education for Sustainable Development (ESD) im Hochschulsektor sind in der Literatur dokumentiert (z. B. Leal Filho et al., 2017). In der Tat ist „das Fehlen eines gemeinsamen Verständnisses von nachhaltiger Entwicklung und ESD, ihrer Dimensionen, konzeptionellen Elemente und Wechselbeziehungen nach wie vor ein entscheidendes Hindernis für die Umsetzung des Paradigmenwechsels, der für die Integration nachhaltiger Prinzipien in die Hochschulbildung als notwendig erachtet wird" (Manuel & Prylipko, 2019, S. 4).

Während die Umsetzung der Ziele für nachhaltige Entwicklung (Sustainable Development Goals, SDGs) als eine weitere sehr anspruchsvolle politische Forderung an die

Hochschulen angesehen werden könnte, kann sie auch als eine gute Gelegenheit gesehen werden, den Prozess der Integration der nachhaltigen Entwicklung in die Lehre und das Lernen voranzutreiben (Leal Filho et al., 2019). Es werden zahlreiche Zusammenhänge erkannt, insbesondere mit dem SDG 4 (Gewährleistung einer inklusiven und gerechten Bildung von hoher Qualität und Förderung von Möglichkeiten des lebenslangen Lernens für alle) und den damit zusammenhängenden Zielvorgaben, die eine treibende Kraft für Bildung für nachhaltige Entwicklung darstellen (Dlouhá & Pospíšilová, 2018). Kürzlich wurden Leitlinien für Lehrkräfte entwickelt, um sie bei der Formulierung und Befolgung von Lernzielen und -ergebnissen in Bezug auf alle SDGs und ihre Zielvorgaben zu unterstützen, die im Rahmen der Kompetenzen für Nachhaltigkeit erstellt wurden und Empfehlungen für die Integration von ESD in das Lehren und Lernen auf allen Bildungsebenen geben sollen (UNESCO, 2017).

Die Entwicklung der Fähigkeit von Lehrkräften, ESD einzubeziehen, beinhaltet, sie in die Lage zu versetzen, angewandte, kritische und partizipative Pädagogik in ihrer Unterrichtspraxis anzuwenden. Wenn sie die Entwicklung komplexer Kompetenzen, einschließlich des kritischen Denkens und der Reflexion ihrer Studierenden fördern sollen, um die Umsetzung der SDGs zu beschleunigen (Leal Filho et al., 2019), ist es notwendig, dass sie ihre eigenen Kompetenzen und Orientierungen in Bezug auf Nachhaltigkeit reflektieren und kritisch betrachten.

In diesem Beitrag wird eine länderübergreifende Studie beschrieben, in der untersucht wurde, welche Fähigkeiten und Kompetenzen im Bereich der nachhaltigen Entwicklung von Lehrkräften an verschiedenen Hochschuleinrichtungen gewünscht werden und ob die Lehrkräfte glauben, dass sie über diese Fähigkeiten verfügen. Zu diesem Zweck wird zunächst ein Literaturüberblick über die Kompetenzen in der Lehre im Bereich der nachhaltigen Entwicklung gegeben, gefolgt von den Methoden, die zur Erhebung der Antworten in mehreren Ländern verwendet wurden. Schließlich werden die Ergebnisse der quantitativen Forschung dargestellt, analysiert und diskutiert, Ihre wichtigsten Implikationen werden am Ende vorgestellt.

2   Kompetenzen in der Lehre zur nachhaltigen Entwicklung

Eine kompetenzbasierte Hochschulbildung ermöglicht es den Studierenden, die wichtigen Kenntnisse, Fähigkeiten, Werte und Einstellungen zu erwerben, die sie in ihrem künftigen beruflichen und persönlichen Leben benötigen (Lambrechts et al., 2013). Rychen (2002) stellt fest, dass die Verwendung von Kompetenzen dazu beiträgt, die Bewertung der Fähigkeiten, die die Studierenden bei der Bewältigung der Herausforderungen des Lebens erwerben, zu verbessern, aber auch wichtige Bildungsziele zu setzen, die Systeme und Prozesse des lebenslangen Lernens verbessern.

Es gibt viele Vorschläge zu den Schlüsselkompetenzen für Nachhaltigkeit, wie Barth et al. (2007), Wals (2010, 2014), Riekman (2012), und Gombert-Courvoisier et al. (2014)

zeigen. Diese Autoren weisen in ihren Beiträge zwar gewisse Unterschiede auf, doch gibt es auch Überschneidungen bei den von ihnen vorgeschlagenen Schlüsselkompetenzen für Nachhaltigkeit. Nach Wiek et al. (2011) wird die Literatur zu Nachhaltigkeitskompetenzen immer noch von „Wäschelisten" von Kompetenzen dominiert und nicht von konzeptionell eingebetteten, miteinander verknüpften Kompetenzsätzen. Tab. 1 enthält eine Zusammenstellung der am häufigsten diskutierten individuellen Nachhaltigkeitskompetenzen, die auf Belegen aus der Literatur basieren.

Die Entwicklung dieser Fähigkeiten bei Hochschulabsolvent*innen ist von entscheidender Bedeutung für die Entwicklung von Nachhaltigkeitskompetenz (Cebrián & Junyent, 2015) und kann den Studierenden dabei helfen, positive Akteure für den persönlichen Wandel und effektivere Fachleute zu werden (Sipos et al., 2008). Viele Universitäten haben spezifische Systeme geschaffen, die auf die Vorschläge internationaler Gremien eingehen (UNESCO, 2015), indem sie Kompetenzen für nachhaltige Entwicklung in Kursen, beruflichen Entwicklungsprogrammen, Aktivitäten in der Gemeinde und Weiterbildung für alle Akteure des Wandels eingehend erörtern, auch für diejenigen, die eine Karriere außerhalb der Universitätsstruktur anstreben (Wals, 2014). Die Literatur zur Bildung für nachhaltige Entwicklung (BnE) über Nachhaltigkeitskompetenzen hat sich jedoch hauptsächlich darauf konzentriert, Lernende zu befähigen, auf lokale und globale Herausforderungen zu reagieren. Es gibt nur wenige Arbeiten, die sich auf die Kompetenzen von Pädagog*innen konzentrieren, die in der Lage sind, Nachhaltigkeit zu lehren und zu praktizieren. In den letzten Jahren ist die Aufmerksamkeit für die Lehrer*innenbildung im Bereich der Nachhaltigkeit gestiegen (Uitto & Saloranta, 2017; Jegstad et al., 2018; Dahl, 2019).

Damit Pädagog*innen ihre Studierenden in die Lage versetzen können, diese Kompetenzen zu erreichen, haben Cebrián und Junyent (2014) einen theoretischen Rahmen für berufliche Kompetenzen in der Bildung für nachhaltige Entwicklung entwickelt und sieben Hauptkomponenten ausgearbeitet, wie in Tab. 2 dargestellt. Diese beruflichen Kompetenzen werden als die Fähigkeiten verstanden, die Lehrkräfte in ihrer beruflichen Praxis entwickeln müssen, um eine Nachhaltigkeitsdimension in den Lehr-Lern-Prozess einzubinden.

Nach Ansicht von Cebrián und Junyent (2014) sollten Fachleute in der Lage sein, sich Zukunftsszenarien vorzustellen, den Kontext und die Komplexität von Problemen zu verstehen, kritisch zu denken, Werte zu klären, interdisziplinär zu arbeiten und mit Emotionen umzugehen. Es wurden bereits viele Studien und Positionen durchgeführt und getestet, wie im Fall der UNESCO (2015), die integrativere Ansätze, Lehrplanreformen, neue Pädagogik, Forschungsanreize und einen Hochschulbetrieb vorschlägt, der in der Lage ist, alle Akteure einzubeziehen. Tab. 3 enthält eine Zusammenfassung der in der Literatur diskutierten Fähigkeiten, die ein Nachhaltigkeitsdidaktiker benötigt.

Darüber hinaus hat die Wirtschaftskommission der Vereinten Nationen für Europa (UNECE) (2015) vorgeschlagen, dass die Fähigkeiten für eine Bildung für nachhaltige

Tab. 1 Zusammenstellung der einzelnen Kompetenzen im Bereich Nachhaltigkeit aus ausgewählter Fachliteratur

Autoren	Nachhaltigkeitskompetenzen
Barth et al. (2007)	Suche nach Verbindungen, Unabhängigkeit und Partnerschaften; Verständnis für kulturübergreifende Zusammenarbeit für flexiblere Sichtweisen; Beteiligung und Kapazität
Wals (2011)	Perspektivisches Denken und Umgang mit Ungewissheit; interdisziplinäres Arbeiten; aufgeschlossene Wahrnehmung; interkulturelles Verständnis und Zusammenarbeit; partizipative Kompetenz; Planungs- und Umsetzungskompetenz; Empathiefähigkeit; Selbst- und Fremdmotivation; Reflexion aus der Distanz über individuelle und kulturelle Konzepte; Sympathie und Solidarität
Wiek et al. (2011)	Kompetenzen in der akademischen Nachhaltigkeitsbildung, Verknüpfung von Basiskompetenzen und Schlüsselkompetenzen in der Nachhaltigkeit sowie Anerkennung der zwischenmenschlichen Kompetenz als übergreifende Schlüsselkompetenz in der Nachhaltigkeit
Riekman (2012)	Vorausschauendes Denken, interdisziplinäres Arbeiten, systemisches Denken und Umgang mit Komplexität, Zusammenarbeit in (heterogenen) Gruppen, Partizipation, Planung und Durchführung innovativer Projekte, Empathie und Perspektivwechsel, Ambiguitäts- und Frustrationstoleranz, kritisches Denken, faires und ökologisches Handeln, Kommunikation und Mediennutzung sowie Evaluation
Wals (2014)	Fähigkeiten zur Arbeit in einem interdisziplinären Umfeld; Erwerb von Verbindungen, gegenseitiger Abhängigkeit und Partnerschaften; flexible Visionen, interkulturelles Verständnis und Zusammenarbeit; partizipatorische Kompetenz; Kompetenz/Fähigkeit zur Planung und Umsetzung; Fähigkeit zu Empathie, Sympathie und Solidarität; persönliche Motivation und unter anderem; und Verständniskompetenz für unterschiedliches Verhalten und kulturelle Vision
Gombert-Courvoisier et al. (2014)	Planungs- und Umsetzungskapazität, Einfühlungsvermögen, Freundlichkeit und Solidarität, persönliche und gruppenbezogene Motivation, Verständnis für unterschiedliche Verhaltensweisen und kulturelles Verständnis

Tab. 2 Berufliche Fähigkeiten in BnE

Kategorien	Beschreibung
Visionierung von Zukunftsszenarien/ Alternativen	Verstehen der verschiedenen Szenarien, möglichen Zukünfte, Förderung der Arbeit mit verschiedenen Visionen und Szenarien für alternative und zukünftige Veränderungen
Kontextualisierung	Berücksichtigung der verschiedenen Dimensionen eines Problems oder einer Maßnahme, der räumlichen Dimension (lokal/global) und der zeitlichen Dimension (Vergangenheit, Gegenwart und Zukunft)
Mit Komplexität arbeiten und leben	Fähigkeit, die ökologische, wirtschaftliche und soziale Dimension von Problemen zu erkennen und zu verbinden. Schaffung der Voraussetzungen für Systemdenken im schulischen Umfeld
Kritisch denken	Schaffung der Voraussetzungen für kritisches Denken, um Annahmen zu hinterfragen und unterschiedliche Trends und Ansichten in verschiedenen Situationen zu erkennen und zu respektieren
Entscheidungsfindung, Beteiligung und Handeln für den Wandel	Vom Bewusstsein zum Handeln; gemeinsame Verantwortung und gemeinsames Handeln
Werte klären	Klärung der Werte und Stärkung des Verhaltens in Richtung eines nachhaltigen Denkens, gegenseitiger Respekt und Verständnis für andere Werte
Aufnahme eines Dialogs zwischen den Disziplinen	Entwicklung von Lehr- und Lernkonzepten auf der Grundlage von Innovation und Interdisziplinarität
Emotionen und Sorgen bewältigen	Förderung der Reflexion über die eigenen Emotionen und als Mittel, um ein tieferes Verständnis von Problemen und Situationen zu erreichen

(Quelle: Cebrián und Junyent (2014))

Entwicklung drei Grundlagen umfassen sollten: berufliche Entwicklung im Bildungswesen, Lehrplanentwicklung für Regierungs- und Verwaltungseinrichtungen sowie Überwachung und Bewertung. Darüber hinaus sollten diese Grundlagen: a) einen ganzheitlichen Ansatz verfolgen, der integratives Denken und Handeln anstrebt; b) den Wandel vorwegnehmen, alternative Zukünftsszenarien erforschen, aus der Vergangenheit lernen und zum Engagement in der Gegenwart anregen; und c) eine Transformation erreichen, die dazu dient, die Art und Weise, wie Menschen lernen, und die Systeme, die das Lernen unterstützen, zu verändern. Um die Lehrkräfte dazu zu befähigen, sollten in der Ausbildung

Tab. 3 Geforderte Fähigkeiten von Nachhaltigkeitspädagogen

Fertigkeit	Nützlichkeit
Kenntnisse der Materie	Ermöglicht eine angemessene Behandlung von Nachhaltigkeitsfragen in den Lehrprogrammen
Interdisziplinäres Denken	Berücksichtigung von Beiträgen aus verschiedenen Bereichen und Disziplinen
Analytische Fähigkeiten	Fähigkeit, Zusammenhänge zwischen Themen und Kontexten zu verstehen
Fähigkeit zur Umsetzung von Lösungen	Unterstützung des Problemlösungsprozesses
Fähigkeit, unterschiedliche Perspektiven zu schätzen	Formt persönliche und kollektive Identitäten und die Bildung von verantwortungsvollen Bürger*innen
Bekenntnis zu SD	Beispielhaftes Handeln in Bezug auf die Erhaltung der Umwelt, soziale Verantwortung, Ethik und kulturelle Vielfalt

(Quelle: die Autoren)

von Pädagog*innen die folgenden Methoden angewandt werden: lernen, zu wissen, lernen zusammenzuleben, lernen zu tun und lernen zu sein.

Diese literaturbasierte Studie über Kompetenzen in der Lehre der nachhaltigen Entwicklung reflektiert das wachsende Interesse an der Entwicklung einer konvergierenden Reihe von Schlüsselkompetenzen, die Lehrende und Lernende leiten können. Es gibt auch immer mehr Literatur über den Bedarf an verschiedenen Arten von Pädagogik (zusätzlich zu den Inhalten), auf die Lehrkräfte zurückgreifen können müssen, wenn sie Nachhaltigkeit unterrichten, was vielen Lehrkräften vielleicht nicht bewusst ist oder in denen sie nicht ausgebildet sind. Die Untersuchung zeigt jedoch auch, dass die Lehrer*innenausbildung noch nicht ausreichend darauf ausgerichtet ist, die Studierenden auf die Herausforderungen der Nachhaltigkeit vorzubereiten.

3 Methoden

Um eine internationale Analyse darüber durchzuführen, inwieweit akademisches Personal seine Kompetenzen in Bezug auf nachhaltige Entwicklung erkennt und wahrnimmt, wurde eine Umfrage entwickelt. Sie basierte auf der Liste der Kompetenzen in der Bildung für nachhaltige Entwicklung der UNECE (UNECE, 2012). Gemäß diesem Dokument stellt die Liste der Kompetenzen ein Ziel für alle Pädagogen dar. Zusammengenommen können sie als Rahmen für die berufliche Entwicklung dienen. Eine Zusammenfassung dieses Kompetenzrahmens ist in Abb. 1 dargestellt.

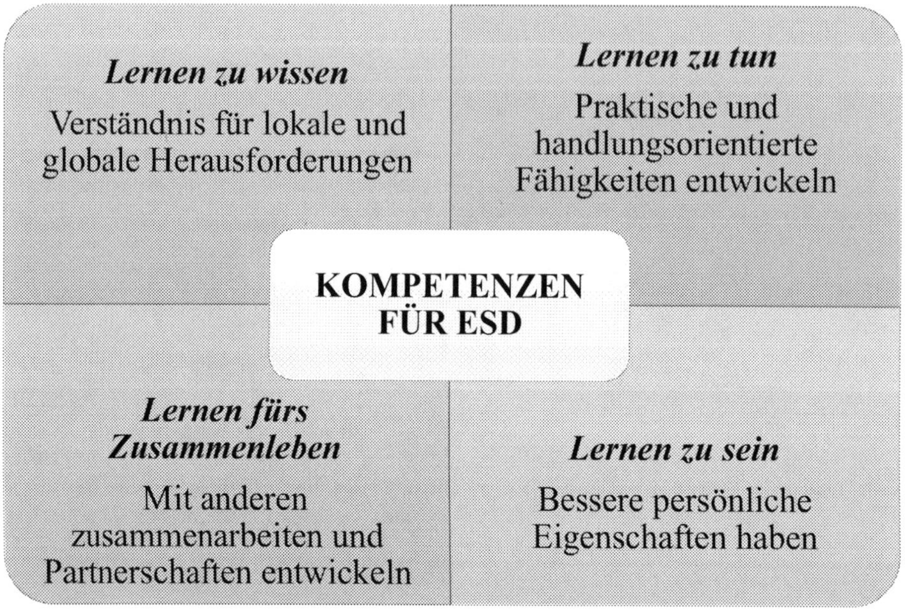

Lernen zu wissen

Verständnis für lokale und globale Herausforderungen

Lernen zu tun

Praktische und handlungsorientierte Fähigkeiten entwickeln

KOMPETENZEN FÜR ESD

Lernen fürs Zusammenleben

Mit anderen zusammenarbeiten und Partnerschaften entwickeln

Lernen zu sein

Bessere persönliche Eigenschaften haben

Abb. 1 Für die Umfrage verwendeter Kompetenzrahmen für ESD. (Quelle: Basierend auf UNECE (2012))

Die Umfrage umfasste fünf Abschnitte: einen für jede Kompetenzgruppe und einen für die Erfassung demografischer Angaben zu den Befragten (Land, Anzahl der Jahre der Lehrtätigkeit und unterrichtete Bereiche). Die vier Hauptabschnitte enthielten Aussagen, zu denen die Befragten auf einer Likert-Skala den Grad ihrer Zustimmung und Wichtigkeit angaben. Am Ende des Fragebogens hatten die Befragten die Möglichkeit, Kommentare oder Vorschläge hinzuzufügen, falls gewünscht. Abgesehen von den Angaben zu den einzelnen Personen wurde in dem Instrument auch nach den Bereichen gefragt, in denen sie unterrichten, und es wurden verschiedene Fähigkeiten aufgelistet, über die Lehrkräfte verfügen sollten. Die Befragten wurden gebeten, die Fähigkeiten anzukreuzen, über die sie derzeit verfügen, und diejenigen, die sie nicht haben, aber gerne hätten. Das Instrument umfasste auch einige Fragen zu den Problemen, die sie beim Unterrichten von Nachhaltigkeit haben.

Das Instrument wurde von fünf Nachhaltigkeitsspezialisten, die über Fachwissen und zahlreiche Veröffentlichungen im Bereich der Nachhaltigkeit in der Hochschulbildung verfügen, einem Pretest unterzogen. Die wichtigsten Kommentare bezogen sich auf den Stil und die Formulierung und waren nützlich, um die Umfrage entsprechend anzupassen. Nach diesem Pretest wurde die Umfrage an die Mitglieder des Inter-University Sustainable Development Research Programme (IUSDRP, https://www.haw-hamburg.de/en/ftz-nk/

programmes/iusdrp.html) verschickt, das mehr als 150 teilnehmende Universitäten in verschiedenen Ländern umfasst. Die Online-Umfrage wurde mit dem Tool Google Forms verschickt und enthielt 52 Aussagen (unterteilt in die vier Kompetenzgruppen). In der Einladung zur Teilnahme an dieser Studie wurde deutlich darauf hingewiesen, dass sie sich an das Lehrpersonal von Hochschuleinrichtungen richtet.

Die Umfrage war zwei Monate lang aktiv (Oktober und November 2019) und 120 Befragte haben die Umfrage abgeschlossen. Die Herkunftsländer dieser Teilnehmer sind in Abb. 2 dargestellt und umfassen: Deutschland, England, Italien, Portugal, Norwegen, Belarus, Brasilien, Bangladesch, China, Iran, Niederlande, Serbien, Guatemala, Chile, Schweden, Spanien, Simbabwe, Schweiz, USA, Kanada, Sri Lanka, Kenia, Griechenland, Australien, Kolumbien, Kroatien, Ghana, Frankreich, Indien, Liberia, Jamaika, Nigeria, Israel, Malaysia, Katar, Malta, Uganda, Ungarn, Japan, Mazedonien.

Abb. 3 gibt einen Überblick über die Jahre der Lehrerfahrung und die unterrichteten Fächer der Stichprobe. Die meisten der Befragten unterrichten seit mehr als 10 Jahren (68,3 %), und die beiden wichtigsten Fachgebiete sind Sozialwissenschaften und Wirtschaft.

Die im nächsten Abschnitt dargestellten Ergebnisse werden anhand einer deskriptiven statistischen Analyse auf der Grundlage von Durchschnitts- und Standardabweichungstests mithilfe der Software SPSS dargestellt. Für den Durchschnitt wurden die Ergebnisse auf einer Likert-Skala von 1 bis 5 bewertet (z. B. sehr geringe Bedeutung = 1; geringe

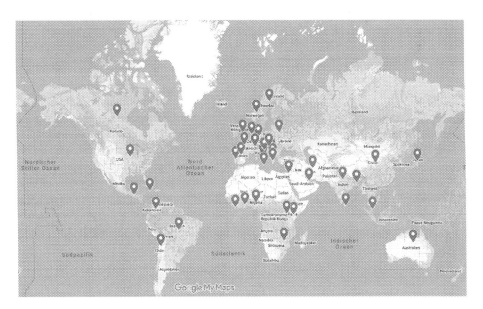

Abb. 2 Land der Umfrageteilnehmer*innen

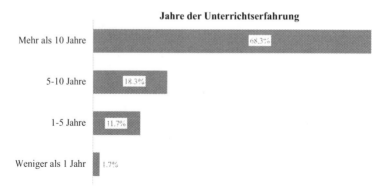

Jahre der Unterrichtserfahrung

Mehr als 10 Jahre — 68,3%

5-10 Jahre — 18,3%

1-5 Jahre — 11,7%

Weniger als 1 Jahr — 1,7%

Abb. 3 Beispielhafte Angaben zur Unterrichtserfahrung

Bedeutung = 2; mittlere Bedeutung = 3; hohe Bedeutung = 4; sehr hohe Bedeutung = 5).

4   Ergebnisse und Diskussion

Die erste Gruppe von Aussagen bezog sich auf die Kategorie „Lernen zu wissen" in Bezug auf das allgemeine Nachhaltigkeitswissen, wie in Tab. 4 dargestellt. Die Aussagen mit der höchsten Zustimmung betrafen die Wechselbeziehungen zwischen Organismen und physischer Umwelt (1), die Ursache-Wirkung-Beziehung zwischen Konsum und Armut (4), die Notwendigkeit von politischem Willen und Investitionen zur Verwirklichung von Nachhaltigkeit (7) und die Änderung nicht nachhaltiger Praktiken mit dem Ziel einer besseren Zukunft (9). Die Aussage, der am meisten widersprochen wurde, war die, dass die sozialen Fragen getrennt von den Umweltfragen behandelt werden müssen.

Die zweite Gruppe von Fragen bezog sich auf die Unterrichtspraxis (Tab. 5). Die höchsten Likert-Durchschnittswerte (>4,50) wurden bei den Fragen zur Ermutigung der Studierenden (15) und zur Anwendung von Konzepten auf reale Probleme (20) beobachtet.

Die dritte Gruppe von Fragen befasste sich mit der Entwicklung praktischer und handlungsbezogener Fähigkeiten. Alle diese Aussagen hatten einen Likert-Durchschnitt von mehr als 4,20 und die Aussage mit der höchsten Punktzahl (4,54 Likert-Durchschnitt) war die Nutzung von realen Ereignissen als Lernquelle (29).

Die vierte Gruppe von Fragen bezog sich auf die Zusammenarbeit mit anderen und die Entwicklung von Partnerschaften (Tab. 7). Diese Aussagen wiesen im Vergleich zu den anderen Fragekategorien niedrigere Likert-Durchschnittswerte auf. Die Aussage mit dem höchsten Durchschnittswert (4,21) war die Förderung von Dialogen über verschiedene Weltanschauungen im Unterricht (37).

Tab. 4 Lernen zu wissen – Grad der Zustimmung zu diesen Aussagen

Variabel	Stimme überhaupt nicht zu	Nicht zustimmen	Weiß nicht	Zustimmend	Stimme vollkommen zu	Durchschnitt	Standart Abweichung
1. Die Umwelt ist eine Gesamtheit von Wechselbeziehungen zwischen verschiedenen Organismen und ihrer physischen Umwelt.	4.2	2.5	1.7	29.2	62.5	4.43	.967
2. Fragen der Armut, des Hungers und der sozialen Eingliederung sollten getrennt von Umweltschutzstudien behandelt werden.	59.2	28.3	2.5	5.8	4.2	1.67	1.06
3. Dem Wachstum müssen Grenzen gesetzt werden, denn die Ressourcen auf unserem Planeten sind endlich	0.0	15.0	2.5	42.5	40.0	4.07	1.01
4. Übermäßiger Konsum in einem Teil der Welt verursacht Armut in einem anderen.	1.7	7.5	12.5	29.2	49.2	4.16	1.02
5. Entwicklungsentscheidungen sollten auf wissenschaftlichen Erkenntnissen und nicht auf kulturellen Bedenken beruhen.	5.0	32.5	20.0	33.3	9.2	3.09	1.10
6. Nachhaltige Entwicklung ist ein sich entwickelndes Konzept.	3.3	4.2	3.3	39.2	50.0	4.28	.963
7. Die Verwirklichung einer nachhaltigen Entwicklung erfordert politischen Willen und Investitionen.	3.3	0.8	1.7	17.5	76.7	4.63	.894
8. Die Bürger*innen haben keine Macht, wenn die Regierungen keine nachhaltigen Praktiken fördern.	13.3	44.2	11.7	17.5	13.3	2.73	1.27
9. Die Änderung nicht nachhaltiger Praktiken heute sichert eine bessere Lebensqualität in der Zukunft.	4.2	2.5	4.2	25.0	64.2	4.42	.992
10. Wissenschaft und Technologie bieten alle erforderlichen Lösungen für die Probleme, die durch eine nicht nachhaltige Entwicklung verursacht werden.	33.3	40.0	5.0	13.3	8.3	2.23	1.27
11. Soziale Nachhaltigkeit wird durch die Überwindung von Unterschieden hinsichtlich Rasse, Geschlecht, Klasse, Generation, Fähigkeiten und Überzeugungen erreicht.	8.3	11.7	22.5	34.2	23.3	3.52	1.21

Die Kompetenzen im Zusammenhang mit dem Lernen des Seins konzentrieren sich auf persönliche Eigenschaften (Tab. 8). Der höchste Likert-Durchschnitt wurde für das Item „Kritischer Praktiker*innen sein" ermittelt (43).

In den Kommentaren aus dem offenen Bereich der Umfrage wurden einige Meinungen zu den Herausforderungen und Chancen im Prozess der Lehre der nachhaltigen Entwicklung gesammelt. Der Einsatz praktischer Aktivitäten scheint ein positiver Ansatz zu sein (einschließlich Gastdozenturen und Studienbesuche), aber auch die Unterstützung von Partnerschaften wurde als notwendig für eine erfolgreiche Umsetzung der Lehre im Bereich der nachhaltigen Entwicklung bezeichnet (insbesondere im Zusammenhang mit gefährdeten Bevölkerungsgruppen und der Beteiligung an Programmen, die von Industrieländern organisiert werden). Zu den Herausforderungen gehörten die Aufrechterhaltung

Tab. 5 Wissenserwerb – Grad der Bedeutung, die den Elementen als Teil der Unterrichtspraxis beigemessen wird

Variabel	Sehr geringe Bedeutung	Geringe Bedeutung	Mittlere Wichtigkeit	Hohe Bedeutung	Sehr hohe Bedeutung	Durchsc hnitt	Standard abweichu ng
12. Lernen Sie die Interessen Ihrer Studierenden kennen	0.0	3.3	26.7	39.3	30.8	3.97	.844
13. Ermutigen Sie Ihre Studierenden, das Gelernte zu hinterfragen	0.0	1.7	11.7	39.2	47.5	4.32	.746
14. Förderung der Problemlösung	0.8	0.0	4.2	40.8	54.20	4.47	.660
15. Ermutigung der Studierenden, kreativ zu sein und neue Wege zur Lösung von Problemen zu suchen	0.0	0.0	6.7	35.0	58.3	4.51	.621
16. Strukturieren Sie Ihren Unterricht nach den Erfahrungen Ihrer Studierenden	0.8	1.7	30.0	39.2	28.3	3.92	.851
17. Änderung der Bildungsstrukturen zur Förderung von mehr Autonomie der Lernenden	0.0	2.5	21.7	41.7	34.2	4.07	.811
18. Erprobung neuer, auf die Lernenden ausgerichteter pädagogischer Methoden, die das Lernen verbessern (z. B. projektbasiertes Lernen)	0.8	1.7	14.2	38.3	45.0	4.25	.822
19. Vorbereitung der Studierenden auf neue Herausforderungen in der unvorhersebarZukunft	0.0	0.0	10.0	44.2	45.8	4.35	.658
20. Anwendung von Konzepten auf Probleme der realen Welt	0.0	0.0	1.7	25.8	72.5	4.70	.491
21. Engagement für ortsbezogenes Lernen	0.0	2.5	25.8	30.8	40.8	4.10	.873
22. Gleiche Lernchancen für Menschen mit Behinderungen	1.7	1.7	15.0	29.2	52.5	4.29	.901

des Interesses und der Motivation der Studierenden, der Wunsch, eine kreative Hochschulkraft zu sein und gleichzeitig einen umfassenden, obligatorischen Lehrplan zu haben, die geringe institutionelle Unterstützung und die Wirtschaftskrise.

Von den vier Kategorien zeigen die gegebenen Antworten, dass die Lehrkräfte alle Punkte entweder als sehr wichtig oder wichtig einstufen. Aus diesem Grund konzentriert sich die folgende Analyse zunächst auf die Antworten mit einer geringeren Standardabweichung vom Likert-Durchschnitt und anschließend auf die Antworten, die eine höhere Standardabweichung vom Likert-Durchschnitt aufweisen.

Die Hauptvariablen für Wissen (Tab. 5 [wissen], Punkte 20, 15, 19 und 14) zeigen die Bedeutung der Entwicklung nachhaltiger Kompetenzen. Sie sind wichtig für die Vorbereitung der Studierenden auf künftige Herausforderungen.

Dies steht im Einklang mit Lambrechts et al. (2013) und Rychen (2002), da die erworbenen Kompetenzen die Problemlösung Punkte 14 und 15) durch die Anwendung von Konzepten auf reale Probleme fördern.

Diese Studie bestätigt einige der von Wals (2014) ermittelten Kompetenzen. Zum Beispiel haben Pädagog*innen einen ganzheitlichen Ansatz, da sie Konzepte auf reale Probleme anwenden können (Tab. 5 [wissen], Punkt 20), reale Ereignisse als Kontext und

Tab. 6 Lernen zu tun – Grad der Bedeutung, die den Elementen als Teil der Unterrichtspraxis beigemessen wird

Variable	Sehr geringe Bedeutung	Geringe Bedeutung	Durchschnittliche Wichtigkeit	Hohe Bedeutung	Sehr hohe Bedeutung	Durchschnitt	Standardabweichung
23. Vermittlung eines Gefühls der Dringlichkeit, Maßnahmen für eine nachhaltige Zukunft zu ergreifen	0.0	5.8	9.2	39.2	45.8	4.25	,852
24. Bewertung der möglichen Folgen von Entscheidungen und Handlungen	0.8	3.3	6.7	45.0	44.2	4.28	,801
25. Bekämpfung von Vorurteilen und Vorannahmen	0.0	5.0	14.2	28.3	52.5	4.28	,890
26. Erforschung von Themen aus verschiedenen (z. B. kulturellen, religiösen, sozialen) Perspektiven	0.0	4.2	15.0	34.2	46.7	4.23	,857
27. Hoffnung wecken angesichts der Probleme, die durch nicht nachhaltige Praktiken verursacht werden	0.0	0.8	17.5	39.2	42.5	4.23	,764
28. Werden Sie zu einem Akteur des Wandels in Ihrer Gemeinde	0.0	0.0	15.8	36.7	47.5	4.31	,733
29. Reale Ereignisse als Kontext und Quelle des Lernens nutzen	0.0	0.8	4.2	35.0	60.0	4.54	,620
30. Lokale Probleme mit globalen Belangen verknüpfen	0.0	0.8	10.0	40.8	48.3	4.36	,697
31. Den Wandel antizipieren und auf ihn reagieren	0.0	3.3	8.3	48.3	40.0	4.25	,747
32. Aus früherem Erfahrungen lernen	0.8	1.7	9.2	37.5	50.8	4.35	,786

Quelle des Lernens nutzt (Tab. 6 [tun], Punkt 29) und Dialoge über unterschiedliche Weltanschauungen im Hörsaal fördern (Tab. 7 [Zusammenleben], Punkt 37). Die Lehrkräfte verstehen auch die Notwendigkeit eines Transformationskonsortiums durch größere institutionelle Unterstützung (offene Fragen). Nachhaltige Pädagog*innen arbeiten auch daran, verschiedene Gruppen einzubinden (Tab. 7 [Zusammenleben], Punkt 40).

Von jeder Kompetenz für ESD bestätigen die Variablen mit der geringsten Standardabweichung vom Likert-Durchschnitt einige Ergebnisse von Cebrián und Junyent (2014). Zum Beispiel bestätigen die Ergebnisse die „Zukunfts-/Alternativszenarien visionieren" und „kontextualisieren", da die Lehrkräfte Konzepte auf die Probleme der realen Welt anwenden (Tab. 5 [wissen], Punkt 20), reale Ereignisse als Kontext und Quelle des Lernens nutzen (Tab. 6 [tun] – Punkt 29), Dialoge über verschiedene Weltanschauungen im Hörsaal fördern (Tab. 7 [zusammenleben], Punkt 37) und lokale Themen mit globalen Belangen verbinden (Tab. 7 [tun], Punkt 30). Die Kategorie „kritisch denken" von Cebrián und Junyent (2014) wird ebenfalls bestätigt, da die Lehrkräfte die Studierenden ermutigen, kreativ zu sein und neue Wege zur Lösung von Problemen zu suchen (Tab. 5 [wissen], Punkt 15), und die Studierenden ermutigen, kritisch reflektierend zu handeln (Tab. 8 [zu sein], Punkt 43). Schließlich bestätigt diese Studie auch die Kategorie von Cebrián und Junyent (2014) „einen Dialog zwischen den Disziplinen her[zu]stellen", da die Lehrkräfte Kreativität und Innovation anregen (Tab. 8 [zu sein], Punkt 42).

Tab. 7 Zusammenleben lernen – Grad der Bedeutung, die den Elementen als Teil der Unterrichtspraxis beigemessen wird

Variable	Sehr geringe Bedeutung	Geringe Bedeutung	Mittlere Wichtigkeit	Hohe Bedeutung	Sehr hohe Bedeutung	Durchschnitt	Standardabweichung
33. Zusammenarbeit mit anderen Personen innerhalb Ihrer eigenen Abteilung/Fakultät	2.5	5.0	14.2	39.2	39.2	4.11	.861
34. Zusammenarbeit mit anderen Personen aus verschiedenen Abteilungen/Fakultäten innerhalb Ihrer Einrichtung	0.0	4.2	19.2	34.2	42.5	4.07	.980
35. Zusammenarbeit mit anderen Personen aus verschiedenen Institutionen	0.0	4.2	19.2	34.2	42.5	4.07	.981
36. Anfechtung nicht nachhaltiger Praktiken an Ihrer Bildungseinrichtung	2.5	4.2	19.2	36.2	37.9	4.18	.809
37. Förderung des Dialogs über verschiedene Weltanschauungen im Klassenzimmer	0.0	1.7	13.3	46.7	38.3	4.21	.735
38. Ermutigung der Studierenden zur Akzeptanz vielfältiger Wissensformen	8.0	6.7	20.8	35.8	35.8	3.99	.957
39. Erleichterung der Konsultation und des Engagements der Studierenden mit den verschiedenen an einem Thema beteiligten Akteuren	1.7	6.7	23.3	27.5	40.8	3.99	1.03
40. Förderung des Engagements der Studierenden (z. B. Projektaktivitäten) mit unterschiedlichen Gruppen (z. B. Alter, ethnische Zugehörigkeit, Kultur, Glaube).	0.8	1.7	13.3	45.8	38.3	4.19	.791

Selbst bei einer hohen oder sehr hohen Bedeutung, die von den Befragten als Hauptantwort angegeben wurde, weisen einige Antworten höhere Standardabweichungen auf, was zeigt, dass die Bedeutung, die diesen Themen beigemessen wird, auf der Likert-Skala weiter gestreut ist. Die Punkte 35 und 34 (Tab. 7 [zusammenleben]) und 52 (Tab. 8 [Zusammenarbeit mit anderen Einrichtungen, Zusammenarbeit mit Personen aus anderen Abteilungen/Fakultäten und Pflege der Partnerschaft]) wiesen die höchsten Standardabweichungen auf. Rieckman (2012) beschreibt diese Ideen als Kompetenz in der „Zusammenarbeit in (heterogenen) Gruppen", aber die vorliegende Untersuchung zeigt, dass dies eine Kompetenz ist, die bei Lehrkräften weiterentwickelt werden muss. Ein weiteres Beispiel ist Frage 45 (Tab. 8 [indigenes Wissen als gültigen Beitrag zur Entscheidungsfindung akzeptieren]). Nach Wals (2014) ist eine der nachhaltigen Kompetenzen die „Verständniskompetenz für unterschiedliche Verhaltensweisen und kulturelle Sichtweisen", aber diese Kompetenz sollte nach der vorliegenden Untersuchung weiter entwickelt werden.

Tab. 8 Grad der Bedeutung, die den Elementen als Teil der Unterrichtspraxis beigemessen wird

Variable	Sehr geringe Bedeutung	Geringe Bedeutung	Mittlere Wichtigkeit	Hohe Bedeutung	Sehr hohe Bedeutung	Durchsc hnitt	Standard abweichung
41. Einbeziehung verschiedener Disziplinen, Kulturen und Perspektiven	8.0	1.7	13.3	45.8	38.3	4,19	,791
42. Kreativität und Innovation anregen	0.0	8.0	6.7	41.7	50.8	4,42	,656
43. Ein*e kritisch reflektierender Praktiker*in sein	0.0	1.7	5.0	33.3	60.0	4,51	,673
44. Sich mit den Lernenden auf eine Weise auseinandersetzen, die positive Beziehungen aufbaut	1.7	0.0	12.5	39.2	46.7	4,29	,813
45. Anerkennung des indigenen Wissens als gültiger Beitrag zur Entscheidungsfindung	1.7	5.8	21.7	35.0	35.8	3,97	,982
46. Das Gefühl, motiviert zu sein, etwas zu unternehmen, um die Lebensqualität anderer Menschen vor Ort zu verbessern	0.0	2.5	15.8	40.8	40.8	4,20	,794
47. Sich motiviert fühlen, Maßnahmen zu ergreifen, um die Lebensqualität anderer Menschen weltweit zu verbessern	0.0	1.7	20.0	41.7	36.7	4,13	,787
48. Infragestellung der Annahmen, die einer nicht nachhaltigen Praxis zugrunde liegen	0.0	0.0	10.8	42.5	46.7	4,35	,671
49. Suche nach Möglichkeiten für selbstgesteuertes Lernen	0.0	2.5	17.5	37.5	42.5	4,20	,815
50. Hinterfragen von (auch persönlichen) Überzeugungen und Annahmen	0.0	3.3	13.3	40.0	43.3	4,23	,806
51. Sensibilität für die Gefühle und Emotionen der Menschen bei der Entscheidungsfindung	0.0	1.7	16.7	41.7	40.0	4,20	,773
52. Förderung von Partnerschaften (intern/extern)	2.5	1.7	11.7	37.5	46.7	4,24	,907

5   Schlussfolgerungen

Ziel dieser Studie war es, die von den Lehrkräften einer Reihe von Hochschuleinrichtungen gewünschten Fähigkeiten und Kompetenzen im Bereich der nachhaltigen Entwicklung zu ermitteln und zu beurteilen, ob die Lehrkräfte glauben, dass sie über diese Fähigkeiten verfügen. Unsere Literaturrecherche lieferte eine solide Beschreibung der Fähigkeiten und Kompetenzen, die für die Lehre über nachhaltige Entwicklung benötigt werden und die sich auf das Lernen von Wissen, das Lernen von Handeln, das Lernen von Sein und das Lernen von Zusammenleben in Bezug auf das Wissen über Nachhaltigkeitsprobleme, interdisziplinäres und analytisches Denken, die Entwicklung von Lösungen und die Anerkennung verschiedener Werte konzentrieren.

Das Ausmaß, in dem die Lehrkräfte glauben, dass sie diese Fähigkeiten besitzen, ist relativ hoch. Wie in diesem Papier dargelegt wurde, gehören „Zukunfts- oder Alternativszenarien visionieren" oder „Kontextualisierung" zu den beliebtesten Kompetenzen, da Lehrkräfte Konzepte auf reale Probleme anwenden. Die Nutzung von realen Ereignissen als Kontext und Quelle des Lernens ist ebenfalls ein Mittel, mit dem die Kompetenz für ESD gefördert werden kann. In Bezug auf die Möglichkeiten was zu bewirken im

Prozess der Vermittlung von nachhaltiger Entwicklung kann festgestellt werden, dass praktische Aktivitäten als positive Verfahren angesehen werden, und dies kann nicht nur und Studienbesuche, sondern auch praktische Experimente umfassen. Die Rolle von Partnerschaften wurde ebenfalls als wichtig für die erfolgreiche Umsetzung des Unterrichts über nachhaltige Entwicklung angesehen.

Was die Herausforderungen anbelangt, so sind die Aufrechterhaltung des Interesses und der Motivation der Studierenden vor dem Hintergrund der Lehrplanverpflichtungen und der begrenzten institutionellen Unterstützung Elemente, die den Prozess behindern können. Um diese Probleme anzugehen und voranzukommen, wird vorgeschlagen, dass der konventionelle Unterricht zu Themen im Zusammenhang mit nachhaltiger Entwicklung durch interaktivere Elemente unterstützt wird, wie z. B.:

a) Webinare zu Nachhaltigkeitsthemen
b) Podcasts zu den ausgewählten Themen auf dem Campus oder außerhalb des Campus
c) Internet-basierte Übungen, die die Studierenden durchführen und über die sie berichten können

Diese Liste ließe sich um viele weitere Methoden ergänzen. In der Tat können digital gestützte Technologien nicht nur den Unterricht für dieStudierende interessanter machen, sondern auch andere Fähigkeiten fördern, wie z. B. IT-Kenntnisse, die Fähigkeit, verschiedene Datensätze zu verarbeiten, oder einen Blick „über den Tellerrand" ermöglichen, bei dem eine nationale oder sogar internationale Dimension zum Vorteil eines „aktiven Lernprozesses" hinzugefügt werden kann. Darüber hinaus kann ein „projektbasierter" Ansatz für BnE, von dem bekannt ist, dass er effektiv ist (z. B. Leal Filhoet al., 2016), erfolgreich eingesetzt werden, um den Kompetenzaufbau zu fördern.

Dieses Papier weist einige Einschränkungen auf. Erstens ist die Art der Erhebung mit dem Schwerpunkt auf Kompetenzen recht spezifisch und hat die Aufmerksamkeit von Befragten auf sich gezogen, die ein Interesse an dem Thema haben, was für andere potenzielle Teilnehmer*innen nicht als direkt relevant angesehen wird. Zweitens kann die Stichprobe nicht als deskriptiv für das gesamte Spektrum der Wissenschaft angesehen werden. Die Befragten sind zwar sehr erfahren und sachkundig (viele unterrichten seit mehr als 10 Jahren), doch kommen die meisten von ihnen aus Bereichen wie den Sozial- und Wirtschaftswissenschaften. Bereiche wie Ingenieur- oder Naturwissenschaften sind nicht gut vertreten. Schließlich wurde die Studie über einen Zeitraum von zwei Monaten durchgeführt. Bei einer größeren Anzahl von Teilnehmern hätte die Studie über einen längeren Zeitraum durchgeführt werden können, doch ist dies ungewiss, da Erinnerungsschreiben verschickt wurden bei drei weiteren Gelegenheiten zur Teilnahme an der Studie aufgefordert wurden.

Trotz der oben genannten Einschränkungen stellt das Papier einen aktuellen und nützlichen Beitrag zur Debatte dar, da es über eine internationale Studie mit Schwerpunkt auf

Kompetenzen berichtet, an der 120 Personen aus 40 Ländern teilnahmen. Eine Besonderheit der Studie ist, dass nicht nur reiche Länder wie Deutschland, England, Italien, Norwegen oder die Vereinigten Staaten, sondern auch Entwicklungsländer wie Brasilien, Bangladesch, Guatemala und Simbabwe einbezogen wurden. Eine weitere Besonderheit der Studie ist, dass sie Teilnehmer aus allen fünf Kontinenten umfasst und damit eine der größten jemals durchgeführten Studien zu diesem Thema ist. Diese Elemente verleihen der Arbeit ein gewisses Maß an Autorität und den Ergebnissen eine gewisse Robustheit.

Eine letzte grundlegende Erkenntnis aus dieser Studie ist, dass der Aufbau von Nachhaltigkeitskompetenzen in der Lehre nicht als „Ad-hoc-Angelegenheit" betrachtet werden sollte. Um den erwarteten Nutzen zu erzielen, müssen Kompetenzen vielmehr als Teil der „Lernziele" in Graduiertenkursen und Studiengängen stärker in den Vordergrund gerückt werden. Außerdem muss der Kompetenzaufbau mit dem „Kapazitätsaufbau" gleichgesetzt werden. Von den Lehrkräften kann nicht erwartet werden, dass sie sich in Fragen der Kompetenzerweiterung allein auszeichnen. Vielmehr müssen sie Zugang zu Schulungs- und Kapazitätsaufbauprogrammen haben, die es ihnen ermöglichen, besser auf die Herausforderungen der Nachhaltigkeit in ihrem jeweiligen Umfeld einzugehen (und zu reagieren).

Literatur

Abschnitt 1

Dannenberg, S., & Grapentin, T. (2016). *Education for sustainable development – learning for transformation. The example of Germany. J Futur Stud, 20*(3), 7–20.

Dlouhá, J., & Pospísilová, M. (2018). Education for sustainable development goals in public debate: The importance of participatory research in reflecting and supporting the consultation process in developing a vision for Czech education. *Journal of Cleaner production, 172,* 4314–4327.

Leal Filho, W. (Hrsg.). (2009). *Sustainability at universities – Opportunities, challenges and trends.* Lang.

Leal Filho, W., Shiel, C., & do Paco, A. (2016). Implementing and operationalising integrative approaches to sustainability in higher education: The role of project-oriented learning. *Journal of Cleaner Production, 133*(2016), 126–135.

Leal Filho, W., Wu, Jim, Ch, Y., Brandli, L., Avila V. L., Azetiero, U. M., Caeiro, S., & da Rosa Gama L. R. M. (2017). Identifying and overcoming obstacles to the implementation of sustainable development at universities. *Journal of Integrative Environmental Sciences, 14*(1), 93–108.

Leal Filho, W., Shiel, C., Paço, A., Mifsud, M. A., V. L., Brandli, L. L., Molthan-Hill, P., Pace, P., Azeiteiro, U. M., Vargas, V.R., & Caeiro, S. (2019). Sustainable development goals and sustainability teaching at universities: *Falling behind or getting ahead of the pack?* Journal of Cleaner Production, 232, 285–294.

Levesque, V. R., & Blackstone, N. T. (2020). Exploring undergraduate attainment of sustainability competencies. *Sustainability, 13*(1), 32–38.

Manual, M. E., & Prylipko, A. (2019). Integrating principles of sustainable development into higher education. In W. Leal Filho (Hrsg.), *Encyclopedia of sustainability in higher education.* Springer. https://doi.org/10.1007/978-3-319-63951-2_517-1.

Orlovic Lovren, V. (2019). Didactic Re-orientation and sustainable development. In W. Leal Filho (Hrsg.), *Encyclopedia of sustainability in higher education*. Springer https://doi.org/10.1007/978-3-319-63951-2_209-1.

Orlovic Lovren, V. (2017). Promoting sustainability in institutions of higher education – the perspective of university teachers. In W. Leal Filho et al. (Hrsg)., *Handbook of theory and practice of sustainable development in higher education*. World sustainability series (S. 475–490). Springer.

Rieckman, M. (2018). Learning to transform the world: Key competencies in ESD. In A. Leicht, J. Heiss, & i. W.J. Byun (Hrsg.), *Issues and trends in education for sustainable developmeny* (S. 39–60). UNESCO Publishing.

Rieckman, M., & Gardiner, S. (2015). Pedagogies of preparedness: Use of reflective. Journals in the operationalisation and development of anticipatory competence. *Sustainability, 7*(8), 10554–10575; https://doi.org/10.3390/su70810554.

Steiner, G., & Posch, A. (2006). Higher education for sustainability by means od transdisciplinary case studies: An innovative approach for solving complex, real-world problems. *Journal of Cleaner Production,*(14), 877–880. https://doi.org/10.1016/j.jclepro.2005.11.054.

Tilbury, D. (2011). 'Higher education for sustainability: A global overview of commitment and progress'. In GUNI (Hrsg.), *Higher education in the World 4. Higher education's commitment to sustainability: from understanding to action* (S. 18–28). Palgrave. (ISBN 978–0–230–53555).

Tillbury D., & Ryan, A. (2012). Guide to quality and education for sustainability in higher education. http://efsandquality.glos.ac.uk/user_quide_to_this_resource.html.

UN. (2015). Transforming our world: The 2030 agenda for sustainable development. https://sustainabledevelopment.un.org/post2015/transformingourworld.

UNESCO. (2017). Education for sustainable development goals: Learning objectives. https://unesdoc.unesco.org/ark:/48223/pf0000247444.

White, R. M., et al. (2015). Who Am I? The role(s) of an academic at a 'Sustainable University'. In W. Leal Filho (Hrsg.), *Integrative approaches to sustainable development at university level: Making the links* (S. 675–686). Springer International Publishing.

Abschnitt 2

Barth, M., Godemann, J., Rieckmann, M., & Stoltenberg, U. (2007). Developing key competencies for sustainable development in higher education. Int. J. Sustain. Higher Educ., *8*, 416–430.

Cebrián, G., & Junyent, M. (2014). Competencias profesionales en Educación para la Sostenibilidad: Un estudio exploratorio de la visión de futuros maestros. https://doi.org/10.5565/rev/enscienci as.877.

Cebrián, G., & Junyent, M. (2015). Competencies in education for sustainable development: Exploring the student teachers' views. *Sustainability, 7*(3), 2768–2786. https://doi.org/10.3390/su7 032768.

Dahl, T. (2019). Prepared to teach for sustainable development? Student Teachers' beliefs in their ability to teach for sustainable development. *Sustainability, 11*(7), 1993. https://doi.org/10.3390/su11071993.

Du, X. et al. (2013). Develop ing sustainability curricula using the PBL method in a Chinese context. *Journal of Cleaner Production, 61,* 80–88, https://doi.org/10.1016/j.jclepro.2013.01.012.

Gombert-Courvoisier, S. et al. (2014). Higher education for sustainable consumption: case report on the human ecology master's course (University of Bordeaux, France), *Journal of Cleaner Production, n. 62,* 82–88. https://doi.org/10.1016/j.jclepro.2013.05.032.

Jegstad, K. M., Gjøtterud, S. M., & Sinnes, A. T. (2018). Science teacher education for sustainable development: A case study of a residential field course in a Norwegian pre-service teacher education programme. *Journal of Adventure Education and Outdoor Learning, 18*(2), 99–114. https://doi.org/10.1080/14729679.2017.1374192.

Lambrechts, W., Mulà, I., Ceulemans, K., Molderez, I., & Gaeremynck, V. (2013). The integration of competences for sustainable development in higher education: An analysis of bachelor programs in management. *Journal of Cleaner Production, 48,* 65–73. https://doi.org/10.1016/j.jclepro.2011.12.034.

Rieckmann, M. (2012). Future-oriented higher education: Which key competencies should be fostered through university teaching and learning? *Futures, 44,* 127–135.

Rychen, D. S. (2002). *Key competencies for the knowledge society*: A contribution from the OECD project definition and selection of competencies (DeSeCo). In Education – Lifelong Learning and the Knowledge Economy Conference, Stuttgart, Germany

Sipos, Y., Battisti, B. T., & Grimm, K. A. (2008). Achieving transformative sustainability learning: Engaging Head. *Hands and Heart.* https://doi.org/10.1108/14676370810842193.

Uitto, A., & Saloranta, S. (2017). Subject teachers as educators for sustainability: A survey study. *Education Sciences, 7*(1), 8. https://doi.org/10.3390/educsci7010008.

United Nations Economic Commission for Europe. (2015). The development of education for sustainable development. Issues and trends in Education for sustainability development. *Unesco Publishing,1*(1). https://unesdoc.unesco.org/ark:/48223/pf0000261801.

UNESCO. (2015). *Education for sustainable development* (ESD). http://www.unesco.org/new/en/education/themes/leading-the-international-agenda/education-for-sustainable-development/publications/.

Wals, A. (2010). Mirroring, Gestaltswitching and transformative social learning. *International Journal of Sustainability in Higher Education, 11*(4), 380–390. https://doi.org/10.1108/14676371011077595.

Wals, A. E. J. (2011). Learning our way to sustainability. *Education Magazine for Sustainable Development, 5*(2), 177–186. https://doi.org/10.1177/097340821100500208.

Wals, A. E. J. (2014). *Sustainability in higher education in the context of the UM DESD*: A review of learning and institutionalization processes. *Journal of Cleaner Production, n., 62,* 8–15. https://doi.org/10.1016/j.jclepro.2013.06.007.

Wiek, A., Withycombe, L., & Redman, C. L. (2011). Key competencies in sustainability: A reference framework for academic program development. *Sustainability Science, 6,* 203–218. https://doi.org/10.1007/s11625-011-0132-6.

Abschnitt 3

UNECE. (2012). Learning for the future. Competences in education for sustainable development. https://www.unece.org/fileadmin/DAM/env/esd/ESD_Publications/Competences_Publication.pdf. Zugegriffen:30. OKt. 2019.

Prosuming und Nachhaltigkeit

Partizipative Wertschöpfung zur Förderung von Gestaltungskompetenz im Rahmen der Bildung für nachhaltige Entwicklung

Lisa Stoltenberg und Pascal Krenz

1 Einleitung: Nachhaltigkeit durch Bildung

Nachhaltig zu leben und zu wirtschaften hat im vergangenen Jahrzehnt stark an Bedeutung gewonnen. Einigkeit besteht darüber, dass umweltbewusstes und sozialgerechtes Handeln von allen gesellschaftlichen Akteuren ausgehen muss.

Nachhaltigkeit wird häufig im Rahmen von Konsumprozessen diskutiert, da sowohl Konsum als auch Produktion Schäden für die Umwelt und das soziale Gleichgewicht verursachen. Die auf den Ergebnissen von Rio basierende Agenda-21 der Vereinten Nationen mahnt, die Anstrengungen, diese Schäden zu mindern, müssten sowohl von Regierungen, als auch Unternehmen und Bürger_innen ausgehen (United Nations, 1992, S. 18). Darin heißt es außerdem, den Akteuren fehle es häufig an der hierfür nötigen Einsicht sowie dem Wissen darüber, wie man sich nachhaltig verhält. Um diese Einsicht zu erhöhen und das Wissen um eine nachhaltigere Lebensweise zu vermitteln, wird die Rolle der Bildung zur Erreichung von Nachhaltigkeitszielen betont: „Bildung ist eine unerlässliche Voraussetzung für die Förderung der nachhaltigen Entwicklung und die bessere Befähigung der Menschen, sich mit Umwelt- und Entwicklungsfragen auseinanderzusetzen" (United Nations, 1992, S. 329). Ziel ist es dabei, einen Werte- und Einstellungswandel zu erzeugen, und die Menschen damit in die Lage zu versetzen, nachhaltige Entscheidungen treffen zu können (vgl. ebd.). Gleichzeitig wird die Einbindung der Bevölkerung im Hinblick auf Entscheidungen zu Umweltfragen gefordert: „Die Staaten erleichtern und

L. Stoltenberg (✉) · P. Krenz
Laboratorium Fertigungstechnik, Helmut-Schmidt-Universität Hamburg, Hamburg, Deutschland
E-Mail: Lisa.Stoltenberg@hsu-hh.de

fördern die öffentliche Bewusstseinsbildung und die Beteiligung der Öffentlichkeit, indem sie Informationen in großem Umfang verfügbar machen" (United Nations, 1992, S. 2).

Auf diesen beiden Grundsätzen beruht die Idee der Bildung für nachhaltige Entwicklung, deren Ziel es ist, Menschen zu befähigen, die Zukunft nachhaltig zu gestalten. Der Handlungsraum des Einzelnen soll durch die Bildung für nachhaltige Entwicklung weiterentwickelt werden, sodass diese/r sein/ihr Handeln reflektieren und entsprechend nachhaltiger agieren kann. Im nationalen Aktionsplan des Bundes wird jene definiert als „eine Bildung, die Menschen zu zukunftsfähigem Denken und Handeln befähigt. Sie ermöglicht jedem Einzelnen, die Auswirkungen des eigenen Handelns auf die Welt zu verstehen" (BMBF). Bildung und Partizipation können somit als entscheidende Maßnahmen für die nachhaltige Entwicklung betrachtet werden, denn durch beides können und sollen die Menschen dazu befähigt werden (aktiv) an der Gestaltung der Zukunft mitzuwirken.

Die Beteiligung und aktive Einbindung der Verbraucher_innen hat auch im Bereich des Konsums in den letzten Jahren an Aufmerksamkeit gewonnen. So setzen mehr und mehr Unternehmen und Initiativen auf die Einbindung der Nutzer_innen in Wertschöpfungsprozesse. In den Sozialwissenschaften hat sich für diese aktive(re) Rolle der Nutzer_innen der Begriff des Prosumers durchgesetzt.

Prosuming wird u. a. grundsätzlich als Möglichkeit verstanden, Nachhaltigkeit fördern zu können (Blättel-Mink, 2013, S. 165; Knödler & Martach, 2019; Lebel & Lorek, 2008; Yang & Baringhorst, 2017). Durch die Einbeziehung der Nutzer_innen in z. B. Produktentwicklungs- oder Produktionsprozesse werden die Produkte passgenauer auf deren Bedürfnisse zugeschnitten, was zu einer längeren Produktnutzung und damit dem Einsparen von Ressourcen führen kann (wie etwa beim Urban Gardening oder Car Sharing). Das Einbeziehen der Nutzer_innen beinhaltet auch die Möglichkeit mehr Transparenz zu schaffen und dadurch sowohl die Bindung zum Produkt bzw. den Produktionsprozessen zu erhöhen als auch die Wertschätzung für die Produkte sowie die Produzenten zu fördern (Tapscott & Williams, 2007). Jedoch steht Prosuming in der Kritik, Nutzer_innen auszubeuten (vgl. Rieder et al., 2009) oder nur eine andere Art kapitalistischer Wertschöpfung zu sein, die die Unternehmen stärkt (vgl. Bala & Schuldzinski, 2016). Prosuming ist somit nicht per se nachhaltig (weder sozial, noch ökologisch oder ökonomisch).

Inwieweit Prosuming tatsächlich die Produkte und Prozesse nachhaltiger werden lässt, soll nicht Gegenstand dieses Beitrags sein. Stattdessen wird untersucht, inwieweit Prosuming die Bildung für eine nachhaltige Entwicklung fördern kann, also inwieweit die Nutzer_innen durch den Einbezug in die Wertschöpfung vermehrt Kompetenzen entwickeln, die für einen nachhaltigen Konsum von Bedeutung sind.

Hierfür wird zunächst dargelegt, warum sich Prosuming grundsätzlich eignet, um zur Bildung für nachhaltige Entwicklung beizutragen. Die Verbindung zwischen Prosuming und der Bildung für nachhaltige Entwicklung wird sodann über die Gestaltungskompetenz hergestellt. Nachdem anschließend die Struktur und das Rollenverständnis des Prosumings als offene(re) Form der Wertschöpfung vorgestellt sind, wird diskutiert inwieweit die Eigenschaften des Prosumings die 12 Teilkompetenzen der Gestaltungskompetenz aktivieren können. Aufbauend auf den darauf gewonnenen Erkenntnissen wird letztendlich dargelegt, welches Potenzial Prosuming beinhaltet, um zur Bildung für nachhaltige Entwicklung beizutragen.

Insgesamt handelt es sich bei den vorliegenden Ausführungen um eine theoretische Annährung an die Fragestellung. Hierbei wird das grundsätzliche Potenzial erörtert, Prosuming für die Bildung für nachhaltige Entwicklung einzusetzen. Nicht eingegangen wird hingegen darauf, wie dieses Potenzial konkret umgesetzt werden könnte.

2   Prosuming als Teil der Bildung für nachhaltige Entwicklung?

Die Bejahung der Frage danach, ob Prosuming zur Bildung der nachhaltigen Entwicklung beitragen kann, ist insofern von Bedeutung, als dass sie einen weiteren Ansatzpunkt böte, nachhaltiges Verhalten zu fördern. So könnte etwa der Konsum selbst als Raum der Bildung für nachhaltige Entwicklung genutzt werden. Der Vorteil hierbei wäre, Konsum als Möglichkeit zu nutzen nachhaltige Bildung zu vermitteln. Gerade aufgrund seiner Allgegenwärtigkeit läge hierin viel Potenzial. Damit könnte außerdem eine weitere Zielgruppe in der Bildung für nachhaltige Entwicklung adressiert werden, die nicht mehr in klassischen Bildungskontexten verweilt, weil ihr (formeller) Bildungsweg bereits abgeschlossen ist.

Weiterhin würde daraus folgen, dass auch die Unternehmen damit eine Möglichkeit erhielten zur Bildung für nachhaltige Entwicklung beizutragen. Ohnehin generieren die Unternehmen derzeit auf Nachhaltigkeit bezogenes Wissen, das für andere gesellschaftliche Akteure (z. B. Kunden) durch das Prosuming zugänglich wird. So bewirkt etwa das Lieferkettengesetz, das sich Unternehmen stärker mit den Produktionsbedingungen ihrer Zulieferer auseinandersetzen müssen.

Konsum als Bereich der Bildung zu definieren liegt jedoch nicht auf der Hand, denkt man beim Lernen doch zuerst an Institutionen wie Schulen oder Universitäten.

Allerdings schließt die Bildung für nachhaltige Entwicklung sowohl die formalen (also schulische/berufliche) als auch informelle Bildung ein. So heißt es etwa in der Agenda-21, „nichtformale Methoden wie auch wirksame Kommunikationsmittel" sind für die Bildung zur nachhaltigen Entwicklung einzusetzen (vgl. United Nations, 1992, S. 329). Auch de Haan sieht die Bildung für nachhaltige Entwicklung als Teil des Lernens in außerschulischen Kontexten und für die sogenannte „Lebenswelt" (de Haan, 2008, S. 37). Informelle Bildung findet dabei als Alltagserfahrung statt (vgl. M. Brodowski, 2012, S. 435 f.), ist unstrukturiert und nicht intentional (vgl. Europäische Kommission, 2001, S. 32 ff.; Michelsen & Fischer, 2019, S. 30). Prosuming, als Teil des Konsums, zählt zu diesen Alltagspraktiken, weshalb in dessen Rahmen informelle Bildungsprozesse prinzipiell stattfinden können.

Entsprechend kann in diesem Beitrag analysiert werden, inwieweit Prosuming zur (non-formalen) Bildung nachhaltiger Entwicklung beitragen kann.

3   Gestaltungskompetenz als zentrales Moment der Bildung für nachhaltige Entwicklung

Doch wie kann geprüft werden, inwieweit Prosuming die Bildung für nachhaltige Entwicklung unterstützt? In den genannten Programmen wird jeweils betont, wie wichtig Kompetenzen für die Bildung für nachhaltige Entwicklung sind, da eine reine Wissensvermittlung oft nicht ausreicht, um zu nachhaltigem Handeln zu befähigen. Das Ziel der Bildung für nachhaltige Entwicklung besteht weniger darin konkrete Verhaltensvorgaben zu vermitteln, als vielmehr kompetentes Entscheiden zu fördern (Michelsen & Fischer, 2015, S. 18). Auch eigenständiges Denken und Handeln zu stärken, ist Teil der Bildung für nachhaltige Entwicklung, etwa über Kompetenzen, die zum Infragestellen etablierter Praktiken animieren. Besondere Bedeutung wird dabei der Gestaltungskompetenz zugemessen: Mit dieser „wird die Fähigkeit bezeichnet, Wissen über nachhaltige Entwicklung anwenden und Probleme nicht nachhaltiger Entwicklung erkennen zu können." (BLK-Programm Transfer-21, 2007, S. 12). Die Gestaltungskompetenz zielt also explizit auf eine Befähigung zu nachhaltigem Handeln ab und beinhaltet, Wissen und Fähigkeiten zu vermitteln, um nachhaltig entscheiden und handeln zu können.

Die Gestaltungskompetenz wird dabei in (mittlerweile) zwölf Teilkompetenzengegliedert (de Haan et al., 2008, S. 188).

- Weltoffen und neue Perspektiven integrierend Wissen aufbauen
- Vorausschauend denken und handeln
- Interdisziplinär Erkenntnisse gewinnen und handeln
- Risiken, Gefahren und Unsicherheiten erkennen und abwägen können
- Gemeinsam mit anderen planen und handeln können
- Zielkonflikte bei der Reflexion über Handlungsstrategien berücksichtigen können
- An kollektiven Entscheidungsprozessen teilhaben können
- Sich und andere motivieren können, aktiv zu werden
- Die eigenen Leitbilder und die anderer reflektieren können
- Vorstellungen von Gerechtigkeit als Entscheidungs- und Handlungsgrundlage nutzen können
- Eigenständig planen und handeln können
- Empathie für andere zeigen können

Eine solche Gestaltungskompetenz ist grundsätzlich auch für das Prosuming denkbar, denn dieses setzt voraus dass die Kund_innen in variablen Graden gestalterisch tätig werden, indem sie sich an der Wertschöpfung beteiligen.

Im Folgenden soll nun anhand der zwölf Teilkompetenzen diskutiert werden, inwieweit Prosuming die Gestaltungskompetenz aktivieren und somit einen Beitrag zur nachhaltigen Entwicklung leisten kann. Ausgangspunkt ist dabei die Annahme, nach der das Nachhaltigkeits-Potenzial des Prosumings nicht allein in den geschaffenen Produkten oder ihrer Produktnutzung liegt, sondern auch mit dem Akt des Prosumings selbst begründet werden kann. Dies wäre möglich, wenn die Rolle, die die Nutzer_innen beim Prosuming einnehmen, auch die Gestaltungskompetenz fördern könnte. Hierfür soll zunächst das Konzept des Prosumings genauer erläutert werden, auch um das Verständnis für verschiedene Prosumingformate zu schärfen.

4   Prosuming als offene(re) Form der Wertschöpfung

Der Begriff des Prosumings geht auf Alvin Toffler zurück (vgl. Toffler, 1980) und beschreibt, wie die Grenze zwischen Produzenten und Konsumenten verschwimmt, die in der Zeit der Industrialisierung vorherrschte. Den Begriff des Prosumers setzt Toffler aus den Wörtern „Produzent" und „Konsument" zusammen Er wird von unterschiedlichen Autoren unterschiedlich weit gefasst. Laut Hellmann z. B. liegt Prosuming „immer dann vor, wenn zur Herstellung einer Sach- oder Dienstleistung, die vor allem für die Eigenverwendung gedacht ist und von daher ihren Gebrauchswert bezieht, ein Beitrag geleistet wird, ohne den der Herstellprozeß unabgeschlossen bleibt, unabhängig davon, ob für diese Leistung bezahlt werden muß oder nicht" (Hellmann, 2010, S. 36). Der eigentliche Konsument eines Produkts wird somit aktiv in den Wertschöpfungsprozess einbezogen. Allerdings ist hierbei nicht zwingend erforderlich, dass der Konsument die Sache auch tatsächlich nur für sich selbst herstellt. Es genügt stattdessen, dass sie für den eigenen Bedarf *gedacht* ist (vgl. ebd.). Entscheidend für Hellmann ist dabei, dass der Herstellungsprozess ohne diese Aktivität durch den Prosumer unabgeschlossen bleiben würde. Die Aktivität muss sich folglich auf einen Bereich der Herstellung beziehen und nicht lediglich auf einen der anschließenden Nutzung. Damit zählen Aktivitäten des Kunden in den Bereichen Produktentwicklung, Fertigung, Marketing und Vertrieb zum Prosuming (vgl. Hellmann, 2010, S. 38).

Prosuming kann durch die beschriebene Einbeziehung der Nutzer_innen als eine offenere Form der Wertschöpfung betrachtet werden (im Vergleich zur traditionellen/geschlossenen Wertschöpfung). Redlich und Wulfsberg (2011) sowie Krenz (2020, S. 229 ff.) beschreiben hierfür verschiedene Merkmale offener(er) Wertschöpfungsformen, darunter auch solche, die die Rollen und Interaktionsstrukturen zwischen den Beteiligten skizzieren. Aus diesen sowie aus den Definitionen von Hellmann und Toffler lassen sich Eigenschaften ableiten, die die Rollenstruktur der Prosumer_innen im Wertschöpfungsprozess beschreibt. Hierzu gehören u. a.:

- Einbeziehung einer Vielzahl an Akteuren

- Diversität/Heterogenität der Akteure
- Enger Austausch unter den Akteuren
- Vernetzung der Akteure
- Teilen von Wissen zwischen den Akteuren
- Keine rein ökonomischen Motive zur Partizipation
- Über reine Konsumhandlungen hinausgehende Aktivitäten der Nutzer_innen
- Kooperation statt Kompetition
- Heterarchische/organische Strukturen
- Selbstorganisation

Die genannten Eigenschaften lassen sich in drei Cluster einteilen, mithilfe derer ein besserer Überblick über die Merkmale der Rollenstruktur des Prosumings erzielt wird, wie Tab. 1 zeigt.

Da Prosuming sehr vielfältige Gestalt annehmen kann, variieren die genauen Ausprägungen der genannten Prosumingeigenschaften, was sich in verschiedenen Prosumingformaten zeigt. Diese unterscheiden sich z. B. hinsichtlich ihres Grades an Offenheit (Krenz, 2020; Redlich & Wulfsberg, 2011), wodurch auch das Ausmaß der Mitwirkung der Nutzer_innen unterschiedlich ausfällt.

Neben der Offenheit kann, wie Birgit Blättel-Mink zeigt, auch zwischen dem marktförmigen und dem nicht-marktförmigen Prosuming differenziert werden (Blättel-Mink, 2018). Marktförmiges Prosuming ist dabei, wie bei regulärem Konsum, vor allem auf die Erzeugung eines Tauschwerts gerichtet, während nicht-marktförmiges Prosuming auf die Erzeugung eines Gebrauchswerts abzielt (vgl. ebd.).

Tab. 2 zeigt, wie sich Prosumingformate entsprechend ihrer Offenheit und Marktförmigkeit unterscheiden lassen. Die Auflistung ist dabei exemplarisch und nicht abschließend. Weiterhin sind die Grenzen je nach konkreter Ausgestaltung der jeweiligen Prosumingform zwischen den Dimensionen fließend. Erschwert werden die Einteilung und Differenzierung durch verschiedene Begrifflichkeiten, die in unterschiedlichen Disziplinen vorherrschen.

Tab. 1 Cluster der Prosumingeigenschaften. (Eigene Darstellung)

Interaktion/Austausch zwischen einer Vielzahl von Akteuren	Partizipative Organisation	Aktivität
• Austausch/Interaktion der Akteure • Teilen von Wissen • Vielzahl der Akteure • Diversität/Heterogenität der Akteure	• Heterarchische/organische Strukturen • Selbstorganisation • Kooperation statt Kompetition	• Aktivität der Nutzer_innen • Keine rein ökonomischen oder kommerziellen Motive zur Partizipation

Tab. 2 Einordnung der Prosumingformen nach Offenheit und Marktförmigkeit. (Eigene Darstellung)

	Hoher Grad an Offenheit	Eingeschränkter Grad an Offenheit
Hoher Grad der Marktförmigkeit	• Open Innovation, • Co-Creation, • Lead User • …	• Mass Customization • …
Eingeschränkter Grad der Marktförmigkeit	• Commons-Based Peer Production, • Maker Movement • …	• DIY …

Offene, marktförmige Prosumingformen (z. B.: Co-Creation (Prahalad & Ramaswamy, 2004), Open Innovation (Chesbrough, 2006), Lead User (Hippel, 1986) zeichnen sich durch einen hohen Grad der Kundenintegration aus. Zweck dessen ist, dass die Kund_innen ihre Bedürfnisse und Erwartungen an Produkte und Dienstleistungen im Zuge der Produktentwicklung einbringen. Dies kann auf vielfältige Weise geschehen (wie etwa Nutzer-Communities, Befragungen, Lead User oder Co Creation-Workshops), basiert jedoch i. d. R. auf dem direkten Austausch zwischen Hersteller_innen und Nutzer_innen. Die Firmen gewähren den Nutzer_innen dabei Zugang zu Informationen und ihren Produkten, sie öffnen sich also und schaffen Transparenz (Prahalad & Ramaswamy, 2004).

Eine *eingeschränkt offene,* aber ebenfalls *marktförmige* Form der Kundenintegration ist die Mass Customization (vgl. Reichwald & Piller, 2009, S. 234 ff.). Bei dieser stellt der Produzent den Konsument_innen einen Entscheidungsraum zur Verfügung, den die Konsument_innen nutzen, um ihre Produkte zu individualisieren. Beispiele sind: MyMuesli, Build a Bear oder ein Schrank-Konfigurator (Ikea).

Im Rahmen der *eingeschränkt marktförmigen,* aber *offenen* Form der Wertschöpfung haben die Nutzer_innen nicht nur die Gelegenheit die Produkte mitzugestalten, sondern auch die Strukturen zu beeinflussen und als Kollektiv Entscheidungen zu treffen. Dabei wird der Austausch weder von einem Unternehmen gesteuert noch steht ein kommerzielle Zwecke im Vordergrund. Hierzu zählt z. B. die Commons-based Peer Production (Benkler & Nissenbaum, 2006) oder auch die Maker-Bewegung.

Zu den *eingeschränkt marktförmigen* und *eingeschränkt offenen* Prosumingmöglichkeiten zählen DIY-Tätigkeiten, da sich diese i. d. R. ebenfalls auf den Gebrauchswert beziehen, nicht kommerzialisiert werden sollen und gleichzeitig hauptsächlich alleine ausgeführt werden (vgl. Toffler, 1980, S. 283).

Wie bereits einleitend dargestellt, kann Prosuming nachhaltigeres Verhalten dadurch fördern, dass die Akteure die Produkt- und Nutzungseigenschaften mitbestimmen. Fraglich ist jedoch, ob die Struktur des Prosumings selbst, bzw. die Rolle, die den Nutzer_ innen dadurch zugeschrieben wird, Potenzial für nachhaltigeren Konsum bietet und inwieweit dies für die verschiedenen Prosumingformen gilt. Dies soll unter Zuhilfenahme der Gestaltungskompetenz geprüft werden.

5   Prosuming zur Förderung der Gestaltungskompetenz?

Prosuming kann, wie oben gezeigt, als eine offenere Form der Wertschöpfung bezeichnet werden, die sich durch einen partizipativen Charakter auszeichnet, in der die Nutzer_innen eine aktive Rolle übernehmen. Wissen und Partizipation wiederum sind entscheidende Merkmale einer Bildung für nachhaltige Entwicklung. Im Folgenden soll daher überlegt werden, inwiefern Prosuming aufgrund des Einbeziehens der Nutzer_innen in den Wertschöpfungsprozess und der damit verbundenen Rollenstruktur Gestaltungskompetenz aktivieren kann.

Für diese Überlegungen wurden die drei Cluster der Prosumingeigenschaften (Interaktion/Austausch zwischen einer Vielzahl an Akteuren, partizipative Organisationsform, Aktivität) zugrunde gelegt.

Interaktion/Austausch zwischen einer Vielzahl von Akteuren
Der Mechanismus des Austauschs und der Interaktion, der im Prosuming eine zentrale Rolle spielt, aktiviert die Gestaltungskompetenz auf verschiedene Weise. So etwa über die Teilkompetenz *neue Perspektiven zu erschließen und neues Wissen zu erlangen,* denn Interaktion zwischen Akteuren bietet i. d. R. die Möglichkeit, Einblicke in neue Ansichten zu erhalten und Wissen auszutauschen (vgl. Bruns, 2010, S. 197).

De Haan allerdings bezieht diese Kompetenz vor allem auf andere Nationen und Kulturen (de Haan, 2008, S. 32). Dies scheint beim Prosuming als Konsumpraktik zunächst nicht selbstverständlich. Allerdings ermöglicht es die Digitalisierung, auch in Prosumingprozessen Akteure aus verschiedenen Regionen der Welt miteinander zu vernetzen und diese zusammenarbeiten zu lassen (vgl. Krenz, 2020, S. 274 ff.). So können prinzipiell auch Perspektiven verschiedener Kulturen eingebracht werden, wobei dies stark von der jeweiligen Fragestellung und den vorgegebenen Rahmenbedingungen abhängt.

Verstärkt wird die Wirkung des Austausches dabei durch die Vielzahl der Beteiligten, die ebenfalls vor allem in offenen Prosumingformaten vorzufinden ist. Je heterogener die Zusammensetzung der Akteure, desto mehr Perspektiven können ausgetauscht werden. Eine heterogene Zusammensetzung lässt damit auch eine *disziplinenübergreifende Zusammenarbeit* wahrscheinlicher werden (vgl. Krenz, 2020, S. 141 ff.).

Die Interaktion mit verschiedenen Akteuren erleichtert es den Beteiligten außerdem *eigene Leitbilder zu hinterfragen,* denn durch den Austausch mit anderen lassen sich eigene Standpunkte erkennen und eine Haltung entwickeln. So bildet sich die Identität einer Person und dessen Bewusstsein gerade durch die Interaktion mit anderen (Mead, 1995). Der Austausch von Standpunkten kann zudem *Zielkonflikte, Risiken, Gefahren und Unsicherheiten aufdecken.* Ähnlich wie bei einem „Runden Tisch" der zum Austausch zwischen konfligierenden Akteursgruppen eingesetzt wird (vgl. Evers & Newig, 2014, S. 493 ff.; Junge, 2016), wird diese Methode in verschiedenen Prosumingformaten in den digitalen Raum übertragen (auch wenn hierbei eher ökonomische als politische Themen erörtert werden). Auf diese Weise können die Akteure z. B. über wechselseitige Kommentierung von Beiträgen in Foren oder asynchronen Co-Creation-Prozessen Bedenken austauschen, Umsetzungsprobleme herausarbeiten, etc.

Insbesondere offene Prosumingformate wie Open Innovation, Co-Creation und Peer Production, können die genannten Teilkompetenzen aktivieren, da sie auf dem Austausch von Wissen basieren (vgl. Chesbrough et al., 2018). Auch Makerspaces zielen darauf ab, Wissen zur Herstellung von Produkten zu vermitteln (vgl. Simons et al., 2016). Profitieren vom Austausch können hierbei sowohl Prosumer_innen, als auch Unternehmen, die etwa Co-Creation nutzen. Allerdings hängt es stark von der Fragestellung ab, inwieweit sich der Austausch anbietet, die eigenen Haltungen oder Leitbilder zu hinterfragen. In den bedingt offenen Formaten hingegen findet nur wenig Austausch statt. Die Nutzer_ innen sind dadurch auf sich allein gestellt und kommen seltener mit neuen Ansichten in Berührung.

Partizipative Organisationsform

Prosuming ermächtigt die Nutzer_innen, indem diese an den Produktentwicklungs- und Produktionsprozessen beteiligt werden. Innerhalb dieser müssen die Nutzer_innen häufig Entscheidungen treffen, sodass damit die Teilkompetenz *an Entscheidungsprozessen zu partizipieren* aktiviert wird. Dies kann sich sowohl auf kollektive (in den offenen Prosumingformen) als auch individuelle (z. B. im Falle der Individualisierungsoptionen bei der Mass Customization) Entscheidungsprozesse beziehen. Insbesondere in den nicht-marktförmigen, offenen Formaten, sind die Akteure gefordert im Austausch miteinander Strategien zu entwickeln, wie sie zu Entscheidungen gelangen und sich selbst zu organisieren (vgl. Bruns, 2010, S. 196). D. h. sie nehmen nicht nur Einfluss auf das Produkt oder die Dienstleistung selbst, sondern entscheiden auch gemeinsam, wie sie hierbei verfahren wollen. Somit wird auch die Teilkompetenz: *Gemeinsam mit anderen planen und handeln* aktiviert. Im Falle des marktförmigen Prosumings (z. B. Mass Customization, Open Innovation), in denen unternehmerische Interessen im Fokus stehen (Blättel-Mink, 2018)), werden die Entscheidungsstrukturen hingegen von den Unternehmen vorgegeben, was die Entscheidungsfindung kanalisiert. Dies ist auch bei Co-Creation-Prozessen der Fall, bei denen den Nutzer_innen eher eine beratende Funktion zukommt.

Wie sehr gemeinsames Arbeiten *(sich und andere) zur Zusammenarbeit motivieren* kann, kennt vermutlich jeder, der sich im Home-Office nach seinen Kollegen gesehnt oder während des Studiums die Bibliothek dem heimischen Schreibtisch vorgezogen hat. Gerade in offenen, nicht-hierarchischen Prosumingformaten kann dieser Effekt erwartet werden. Wichtig dabei ist jedoch, dass sich die Nutzer_innen gegenseitig helfen und einen wertschätzenden Raum bilden (vgl. Becker, 2019, S. 73). Die Strukturen der offenen

Prosumingformate können somit die Motivation verstärken oder aufrechterhalten, nicht-destotrotz muss die Grundmotivation für das Engagement zunächst selbst aufgebracht werden.

Durch das gemeinsame Entscheiden, insbesondere in den offenen Prosumingformaten, lernen die Nutzer_innen, wie man gemeinsam Wert schöpft, ggf. auch für die Gemeinschaft (z. B. bei Commons-based Peer Production). Damit wird die Kompetenz zur *Fähigkeit von Empathie und Solidarität* aktiviert. Jedoch scheint Empathie oder Solidarität eher vorausgesetzt zu sein, um mit der Gemeinschaft, oder im Falle von Produktindividualisierung für sich selbst, eine solidarische/empathische Entscheidung zu treffen. Dies zumindest zeigt sich auch in den Ergebnissen der Studie von Blättel-Mink. Darin wird deutlich, dass vor allem diejenigen Ebay als Möglichkeit des nachhaltigen Prosumings nutzen, denen Nachhaltigkeit ohnehin bereits wichtig ist (2010, S. 126 ff.). Eine tatsächlich Empathie erzeugende Wirkung kann zudem nicht für alle Prosumingformate gelten. Z. B. ist die Partizipation bei Co-Creation und Mass Customization i. d. R. stark produktbezogen, sodass wenig Raum für wertebezogene Interaktionen bleibt. Es kann auch nicht davon ausgegangen werden, dass Peer Production oder Commons automatisch „tugendhafter" funktionieren, denn Gruppendynamiken sind unvorhersehbar und können auch zu unsolidarischen Entscheidungen führen (Felix Brockmann & Birgit Blättel-Mink, 2019). Auf der anderen Seite ließe sich einwenden, dass gerade Formate wie die Commons-based Peer Production nur deswegen funktionieren, weil für sie Werte wie Empathie und Solidarität die treibenden Kräfte sind. So basiert das Konzept von Benkler/Nissenbaum darauf, dass die Akteur_innen sich zusammenschließen, um Güter für das Allgemeinwohl zu produzieren und dabei keine kommerziellen Interessen verfolgen (Benkler & Nissenbaum, 2006). Auch die solidarische Landwirtschaft oder genossenschaftliche Energieerzeugung basieren auf der Idee von Solidarität und der Entkopplung marktwirtschaftlicher Zwänge (Boddenberg, 2018). Die Beteiligten erfahren damit, dass Wertschöpfungsformen existieren, die auf Kooperation ausgerichtet sind und weniger auf Wettbewerb.

Aktivität-

In Prosumingprozessen wird den Nutzer_innen ein gewisses Maß an Aktivität abverlangt, das *eigenständiges Planen und Handeln* erfordert. Durch die Individualisierungsoptionen bei z. B. Mass Customization erhalten die Kund:innen die Möglichkeit eigene Entscheidungen zu treffen, indem sie ein Produkt entsprechend ihrer individuellen Bedürfnisse aus Komponenten zusammensetzen (z. B. hinsichtlich der Farbe und Maße eines Möbelstücks). Selbständiges Planen und Handeln findet dabei in einem (vom Unternehmen) vorgegebenen Rahmen („Lösungsraum" (Reichwald & Piller, 2009, S. 235)) statt. Doch auch weniger strukturierte Organisationsformen, wie sie etwa bei Peer-Production zu finden sind, verlangen die Kompetenz des eigenständigen Handelns, weil jede und jeder Beteiligte selbst darüber entscheiden muss, wie und in welcher Form er/sie sich einbringt (vgl. Moser, 2017). Damit ist auch verbunden *sich selbst* zur Mitarbeit *zu motivieren*. Insbesondere in den offenen, (hauptsächlich) nicht-marktförmigen Prosumingformen braucht es häufig intrinsische Motivation. Allerdings stellen nicht alle Prosumingformate den Nutzer_innen frei sich zu beteiligen (man denke an die Einrichtung eines Smartphones, die i. d. R. vom Nutzer/der Nutzerin durchgeführt werden muss (vgl. Knödler & Martach, 2019). Insbesondere DIY-Formate jedoch bedürfen starker Eigenmotivation, ist man im Zuge der Eigenherstellung von Dingen doch i. d. R. auf sich allein gestellt und wird üblicherweise nicht für sein Tun entlohnt. Zwar müssen die Nutzer_innen somit im Falle von Prosuming aktiver sein, sodass eigenständiges Handeln in diesem Kontext aktiviert wird. Ob darüber hinaus jedoch angenommen werden kann, dass die Kompetenz des eigenständigen Handelns an sich (also auch in anderen Kontexten) damit gefördert wird, bleibt jedoch fraglich, wenn man die tatsächliche Relevanz bedenkt, auf die sich die im Prosuming getroffenen Entscheidungen beziehen. Auch können die zahlreichen Variationsmöglichkeiten, die das Prosuming bereithält die Kund_innen überfordern (vgl. Rogoll & Piller, 2002, S. 55), was gegen eine kompetenzfördernde Wirkung spricht.

Mit dem eigenständigen Entscheiden und Handeln kann gleichzeitig verbunden sein, *die eigenen Leitbilder zu reflektieren.* So wird etwa bei MyMuesli angezeigt, ob die zur Auswahl stehenden Produktkomponenten Palmöl enthalten oder nicht. Die Kund_innen werden somit vor die Entscheidung gestellt, sich bei der Zusammenstellung darüber Gedanken zu machen, inwiefern es ihnen persönlich wichtig ist, auf Palmöl zu verzichten. Zwar kann auch im Supermarkt darüber nachgedacht werden, ob man als Kunde/Kundin lieber ein palmölfreies Produkt kauft oder nicht. Allerdings beschränkt sich der eigene Einfluss hier auf die Auswahl zwischen Produkten. Im Falle der Mass Customization hingegen kann durch das eigene Zutun das Produkt angepasst werden. Die Kund_innen können somit mit ihrem eigenen Handeln/Entscheiden einen Effekt erzielen (z. B. ein palmölfreies Produkt erzeugen), der ihnen zudem sichtbar wird. Aufgrund dieser Wahrnehmung des eigenen Einflusses werden die Nutzer_innen stärker dazu angeregt, über die Folgen ihrer Entscheidungen nachzudenken, was sich wiederum in andere Kontexten auswirken könnte.

Allerdings hängt die Möglichkeit zur Reflexion und eigenen Entscheidung stark von den Optionen ab, die die Anbieter vorgeben. Wenn MyMuesli z. B. statt Angaben zum Palmölgehalt eher den Geschmack der Zutaten beschriebe, läge ein Nachdenken über Palmöleinsatz ferner.

In Tab. 3 beschreibt, inwiefern bestimmte Mechanismen, die im Prosuming vorkommen, geeignet sind, um die Teilkompetenzen zu aktivieren.

6   Zusammenfassung: Prosuming als Rahmen zur Aktivierung der Gestaltungskompetenz

Im vorausgegangenen Abschnitt wurde deutlich, dass Prosuming verschiedene Mechanismen enthält, die Gestaltungskompetenz erfordern. Die Nutzer_innen werden somit durch das Prosuming (im Vergleich zum regulären Konsum) dazu angeregt, von einigen

Tab. 3 Zusammenhang zwischen Teilkompetenzen der Gestaltungskompetenz und Prosuming-merkmalen. (Eigene Darstellung)

	Austausch zwischen vielfältigen Akteuren	Partizipative Organisationsform	Aktivität
Weltoffen und neue Perspektiven integrierend Wissen aufbauen	+ *	?	?
Vorausschauend denken und handeln	?	?	?
Interdisziplinär Erkenntnisse gewinnen und handeln	+	?	?
Risiken, Gefahren und Unsicherheiten erkennen	+	?	?
Gemeinsam mit anderen planen und handeln können	?	+	?
An Entscheidungsprozessen partizipieren können	?	+	?
Zielkonflikte bei der Reflexion über Handlungsstrategien berücksichtigen können	+	?	?
Sich und andere motivieren können, aktiv zu werden	?	(+)	+ (hier vor allem sich selbst)
Die eigenen Leitbilder und die anderer reflektieren können	+	?	(+)
Selbständig planen und handeln können	?	+	+
Empathie und Solidarität für Benachteiligte zeigen können	?	(+)	?

(Fortsetzung)

Tab. 3 (Fortsetzung)

	Austausch zwischen vielfältigen Akteuren	Partizipative Organisationsform	Aktivität
Vorstellungen von Gerechtigkeit als Entscheidungs- und Handlungsgrundlage nutzen können	?	?	?

* + = annehmbarer Einfluss auf die Entwicklung der Gestaltungskompetenz, (+) = eingeschränkter Einfluss auf die Entwicklung der Gestaltungskompetenz, ? = nicht erkennbarer Einfluss auf die Entwicklung der Gestaltungskompetenz

Teilkompetenzen Gebrauch zu machen. Der dadurch erzeugte Austausch zwischen den Akteur_innen, ebenso wie die Möglichkeiten eigene Entscheidungen zu treffen und sich seiner eigenen Handlungsmotive bewusst zu werden, lässt Raum für Anteile der Gestaltungskompetenz Es wurde jedoch ebenso deutlich, dass sich unterschiedliche Formen des Prosumings hierfür unterschiedlich gut eignen. Tab. 4 zeigt welche Prosumingausprägungen welche der (den Ergebnissen begrifflich angepassten) Teilkompetenzen am ehesten aktivieren.

Tab. 4 Zuordnung der Teilkompetenzen zu den Prosumingausprägungen

Offen, marktförmig	Offen, eingeschränkt marktförmig	Eingeschränkt offen, marktförmig	Eingeschränkt offen, eingeschränkt marktförmig
Interdisziplinär Erkenntnisse gewinnen			
Weltoffen, neue Perspektiven und Wissen aufbauen			
Zielkonflikte erkennen			
Risiken, Gefahren & Unsicherheiten erkennen			
An Entscheidungsprozessen partizipieren			
Leitbilder reflektieren			
Empathie und Solidarität entwickeln			
Gemeinsam mit anderen planen und handeln			
Selbständig planen und handeln		Selbständig planen und handeln	
Andere motivieren			
Sich motivieren			Sich motivieren

Formen des Prosumings, in denen viel Austausch zwischen Akteuren herrscht (Commons-based Peer Production, Co-Creation, Open Innovation, Making) haben insbesondere das Potenzial das Kennenlernen neuer Perspektiven und neuen Wissens zu fördern. Die Interaktion in heterogenen Gruppen wird ebenfalls durch Prosumingformate, die auf Austausch beruhen, aktiviert. Eigenständige Entscheidungen zu treffen, aber auch die eigenen Handlungsmotive und Werte zu reflektieren, kommen hingegen auch in weniger kommunikative Formen des Prosumings zum Tragen (z. B. Mass Cutomization).

Für alle Prosumingformate gilt jedoch, dass die konkrete Ausgestaltung der jeweiligen Partizipations- und Entscheidungsmöglichkeiten letztendlich darüber bestimmt, inwieweit die Teilkompetenzen und damit die Gestaltungskompetenz aktiviert werden können. Inwieweit dies einer tatsächlichen Förderung entspricht, hängt einerseits von der genauen Ausgestaltung der Prosumingprozesse ab, andererseits sicherlich auch von der individuellen Nutzung und den Voraussetzungen der Nutzer_innen. Die Möglichkeit Kompetenzen *anzuwenden* kann dabei als Teil der Förderung dieser angesehen werden. Denn Kompetenzerwerb beinhaltet „das Sammeln von Erfahrungen in den entsprechenden Situationen bzw. mit entsprechenden Aufgaben" (Schweizer, 2006, S. 130). In den skizzierten Prosumingformaten erfahren die Nutzer_innen tatsächlich, wie es ist, ein Produkt zu gestalten oder in anderer Weise daran mitzuwirken. Folglich schafft Prosuming einen Rahmen für die Anwendung und damit auch Ausbildung von Gestaltungskompetenz.

7 Diskussion: Zur Übertragbarkeit des Kompetenzkonzepts auf Prosuming

In diesem Beitrag wurde das Konzept der Gestaltungskompetenz auf das Prosuming übertragen. Dafür wurde Prosuming als Bereich des informellen Lernens betrachtet. Gänzlich unstrittig ist eine solche Analogie nicht, denn die zugrunde gelegten Kompetenzen sind ursprünglich für die Strukturierung schulischer Bildung gedacht. Prosuming hingegen findet in der Regel im Kontext von Produktion und Konsum statt. Auch wenn die Gestaltungskompetenz auf Fähigkeiten abzielt, die außerhalb des Kontextes der Schule genutzt werden sollen, richten sich die genannten Teilkompetenzen nicht auf die Vermittlung dieser innerhalb von Konsumhandlungen und adressieren mithin auch eine andere Zielgruppe. Ein Bildungsbezug scheint somit im Prosuming vordergründig nicht offensichtlich. Die aktive und gestalterische Rolle, die Kund_innen innerhalb des Prosumigs einnehmen, schafft jedoch eine Verbindung zur Bildung für nachhaltige Entwicklung. In beiden Fällen sollen bzw. müssen die Kund_innen dazu befähigt werden, selbst gestalterisch tätig zu werden.

Auch wenn die Kund_innen z. B. die Möglichkeit erhalten, ihre eigenen Nachhaltigkeitspräferenzen mittels Produktkonfiguratoren einzupflegen, ist ungewiss inwieweit dies ihr Engagement für eine nachhaltigere Lebensführung im Allgemeinen weckt. Im Gegensatz zur schulischen Vermittlung dieser Kompetenzen, bei denen der Gesamtfokus auf die nachhaltige Entwicklung gelegt wird, steht beim Prosuming der Erwerb und die Nutzung von Produkten im Vordergrund. Um die Auswirkungen des Prosumings auf das generelle (nicht-) nachhaltige Konsumverhalten festzustellen, wären empirische Studien nötig. Damit Prosuming tatsächlich zu nachhaltigerem Verhalten motivieren kann, müssen die Prosumingangebote indes gezielt auf Nachhaltigkeit ausgerichtet sein. So müssten z. B. im Falle von Individualisierungsoptionen nachhaltige Alternativen angeboten werden und es müsste z. B. für die Kund_innen ersichtlich sein, welche Folgen (sozialer und ökologischer Art) ihre Entscheidungen (z. B. für bestimmte Produktkomponenten) haben.

8 Fazit und Ausblick: Prosuming als Ort des informelles Lernens und Chance für Nachhaltigkeit

Dieser Beitrag zeigt, dass Prosuming durch seine Struktur (die Kund_innen werden in die Wertschöpfung eingebunden und ihr eigener Einfluss wird für sie sichtbar) nicht automatisch zu nachhaltigerem Konsum führt, zumindest aber einen Rahmen bieten kann, um die Gestaltungskompetenz der Nutzer_innen anzuwenden und damit zu fördern. Da es sich bei den vorgelegten Überlegungen jedoch zunächst um rein theoretische Herleitungen handelt, wäre es in einem nächsten Schritt erforderlich, die Annahmen zu den Auswirkungen des Prosumings auf die Teilkompetenzen der Gestaltungskompetenz empirisch zu überprüfen. Hierbei könnte zudem geprüft werden, ob die Kompetenzen, deren Einfluss im Rahmen dieses Beitrags noch nicht erkennbar waren, möglicherweise ebenfalls einen solchen aufweisen können.

Im Rahmen dieses Beitrags konnte die Wirkung der Prosumingeigenschaften auf die Teilkompetenzen nicht abschließend und einschließlich allem Für und Wider dargelegt werden. Vielmehr sollte ein erster Eindruck davon vermittelt werden, welches Potenzial Prosuming in sich trägt.

Dennoch können die vorgelegten Ergebnisse dabei helfen, das Potenzial von Prosuming einzuschätzen und damit dazu beitragen möglichst viele gesellschaftliche Akteursgruppen in eine nachhaltige Entwicklung einzubinden. So könnten etwa Prosumingformate, die viel Raum für den Austausch zwischen den Akteuren beinhalten, gezielt eingesetzt werden, um das gegenseitige Verständnis von Nutzer_innen sichtbar werden zu lassen oder auch die Interaktion in heterogenen Gruppen zu fördern. Auf diese Weise ließe sich die Gestaltungskompetenz der Verbraucher_innen fördern, die sie für nachhaltiges Verhalten benötigen. Dadurch könnten auch Unternehmen die Kund_innen bei der Transformation zu einer nachhaltigeren Wertschöpfung „mitnehmen". Gleichzeitig würden auch jene davon profitieren und ihre Kompetenzen ausbauen. Die Gestaltungskompetenz lässt sich insbesondere in den offenen Prosumingformaten einbringen. Allerdings liegt der Schwerpunkt unternehmerischer Prosumingtätigkeiten aktuell eher auf weniger offenen Formaten. Um das beschriebene Potenzial nutzen zu können, müssten sich die Unternehmen folglich weiter öffnen.

Bislang beziehen sich die Anstrengungen der Bildung für nachhaltige Entwicklung vor allem auf Maßnahmen der formellen Bildung. Entsprechend notwendig wäre es, auch die informelle Bildung und explizit das Prosuming stärker zu berücksichtigen.

Insgesamt lässt sich Prosuming weniger durch die Politik steuern, als etwa klassische Bildungsangebote. Entsprechend gefragt ist das Engagement verschiedenster Akteure (Unternehmen, Nutzer_innen, Vereine etc.), um Prosumingmöglichkeiten so auszugestalten, dass sie tatsächlich zur Förderung der Gestaltungskompetenz beitragen können. Um diesen Herausforderungen zu begegnen, muss das Potenzial des Prosumings für die Bildung für nachhaltige Entwicklung zunächst stärker erkannt und anschließend kommuniziert werden. Die hier präsentierten Ausführungen leisten dazu einen ersten Beitrag.

Literatur

Bala, C. & Schuldzinski, W. (2016). Einleitung: Neuer sozialer Konsum? Sharing Economy und Peer-Produktion. In *Prosuming und Sharing neuer sozialer Konsum: Aspekte kollaborativer Formen von Konsumtion und Produktion* (Hrsg.), Beiträge zur Verbraucherforschung 4, Verbraucherzentrale NRW, S. 7–29.

Becker, F. (2019). *Mitarbeiter wirksam motivieren: Mitarbeitermotivation mit der Macht der Psychologie.* Springer.

Benkler, Y., & Nissenbaum, H. (2006). Commons-based Peer Production and Virtue. *Journal of Political Philosophy, 14*(4), S. 394–419. https://doi.org/10.1111/j.1467-9760.2006.00235.

Blättel-Mink, B. (2010). Prosuming im online-gestützten Gebrauchtwarenhandel und Nachhaltigkeit. In B. Blättel-Mink & K.-U. Hellmann (Hrsg.), *Prosumer revisited: Zur Aktualität einer Debatte*, S. 117–130. VS Verlag.

Blättel-Mink, B. (2013). Kollaboration im (nachhaltigen) Innovationsprozess. Kulturelle und soziale Muster der Beteiligung. In J. Rückert-John (Hrsg.). *Soziale Innovation und Nachhaltigkeit: Perspektiven sozialen Wandels*, S. 153–167. Springer VS.

Blättel-Mink, B. (2018). Varieties of Prosuming – Konzeptionelle Überlegungen und empirische Befunde zur veränderten Rolle von Konsument_innen. In P. Kenning, & J. Lamla (Hrsg.), *Entgrenzungen des Konsums: Dokumentation der Jahreskonferenz des Netzwerks Verbraucherforschung*. Springer Gabler.

BLK-Programm Transfer-21. (2007). *Orientierungshilfe Bildung für nachhaltige Entwicklung in der Sekundarstufe I: Begründungen, Kompetenzen. Lernangebote.*

BMBF. https://www.bne-portal.de/bne/de/einstieg/was-ist-bne/was-ist-bne_node.html. Zugegriffen: 27. Okt. 2022, 11:22 Uhr.

Boddenberg, M. (2018). Nachhaltigkeit als Transformationsprojekt: Praktiken einer transkapitalistischen Gesellschaft. In S. Neckel (Hrsg.). *Die Gesellschaft der Nachhaltigkeit: Umrisse eines Forschungsprogramms.* Transcript.

Brockmann, F., & Blättel-Mink, B. (2019). Die Problematisierung von Community in offenen Innovationsprozessen: Eine soziologische Übung. *Komplexe Dynamiken globaler und lokaler Entwicklungen. Verhandlungen des 39. Kongresses der Deutschen Gesellschaft für Soziologie in Göttingen 2018, 39.*

Brodowski, M. (2012). Überlegungen zum Zusammenhang formaler und informeller Lernprozesse. *Diskurs Kindhets und Jugendforschung Heft 4, S. 431-442.*

Bruns, A. (2010). Vom Prosumenten zum Produtzer. In Ders. (Hrsg). *Prosumer Revisited*, S. 191–205. VS Verlag. https://doi.org/10.1007/978-3-531-91998-0_10.

Chesbrough, H. W. (2006). *Open innovation: A new paradigm for understanding industrial innovation. Open innovation: Researching a new paradigm.* Oxford University Press.

De Haan, G. (2008). Gestaltungskompetenz als Kompetenzkonzept der Bildung für nachhaltige Entwicklung. In I. Bormann & G. de Haan (Hrsg.), *Kompetenzen der Bildung für nachhaltige Entwicklung*, S. 23–43. VS Verlag.

De Haan, G., Kamp, G., Lerch, A., Martignon, L., Müller-Christ, G., Nutzinger, & Hans Gottfried (2008). *Nachhaltigkeit und Gerechtigkeit: Grundlagen und schulpraktische Konsequenzen. SpringerLink Bücher* (Bd. 33). Springer.

Evers, M., & Newig, J. (2014). Wasser. In H. Heinrichs & G. Michelsen (Hrsg.), *Nachhaltigkeitswissenschaften.* Springer.

Hellmann, K. -U. (2010). Prosumer revisited: Zur Aktualität einer Debatte. In B. Blättel-Mink & K. U. Hellmann (Hrsg.), *Prosumer Revisited*, S. 13–48. VS Verlag.

von Hippel, E. (1986). Lead Users: A source of novel product concepts. *Management Science, 32*(7), 791–805. https://doi.org/10.1287/mnsc.32.7.791.

Junge, T. (2016). Demokratiepolitische Effekte des Bedingungsgefüges von Wissen und Partizipation. In W. Friedrich & D. Lange (Hrsg.), *Demokratiepolitik* (S. 181–205). Springer VS.

Knödler, H., & Martach, S. (2019). Nachhaltigkeit durch Kunden(ein)bindung in der Bekleidungsindustrie: Das Prosumer-Phänomen als Externalität im Konsum. In C. Arnold, S. Keppler, H. Knödler, & M. Reckenfelderbäumer (Hrsg.), *Research. Herausforderungen für das Nachhaltigkeitsmanagement: Globalisierung – Digitalisierung – Geschäftsmodelltransformation* (S. 171–194). Springer Gabler.

Krenz, P. (2020). *Formen der Wissensarbeit in einer vernetzten Wertschöpfung: Formen der Wissensarbeit in einer vernetzten Wertschöpfung.* Helmut-Schmidt-Universität.

Lebel, L., & Lorek, S. (2008). Enabling sustainable production-consumption systems. *Annual Review of Environment and Resources, 33*(1), S. 241–275.

Mead, G. H. (1995). *Geist, Identität und Gesellschaft. Aus der Sicht des Sozialbehaviorismus.* Suhrkamp Taschenbuch Wissenschaft, 10. Aufl., Bd. 28. Suhrkamp.

Michelsen, G., & Fischer, D. (2015). *Bildung für nachhaltige Entwicklung. Schriftenreihe Nachhaltigkeit: Vol. 2.* Hessische Landeszentrale für Politische Bildung.

Moser, M. (2017). *Hierarchielos führen.* Springer Gabler.

Prahalad, C. K., & Ramaswamy, V. (2004). Co-creating unique value with customers. *Strategy & Leadership, 32*(3), S. 4–9.

Redlich, T., & Wulfsberg, J. P. (2011). *Wertschöpfung in der Bottom-up-Ökonomie.* Springer.

Reichwald, R., & Piller, F. T. (2009). *Interaktive Wertschöpfung: Open Innovation, Individualisierung und neue Formen der Arbeitsteilung.* Gabler.

Rieder, K., Voß, G., & G. (2009). Der Arbeitende Kunde – die Entwicklung eines neuen Typus des Konsumenten. *Wirtschaftspsychologie., 1*, S. 4–10.

Rogoll, T., & Piller, F. T. (2002). *Konfigurationssysteme für Mass Customization und Variantenproduktion: Strategie, Erfolgsfaktoren und Tehnologie von Systemen zur Kudenintegration.* ThinkConsult.

Schweizer, K. (2006). *Leistung und Leistungsdiagnostik.* Springer.

Simons, A., Peteschow, U., & Peuckert, J. (2016). *Offene Werkstätten – nachhaltig innovativ? Potenziale gemeinsamen Arbeitens und Produzierens in der gesellschaftlichen Transformation,* Schriftenreihe des IÖW 212/16.

Tapscott, D., & Williams, A. D. (2007). *Wikinomics: Die Revolution im Netz.* Hanser.

Toffler, A. (1980). *The third wave.* Morrow.

United Nations. (1992). *Agenda 21 – Konferenz der Vereinten Nationen für Umwelt und Entwicklung.* Rio de Janeiro.

Yang, M., & Baringhorst, S. (2017). Politischer Konsum im Netz als Ausdurck des Wandelns politischer Partizipation. In M. Jaeger-Erben, J. Rückert-John, & M. Schäfer (Hrsg.), *SpringerLink Bücher. Soziale Innovationen für nachhaltigen Konsum: Wissenschaftliche Perspektiven, Strategien der Förderung und gelebte Praxis*, S. 191–215. Springer VS.

Ressourcenkompetenz entwickeln – Ressourcenschonung und Rohstoffnutzung in globalen Wertschöpfungsketten in den Studiengängen Wirtschaftsingenieurwesen und Design stärken

Stefanie Hillesheim, Holger Rohn, Martina Schmitt und Carolin Baedeker

1 Einleitung

Der effiziente und schonende Umgang mit den natürlichen Ressourcen unserer Erde ist eine der zentralen ökologischen, aber auch ökonomischen und sozialen Herausforderungen des 21. Jahrhunderts. Die natürlichen Ressourcen – abiotische und biotische Rohstoffe, Wasser, Boden, Luft, strömende Ressourcen sowie alle lebenden Organismen – bilden die Grundlagen des Lebens. Der effizienten und schonenden Nutzung natürlicher Ressourcen kommt heute und im Hinblick auf die nachfolgenden Generationen auch mit Blick auf die Klimakrise eine herausragende Bedeutung zu.

S. Hillesheim (✉) · H. Rohn
THM – Technische Hochschule Mittelhessen, Friedberg, Deutschland
E-Mail: stefanie.hillesheim@wi.thm.de

H. Rohn
E-Mail: holger.rohn@wi.thm.de

M. Schmitt · C. Baedeker
Wuppertal Institut für Klima, Umwelt, Energie gGmbH, Wuppertal, Deutschland
E-Mail: martina.schmitt@wupperinst.org

C. Baedeker
E-Mail: carolin.baedeker@wupperinst.org

W. Leal Filho (Hrsg.), *Lernziele und Kompetenzen im Bereich Nachhaltigkeit,* Theorie und Praxis der Nachhaltigkeit, https://doi.org/10.1007/978-3-662-67740-7_10

Eine der zentralen Aufgaben ist es, den weltweit stetig steigenden Verbrauch an natürlichen Ressourcen zu minimieren. Zwischen 1970 und 2017 stieg die jährliche weltweite Materialförderung von 27.1 Mrd. Tonnen auf 92.1 Mrd. Tonnen. Das entspricht einem durchschnittlichen jährlichen Wachstum von 2.6 % (IRP, 2019). Die Belastung der Umwelt ist durch die Inanspruchnahme der natürlichen Ressourcen entlang der gesamten Wertschöpfungskette feststellbar (Umweltbundesamt, 2021). Nach Schätzungen des International Resource Panels der Vereinten Nationen ist allein die Extraktion und Weiterverarbeitung von Rohstoffen (Biomasse, Metalle, nicht-metallische Mineralien und fossile Energieträger) für ca. 50 % der globalen Treibhausgasemissionen und mehr als 90 % der Biodiversitätsverluste und des Wasserstresses verantwortlich (IRP, 2019).

Diese Schätzungen verdeutlichen, dass ohne entsprechende Maßnahmen zur Ressourcenschonung die Ziele des Pariser Klimaschutz-Abkommens zur Beschränkung der Erderwärmung auf möglichst unter 1–5 °C (gemessen am vorindustriellen Niveau; UN, 2015) nicht eingehalten werden können.

Für die für den Klimaschutz zentralen Sektoren der Energiewirtschaft, der Industrie, des Verkehrs und der Gebäudewärme stellen sich große Herausforderungen, um bis 2035 zumindest eine weitgehende Treibhausgasneutralität zu erreichen (Wuppertal Institut, 2020, S. 12). Um diese Ziele zu erreichen, sind teils radikale strukturelle Transformationsprozesse notwendig. Ohne entsprechendes Know-how ist dies nur schwer möglich. Eine wichtige Stellschraube für einen zukunftsfähigen Umgang mit den natürlichen Ressourcen über Wertschöpfungsketten hinweg, ist daher die Förderung der Ressourcenkompetenz zukünftiger Fachkräfte, die in den Hochschulen ausgebildet werden.

Im Folgenden wird ein kurzer Überblick über den Status Quo der Bedeutung von Ressourceneffizienz und Rohstoffnutzung in globalen Wertschöpfungsketten in der Hochschullehre gegeben (Kap. 2). Daran anknüpfend wird das Projekt RessKoRo „Ressourcenkompetenz für die Rohstoffnutzung in Globalen Wertschöpfungsketten", die Ziele und Arbeitspakete vorgestellt (Kap. 3). In Kap. 4 geht es schließlich um das methodische Vorgehen der Analysen. Die Ergebnisse werden in Kap. 5 dargestellt. Abschließend folgen das Fazit und ein Ausblick auf die nachfolgenden Schritte des Projektes (Kap. 6).

2   Status Quo

Vor dem Hintergrund der geringen Rohstoffvorkommen und der gleichzeitigen Bedeutung Deutschlands als Technologiestandort mit starker Exportorientierung verabschiedete die Bundesregierung im Jahr 2012 das Deutsche Ressourceneffizienzprogramm (ProgRess; BMU, 2012). Übergeordnetes Ziel war die nachhaltige Gestaltung der Entnahme und Nutzung natürlicher Ressourcen und die dauerhafte Sicherung der natürlichen Lebensgrundlagen für zukünftige Generationen. Die Rohstoffproduktivität sollte bis 2020 gegenüber 1994 verdoppelt werden. Mit der Fortführung des Programmes in ProgRess II (2016) wurde der Fokus auf die Steigerung der Ressourceneffizienz entlang der gesamten Wertschöpfungskette beim Einsatz abiotischer und biotischer Rohstoffe gelegt (BMU, 2016, S. 9). Das Programm basiert auf vier Leitlinien, deren Umsetzung entlang der gesamten Wertschöpfungskette erfolgen: Nachhaltige Rohstoffversorgung sichern, Ressourceneffizienz in der Produktion steigern, Produktion und Konsum ressourcenschonender gestalten und ressourceneffiziente Kreislaufwirtschaft aufbauen. In ProgRess III (2020) wurde schließlich in Anbetracht der wachsenden internationalen Verflechtungen des Wirtschaftssystems und steigender internationaler Importe die globale Perspektive auf Wertschöpfungsketten stärker einbezogen.

Dem Bildungsbereich kommt sowohl in ProgRess II als auch ProgRess III eine ganz wesentliche Bedeutung zu: Ziel ist die „Integration des Themas Ressourcen(schonung) in alle Bildungsbereiche" sowie die „Verstetigung des Netzwerkes ‚Bildung für Ressourcenschonung und Ressourceneffizienz' (BilRess)" (BMU, 2016, S. 81). In ProgRess III wird die grundsätzliche Bedeutung von Bildung deutlich gemacht: „Die Sensibilisierung für das Thema Ressourcenschonung und Ressourceneffizienz sollte weiterhin in allen Bildungsbereichen (schulische Bildung; Ausbildungsberufe; Hochschulbildung; Weiterbildung) gefördert werden" (BMU, 2020, S. 23). Des Weiteren findet sich das Thema Ressourcenbildung in verschiedenen Maßnahmen wieder, wie z. B. Weiterbildungsangebote für Unternehmen und Berater (BMU, 2020, S. 36, Maßnahme 26), Informations- und Bildungsangebote zum nachhaltigen Konsum (BMU, 2020, S. 40, Maßnahme 43) und Weiterbildung im Bereich kommunaler Wirtschaftsförderung (BMU, 2020, S. 54, Maßnahme 86). Durch die Verzahnung von ProgRess und BilRess können an dieser Stelle Synergieeffekte genutzt werden, um gemäß des SDG 12 „Nachhaltige/r Konsum und Produktion" nicht nur eine nachhaltige Bewirtschaftung und effiziente Nutzung natürlicher Ressourcen zu erreichen, sondern auch Informationen bereitzustellen, Bewusstseinsbildung zu betreiben und Bildung für nachhaltige Entwicklung in Lehrplänen unterzubringen (UN General Assembly, 2015).

Die BilRess-Roadmap (Baedeker et al., 2015) zeigt sowohl bildungsbereichsübergreifend als auch spezifisch für die Bildungsbereiche Schule, Ausbildung, Weiterbildung und Hochschule notwendige Maßnahmen und Aktivitäten auf. Dem Bildungsbereich der Hochschule kommt, durch die Schnittstellen im Übergang Schule-Studium, Ausbildung-Studium und Studium-Beruf hinsichtlich der Fundierung von nachhaltigkeitsbezogenen Entscheidungskompetenzen für den beruflichen Kontext eine zentrale Bedeutung zu (Rohn et al., 2019). Trotz bereits vielfältiger Aktivitäten besteht weiterhin ein immer drängender werdender Handlungsbedarf in Wirtschaft und Gesellschaft zum Klima- und Ressourcenschutz (vgl. u. a. fridays for future). Neben dem privaten Bereich werden insbesondere in beruflichen Zusammenhängen täglich Entscheidungen getroffen, die für den Umgang mit natürlichen Ressourcen im Allgemeinen und Speziell in Bezug auf Rohstoffe sehr relevant sind. Insofern besteht in Hochschulen „die Notwendigkeit, eine breit angelegte und grundlegende Einführung für unterschiedliche Studienfächer zu erarbeiten beziehungsweise zu entwickeln, auf der die spezifischen Inhalte der Studienfächer (technisch und nicht-technisch) aufbauen können" (BMU, 2016, S. 81–82). Durch den Grundsatz von

Freiheit in Forschung und Lehre sowie die große Anzahl an unterschiedlichen Studiengängen mit einer kaum überschaubaren Anzahl an Prüfungsordnungen, Curricula und Modulen wirft die Frage auf, wie Bildung für Ressourceneffizienz und -schonung in Hochschulen möglichst effektiv verankert werden kann?

3   Das Projekt RessKoRo

An dieser Stelle setzt das Projekt RessKoRo – „Ressourcenkompetenz für die Rohstoffnutzung in Globalen Wertschöpfungsketten" (2019–2023) an (siehe Abb. 1). Im Fokus der Untersuchung steht wie bei ProgRess die Steigerung der Ressourceneffizienz bei der Nutzung abiotischer und biotischer Rohstoffe entlang der gesamten Wertschöpfungskette. Im engeren Sinne wird dabei auf die stoffliche Nutzung der Rohstoffe und auf die in weiten Teilen globalisierten Wertschöpfungsketten fokussiert. Ziel des Forschungsvorhabens ist es, für eine zukunftsfähige Ressourcennutzung in globalen Wertschöpfungsketten zu sensibilisieren und die Ressourcenkompetenz der Studierenden zu stärken. Exemplarisch werden hier die Studiengänge Wirtschaftsingenieurwesen (WI) und Design (D) aufgrund ihrer inhaltlichen Bezüge zu Rohstoffen und Materialien im Studium und späteren Berufsfeld vertiefend betrachtet.

Im ersten Schritt wurden über Dokumentenanalysen der Status Quo der Ressourcenbildung mit Fokus auf die Rohstoffnutzung in globalen Wertschöpfungsketten in den Studiengängen ermittelt. Im zweiten Schritt wurden mit Expert_innen über Interviews

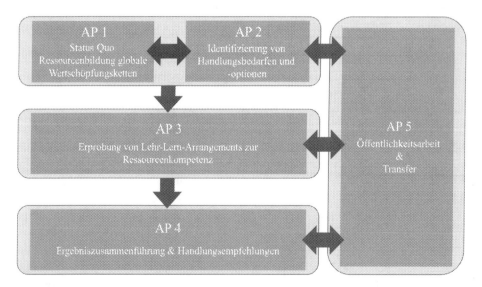

Abb. 1 Projektablauf RessKoRo

und Fokusgruppen Handlungsbedarfe und -optionen ermittelt und diskutiert. Auf Basis der gewonnenen Erkenntnisse von Status Quo sowie Handlungsbedarfen werden im Anschluss geeignete Lehr-Lern-Arrangements, die eine stärkere Verankerung der Themen fördern, identifiziert und erarbeitet. Abschließendes Ziel des Projektes ist eine Handreichung für zentrale Akteure der Hochschulen, die das Etablieren von mehr Ressourcenschutz und damit zugleich auch Klimaschutz auch über die Hochschulen hinaus unterstützen soll.

4   Methodisches Vorgehen

4.1   Beschreibung der Stichprobe

Für die Auswahl der zu analysierenden Prüfungsordnungen und Modulhandbücher wurde zunächst eine umfassende Liste aller Studiengänge des Wirtschaftsingenieurwesens und Designs an Hochschulen in Deutschland erstellt. Die Liste wurde über einschlägige Suchdatenbanken aggregiert (www.studycheck.de, abgerufen am 25.01.2021; www.hochschulkompass.de, abgerufen am 25.01.2021; ranking.zeit.de, abgerufen am 25.01.2021). Eine (frei zugängliche) Datenbank, die alle Studiengänge ausweist, steht bislang nicht zur Verfügung. In die Untersuchung einbezogen wurden ausschließlich akkreditierte Vollzeitstudiengänge. Nicht berücksichtigt wurden: duale, berufsbegleitende oder Teilzeit-Studiengänge sowie Fernstudiengänge.

Insgesamt konnten (Stand: März 2021) 420 Wirtschaftsingenieur-Studiengänge an 147 Hochschulen und 256 Design-Studiengänge an 101 Hochschulen identifiziert werden (siehe Tab. 1).

Aus der Gesamtliste der Studiengänge wurde im Anschluss eine Stichprobe nach folgenden Kriterien ausgewählt:

- akkreditierte Vollzeitstudiengänge
- Vorkommen eines projektrelevanten Begriffs im Titel des Studiengangs oder der Studienschwerpunkte sowie weitere für das Projekt möglicherweise relevante Studienschwerpunkte
- die Größe der Hochschule (gemessen an der Gesamtzahl der Studierenden an der Hochschule)
- ausgewogenes Verhältnis der Abschlüsse (Bachelor und Master) und Hochschularten (Universitäten und Fachhochschulen bzw. Hochschulen für angewandte Wissenschaften)

Das Ergebnis der Stichprobenauswahl ist in Tab. 2 dargestellt. In den Wirtschaftsingenieur-Studiengängen wurden 59 Studiengänge in die Stichprobe aufgenommen. In Design sind es 52 Studiengänge. Die Verteilung der Hochschularten ist bei den Wirtschaftsingenieur-Studiengängen fast ausgeglichen (UNI: N = 29; FH/HAW:

Tab. 1 Grundgesamtheit der Studiengänge Wirtschaftsingenieurwesen (WI) und Design (D)

	WI		D		GESAMT	
ANZAHL DER HOCHSCHULEN GESAMT						
N	147	100%	101	100%	248	100%
UNI	34	23.1%	14	13.9%	48	19.4%
FH/HAW	103	70.1%	74	73.3%	177	71.4%
Andere	10	6.8%	13	12.9%	23	9.3%
STUDIENGÄNGE GESAMT NACH ABSCHLUSS						
N	420	100%	256	100%	676	100%
BA	253	60.2%	137	53.5%	390	57.7%
MA	153	36.4%	105	41.0%	258	38.2%
Andere	14	3.3%	14	5.5%	28	4.1%

N = 30). In Design überwiegt die Zahl der Universitäten (UNI: N = 41; FH/HAW: N = 11). Das Verhältnis der Abschlussarten ist in beiden Studiengängen relativ ausgeglichen. In Wirtschaftsingenieurwesen sind es mehr Bachelor-Studiengänge (BA: N = 35; MA: N = 24), in Design ist das Verhältnis umgekehrt. Hier überwiegen die Masterstudiengänge (BA: N = 22; MA: N = 30).

4.2 Durchführung und Auswertung

Für die Ermittlung des Status Quo wurden die Prüfungsordnungen und Modulhandbücher der ausgewählten Studiengänge nach projektrelevanten Begriffen durchsucht. Hierbei interessierten zunächst folgende Fragen:

- Welcher Begriff wird verwendet?
- Wie häufig wird er verwendet?
- Und an welcher Stelle?
- Gibt es vielleicht andere Auffälligkeiten?

Der weiterführenden Analyse lagen jeweils die aktuellen Versionen (Stand: März 2021) der Prüfungsordnungen und Modulhandbücher der Studiengänge zugrunde. Insgesamt

Tab. 2 Beschreibung der ausgewählten Stichprobe der Studiengänge Wirtschaftsingenieurwesen (WI) und Design (D)

	WI		D		Gesamt	
Ausgewählte Stichprobe						
N	59	100%	52	100%	111	100%
Nach Hochschulart						
Uni	29	52.5%	41	78.8%	70	63.1%
FH / HAW	30	47.5%	11	21.2%	41	36.9%
Nach Abschluss						
BA	35	59.0%	22	42.3%	57	51.4%
MA	24	41.0%	30	57.7%	54	48.7%

wurden 222 Dokumente einbezogen. Methodisch orientiert sich die Analyse an der inhaltlich strukturierenden qualitativen Inhaltsanalyse und erfolgte computergestützt mithilfe des Programms MAXQDA in zwei Schritten:

Im ersten Schritt wurde Mithilfe der in MAXQDA zur Verfügung stehenden lexikalischen Suche eine grobe Codierung des Datenmaterials durchgeführt und die projektrelevanten Begriffe in den einzelnen Dokumenten gesucht. Die Suchparameter orientieren sich an zentralen Begriffen, die im Projekt RessKoRo von Bedeutung sind.

- Oberbegriff RESSOURCEN: Ressourcennutzung, Ressourcenschonung, Ressourceneffizienz, Ressourcenarten (Umweltressource, Naturressource, natürliche Ressource, stoffliche Ressource, regenerative Ressource, erneuerbare Ressource, regenerative Energieressource), Ressourcenknappheit, Ressourcensparend, Ressourcenkreislauf, Ressourcenökonomie
- Oberbegriff ROHSTOFF: Rohstoffgewinnung, Rohstoffaufbereitung, nachwachsende Rohstoffe, raw materials
- Oberbegriff WERTSCHÖPFUNGSKETTE: Wertschöpfungskette, Wertschöpfungsnetz, Wertschöpfungsnetzwerk, Lebenszyklus, life cycle assessment
- WEITERE BEGRIFFE: Lieferkette, Recycling, Ökobilanz, Kreislaufwirtschaft, Nachhaltigkeit

In den Suchparametern wurden verschiedene Schreibweisen, Synonyme oder englische Begriffe berücksichtigt.

Für den zweiten Schritt wurde mithilfe der Kontextanalyse das Datenmaterial weiter ausdifferenziert. Hierzu wurden die Ergebnisse der lexikalischen Suche anhand ihrer inhaltlichen Relevanz für das Projekt bewertet. Dies erfolgte in zwei Schritten: einmal Top-Down basierend auf den Ergebnissen der lexikalischen Suche und im zweiten Schritt Bottom-Up, indem die Dokumente nach weiteren relevanten Textstellen, die bisher nicht berücksichtigt wurden, quergelesen wurden. Ausgeschlossen von der Analyse waren Bestandteile der Textstruktur (z. B. Gliederungspunkte in der Inhaltsübersicht, Titel in Kopf- oder Fußzeilen), Querverweise zu anderen Modulen oder Studiengängen, Literaturangaben oder Auflistungen von Modulen in Form von Prüfungs- oder Studienverlaufsplänen in Prüfungsordnungen.

Basierend auf den Ergebnissen der lexikalischen Suche wurde induktiv ein Codesystem entwickelt, dass die einzelnen Bereiche und Ebenen der Prüfungsordnungen und Modulhandbücher widerspiegeln. Unterschiede zwischen den Studienfächern Wirtschaftsingenieurwesen und Design sind nur in kleinen Details zu finden.

An Codes konnten zum einen auf Studiengangsebene und zum anderen auf Modulebene identifiziert werden:

- Studiengangsebene
  - Name Studiengang
  - Name Studienschwerpunkt
  - Ziel des Studiums
  - Zu erbringende Prüfungsleistung
  - Lernergebnisse und Kompetenzen (nur D)
  - Zukünftige Tätigkeitsfelder (nur WI)
  - Auswahlverfahren (nur WI)
- Modulebene
  - Allgemeine Informationen zu Modulen
  - Eigenständiges Modul
  - Ziele/Kompetenzen
  - Inhalte eines Moduls
  - Prüfungsleistungen (nur WI)
  - Vorwort (nur D)

Als zusätzlicher Schritt wurden die Textsegmente auf der Modulebene nachträglich mit einer Gewichtung bzgl. ihrer Relevanz für das Projekt bewertet. Die Gewichtung ist wie folgt definiert:

(1) [direkter Bezug] Die Segmente stehen zum einen in direkter Verbindung mit projektrelevanten Begriffen (natürliche Ressourcen, Rohstoff, Wertschöpfungskette) und im weitesten Sinne mit den Themen Umwelt, Energie und Nachhaltigkeit.

(2) [naher Bezug] Die Segmente stehen in weiterem Sinne in Verbindung mit den Themen Umwelt, Energie und Nachhaltigkeit, aber nicht direkt zu den projektrelevanten
Themen (natürliche Ressourcen, Rohstoffe, Wertschöpfungskette).

(3) [kein Bezug] Die Segmente werden nicht im Zusammenhang mit Umwelt, Nachhaltigkeit oder Energie verwendet.

4.3   Forschungsfragen

Auf Basis des Datenmaterials sollen folgende Fragen beantwortet werden:

- Wie häufig werden die Suchbegriffe in den Prüfungsordnungen und Modulhandbüchern
  genannt?
- Auf welchen Ebenen der Prüfungsordnungen und Modulhandbüchern werden projek-
  trelevante Begriffe gefunden?
- Wie können die codierten Textsegmente bezüglich ihrer Nähe zu den projektrelevanten
  Themenfeldern bewertet werden?
- Welche Modularten sind vertreten?

5   Ergebnisse

Im Folgenden werden die Ergebnisse der Dokumentenanalyse dargestellt. Die Prüfungsordnungen und Modulhandbücher wurden dahingehend analysiert und ausgewertet,
inwieweit das Themengebiet ‚Ressourceneffizienz in globalen Wertschöpfungsketten'
angesprochen wird. Berücksichtigt wurden 222 Dokumente beider Studiengänge (111
Modulhandbücher und 111 Prüfungsordnungen).

5.1   Häufigkeit der Suchbegriffe in den Prüfungsordnungen und
Modulhandbüchern

Das folgende Kapitel beschreibt die Ergebnisse der Stichwortanalyse. Die Suchbegriffe
(siehe Abschn. 4.1) konnten nur in rund 60 % der Dokumente ausgemacht werden.
Mehrheitlich handelte es sich dabei in beiden Studiengängen um Modulhandbücher. In
Prüfungsordnungen spielen die Begriffe kaum eine Rolle. Die Stichwortsuche ergab 1731
Fundstellen bei Wirtschaftsingenieur-Studiengängen und 1071 Fundstellen bei Design-
Studiengängen. Die Verteilung der Suchbegriffe zwischen den beiden Studiengängen
unterscheidet sich deutlich (siehe Abb. 2).

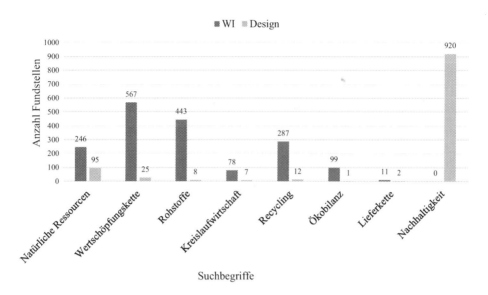

Abb. 2 Ergebnisse Stichwortsuche

Bei den **Wirtschaftsingenieur-Studiengängen** dominieren die Suchbegriffe WERT-SCHÖPFUNGSKETTE (N = 567, 32.8 %), ROHSTOFFE (N = 443, 25.6 %), gefolgt von (NATÜRLICHE) RESSOURCEN (N = 246, 14.2 %) und RECYCLING (N = 287, 16.6 %). Der Begriff NACHHALTIGKEIT wurde für diesen Studiengang ausgeklammert, weil er fast ausschließlich im Sinne von Langlebigkeit und Dauerhaftigkeit und nicht im ökologischen Sinne genutzt wird.

In den **Design-Studiengängen** dominiert der Suchbegriff NACHHALTIGKEIT (N = 920, 86.0 %). Anders als bei Wirtschaftsingenieurwesen wird hier von ökologischer Nachhaltigkeit ausgegangen. Wird der Suchbegriff aus der Gesamtzahl der codierten Segmente genommen, wird deutlich sichtbar, dass bei den analysierten Dokumenten sehr wenig projektrelevante Begriffe im engeren Sinne vorgefunden wurden. (NATÜRLICHE) RESSOURCEN (N = 95, 8.9 %) werden in der Gesamtbetrachtung weit seltener thematisiert und liegen in der Häufigkeit der Nennungen weit hinter dem Begriff NACHHALTIGKEIT. Der Oberbegriff WERTSCHÖPFUNGSKETTE ist lediglich 25-mal codiert (2,3 %) worden. Alle anderen Begriffe werden kaum bis gar nicht verwendet.

5.2 Projektrelevante Begriffe auf Ebene der Prüfungsordnungen und Modulhandbücher – Ergebnisse der Kontextanalyse

In der Kontextanalyse wurde in 64.0 % der Dokumente (N = 142) mindestens ein Code gefunden. Abb. 3 zeigt die Häufigkeit der einzelnen Codes auf Studiengangsebene und

Modulebene. Insgesamt konnten 473 Textstellen in Wirtschaftsingenieur-Studiengängen und 232 Textstellen in den Design-Studiengängen codiert werden.

Auffällig erweist sich an dieser Stelle die Diskrepanz in der Anzahl der im Kontext der lexikalischen Stichwortsuche (WI: N = 1731; D: N = 1071). Diese lässt sich dadurch erklären, dass zum einen inhaltlich irrelevante Fundstellen weggefallen sind (Gliederungspunkte, Überschriften in Kopfzeilen, …), zum anderen häufig ganze Textabschnitte codiert wurden, die mehrere Suchbegriffe enthalten können.

Auf den ersten Blick wird sichtbar, dass relevante Textstellen in beiden Studiengängen zum Großteil in den Modulhandbüchern zu finden sind (WI: N = 395, 83.5 %; D: N = 187, 80.6 %). Sie werden dort genutzt, um entweder ein gesamtes Modul oder Teile eines Moduls, wie Lernziele bzw. Kompetenzziele oder die Modulinhalte bzw. Prüfungsleistungen, zu beschreiben. In den Prüfungsordnungen spielen projektrelevante Suchbegriffe offenbar eher eine untergeordnete Rolle (WI: N = 78, 16.5 %; D: N = 45, 19.4 %). Hier beschreiben sie übergreifende Informationen zum jeweiligen Studiengang, wie den Namen

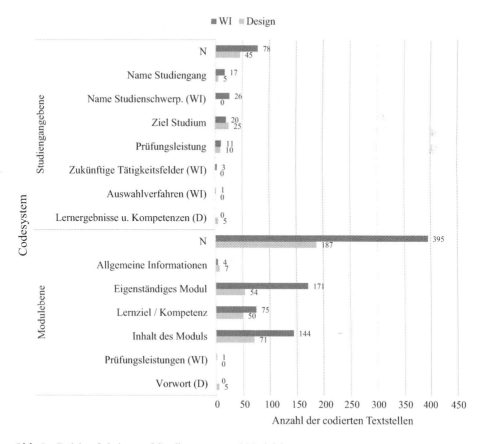

Abb. 3 Codehäufigkeiten auf Studiengangs- und Modulebene

des Studiengangs oder Schwerpunktes, benennen Ziele oder zu erbringende Prüfungsleistungen. In den Wirtschaftsingenieur-Studiengängen werden sie zudem eingesetzt, um
zukünftige Tätigkeitsfelder und Auswahlverfahren zu benennen, während sie in Design-
Studiengängen in der Beschreibung von Lernergebnissen und Kompetenzen Verwendung
finden.

Auf der Studiengangsebene wurden die meisten Textstellen in Wirtschaftsingenieur-
wesen in den Codes „Name des Studienschwerpunktes" (N = 26, 5.5 %), „Ziele des
Studiums" (N = 20, 4.2 %) sowie „Name des Studiengangs" (N = 17, 3.6 %) codiert.
Bei Design ist der Code „Ziele des Studiums" (N = 25, 10.8 %) am häufigsten codiert
worden. Im Code „Prüfungsleistungen" fand sich in nur 10 Textsegmenten (4.3 %) der
Design-Studiengänge und 11 Segmente (2.3 %) der Wirtschaftsingenieur-Studiengänge
ein projektrelevanter Begriff. Im Vergleich der Studiengänge fällt auf, dass in Design-
Studiengängen kaum einer der gesuchten Projektbegriffe im Studiengangstitel enthalten
ist (N = 5, 2.2 %) und in keinem Studiengang ein Studienschwerpunkt mit einem der
Suchbegriffe überschreiben ist.

Auf der Modulebene sind im Code „Eigenständige Module" 171 Segmenten (43.3 %)
in Wirtschaftsingenieurwesen und 54 Segmenten (23.3 %) in Design vollständige Module
codiert, die entweder im Modultitel oder in Modulinhalt und Zielen und Kompetenzen
einen der gesuchten Projektbegriffe enthalten. In den „Inhalten des Moduls" sind in
Design die meisten Segmente codiert (N = 71, 30.6 %), in Wirtschaftsingenieurwesen
ist es die zweitgrößte Kategorie (N = 144, 30.4 %). Auch in „Lernziele/Kompetenzen"
wurden in den beiden Studiengängen vergleichsweise viele relevante Textstellen codiert
(WI: N = 75, 15.9 %; D: N = 50, 21.6 %).

5.3   Bewertung der codierten Textsegmente bezüglich ihrer Nähe zu den projektrelevanten Themenfeldern

Die Verteilung der gewichteten Segmente der Modulebene beider Studiengänge wird in
Abb. 4 dargestellt.

Die Abbildung zeigt bei den Design-Modulen, dass mehr als ein Drittel der codierten
Segmente in Zusammenhang mit dem Projektthema stehen (N = 73, 38.6 %). Weitere
83 Segmente (43.9 %) sind in weiterem Sinn mit den Begriffen Nachhaltigkeit, Umwelt
oder Energie verknüpft und nur 33 Segmente (17.5 %) stehen in keinem Zusammenhang
mit projektrelevanten Themen und sind daher für den Projektkontext irrelevant.

Bei den Wirtschaftsingenieur-Studiengängen weisen lediglich 1/3 der Textstellen einen
direkten (N = 47, 11.9 %) oder nahen (N = 101, 25.6 %) Bezug zum Projekt auf. Differenzierte Analysen verdeutlichen, dass es sich vor allem um Textsegmente mit den
Suchbegriffen Wertschöpfungskette und Rohstoffe handelt, die eher nicht im projektrelevanten Sinne verwendet werden. Die Textstellen, in denen die Begriffe Ressourcen,

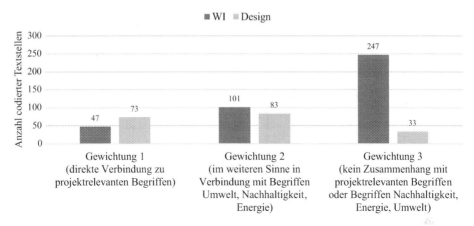

Abb. 4 Gewichtung der codierten Textstellen der Modulebene

Recycling, Kreislaufwirtschaft, Ökobilanz verwendet wurden, standen zum Großteil in direktem oder zumindest nahem Bezug zum Projekt.

5.4 Vertretene Modularten

Im nächsten Schritt wurde analysiert, in welchen Modularten die codierten Textstellen gefunden wurden, um hier Rückschlüsse ziehen zu können, wie viele Studierende mit den Themen überhaupt erreicht werden. Hierzu wurden die codierten Textstellen erneut betrachtet und die entsprechende Modulart nachcodiert. Diese sind wie folgt definiert:

- **Pflichtmodule** sind für alle Studierenden eines Studienganges verpflichtend zu belegen.
- Als **Wahlpflichtmodule** werden diejenigen Module bezeichnet, aus denen eine gewisse Auswahl getroffen werden kann. Die gewählten Module werden dann jedoch als Pflicht behandelt und sind für die Erreichung des Studienziels maßgeblich.
- **Vertiefungs- bzw. Schwerpunktmodule** sind nur für die Studierenden zu besuchen, die den entsprechenden Studienschwerpunkt gewählt haben. Je nach Prüfungsordnung sind die Module verpflichtend oder als Wahlpflicht angelegt.
- **Wahlmodule** sind für das Erreichen des Studienziels nicht verbindlich vorgeschrieben. Sie können meist aus dem gesamten Angebot des Studienganges, des Fachbereichs oder der jeweiligen Hochschule gewählt werden. In jedem Studiengang besteht die Möglichkeit, Wahlmodule zu besuchen. Diese sind jedoch in den seltensten Fällen auch in den Modulhandbüchern aufgelistet. Stattdessen findet sich mehrheitlich ein Verweis auf das Modulangebot anderer Studiengänge.

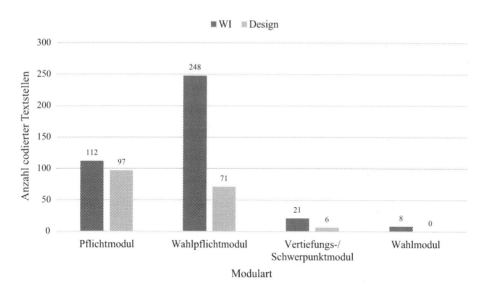

Abb. 5 Häufigkeit der codierten Modularten

Insgesamt konnten 389 Module bei Wirtschaftsingenieurwesen und 174 Module bei Design identifiziert werden. Die Verteilung der Modularten unterscheidet sich deutlich zwischen den Studiengängen (siehe Abb. 5).

Die projektrelevanten Suchbegriffe sind bei Design am häufigsten in Pflichtmodulen ausgemacht worden (N = 97, 55.7 %), wobei sich auch in den Wahlpflichtmodulen ein beträchtlicher Anteil an codierten Textsegmenten ausmachen lässt (N = 71, 40.8 %).

Bei Wirtschaftsingenieurwesen wiederum sind über die Hälfte der Module Wahlpflicht-module (N = 248, 62.8 %) und nur 28.8 % (N = 112) für alle Studierenden des Studiengangs verpflichtend.

Schwerpunkt- bzw. Vertiefungsmodule sind in beiden Studiengängen nur wenige codiert worden (WI: N = 21, 5.4 %; D: N = 6, 3.4 %). Wahlmodule spielen in den unter-suchten Design-Studiengängen keine und in den Wirtschaftsingenieur-Studiengängen nur eine untergeordnete Rolle.

6   Schlussfolgerungen

Nachdem für die Stichprobe explizit Wirtschaftsingenieur- und Design-Studiengänge aus-gewählt wurden, die bereits im Studiengangstitel oder Studienschwerpunkt eine gewisse Nähe zu den Projektthemen zeigen, überrascht es, dass projektrelevante Begriffe wie (natürliche) Ressourcen, Rohstoffe oder Wertschöpfungskette nicht häufiger vorgefunden werden konnten. Eine Möglichkeit, die das Fehlen zentraler Begriffe in den Modulhandbüchern und Prüfungsordnungen trotz entsprechender Vorauswahl zu erklären vermag, könnte in der Abweichung der Inhalte offizieller sowie öffentlicher Dokumente und der tatsächlichen Lehrpraxis begründet sein. Durch die Freiheit von Lehre und Studium besteht für die Lehrenden Flexibilität und Freiheit, die nicht in den Modulbeschreibungen zu sein scheint.

Der Begriff Nachhaltigkeit dominiert die Ergebnisse der Stichwortanalyse in beiden Studiengängen. In den Design-Studiengängen wird der Begriff Nachhaltigkeit von allen weiteren Suchbegriffen mit Abstand am häufigsten verwendet, hier im ökologischen Sinne. Nimmt man den Begriff aus der Gesamtbetrachtung heraus, können nur sehr wenige projektrelevante Begriffe vorgefunden werden. Mit weitem Abstand ist der zweithäufigste Begriff (natürliche) Ressourcen, gefolgt von Wertschöpfungskette. In den Wirtschaftsingenieur-Studiengängen dominiert ebenfalls der Begriff Nachhaltigkeit.

Er wird hier jedoch nicht im ökologischen Sinne verwendet wird und wurde er in der Analyse nicht weiter berücksichtigt. Der häufigste Begriff ist Wertschöpfungskette. Dies Ergebnis überrascht nicht, da der Begriff sehr stark mit den Themen des Studiengangs verknüpft ist. Der Begriff Rohstoffe wird am zweithäufigsten genannt, gefolgt von (natürliche) Ressourcen. Bei allen Begriffen zeigte sich jedoch bei der Analyse des Verwendungskontextes ein ähnliches Bild wie bei Nachhaltigkeit. Insgesamt wiesen lediglich 1/3 der Textstellen in den Dokumenten der Wirtschaftsingenieur-Studiengänge einen direkten oder nahen Bezug zum Projekt auf. Vor allem auf die Suchbegriffe Wertschöpfungskette und Rohstoffe trifft dies zu. Der Suchbegriff (natürliche) Ressourcen wird dagegen zum Großteil in einem projektrelevanten Kontext genannt. Für die Design-Studiengänge kann dieses Ergebnis nicht reproduziert werden. Hier erweisen sich 2/3 der Textstellen als tatsächlich projektrelevant.

Bei der Betrachtung, auf welchen Ebenen der Prüfungsordnungen und Modulhandbücher die projektrelevanten Begriffe verwendet werden, fällt auf, dass Prüfungsordnungen eine untergeordnete Rolle spielen. Diese sind eher allgemein juristisch formuliert. Die meisten projektrelevanten Textstellen wurden in beiden Studiengängen in den Modulhandbüchern gefunden und wurden hier eher in den Beschreibungen der Inhalte („Eigenständiges Modul" oder „Modulinhalt") genannt, als in der Benennung der Kompetenzen.

In den Wirtschaftsingenieur-Studiengängen erreicht das Thema nur einen Bruchteil der Studierenden, weil es hauptsächlich in Wahlpflichtfächern angesiedelt ist und wenig in den Pflichtmodulen. In allen Modulen, besonders in den Pflichtmodulen, zeigt sich ein Fokus auf Wirtschaftsingenieur nahe Themen. In Anbetracht der Vorauswahl der Stichprobe überrascht es, dass Themen wie (natürliche) Ressourcen keine größere Rolle spielen. In den Design-Studiengängen sind die meisten codierten Segmente in den Pflichtmodulen identifiziert worden und erreichen damit einen Großteil der Studierenden, wobei sich auch in den Wahlpflichtmodulen ein beträchtlicher Anteil an codierten Textsegmenten ausmachen lässt.

Angesichts der Klimakrise und der aktuellen Rohstoffkrisen ist es ein notwendiger Schritt, Studierende als zukünftige Fachkräfte an die Themen Ressourceneffizienz, Rohstoffnutzung und Wertschöpfungsketten heranzuführen. Die Ergebnisse der Dokumentenanalyse deutet an, dass hier dringender Handlungsbedarf besteht. Die Ausrichtung der Studiengänge kann in den meisten Fällen, auch wenn es sich um spezialisierte Studiengänge handelt, allein anhand der offiziellen Dokumente (Prüfungsordnungen und Modulhandbücher) nicht systematisch nachvollzogen oder überprüft werden. Viel hängt an den einzelnen Lehrenden und ihrer persönlichen Schwerpunktsetzung. Sie können die Module in einem gewissen Rahmen frei gestalten, ohne in der Pflicht zu stehen, dies auch schriftlich festzuhalten. Für außenstehende Personen (Studierende, Interessierte) ist es schwer erkenntlich, ob die Themen tatsächlich Bestandteil der Module sind. In Bezug auf die Prüfungsrelevanz der Themen können an dieser Stelle lediglich Rückschlüsse anhand der Häufigkeiten und des gleichzeitigen Vorkommens der projektrelevanten Begriffe in den beschriebenen Kompetenzzielen und Inhalten der jeweiligen Modulhandbücher getroffen werden. Auch wenn es sich hier um eine Stichprobe handelt, ist davon auszugehen, dass dies für die Hochschullandschaft insgesamt gilt.

Wichtig für das Erreichen des Ziels, Ressourcenkompetenz zu stärken, wäre eine flächendeckende Berücksichtigung des Themas in den Grundlagenmodulen der Studiengänge. Zum aktuellen Zeitpunkt ist dieses Ziel jedoch noch weit entfernt.

Diese Untersuchung weist einige Limitationen auf, die bei der Interpretation der Ergebnisse berücksichtigt werden müssen. Hier ist zum einen die bereits erwähnte Fokussierung auf Vollzeit-Studiengänge der Fächer Wirtschaftsingenieurwesen und Design zu nennen. Die beiden Studiengänge wurden aufgrund ihrer inhaltlichen Bezüge zu Rohstoffen und Materialien im Studium und späteren Berufsfeld fokussiert. Dennoch werden dadurch andere passfähige Studiengänge (weitere Ingenieurwissenschaften, berufsbegleitende Studiengänge, usw.) aus der Analyse ausgeschlossen.

Des Weiteren handelt es sich bei der Stichprobe um keine randomisierte Auswahl der Studiengänge, sondern um eine kriteriengestützte Auswahl, die ein verzerrtes Bild der Grundgesamtheit darstellen könnte.

Auch die Wahl des Studiendesigns als Querschnittsanalyse kann als Kritikpunkt herangezogen werden. Den aktuellen Veränderungen der Studiengänge und Modulhandbücher, die durch Modul-Neuentwicklung, Reakkreditierungen oder ähnliches über die Zeit entstehen, kann so nicht ausreichend Rechnung getragen werden.

Unberücksichtigt bleiben aufgrund der Eingrenzung auf curricular verankerte Module außerdem außercurriculare Angebote (z. B. AGs, Studierendeninitiativen, Angebote über das Studium Generale, etc.), die durchaus interessante Aspekte beinhalten können.

Auf die Diskrepanz zwischen den offiziellen Dokumenten und der tatsächlichen Lehrpraxis wurde bereits an anderer Stelle eingegangen.

7 Zukünftige Herausforderungen und Ausblick

Die weiterführende Frage ist nun, was es konkret braucht, um die Themen Ressourceneffizienz und Rohstoffnutzung in globalen Wertschöpfungsketten in den Studiengängen stärker zu verankern? Die vorliegenden Ergebnisse beschreiben den Status Quo in den untersuchten Studiengängen. Es weiterhin betrachtet werden, an welchen Stellen der Curricula angesetzt werden kann und in welcher Form die Inhalte platziert werden können. Hierzu braucht es Strategien, die Lehrende darin unterstützen, die projektrelevanten Inhalte in ihren Modulen in den Fokus zu nehmen (Weiterbildungsangebote, Lehranreize, Good Practice-Sammlungen, etc.). Für diese Punkte ist es notwendig, nicht nur auf der Ebene der Studiengänge tätig zu werden. Vielmehr ist auch zu berücksichtigen, welche Stellschrauben auf Hochschulleitungsebene nötig und hilfreich sein können. Ziel sollte es sein, neben der Ausrichtung der Curricula auch eine stärkere Sichtbarkeit der Themen in den offiziellen Dokumenten (Prüfungsordnungen und Modulhandbücher) zu erreichen.

Eine wichtige Herausforderung bezieht sich außerdem auf die Übertragbarkeit der Erkenntnisse aus dem Projekt RessKoRo auf andere Studiengänge. Was lässt sich von den Erkenntnissen auf andere (Ingenieur-)Studiengänge übertragen? Ein Blick an die Technische Hochschule Mittelhessen verdeutlicht die Notwendigkeit der Frage. Das Verhältnis der Wirtschaftsingenieur-Studiengänge in Bezug zu anderen Studiengängen (hauptsächlich Ingenieurstudiengänge) an der Hochschule beträgt vier (zwei Bachelor-Studiengänge, zwei Master-Studiengänge) zu 60 (30 Bachelor-Studiengänge, 30 Master-Studiengänge).

Die genannten Fragen und Limitationen werden zum Teil im nächsten Arbeitspaket des Projektes RessKoRo aufgegriffen und richten den Blick in die Hochschulen und die konkrete Lehrpraxis, indem das Wissen und die konkrete Erfahrung von Hochschullehrenden analysiert wird. Dies erfolgt über die Durchführung von Interviews und Fokusgruppen mit Hochschullehrenden aus den beiden Studiengängen und mit Personen aus weiteren Einrichtungen. Dabei handelt es sich um weitere Expert_innen auf dem Gebiet der Ressourceneffizienz, die sich durch ihr besonderes themenbezogenes Engagement auszeichnen und den Projektpartner_innen bekannt sind. Auch die Sicht der Studierenden wird im weiteren Projektverlauf berücksichtigt.

Ziel der Interviews und Fokusgruppen ist es, herauszufinden, wie Module mit dem Themenfokus Ressourceneffizienz und Rohstoffnutzung in globalen Wertschöpfungsketten inhaltlich, aber auch didaktisch gestaltet sind. Zudem soll erarbeitet werden, welche Anreize hilfreich sind, um die Themen verstärkt in die Lehre zu bringen und an welchen Stellen Lehrende Hindernisse erfahren haben. Aufbauend auf den Ergebnissen der Dokumentenanalyse sollten im nächsten Schritt des Forschungsvorhabens Handlungsbedarfe für die Wirtschaftsingenieur- und Design-Studiengänge entschlüsselt und daraus Handlungsbedarfe und -optionen zur Steigerung der Ressourcenkompetenz in den adressierten Studiengängen formuliert werden.

Literatur

Baedeker, C., Rohn, H., Scharp, M., Leismann, K., Bliesner, A., Hasselkuß, M., Scabell, C., & Bienge, K. (2015). Education for resource preservation and efficiency: Identifying and developing opportunities for all areas of education in Germany. In C. Ludwig (Hrsg.), *Natural resources: Sustainable targets, technologies, lifestyles and governance* (S. 237–243). Paul Scherrer Institut.

BMU – Bundesministerium für Umwelt, Naturschutz und Reaktorsicherheit. (2012). *Deutsches Ressourceneffizienzprogramm (ProgRess): Programm zur nachhaltigen Nutzung und zum Schutz der natürlichen Ressourcen.* BMU, Referat Öffentlichkeitsarbeit.

BMU – Bundesministerium für Umwelt, Naturschutz und Reaktorsicherheit. (2016). *Deutsches Ressourceneffizienzprogramm II: Programm zur nachhaltigen Nutzung und zum Schutz der natürlichen Ressourcen: Vom Bundeskabinett am 2. März 2016 beschlossen.* BMU, Referat Öffentlichkeitsarbeit. https://www.bmuv.de/fileadmin/Daten_BMU/Download_PDF/Ressou rceneffizienz/progress_II_broschuere_de_bf.pdf. Zugegriffen: 28. Okt. 2022.

BMU – Bundesministerium für Umwelt, Naturschutz und Reaktorsicherheit. (2020). *Deutsches Ressourceneffizienzprogramm III: 2020–2023.* Programm zur nachhaltigen Nutzung und zum Schutz der natürlichen Ressourcen. BMU, Referat Öffentlichkeitsarbeit. https://www.bmuv.de/fil eadmin/Daten_BMU/Pools/Broschueren/ressourceneffizienz_programm_2020_2023.pdf. Zugegriffen: 28. Okt. 2022.

IRP. (2019). *Global Resources Outlook 2019: Natural Resources for the Future We Want.* A Report of the International. *United Nations Environment Programme.* United Nations. https://doi.org/10.18356/689a1a17-en.

Rohn, H., Baedeker, C., Bowry, J., & Scharp, M. (2019). Ressourcenkompetenz entwickeln – Ressourcenschonung und Ressourceneffizienz in der Hochschule verankern. In W. Leal Filho (Hrsg.), *Aktuelle Ansätze zur Umsetzung der UN-Nachhaltigkeitsziele,* S. 603–21. Springer. https://doi.org/10.1007/978-3-662-58717-1_32.

UN General Assembly. (2015). *Transforming our world: The 2030 agenda for sustainable development* (Right to Development A/RES/70/1). https://sdgs.un.org/2030agenda. Zugegriffen: 13. Okt. 2022.

Umweltbundesamt. (2021). *Ressourcennutzung und ihre Folgen.* Umweltbundesamt. https://www.umweltbundesamt.de/themen/abfall-ressourcen/ressourcennutzung-ihre-folgen. Zugegriffen: 13. Okt. 2022.

UN. (2015). *Paris Agreement.* https://treaties.un.org/doc/Treaties/2016/02/20160215%2006-03% 20PM/Ch_XXVII-7-d.pdf. Zugegriffen: 26. Okt. 2022.

Wuppertal Institut. (2020). *CO2-neutral bis 2035: Eckpunkte eines deutschen Beitrags zur Einhaltung der 1,5-°C-Grenze.* Wuppertal. https://epub.wupperinst.org/frontdoor/deliver/index/docId/7606/file/7606_co2-neutral_2035.pdf. Zugegriffen: 12. Okt. 2022.

Österreichische Universitäten übernehmen Verantwortung: Das Projekt UniNEtZ (Universitäten und Nachhaltige Entwicklungsziele) Autor_innen

Johann Stötter, Helga Kromp-Kolb, Franziska Allerberger, Franz Fehr, Hannah Geuder, Ingomar Glatz, Bernhard Kernegger, Annemarie Schneeberger und Jens Weise

---

J. Stötter · F. Allerberger · H. Geuder (✉) · I. Glatz · A. Schneeberger · J. Weise
Universität Innsbruck, Innsbruck, Österreich
E-Mail: Hannah.Geuder@uibk.ac.at

J. Stötter
E-Mail: Hans.Stoetter@uibk.ac.at

F. Allerberger
E-Mail: Franziska.Allerberger@uibk.ac.at

I. Glatz
E-Mail: Ingomar.Glatz@uibk.ac.at

A. Schneeberger
E-Mail: Anne.Schneeberger@uibk.ac.at

J. Weise
E-Mail: Jens.Weise@uibk.ac.at

H. Kromp-Kolb · F. Fehr
Universität für Bodenkultur Wien, Wien, Österreich
E-Mail: helga.kromp-kolb@boku.ac.at

F. Fehr
E-Mail: franz.fehr@boku.ac.at

B. Kernegger
Universität für angewandte Kunst, Wien, Österreich
E-Mail: bernhard.kernegger@uni-ak.ac.at

© Der/die Autor(en), exklusiv lizenziert an Springer-Verlag GmbH, DE, ein Teil von Springer Nature 2024
W. Leal Filho (Hrsg.), *Lernziele und Kompetenzen im Bereich Nachhaltigkeit,* Theorie und Praxis der Nachhaltigkeit, https://doi.org/10.1007/978-3-662-67740-7_11

1   Motivation und Hintergrund: Rahmensetzung und Ausgangspunkt für das Projekt UniNEtZ

Die 2012 gegründete Allianz Nachhaltiger Universitäten in Österreich (Allianz) mit ihrer Expert_innengruppe, die als Vordenker_innen den jeweiligen Rektoraten Vorschläge zur nachhaltigeren Gestaltung der eigenen Universität in Forschung, Lehre, Betriebsführung und Governance vorlegen, war ein Meilenstein in der Verankerung der Nachhaltigkeit in den Strukturen österreichischer Universitäten. Geprägt von engagierter fach- und ebenenübergreifender Zusammenarbeit, unter Nutzung der Kreativität der Vielen, hat die Expert_innengruppe so diverse Projekte auf den Weg gebracht, wie ein CO_2-Bilanztool für Universitäten, einen Leitfaden für die nachhaltige Beschaffung, Analysen und Empfehlungen zu Divestment universitärer Mittel und günstige Fahrräder für Mitarbeiter_innen und Studierende. Kooperation und freundlicher Wettbewerb haben wesentliche Fortschritte gebracht, aber sie haben es nicht zustande gebracht, eine Nachhaltigkeitsbewegung unter den Universitätsangehörigen auszulösen. Die Aktivitäten bleiben auf wenige Engagierte und Verantwortliche beschränkt, am Großteil der Universitätsangehörigen – selbst ohne Berücksichtigung der Studierenden – gehen die Aktivitäten unbemerkt vorbei.

Dennoch haben innerhalb weniger Wochen 2000 Wissenschafter_innen österreichischer Universitäten die Stellungnahme der Scientists for Future zu den Forderungen der Fridays for Future unterzeichnet (Hagedorn et al., 2019) – es gibt sie also, die engagierten Wissenschafter_innen, es mussten nur Wege gefunden werden, sie in die gemeinsamen universitären Bemühungen einzubinden. Mit der Agenda 2030 und den nachhaltigen Entwicklungszielen bot sich dazu eine Möglichkeit.

Sehr schnell nach der Publikation der UN Agenda 2030 *(Transforming our World: The 2030 Agenda for Sustainable Development)* (United Nations, 2015) auf dem Weltgipfel für nachhaltige Entwicklung 2015 am 25. September 2015 und dem offiziellen Inkrafttreten am 1. Januar 2016 hat sich die Republik Österreich am 12. Januar 2016 per Ministerratsbeschluss zu deren Umsetzung auf nationaler Ebene verpflichtet. Als dem Beschluss offensichtlich keine entsprechenden Taten folgten (siehe auch Rechnungshof Österreich, 2018), setzten bereits Anfang 2017 in der Allianz Nachhaltige Universitäten in Österreich (Allianz) umfangreiche Diskussionen ein, wie die Universitäten die Bundesregierung bei der Umsetzung unterstützen können. Aus diesen grundlegenden Überlegungen entstand die Idee, in interuniversitärer Kooperation wissenschaftlich fundierte Handlungsoptionen zur Erreichung der SDGs auszuarbeiten, diese der Bundesregierung zu unterbreiten, um damit die Umsetzung der SDGs in Österreich anzuregen. Zur Vorgeschichte siehe auch Stötter et al., 2019; Allerberger et al., 2021. Die wichtigsten Meilensteine der UniNEtZ-Entstehungsgeschichte sind in Abb. 1 überblickshaft dargestellt.

Zugleich bot dieses Vorhaben auch die Möglichkeit, Wissenschafter_innen mit ihrer Expertise einzubinden, sie zu vernetzen und durch die Arbeit an einem gemeinsamen Produkt – dem Optionenbericht (siehe Kap. 2: UniNEtZ Phase 1) – über tiefergehende

Abb. 1 Meilensteine auf dem Weg zum Projekt UniNEtZ (nach Allerberger et al., 2021, S. 11)

fachliche Diskussionen aneinander zu binden und so auch fächer- und universitätsübergreifendes Verständnis und Kooperationen über das Projektende hinaus zu fördern. Der Optionenbericht war damit nicht nur ein für politische Entscheidungen potenziell wichtiges Produkt, sondern auch Mittel zum Zweck, denn nichts zwingt so sehr zur Zusammenarbeit, wie ein gemeinsamer Bericht. Wie eine der Mitwirkenden an UniNEtZ in einer Sitzung treffend bemerkte: *„Nach dem Projekt UniNEtZ wird die österreichische Universitätenlandschaft nicht mehr die gleiche sein"* (Margit Scherb, 2019).

Die grundlegenden Überlegungen zum Projekt UniNEtZ – Universitäten und Nachhaltige Entwicklungsziele stießen bei ersten Gesprächen mit dem Bundesministerium für Wissenschaft, Forschung und Wirtschaft (BMWFW; aktuell: Bundesministerium für Bildung, Wissenschaft und Forschung, BMBWF) im März 2017 insofern auf fruchtbaren Boden, als auch das BMWFW bestrebt war, die Aspekte der Nachhaltigkeit in den Universitäten stärker zu implementieren. Nach Workshops mit Rektoratsvertreter_innen vieler Universitäten und Repräsentant_innen der Hochschulverbände startete ein vom BMWFW finanziertes Projekt zur Erfassung der wissenschaftlichen Leistungen der Universitäten im Bereich der jeweiligen SDGs in Form eines Mappings (Körfgen et al., 2018). Die Auswertung von Publikationen, Projekten und Lehrveranstaltungen im Zeitraum 2013–2017 auf ca. 1000 Schlagworte, die in deutscher und englischer Sprache aus den Originaldokumenten der UN-Agenda 2030 zu den 17 SDGs abgeleitet wurden, erlaubte eine Zuordnung der Forschungsschwerpunkte der beteiligten Hochschulen zu den SDGs und bildete somit eine zentrale Entscheidungsgrundlage, auf welche SDGs sie sich fokussieren wollen.

Die inhaltliche und strukturelle Konzipierung des Projekts UniNEtZ erfolgte im Rahmen von 13 interuniversitären Workshops im Zeitraum von Oktober 2017 bis Dezember 2018. Daraus entstanden gemeinsame Textpassagen für die Dokumente zu den Leistungsvereinbarungen und den Entwicklungsplänen der beteiligten Universitäten sowie ein Memorandum of Understanding (MoU), durch das die involvierten Universitäten ihren Beteiligungswillen zum Ausdruck brachten. Ein entsprechender Kooperationsvertrag zwischen allen Partnerinstitutionen formalisierte diesen Beteiligungswillen – sowohl in der ersten (2019–2021) als auch in der zweiten Projektphase (2022–2024). Die Kooperationsvereinbarung bildet folglich die Basis für die Zusammenarbeit, da neben der Projektstruktur auch die Beteiligungsverhältnisse festgehalten sind. Durch die den Universitäten gleichgestellte Projektpartnerschaft des Studierendenvereins forum n wird in der Kooperationsvereinbarung außerdem die besondere Haltung des Projekts UniNEtZ gegenüber Studierenden als Partner_innen auf gleicher Augenhöhe zum Ausdruck gebracht (siehe Kap. 4: Mitwirkung von Studierenden).

Die vereinbarten Ziele für das Projekt UniNEtZ sind gemäß Kooperationsvertrag folgende (Allerberger et al., 2021, S. 10):

1. Generelle Stärkung der universitätsübergreifenden interdisziplinären Kooperation;
2. Erarbeitung und Vorlage eines *UniNEtZ-Optionenberichts* zur Umsetzung der SDGs in Österreich bis 2021;

3. Langfristig: Leistung eines wesentlichen Beitrags zur nachhaltigen Entwicklung in Österreich;

4. Verankerung nachhaltiger Entwicklung an den Universitäten in Lehre und Forschung.

Dabei lassen sich die im Kooperationsvertrag vereinbarten Ziele des Projekts UniNEtZ im Sinne des Nachhaltigkeitsverständnisses der Allianz Nachhaltige Universitäten in Österreich (Allianz Nachhaltige Universitäten in Österreich, 2020) als Bestreben der Beteiligten zusammenfassen, wesentlich zur Initiierung, Gestaltung und Umsetzung von Transformationsprozessen beizutragen.

Die inhaltliche Auseinandersetzung in UniNEtZ erfolgt in den vom SDG-Gremium koordinierten SDG-Gruppen, die in der zweiten Projektphase um fünf Schwerpunktthemengruppen (SP-Gruppen, siehe Kap. 3) ergänzt werden. Die Leitung des UniNEtZ Projekts liegt beim dreiköpfigen Lenkungsausschuss, der zusammen mit dem Koordinationsteam operationell und strategisch agiert. Strukturell wird das Projekt durch den UniNEtZ-Rat begleitet, der im Sinne eines Aufsichtsrats, in dem jede Partnerinstitution eine Stimme hat, für Budgetentscheidungen sowie übergeordnete Fragen zuständig ist. Sowohl wissenschaftlich-inhaltlich als auch strategisch–politisch wird das Projekt vom Scientific Advisory Board begleitet.

Die Entwicklung und Durchführung des Projekts UniNEtZ ist ein konkreter Schritt in Richtung Umsetzung der Forderung der Hochschulen an sich selbst, wichtige Impulsgeberinnen zu sein und eine Vorbildrolle für nachhaltige Entwicklung einnehmen zu wollen, wie es im Gesamtösterreichischen Universitätsentwicklungsplan 2022–2027 (BMBWF, 2019) oder im Manifest für Nachhaltigkeit der Österreichischen Universitätenkonferenz (uniko, 2020) zum Ausdruck gebracht wird. Damit wird die abstrakte Einforderung der gesellschaftlichen Verantwortung der Universitäten auch konkretisiert.

2 UniNEtZ – Phase 1 (2019–2021): Optionen und Maßnahmen zur Umsetzung der Agenda 2030 in Österreich

Offiziell startete das Projekt UniNEtZ mit Beginn der Leistungsvereinbarungsperiode 2019–2021 nach der Unterzeichnung der Kooperationsvereinbarung durch 16 Universitäten, die Geologische Bundesanstalt (GBA), das Climate Change Centre Austria (CCCA) sowie den studentischen Verein forum n mit einer großen Auftaktveranstaltung im Januar 2019 an der Universität für angewandte Kunst in Wien (siehe Abb. 2). In den folgenden drei Jahren wirkten circa 300 Wissenschaftler_innen, Künstler_innen und Studierende an der Erstellung von wissenschaftlich fundierten Optionen und Maßnahmen mit, die zur Umsetzung der UN-Agenda 2030 (United Nations, 2015) in Österreich beitragen sollen und damit die zweite der oben genannten vier Zielsetzungen von UniNEtZ adressiert.

Wie in Abb. 3 dargestellt, haben die beteiligten Institutionen dabei jeweils eine Patenschaft und/oder Mitwirkung übernommen: *„Patenschaft heißt, dass sich die jeweilige*

Abb. 2
UniNEtZ-Gesamtveranstaltung
im Januar 2019 an der
Universität für angewandte
Kunst in Wien. (Foto: Marcella
Ruiz Cruz, 2019)

Universität zur österreichweiten Koordination aller Mitwirkenden/Mitarbeiter_innen eines
SDGs bereit erklärt hat, die an der Ausarbeitung des UniNEtZ-Optionenberichts beteiligt
sind. In einigen Fällen liegt auch eine geteilte Patenschaft vor, wenn sich zwei Universitä-
ten diese Aufgabe teilen. Mitwirkung bedeutet, dass sich eine oder mehrere Universitäten
bereit erklärt hat/haben, an der Ausarbeitung des UniNEtZ-Optionenberichts hinsichtlich
eines SDGs aktiv mitzuarbeiten" (Allerberger et al., 2021, S. 15). In diesem Sinne hat die
Erarbeitung der Optionen und Maßnahmen in interdisziplinär zusammengesetzten, universitätsübergreifenden SDG-Gruppen stattgefunden, wobei regelmäßig stattfindende Treffen
des SDG-Gremiums Austauschmöglichkeiten zwischen den SDG-Gruppen boten. Zudem
hat ein Scientific Advisory Board (SAB) die Arbeiten kritisch begleitet. Ebenfalls eingerichtet wurden die beiden internen Arbeitsgruppen „Methoden" und „Dialog", die sich
zum einen konzeptionell mit der Erstellung der Optionen auseinandergesetzt und zum
anderen u. a. die Kommunikation innerhalb des Projekts reflektiert haben.

Im UniNEtZ-Verständnis zeigen Optionen, *„[…] wie die zukunftsfähigen Wege zum*
Erreichen einzelner Nachhaltigkeitsziele bzw. ihrer Subziele (Targets in der UN-Agenda
2030) aussehen können" (Stötter & Kromp-Kolb, 2021, S. 20). In diesem Sinne sind
Optionen auf interdisziplinär erarbeiteten, wissenschaftlichen Erkenntnissen beruhende

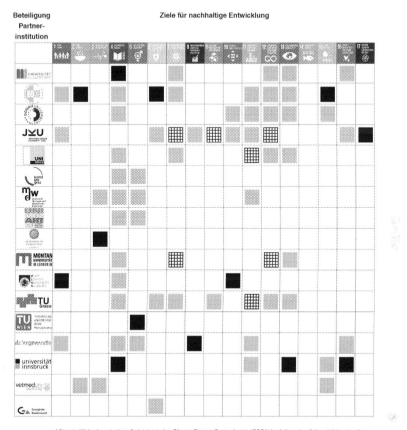

Abb. 3 Matrix der Beteiligungen (Patenschaften (schwarz), geteilte Patenschaften (kariert) und Mitwirkungen (grau)) und Zuständigkeiten in der ersten Projektphase von UniNEtZ

Vorschläge für jeweils ein Bündel konkreter Maßnahmen zu verstehen, die für politische (und wirtschaftliche) Entscheidungen relevant, aber nicht vorschreibend sind. Sie zeigen zudem Wechselwirkungen mit anderen Optionen auf, die das Erreichen von Zielen und Targets fördern oder hemmen können. Die Ergebnisse sind im „UniNEtZ-Optionenbericht" (Allianz Nachhaltige Universitäten in Österreich, 2021) dargestellt.

Optionenbericht

Wie im Folgenden dargestellt, umfasst der UniNEtZ-Optionenbericht fünf Teile sowie weitere Zusatzdokumente und wurde entsprechend der Zielsetzung, die Entscheidungsträger_innen in Österreich beim Erreichen der Nachhaltigkeitsziele durch die gesamte Gesellschaft und der Verwirklichung der UN-Agenda 2030 unterstützen zu wollen, im

März 2022 im Bundeskanzleramt der österreichischen Regierung überreicht. Im Folgenden werden die Inhalte und Schwerpunkte der einzelnen Teile des Berichts skizziert (Tab. 1 gibt einen Überblick über die Anzahl der Optionen sowie Maßnahmen je SDG):

Das Projekt UniNEtZ: Universitäten und die 17 Ziele für nachhaltige Entwicklung
Im einführenden Teil werden die Entstehung, die grundlegenden Ideen sowie Ziele von UniNEtZ erläutert.

Von den Optionen zur Transformation
Der Teil *„Von den Optionen zur Transformation"* stellt das Zusammenwirken verschiedener Handlungsoptionen zur Umsetzung der SDGs in sechs Transformationsfeldern dar, die sich am UN-Bericht *„The Future is Now"* (Independent Group of Scientists, 2019) orientieren.

Maßnahmenübersicht
Die Maßnahmenübersicht umfasst Kurzbeschreibungen der ca. 150 Optionen und rund 950 Maßnahmen des UniNEtZ-Optionenberichts und dient als Nachschlagewerk, um einen schnellen Einblick in die Optionen und Maßnahmen zu bekommen. Für jede Option werden die jeweiligen Ziele sowie die enthaltenen Maßnahmen skizziert.

Optionen und Maßnahmen
Mit den rund 150 Optionen und den etwa 950 konkreten vorgeschlagenen Maßnahmen stellt der Teil *Optionen und Maßnahmen* den Hauptteil des UniNEtZ-Optionenberichts dar. Die Gliederung folgt dabei der Reihenfolge der Nachhaltigkeitsziele der Agenda 2030, wobei das Nachhaltigkeitsziel 14 „Leben unter Wasser" nicht bearbeitet wurde. Die Optionen stehen auf www.uninetz.at zum Download bereit.

Reflexion über UniNEtZ I
Rückblickend lässt sich im Hinblick auf die Zielerreichung (siehe Kap. 1: Motivation und Hintergrund) festhalten, dass der Optionenbericht in mehrfacher Hinsicht erfolgreich war: Es konnten der Regierung Vorschläge für Maßnahmen zur Umsetzung der nachhaltigen Entwicklungsziele übergeben werden, und die intensive universitätsübergreifende Zusammenarbeit hat die Kooperation zwischen den beteiligten Partnerinstitutionen bzw. auch zwischen Personen derselben Universität gestärkt. Darüber hinaus spiegelt sich das Engagement aller an UniNEtZ Mitwirkenden in weiteren, über diese „engen" Zielsetzungen hinausgehenden Aktivitäten wider, die nachfolgend kurz dargestellt werden und im Detail u. a. im Teil „Ergänzende Dokumentation zum UniNEtZ-Optionenbericht" dokumentiert sind.

So hat das Projekt UniNEtZ Eingang in den Freiwilligen Nationalen Umsetzungsbericht Österreichs gefunden. Zudem stand UniNEtZ immer wieder im Austausch mit einer Vielzahl universitärer wie außeruniversitärer Akteur_innen. Zu letzteren zählen beispielsweise Interessensvertretungen wie die Arbeiter- und Wirtschaftskammer, die

Tab. 1 Übersicht über die Anzahl der im Projekt UniNEtZ erarbeiteten Optionen und Maßnahmen in der ersten Projektphase (2019–2021). (Eigene Darstellung, 2022)

SDG	Optionen	Maßnahmen
1: Keine Armut	4	33
2: Kein Hunger	8	116
3: Gesundheit und Wohlergehen	14	79
4: Hochwertige Bildung	19	119
5: Geschlechtergleichheit	4	22
6: Sauberes Wasser und Sanitäreinrichtungen	11	85
7: Bezahlbare und saubere Energie	3	26
8: Menschenwürdige Arbeit und Wirtschaftswachstum	7	29
9: Industrie, Innovation und Infrastruktur	4	37
10: Weniger Ungleichheiten	10	17
11: Nachhaltige Städte und Gemeinden	11	55
12: Nachhaltige/r Konsum und Produktion	7	72
13: Maßnahmen zum Klimaschutz	11	62
15: Leben an Land	16	106
16: Frieden, Gerechtigkeit und starke Institutionen	18	85
17: Partnerschaften zur Erreichung der Ziele	2	10

Nachhaltigkeitskoordinator_innen der Bundesländer und Statistik Austria, die Fortschrittsbewertungen zur Umsetzung der SDGs abgibt. Um eine breitere Öffentlichkeit zu erreichen wurden zudem zentrale Erkenntnisse und Inhalte des UniNEtZ-Optionenberichts in einer Artikelserie Ende 2021 in der Zeitung „Die Presse" veröffentlicht, wobei alle Beiträge ebenfalls auf der UniNEtZ-Webseite zur Verfügung stehen (https://www.uninetz.at/beitraege).

Bei aller Zufriedenheit mit dem Erreichten, wurden aber auch wesentliche Defizite nicht übersehen. So entfalten die 17 nachhaltigen Entwicklungsziele ihre volle Wirksamkeit erst in der gemeinsamen Betrachtung, da sich dadurch Handlungsspielräume eröffnen, die bei Betrachtung einzelner SDGs verschlossen bleiben. Eine Gliederung des Projekts nach SDGs stellt daher eine spürbare Einschränkung dar. Um dieser zu begegnen, wurden Querbegutachtungen durchgeführt, d. h. jede SDG-Gruppe bewertete die von anderen SDG-Gruppen vorgeschlagenen Optionen (Horvath et al., 2021). Diese Vorgehensweise basiert auf der ICSU-Skala (Nilsson et al., 2016) und den methodischen Analysen von Horvath et al. (Horvath et al., 2022). Auch ist der Optionenbericht im Wesentlichen ein von der wissenschaftlichen Community erstellter und übergebener Bericht, kein gemeinsam mit den einschlägigen Stakeholdern erarbeiteter, wie das im Sinne der Nachhaltigkeit eigentlich zu fordern ist. Beide Einschränkungen wurden bewusst in Kauf genommen, weil die Aufgabe, 17 Forschungseinrichtungen auf ein gemeinsames Ziel zu fokussie-ren, im Lichte der langjährigen Doktrin vom nutzbringenden Wettbewerb und von der Bedeutung, Alleinstellungsmerkmale herauszuarbeiten, als hinreichend herausfordernd bewertet wurde. Dennoch gab es natürlich auch Austausch zwischen SDG-Gruppen und Stakeholdern, aber erst in der zweiten Projektphase hat dies übergeordnete Priorität.

Nicht im erwünschten Ausmaß ist auch die Einbindung der Studierenden gelungen, wiewohl eine Reihe von Diplomarbeiten innerhalb von UniNEtZ entstanden sind und es parallel zum Optionenbericht eine studentische Publikation gegeben hat (forum n, 2021).

Desgleichen hat sich relativ rasch eine Gruppe von beteiligten Wissenschafter:innen gebildet, die im Zuge des Projektes nach den ersten Monaten kaum gewachsen ist. Die Reichweite des Projektes war somit inneruniversitär zwar deutlich größer als bei bisheri-gen Projekten der Allianz Nachhaltige Universitäten in Österreich, aber das Potenzial eventuell Interessierter wurde keineswegs ausgeschöpft.

Schließlich hatten die Rektorate zwar persönliche Vertreter_innen in den Rat entsandt, die regelmäßig Bericht erstatteten, und Mitglieder des Lenkungsausschusses sprachen im Zuge des Projektes zweimal bei jeder/jedem einzelnen Rektor_in vor, dennoch wurden die Möglichkeiten, die in dem Projekt sowohl für das jeweils eigene Haus und dessen Wirksamkeit nach außen stecken, als für universitätenübergreifende Entwicklungen nur von sehr wenigen Rektor_innen erkannt und genutzt.

Diesen erkannten Schwächen der ersten Projektphase wird in der zweiten Phase erhöhte Aufmerksamkeit geschenkt.

3 Von UniNEtZ I zu UniNEtZ II: Hochschulen als Wegbereiter_innen gesellschaftlicher Nachhaltigkeit

Hintergrund: Hochschulen als „Vordenkerinnen" für nachhaltige Entwicklung
In der zweiten Projektphase (2022–2024) liegt der Hauptfokus von UniNEtZ darauf, wei-tere und konkrete Beiträge zur Transformation der Gesellschaft zur Nachhaltigkeit zu leisten.

Diesem Ziel liegt das Selbstverständnis zugrunde, dass Hochschulen, die für sich bean-spruchen, *„[…] als Vordenkerinnen […] einen wesentlichen Beitrag zu einer nachhaltigen Entwicklung leisten"* (uniko, 2021, S. 1) zu können, es als ihre gesellschaftliche Verant-wortung sehen, *„[…] verantwortungsvoll zur Lösung von Problemen des Menschen sowie zur gedeihlichen Entwicklung der Gesellschaft und der natürlichen Umwelt beizutragen."* (uniko, 2021, S. 1) Die Optionen mit ihren konkreten Vorschlägen für Maßnahmen zur Erreichung der SDGs bilden hierfür eine fachliche Grundlage.

UniNEtZ I hat jedoch gezeigt, dass die universitären Strukturen, und mit die-sen das gesamte Wissenschaftssystem, es jungen, aufstrebenden Wissenschafter_innen schwermachen, sich an Projekten wie UniNEtZ zu beteiligen. Die interdisziplinäre und interuniversitäre Zusammenarbeit kostet viel Zeit, die der für die wissenschaftliche Karriere prioritären Publikationstätigkeit abgeht. Das gesamte System bevorzugt schmale fachliche Tiefe anstelle systemischer Betrachtung mit der nötigen Breite.

Die letzten 50 Jahre zeigen jedoch, dass dieses Wissenschaftsverständnis nicht ausreicht, um „einen wesentlichen Beitrag zu einer nachhaltigen Entwicklung" zu leisten. Es herrscht eine gewaltige Kluft zwischen Selbstanspruch der Universitäten und realer Wirkung. Da die Weltgemeinschaft jetzt, bildlich gesprochen, am Rande des Abgrunds steht und die Uhr gnadenlos weitertickt, gibt es laut kürzlich erschienenem Bericht „Earth for All" an den Club of Rome, 2022 im Wesentlichen zwei Möglichkeiten, auch für die Universitäten: Die Hochschulen machen so weiter wie bisher, und geben ihren Anspruch, maßgeblich einen Beitrag zur Erfüllung der Agenda 2030 zu leisten, auf. Weitere 10.000 Publikationen retten die Welt nicht. Wenn die Hochschulen in den Spiegel schauen und ehrlich zu sich selbst sind, müssen sie sich eingestehen, dass sie mit ihrem bisherigen Tun als Hochschulen in dieser Hinsicht gescheitert sind. Der Beitrag der Hochschulen zu einer nachhaltigen Entwicklung des Erdsystems lässt sich mit dem Szenario „Too Little, Too Late!" des neuen Berichts an den Club of Rome beschreiben. Nicht, dass Hochschulen untätig oder unproduktiv wären, in Hinblick auf das selbstgewählte Ziel der Transformation zur Nachhaltigkeit geschieht jedoch eindeutig zu wenig, da bisherige Aktivitäten und Leistungen nicht auf dieses Ziel ausgerichtet sind, und somit daran vorbei gearbeitet wird.

Damit Hochschulen dem Anspruch, Wegbereiterinnen der gesellschaftlichen Transformation zu sein und damit einen Beitrag zur Rettung des Erdsystems leisten zu können, glaubhaft nachkommen können, müssen sie sich zuerst selbst einem Transformationsprozess unterziehen. Diese Transformation muss die Beteiligung an der „Rettung der Welt" belohnen, statt sie zu pönalisieren, muss unkonventionelle, nicht zum Mainstream passendes Denken bei Studierenden, Lehrenden und Forschenden fördern, und vieles mehr. Universitäten sollten im Sinne des zweiten Szenarios des Club of Rome Berichts, den „Giant Leap" – also den großen Sprung – rasch vollziehen, um der für sich beanspruchten Rolle der Vordenker_innen der Gesellschaft gerecht werden zu können. UniNEtZ II versteht in diesem Sinne den „Giant Leap" nicht nur hinsichtlich des Erdsystems, sondern auch im Hinblick auf die Transformation der Hochschulen. Das heißt, dass Hochschulen nicht mehr nur das tun, was sie gut können, weil sie es schon lange machen, sondern das tun, was notwendig ist.

4 UniNEtZ-Grundsatzerklärung zur Transformation von Hochschulen zu Wegbereiter_innen gesellschaftlicher Nachhaltigkeit: Ein „Kompass" für UniNEtZ II

Vor diesem Hintergrund nahm die Idee und Ausarbeitung der **UniNEtZ-Grundsatzerklärung** zur „Transformation von Hochschulen zu Wegbereiterinnen gesellschaftlicher Nachhaltigkeit" (UniNEtZ, 2022) bei einem Projekttreffen am 3. Juni

Abb. 4 Zeitstrahl zur Entstehung der Grundsatzerklärung. (Eigene Darstellung, 2022)

2022 in Linz ihren Ausgangspunkt. In den darauffolgenden Wochen und Monaten folgte ein intensiver Schreib- und Diskussionsprozess, in dessen Rahmen alle Kommentare, Rückmeldungen etc. intensiv diskutiert wurden, bevor am 19.09.2022 die finale Version der Grundsatzerklärung in der UniNEtZ-Gesamtveranstaltung an der Universität Mozarteum in Salzburg publiziert und öffentlich zur Diskussion gestellt wurde (siehe Abb. 4). In der ausführlichen Diskussion mit der UniNEtZ-Community, Vertreter_innen des BMBWF sowie internationalen Expert_innen wurde großes Interesse und breite Zustimmung zur Grundsatzerklärung erkennbar.

In diesem Sinn ist die Grundsatzerklärung ein bottom-up von den an UniNEtZ II Beteiligten vorgelegtes Dokument, wie es auch einzelne Optionen bzw. der Optionenbericht sind. Durch internationale Initiativen (z. B. *Earth for All*) bzw. Institutionen (z. B. International Science Council, 2022: „*Unleashing Science*"; European University Association, 2021: „*Universities without Walls – a Mission for 2030*") werden die aus dem Bewusstsein wachsender gesellschaftlicher Verantwortung resultierenden Forderungen der Grundsatzerklärung bestärkt.

In der UniNEtZ-Grundsatzerklärung sind für alle Handlungsfelder einer Hochschule (Gesellschaftsdialog, Lehre, Forschung, Betrieb, Governance) sowie einem hochschulübergreifenden Handlungsfeld Forderungen formuliert (siehe Grundsatzerklärung im Anschluss). Damit die Forderungen keine „leeren Versprechen" bleiben „*[...] verpflichtet UniNEtZ sich nicht nur zum Aufzeigen und Fordern eines Weges zur Transformation zur Nachhaltigkeit, sondern zum unmittelbaren realen Handeln*" (UniNEtZ, 2022, S. 3). Vor diesem Hintergrund sollen fünf Schwerpunktbereiche die Arbeit in den SDG-Gruppen ergänzen:

- SP I: „Transdisziplinärer Dialog mit der Gesellschaft"
- SP II: „Wissenschaftliche Begleitung und Monitoring gesellschaftlicher Transformation"
- SP III: „Transformation im Handlungsfeld Forschung"
- SP IV: „Transformation im Handlungsfeld Lehre"
- SP V: „Transformation im Handlungsfeld Governance"

Projektstruktur und Partnerinstitutionen in UniNEtZ II

Abb. 5 stellt die aktuelle beteiligten Partnerinstitutionen und ihre Art der Mitwirkung dar. Erfreulich ist, dass nun auch Fachhochschulen und Pädagogische Hochschulen Teil des Projekts sind. Jedoch geht aus Abb. 5 auch hervor, dass einige SDGs im Moment noch nicht besetzt werden konnten. Ziel ist, auch diese SDGs während der Projektlaufzeit von UniNEtZ II besetzen zu können.

Die Ergänzung der Schwerpunktbereiche stellt eine der wesentlichsten Veränderungen im Hinblick auf die Projektstruktur dar, welche in Abb. 6 dargestellt ist.

Zudem ist angedacht, das Projekt um ein *Societal Advisory Board* zu ergänzen. Jedoch erweist sich die Diskussion darüber, welche Interessen im Board vertreten sein sollen, angesichts der Heterogenität der Gesellschaft als herausfordernd. Es stellt sich die Frage, wie solch ein Berater_innengremium aus der Gesellschaft überhaupt umgesetzt werden kann, um möglichst fair alle Bevölkerungsteile miteinzubeziehen.

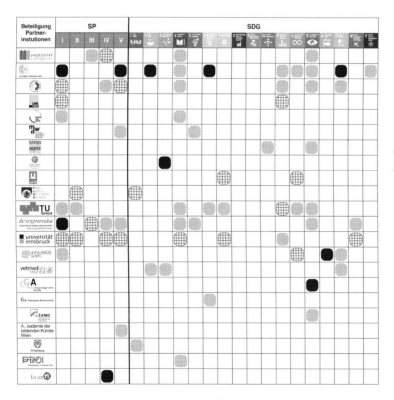

Abb. 5 Patenschaften (schwarz), geteilte Patenschaften (kariert) und Mitwirkungen (grau) der beteiligten Partnerinstitutionen in der Projektphase UniNEtZ II. (Eigene Darstellung, 2022)

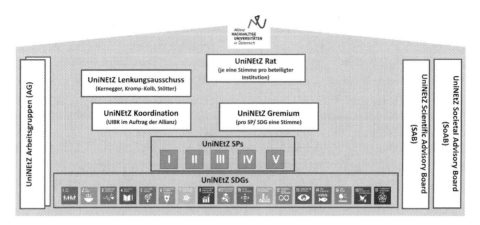

Abb. 6 Governancestruktur des Projekts UniNEtZ II. (Eigene Darstellung, 2022)

Einblick in aktuelle Aktivitäten: UniNEtZ an der Schnittstelle zur Politik

Die Fertigstellung und Übergabe des Optionenberichts an die österreichische Bundesregierung hat erfreulicherweise umfangreihe politische Reaktionen ausgelöst, von denen nur die wichtigsten hier angeführt werden:

- **Parlamentskooperation – Zusammenarbeit mit der Legislative**
  Auf Veranlassung des Präsidiums des österreichischen Nationalrats (= Parlament) wurde UniNEtZ eingeladen, im Zeitraum 2022–2023 im Rahmen der Plenarsitzungen an insgesamt 17 Tagen die 17 SDGs der Agenda 2030 zu thematisieren und mit den Parlamentarier_innen zu diskutieren. Dabei sind einerseits grundlegende Aspekte des jeweiligen SDGs sowie andererseits die Optionen und konkreten Maßnahmen aus dem Optionenbericht Inhalt der Gespräche. Erste Erfahrungen zeigen, dass dieses Format auf großes Interesse bei den politischen Repräsentant_innen stößt.

- **Interministerielle Arbeitsgruppe (IMAG) – Zusammenarbeit mit der Exekutive**
  Auf Grundlage des Ministerratsbeschlusses vom 12. Jänner 2016 zur Umsetzung der Agenda 2030 durch alle Bundesministerien wurde eine Interministerielle Arbeitsgruppe „Umsetzung der Agenda 2030 für nachhaltige Entwicklung" (IMAG) unter der gemeinsamen Leitung des Bundeskanzleramtes (BKA) und des Bundesministeriums für europäische und internationale Angelegenheiten (BMEIA) eingerichtet. UniNEtZ nimmt ab dem Jahr 2022 an Sitzungen der IMAG teil und bringt dabei Inhalte des Optionenberichts ein.

- **Kooperationen mit Bundesministerien – Zusammenarbeit mit der Exekutive**

Eine Konsequenz aus der politischen Wahrnehmung des Projekts UniNEtZ (Parlamentskooperation und IMAG) sind in zunehmendem Maße Gespräche mit und Konsultationen von Vertreter_innen der Verwaltung verschiedener Bundesministerien.

Neben den Kooperationen auf Bundesebene haben sich vergleichbare Kontakte auch in einzelnen Bundesländern entwickelt.

Da die Einbeziehung der SDGs in die tägliche operationelle Arbeit der österreichischen Politik und Verwaltung keineswegs selbstverständlich ist, kann der Optionenbericht als erfolgreich bezeichnet werden, insofern er das Thema nicht nur in die Universitäten, sondern vermehrt auch in die Verwaltung und Politik getragen hat. Für Aussagen hinsichtlich der Umsetzung einzelner Optionen ist es allerdings noch zu früh.

Die erarbeiteten Optionen müssen, soweit möglich, auch mit einschlägigen Stakeholdern aus der Zivilgesellschaft und der Wirtschaft intensiv besprochen werden, und gegebenenfalls modifiziert, ergänzt oder auch zurückgezogen werden. In diesem Sinn bleibt der Optionenbericht ein lebendes Dokument.

5   Mitwirkung von Studierenden

Bereits in der ersten Projektphase wurde die Relevanz aktiver studentischer Mitarbeit erkannt. Als in der Regel jüngste Personengruppe an Universitäten haben Studierende eine eigene Sichtweise auf die aktuellen und kommenden großen Herausforderungen, die sich aus einer anderen Betroffenheit ergibt. Aufgrund der längeren verbleibenden Lebenszeit werden Studierende die erwarteten Konsequenzen des globalen Wandels und der Klimakrise in weitaus größerem Ausmaß erfahren. Gleichzeitig gehören heutige Studierende zur letzten Generation, die richtungsweisende Entscheidungen treffen und diese auch umsetzen wird können, um das Überschreiten essentieller, vielleicht sogar existentieller Kipppunkte im Erdsystem zu vermeiden. Diese Perspektive braucht das Projekt, um einen gesamtheitlichen Blick auf die Probleme richten und mögliche Lösungen finden zu können. Bei Studierenden handelt es sich zudem um wirkungsvolle Multiplikator_innen, welche die Ergebnisse in die Universitäten und v. a. auch in die außeruniversitäre Gesellschaft tragen können. Aus diesem Grund versucht UniNEtZ, interessierte Studierende für die Thematik zu begeistern, sie in alle Abläufe des Projekts zu integrieren und so mit Handlungskompetenz zur besseren Bewältigung der multiplen Krisen der Gegenwart und Zukunft auszustatten.

In UniNEtZ I wurde eine Kooperation mit dem studentischen Verein forum n etabliert, der es sich unter anderem zur Aufgabe gemacht hat, die Bekanntheit des Projekts zu steigern, interessierten Studierenden den Einstieg zu erleichtern und ihre Interessen in den Entscheidungsgremien zu vertreten. Dies wurde zum Beispiel in verschiedenen Werbekampagnen, in der Projektförderung „Leave no one behind" oder dem mit UniNEtZ erstellten Sammelband studentischer Abschlussarbeiten umgesetzt (forum n, 2021).

Eine Evaluation unter den Beteiligten (studierend und nicht-studierend) zum Ende der ersten Projektphase bot die Grundlage für die Erstellung eines neuen Konzepts zur Mitarbeit von Studierenden in der zweiten Projektphase von UniNEtZ. Anliegen, wie die breitere Bewerbung des Projekts und die Vereinheitlichung und Betreuung des Onboardings innerhalb der Gruppen, wurden als Kernaufgaben für die neu entstehende Stelle zur Studierenden-Koordination definiert. Diese studentisch besetzte Stelle dient als zentrale Vertretung von Studierendenbelangen in UniNEtZ II in engem Kontakt mit Vertreter_innen der Österreichischen Hochschüler_innenschaft (ÖH). Als gewählte Vertretung der Studierenden auf Universitätsebene verfügt die ÖH über den Kontakt zu allen Studierenden, kann die studentische Meinung demokratisch legitimiert vertreten und ist zudem in hochschulpolitischen Entscheidungsgremien aktiv. Die Bestrebungen der Studierenden-Koordination werden halbjährlich evaluiert, um stetig verbessert werden zu können und um Bedingungen für das Gelingen studentischer Mitarbeit im Allgemeinen zu identifizieren.

Der studentische Verein forum n ist in UniNEtZ II mit der Patenschaft für den Schwerpunktbereich IV, der den Fokus auf die Transformation der universitären Lehre legt, beteiligt. Auf diese Weise wird der studentischen Sicht bewusst Raum in diesem, die Studierenden im Universitätsalltag am meisten betreffenden Diskurs gegeben.

6   Schlussfolgerungen und Ausblick

Das Projekt UniNEtZ war, trotz Einschränkungen und Schwächen, eine spürbare Bereicherung für die beteiligten Wissenschafter_innen. Es wurden fachliche und persönliche Verbindungen innerhalb von und quer über Disziplinen und Universitäten geknüpft, Wechselwirkungen erkannt und Horizonte erweitert, die Lehre qualitativ spürbar verbessert und letztendlich mit dem Optionenbericht die wissenschaftliche Basis für transdisziplinäre Dialoge mit unterschiedlichen gesellschaftlichen Zielgruppen geschaffen.

Es wurde viel über Bewertungsmethoden, über die Einbindung von Studierenden und interne Kommunikation diskutiert, und es wurden Ideen zur aktiven Einbindung von Stakeholdern entwickelt, verworfen, weiterentwickelt, die in der zweiten Phase zum Einsatz kommen. UniNEtZ hat schon in der ersten Phase in der Politik Spuren hinterlassen, ein klares Signal gesetzt, dass Wissenschaft dialogwillig ist, um zur Bewältigung der drängenden und hochkomplexen gesellschaftlichen Herausforderungen beizutragen. In der zweiten Projektphase gilt es zu beweisen, dass Wissenschaft auch dialogfähig ist und auch in der Umsetzung Konstruktives zu bieten hat. Das bedeutet, dass sich die Wissenschaftler_innen, die Optionen erarbeitet haben, auch der rauen Wirklichkeit praktischen Handelns aussetzen, und Lösungen für eine Fülle von Zusatzproblemen vorschlagen müssen, mit denen sie nicht gerechnet hatten, und zu deren Bearbeitung sie möglicherweise Kolleg_innen anderer, bisher nicht beteiligter Fachrichtungen heranziehen müssen.

UniNEtZ hat aber auch gelehrt, dass eine SDG-für-SDG abhandelnde Herangehensweise nur begrenzt geeignet ist, Optionen hervorzubringen, die tatsächlich transformativ sind – zu leicht schlagen alte Denkschemata durch. Hier gilt es Kriterien zu entwickeln, welche Art von Vorhaben tatsächlich transformativ sind, und daher als UniNEtZ II Projekt gelten dürfen.

Quasi als übergreifendes Resümee, am Ende der ersten Projektphase, kamen die UniNEtZ Wissenschafter_innen zu dem Schluss, dass die auf Transformation abzielenden Projektziele jedenfalls unter den gegebenen Rahmenbedingungen beginnen müssen, da der eigentlich nötige ganzheitlich disruptive Systemwandel kurzfristig nicht zu erwarten ist. Auch wenn diese Variante nicht als optimal gesehen wird, wird davon ausgegangen, dass sich aus verschiedenen kleineren und größeren Schritten der Transformation eine Eigendynamik entwickeln wird, die zwangsläufig zu Veränderungen auf der systemischen Ebene führt.

Das Ergebnis dieses Bemühens ist jedoch nicht eindeutig vorhersehbar, da es sich sowohl beim Gesamtsystem als auch bei den wesentlichen Teilsystemen der Gesellschaft um komplexe Systeme handelt, die eine gezielte Steuerung gegenwärtiger wie v. a. auch zukünftiger Prozessdynamiken und daraus entstehender Systemzustände grundsätzlich kaum gestatten. In diesem Sinne müssen kontinuierliches Lernen und ein kritisch-reflektierter Umgang mit Fehlschlägen auch als elementare Teile einer Zukunftsgestaltung gesehen werden.

Während in der ersten Phase von UniNEtZ noch ein gemeinsames Produkt – der Optionenbericht – den Zusammenhalt der Projektbeteiligten sicherte, geht es in der zweiten Phase darum, „eine bunte Blumenwiese blühen zu lassen". Weniger zentrale Steuerung, mehr Eigenverantwortung sind gefragt. Nicht die einzelnen Blumen werden vorgegeben, wohl aber die Grenzen der Wiese. Eine neue Herausforderung, der sich das Projekt zu stellen bereit ist. Wie in der ersten Phase wird sich vieles erst im und aus dem Tun entwickeln.

Dieselben Überlegungen gelten, wenn auch in etwas überschaubarerer Weise, für das Universitäts- und Wissenschaftssystem. Die „Umsetzung" der Grundsatzerklärung stellt eine gewaltige Herausforderung dar, viele strukturelle Zwänge und Pfadabhängigkeiten sind zu überwinden, sicherlich oftmals auch gegen Widerstand – Widerstand aus Angst vor Neuem und Ungewohntem, aber v. a. auch Widerstand aus Gründen der Besitzstandswahrung. Das sprichwörtliche Betreten von Neuland durch inter- und transdisziplinäre, universitätsübergreifende Arbeit bleibt ein Lernprozess für alle Beteiligten, und natürlich auch für viele, die eine Beteiligung nicht aktiv gewählt haben.

Wie die Wellen um den Stein, der ins Wasser geworfen wird, immer größere Kreise ziehen, so wird auch jeder transformative Schritt andere nach sich ziehen

Die Umsetzung der Optionen zur Erreichung der Ziele für nachhaltige Entwicklung, einschließlich der Grundsatzerklärung, die als eine zentrale, auf Universitäten bezogene Option verstanden werden kann, ist der impulsgebende Stein, dessen Wellen innerhalb und außerhalb der Universitäten nicht mehr gestoppt werden können. Mit der prototypischen Transformation des eigenen Hauses hofft UniNEtZ II an Legitimation und Überzeugungskraft zu gewinnen, um andere, ernsthaft an der Erreichung der nachhaltigen Entwicklungsziele Interessierte ermutigen und mitreißen zu können.

Dank

UniNEtZ ist ein von etwa 400 Personen getragenes Projekt, über das die Autor_innen die Ehre hatten, berichten zu dürfen. Sie alle haben sich auf das Experiment eingelassen und das Projekt gemeinsam zu dem gemacht, was es wurde. Ihnen allen sei herzlich gedankt.

UniNEtZ wäre aber auch nicht möglich, ohne die Unterstützung der Rektorate, die das Vorhaben in ihre Leistungsvereinbarungen aufgenommen haben, und ohne unterstützende, idealistische Beamt_innen im Bundesministerium für Bildung, Wissenschaft und Forschung. Ihnen allen war Nachhaltigkeit wichtig genug, die Herausforderung eines solchen Projektes anzunehmen und damit verbundene Risiken einzugehen.

UniNEtZ-Grundsatzerklärung

„Transformation von Hochschulen zu
Wegbereiterinnen gesellschaftlicher Nachhaltigkeit"

2022 – eine Gegenwartsdiagnose voller Ernüchterung:

50 Jahre Warnungen von Seiten der Wissenschaft vor den Folgen eines ungebremsten Wachstumsparadigmas (1972 Limits to Growth) und

30 Jahre wissenschaftliche sowie politische Auseinandersetzung mit nachhaltiger Entwicklung in Konferenzen (1992 Rio-Konferenz) und umfangreiche entsprechende Forschungsprogramme haben uns in keiner Weise einer globalen Lösung nähergebracht.

Deshalb fordern wir in der Erkenntnis, dass

- die Menschheit wider besseres Wissen weitgehend ungebremst auf einen sozial-ökologischen Kollaps zusteuert,
- die Menschheit in ihrem exponentiell voranschreitenden Streben nach wirtschaftlichem Wachstum das Erdsystem an den Rand seiner ökologischen Leistungsfähigkeit gebracht hat,
- die Überschreitung der planetaren Grenzen und damit verbundener Kipppunkte zu irreversiblen und unkontrollierbaren Veränderungen elementarer ökologischer Systeme führen werden und die fragilen sozio-kulturellen Systeme zu kollabieren drohen,
- die für die Menschheit und das gesamte System Erde katastrophalen Folgen durch eine umfassende sozial-ökologische Transformation noch abgewendet werden können,
- der Handlungsspielraum für die Gestaltung einer zukunftsfähigen, lebenswerten Welt im entscheidenden dritten Jahrzehnt des 21. Jahrhunderts aber immer kleiner wird,
- zwar auf allen Ebenen von den UN über die EU bis zur nationalen, regionalen und sogar kommunalen Ebene der Notfallcharakter der aktuellen Situation und die Dringlichkeit entsprechender Handlungen erkannt und auch in Zielen und Versprechungen adressiert werden, aber die Wirksamkeit der Bemühungen weit hinter dem Erforderlichen zurückbleiben,

und im Bewusstsein, dass

- den Hochschulen hinsichtlich ihres Anspruchs, Bildungsstätten für zukünftige Entscheidungsträger:innen und Impulsgeberinnen für innovative, zukunftsfähige Lösungen und Motoren nachhaltiger Entwicklung sein zu wollen, eine besondere gesellschaftliche Verantwortung zukommt,
- der Anspruch, als Treiberinnen von Innovation zu einer umfassenden sozial-ökologischen Transformation der Gesellschaft beizutragen, die (Selbst)-Transformation der Hochschulen voraussetzt,
- die existentiellen Themen alle Hochschulen gleichermaßen angehen und deshalb frei von Konkurrenz und im Gegenteil Inhalt von Kooperation sein müssen,
- die Hochschulen damit permanent und entschlossen Neuland betreten müssen,

die Hochschulen dazu auf, maximale gesellschaftliche Wirksamkeit in den nächsten Jahren zur übergeordneten Mission zu machen und die anderen Handlungsfelder bedingungslos entlang der Zielvorgabe nachhaltiger Entwicklung im Sinne der Agenda 2030 auszurichten.

Literatur

Allerberger, F., Schneeberger, A., Stötter, J., Kromp-Kolb, H., Fehr, F., Liedauer, S., Dallinger, H., Beck, T., Kernegger, B., Glatz, I., & Lang, R. (2021). Das Projekt UniNEtZ: Universitäten und die 17 Ziele für nachhaltige Entwicklung. in Allianz Nachhaltige Universitäten in Österreich (Hrsg.), *UniNEtZ-Optionenbericht: Österreichs Handlungsoptionen für die Umsetzung der UN-Agenda 2030 für eine lebenswerte Zukunft*. https://www.uninetz.at/optionenbericht_downloads/Das_Projekt_UniNEtZ.pdf. Zugegriffen: 10. Nov. 2022.

Allianz Nachhaltige Universitäten in Österreich. (2020). Nachhaltigkeitsverständnis der ExpertInnen der Allianz Nachhaltige Universitäten in Österreich. https://nachhaltigeuniversitaeten.at/wp-content/uploads/2020/12/Memorandum-of-Understanding-der-Allianz-inkl.-NH-Verstaendnis_2020_Final.pdf.

Allianz Nachhaltige Universitäten in Österreich. (Hrsg.). (2021). UniNEtZ – Universitäten und Nachhaltige Entwicklungsziele. Österreichs Handlungsoptionen zur Umsetzung der UN-Agenda 2030 für eine lebenswerte Zukunft.

BMBWF. (2019). *Gesamtösterreichischer Universitätsentwicklungsplan*. BMBWF.

Dixson-Declève, S., Gaffney, O., Ghosh, J., Randers, J., Rockström, J., & Stoknes, P. E. (2022). *Earth for All: Ein Survivalguide für unseren Planeten: Der neue Bericht an den Club of Rome, 50 Jahre nach „Die Grenzen des Wachstums"* (4. Aufl.). Oekom.

European University Association. (2022). Universities without walls – a mission for 2030. https://www.eua.eu/downloads/publications/universities%20without%20walls%20%20a%20vision%20for%202030.pdf. Zugegriffen: 9. Nov. 2022.

forum n. (Hrsg.). (2021). *Engagiert und interdisziplinär neue Wege gehen! Studierendenperspektiven zu Nachhaltigkeit in Wissenschaft und Kunst. Eine Sammlung studentischer Abschlussarbeiten aus dem Projekt UniNEtZ*. Oekom.

Hagedorn, G. et al. (2019). Concerns of young protesters are justified. *Science, 364,* 139–140. https://doi.org/10.1126/science.aax3807.

Horvath, S., Gratzer, G., Becsi, B., Schwarzfurtner, K., & Vacik, H. (2021). *Handbuch für die Erstellung und Bewertung von Optionen*. AG Methoden im UniNEtZ.

Horvath, S., Muhr, M., Kirchner, M., Toth, W., Germann, V., Hundscheid, L., Vacik, H., Scherz, M., Kreiner, H., Fehr, F., Borgwardt, F., Gühnemann, A., Becsi, B., Schneeberger, A., & Gratzer, G. (2022). Handling a complex agenda: A review and assessment of methods to analyse SDG entity interactions. *Environmental Science & Policy, 131,* 160–176. https://doi.org/10.1016/j.envsci.2022.01.021.

Independent Group of Scientists appointed by the Secretary-General, & Report, G. S. D. (2019). *The future is now – Science for achieving sustainable development*. United Nations.

International Science Council. (2021). Unleashing science: Delivering missions for sustainability. https://doi.org/10.24948/2021.04.

Körfgen, A., Förster, K., Glatz, I., Maier, S., Becsi, B., Meyer, A., Kromp-Kolb, H., & Stötter, J. (2018). It's a hit! Mapping Austrian research contributions to the sustainable development goals. *Sustainability, 10*(9), 3295. https://doi.org/10.3390/su10093295.

Nilsson, M., Griggs, D., & Visbeck, M. P. (2016). Map the interactions between Sustainable Development Goals. *Nature, 534,* 320–322. https://doi.org/10.1038/534320a.

Universitätenkonferenz, Ö., & – uniko,. (2020). *Uniko-Manifest für Nachhaltigkeit*. Österreichische Universitätenkonferenz.

Rechnungshof Österreich. (2018). *Bericht des Rechnungshofes. Nachhaltige Entwicklungsziele der Vereinten Nationen, Umsetzung der Agenda 2030 in Österreich. Reihe BUND*

2018/34. Rechnungshof. https://www.rechnungshof.gv.at/rh/home/home/Entwicklungsziele_Ver einten_Nationen_2030.pdf. Zugegriffen: 10. Nov. 2022.

Stötter, J., & Kromp-Kolb, H. (2021). Einleitung. In Allianz Nachhaltige Universitäten in Öster- reich (Hrsg.), *UniNEtZ-Optionenbericht: Österreichs Handlungsoptionen für die Umsetzung der UN-Agenda 2030 für eine lebenswerte Zukunft. UniNEtZ – Universitäten und Nachhaltige Entwicklungsziele* (S. 17–28). Wien.

Stötter, J., Kromp-Kolb, H., Körfgen, A., Allerberger, F., Lindenthal, T., Glatz, I., Lang, R., Fehr, F., & Bohunovsky, L. (2019). Österreichische Universitäten übernehmen Verantwortung. Das Projekt Universitäten und Nachhaltige EntwicklungsZiele (UniNEtZ). *GAIA, 28*(2), 163–165.

UniNEtZ. (2022). UniNEtZ – Grundsatzerklärung „Transformation von Hochschulen zu Wegberei- terinnen gesellschaftlicher Nachhaltigkeit". UniNEtZ. https://www.uninetz.at/beitraege/uninetz- grundsatzerklaerung. Zugegriffen: 9. Nov. 2022.

United Nations. (2015). Transforming our world: The 2030 agenda for sustainable development. A/ RES/70/1. United Nations.

Interdisziplinäre Kompetenzen in der Hochschulbildung für eine nachhaltige Entwicklung

Mirjam Braßler

M. Braßler (✉)

1 Die Relevanz von interdisziplinärem Lehren und Lernen in der HBNE

Die Implementierung von interdisziplinärem Lehren und Lernen gewinnt zunehmend Bedeutung in der Hochschulbildung für nachhaltige Entwicklung (HBNE) (BNE-Portal, 2022; Brudermann et. al., 2019; Jenkins & Stone, 2019; Kioupi & Voulvoulis, 2019; Sinakou et al., 2019). Interdisziplinäres Lernen beschreibt einen Prozess, in dem

„Lernende Informationen, Daten, Methoden, Werkzeuge, Perspektiven, Konzepte und/ oder Theorien von zwei oder mehr Disziplinen integrieren, um Produkte zu erstellen, Phänomene zu erklären oder Probleme zu lösen; in einer Art, die mit einer einzelnen Disziplin nicht möglich wäre." (Boix Mansilla, 2010, S. 289; eigene Übersetzung).

Laut Kolmos et al. (2016) sollten Hochschulen in der Gestaltung der Hochschullehre heutzutage drei aufgabenbezogene Modi bedenken: Der erste ist der „akademische Modus" mit dem Ziel der Wissens- und Theorievermittlung. Der zweite ist der „marktorientierte Innovationsmodus" mit dem Ziel, Studierende beschäftigungsfähig zu machen. Der dritte ist der „Modus des hybriden Lernens und der Verantwortung" mit dem Ziel, die Studierenden in der Entwicklung einer kritischen Gewissenhaftigkeit in Bezug auf die Nachhaltigkeitsziele und die Entwicklung einer persönlichen Verantwortungsübernahme zu unterstützen. Interdisziplinäres Lehren und Lernen betrifft alle drei Modi in der HBNE.

In Bezug auf den akademischen Modus ermöglicht interdisziplinäres Lehren und Lernen einen ganzheitlichen Blick auf akademisches Wissen und wissenschaftliche Theorien der nachhaltigen Entwicklung. Nachhaltigkeit stellt dabei ein eigenes interdisziplinäres

Institut für Psychologie, Universität Hamburg, Hamburg, Deutschland
E-Mail: mirjam.brassler@uni-hamburg.de

W. Leal Filho (Hrsg.), *Lernziele und Kompetenzen im Bereich Nachhaltigkeit*, Theorie und Praxis der Nachhaltigkeit, https://doi.org/10.1007/978-3-662-67740-7_12

Forschungsfeld dar (Cains et al., 2020; Cirella & Russo, 2019), das viele unterschiedliche disziplinäre Perspektiven adressiert (Kioupi & Voulvoulis, 2019). Studierende haben oft ein ökologisch zentriertes und damit verzerrtes Bild auf nachhaltige Entwicklung (Zeegers & Clark, 2014) und vernachlässigen so die ökonomische und soziale Perspektive. Interdisziplinäres Lernen ermöglicht Studierenden ein ganzheitliches Bild von Nachhaltigkeit zu entwickeln.

In Bezug auf den marktorientierten Innovationsmodus ermöglicht interdisziplinäres Lehren und Lernen in der HBNE Studierenden in einem interdisziplinären Team zu arbeiten und neue innovative Ideen zu generieren, die dringend im Themenfeld der Nachhaltigkeit benötigt werden (Lindvig & Ulriksen, 2019; Frodemann, 2014).

In Bezug auf den Modus des hybriden Lernens und der Verantwortung kann interdisziplinäres Lehren und Lernen Studierenden dazu verhelfen, komplexe Probleme aus dem Themenfeld der Nachhaltigkeit interdisziplinär zu betrachten, zu bearbeiten und zu lösen (Frodemann, 2014; Ledford, 2015; Szostak, 2013). Unsere heutige Gesellschaft steht vor großen Herausforderungen: Klimawandel, Verschmutzung der Weltmeere, Migration, Unterernährung, Armut, Korruption, Geschlechterungleichheiten, menschenunwürdige Arbeit und diverse globale Konflikte (UN, 2015). Diese Probleme sind zu komplex, um von einer wissenschaftlichen Disziplin allein gelöst zu werden, und machen eine interdisziplinäre Herangehensweise notwendig (Blake et al., 2013; Frodemann, 2014; Hoover & Harder, 2015; Kyle, 2020; Leal Filho, 2010; Palmer et al., 2016).

Während die Implementierung von interdisziplinärem Lehren und Lernen viele Chancen für Studierende verspricht, stellt die Planung und Umsetzung aufseiten der Lehrenden eine große Herausforderung dar. Durch die unterschiedlichen Lehr-Lern-Gegenstände, Lehrkulturen oder Prüfungskulturen der Einzelwissenschaften fällt es Lehrenden schwer interdisziplinäre Lehrformate in der HBNE zu planen und umzusetzen und so die Weiterwicklung der interdisziplinären Kompetenzen ihrer Studierenden zu fördern.

Das Ziel des vorliegenden Beitrags ist es das Modell zum interdisziplinären Lehren und Lernen im Kontext der HBNE anzuwenden, damit es Lehrenden in der Praxis hilft, Interdisziplinarität in der Lehre erfolgreich zu planen, zu gestalten und durchzuführen. Der Beitrag ist in vier Abschnitte unterteilt. Im ersten Abschnitt werden typische Herausforderungen von Lehrenden in der Umsetzung von interdisziplinärer HBNE adressiert. Im zweiten Abschnitt wird eine Übersicht zu bisherigen Publikationen zu interdisziplinären Kompetenzen im Rahmen der HBNE gegeben. Im dritten Abschnitt wird das Modell zum interdisziplinären Lehren und Lernen im Kontext der HBNE angewandt. Im vierten Abschnitt wird das integrierte Modell zum interdisziplinären Lehren und Lernen in eine handlungstheoretische Ebene übersetzt: Zur Formulierung von interdisziplinären Lernzielen werden Leifragen zur gemeinsamen Bestimmung der intendierten Weiterentwicklung der interdisziplinären Kompetenz der Studierenden auf abgeleitet. Außerdem werden interdisziplinäre Prüfungskriterien sowie geeignete interdisziplinäre Lehr-Lern-Methoden abgeleitet und praktische Beispiele vorgestellt.

Der Mehrwert des vorliegenden Artikels liegt in der erstmaligen Anwendung des integrierten Modells zum interdisziplinären Lehren und Lernen im Kontext der HBNE. Außerdem werden auf Basis des theoriegeleiteten Modells handlungsorientierte Leitfragen und -Kriterien zur Gestaltung interdisziplinärer HBNE für Lehrende formuliert, sodass Studierende ihre interdisziplinären Kompetenzen in der HBNE erfolgreich weiterentwickeln können.

2 Herausforderungen für Lehrende in der interdisziplinären HBNE

Während die Implementierung von interdisziplinärem Lehren und Lernen viele Vorteile und Chancen für Studierende verspricht, stellt die Planung und Umsetzung aufseiten der Lehrenden eine große Herausforderung dar. Lehrenden fehlt es oft an Erfahrungen mit interdisziplinärer HBNE und Kommunikation darüber (Kyle, 2020). Sie wissen oft nicht welche Lehr-Lern-Methoden sie in interdisziplinärer HBNE einsetzen können (Sinakou et al., 2019). Außerdem fällt Lehrenden schwer geeignete interdisziplinäre Lehr-Lern-Gegenstände im Themenfeld der Nachhaltigkeit zu identifizieren (Melles, 2019; Wade & Stone, 2010). Das mag auch daran liegen, dass Disziplinen oft ein unterschiedliches Verständnis von dem Thema Nachhaltigkeit haben (Melles, 2019). In der interdisziplinären Lehre begegnen sich unterschiedliche Fach- und Lehrkulturen. Durch die unterschiedlichen Lehrtraditionen können Lehrende verschiedene Vorstellungen davon haben, was „gute" Lehre ausmacht (Jenkins & Stone, 2019) und in welcher Form Wissenschaft in der Lehre stattfinden sollte (Scharlau & Huber, 2019). Eine unterschiedliche Lehrkultur zeigt sich zusätzlich in der Beziehung zwischen Lehrenden und Studierenden und unterschiedlichen Fachsprachen, die zu Missverständnissen führen können. Die Aushandlung in der gemeinsamen Planung im interdisziplinären Team-Teaching kann äußerst zeitaufwendig und konfliktreich sein, was von Lehrenden oft unterschätzt wird (Rooks & Winkler, 2012; Wade & Stone, 2010). Interdisziplinäre Lehre ändert die Rolle der Lehrenden, was in diesen ein Gefühl des Kontrollverlusts verursachen kann (Lindvig & Ulriksen, 2019).

Eine besondere Herausforderung ist die gemeinsame Gestaltung und Durchführung von Prüfungen in interdisziplinären Lehrveranstaltungen. Die unterschiedlichen Fachkulturen schließen auch unterschiedliche Prüfungskulturen mit ein (Lindvig & Ulriksen, 2019; Scharlau & Huber, 2019). Dazu zählen unterschiedliche Erwartung und Voraussetzung von Basiswissen, andere Zielsetzung von Prüfungen, unterschiedliche Beziehungen von Theorie und Praxis sowie unterschiedliche (hierarchische) Beziehungen von Prüfenden und Prüfling (Scharlau & Huber, 2019). Hinzu kommen Unterschiede in der Benotungstraditionen, unterschiedliche Möglichkeiten der Prüfungsgestaltung auf Basis der jeweiligen Prüfungsordnungen sowie unterschiedliche tradierte Prüfungsmethoden (Braßler, 2020). All diese Unterschiede müssen Lehrende in der Implementierung von interdisziplinärem Lehren und Lernen überwinden, um zu einem interdisziplinären Prüfungsformat zu gelangen. Lindvig und Ulriksen (2019) kommen zu dem Schluss, dass Lehrende im interdisziplinären Lehren andere Prüfungsformate einsetzen müssen als im monodisziplinären Lehren.

Die Anwendung des integrierten Modells zum interdisziplinären Lehren und Lernen kann Lehrende darin unterstützen diesen typischen Herausforderungen in der Planung und Durchführung interdisziplinärer HBNE entgegenzuwirken.

3   Interdisziplinäre Kompetenzen in der HBNE

In der Diskussion um notwendige oder relevante Kompetenzen, die im Rahmen der HBNE (weiter-)entwickelt werden sollen, adressieren unterschiedliche Modelle interdisziplinäre Kompetenzen und Fähigkeiten.

Im Rahmen des Konzepts der Gestaltungskompetenz (de Haan, 2008) wird als relevante Sach- und Methodenkompetenz *„interdisziplinär Erkenntnisse gewinnen und handeln"* definiert. Dies wird mit der methodischen Ausrichtung der Nachhaltigkeitswissenschaft legitimiert, die als solche interdisziplinär betrieben wird. Barth et al. (2007) untersuchten auf Basis des Konzepts der Gestaltungskompetenz, welche Kernkompetenzen Studierende als besonders relevant erachten. Auch diese Ergebnisse deuten darauf hin, dass Studierende *interdisziplinäre Kooperation* in der HBNE als wesentlich betrachten.

Auch in den neueren Kompetenz-Modellen in der HBNE wird auf die Interdisziplinarität Bezug genommen. Als eine wesentliche Teilkompetenz definieren Lozano et al. (2017) *interdisziplinäres Arbeiten.* Dies inkludiert neben der Wertschätzung, Evaluation, Einordnung und Nutzung von Methoden und Wissensbeständen unterschiedlicher Fachdisziplinen, die Fähigkeit an komplexen Problemen im interdisziplinären Kontext zu arbeiten. Auch Brundiers et al. (2021) beschreiben die *interdisziplinäre Wissensgenerierung* als Element der integrierten Problemlösekompetenz, eine der Kernkompetenzen in der HBNE. Bis dato gibt es kein Kompetenzmodell in der HBNE, das die interdisziplinären Kompetenzen multifaktoriell beschreibt.

Ein Kompetenzmodell, dass ausschließlich die *interdisziplinären Kompetenzen* adressiert und in einzelne Teilkompetenzen unterteilt, ist Kompetenzmodell von Lattuca et al. (2013). Demnach setzt sich die interdisziplinäre Kompetenz aus drei Subfacetten zusammen:

1. Verständnis disziplinärer Perspektiven
2. Interdisziplinäre Fähigkeiten
3. Reflektierendes Verhalten

Das Verständnis disziplinärer Perspektiven beschreibt die Kenntnisse von unterschiedlichem disziplin-basiertem Wissen und unterschiedlichen Methoden, Erwartungen und

Grenzen. Interdisziplinäre Fähigkeiten beschreiben das Anerkennen unterschiedlicher disziplinärer Perspektiven sowie die Verbindung, Integration und Synthese dieser Perspektiven, um Ansätze für eine Problemlösung zu entwickeln. Das reflektierende Verhalten beschreibt das eigene Denken und das Hinterfragen der eigenen Lösungsstrategien.

4 Das integrierte Modell zum interdisziplinären Lehren und Lernen im Kontext der HBNE

Das integrierte Modell zum interdisziplinären Lehren und Lernen (Braßler, 2020) beschreibt, inwiefern Lehre gestaltet werden kann, damit Studierende optimal ihre interdisziplinären Kompetenzen weiterentwickeln können. Dazu werden entscheidende Elemente in interdisziplinären Lernzielen, Lehr-Lern-Methoden und Prüfungsmethoden formuliert. In dem integrierten Modell zum interdisziplinären Lehren und Lernen wird das Prinzip des *Constructive Alignments* (Biggs, 1996; Biggs & Tang, 2011) angewandt.

4.1 Das Prinzip des Constructive Alignments

Lehre erfüllt das Prinzip des *Constructive Alignments,* wenn Lernziele kompetenzorientiert formuliert und die Lehr-Lern-Methoden und Prüfungsmethoden in Kohärenz mit diesen Lernzielen ausgewählt werden. Die Idee hinter diesem Prinzip ist, dass Studierende und Lehrende Lehre „von hinten" denken (Reis, 2011). Sowohl die Studierenden als auch die Lehrenden fokussieren sich dabei auf die Erreichung der Lernziele. Im Sinne des Prinzips ist interdisziplinäres Lehren und Lernen dann erfolgreich, wenn die Lehrende oder der Lehrende (a) vorab kompetenzorientierte Lernziele in Bezug auf das interdisziplinäre Lernen formuliert, (b) passende interdisziplinäre Lehr-Lern-Methoden auswählt, die die Entwicklung dieser Kompetenzen ermöglichen und (c) diese auch in der gewählten interdisziplinären Prüfung abgefragt werden.

4.2 Das integrierte Modell zum interdisziplinären Lehren und Lernen

In dem integrierten Modell zum interdisziplinären Lehren und Lernen ist das interdisziplinäre Lernziel die Weiterentwicklung der interdisziplinären Kompetenz (siehe Abb. 1).

Die Lehre wird demnach auf das Ziel ausgerichtet, dass Studierende 1) ihr Verständnis disziplinärer Perspektiven, 2) ihre interdisziplinären Fähigkeiten und 3) ihr reflektierendes Verhalten weiterentwickeln (Kompetenzmodell nach Lattuca et al., 2013). Die Weiterentwicklung der Kompetenz wird im Sinne des Prinzips des *Constructive Alignments*

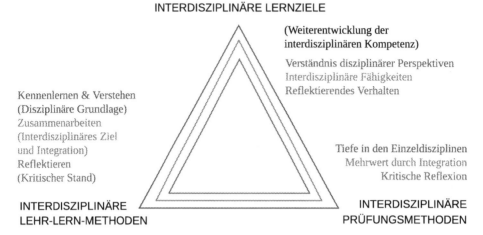

Abb. 1 Integriertes Modell zum interdisziplinären Lehren und Lernen (Braßler, 2020)

dann erreicht, wenn die interdisziplinären Prüfungsmethoden die Weiterentwicklung der interdisziplinären Kompetenz abfragen: 1) die Tiefe des Verständnisses in den Einzelwissenschaften, 2) den Mehrwert durch die interdisziplinäre Integration und 3) die kritische Reflexion. Um die Studierenden optimal auf die Prüfung vorzubereiten, werden interdisziplinäre Lehr-Lern-Methoden gewählt, die die Weiterentwicklung der interdisziplinären Kompetenz adressieren: 1) Methoden zum Kennenlernen und Verstehen der jeweils anderen disziplinären Perspektiven, 2) Methoden zum interdisziplinären Zusammenarbeiten und 3) Methoden zum Reflektieren.

In dem integrierten Modell zum interdisziplinären Lehren und Lernen sind die einzelnen Gestaltungselemente der Lernziele, Lehr-Lern-Methoden und Prüfungsmethoden aufeinander abgestimmt.

Das intendierte Lernziel des Verständnisses disziplinärer Perspektiven steht im Einklang mit Lehr-Lern-Methoden, die eine disziplinäre Grundlage in Form des Kennenlernens und Verstehens der Einzelwissenschaften adressieren, und mit Prüfungsmethoden, die die Tiefe in den Einzelwissenschaften abfragen (blau).

Das intendierte Lernziel der Weiterentwicklung interdisziplinärer Fähigkeiten erfordert den Einsatz von interdisziplinären Lehr-Lern-Methoden, die das Zusammenarbeiten in Form einer gemeinsamen Zieldefinition und Integration fördern, sowie den Einsatz von interdisziplinären Prüfungsmethoden, die den Mehrwert durch Integration prüfen (grün).

Das intendierte Lernziel der Weiterentwicklung reflektierenden Verhaltens steht im Einklang mit interdisziplinären Lehr-Lern-Methoden, die einen kritischen Stand in der individuellen Reflexion ermöglichen, und mit interdisziplinären Prüfungsmethoden, die eine kritische Reflexion abfragen (rot).

Im Folgenden wird das integrierte Modell zum interdisziplinären Lehren und Lernen in den Kontext der Weiterentwicklung der interdisziplinären Kompetenz der Studierenden in der HBNE übertragen.

4.3 Interdisziplinäres Lernziel: Interdisziplinäre Kompetenzentwicklung in der HBNE

Möchte man Studierende befähigen, interdisziplinäre Problemlösungen in interdisziplinären Lern- oder Arbeitssituationen im Themenfeld der Nachhaltigkeit zu entwickeln, bedarf es also der Entwicklung von interdisziplinären Kompetenzen in einem interdisziplinären HBNE Lehr-Lern-Format.

Das Kompetenzmodell von Lattuca et al. (2013) wird im Folgenden auf den Kontext von HBNE übertragen. Das Verständnis der unterschiedlichen disziplinären Perspektiven beschreibt dann das Verständnis von unterschiedlichen Perspektiven auf das Thema Nachhaltigkeit, unterschiedlichen Methoden zur Erkenntnisgewinnung zur nachhaltigen Entwicklung und unterschiedliche Erwartungen in Bezug zur nachhaltigen Entwicklung. Interdisziplinäre Fähigkeiten im Kontext der Nachhaltigkeit adressieren dann die Verbindung, Integration und Synthese von ökonomischen, ökologischen und sozialen Perspektiven, um ganzheitliche Lösungen im Themenfeld der nachhaltigen Entwicklung zu generieren. Das reflektierende Verhalten im Kontext der Nachhaltigkeit betrifft, die Identifikation der eigenen disziplinären Grenzen in der Problemlösung in unterschiedlichen Themen der nachhaltigen Entwicklung, die Betrachtung der Herausforderungen im interdisziplinären Lernen und Arbeiten zur Nachhaltigkeit.

4.4 Interdisziplinäre Prüfungsmethoden in der HBNE

In der Diskussion über die Prüfung interdisziplinären Lernens haben sich in der Erziehungswissenschaft folgende drei Kriterien für die Feststellung des interdisziplinären Lernerfolgs durchgesetzt: (1) Tiefe in den Einzeldisziplinen, (2) Mehrwert durch Integration und (3) kritische Reflexion (Boix Mansilla & Duraisingh, 2007).

Diese drei Kriterien entsprechen den einzelnen Subfacetten der interdisziplinären Kompetenzentwicklung in der HBNE. Die Tiefe in den Einzeldisziplinen prüft das Verständnis von unterschiedlichen disziplinären Wissensinhalten, Methoden, Erwartungen und Grenzen im Themenfeld der Nachhaltigkeit. Der Mehrwert durch Integration prüft die interdisziplinäre Fähigkeit, unterschiedliche disziplinäre Perspektiven zu bedenken und zu einer Problemlösung für eine nachhaltige Entwicklung zu integrieren. Mithilfe der Betrachtung der kritischen Reflexion kann die Fähigkeit das eigene Verhalten und die eigenen Grenzen im interdisziplinären Arbeiten für eine nachhaltige Entwicklung zu reflektieren in der Prüfung adressiert werden. Sind die interdisziplinären Lernziele sowie das interdisziplinäre Prüfungsformat gewählt, so können im Sinne des Prinzips des Constructive Alignments Lehr-Lern-Methoden identifiziert werden, die im Einklang zu den Lernzielen stehen.

4.5 Interdisziplinäre Lehr-Lern-Methoden in der HBNE

Damit Studierende in der HBNE ihre interdisziplinären Kompetenzen optimal weiterentwickeln können, braucht es dem integrierten Modell folgend den Einsatz von interdisziplinären Lehr-Lern-Methoden zum Kennenlernen und Verstehen, zum Zusammenarbeiten und zum Reflektieren.

Die interdisziplinären Lehr-Lern-Methoden, die das fachübergreifende Kennenlernen und Verstehen fördern, sorgen dafür, dass die interdisziplinäre Lernerfahrung Tiefe erreicht. Eine disziplinäre Grundlage ist wichtig (Boix Mansilla, 2016), um eine Tiefe in den Einzelwissenschaften zu erreichen und eine oberflächliche interdisziplinäre Zusammenarbeit der Disziplinen zu vermeiden. Die disziplinäre Grundlage umfasst die unterschiedlichen Konzepte, Theorien, Befunde, Bilder, Daten, Methoden, Techniken, Instrumente, Prüfmethoden, Applikationen, Herangehensweisen, Analogien, Diskurse, Fachsprachen und Spezialisierungen der Einzelwissenschaften in Bezug auf die unterschiedlichen Themen der nachhaltigen Entwicklung.

Die interdisziplinären Lehr-Lern-Methoden, die die interdisziplinäre Zusammenarbeit der Studierenden fördern, sorgen dafür, dass Studierende lernen gemeinsame, fachübergreifende Ziele zu entwickeln und die unterschiedlichen Perspektiven der Einzelwissenschaften im gesamten Lern- und Arbeitsprozess immer wieder integrieren. Ein gemeinsames interdisziplinäres Ziel ist die Grundlage des gemeinsamen Lernprozesses (Boix Mansilla, 2016). Wichtig ist, dass das Ziel eine interdisziplinäre Herangehensweise erfordert. Das bedeutet, dass das Ziel nicht durch eine Disziplin allein erreicht werden kann. Folglich sollte ein Thema der nachhaltigen Entwicklung gewählt werden, dass alle Disziplinen gleichermaßen anspricht und eine gemeinsame Betrachtung notwendig macht. Anhand des gemeinsamen interdisziplinären Ziels wird das Lernen ausgerichtet. Es dient als Indikator für den Erfolg und kann bei Bedarf auch im Verlauf des gemeinsamen Lernprozesses angepasst werden. Im Rahmen der Integration werden die Sichtweisen der Einzelwissenschaften synthetisiert. Dabei handeln die Vertreterinnen und Vertreter der Disziplinen aus, welche Beiträge bzw. Elemente auf welche Art und Weise integriert werden. Diese Synthese kann unterschiedliche Formen annehmen. Es kann sich dabei um eine zusammenführende, disziplinübergreifende Interpretation handeln, aber genauso ist auch die gemeinsame Formulierung einer komplexen Erklärung für ein Nachhaltigkeitsphänomen denkbar. Eine weitere Möglichkeit der Synthese ist die Entwicklung von theoretischen Konzepten oder von integrativen Modellen mit prognostischem Wert in

Nachhaltigkeitsszenarien. Am Ende einer erfolgreichen Verhandlung über die zu integrierenden Elemente zwischen den Disziplinen können auch praktische Problemlösungen für eine nachhaltige Entwicklung vor Ort stehen.

Die interdisziplinären Lehr-Lern-Methoden zum Reflektieren ermöglichen, dass Studierende in der HBNE einen kritischen Stand zu unterschiedlichen Konzepten zur Nachhaltigkeit entwickeln können, förderliche und hinderliche Einflüsse ihrer eigenen Disziplin auf die nachhaltige Entwicklung identifizieren können, die eigenen disziplinären Grenzen in der Lösungsfindung im Themenfeld der nachhaltigen Entwicklung erkennen können. Der kritische Stand unterstützt den kontinuierlichen Reflexionsprozess der Lernenden (Boix Mansilla, 2016). Das interdisziplinäre Verständnis wird in Bezug zum eigenen Lernen und Erkenntnisgewinn und zum interdisziplinären Ziel im Themenfeld der Nachhaltigkeit gesetzt. Dabei werden die unterschiedlichen Zugänge und Belege der Einzelwissenschaften bedacht und der Einfluss der interdisziplinären Integration reflektiert. Das interdisziplinäre Verständnis ist dabei immer als vorläufig zu verstehen. Es kann fortlaufend kritisiert, revidiert und überarbeitet werden.

Damit Studierende ihre interdisziplinären Kompetenzen in der HBNE weiterentwickeln können, sollten Lehrende folglich Lehr-Lern-Methoden einsetzen, die das fachübergreifende Kennenlernen und das gegenseitige Verstehen fördern (Disziplinäre Grundlage). Außerdem sollten Lehrende Lehr-Lern-Methoden wählen, die Studierenden ermöglicht fachübergreifend zielorientiert zusammenzuarbeiten (Interdisziplinäres Ziel und Integration). Zudem ist entscheidend, dass Lehrende Lehr-Lern-Methoden einsetzen, die Studierenden ermöglichen den interdisziplinären Lern- und Arbeitsprozess zu reflektieren (Kritischer Stand).

5   Anwendung des integrierten Modells in der HBNE

Im Folgenden Abschnitt wird beschrieben, wie das integrierte Modell zum interdisziplinären Lehren und Lernen konkret in der HBNE angewandt werden kann. Dazu werden Formulierungshilfen für interdisziplinäre Lernziele, Beispiele von interdisziplinären Lehr-Lern-Methoden und hilfreiche Kriterien zur Benotung in interdisziplinären Prüfungen in der HBNE aufgeführt.

5.1   Formulierung von Lernzielen zur interdisziplinären Kompetenzentwicklung in der HBNE

Entsprechend des Modells werden in einem ersten Schritt interdisziplinäre Lernziele formuliert, die die Weiterentwicklung der interdisziplinären Kompetenz der Studierenden betreffen. Dazu werden Lernziele zum Verständnis von unterschiedlichem disziplinbasiertem Wissen und unterschiedlichen Methoden, Erwartungen und Grenzen im gewählten Thema der Nachhaltigkeit formuliert. Zum anderen werden Lernziele zu inter-disziplinären Fähigkeiten formuliert, die das Anerkennen unterschiedlicher disziplinärer Perspektiven sowie die Verbindung, Integration und Synthese dieser Perspektiven, um Ansätze für eine Problemlösung im gewählten Thema der Nachhaltigkeit zu entwickeln, betreffen. Außerdem werden Lernziele zum reflektierenden Verhalten formuliert, das Studierende im eigenen Denken und den eigenen Lösungsstrategien hinterfragen und gegebenenfalls anpassen. Unter Berücksichtigung des Vorwissens der Studierenden in der eigenen und der jeweils anderen Disziplin sowie Vorerfahrung im interdisziplinären Lernen und Arbeiten in der HBNE können Lernziele bezüglich aller drei Facetten der interdisziplinären Kompetenz formuliert werden.

Zur Formulierung interdisziplinärer Lernziele in Bezug auf das Verständnis diszipli-närer Perspektiven, können folgende Leitfragen helfen:

- Bis zu welchem Grad sollen die Studierenden unterschiedliche nachhaltigkeitsbezo-gene Konzepte, Theorien, Befunde, Bilder, Daten, Methoden, Techniken, Instrumente, Prüfmethoden, Applikationen, Analogien, Diskurse und Spezialisierungen der Eigen-und Fremddisziplin kennen und verstehen können?
- Welche nachhaltigkeitsbezogenen Fachtermini sollen die Studierenden in der Eigen-und Fremddisziplin verständlich erklären und/oder skizzieren können?
- Inwieweit sollen die Studierenden die Komplexität der jeweils anderen Disziplinen im Themenfeld der Nachhaltigkeit respektieren und wertschätzen können?
- Inwieweit sollen die Studierenden einzelne Arbeitsbereiche und Spezialisierungen anderer Disziplinen und ihren Mehrwert für die nachhaltige Entwicklung erkennen, anführen und wertschätzen können?
- Inwieweit sollen Studierende nachhaltigkeitsbezogene Inhalte ihrer eigenen Disziplin der jeweils anderen verständlich darstellen können?
- Inwieweit sollen Studierende den Mehrwert für die nachhaltige Entwicklung der eigenen Disziplin reflektieren und kommunizieren können?
- Inwieweit sollen Studierende Gemeinsamkeiten und Unterschiede zwischen den Dis-ziplinen identifizieren und einordnen können?
- Inwieweit sollen Studierende nachhaltigkeitsbezogene, fachfremde Fachliteratur lesen und in Grundzügen wiedergeben können?

Zur Formulierung interdisziplinärer Lernziele in Bezug auf die interdisziplinären Fähig-keiten können folgende Leitfragen helfen:

- Inwieweit sollen Studierende fremddisziplinäre Inhalte, Perspektiven oder Erkenntnisse oder Methoden in Beziehung zur eigenen Disziplin setzen können?
- Inwieweit sollen Studierende die Sichtweise der eigenen Disziplin im interdisziplinären Dialog zur nachhaltigen Entwicklung vertreten können?

- Inwieweit sollen Studierende Widersprüche zwischen den verschiedenen Disziplinen in einzelnen Themen der Nachhaltigkeit identifizieren können?
- Inwieweit sollen Studierende im Team interdisziplinäre Lern- und Arbeitsziele formulieren können?
- Inwieweit sollen Studierende aktiv nach einer disziplinären Sichtweise zur nachhaltigen Entwicklung fragen können?
- Inwieweit sollen Studierende Gemeinsamkeiten und Unterschiede zwischen den Disziplinen identifizieren, einordnen und Schlüsse für eine nachhaltige Entwicklung daraus ziehen können?
- Inwieweit sollen Studierende interdisziplinäre Hypothesen im Themenfeld der Nachhaltigkeit formulieren können?
- Inwieweit sollen Studierende zwischen den Disziplinen vermitteln und den Dialog koordinieren können?
- Inwieweit sollen Studierende identifizieren können, wo sie einen disziplinären Beitrag in der Zusammenarbeit für eine nachhaltige Entwicklung leisten könnten?
- Inwieweit sollen Studierende die gemeinsame Arbeit über Disziplinen hinweg eigenständig koordinieren können?
- Inwieweit sollen Studierende Inhalte verschiedener Disziplinen mit einem Mehrwert integrieren können?
- Inwieweit sollen Studierende praktische interdisziplinäre Lösungsansätze für ein Thema der Nachhaltigkeit entwickeln und umsetzen können?

Zur Formulierung interdisziplinärer Lernziele in Bezug auf das reflektierende Verhalten können folgende Leitfragen helfen:

- Inwieweit sollen Studierende von einer anderen Disziplin Gelerntes verbalisieren können?
- Inwieweit sollen Studierende die durch das interdisziplinäre Lernen erlangten Erkenntnisse über die eigene Disziplin benennen können?
- Inwieweit sollen Studierende die Grenzen der eigenen Disziplin im Themenfeld der Nachhaltigkeit identifizieren und verbalisieren können?
- Inwieweit sollen Studierende die eigene persönliche Entwicklung durch das interdisziplinäre Lernen und Arbeiten darstellen können?
- Inwieweit sollen Studierende den Mehrwert von Interdisziplinarität für eine nachhaltige Entwicklung verdeutlichen und wiedergeben können?
- Inwieweit sollen Studierende können die Inhalte, Methoden und Perspektiven der jeweils anderen Disziplin wertschätzen können?
- Inwieweit sollen Studierende den Beitrag in der interdisziplinären Zusammenarbeit der anderen Disziplin anerkennen und wertschätzen können?
- Inwieweit sollen Studierende individuelle Lernfortschritte im interdisziplinären Lernen reflektieren können?

- Inwieweit sollen Studierende interdisziplinäre Herangehensweisen im Lernen beurteilen können?
- Inwieweit sollen Studierende ihr eigenes Verständnis, Interesse und den persönlichen Mehrwert der Gegenstände, Methoden, Werte, Annahmen und Perspektiven der Fremddisziplin einschätzen können?
- Inwieweit sollen Studierende den eigenen Zeitbedarf zur Behandlung der Gegenstände, Methoden, Werte, Annahmen und Perspektiven der Fremddisziplin reflektieren können?

In der Formulierung der Lernziele können Lehrende die Leitfragen auch nach kognitiven, affektiven und psychomotorischen Lernzielen unterteilen. Die kognitiven Lernziele betreffen den Grad der Komplexität des Wissens über Theorien, Konzepte, Prozeduren oder Prinzipien der Eigen- und Fremddisziplin: also inwieweit Studierende Inhalte kennen, verstehen, anwenden, analysieren, synthetisieren und evaluieren. Die affektiven Lernziele beziehen sich auf den Grad der fachübergreifenden Internalisierung von Interessen, Einstellungen und Werten sowie die Fähigkeit, angemessene (moralische) Werturteile bilden zu können und eigenes Verhalten danach auszurichten: Die Studierenden lernen, aufmerksam zu sein, zu reagieren, Einstellungen zu entwickeln, unterschiedliche Werte zur Nachhaltigkeit einzuordnen und zu internalisieren. Beispiele für psychomotorische Lernziele sind bestimmte psychomotorische Abläufe wie die Mimik oder bestimmte Arten des Sprechens, die die interdisziplinäre Kommunikation betreffen.

5.2   Auswahl der interdisziplinären Prüfungsmethoden in der HBNE

Um die Erreichung der zuvor formulierten interdisziplinären Lernziele zu überprüfen, werden dem Modell folgend, Prüfungsmethoden gewählt, die im Einklang zu den Lernzielen stehen. Dabei wird die Tiefe des erreichten nachhaltigkeitsbezogenen Wissens in den beteiligten Einzeldisziplinen, der erstandene Mehrwert der Integration der unterschiedlichen disziplinären Inhalte für eine nachhaltige Entwicklung und die gezeigte kritische Reflektion des interdisziplinären Lern- und Arbeitsprozesses überprüft. Die Lehrperson kann – entsprechend dem Modell – interdisziplinäre Prüfungsmethoden wählen, in denen die Studierenden die Weiterentwicklung ihrer interdisziplinären Kompetenz zeigen können. Um die Anreize für den interdisziplinären Lernprozess zu setzen, werden Kriterien zur Notenfindung gewählt, die die Weiterentwicklung der interdisziplinären Kompetenz in ihren drei Subfacetten abbilden.

Die Tiefe des nachhaltigkeitsbezogenen Wissens der Studierenden in den Einzeldisziplinen kann in folgenden Kriterien geprüft werden:

- Verständnis der Fremddisziplin in ihrer Perspektive auf nachhaltige Entwicklung

- Qualität und Quantität der genannten nachhaltigkeitsbezogener Literatur der Einzelwissenschaften

Der Mehrwert der Integration der unterschiedlichen disziplinären Inhalte kann in folgenden Kriterien geprüft werden:

- Aufbereitung und Begründung interdisziplinärer Fragestellungen und Hypothesen im Themenfeld der Nachhaltigkeit
- Grad der Elaboration der Integration der Inhalte, Perspektiven, Ergebnisse und Gegenstände der Einzelwissenschaften
- Neuheit und Nützlichkeit der kreativen Lösungen und Ideen für eine nachhaltige Entwicklung durch die fachübergreifende Integration

Die kritische Reflektion kann in folgenden Kriterien geprüft werden:

- Grad der kritischen Auseinandersetzung mit der eigenen Arbeit
- Grad der kritischen Auseinandersetzung mit dem interdisziplinären Ergebnis
- Grad der kritischen Auseinandersetzung mit den Grenzen in der eigenen Disziplin in Bezug auf die nachhaltige Entwicklung
- Verweise auf andere Disziplinen
- Reflexion des eigenen interdisziplinären Lernprozesses
- Reflexion der eigenen Lern- und Arbeitsstrategien

Die genannten Kriterien können beispielsweise mithilfe folgender interdisziplinärer Prüfungsmethoden (Braßler, 2020) überprüft werden:

- Interdisziplinäres Lerntagebuch: Studierende schreiben während des Semesters ein Tagebuch, in dem sie ihren individuellen Lernfortschritt in der Fremddisziplin, ihrer eigenen Disziplin, ihre interdisziplinären Fragestellungen und Antworten, Recherchen und Reflexion im Themengebiet der Nachhaltigkeit schriftlich fixieren.
- Interdisziplinäre mündliche Gruppenprüfung: In einem interdisziplinären Team identifizieren Studierende einen gemeinsamen Lösungsansatz zu einem komplexen, nachhaltigkeitsbezogenen Problem, indem sie unterschiedliche disziplinäre Perspektiven anführen, integrieren und reflektieren.

Entsprechend der theoretischen Herleitung ist es entscheidend, dass die Lehrperson die gewählten Kriterien der Prüfung vorab an die Studierenden kommuniziert, sodass diese ihr interdisziplinäres Lern- und Arbeitsverhalten in der HBNE darauf hinführend ausrichten.

5.3   Auswahl der interdisziplinären Lehr-Lern-Methoden in der HBNE

Um den Studierenden zu ermöglichen alle drei Facetten der interdisziplinären Kompetenz weiterentwickeln zu können, kann die Lehrperson dem Modell folgend interdisziplinäre Lehr-Lern-Methoden auswählen, die jede einzelne Facette trainieren. Entsprechend der zuvor formulierten interdisziplinären Lernziele werden Lehr-Lern-Methoden gewählt, die die Studierenden in ihrer Kompetenzentwicklung abholen und sie dabei unterstützen, die Lernziele zu erreichen.

Um das fachübergreifende Kennenlernen und Verstehen (Disziplinäre Grundlage) der Studierenden in der HBNE zu fördern, kann beispielsweise der Einsatz folgender interdisziplinärer Lehr-Lern-Methoden (Braßler, 2020) hilfreich sein:

- Interdisziplinäres Speeddating: Studierende tauschen sich in interdisziplinären Paaren über Themen der Nachhaltigkeit, Gemeinsamkeiten/Unterschiede oder Prioritäten der jeweiligen Disziplinen aus.
- Fachworte-Quiz: Studierende schreiben nachhaltigkeitsbezogene Fachtermini der eigenen Disziplin auf und Studierende der anderen Disziplin versuchen zu erraten, was diese bedeuten.
- Lieblingstheorien: Studierende erklären sich gegenseitig fachübergreifend einen nachhaltigkeitsbezogenen Inhalt der eigenen Disziplin, während die oder der jeweils andere aktiv zuhört.

Um das fachübergreifende Zusammenarbeiten (Interdisziplinäres Ziel und Integration) der Studierenden zu fördern, kann beispielsweise der Einsatz folgender interdisziplinärer Lehr-Lern-Methoden (Braßler, 2020) hilfreich sein:

- Interdisziplinäres Mindmapping: Studierende erstellen gemeinsam zu einem Thema der Nachhaltigkeit eine Mindmap, indem sie die unterschiedlichen Perspektiven aufzeigen und Bezüge herstellen.
- Interdisziplinäres Problembasiertes Lernen: In einem interdisziplinären Team durchlaufen die Studierenden acht Arbeitsschritte hin zu einem gemeinsamen Lösungsansatz zu einem eigens definierten interdisziplinären Problem der nachhaltigen Entwicklung.
- Interdisziplinäres Gruppenpuzzle: Studierende erarbeiten in einem Wechsel aus mono- und interdisziplinären Arbeitsphasen eine komplexe Problemstellung der Nachhaltigkeit mit Literatur aus allen beteiligten Disziplinen.

Um das fachübergreifende Reflektieren (Kritischer Stand) der Studierenden zu fördern, kann beispielsweise der Einsatz folgender interdisziplinärer Lehr-Lern-Methoden (Braßler, 2020) hilfreich sein:

- Interdisziplinäre Hashtags: Studierende verbalisieren in kurzen Schlagworten, was sie von der jeweils anderen Disziplin, über die eigene Disziplin und über Interdisziplinarität in der HBNE gelernt haben.
- Sieb-Reflexion: Studierende rekapitulieren, ohne welche Beiträge der jeweils anderen Disziplin sie nicht zu dem gemeinsamen interdisziplinären Ergebnis gekommen wären.
- Interdisziplinäres Minute-Paper: Studierende reflektieren ihren interdisziplinären Lernprozess schriftlich am Ende einer Sitzung.

In der Auswahl der interdisziplinären Lehr-Lern-Methoden ist es entscheidend, dass Lehrende und Studierende regelmäßig zu prüfen, ob die eingesetzten interdisziplinären Lehr-Lern-Methoden zu einer Erreichung der vorab definierten interdisziplinären Lernziele führen.

6   Fazit und Diskussion

Interdisziplinäre Kompetenzen werden in Forschung und Praxis für die nachhaltige Entwicklung benötigt. Mit der Implementierung von interdisziplinärem Lehren und Lernen in der HBNE sind viele Entwicklungspotenziale für Studierende verbunden. Gleichzeitig stellt die Planung und Umsetzung aufseiten der Lehrenden durch die unterschiedlichen Lehr- und Prüfungskulturen eine große Herausforderung dar. Im Rahmen des vorliegenden Beitrags wurde das integrierte Modell zum interdisziplinären Lehren und Lernen (Braßler, 2020) in den Kontext der HBNE übertragen und Handlungsempfehlungen abgeleitet, die Lehrenden in der Praxis helfen soll, Interdisziplinarität in der HBNE erfolgreich zu planen, zu gestalten und durchzuführen indem typische Herausforderungen adressiert werden.

Im Modell wird als interdisziplinäres Lernziel die Weiterentwicklung der interdisziplinären Kompetenz (Verständnis disziplinärer Perspektiven, Fähigkeiten der fachübergreifenden Integration der Inhalte und die Reflexion) definiert. Die gemeinsame Formulierung von Lernzielen, die die drei Subfacetten der interdisziplinären Kompetenz adressieren, soll Lehrende dabei unterstützen eine gemeinsame Zielorientierung und einen gemeinsamen Lehrgegenstand zur Nachhaltigkeit zu entwickeln, was Lehrenden üblicherweise in der interdisziplinären HBNE schwerfällt (Melles, 2019; Wade & Stone, 2010).

Im Modell werden interdisziplinäre Prüfungsmethoden abgeleitet, die im Einklang zum Lernziel der Weiterentwicklung der interdisziplinären Kompetenz stehen. Die Prüfungsmethoden prüfen die Tiefe des Wissens in den Einzeldisziplinen, den Mehrwert durch Integration und die kritische Reflexion der Studierenden. Die Fokussierung auf gemeinsame Kriterien in der Auswahl und Gestaltung der interdisziplinären Prüfung soll Lehrende dabei unterstützen gemeinsam neue Wege zu gehen, die im interdisziplinären Prüfen notwendig sind (Lindvig & Ulriksen, 2019).

Als zielführende interdisziplinäre Lehr-Lern-Methoden werden im Modell Methoden zum Kennenlernen und Verstehen der Einzeldisziplinen, zum Zusammenarbeiten und zum Reflektieren in der HBNE abgeleitet. Das Modell verschafft Lehrenden eine passende Grundlage zur Entwicklung neuer oder Anwendung bekannter – beispielsweise in diesem Artikel angeführten – interdisziplinären Methoden, deren Kenntnis Lehrende in der Umsetzung unterstützt (Sinakou et al., 2019).

Auf Basis des theoriegeleiteten integrierten Modells zum interdisziplinären Lehren und Lernen werden Handlungsempfehlungen abgeleitet, die Lehrende dabei unterstützen sollen interdisziplinärer Lehrprojekte einfach zu planen und zu implementieren. Die Handlungsempfehlungen sollen das Gefühl des Kontrollverlusts (Lindvig & Ulriksen, 2019) und mögliche Konflikte (Braßler, 2020; Wade & Stone, 2010) in interdisziplinärer Lehre abmildern und Lehrende dabei unterstützen, gemeinsam zielgerichtete und erfolgreiche Lehrprojekte in der HBNE umzusetzen, um die interdisziplinären Kompetenzen der Studierenden zu fördern.

Der vorliegende Beitrag unterliegt einigen Grenzen. Zum Ersten wird im integrierten Modell ausschließlich die Weiterentwicklung der interdisziplinären Kompetenzen nach Lattuca et al. (2013) betrachtet. Ebenso wäre eine Operationalisierung nach Lozano et al. (2017) denkbar, indem Lernziele zur fachübergreifenden Wertschätzung, Evaluation, Einordnung und Nutzung von Methoden und Wissensbeständen im Rahmen der HBNE formuliert werden. Des Weiteren können mithilfe des Modells nicht alle Herausforderungen interdisziplinärer Lehre aufseiten der Lehrenden behoben werden. Die Aushandlung in der gemeinsamen Planung im interdisziplinären Team-Teaching bleibt durch die disziplinären Unterschiede potenziell zeitaufwendig und konfliktreich (Rooks & Winkler, 2012; Wade & Stone, 2010).

Zukünftige Untersuchungen sollten das integrierte Modell zum interdisziplinären Lehren und Lernen im Rahmen der HBNE empirisch prüfen. Prä-Post-Messungen der studentischen Kompetenzentwicklung im Rahmen unterschiedlicher interdisziplinärer Lehr-Lern- und Prüfungsmethoden in der HBNE können hilfreiche Erkenntnisse zur Diskussion der Implementierung beitragen. Außerdem könnte auch eine qualitative Befragung von HBNE Lehrenden zur Identifikation von Konfliktlösungsstrategien wertvolle Erkenntnisse zur erfolgreichen Durchführung des interdisziplinären Team-Teachings in der HBNE beitragen. Analog zu der Kompetenzentwicklung Studierender ist auch die empirische Betrachtung der Steigerung von interdisziplinären Kompetenzen Lehrender in der HBNE wertvoll um förderliche Bedingung oder auch Konsequenzen interdisziplinärer HBNE zu identifizieren.

Literatur

Barth, M., Godemann, J., Rieckmann, M., & Stoltenberg, U. (2007). Developing key competencies for sustainable development in higher education. *International Journal of Sustainability in Higher Education, 8,* 416–430. https://doi.org/10.1108/14676370710823582.

Biggs, J. (1996). Enhancing teaching through constructive alignment. *Higher Education, 32*(3), 1–18.

Biggs, J., & Tang, C. (2011). *Teaching for quality learning at university* (4. Aufl.). The Society for Research into Higher Education & Open University Press.

Blake, J., Sterling, S., & Kagawa, F. (2013). Getting it together. Interdisciplinarity and sustainability in the higher education institution. *Pedagogic Research Institute and Observatory (PedRIO), 4*, 1–71.

BNE-Portal. (2022). Was ist BNE? https://www.bne-portal.de/bne/de/einstieg/was-ist-bne/was-ist-bne_node.html.

Boix Mansilla, V. (2010). Learning to synthesize: The development of interdisciplinary understanding. In R. Frodeman, J. T. Klein, C. Mitcham, & J. B. Holbtook (Hrsg.), *Oxford handbook of interdisciplinarity* (S. 288–306). Oxford University Press.

Boix Mansilla, V. (2016). Interdisciplinary learning: A cognitive-epistemological foundation. In R. Frodeman & J. Klein (Hrsg.), *Oxford handbook of interdisciplinarity* (2. Aufl., S. 261–275). Oxford University Press.

Boix Mansilla, V., & Duraisingh, E. D. (2007). Targeted assessment of students' interdisciplinary work: An empirically grounded framework proposed. *The Journal of Higher Education, 78*(2), 215–237.

Braßler, M. (2020). *Interdisziplinäres Lehren und Lernen – 50 Methoden für die Hochschullehre*. Beltz Juventa.

Brudermann, T., Aschemann, R., Füllsack, M., & Posch, A. (2019). Education for sustainable development 4.0: Lessons learned from the university of Graz, Austria. *Sustainability, 11*, 2347. https://doi.org/10.3390/su11082347.

Brundiers, K., Barth, M., & Cebrián, G., et al. (2021). Key competencies in sustainability in higher education—toward an agreed-upon reference framework. *Sustainability Science, 16*, 13–29. https://doi.org/10.1007/s11625-020-00838.

Cains, R., Hielscher, S., & Light, A. (2020). Collaboration, creativity, conflict and chaos: Doing interdisciplinary sustainability research. *Sustainability Science, 15*, 1711–1721. https://doi.org/10.1007/s11625-020-00784-z.

Cirella, G. T., & Russo, A. (2019). Special issue sustainable interdisciplinarity: Human-nature relations. *Sustainability, 12*, 2. https://doi.org/10.3390/su12010002.

Frodeman, R. (2014). The end of disciplinarity. In P. Weingart & B. Padberg (Hrsg.), *University experiments in interdisciplinarity: Obstacles and opportunities* (S. 175–198). transcript.

de Haan, G. (2008). Gestaltungskompetenz als Kompetenzkonzept der Bildung für nachhaltige Entwicklung. In I. Bormann, G. & de Haan (Hrsg.), *Kompetenzen der Bildung für nachhaltige Entwicklung*. VS Verlag. https://doi.org/10.1007/978-3-531-90832-8_4.

Hoover, E., & Harder, M. K. (2015). What lies beneath the surface? The hidden complexities of organizational change for sustainability in higher education. *Journal of Cleaner Production, 106*, 175–188. https://doi.org/10.1016/j.jclepro.2014.01.081.

Jenkins, N., & Stone, T. E. (2019). Interdisciplinary responses to climate change in the university classroom. *Sustainability, 12*(2), 100–103. https://doi.org/10.1089/sus.2018.0033.

Kioupi, V., & Voulvoulis, N. (2019). Education for sustainable development: A systemic framework for connecting the SDGs to educational outcomes. *Sustainability, 11*, 6104. https://doi.org/10.3390/su11216104.

Kolmos, A., Hadgraft, R. G., & Holgaard, J. E. (2016). Response strategies for curriculum change in engineering. *International Journal of Technology and Design Education, 26*(3), 391–411.

Kyle, W. C. (2020). Expanding our views of science education to address sustainable development, empowerment and social transformation. *Disciplinary and Interdisciplinary Science Education Research, 2*, 2. https://doi.org/10.1186/s43031-019-0018-5.

Lattuca, L. R., Knight, D. B., & Bergom, I. M. (2013). Developing a measure of interdisciplinary competence. *International Journal of Engineering Education, 29*(3), 726–739. https://doi.org/10.18260/1-2--21173.

Leal Filho, W. (2010). Teaching sustainable development at university level: Current trends and future needs. *Journal of Baltic Science Education, 9*(4), 273–284.

Ledford, H. (2015). How to solve the world's biggest problems. *Nature, 525,* 308–311.

Lindvig, K., & Ulriksen, L. (2019). Different, difficult and local: A review of interdisciplinary teaching activities. *The Review of Higher Education, 43*(2), 697–725. https://doi.org/10.1353/rhe.2019.0115.

Lozano, R., Merrill, M. Y., Sammalisto, K., Ceulemans, K., & Lozano, F. J. (2017). Connecting competences and pedagogical approaches for sustainable development in higher education: A literature review and framework proposal. *Sustainability, 9,* 1889. https://doi.org/10.3390/su9101889.

Melles, G. (2019). Views on education for sustainable development (ESD) among lecturers in UK MSc taught courses. *International Journal of Sustainability in Higher Education, 20,* 115–138. https://doi.org/10.1108/IJSHE-02-2018-0032.

Palmer, M. A., Kramer, J. G., Boyd, J., & Hawthorne, D. (2016). Practices for facilitating interdisciplinary synthetic research: The National Socio-Environmental Synthesis Center (SESYNCE). *Current Opinion in Environmental Sustainability, 19,* 111–122.

Reis, O. (2011). Sinn und Umsetzung der Kompetenzorientierung – Lehre „von hinten" denken. In P. Becker (Hrg.), *Studienform in der Theologie. Eine Bestandsaufnahme* (S. 98–127). Lit.

Rooks, D., & Winkler, C. (2012). Learning interdisciplinarity: Service learning and the promise of interdisciplinary teaching. *Teaching Sociology, 40*(1), 2–20. https://doi.org/10.1177/0092055X11418840.

Scharlau, I., & Huber, L. (2019). Welche Rolle spielen Fachkulturen heute? *Bericht von einer Erkundungsstudie. die hochschullehre, 2019*(5), 315–354.

Sinakou, E., Donche, V., Boeve-de Pauw, J., & Van Petegem, P. (2019). Designing powerful learning environments in education for sustainable development: A conceptual framework. *Sustainability, 11,* 5994. https://doi.org/10.3390/su11215994.

Szostak, R. (2013). The state of the field: Interdisciplinary research. *Issues in interdisciplinary studies, 31,* 44–65. https://doi.org/10.7939/R3QB9V49Q.

UN. (2015). *Transforming our world: The 2030 agenda for sustainable development.* United Nations Sustainable Development Summit 2015.

Wade, B. H., & Stone, J. H. (2010). Overcoming disciplinary and institutional barriers: An interdisciplinary course in economic and sociological perspectives on health issues. *The Journal of Economic Education, 41*(1), 71–84. https://doi.org/10.1080/00220480903382198.

Zeegers, Y., & Clark, I. F. (2014). Students' perceptions of education for sustainable development. *International Journal of Sustainability in Higher Education, 15,* 242–253. https://doi.org/10.1108/IJSHE-09-2012-0079.

Einführung in die nachhaltige Entwicklung (ENE) – ein inter- und transdisziplinäres Pflichtmodul

Heike Walk, Josefa Scalisi und Corinna Pleuser

1   Einführung

Rund 350 Studierende in sieben Bachelorstudiengängen beginnen jährlich an der Hochschule für nachhaltige Entwicklung Eberswalde (HNEE) ihr Studium und belegen im ersten Semester das Modul „Einführung in die Nachhaltige Entwicklung" (ENE). Diese Einführungsveranstaltung hat zum Ziel, Studienanfänger_innen einen Einstieg in das wissenschaftliche Denken und Arbeiten zum Thema Nachhaltigkeit zu ermöglichen. Das Modul lädt die Studierenden dazu ein, nachhaltige Entwicklung aus einer ganzheitlichen Perspektive zu verstehen. In studiengangsübergreifenden Projekten bearbeiten sie konkrete Fragen und Probleme der nachhaltigen Entwicklung, und können so die Rolle der Wissenschaft bei der gesellschaftlichen Zukunftsgestaltung reflektieren und sich in dieser üben. Dadurch entsteht ein lebendiges neues Lehrformat, das sich mit gesellschaftlichen Herausforderungen beschäftigt und innovative Lösungen erarbeitet, die sich an einer ganzheitlichen Ethik orientieren.

Im Leitfaden „Bildung für Nachhaltige Entwicklung (BNE) in der Hochschullehre" aus dem Jahr 2020 des Verbundprojekts „Nachhaltigkeit an Hochschulen: entwickeln – vernetzen – berichten" wird hervorgehoben, dass kompetenzorientierte Lehre in der BNE

H. Walk · J. Scalisi (✉) · C. Pleuser
Hochschule für nachhaltige Entwicklung Eberswalde, Eberswalde , Deutschland
E-Mail: josefa.scalisi@hnee.de

H. Walk
E-Mail: heike.walk@hnee.de

C. Pleuser
E-Mail: corinna.pleuser@hnee.de

W. Leal Filho (Hrsg.), *Lernziele und Kompetenzen im Bereich Nachhaltigkeit,* Theorie und Praxis der Nachhaltigkeit, https://doi.org/10.1007/978-3-662-67740-7_13

drei Dimensionen ganzheitlichen Lernens benötigt, damit Studierende die Kompetenzen für eine Nachhaltige Entwicklung erproben und entwickeln können. Die erste Dimension bezieht sich auf das *Knowing,* d. h. hier geht es um den Einsatz verschiedener Wissensformen und Zugänge zum Wissenserwerb. Im Vordergrund stehen interdisziplinäre wissenschaftliche Inputs. Die zweite Dimension bezieht sich auf das *Acting,* d. h. auf das praktische Umsetzen und das Erlernen von Fähigkeiten zur Realisierung von Nachhaltigkeitsprojekten. Die Studierenden sollen Fähigkeiten erlernen, sich neue Arbeitsaufgaben und Umgebungen zu erschließen. Im Zentrum steht eine Transferorientierte Lehre, also die Zusammenarbeit mit außeruniversitären Akteuren und Organisationen. Die dritte Dimension umfasst das *Being,* das auf persönliches Lernen im sozialen Kontext abzielt. Hier geht es um die Reflexion der eigenen Werte bzw. der Weltanschauung, der Rolle im Lehr- und Forschungsprozess sowie des eigenen Handelns und dessen Konsequenzen bzgl. nachhaltiger Entwicklung. Die Entwicklung von Empathie sowie der Umgang mit Emotionen, Motivationen, Unsicherheiten und Zweifeln sind weitere wichtige Elemente. In diesem Leitfaden werden explizite Räume der strukturierten Reflexion und des respektvollen Austausches gefordert, die Freiräume für persönliche Entwicklung gewährleisten und gleichzeitig ökologische und gesellschaftliche Systeme funktions- und zukunftsfähig erhalten und weiterentwickeln. (vgl. Bellina et al., 2020, S. 29).

Diese Forderungen waren handlungsleitend für die im Wintersemester 2020/21 vorgenommene Umstellung und Neukonzipierung des Formats der Einführungsveranstaltung in die nachhaltige Entwicklung und die damit verbundene Neuausrichtung der Lernziele. Im Folgenden wird das Format der ENE detailliert vorgestellt, um Lehrenden Einblicke in die didaktische Konzeption, Planung und Umsetzung eines inter- und transdisziplinären Nachhaltigkeitsmoduls zu geben. Dieser Beitrag kann dabei Anregungen für die Konzeption eines inter- und transdisziplinären Moduls geben. Jede Hochschule ist dabei eigenen strukturellen und konzeptionellen Rahmenbedingungen unterworfen, sodass eine Prüfung der einzelnen Bausteine bei der Konzeption eines ähnlichen Formats notwendig ist.

2   Das Format und die Lernziele

Die Studierenden bekommen in der Einführungsveranstaltung einen Überblick, welche Ideen, wissenschaftlichen Konzepte und Modelle mit dem Begriff der Nachhaltigkeit verbunden sind. Sie lernen die historischen Spuren der nachhaltigen Entwicklung und wichtige gesellschaftliche, politische und wirtschaftliche Treiber der Nachhaltigkeit kennen. Aber auch die darüberhinausgehenden Zusammenhänge werden aufgezeigt, d. h. das Modul lädt dazu ein, das Leitbild einer nachhaltigen Entwicklung wissenschaftlich zu reflektieren und sich mit zentralen Fragen der Nachhaltigkeit auseinanderzusetzen.

Das Modul besteht aus zwei Bausteinen: Der erste Baustein beinhaltet Vorlesungen, die von unterschiedlichen Dozierenden der HNEE gehalten werden. Diese Ringvorlesung führt in das vielschichtige Thema der nachhaltigen Entwicklung ein und stattet die Studierenden mit ersten fachlichen Nachhaltigkeitskompetenzen aus, um sich in der interdisziplinären Nachhaltigkeitsforschung orientieren zu können. Sie soll den Studierenden einen Überblick über die verschiedenen Nachhaltigkeitsdimensionen vermitteln, damit sie Wissen, Fakten und Argumente an die Hand bekommen, um die komplexen Zusammenhänge nachhaltiger Entwicklung erkennen und verstehen zu können.

Der zweite Baustein besteht aus inter- und transdisziplinären kleinen Projektarbeiten, d. h. hier arbeiten die Studierenden mit Kommiliton_innen aus anderen Studiengängen an ganz konkreten Nachhaltigkeitsprojekten zusammen. Sie beschäftigen sich mit grundlegenden Nachhaltigkeitsfragen und erkunden durch Forschendes Lernen erstmals konkrete Forschungsaufgaben und -gebiete, welche zumeist einen konkreten Praxisbezug aufweisen.

Durch die Betreuung von Seiten externer Mentor_innen und die enge Zusammenarbeit mit Praxispartner_innen wird außerdem ein Multiplikatoreffekt für das Thema nachhaltige Entwicklung in der Stadt und der Region erzielt.

öffentliche Präsentation, bei der die Studierenden ihren Kommiliton_innen und der interessierten Öffentlichkeit die Projektergebnisse präsentieren, schließt das Modul am Ende des Semesters ab. Im Folgenden wird nun auf die einzelnen Elemente des Moduls näher eingegangen.

2.1   Der zeitliche Ablauf

In den ersten drei Durchgängen (im WiSe 2020/21, WiSe 2021/22 und WiSe 2022/23), die bewusst als Testphasen angelegt waren, wurden verschiedene Abläufe des Moduls erprobt. Die pandemische Situation und die damit verbundene Pflicht auf digitale Formate auszuweichen, ließen begrenzten Spielraum zu. Abweichend von der Ringvorlesung in Präsenz in den davorliegenden Jahren, wurde diese nun entweder live digital durchgeführt oder als Video zur freien Selbstlernzeit bereitgestellt. In den ersten beiden Jahren trafen sich die Projektgruppen wöchentlich – im ersten Jahr digital und im zweiten Jahr optional in Präsenz in den Räumen der Hochschule. Im dritten Jahr wurde als ein weiteres Modell der Wechsel zwischen den beiden Bausteinen (Vorlesungen und Projektgruppen) erprobt, d. h. es gab mehrere Phasen für jeden Baustein. Alle 3–4 Wochen wurde zwischen den Vorlesungen und der Projektarbeit gewechselt.

2.2   Die Ringvorlesung

Eines der primären Ziele des Moduls ist die Vermittlung aktueller Nachhaltigkeitsdiskurse, welche auf den wissenschaftlichen Grundlagen der Nachhaltigkeitsforschung der heute geltenden Prinzipien einer nachhaltigen Entwicklung basieren. Durch das Profil der HNEE kann dabei auf Expertisen von Dozierenden aller Fachbereiche zurückgegriffen werden.

Zu Beginn der Vorlesungsreihe werden zentrale und grundlegende Fragen der nachhaltigen Entwicklung vorgestellt und diskutiert, z. B. „Was heißt eigentlich Nachhaltige Entwicklung oder welche Ideen und Konzepte sind mit dem Begriff verbunden?" Im Verlauf der Vorlesung spezifizieren sich die Fragestellungen und Studierende bekommen Einblicke in die aktuellen Forschungsfelder an der HNEE.

Die Inhalte der Vorlesung orientieren sich an den Ausrichtungen der Fachbereiche der HNEE sowie dem Lehrbuch „Der Mensch im globalen Ökosystem", das explizit für die Einführungsveranstaltung geschrieben wurde. (Ibisch et al., 2018).

Herausgegeben wurde das Buch von Dozierenden der HNEE, unter intensiver Mitwirkung von Studierenden im Entstehungsprozess. In vielen Überarbeitungsschleifen haben Studierende die einzelnen Kapitel auf Lesbarkeit geprüft und immer wieder zusätzliche Erklärungen und Grafiken eingefordert.

Die Inhalte des Lehrbuchs gliedern sich in vier Teile. Der erste Teil widmet sich den Herausforderungen: Ein kurzer Bericht zur Lage der Erde vermittelt einen Eindruck des gegenwärtigen Zustands unseres Planeten. Das Wachstum der Menschen und ihrer Wirtschaftsleistungen hat enorme Umweltprobleme geschaffen: Der Klimawandel, der Biodiversitätsverlust, die Verschmutzung der Ozeane und Bodenerosion sind nur einige der Themen, die hier behandelt werden.

Im zweiten Teil des Buches geht es um uns Menschen, die eine zentrale Rolle im globalen Ökosystem einnehmen – bei der Zerstörung als auch bei der Erhaltung. Wir sind offensichtlich befähigt sowohl zu Umweltproblemen beizutragen als auch Lösungen für diese Probleme zu entwickeln. Gerade die Umweltpsychologie kann uns wichtige Hinweise und Antworten auf die Mensch-Umwelt-Beziehung und den Zusammenhang von Moral und Ethik für nachhaltiges Handeln liefern.

Im dritten Teil des Lehrbuches werden die Grundlagen der Ökosystemforschung und des Ökosystemmanagements vermittelt. Was sind funktionsfähige Ökosysteme und wie können sie erhalten werden? Was ist mit Ökosystemmanagement gemeint bzw. der Ökonomisierung des Ökosystemmanagements? In diesem Teil des Buches werden auch die Treiber, z. B. die Wirtschaftssysteme unter die Lupe genommen und es wird erklärt, warum unsere moderne Gesellschaft so stark an Wachstum orientiert ist, obwohl diese Orientierung zu menschheitsgefährdenden Problemen führt. Zu den treibenden Akteuren werden auch die politischen Systeme gezählt. Denn die Politik steuert bspw. durch Verordnungen und Gesetze, durch Leitlinien und Förderprogramme, die Ausgestaltung der Nachhaltigkeit. Und auch die zivilgesellschaftlichen Akteure nehmen Einfluss auf die Nachhaltigkeitspolitik und engagieren sich in vielfältigsten Initiativen und Projekten. All diese unterschiedlichen Akteure werden hier genauer beleuchtet.

Der letzte und vierte Teil des Buches widmet sich der Transformation zur Nachhaltigkeit. Der Begriff der Transformation deutet auf einen grundlegenden Wandel unseres Gesellschaftssystems hin. Hier werden die Voraussetzungen für einen grundlegenden sozial-ökologischen Wandel unserer Gesellschaft vorgestellt. Konkrete Lehrinhalte und laufende Projekte sowie Initiativen an der HNEE bieten Beispiele für Nachhaltigkeitstransformation.

Die interdisziplinäre Betrachtung all dieser Felder befähigt die Studierenden zum Vergleichen und Bewerten der Umsetzung eines Nachhaltigkeitskonzepts in den verschiedenen Subsystemen der Öko- und Sozialsysteme (z. B. Politik, Gesellschaft, Ökonomie). Die Studierenden werden dadurch zur interdisziplinären und vernetzten theoretischen Auseinandersetzung mit dem Konzept der Nachhaltigen Entwicklung befähigt und können diese Erkenntnisse auf ihre Praxisbeispiele übertragen. Durch den Wechsel zwischen Vorlesung und Projektarbeit können die Studierenden das Gelernte immer wieder in einen praktischen Bezug setzen und werden in die Lage versetzt wissenschaftliche Erkenntnisse mit praktischen Erfahrungen zu verzahnen.

2.3   Die inter- und transdisziplinäre Projektgruppenarbeit

Die Projektgruppenarbeit wurde ergänzend zur Ringvorlesung auf großen Wunsch der Studierenden in das Modul aufgenommen.

Insgesamt gibt es jedes Jahr ca. 35 Projektthemen, denen sich die Studierenden zuordnen können. Die studentischen Projektgruppen bestehen aus fünf bis zehn Studierenden. Dabei wird darauf geachtet, dass eine interdisziplinäre Zusammenarbeit durch eine möglichst heterogene Zusammensetzung der Projektgruppen ermöglicht wird. Im Optimalfall nehmen Studierende aus allen Fachbereichen an einem Projekt teil.

Ziel der Projektarbeit ist es unter anderem, ein Lernsetting zu schaffen, welches es den Studierenden ermöglicht, sich ausgewählte Nachhaltigkeitskompetenzen anzueignen (s. Abb. 1). Der Anspruch einer umfänglichen Aneignung besteht dabei nicht. Vielmehr wird sich an dem Modell der spiral-curricularen Verankerung in den Studiengängen orientiert. Demnach kann eine Vertiefung der Kompetenzen im Laufe des Studiums mit Zunahme des Komplexitätsgrades erreicht werden. (vgl. Bellina et al., 2020, S. 31).

Die theoretische und eher passive Ebene der Vorlesung, die als Voraussetzung und Grundlage für eine erfolgreiche Projektarbeit notwendig ist, wird im Laufe des Moduls durch den Beginn der Projektarbeit verlassen, damit die Studierenden das Gelernte in der Praxis anwenden und erproben können. Obwohl sich die Gruppen zunächst auf ein spezifisches Thema fokussieren, müssen die systemischen Zusammenhänge auf ökologischer, ökonomischer und sozialer Ebene verstanden werden, um gemeinsam mit Praxispartnern zukunftsgestaltende Ideen zu entwickeln.

2.4   Mentoring

Die Betreuung der Projektgruppen erfolgt durch ein bis zwei Mentor_innen. Diese konnten bisher aus der Hochschule, aus Unternehmen, Institutionen und Organisationen der

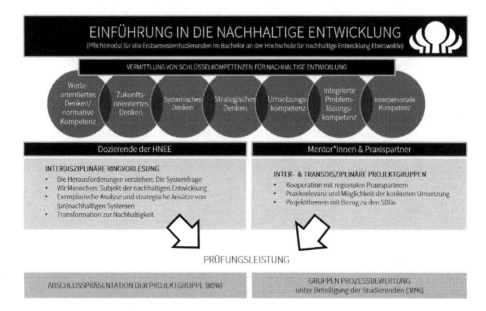

Abb. 1 Aufbau des Moduls „Einführung in die nachhaltige Entwicklung". (Eigene Darstellung)

Region gewonnen werden. Die Begleitung der Gruppen ist besonders im ersten Fachsemester von großer Bedeutung. Projektmanagement, die Entwicklung einer Fragestellung oder Anwendungen wissenschaftlicher Methoden haben die Studierenden meist noch nicht erlernt. Gerade in der Startphase der Projekte hat sich eine engmaschige Betreuung bewährt. Im Verlauf der Projektarbeit werden die Gruppen selbstständiger und zunehmend autonomer. Die Mentor_innen bieten Unterstützung an, die von den Gruppen unterschiedlich stark beansprucht wird.

Wie oben erwähnt, kommen die Mentor_innen aus unterschiedlichen Kontexten. Teilweise sind es die Praxispartner_innen selbst, die Projektgruppen zu ihren Themen betreuen. Durch die fehlende direkte Anbindung an die HNEE muss in diesen Fällen mit einem etwas höheren Koordinationsaufwand gerechnet werden. So müssen beispielsweise Zugänge für Moodle oder andere hochschulinterne Systeme eingerichtet werden. Eine weitere Gruppe von Mentor_innen ergibt sich aus Mitarbeitenden der HNEE. In den letzten drei Jahren konnten wissenschaftliche Mitarbeitende, Verwaltungsangestellte und Professor_innen für das Modul begeistert werden. In der Regel bringen diese Mentor_innen eigene Projektthemen mit, die sich entweder aus privaten Interessen und Engagements (bspw. Vereine oder zivilgesellschaftlichem Engagement) oder Forschungen (bspw. Drittmittelprojekte) ergeben. Die letzte Gruppe von Mentor_innen sind Studierende höherer Semester (Bachelor und Master).

Dieses Format des Mentoring soll zukünftig weiter ausgebaut werden. Die Erfahrung hat gezeigt, dass ein Peer-to-Peer-Learning einen deutlich höheren Erfolg hat als die

Einführung in die nachhaltige Entwicklung(ENE) - Wintersemester 2022/23

Agrotopia – Story of our ecovillage
(Projektnummer 1)

Hochschule
für nachhaltige Entwicklung
Eberswalde

Agrotopia

In unserem Projekt „Agrotopia" möchten wir die Studierenden mit dem Konzept des Ökodorfs als einen Ansatz für eine nachhaltige Regionalentwicklung vertraut machen. Negativ-Entwicklungen wie u.a. das Dörfersterben, der Verlust der Arten- und Sortenvielfalt, das Verteilungs- und Umweltverträglichkeitsproblem einer industrialisierten und globalisierten Lebensmittelproduktion sowie das schwindende Ernährungsbewusstsein in großen Teilen der Bevölkerung benötigen alternative Lösungsansätze. Im Rahmen des Projektes soll untersucht werden, inwiefern Ökodörfer diesen Entwicklungen entgegenwirken können. Im Fokus stehen unterschiedliche Teilbereiche von Ökodörfern wie umweltschonende Anbausysteme, alternative Lebenskonzepte und ökologische Bauweisen. Die Studierenden vertiefen ihr Wissen in Bezug auf SDG 11, 12 und 15 und sind in der Lage erlangtes Wissen digital aufzuarbeiten und einem breiten Publikum zu vermitteln.

Aufgabe

Die Aufgabe der Studierenden wird es sein, eine Podcastfolge inklusive eines Begleittextes für den Blog der Ackerdemiker*innen zu gestalten. Recherchetätigkeit und das Kennenlernen von Praxisbetrieben werden durch die Mentor*innen begleitet. Für die Gruppe bedeutet dies, Einblicke in verschiedene Konzepte von Ökodörfern im Kontext nachhaltiger Regionalentwicklung zu bekommen und ausgehend von einer kritischen Analyse, kreativ zu werden und final die gemeinsame Vision eines „Agrotopia" zu erschaffen.

Mentor*innen

Wir sind F. und D. und studieren beide Nachhaltige Regionalentwicklung und Naturschutz im 3. Semester im Master an der HNE mit Fokus auf Umweltbildung / BNE. Beide haben wir einen agrar- und gartenbauwissenschaftlichen Hintergrund und konnten innerhalb verschiedener Praktika auf Höfen Erfahrungen mit unterschiedlichen Anbausystemen und Lebensweisen sammeln. Wir freuen uns auf eure Ideen und die Begleitung des kreativen Prozesses!

Kontakt:

Praxispartner*in

„Ackerdemiker.in" ist der Blog des Fachbereichs Landschaftsnutzung und Naturschutz der HNE. Hier erscheinen regelmäßig Beiträge in den Rubriken Forschung, Studium und Lehre, Campusleben, Transfer und Auszeichnungen. Die Autor*innen können Professor*innen, Dozierende, Mitarbeiter*innen, Alumni, Praxispartner*innen und Studierende der HNE sein.

Kontakt:
https://www.ackerdemiker.in/
blogfb2@hnee.de

Abb. 2 Beispielhafter Projektsteckbrief aus dem Projekt „Agrotopia – Story of our Ecovillage" (entstanden im Wintersemester 2022/23; von F. Wüstenhagen & D. Irrgang)

Betreuung durch hierarchisch höher gestellte Personen. Die studentischen Mentor_innen zeigen ein ausgesprochen gutes Verständnis für die Bedarfe der Projektteilnehmenden. Um die Mentor_innen fachlich auf ihre Aufgabe vorzubereiten, wird ein begleitendes Wahlmodul „Methodisch Gruppen begleiten" angeboten. Dieses richtet sich an Bachelorstudierende und besteht neben Methoden zur Gruppenleitung, Moderationstechniken und Projektmanagement auch aus einem begleitenden Coaching. Masterstudierende können in dem Wahlpflichtmodul „Methoden und Konzepte einer Bildung für nachhaltigen Entwicklung" ebenfalls das Mentoring fachlich begleitet durchführen.

Die Aufgabe der Mentor_innen liegt unter anderem darin, die Gruppe in ihrem Findungs- und Entwicklungsprozess zu begleiten. Durch die Unterstützung wird den Studierenden ermöglicht, diese Prozesse zu reflektieren und bei Konflikten zielführend zu agieren. Für zukünftige Gruppenarbeiten, die in allen Studiengängen auf unterschiedliche Weise durchgeführt werden, erlangen die Studierenden Kompetenzen in der Selbstreflexion und Gruppenarbeit, die im weiteren Studium darauf aufbauend erweitert und verbessert werden können.

2.5   Die Projektthemen

Die Studierenden dürfen aus ca. 35 Projektthemen selbst wählen, an welchem Projekt sie teilnehmen möchten. Die Wahl findet über Moodle statt und ermöglicht eine Auswahl von fünf priorisierten Themen. Die Projektthemen selbst werden von den Mentor_innen vorgeschlagen. Dabei werden einige Kriterien vorgegeben, die den Rahmen für jedes einzelne Thema angepasst an das Format des Moduls sichern. Jedes Projekt muss einen praktischen Bezug zu nachhaltiger Entwicklung aufweisen. Um dies zu gewährleisten, sind Praxispartner_innen aus der Stadt Eberswalde und der Region zu integrieren.

Um zu gewährleisten, dass die Projektgruppen ein realistisches Ziel formulieren und eine passende Forschungsfrage bearbeiten können, ist ein eingegrenztes Thema zu empfehlen, welches aktuelle nachhaltigkeitsrelevante Herausforderungen oder Fragen der Praxispartner_innen beschreibt. Dieses wird in einem einheitlichen Template als Projektsteckbrief beschrieben. Eine große Diversität der Projekte ergibt sich aus einer Mischung von an Studiengängen fachlich angrenzenden Themen, sowie Themen, die in den Studiengängen nicht abgedeckt werden. Das Portfolio der HNEE kann vor allem durch soziale und zivilgesellschaftliche Themen erweitert werden. Dies sind zum Beispiel Projekte zu den Bereichen Antidiskriminierung, Rassismus oder Kultur. Projekte, die von Gleichstellungsbeauftragen, Antidiskriminierungsbeauftragten, der AG Gesunde Hochschule oder dem Nachhaltigkeitsmanagement angeboten werden, ermöglichen die Auseinandersetzung mit Themen, die direkt an die Lebenswelt der Studierenden anknüpfen und Ergebnisse liefern, von denen die gesamte Hochschulgemeinschaft profitieren kann.

Auch im kulturellen Bereich lassen sich nachhaltigkeitsorientierte Projekte durchführen und erweitern das Bewusstsein für das systemische Nachhaltigkeitsverständnis. Gerade im gesellschaftlichen Kontext gibt es große Überschneidungen und Anknüpfungsmöglichkeiten zum Service Learning, welches an der HNEE seit 2018 fachbereichsübergreifend implementiert wird (vgl. Backhaus-Maul, 2013).

2.6   Praxispartner

Wie bereits mehrfach erwähnt, ist die Zusammenarbeit mit Praxispartner_innen ein zentrales Element des Moduls. Im Sinne eines Nachhaltigkeitstransfers bedeutet die Kooperation mit Unternehmen, der Stadtverwaltung, Vereinen, Institutionen und der Zivilgesellschaft „einen wechselseitigen Austausch zwischen Hochschule und Praxis, der in einer kooperativen Umsetzung von nachhaltigen Praxislösungen mündet." (Roose et al., 2022, S. 9) Es wird dabei deutlich unterschieden zwischen einer einseitigen Transferaktivität zum Beispiel durch einen Vortrag in der Vorlesung, bei der Akteur_innen aus der Praxis aus ihrer Perspektive berichten und einem transformativen Austausch, der sowohl Studierenden als auch den beteiligten Praxispartner_innen einen Wissenszuwachs bringt.

Die synergetischen Effekte stellen sich besonders dann ein, wenn aktuelle Themen und Fragen eingebracht werden, die mit dem Ziel einer konkreten Umsetzung verbunden sind. Dies führt zu einer erhöhten Motivation der Studierenden und der Praxispartner_innen, da gemeinsame Zieldefinitionen und Forschungsfragen auf Augenhöhe formuliert werden. Die Studierenden, die im ersten Semester noch wenig Fachwissen aufweisen können, fokussieren sich auf relevante Fragestellungen und bringen neue Perspektiven und kreative Vorschläge ein von denen Praxispartner_innen profitieren können. Dabei werden Studierende im Laufe des Semesters kompetenter bezüglich ihres eigenen Studienfachs und sind in der Lage komplexe Zusammenhänge durch die begleitende Vorlesung zu erkennen und zu verstehen.

Die Akquise der Praxispartner ist mit einem relativ großen Organisations- und Koordinationsaufwand verbunden. Interessante Kooperationspartner_innen in der Region werden gezielt angesprochen und erhalten erste Informationsmaterialien. Bei anhaltendem Interesse ist eine persönliche Kontaktaufnahme durch ein intensives Informations- und Erwartungsgespräch unabdingbar. Um potenzielle Praxispartner_innen zu gewinnen, spielt auch die Öffentlichkeitsarbeit eine große Rolle und muss gut organisiert werden. Die Vorstellung des Moduls mit zahlreichen Projektbeispielen bei diversen Hochschulveranstaltungen wie bspw. dem Event „Hochschule trifft Wirtschaft" ist eine Möglichkeit an Unternehmer_innen aus der Praxis heranzutreten. Außerdem besteht eine enge Zusammenarbeit mit weiteren Organisationseinheiten der Hochschule und zahlreichen Dozierenden. Regelmäßig werden Kooperationsanfragen an das ENE-Team weitergeleitet, da das Portfolio deutlich breiter ist als in anderen Modulen.

Besonders wichtig ist die Vorbereitung der Praxispartner_innen auf die Kooperation mit Studierenden des ersten Semesters. Die Erwartungen, die an Studierende gestellt werden, sind sehr unterschiedlich. Es muss vermittelt werden, dass keine umfangreichen und valiaen Forschungsergebnisse zu erwarten sind. Die Leistungen der Studierenden sind immer in Relation zu ihrer Studienzeit zu sehen. Dies bedeutet nicht, dass die Ergebnisse keine Relevanz haben bzw. große Wertschätzung erfahren, denn häufig schlagen Praxispartner_innen Projektthemen vor, die sie selbst aus mangelnder Zeit oder fehlenden Ressourcen nicht bearbeiten können. Außerdem spielt die Einbeziehung von Perspektiven junger Menschen sowie der wissenschaftlichen Perspektive aus der Hochschule eine große Rolle und sind häufig vorherrschende Gründe für Akteur_innen aus der Praxis mit Studierenden zusammen arbeiten zu wollen.

Die Studierenden bedauern häufig, dass das Projekt nach einem Semester zu Ende geht. Ideen zur Weiterführung der Projekte oder der Wunsch, erstellte Konzepte in eine praktische Umsetzung zu bringen, erreichen das ENE-Team zum Ende des Semesters regelmäßig. Wer jedoch zu diesem Zeitpunkt noch nicht in eine praktische Umsetzung gekommen ist, wird erfahrungsgemäß auch nicht mehr dazu kommen. Es besteht kein Anspruch an die Projekte, erstellte Konzepte und Ideen auch zu realisieren. Durch die Erfahrung der letzten Jahre konnte allerdings festgestellt werden, dass sich viele Studierende schnell mit ihrem Projekt identifizieren und die Möglichkeit einen gesellschaftlichen Impact zu generieren, erkennen.

2.7   Prüfungsleistung

Die Prüfungsleistung der ENE basiert auf einem fortlaufenden Evaluierungs- und Transformationsprozess. Sie wurde immer wieder an die variierenden Bedingungen (Pandemie, wechselnde Anzahl der Semesterwochenstunden, etc.) angepasst. Die aktuelle Prüfungsleistung besteht laut Modulbeschreibung aus einer Präsentation. Da diese Präsentationsprüfung in der Regel die erste dieser Art und auch die erste als Gruppe für die Studierenden ist, wird im Vorfeld sicher gestellt, dass umfangreiche Informationen in den Handbüchern (vgl. 2.8), auf Moodle und in der Vorlesung bereitgestellt werden. Des weiteren werden die Mentor_innen über die Prüfungskriterien informiert, um auf eventuelle Rückfragen reagieren zu können.

Die folgenden Prüfungskriterien für die Präsentationsprüfung wurden in einem zielorientierten Prozess entwickelt. Dabei bestand der Anspruch bestand darin, sowohl Bezüge zur Vorlesung in die Bewertung aufnehmen zu können, als auch einen Blick auf die Metaebene zu werfen, welche eine Reflexion der Gruppe zum Projektprozess umfasst.

1) Projektkontext: Die Aufgaben- bzw. Fragestellung wird benannt und kontextualisiert; die Zielsetzung für das Projekt wird erläutert
2) Methodik: Die methodische Vorgehensweise wird beschrieben und begründet; verwendete Quellen & Literatur werden benannt und begründet; Bezüge zur Nachhaltigen Entwicklung; projektrelevante Sustainable Developement Goals (SDGs) werden erklärt und die Bezüge zum Projekt begründet; die Anwendung von Konzepten Nachhaltiger

Entwicklung werden benannt und begründet (Rückbezug auf die Vorlesungen); mögliche Zielkonflikte/Dilemmata mit einer Nachhaltigen Entwicklung werden aufgezeigt

3) Gesellschaftliche Relevanz: Die gesellschaftliche Relevanz des Projektes wird reflektiert

4) Diskussion/Fazit: Herausforderungen und Schwierigkeiten in der Projektumsetzung sowie der Umgang damit werden benannt und erläutert; die wesentlichen Projektergebnisse und Erkenntnisse aus der Projektarbeit werden in Bezug zu einer Nachhaltigen Entwicklung gesetzt (falls vorhanden, können Ortsbezüge im Sinne einer regionalen Nachhaltigkeitstransformation hergestellt werden)

5) Struktur: Erkennbare Struktur; sachlich richtig, klar erkennbarer roter Faden und Pointierung des Kerns

6) Medieneinsatz/Visualisierung: Aussagekräftige Schaubilder; klare Bezeichnungen; übersichtliche Tabellen

7) Gruppenarbeit: Professionelles Auftreten als Gruppe; kooperatives Zusammenwirken der Gruppe beim Präsentieren; Einhaltung der Präsentationszeit

In den ersten Durchgängen in den Wintersemestern 2019/20 und 2020/21 konnte festgestellt werden, dass der Fokus der Präsentationen auf dem „Endprodukt" lag. Bei einer Präsentationszeit von 15-20 min blieb so nicht ausreichend Zeit für eine tiefergehende Auseinandersetzung und Darstellung der Transferleistung in Bezug auf die Nachhaltigkeitsmodelle und Diskurse nachhaltiger Entwicklung. Die Reflexion der Gruppe wurde häufig nur sehr kurz aufgegriffen, sodass eine Bewertung ebenfalls schwierig war. Zuletzt stellte sich als herausfordernd dar, die unterschiedlichen Voraussetzungen der Projekte, wie z. B. Anzahl der Teilnehmenden, Konflikte mit Praxispartner_innen oder bereits geleistete Vorarbeiten durch die Praxispartner_innen in der Bewertung fair zu berücksichtigen. Darum wurde das „Endprodukt" im dritten Durchlauf im Wintersemester 2022/23 aus der Bewertung herausgenommen.

Um den Ergebnissen dennoch einen wertschätzenden und zentralen Rahmen zu geben, wurden die Projektgruppen im Wintersemester 2022/23 erstmals gebeten, kurze Videos (max. 3 min) zu ihren Endprodukten zu erstellen. Diese wurden zu Beginn jeder Präsentation gezeigt und dienten als Einstieg in die Thematik des Projekts. Gleichzeitig konnten sich interessierte Personen sowie Praxispartner_innen durch die Videos über die Projekte informieren. Den Studierenden wurde empfohlen, möglichst benutzerfreundliche Apps zu nutzen, die den Aufwand der Videoerstellung geringhalten. In den folgenden Semestern wird die Erstellung eines Videos um weitere mediale Möglichkeiten, wie bspw. Podcast, Plakate etc. erweitert.

Da im Modul auch der Kompetenzerwerb auf dem Gebiet der interdisziplinären Gruppenarbeit eine große Rolle spielt und sich dieser Lernprozess in den Prüfungspräsentationen nur schwer abbilden lässt, wurde sich für eine Teilung der Bewertung entschieden. Die Prüfungsleistung „Präsentation" deckt 80 % der Modulnote ab und wird von den Modulverantwortlichen vergeben. Die verbleibenden 20 % werden durch eine

Prozessbewertung vergeben, die innerhalb eines Reflexionsprozessen durch die Gruppe selbst vorgenommen wird. Die Kriterien sehen folgendermaßen aus:

1) Projektorganisation: Ergebnisorientierte Arbeitspakete und eine gerechte Verteilung von Aufgaben und Verantwortlichkeiten; zielorientierter Zeitplan und das Einhalten von selbst gesetzten Fristen und Absprachen in der Gruppe; das Projektmanagement wird reflektiert und nach Bedarf verbessert
2) Zusammenarbeit: Kooperatives Zusammenarbeiten der Gruppe in der Projektarbeit (jede*r kann seine*ihre Kompetenzen einbringen); zielorientiertes Einbinden der Praxispartner_innen; Schwierigkeiten und Herausforderungen in der Gruppenarbeit werden reflektiert und konstruktive Lösungen entwickelt
3) Wertschätzender Umgang/Kommunikation: Klare/transparente und wertschätzende Kommunikationsregeln werden vereinbart und angewandt; empathisch gestalteter/ moderierter Umgang unter den Beteiligten; sich selbst und gegenseitig für die Projekt- und Teamarbeit motivieren

Die Besonderheit der Prozessbewertung liegt vor allem darin, dass sich die Studierenden aktiv an der Vergabe der Notenpunkte beteiligen. Da sie diese innerhalb ihrer Präsentation reflektieren und begründen müssen, wird eine gewisse Transparenz erzielt. Die Mentor_innen unterstützen die Studierenden in diesem Prozess der Notenfindung und Reflexion. Der Versuch, über den Reflexionsprozess individualisierte Noten zu vergeben, war im Wintersemester 2022/23 nicht erfolgreich. Die Beteiligung der Studierenden an der Notengebung wirkte sich allerdings positiv auf die Motivation der Gruppe aus und konnte aus Sicht der Koordinator_innen zu einem gesteigerten Lernerfolg beitragen.

2.8   Handbuch

Die Komplexität der Veranstaltung durch die Verbindung unterschiedlicher didaktischer Formate muss sowohl den Studierenden als auch allen beteiligten Mentor_innen und Praxispartner_innen vermittelt werden. Darum wurde ein Handbuch – ähnlich einem Syllabus erstellt, welches möglichst übersichtlich die Abläufe des Moduls beschreibt. Neben einem allgemeinen Zeitplan wird zum Beispiel auch Bezug auf Verhaltensregeln in der Gruppenarbeit oder Datenschutz genommen. Eine hohe Transparenz gegenüber den Studierenden bedeutet auch die Offenlegung der Prüfungskriterien. Diese sind in dem Handbuch detailliert aufgeführt und ermöglichen allen Gruppen gleichermaßen Bezug auf vorgegebene Schwerpunkte in der Präsentation zu nehmen. Auch die Bewertung des Gruppenprozesses kann durch die transparenten Bewertungskriterien beispielsweise durch eine gute Kommunikation oder einer kooperativen Zusammenarbeit mit Praxispartner_innen beeinflusst werden.

Alle im Handbuch aufgeführten Informationen sind verlässlich. Somit besteht für die Studierenden die Sicherheit, alle relevanten Voraussetzungen für die erfolgreiche Teilnahme am Modul zu kennen. Bei Fragen und Unsicherheiten können eine Vielzahl von Antworten im Handbuch gefunden werden. Dies ist auch für die Mentor_innen hilfreich, die häufig nicht an der Planung des gesamten Moduls beteiligt sind. Das Handbuch für Mentor_innen unterscheidet sich durch Hinweise und wichtige Informationen, die für die Begleitung der Gruppen von Bedeutung sind.

3 Implementierung von Hochschulbildung für nachhaltige Entwicklung (HBNE)

Wie bereits zu Beginn dieses Beitrags erwähnt wurde, fand im Wintersemester 2020/21 eine Umstellung und Neukonzipierung des Formats der ENE statt. Ziel war es, den Studierenden ganzheitliche Fachkompetenzen zu vermitteln, d. h. gesellschaftstheoretische Bezüge in unterschiedlichen Handlungsfeldern der Nachhaltigkeit herzustellen und sie gleichzeitig mit wesentlichen Aspekten des Konzepts einer nachhaltigen Entwicklung vertraut zu machen.

Die Neukonzipierung wurde als Chance genutzt, die Charakteristika einer Hochschulbildung für nachhaltige Entwicklung (HBNE) in das Modul zu implementieren. Bellina definiert (H)BNE folgendermaßen: „Bildung für [n]achhaltige Entwicklung (BNE) ermöglicht Menschen, zukunftsfähig zu denken und zu handeln, also die Auswirkungen des eigenen Handelns auf die lokale Umwelt und auf Menschen in anderen Erdteilen zu verstehen, sich die Auswirkungen auf zukünftige Generationen vorstellen zu können, und daraufhin verantwortungsvolle Entscheidungen treffen zu können. BNE bereitet Menschen darauf vor, aktiv mit den Problemen umzugehen, die eine [n]achhaltige Entwicklung unseres Planeten bedrohen, und gemeinsam Lösungen für diese Probleme zu finden. BNE bedeutet also das empowerment, als Agent*in des Wandels an der Transformation zu sozial gerechteren und ökologisch integren Gesellschaften mitzuwirken." (Bellina et al., 2020).

Um dieses Lernziel zu erreichen, bedarf es der Ausrichtung an den verschiedenen Charakteristika einer (H)BNE-Didaktik: Sie ist kompetenzorientiert, lernendenzentriert, fördert aktives Lernen, ermöglicht transformatives Lernen und beinhaltet Inter- und Transdisziplinarität. (vgl. Molitor et al., 2022, S. 26; HTWG Konstanz, 2022).

Anhand der Handreichung zur curricularen Verankerung von HBNE sollen im Folgenden die Charakteristika einer HBNE-Didaktik an der in den vorangegangenen Kapiteln vorgestellten Einführungsveranstaltung in die nachhaltige Entwicklung durchdekliniert werden.

1.) (H)BNE ist kompetenzorientiert: Die zu erwerbenden Kompetenzen werden den Studierenden im Handbuch transparent vermittelt. Sie erhalten somit die Möglichkeit, sich aktiv mit ihrem eigenen Kompetenzerwerb bzw. der Weiterentwicklung der vorhandenen

Kompetenzen auseinanderzusetzen. Durch die interaktive Gestaltung des Moduls werden Lerngelegenheiten geschaffen, die zu einem Erwerb von Schlüsselkompetenzen beitragen. Dazu gehören u. a. Interpersonelle Kompetenz, Integrierte Problemlösungskompetenz oder Umsetzungskompetenz (s. Abb. 1). Die intensive Auseinandersetzung bei der didaktischen Planung mit der Operationalisierung der Schlüsselkompetenzen einer nachhaltigen Entwicklung ermöglicht es auch, in Ansätzen ein kompetenzorientiertes Prüfungsformat zu entwickeln, welches fortlaufend evaluiert wird (vgl. Wiek et al., 2016, S. 241–260).

2.) (H)BNE ist lernendenzentriert: Durch die Aufteilung der Veranstaltung in eine Ringvorlesung und ein Praxisprojekt werden die Studierenden deutlich in den Fokus der Veranstaltung gerückt. Der Wunsch nach mehr Interaktivität von den Studierenden wurde umgesetzt, indem an konkreten praxisrelevanten Fragestellungen in Gruppen gearbeitet wird. Die Studierenden wählen dabei aus eigenem Interesse Themenbereiche aus. So wird ein Lebensweltbezug ermöglicht und Studierende können an ihr bereits vorhandenes Wissen anknüpfen. Die Begleitung durch das Mentoring versteht sich als Begleitung des Lernprozesses und nicht als Wissensvermittlung. Mit der zunehmenden Selbstständigkeit und dem damit verbundenen wachsenden Kompetenzerwerb, können die Gruppen selbst entscheiden, mit welcher Intensität eine Begleitung durch die Mentor_innen benötigt wird. Somit wird auf die Bedürfnisse der Lernenden eingegangen. Die Reflexion auf der Metaebene findet nur teilweise statt bzw. lässt sich nur schwer prüfen. Zukünftig sollen die Mentor_innen dahingehend geschult werden, die Metareflexion stärker gemeinsam mit den Studierenden einzunehmen.

3.) (H)BNE fördert aktives Lernen: Die Projektthemen werden so ausgewählt, dass die Studierenden selbst aktiv an der Entwicklung und Umsetzung des Projekts beteiligt sind. In der Regel entstehen im Laufe des Semesters verschiedene „Produkte". Welche Art von Produkte erstellt werden, entscheiden die Gruppen selbst. Zum Beispiel werden Informationsmaterialien oder Podcasts erstellt, Konzepte für Workshops oder Events geplant und umgesetzt, Pflanzpläne entwickelt oder Videos gedreht. Es werden aber auch Dinge gebaut, wie ein Hochbeet mit Sitzgelegenheit oder eine Trockensteinmauer. Durch die hohe Diversität an Kooperationen mit Unternehmen, Vereinen, zivilgesellschaftlichen Initiativen oder der Stadtverwaltung, sind auch die Projekte sehr vielfältig. Allen Projekten gemein ist jedoch, dass Studierende aktiv am Projekt beteiligt sein müssen, um das Modul zu bestehen.

Durch die Verbindung zur Ringvorlesung werden die Studierenden in ihrer Abstraktionsfähigkeit gefördert. Durch Beispiele aus der Wissenschaft und aktuellen Nachhaltigkeitsdiskursen können Bezüge zum eigenen Projekt hergestellt werden. Zukünftig gilt es die Vorlesung so zu gestalten, dass die Beteiligung der Studierenden deutlich gesteigert wird. Einerseits soll dies durch den Einsatz interaktiver Elemente gelingen und andererseits durch eine Optimierung der Rahmenbedingungen wie beispielsweise eine andere Einbettung in die Stundenpläne.

(4) (H)BNE ermöglicht transformatives Lernen: „Transformatives Lernen befähigt Lernende, Denkweisen, Werte und Verhaltensweisen zu hinterfragen, tiefer zu verstehen und

ggf. zu verändern." (Bellina et al., 2022, S. 26) Allerdings ist dieser Lernprozess nicht oder nur schwer überprüfbar, weshalb das Modul zwar den Anspruch erhebt, Lernräume und –situationen zu kreieren, die transformatives Lernen ermöglichen, es allerdings nicht als Modulziel formuliert. Ziel des transformativen Lernens ist es, die eigene Bedeutungsperspektive wahrzunehmen und zu reflektieren. Der Beginn eines idealen Verlaufs des transformativen Lernens wird von Jack Mezirow (1997), dem Begründer der Theorie des transformativen Lernens mit einem desorientierenden Dilemma beschrieben. Zu diesem Lernprozess gehört auch eine emotionale Ebene, die zum Handeln und Reflektieren anregen kann. Nach dem Erkenntnisgewinn, dass eine Veränderung im Sinne eines Transformationsprozesses möglich ist, werden Lösungen und Optionen zur Verbesserung der Situation entwickelt. Dazu werden neues Wissen und Fähigkeiten angeeignet und neue Perspektiven eingenommen. (vgl. Bormann et al., 2021, S. 38–40) Im Sinne eines transformativen Lernens im Kontext von Nachhaltigkeit soll vor allem eine Verhaltensänderung und Reflexion der eigenen Rolle im Studienprojekt stattfinden. Um die Motivation der Studierenden zu stärken, sollen diese im Prozess des transformativen Lernens wahrnehmen, dass sie gesellschaftliche, ökologische oder ökonomische Prozesse durch eigene Gestaltungsfreiheit verändern können.

5.) (H)BNE beinhaltet inter- und transdisziplinäre Lehre: Beide Ebenen wurden in der Konzeption des Moduls berücksichtigt. Die Interdisziplinarität findet sich sowohl im Baustein der Vorlesung als auch in den Projekten. In der Vorlesung werden Nachhaltigkeitsdiskurse aus Perspektiven diverser Disziplinen beleuchtet und sich dafür der Expertise verschiedener Forschungsfelder der HNEE bedient. Professor_innen aus unterschiedlichen Disziplinen und weitere Mitarbeitende der Hochschule bringen sich in der Vorlesung ein. Die Verknüpfung der einzelnen Vorlesungen miteinander stellt jedoch eine Herausforderung dar. Es wurde bisher deutlich, dass die Vorlesungsreihe zukünftiger enger betreut und begleitet werden muss. Interdisziplinarität ist mehr als das Zusammenbringen verschiedener Disziplinen in einer Reihe. Es Bedarf des Austauschs und einer gewollten Zusammenarbeit, damit ein Gewinn sowohl für die Dozierenden als auch für die Studierenden entsteht.

In den Projektgruppen zeigt sich die Zusammensetzung der Teilnehmenden aus verschiedenen Studiengängen als besonders erfolgreich. Für die Studierenden ergeben sich zwei Vorteile: Zum einen profitieren die Gruppen aus den verschiedenen Perspektiven und fachlichen Ausrichtungen jeder/s Einzelnen und können somit mehrdimensional und in komplexerem Rahmen auf die Projektthemen eingehen. Zum anderen spiegeln die Studierenden, dass sie die Möglichkeit der Kontaktaufnahme über ihren eigenen Studiengang hinaus zu anderen Studierenden gerade zu Beginn ihres Studiums wertschätzen. Im Laufe des Studiums ergeben sich weitere Möglichkeiten interdisziplinärer Zusammenarbeit. Diese wird durch die Projektarbeit im ersten Semester selbstverständlich und als Teil der Hochschullehre verstanden.

Transdisziplinarität wird durch die Zusammenarbeit mit relevanten Akteur_innen aus der Praxis gewährleistet. Diese bringen aktuelle Themen mit Nachhaltigkeitsbezügen in die Veranstaltung und gewähren so die Übertragung der Lerninhalte aus der Vorlesung in einen realen Kontext.

Um dem Anspruch gerecht zu werden Studierende in die Lage zu versetzen eigene Forschungsvorhaben zu planen und durchzuführen, wird der Ansatz des forschenden Lernens verfolgt. Nach Huber zeichnet sich diese Art des Lernens durch (mit)gestalten, erfahren und reflektieren aus. Mithilfe wissenschaftlicher Methoden können Fragen und Hypothesen entwickelt werden und mit der Ausführung dieser so bearbeitet werden, dass sie für Dritte interessante Erkenntnisse liefern (vgl. Huber, 2009, S. 11). Des Weiteren fließen auch Aspekte des Service Learning in die Projektarbeit ein (vgl. Rosenkranz et al., 2020): Das Lernen durch soziales Engagement nimmt je nach Praxispartner_in und Projektthema eine mehr oder weniger große Bedeutung ein. Die Aufgabe der Hochschule Service Learning als Teil der „Third Mission" in der Lehre zu verankern, wird in der ENE dennoch an vielen Stellen umgesetzt, denn auch hier wird akademisches Wissen in eine gesellschaftliche Praxisrelevanz übertragen (vgl. Aretz, 2020, S. 20).

4   Fazit und Ausblick

Die Aneignung von Schlüsselkompetenzen einer Bildung für nachhaltigen Entwicklung wird durch das Modul Einführung in die nachhaltige Entwicklung (ENE) systematisch von Beginn des Studiums an unabhängig des Studienfachs initiiert. Anspruch der Hochschule für nachhaltige Entwicklung Eberswalde (HNEE) ist es, den Studierenden zu ermöglichen sich spiralcurricular Gestaltungskompetenzen anzueignen, d. h. in weiteren Modulen wird auf den Grundlagen der in der ENE vermittelten Kompetenzen fachspezifisch aufgebaut. Die Lernziele dieser Veranstaltung sind daher so ausgerichtet, dass neben den fachlichen Grundprinzipien einer nachhaltigen Entwicklung ein Verständnis für das systemische Ganze vermittelt wird. Praktisch erproben die Studierenden ihre Fähigkeiten im strategischen und zukunftsorientierten Denken und Handeln durch die Arbeit mit Praxispartner_innen.

Bisher wurde die Veranstaltung durch den Einsatz quantitativer digitaler Befragungen von Studierenden und Mentor_innen evaluiert. Neben der systematischen quantitativen Erfassung dieser Evaluationsergebnisse wurden schriftliche und mündliche Rückmeldungen dokumentiert und nach jedem Durchgang ausgewertet. Aktuell wird ein umfassendes quantitatives und qualitatives Evaluationskonzept entwickelt. Die bisherigen Evaluationsergebnisse zeigen, dass Studierende besonders die inter- und transdisziplinäre Projektarbeit als bereichernd bewerten. Die interaktive Arbeit in Gruppen befähigt die Studierenden, Prozesse zu reflektieren und ihre Schlüsselkompetenzen als zentrales Element einer nachhaltigkeitsorientierten Lehre wahrzunehmen. Weitere zentrale Elemente der Lehre, wie Projektarbeiten, Praxiskooperationen, Entwicklung von Forschungsfragen, Anwendungen wissenschaftlicher Methoden oder die Arbeit mit digitalen Tools können von den Studierenden ausprobiert und angewendet werden. Der enge Bezug zu der übergreifenden Thematik einer nachhaltigen Entwicklung und den spezifischen Praxisbeispielen ermöglicht es der Hochschule, die Lehre in aufeinander aufbauenden Zyklen zu planen und durchzuführen.

Abschließend kann gesagt werden, dass die Modulziele größtenteils von den Studierenden erreicht werden. Herausforderungen, wie ein optimiertes und ausbalanciertes Zusammenspiel von Vorlesung und Projektarbeit oder die Begleitung der Projekte durch ein konzipiertes Mentor_innenprogramm werden Schritt für Schritt angegangen. Wesentliche Erkenntnis aus den Erfahrungen der Umsetzung des inter- und transdisziplinären Moduls ENE ist jedoch, dass durch aktuelle sich stetig wandelnde Rahmenbedingungen eine hohe Flexibilität in der Konzeption und Durchführung erforderlich ist.

Literatur

Aretz, H. (2020). After Humboldt? Hochschule und Service Learning. In D. Rosenkranz, S. Roderus, & N. Oberbeck (Hrsg.), *Service Learning an Hochschulen. Konzeptionelle Überlegungen und innovative Beispiele* (S. 16–24). Beltz Juventa.

Backhaus-Maul, H., & Roth, C. (2013). *Service Learning an Hochschulen in Deutschland. Ein erster empirischer Beitrag zur Vermessung eines jungen Phänomens.* Springer VS.

Bormann, I., Singer-Brodowski, M., Taigel, J., Wanner, M., Schmitt, M., & Blum, J. (2021): Transformatives Lernen durch Engagement – Soziale Innovationen als Impulsgeber für Umweltbildung und Bildung für nachhaltige Entwicklung. *Abschlussbericht, 2022*(54). https://www.umweltbundesamt.de/sites/default/files/medien/479/publikationen/texte_54-2022_transforma tives_lernen_durch_engagement.pdf. Zugegriffen: 13. Jan. 2023.

Bellina, L., Tegeler, M. K., Müller-Christ, G., & Potthast, T. (2020): Bildung für Nachhaltige Entwicklung (BNE) in der Hochschullehre. BMBF-Projekt „Nachhaltigkeit an Hochschulen: Entwickeln – vernetzen – berichten (HOCHN)", Bremen und Tübingen. https://www.hochn.uni-ham burg.de/-downloads/handlungsfelder/lehre/hochn-leitfaden-lehre-2020-neu.pdf. Zugegriffen: 24. Jan. 2023.

HTWG Konstanz. (2022). Universities of Tomorrow: Global, Interdisciplinary, Digitized, Sustainable (UNITO): 2021 International Conference, November 4th, virtual, https://creativecommons.org/licenses/by-sa/4.0/legalcode.de. Zugegriffen: 10. Feb. 2023.

Huber, L. (2009). Warum Forschendes Lernen nötig und möglich ist. In L. Huber, J. Hellmer, & F. Schneider (Hrsg.), *Forschendes Lernen im Studium. Aktuelle Konzepte und Erfahrungen* (S. 9–35). Univ.-Verl. Webler.

Ibisch, P., Molitor, H., Conrad, A., Walk, H., Mihotovic, V., & Geyer, J. (2018). *Der Mensch im globalen Ökosystem. Eine Einführung in die nachhaltige Entwicklung.* Oekom.

Mezirow, J. (1997). Transformative learning: Theory to practice. *New directions for adults and continuing education, 74,* 5–12.

Molitor, H., Krah, J., Reimann, J., Bellina, L., & Bruns, A. (2022). Zukunftsfähige Curricula gestalten – Eine Handreichung zur curricularen Verankerung von Hochschulbildung für nachhaltigen Entwicklung. Arbeitsgemeinschaft für Nachhaltigkeit an Brandenburger Hochschulen (Hrsg.), *Eberswalde* https://doi.org/10.57741/opus4-388. Zugegriffen: 13. Jan. 2023.

Roose, I., Nölting, B., König, B., Demele, U., Crewett, W., Georgiev, G., Göttert, T., & Mitarbeit von Hobelsberger, C. (2022). Nachhaltigkeitstransfer – ein Konzept für Wissenschafts-Praxis-Kooperationen. Eine empirische Potentialanalyse am Beispiel der Hochschule für nachhaltige Entwicklung Eberswalde. Eberswalde: Hochschule für nachhaltige Entwicklung Eberswalde (Diskussionspapier-Reihe Nachhaltigkeitstransformation & Nachhaltigkeitstransfer, Nr. 2/22) https://doi.org/10.57741/opus4-27. Zugegriffen: 10. Jan. 2023.

Rosenkranz, D., Roderus, S., & Oberbeck, N. (2020). *Service Learning an Hochschulen. Konzeptionelle Überlegungen und innovative Beispiele.* Beltz Juventa.

Wiek, A., Bernstein, M. J., Foley, R. W., Cohen, M., Forrest, N., Kuzdas, C., Kay, B., & Withycombe Keeler, L. (2015). Operationalising Competencies in Higher Education for Sustainable Development. In M. Barth, G. Michelsen, M. Rieckmann, & I. Thomas (Hrsg.), *Routledge Handbook of Higher Education* (S. 241–260). Taylor & Francis Group (GB).

Wittmayer, J., Hölscher, K., Wunder, S., & Veenhoff, S. (2018). *Transformation research. Exploring methods for an emerging research field.* Umweltbundesamt (Texte 01/2018).

Vorgehensmodell zur Beurteilung von BNE-Aktivitäten am Beispiel der Technischen Universität Chemnitz

Constanze Pfaff, Martin Ulber und Marlen Gabriele Arnold

1 Einleitung

Bereits im Jahr 2017 konstatierte die Generalversammlung der Vereinten Nationen, „wie wichtig Bildung für die Herbeiführung einer nachhaltigen Entwicklung ist" und damit einhergehend „Wissenschafts-, Technologie- und Innovationsstrategien zu [...] Strategien für nachhaltige Entwicklung zu machen."(Vereinte Nationen, 2017) Damit die Lehre an Hochschulen langfristig wirksam zur BNE beiträgt, bedarf es einer Überprüfung, ob die angebotenen Lehrveranstaltungen, die Kompetenzen vermitteln, die für die gesellschaftliche Transformation in Richtung Nachhaltigkeit notwendig sind. Die forschungsleitende Frage für diesen Beitrag lautet: Wie werden die für BNE relevanten Kompetenzen in den Lehrveranstaltungen der Professur Betriebliche Umweltökonomie und Nachhaltigkeit (BUN) vermittelt? Zu diesem Zweck legt der vorliegende Beitrag ein Modell für BNE-Kompetenzen vor, mit dem Lehrveranstaltungen bewertet werden können, inwiefern sie BNE-Kompetenzen adressieren. Ziel ist es damit, ausgewählte Forschungs- und Lehraktivitäten an der TUC zu analysieren und zu systematisieren und somit die betrachteten Lehrveranstaltungen hinsichtlich der BNE-Kompetenzen vergleichbar zu machen.

C. Pfaff (✉) · M. Ulber · M. G. Arnold
Fakultät für Wirtschaftswissenschaften, Technische Universität Chemnitz, Chemnitz , Deutschland
E-Mail: constanze.pfaff@wiwi.tu-chemnitz.de

M. Ulber
E-Mail: martin.ulber@wiwi.tu-chemnitz.de

M. G. Arnold
E-Mail: marlen.arnold@wiwi.tu-chemnitz.de

W. Leal Filho (Hrsg.), *Lernziele und Kompetenzen im Bereich Nachhaltigkeit,* Theorie und Praxis der Nachhaltigkeit, https://doi.org/10.1007/978-3-662-67740-7_14

2   Kompetenzen für die Bildung einer nachhaltigen Entwicklung

Vorab ist zu klären, wie eine „Kompetenz" definiert ist. Eine Kompetenz beinhaltet personalisiertes Wissen sowie kognitive Fähigkeiten und Fertigkeiten, die dazu eingesetzt werden können, komplexe Anforderungen bewältigen zu können (OECD, 2005; Weinert, 2014). Dazu gehören ebenfalls Motivation und Volition einer Person, den gestellten Anforderungen gerecht zu werden (Weinert, 2014). Diese Kriterien lassen sich ebenfalls in Werken über die benötigten Kompetenzen, d. h. „Schlüsselkompetenzen", für die Umsetzung von BNE verschiedener Autor_innen wiederfinden (de Haan, 2010; Glasser & Hirsh, 2016; Rieckmann, 2012; Wals, 2015; Wiek et al., 2011). Sämtliche Modelle haben gemein, dass sie Lernende dazu befähigen sollen, auf eine nachhaltige Weise zu leben und lernen, um somit Gesellschaft in Richtung Nachhaltigkeit zu transformieren (Rieckman, 2018). Die folgenden Literaturquellen werden näher untersucht und zur Kriterienbestimmung herangezogen:

1. Kompetenzmodell der OECD (2005)
2. Gestaltungskompetenz nach de Haan (2010)
3. Schlüsselkompetenzen für nachhaltige Entwicklung nach Rieckmann (2012)
4. Nachhaltigkeitskompetenzen nach Wals (2015)
5. Schlüsselkompetenzen im Bereich Nachhaltigkeit nach Wiek et al. (2011)
6. Kernkompetenzen der Nachhaltigkeit nach (Glasser & Hirsh, 2016)

Das Kompetenzmodell der OECD nennt drei Kategorien von Schlüsselkompetenzen, die in Tab. 1 ersichtlich sind (OECD, 2005). Sämtliche Kategorien erfordern die Aktivierung kognitiver, praktischer und kreativer Fähigkeiten sowie anderer psychosozialer Ressourcen wie Einstellungen, Motivation und Werte (OECD, 2005). Im Mittelpunkt dieser Schlüsselkompetenzen steht die Fähigkeit, selbst zu denken, sich mit Erfahrungen, Gedanken, Gefühlen und sozialen Beziehungen auseinanderzusetzen sowie Verantwortung für das eigene Lernen und Handeln zu übernehmen (OECD, 2005). Dies setzt reflexives Denken und Handeln voraus. Reflexivität befähigt Menschen bspw. dazu, über eine erlernte Technik nachzudenken, sie mit anderen Aspekten ihrer Erfahrung in Beziehung zu setzen und sie zu verändern oder anzupassen sowie diese Denkprozesse ins Handeln umzusetzen (OECD, 2005). In Tab. 14 (Anhang) können detaillierte Beschreibungen der einzelnen Teilkompetenzen entnommen werden.

Die zweite Literaturquelle beinhaltet die 12 Gestaltungskompetenzen nach de Haan (2010), welche in Sach- und Methoden-, Sozial- und Selbstkompetenz unterschieden werden. Tab. 2 gibt einen Überblick über die Kategorien und beschreibenden Teilkompetenzen.

Die dritte untersuchte Literaturquelle beinhaltet Schlüsselkompetenzen der nachhaltigen Entwicklung, basierend auf Rieckmann (2012). Diese umfassen Fähigkeiten

Tab. 1 Kompetenzkategorien der OECD (2005, S. 12–17)

Kompetenzkategorien	Teilkompetenzen
1.Interaktive Anwendung von Medien und Mitteln	• interaktive Anwendung von Sprache, Symbolen und Texten
	• interaktive Nutzung von Wissen und Informationen
	• interaktive Anwendung von Technologien
2. Interagieren in heterogenen Gruppen	• gute und tragfähige Beziehungen unterhalten
	• Fähigkeit zur Zusammenarbeit
	• Bewältigen und Lösen von Konflikten
3. Autonome Handlungsfähigkeit	• Handeln im größeren Kontext
	• Realisierung von Lebensplänen und persönlichen Projekten
	• Verteidigung und Wahrnehmung von Rechten, Interessen, Grenzen und Erfordernissen

- systemisch, vorausschauend und kritisch zu denken,
- mit Komplexität umgehen zu können und dabei eine gewisse Ambiguitäts- und Frustrationstoleranz zu zeigen,
- fair und ökologisch zu handeln,
- in heterogenen und interdisziplinären Gruppen kooperieren und partizipieren zu können,
- Empathie zu zeigen und sich in andere hineinversetzen zu können,
- (unter Medieneinsatz) kommunizieren zu können,
- sowie innovative Projekte planen, durchführen und evaluieren zu können (de Haan, 2010).

Drei weitere untersuchte Veröffentlichungen fokussieren die Nachhaltigkeitskompetenz – eine Symbiose aus Nachhaltigkeit und dem Kompetenzbegriff (Wals, 2015) .

Nach Wals (2015) kann die Nachhaltigkeitskompetenz in vier Dimensionen, welche ebenfalls als Kompetenzkategorien angesehen werden, unterschieden werden.

Deren spezifischen Ausprägungen sind in Tab. 3 beispielhaft abgebildet (Wals, 2015).

Tab. 2 Kompetenzkategorien nach de Haan (2010)

Kompetenzkategorie	Teilkompetenz
Sach- und Methodenkompetenz	1. Wissen in einem Geist der Weltoffenheit sammeln und neue Perspektiven einnehmen
	2. vorausschauend denken und handeln
	3. Wissen aneignen und interdisziplinär handeln
	4. Umgang mit unvollständigen und komplexen Informationen
Sozialkompetenz	5. Kooperation in Entscheidungsprozessen
	6. Umgang mit Entscheidungsdilemmata
	7. Beteiligung an kollektiven Entscheidungsprozessen
	8. sich selbst und andere motivieren können, aktiv zu werden
Selbstkompetenz	9. die eigenen Prinzipien und die anderer zu reflektieren
	10. sich bei der Entscheidungsfindung und Handlungsplanung auf den Gedanken der Gerechtigkeit beziehen
	11. selbstständiges Planen und Handeln
	12. Einfühlungsvermögen und Solidarität mit Benachteiligten zeigen

Entgegen dieser Auffassung geht Wiek et al. (2011) von fünf Kompetenzkategorien aus, die zur Nachhaltigkeitskompetenz führen. Diese und ihre beispielhaften Ausführungen sind in Tab. 4 dargestellt.

Das sechste Modell beschreibt die Kernkompetenzen der Nachhaltigkeit nach Glasser und Hirsh (2016). Die fünf Kernkompetenzen in diesem Modell sind: Affinität zum Leben, Wissen über den Zustand des Planeten, vernünftige Entscheidungen treffen, sich nachhaltig verhalten und Verhalten hin zu einem sozialen Wandel enthält.

Tab. 5 führt die einzelnen Bestandteile der fünf Kernkompetenzen auf.

Nachdem die sechs Literaturquellen überblicksartig vorgestellt wurden, werden im Folgenden Gemeinsamkeiten und Schnittmengen eruiert, die zu gemeinsamen Kriterien führen. Aus diesen Überschneidungen konnten acht Kategorien entwickelt werden:

a) Systemdenken und Umgang mit Komplexität,
b) Antizipierendes Denken und Handeln,

Tab. 3 Dimensionen und Fähigkeiten der Nachhaltigkeitskompetenz nach Wals (2015, S. 11)

Kompetenzkategorien	Teilkompetenzen
Dynamik und Inhalt der Nachhaltigkeit	• systemisches Denken • ganzheitliche Sichtweise
Kritische Dimension der Nachhaltigkeit	• Normen und Routinen hinterfragen • lernen, Kritik zu üben
Die Veränderungs- und Innovationsdimension der Nachhaltigkeit	• Führung und Unternehmertum • Kreativität freisetzen, Vielfalt nutzen • Anpassungsfähigkeit, Widerstandsfähigkeit • Stärkung der Handlungskompetenz und des kollektiven Wandels
Existenzielle und normative Dimension der Nachhaltigkeit	• mit Menschen, Orten und anderen Arten in Verbindung treten • Leidenschaft, Werte und Sinnhaftigkeit • moralische Positionierung, Berücksichtigung von Ethik, Grenzen und Beschränkungen

c) Kritisches, selbstreflexives Denken,
d) Frustrationstoleranz bei Dilemmata und in komplexen Situationen,
e) Kommunikation und interaktive Anwendung von Medien,
f) Interdisziplinäre Zusammenarbeit und Kooperation,
g) Sozial-demokratische Kompetenz und Partizipationsfähigkeit und
h) Transformatives Handeln zur Einhaltung der planetaren Grenzen.

Tab. 6 gibt einen umfassenden Überblick, inwieweit die ausgewählten Literaturquellen die erarbeiteten Kriterien inkludieren. Diese Kriterien spiegeln gleichzeitig die BNE-Kompetenzen wider, die zur Erfüllung der BNE gewahrt werden müssen.

Tab. 7 charakterisiert die gebildeten BNE-Kompetenzbereiche auf Basis der analysierten Literatur detaillierter und vereinfacht so das Verständnis und ihre Anwendung als Bewertungskriterien.

Tab. 4 Dimensionen und Fähigkeiten der Nachhaltigkeitskompetenz nach Wiek et al. (2011)

Kompetenzkategorien	Teilkompetenzen
Systemdenken-kompetenz	Verständnis von Rückkopplungsschleifen
	komplexe Ursache-Wirkungs-Ketten
Antizipationskompetenz	Vorhersagen, Szenarien, Visionen
	Verständnis von Ungewissheit, Wahrscheinlichkeiten, Risiken, Konsistenz und Plausibilität zukünftiger Entwicklungen
	Verständnis von Generationengerechtigkeit und Vorsorge
Normative Kompetenz	Nachhaltigkeitsprinzipien & -ziele
	Ethik
	Gerechtigkeit, Fairness, Verantwortung, Sicherheit, Fröhlichkeit
Strategische Kompetenz	Verständnis von Strategien, Aktionsprogrammen, (systemischen) Interventionen
	Verständnis von Erfolgsfaktoren, Machbarkeit, Effektivität, Effizienz
	Verständnis der Bedeutung von Instrumentalisierung, der Bildung von Allianzen, sozialen Lernens und sozialer Bewegungen
Zwischenmenschliche Kompetenz	Kenntnis der Funktionen, Arten und Dynamik der Zusammenarbeit
	Erfahrung von Stärken, Schwächen, Erfolg und Misserfolg in Teams
	Kenntnis von Führungskonzepten
	Erfahrungen mit Grenzen der Zusammenarbeit und Empathie

Um ein umfassendes Modell zu schaffen, muss neben den erarbeiteten Kompetenzen ebenfalls die Perspektive des Lernens selbst Beachtung finden. Im globalen Rahmenprogramm der UNESCO für die Umsetzung der 17 Nachhaltigkeitsziele (Sustainable Development Goals) und der Bildung für nachhaltige Entwicklung (BNE2030) sind drei Lerndimensionen beschrieben (UNESCO, 2021). In Tab. 8 sind die drei BNE-Lerndimensionen zusammengefasst.

Das kognitive Lernen bildet das Fundament einer später erfolgreichen Kollaboration zwischen Forschenden und Praxispartner_innen, indem ein Wissensschatz aufgebaut wird, der dabei hilft, Nachhaltigkeitsprobleme zu verstehen und mögliche Lösungsansätze selbst zu finden. Die sozial-emotionale Lerndimension spricht die für den Transfer und Mitwirkung am Transformationsprozess notwendigen sozialen Beziehungen an. Werte und

Tab. 5 Kompetenzen der Nachhaltigkeit nach Glasser und Hirsh (2016)

Kompetenzkategorien	Teilkompetenzen
Affinität zum Leben	Identifikation mit allem Leben
	Integration der Lebensfreude (Biophilie)
	Demut auf der Ebene der Arten
	Verstehen, wie sich das Leben auf dem Planeten Erde entwickelt hat
	Wertschätzung der kulturellen Vielfalt
	Wertschätzung der biologischen Vielfalt
Wissen über den Zustand des Planeten	Wertschätzung für die Magie und das Wunder des Lebens auf dem Planeten Erde
	Tiefes Verständnis dafür, wie die Natur das Leben erhält
	Verständnis der aktuellen, weit verbreiteten Vorstellungen über den Zustand des Planeten und ihrer Grenzen
	Verständnis des Klimawandels
	Verständnis der (Belastbarkeits-) Grenzen der ökologischen Systems
	Verständnis der Verlustraten der biologischen und kulturellen Vielfalt
	Fähigkeit zur Förderung der Aktualisierung des Wissensstandes über den Planeten
vernünftige Entscheidungen treffen	Verständnis linearer und nichtlinearer Wachstumsraten und ihrer Folgen
	Fähigkeit, Fehler und Täuschungen zu erkennen
	Fähigkeit, mehrere Perspektiven einzunehmen und Wissen im Kontext zu organisieren
	Fähigkeit, Mehrdeutigkeit zu tolerieren
	Anerkennung mehrerer Ziele und menschlicher Problemlösungsgrenzen
	Fähigkeit, angesichts enormer Herausforderungen die Hoffnung aufrechtzuerhalten
	Fähigkeit, Risiken und Ungewissheit ins zu relativieren
sich nachhaltig verhalten	Fähigkeit, übermäßiges Selbstvertrauen zu zügeln und das Urteilsvermögen zurückzustellen
	Die Veränderung sein, die man in der Welt sehen möchte
	Ein tiefes Verständnis für den Zustand des Planeten in die Politik und das Handeln einfließen lassen
	Handeln im Einklang mit langfristigen Zielen wirksam auf ungünstige Kräfte reagieren
	Effektiv auf schädliche Einflüsse reagieren
	Handeln in einer Weise, die die Widerstandsfähigkeit erhält und stärkt
	Schaffung politischer Anreize, um das von uns angestrebte Verhalten zu fördern
Verhalten hin zu einem sozialen Wandel	Priorisierung übergeordneter Werte, wenn Kompromisse entstehen
	Soziales Lernen für nachhaltige Führung und Zusammenarbeit
	Erkennen von Motivationsvariablen und Handlungsfolgen
	Fähigkeit, das Unsichtbare sichtbar zu machen
	Fähigkeit, die Bedeutung von Veränderungsstrategien 1. und 2. Ordnung angemessen zu erkennen
	Fähigkeit zur angemessenen Anwendung von Änderungsstrategien 1. und 2. Ordnung
	Fähigkeit, kollektiven Wandel für Nachhaltigkeit zu inspirieren
	Offenheit für die Ansichten und Anliegen anderer

Haltungen beeinflussen, wie wir uns zu anderen Menschen verhalten und auch mit welchen Menschen wir Beziehungen eingehen. Die Empathie sagt aus, wie gut ein Mensch sich in Andere hineinversetzen und bestimmt somit maßgeblich, wie mit Konflikten umgegangen werden kann. Die motivationalen Faktoren der bestimmen, wie stark das Engagement für den transformativen Wandel ausfällt. Die sozial-emotionale Lerndimension bildet somit die Brücke von den kognitiven Prozessen zur verhaltensbezogenen Dimension. In der Dimension des verhaltensbezogenen Lernens stehen die praktischen Umsetzungsschritte für eine sozial-ökologische Transformation im Vordergrund.

An allen drei Dimensionen sind Bezugspunkte zu den vorher vorgestellten Kompetenzbereichen erkennbar (s. Tab. 9).

Zum einen wird eine Vielfalt an BNE-Kompetenzen und Kompetenzverständnissen offensichtlich, zum anderen stellt sich die Frage, wie diese Vielfalt in den eigenen Lehrangeboten adressiert wird.

Tab. 6 BNE-Kompetenzen als Kriterien zur Bewertung von Lehrveranstaltungen

Pos	Literaturquellen	a) Systemdenken und Umgang mit Komplexität	b) Antizipierendes Denken und Handeln	c) Kritisches, selbstreflexives Denken	d) Frustrationstoleranz bei Dilemmata und komplexen Situationen	e) Kommunikation und interaktive Anwendung von Medien	f) Interdisziplinäre Zusammenarbeit und Kooperation	g) Sozialdemokratische Kompetenz und Partizipationsfähigkeit	h) Transformatives Handeln zur Einhaltung der planetaren Grenzen
1.	Gestaltungskompetenz (de Haan, 2010)	●	●	●	●	○	●	●	○
2.	Schlüsselkompetenzen für nachhaltige Entwicklung (Rieckmann, 2012)	●	●	●	●	●	●	○	●
3.	Nachhaltigkeitskompetenzen (Wals, 2015)	●	○	●	○	○	○	●	●
4.	Schlüsselkompetenzen im Bereich Nachhaltigkeit (Wiek, Withycombe & Redmann, 2011, Wiek et al.)	●	●	○	●	○	●	○	●
5.	Kernkompetenzen der Nachhaltigkeit (Glasser & Hirsch, 2016)	○	○	○	○	○	○	●	●
6.	Kompetenzkategorien der OECD	●	●	●	○	●	●	○	○

Legende	
● trifft zu	○ trifft nicht zu

Tab. 7 Beschreibung der BNE-Kompetenzen als Kriterien zur Bewertung von Lehrveranstaltungen

Kompetenz	Beschreibungen
a)	Systemverständnis (Strukturen, Kultur, Praxis, Regeln, Erwartungen, die eigene Rolle, Gesetze und Vorschriften, ungeschriebene gesellschaftliche Normen, Moralkodizes und Sitten zu kennen)[1]; mit unvollständigen und zu komplexen Informationen umgehen[2]; Verständnis von Rückkopplungsschleifen; Denken über mehrere Ebenen und Bereiche hinweg; Verständnis für Menschen und soziale Systeme[3]
b)	die direkten und indirekten Folgen ihrer Handlungen abzuschätzen; Muster erkennen[3]; aus vergangenen Handlungen zu lernen und zukünftige Ergebnisse zu planen[2]; Entwicklungen vorwegnehmen (Szenarien, Visionen); Verständnis der Zeit; Verständnis von Ungewissheit, Wahrscheinlichkeiten, Risiken, Konsistenz und Plausibilität zukünftiger Entwicklungen[3]; die eigenen Prinzipien und die anderer zu reflektieren[1]
c)	Normen hinterfragen, Lernen, Kritik zu üben[5]; Fähigkeit, Fehler und Täuschungen zu erkennen; Fähigkeit, übermäßiges Selbstvertrauen zu zügeln und das Urteilsvermögen zurückzustellen[6]
d)	mit individuellen Entscheidungsdilemmata umgehen[1]; Anerkennung mehrerer Ziele und menschlicher Problemlösungsgrenzen; Fähigkeit, angesichts enormer Herausforderungen die Hoffnung aufrechtzuerhalten[6]
e)	Auseinandersetzung mit technologischen Möglichkeiten im Alltagsleben; Auseinandersetzung mit Beschaffenheit und Potenzial von Technologien; Einbeziehung von Technologien in die alltägliche Praxis[1]; Ursprünge eines Konflikts und die Argumente aller Seiten unter Anerkennung mehrerer möglicher Standpunkte analysieren; Wirksamer Umgang mit Emotionen[1]
f)	Wissen aneignen und interdisziplinär handeln; in Entscheidungsprozessen kooperieren; die eigenen Prinzipien und die anderer zu reflektieren[1]; Kenntnis der Funktionen, Arten und Dynamik der Zusammenarbeit; Erfahrung von Stärken, Schwächen; Erfolg und Misserfolg in Teams; Erfahrungen mit Grenzen der Zusammenarbeit und Empathie[3]; Befähigung zur Zusammenarbeit in (heterogenen) Gruppen; Kompetenz zu Empathie und Perspektivwechsel; Kompetenz für interdisziplinäres Arbeiten[4]
g)	die eigenen Interessen zu erkennen (z. B. bei einer Wahl); schriftliche Regeln und Grundsätze zu kennen, mit denen man seinen Standpunkt begründen kann; Argumente für die Anerkennung seiner Bedürfnisse und Rechte zu finden[1]; sich an kollektiven Entscheidungsprozessen beteiligen; sich bei der Entscheidungsfindung und Handlungsplanung auf den Gedanken der Gerechtigkeit beziehen; Einfühlungsvermögen und Solidarität mit Benachteiligten zeigen[2]; Verständnis von Strategien, Aktionsprogrammen, Intervention; Verständnis der Bedeutung von Instrumentalisierung, der Bildung von Allianzen oder sozialer Bewegungen[3]
h)	Mit Menschen, Orten und anderen Arten in Verbindung treten; Leidenschaft, Werte und Sinnhaftigkeit; Moralische Positionierung, Berücksichtigung von Ethik, Grenzen und Beschränkungen[5]; sich selbst und andere zu motivieren, aktiv zu werden; selbstständig planen und handeln[1]; Kompetenz zu fairem und ökologischem Handeln[3]; Kenntnis von Nachhaltigkeitsprinzipien und -zielen[3]; Vielfalt nutzen; Stärkung der Handlungskompetenz und des kollektiven Wandels; Lernen, den Wandel zu gestalten[5]; Tiefes Verständnis dafür, wie die Natur das Leben erhält; Kenntnis der aktuellen, weit verbreiteten Vorstellungen über den Zustand des Planeten und seiner Grenzen; Verständnis der (Belastbarkeits-)Grenzen der ökologischen Systems; Verständnis der Verhältnisse der biologischen und kulturellen Vielfalt; Fähigkeit zur Förderung der Aktualisierung des Wissensstandes über den Planeten; Ein tiefes Verständnis für den Zustand des Planeten in die Politik und das Handeln einfließen lassen; Handeln in einer Weise, die die Widerstandsfähigkeit erhält und stärkt; Fähigkeit, kollektiven Wandel für Nachhaltigkeit zu inspirieren[6]

[1] OECD, 2005, [2] de Haan, 2010, [3] Wiek et al., 2011, [4] Rieckmann, 2012, [5] Wals, 2015, [6] Glasser und Hirsh, 2016

Tab. 8 Lerndimensionen der Nachhaltigkeit (UNESCO, 2021, S. 17)

Lerndimension	Beschreibung
Dimension des kognitiven Lernens	Verständnis der Herausforderungen von Nachhaltigkeit und ihrer komplexen Verflechtungen sowie Auseinandersetzung mit disruptiven Ideen und alternativen Lösungen
Dimension des sozial-emotionalen Lernens	Entwicklung von grundlegenden Werten und Haltungen in Bezug auf Nachhaltigkeit, Förderung von Mitgefühl und Empathie für andere Menschen, den Planeten und Stärkung der Motivation, den Wandel zu gestalten
Dimension des verhaltensbezogenen Lernens	Umsetzung von praktischen Maßnahmen für nachhaltige Transformation im persönlichen, gesellschaftlichen und politischen Bereich

Tab. 9 Ausprägung der Lerndimensionen in den Kompetenzbereichen

		Kompetenzbereiche							
		a)	b)	c)	d)	e)	f)	g)	h)
Lerndimension	kognitives Lernen	●	●	●	○	◑	◑	◑	●
	sozial-emotionales Lernen	○	○	◑	●	○	●	●	●
	verhaltens-bezogenes Lernen	◑	○	○	◑	●	●	●	●
Legende									
● trifft zu		◑ trifft teilweise zu			○ trifft nicht zu				

3 Nachhaltigkeit an der TU Chemnitz

Dieses Kapitel beschäftigt sich mit dem Nachhaltigkeitsbereich an der TU Chemnitz. Zunächst wird beleuchtet, wie Forschungs- und Lehrfelder die Themen einer nachhaltigen Entwicklung und die Sustainable Development Goals (SDGs) aufgreifen. Danach werden sechs konkrete Lehrveranstaltungen und -projekte vorgestellt, die an der Fakultät für Wirtschaftswissenschaften, insbesondere an der Professur für BWL – Betriebliche Umweltökonomie und Nachhaltigkeit (BUN), angesiedelt sind.

3.1 Nachhaltigkeit in der Forschung

Als drittgrößte Hochschule in Sachsen und mit acht verankerten Fakultäten definiert die TU Chemnitz drei interdisziplinäre Kernkompetenzfelder in Lehre und Forschung: Materialien und intelligente Systeme, Ressourceneffiziente Produktion und Leichtbau sowie Mensch und Technik. Diese Lehr- und Forschungsfelder beziehen darüber hinaus ebenfalls Themen der nachhaltigen Entwicklung ein, welche beispielhaft in Abb. 1 anhand der Sustainable Development Goals (SDGs) geclustert wurden. Beispielhaft seien Projekte erwähnt rund um die Themen Energieeffiziente Magnetische Datenverarbeitung und Datenspeicherung, Energieeffiziente Beleuchtung, Reinigungsverfahren für eine nachhaltige Wasserwirtschaft, Neue Materialien für Brennstoffzellen, Effizienz- und Nachhaltigkeitssteigerung in der Produktion von Lebensmitteln, Stoffkreisläufe, Dauerhaftigkeit und reduzierter Verschleiß technischer Systeme, Leichtbauwerkstoffe, Sustainable Textile School, Kälte- und Energietechnik, Energy Efficient Computing, Low Energy Living, Posterband: Ökologische, ökonomische und soziale Nachhaltigkeit an der TU Chemnitz, Förderung soziale und emotionale Kompetenzen und viele weitere Themenfelder.

3.2 Nachhaltigkeit in der Lehre

Die Themenfelder der Nachhaltigkeit sind vielfältig in die Lehre an der TU Chemnitz integriert. Nachhaltigkeit und Bildung für Nachhaltige Entwicklung sind in Vorlesungen, Kolloquien, Seminaren, Ringveranstaltungen, studentischen Projekten, Praxiskooperationen, Studium Generale uvm. fakultätsübergreifend eingeflochten.

Die Vielfalt der nachhaltigkeitsausgerichteten Lehrangebote an der TU Chemnitz zeigt Abb. 2. Die Fakultät für Naturwissenschaften vereint das Institut für Chemie und das Institut für Physik. Die Mehrheit der Studiengänge der Fakultät beinhalten Wahlveranstaltungen mit Nachhaltigkeitsbezug, wie Brennstoffzellenkatalysatoren, Solarzellenmaterialien, nachhaltige Industrialisierung, PowerToGas Katalysatoren, Spinelektronik, moderne Sensor- und Beleuchtungssysteme. Die Mehrzahl der Studiengänge der Fakultät für Maschinenbau beinhalten Kurse zu Themen der nachhaltigen Entwicklung, wie Nachhaltige Energieversorgungstechnologien, Wasserstofftechnologien, Ressourceneffizienz oder Textilverarbeitung. Das Studienangebot der Fakultät für Elektrotechnik und Informationstechnik adressiert unter anderem Regenerative Energietechnik, Energie- und Automatisierungssysteme oder Elektromobilität. Die Fakultät für Wirtschaftswissenschaften ist Teil der von den Vereinten Nationen (UN) unterstützten Initiative Principles for Responsible Management Education (PRME) und hat Themen der Nachhaltigen Entwicklung demgemäß in all ihre Studiengänge integriert. Die Fakultät für Human- und Sozialwissenschaften zeichnet sich durch enge Kooperationen mit den technischen Fakultäten der Universität und Unternehmen im regionalen sowie bundesweiten Umfeld sowie vielfältige Nachhaltigkeitsfelder aus.

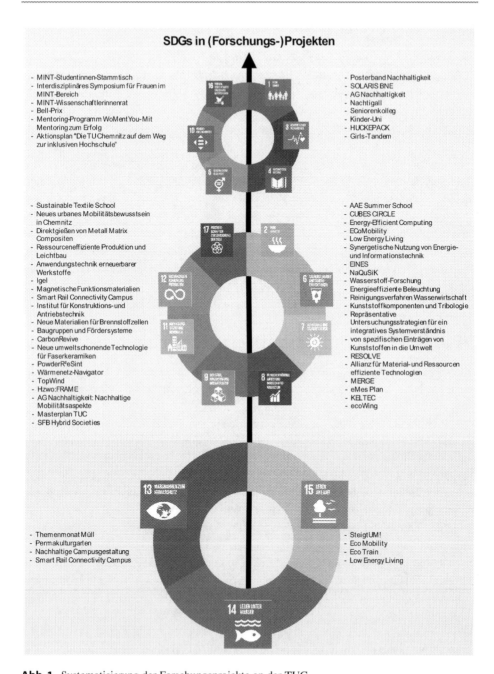

Abb. 1 Systematisierung der Forschungsprojekte an der TUC

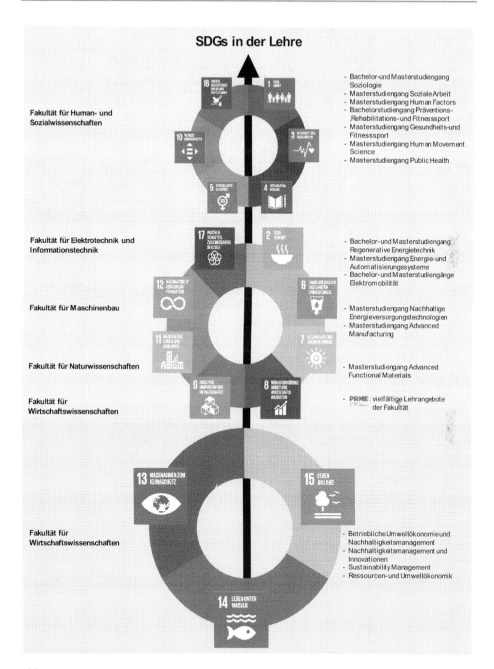

Abb. 2 SDGs in der Lehre der Technischen Universität Chemnitz. (Eigene Darstellung)

3.3   Ausgewählte Lehrveranstaltungen und -projekte

Im Folgenden werden sechs konkrete Lehrveranstaltungen und -projekte mit Transferaktivitäten in die Praxis ausgewählt, vorgestellt und beschrieben hinsichtlich ihres
Inhaltes und ihrer Qualifikationsziele. Die Auswahl beschränkt sich auf Veranstaltungen und Projekte der Fakultät für Wirtschaftswissenschaften, speziell der Professur
BWL – Betriebliche Umweltökonomie und Nachhaltigkeit (BUN).

Die Professur BUN ist in betriebswirtschaftlicher und sozialwissenschaftlicher Nachhaltigkeitsforschung verortet – mit fachlicher Expertise im Bereich der qualitativen
(u. a. Fallanalyse, Feldforschung, Grounded Theory) und mixed-method Datenerhebung
(u. a. Dokumentenanalysen, Handlungs-/Aktionsforschung, Partizipations- und Evalua-
tionsforschung, Korrelationsstudien). Neben der Analyse von Umweltwirksamkeit von
Interventionen, Geschäftsmodellen, Produkten und Dienstleistungen sind die Erfassung
und Evaluation von Trade-Offs und Rebound-Effekten sowie Lösungsoptionen für Quasi-
Dilemmata und Handlungs-/Gestaltungsoptionen für Dilemmata und Paradoxien, u. a.
mittels System- und Risikoanalysen, zentral. Folglich beforscht die Professur BUN
Innovations- und Wandelkonzepte zum Umweltschutz und Förderung einer nachhaltigen Entwicklung, analysiert Strategien und Managementkonzepte zur Erhöhung der
Nachhaltigkeit.

Im Folgenden werden insgesamt sechs Lehr- und Projektveranstaltungen verschiedener
Charakteristika der soeben beschriebenen Professur vorgestellt:

1. Berufsfeldseminar
2. Berufsfeldprojekt
3. Anwendungsprojekt (AWP)
4. Fallstudie
5. Abschlussarbeiten mit BNE-Bezug
6. NACHTIGALL

Das Berufsfeldseminar (1.) ist im Bachelor Wirtschaftswissenschaften verankert und eines
von insgesamt drei Prüfungsleistungen des Moduls „Berufsspezifische Grundlagen im
Berufsfeld Organisation/Personal/Innovation/Nachhaltigkeit (OPIN)“:

- zwei Klausuren aus Wahlpflichtveranstaltungen und
- ebendiese Seminararbeit in Form einer schriftlichen Ausarbeitung.

Die Seminararbeit umfasst 20 Seiten Fließtext innerhalb einer Bearbeitungszeit von
max. 25 Wochen und geht mit einer Gewichtung von 50 % in das Gesamtmodul ein.
Das Berufsfeldseminar ist eine verpflichtende Veranstaltung, das jedoch von Studierenden individuell in Einzelarbeit an einer beliebigen Professur absolviert werden kann.
Die Studierenden werden in dieser Seminararbeit dazu befähigt, erforderliche soziale

Kompetenzen aufzubauen, die zur Analyse, Gestaltung und Steuerung von Organisationen und deren Individuen benötigt werden (vgl. Technische Universität Chemnitz, 2018b, S. 20245 f.). Darüber hinaus dient die Ausarbeitung dieser Seminararbeit dazu, wissenschaftliche qualitative und/oder quantitative Forschungsdesigns, wie z. B. Dokumentenanalyse, Umfrage- und Feldforschung, und damit verbundene Erhebungstechniken und Auswertungsverfahren anzuwenden und zu festigen. Die Durchführung dieser umfassenden Forschungsmethoden kann allerdings nur gelingen, indem praxisnahe Forschungspartner*innen einbezogen werden, die den Zugang zu einer Datenbasis, wie sie z. B. bei Umfragen durch geeignete Probanden gefordert ist, ermöglicht und/oder die einen konkreten Problemfall der Praxis aufzeigen, dem mit Hilfe einer wissenschaftlichen Durchführung und Aufbereitung entgegen gesetzt werden kann. Innerhalb der Seminararbeiten werden dann Lösungsoptionen und Handlungsstrategien für die Forschungspartner_innen aufgezeigt. Die Berufsfeldseminare finden regelmäßig in Kooperation mit dem verschiedenen städtischen Partner_innen statt, z. B. dem Umweltzentrum Chemnitz, der Stadtverwaltung und dem Agenda-Beirat der Stadt Chemnitz. Darüber hinaus bestehen Kontaktmöglichkeiten zu Unternehmen und Forschungsinstituten der Umgebung, bspw. dem Sächsischen Textilforschungsinstitut e. V. (STFI e. V.), dem Agenda-Beirat, der Carlowitz-Gesellschaft und dem Umweltzentrum Chemnitz.

Die Berufsfeldprojekte (2.) sind im Bachelor Wirtschaftswissenschaften verortet und Bestandteil des kombinierten Moduls „Berufsspezifische Grundlagen im Berufsfeld General Management", welches aus vier gleichgewichteten Prüfungsleistungen besteht:

- drei Klausuren und
- ebendieser Projektarbeit in Form einer schriftlichen Ausarbeitung.

Letztere umfasst 12 Seiten Fließtext, die innerhalb von 12 Wochen verfasst werden müssen. Das Berufsfeldprojekt ist eine obligatorische Prüfungsleistung, die an verschiedenen Professuren durchgeführt werden kann (vgl. Technische Universität Chemnitz, 2018b, S. 2027 f.). Es dient dem vertiefenden Einblick in sowohl betriebs- und volkswirtschaftliche Grundlagen als auch praktische Herausforderungen. Die Anwendung von sozio-ökonomischen Konzepten und Modellen auf praktische Kontexte ist von besonderer Bedeutung und wird an der Professur BUN vertieft. Zum einen zeichnen sich organisationale nachhaltigkeitsausgerichtete Entscheidungssituationen häufig durch Ungewissheit aus. Zum anderen ermöglicht die Visualisierung von Entscheidungskontexten und das Einbeziehen von Intuition und wenig explizierbarem Wissen einen zusätzlichen Informationsgehalt. Um diese Komplexität in sozial-ökonomischen Umgebungen besser zu verdeutlichen und zu fassen, wird an der Professur BUN innerhalb des Berufsfeldprojektes Aufstellungsarbeit geleistet.

Aufstellungsarbeit ermöglicht spezifische Nachhaltigkeitsthemen und wirtschaftliche Aktionen und Interaktionen im relevanten gesellschaftlichen System auf bestimmte Dynamiken und Relationen hin zu analysieren und reflektieren (Arnold, 2018). Dazu wird zunächst das System mit seinen relevanten Elementen (zum Beispiel Unternehmen, nachhaltiges Produkt, Kund_innengruppe etc.) definiert und durch Menschen im Raum repräsentiert. Studierende wählen ein Element und repräsentieren es, in dem sie sich im Raum einen passenden Ort auswählen, an dem sie sich hinstellen oder von der Aufstellungsleitung hingestellt werden. Wahrnehmungen und Bilder, die auf der Position entstehen, werden zum Ausdruck gebracht. Weitere systemische Interventionen ermöglichen führen zu weiterführenden Interaktionen zwischen den einzelnen Elementen bzw. Repräsentant_innen. Ziel dieser problemausgerichteten Aufstellungsarbeit ist es, ein Verständnis für zirkuläre Prozesse sowie mehrdimensionale Herangehensweisen zu entwickeln, vielfältige Nachhaltigkeitsherausforderungen zu visualisieren und ggf. auch neue konzeptionelle Ansätze zu generieren. Das zeitgleiche Visualisieren, Betrachten und Reflektieren von systemischen Zusammenhängen in Entscheidungssituationen lässt ganz neue Perspektiven sowie Lösungsansätze zu, um Nachhaltigkeit, nachhaltigkeitsausgerichtetes Denken und Handeln sowie Nachhaltigkeitsanforderungen in organisationale und gesellschaftliche Kontexte zu integrieren (Arnold, 2018).

An der Professur BUN wurden und werden vielfältige Themen im Kontext der Nachhaltigkeit bearbeitet, wie Digitalisierung, Gesundheit, Schule und Lernen, Wohnen, Geschäftsmodelle, Innovationen etc. Gegenwärtig werden Aufstellungsarbeiten mit Szenarien verknüpft, um den Studierenden nicht nur kognitives Wissen, sondern auch sozio-emotionale Kompetenzentwicklung zu ermöglichen und verhaltensausgerichtete Kompetenzen anzuregen (Abb. 3). Auf Initiative der Hans-Böckler-Stiftung wurde im wissenschaftlichen Expert_innenkreis vier Szenarien zur „Unternehmenswelt im Jahr 2040 – Eine Erkundung aus betriebswirtschaftlicher Perspektive" entwickelt, um gesellschaftliche Entwicklungen, Bedingungsgefüge, Scheidewege und eigene Beiträge zu diskutieren und reflektieren.

Abb. 3 zeigt beispielhaft die Szenarienarbeit auf. Da sich Szenarien an gewissen Polen ausrichten, werden diese Ausprägungen beispielsweise in einem Quadrat repräsentiert, und die Studierenden können durch die jeweiligen Szenarien gehen. Die Szenarienarbeit wurde außerdem mit einem externen Experten zu „Arbeit 2050: Drei Szenarien. Neue Ergebnisse einer internationalen Delphi-Studie des Millennium Project (Bertelsmann Stiftung)" durchgeführt. Der konkrete Transfer betrifft die Lebenswelt und die gegenwärtige oder zukünftige Arbeitswelt der Studierenden.

Das Anwendungsprojekt (3.) ist Hauptbestandteil des Moduls „Anwendungsprojekt und Reflexion: Training, Forschung und Beratung" des wirtschaftswissenschaftlichen Master-Studiengangs „Management & Organisation Studies" (MOS) der TUC. Dieser Studiengang bezieht sich inhaltlich vor allem auf die verhaltensorientierte Perspektive der menschlichen Kompetenz innerhalb und zwischen Organisationen, um diese gemeinschaftlich in globalen Netzwerken zu fördern. Mit dieser verhaltenswissenschaftlichen, aber dennoch wirtschaftswissenschaftlichen Ausrichtung ist dieser Studiengang deutschlandweit einzigartig. Die Lehrformen des oben genannten Moduls sind in die

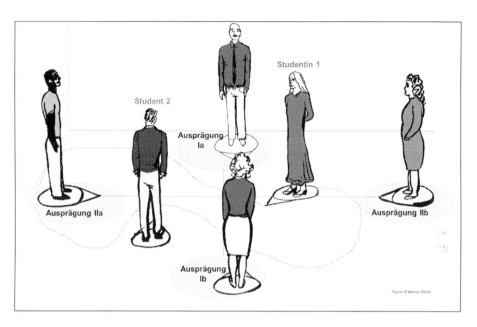

Abb. 3 Beispiel der Systemischen Aufstellung im Rahmen der Szenario-Arbeit. (Eigene Darstellung)

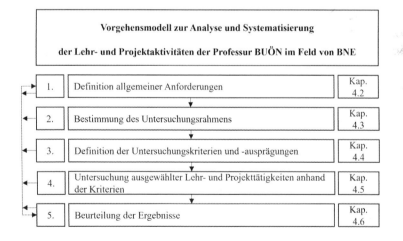

Abb. 4 Vorgehensmodell der Untersuchung. (Eigene Darstellung)

gleichgewichteten Bestandteile Projektarbeit und Kolloquium untergliedert. Die schriftliche Arbeit umfasst 6000 Wörter pro Teilnehmenden bei einer Teamstärke von drei bis sechs Studierenden. Abschließend referiert jede/r Teilnehmende ca. 10 min innerhalb der gemeinsamen Präsentation mit abschließender Diskussion. Die Bearbeitungszeit beträgt 24 Wochen, wobei das gesamte Modul über zwei Semester absolviert wird. Das Ziel dieses Moduls ist die Anwendung des theoretischen Wissens der vorangegangenen Module, z. B. „Modul 1: Organisational Behaviour" und „Modul 2: Forschungs-, Innovations- und Beratungsmethoden". Dadurch werden fachliche, soziale sowie unternehmensinterne und -übergreifende Kompetenzen gefestigt und ausgebaut. Darüber hinaus werden Präsentationsfähigkeiten und Beratungskompetenzen ebenso wie die Fähigkeit zum selbständigen, wissenschaftlichen Arbeiten gestärkt (Technische Universität Chemnitz, 2018a).

Im Masterstudiengang „Value Chain Management" der Fakultät Wirtschaftswissenschaften, der sich mit strategischen und wertschöpfungsübergreifenden Unternehmensaktivitäten befasst, findet eine obligatorische, disziplinübergreifende Fallstudie (4.) statt. Gemäß des Studienablaufplans gehört die Fallstudie zum Modul 6 „Seminar/ Projektarbeit" und bildet eines der zwei Prüfungsleistungen ab. Gefordert werden eine mündliche Präsentation der Ergebnisse sowie eine kurze ca. 10-seitige, schriftliche Ausarbeitung (Technische Universität Chemnitz, 2009, S. 18 f.). Zumeist werden die Fallstudien in Gruppenarbeit durchgeführt, sodass Teamfähigkeit, Verlässlichkeit und Anpassungsfähigkeit geschult werden. Die disziplinübergreifende Thematik befähigt die Studierenden zum Denken in Zusammenhängen, der Schulung ihrer Analysefähigkeit und ihres individuellen und gruppenspezifischen Zeitmanagements. Um den Transfer des angeeigneten Studierendenwissens in die Praxis zu gewährleisten, findet diese Fallstudie zumeist mit universitätsnahen Partner_innen statt. Im laufenden Wintersemester 22/23 kooperiert die Professur BUN mit dem Sächsischen Textilforschungsinstitut e. V., einem AN-Institut der TUC. Die Studierenden wurden zu Beginn des Semesters mit einem aktuellen Problem in einer Produktionsumgebung des Instituts konfrontiert. Dazu besuchten sie die Werkshalle, lernten die Praxispartner_innen vor Ort kennen, bekamen eine Demonstration des Betrachtungsobjekts und die vorherrschende Problematik erklärt. Das inhaltliche Ziel besteht darin, dass die Studierenden selbständig ihr erworbenes Wissen verknüpfen, Zusammenhänge feststellen und daraus einen praxisrelevanten, umsetzbaren Lösungsvorschlag ausarbeiten und am Ende des Semesters unterbreiten können.

Die Abschlussarbeiten mit BNE-Bezug (5.) finden an einem außerschulischen Lernort statt, an dem die aktive Auseinandersetzung damit erfolgt und gefördert wird. Ziel kann es sein, organisationale Kompetenzen zu BNE aufzubauen und/oder neue BNE-Bildungsangebote für externe Partner (Schulen, Bildungsträger etc.) zu konzeptionieren. Dieser Prozess wurde konzeptionell durch praxisnahe Abschlussarbeiten (Bachelor- und Masterarbeiten) begleitet. Studierende konnten die beiden Themenfelder „Good-Practice-Angebote zur Bildung für nachhaltige Entwicklung (BNE)" und „BNE-Kompetenzmodelle" erschließen und auf die Praxisgegebenheiten anwenden.

Neben einer Analyse von Good-Practice- BNE-Angeboten im Fokus Naturwissenschaften und Technik stand die eigenständige Evaluation von transferierten Good-Practice-Angeboten seitens der Studierenden. Aufbauend auf der Analyse und Systematisierung von BNE-Kompetenzmodellen wurden Tools zur Selbst- und Fremdeinschätzung des BNE-Wirkungsgrades der außerschulischen Angebote transferiert. Die Erhebung und Begleitung beim Praxispartnervor Ort machten ein fundiertes Lernen und Reflektieren möglich und bot ein herausragendes praktisches Lernfeld.

Schlussendlich wird im Folgenden das Projekt „Nachhaltigkeit agil lenken" bzw. NACHTIGALL vorgestellt (6.). Es beinhaltet ein didaktisches Konzept, welches es Studierenden erlaubt, sich mit den Kernfragen einer nachhaltigen Entwicklung auseinanderzusetzen. Das Lehr-/Lernkonzept integriert die agile Projektmanagementmethode SCRUM, die zum Perspektivenwechsel anregt, da sie auf interdisziplinäre und digital vernetzte Teams aufbaut. Die Lehrveranstaltung ist hochschulübergreifend zwischen der Professur BUN und der Professur Nachhaltiges Bauen und Betreiben (HS Mittweida) und für Student_innen der Studiengänge Immobilien- und Facility Management (HSMW), Wirtschaftsingenieurwesen und Wirtschaftswissenschaften (TUC) geöffnet. Den Student_innen werden zunächst u. a. durch digitalisierte Lehrveranstaltungen Fach- und Methodenwissen für die Lösung von Nachhaltigkeitsproblem vermittelt. Anschließend werden mit Praxispartnern studentische Projekte im Themenfeld „nachhaltige Stadt" initiiert, bei denen die Student_innen als Service-Learning eigene Ideen zu einer Nachhaltigkeitsvision entwickeln, interaktiv ausgestalten und interdisziplinär bewerten. Essentieller Bestandteil ist die Evaluation der Projekterfahrungen. Diese sowie die (Zwischen-)Ergebnisse ihrer Projektarbeit müssen die hochschulübergreifend und interdisziplinär zusammengesetzten Gruppen vor den Hochschuldozent_innen und Transferpartner_innen präsentieren.

4 Untersuchung von nachhaltigen Forschungs- und Lehraktivitäten an der TU Chemnitz

4.1 Methodisches Design

In diesem Kapitel wird das methodische Design der vorliegenden Arbeit vorgestellt. Dabei wird ein Vorgehensmodell entwickelt, das die Schritte zur Analyse, Systematisierung und Bewertung der Lehraktivitäten im Nachhaltigkeitsbereich an der TUC detailliert darstellt. Abschließend werden die Ergebnisse beurteilt und Handlungsempfehlungen für die Weiterentwicklung der Lehrveranstaltungen gegeben.

Um dem Forschungsziel gerecht zu werden, wurde ein Vorgehensmodell zur Analyse und Systematisierung der Forschungs- und Lehraktivitäten der TUC im Feld von BNE und Transfer entwickelt (vgl. Tab. 9). Dieses zeigt die einzelnen Schritte, die nacheinander durchlaufen werden müssen, detailliert auf. Dabei ist ebenfalls zu beachten, dass sämtliche Schritte in Wechselwirkung zueinanderstehen und eine stete Rückkopplung

zu vorhergehenden Passagen geschehen muss. Darüber hinaus besitzt das Vorgehensmodell besitzt einen allgemeingültigen Charakter, sodass es ebenfalls auf weitere Lehr- und
Projektaktivitäten anderer Universitäten und Hochschulen angewandt werden kann.

Im ersten und zweiten Schritt werden zunächst allgemeine Anforderungen (1.) definiert
und Untersuchungsobjekte und -ziele sowie Systemgrenzen bestimmt (2.). Anschließend
werden die Untersuchungskriterien abgeleitet und vorgestellt, sowie deren Ausprägungen
definiert (3.). Im folgenden Schritt (4.) erfolgt die Untersuchung ausgewählter Lehrveranstaltungen und -projekte anhand der Kriterien. Darauf aufbauend werden Chancen
und Risiken für die Transferarbeit abgeleitet. Im letzten Schritt (5.) werden die Lehr-
und Projektaktivitäten beurteilt und konkrete Handlungsempfehlungen für zukünftige
Kooperationen gegeben.

4.2   Definition allgemeiner Anforderungen

Um eine Systematisierung und Beurteilung mit hoher Aussagekraft vornehmen zu können,
bedarf es vorab der Festlegung allgemeiner Anforderungen an die Untersuchung. Dazu
gehören gem. Götze et al. (2013):

1. Genauigkeit, Transparenz und Vollständigkeit,
2. eine präzise Definition und Abgrenzung des zu untersuchenden Objekts und/oder
   Systems und
3. die Auswahl und Erfassung der benötigten qualitativen und quantitativen Einflussgrößen

Genauigkeit und Vollständigkeit (1.) der Untersuchung ermöglichen eine realitätsnahe
Beurteilung. Unter Genauigkeit wird in diesem Kontext der Detailierungsgrad der Daten
und des Vorgehens gemeint. Die Untersuchungsobjekte müssen demnach genauestens
beschrieben und die literaturbasierten Kriterien wissenschaftlich fundiert herausgearbeitet werden. Die Anforderungen der Vollständigkeit beziehen sich auf den sachlichen und
zeitlichen Bezug der vorliegenden Daten. Demnach müssen Kriterien und Untersuchungsobjekte zeitlich vergleichbar und wissenschaftlich belegt worden sein. Die Transparenz
spiegelt sich in einer nachvollziehbaren Auswahl der Daten sowie einem erkennbaren,
stringenten Vorgehen wider. Diese drei Anforderungen zielen auf eine wissenschaftlich
fundierte Akzeptanz der Beurteilungsergebnisse ab.

Die Definition und Abgrenzung der Untersuchungsobjekte (2.) spielt bei der Ausgestaltung der Untersuchung ebenfalls eine entscheidende Rolle, da durch diese gleichfalls
die Systemgrenzen festgelegt werden. Untersuchungsobjekte müssen begründet ausgewählt, beschrieben und zu anderen betrachteten Aktivitäten abgegrenzt werden. In dieser
Untersuchung gehen die zu betrachteten Objekte auf die Veranstaltungen und Projekte der
Professur BUN zurück.

Die Auswahl und Erfassung der qualitativen und quantitativen Einflussgrößen (3.). zielt, wie bereits erwähnt, auf eine wissenschaftlich fundierte Ausarbeitung der Kriterien ab. Die Einflussgrößen können durch unterschiedliche Forschungsdesigns erhoben werden, z. B. durch Fragebögen, Beobachtungen, Leitfadeninterviews oder aber auch durch eine Literaturrecherche. In dieser Untersuchung wird eine Literaturrecherche durchgeführt, die die Anforderungen von Kompetenzen innerhalb Transferlehraktivitäten und -projekten offeriert. So wird gleichermaßen ein aktueller Bezug

4.3 Bestimmung des Untersuchungsrahmens

Des Weiteren muss zunächst der Untersuchungsrahmen, d. h. Untersuchungsobjekte und -ziele sowie Systemgrenzen, eingegrenzt, ausgewählt und konstatiert werden. Die Untersuchungsobjekte stellen die im Abschn. 3.3 ausgewählten und beschriebenen Lehrveranstaltungen und -projekte der Professur BUN in folgender Reihenfolge dar:

1. Berufsfeldseminar
2. Berufsfeldprojekt
3. AWP
4. Fallstudie
5. Abschlussarbeiten mit BNE-Bezug
6. Nachtigall

Unter Systemgrenzen werden in diesem Zusammenhang Limitationen der Untersuchung verstanden, die vor der Untersuchung bewusst festgelegt wurden, um einen Untersuchungsrahmen zu schaffen. Diese beschränken sich zum einen auf die Auswahl der Untersuchungsobjekte. Diese inkludieren Lehr- und Projektveranstaltungen der Professur BUN der TUC auf Basis der Modulhandbücher. Des Weiteren basiert die Untersuchung auf der ausgewählten Literatur (s. Kap. 2), anhand derer die Untersuchungskriterien selbst entwickelt wurden. Darüber hinaus bildet die folgende Bewertung eine intersubjektive Einschätzung einzelner Lehrenden ab. Die Untersuchung berücksichtigt dabei nicht die Einschätzungen der Studierendenschaft.

Die Untersuchungsziele sind die Analyse und Systematisierung der ausgewählten Untersuchungsobjekte der Professur BUN im Feld von BNE zu deren Unterstützung, Sensibilisierung und Zielerreichung. Im ersten Schritt werden die Untersuchungsobjekte anhand ihrer organisatorischen Konstruktionen, z. B. hinsichtlich ihrer Verortung in den Studiengängen, übersichtlich dargestellt. Im Anschluss werden die ausgewählten Lehrveranstaltungen und -projekte aufgezeigt und anhand der ausgearbeiteten BNE-Kriterien bewertet und gegenübergestellt. Darauf aufbauend werden Chancen und Risiken der Lehr- und Projektaktivitäten, die durch den kollektiven Zusammenschluss verschiedener Akteure entstehen, herausgearbeitet. Die Untersuchung schließt mit Handlungsempfehlungen für das zukünftige Zusammenarbeiten zwischen Praxispartnern und der Professur BUN.

4.4   Definition der Untersuchungskriterien und -ausprägungen

Die Untersuchungskriterien setzen sich aus den recherchierten Kompetenzen (s. Kap. 2) zusammen. Folgende Tabellen geben einen zusammenfassenden Überblick über die Kriterien, anhand derer die Lehr- und Forschungsveranstaltungen untersucht werden (s. Tab. 10), und die Ausprägungen der Kriterien (s. Tab. 11).

Die verschiedenartigen Kriterien können von den einzelnen Untersuchungsobjekten vollkommen, zum Teil oder nicht erfüllt werden (siehe Tab. 11).

Die Ausprägung „trifft zu" wird gewählt, wenn sämtliche Merkmale in der Lehr- oder Forschungsveranstaltung erfüllt sind. Hingegen wird „trifft teilweise zu" auserkoren, wenn mind. 1 Merkmal zutrifft, aber nicht die gesamten Merkmale erfüllt sind. Wenn keines der Merkmale auf die Veranstaltung zutrifft, entspricht dies der Ausprägung „trifft nicht zu".

Tab. 10 Übersicht der Untersuchungskriterien

Nr	Kriterien zur Untersuchung der Lehr- und Forschungseinheiten
a)	Systemdenken und Umgang mit Komplexität
b)	Antizipierendes Denken und Handeln
c)	Kritisches, selbstreflexives Denken
d)	Frustrationstoleranz bei Dilemmata und komplexen Situationen
e)	Kommunikation und interaktive Anwendung von Medien
f)	Interdisziplinäre Zusammenarbeit und Kooperation
g)	Sozial-demokratische Kompetenz und Partizipationsfähigkeit
h)	Transformatives Handeln zur Einhaltung der planetaren Grenzen

Tab. 11 Übersicht der Kriterienausprägungen

Trifft zu	●
Trifft teilweise zu	◐
Trifft nicht zu	○

Tab. 12 Überblick über die organisatorische Eingliederung der ausgewählten Lehrveranstaltungen und –projekte

| | | Organisatorische Belange der TUC | | | |
| | | Verortung | | Prüfungsleistung | |
Pos	Lehrveranstaltungen und -projekte	Bachelor	Master	schriftliche Hausarbeit	mündliche Prüfung
1.	Berufsfeldseminar	●		●	
2.	Berufsfeldprojekt	●		●	
3.	AWP		●	●	●
4.	Fallstudie		●	●	●
5.	Abschlussarbeiten mit BNE-Bezug	●	●	●	●
6.	Nachtigall	●	●		●

4.5   Untersuchung

Die Untersuchung beginnt mit der tabellarischen Darstellung der einzelnen Lehr- und Projektveranstaltung und deren organisatorischen Belange, die durch Studien- und Prüfungsordnungen vorgegeben sind. Die Untersuchungsobjekte werden hinsichtlich ihrer Verortung in Master- und/oder Bachelorstudiengängen und Art der Prüfungsleistungen systematisiert. Es ergibt sich folgende Einordnung:

Im Anschluss wird geprüft, ob und in welchem Ausmaß die Kriterien innerhalb der Lehrveranstaltungen und -projekte zutreffen. Dies geschieht zunächst in selbstständiger Einzelarbeit der Autor_innen, da die Interpretation der Modulhandbücher und Projektbeschreibung einen nicht eindeutigen Spielraum zulässt. Daraus resultieren verschiedenartige, subjektive Tabellen der jeweiligen Autor_innen, die im zweiten Schritt diskutiert werden. Nach diesem kollektiven Austausch entsteht eine gemeinsame tabellarische Übersicht. Schlussendlich lässt sich folgender, zusammenhängender Überblick über die Lehrveranstaltungen und -projekte mit den aus der Literatur erarbeiteten Kriterien erzielen (s. Tab. 13):

4.6   Beurteilung der Ergebnisse

Im Folgenden werden die Lehr- und Projektveranstaltung inklusiver ihrer ausgeprägten Kompetenzen in Netzdiagrammen dargestellt und beurteilt. Für die grafische Darstellung in Netzdiagrammen wurden die Merkmalsausprägung in Zahlen umgewandelt, sodass

Tab. 13 Überblick über die Erfüllung der BNE-Kriterien in ausgewählten Lehrveranstaltungen und -projekten

Pos	Lehrveranstaltungen und -projekte	a) Systemdenken und Umgang mit Komplexität	b) Antizipierendes Denken und Handeln	c) Kritisches, selbstreflexives Denken	d) Frustrationstoleranz bei Dilemmata und komplexen Situationen	e) Kommunikation und interaktive Anwendung von Medien	f) Interdisziplinäre Zusammenarbeit und Kooperation	g) Sozial-demokratische Kompetenz und Partizipationsfähigkeit	h) Transformatives Handeln zur Einhaltung der planetaren Grenzen
1.	Berufsfeldseminar	●	○	●	○	●	●	●	●
2.	Berufsfeldprojekt	●	●	○	○	●	●	○	○
3.	AWP	●	●	●	●	●	●	○	●
4.	Fallstudie	●	○	○	●	●	●	○	●
5.	Abschlussarbeiten mit BNE-Bezug	○	●	○	●	●	○	●	●
6.	Nachtigall	●	●	●	●	●	●	●	●

„trifft zu" einem Wert 1, „trifft teilweise zu" dem Wert 0,5 und „trifft nicht zu" dem Wert 0 entspricht.

Im Berufsfeldseminar (1.) ist festzustellen, dass lediglich kleinere Verbesserungsmöglichkeiten im Bereich b) sowie d) existieren (vgl. Abb. 5). Zukünftig sollte die Seminararbeit einerseits mehr dazu befähigen, Folgenabschätzungen (b) der eigenen Handlungen zu erkennen und ggf. Muster abzuleiten. Andererseits ist zu überlegen, inwieweit die Frustrationstoleranz (d) weiter geschult werden kann, sodass menschliche interdisziplinäre Grenzen gewahrt und Ziele eingehalten werden können.

Lediglich vier von acht Merkmale (a, b, e, f) sind im Modul des Berufsfeldprojektes (2.) vollständig erfüllt (s. Abb. 6). Die Kompetenz g) fehlt vollumfänglich und sollte zukünftig integriert werden, z. B. indem Partizipationsmöglichkeiten für Studierende geschaffen werden. Ebenfalls ausbaufähig sind das transformative Handeln zur Einhaltung planetarer Grenzen (h), das kritische, selbstreflexive Denken (c) und die Frustrationstoleranz bei Dilemmata und komplexen Situationen (d). Diesem Mangel könnte entgegengewirkt werden, indem eine größere Eigenmotivation (h), Interdisziplinarität (d) sowie Schulungen in Problemsituationen (c) gefördert werden.

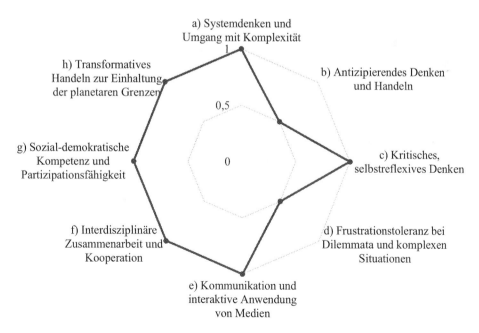

1. Berufsfeldseminar

Abb. 5 Ausprägungen der Kompetenzen des Berufsfeldseminars (1.)

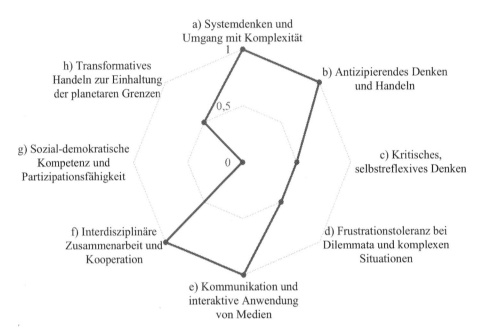

2. Berufsfeldprojekt

Abb. 6 Ausprägungen der Kompetenzen des Berufsfeldprojektes (2.)

Das AWP (3.) hat ein stark ausgeprägtes Kompetenzprofil. Lediglich in der sozial-demokratischen und partizipativen Kompetenz (g) liegt ein Verbesserungsbedarf vor (s. Abb. 7). Hier besteht der Bedarf danach, die Student_innen innerhalb ihres Projektes an politischen Fragestellungen arbeiten bzw. Prozessen partizipieren zu lassen.

Im Netzdiagramm (s. Abb. 8) der Fallstudie (4.) wird deutlich, dass die Schwächen des Moduls v. a. im Bereich der sozial-demokratischen Kompetenz und Partizipationsfähigkeit (g) liegen. Um diese Kompetenz zu stärken, bietet es sich – analog zu (3.) – an, die Fallstudien inhaltlich in eine politischere Richtung auszurichten, um die Auseinandersetzung mit den sozial-demokratischen Rahmenfaktoren zu ermöglichen. Die Bereiche b), c) und h) könnten beispielsweise ausgebaut werden, indem Folgen eigener Handlungsaktivitäten abgeschätzt und reflektiert werden. Gleichzeitig werden Studierende mit entstandene Entscheidungsdilemmata konfrontiert, die dazu führen, eigene Fehler und Fehleinschätzungen zu tolerieren und mit ihnen umzugehen.

Das Projekt, welches die Abschlussarbeiten mit BNE- Bezug inkludiert, bildet das schwächste Netzdiagramm in Hinblick auf die Ausprägung der BNE-Kompetenzen aufgrund der stärker konzeptionellen Ausrichtung. Lediglich das Kriterium e) erfüllt die Anforderungen vollständig. Sämtliche andere Kompetenzen sind durchschnittlich bzw.

3. AWP

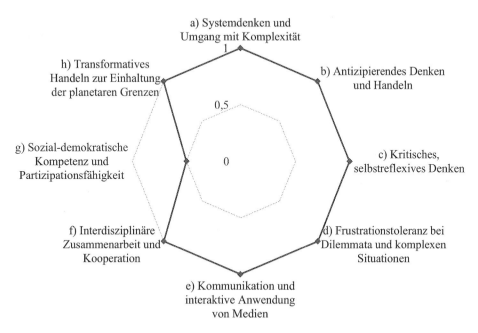

Abb. 7 Ausprägungen der Kompetenzen des AWP (3.)

nur teilweise erfüllt. Folglich bedarf es einer umfassenden Anpassung des Projektes, um die BNE-Anforderungen zu erfüllen.

In der Lehrveranstaltung NACHTIGALL (6.) wird – wie im AWP (3.) – lediglich die sozial-demokratische und partizipative Kompetenz (g) nicht vollständig adressiert (s. Abb. 10). Hier besteht die Möglichkeit, im Rahmen der Aufgabenstellung der Projekte die politische Dimension mehr zu adressieren, sodass sich die Teilnehmenden vertiefende mit sozial-demokratischen Konstrukten auseinandersetzen müssen.

Nachdem die einzelnen Lehr- und Projektveranstaltungen detailliert bewertet wurden, gibt Abb. 11 einen vergleichenden Überblick über die ausgewählten Veranstaltungen und die erarbeiteten Kriterien. Zu sehen ist, dass vor allem das Kriterium e) in sämtlichen Veranstaltungen berücksichtigt wird. Hingehen ist das Merkmal g) am wenigstens vertreten. Sämtliche weitere Kompetenzen werden ebenfalls in sechs Lehr- und Projektveranstaltungen geschult, allerdings müssen sie noch weiter ausgebaut werden.

4. Fallstudie

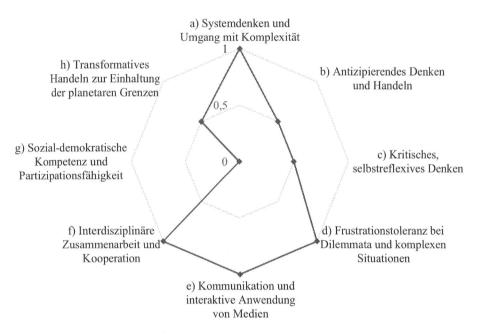

Abb. 8 Ausprägungen der Kompetenzen der Fallstudie (4.)

5   Diskussion

Bereits vor der Untersuchung wurden Systemgrenzen festgelegt (s. Abschn. 4.3), die zum einen die Bewertung eingrenzen sollen. Zum anderen erfährt das Vorgehen dadurch bestimmte Limitationen. Zunächst ist festzuhalten, dass die Literatur, auf der die Kriterien basieren, unterschiedliche Datentypen und verschiedene Methodiken beinhalten. Dies kann zum einen als positiv aufgefasst werden, da so eine Vielfalt an Informationen verschiedener Autor_innen gewährleistet wird. Andererseits ist zu überdenken, inwieweit die indifferenten Datentypen und Methodiken in gemeinsame Kriterien überführt werden können. Daraus resultiert eine unterschiedliche Anzahl an Indikatoren, die jeweils ein Kriterium beschreiben, um die Kompetenz umfassend zu erfüllen. Dies birgt die Schwierigkeit, dass Kompetenzen mit einer Vielzahl an Indikatoren schwieriger erfüllt werden als Kriterien mit wenigen Anforderungen.

Des Weiteren ist festzuhalten, dass Bewertungen anhand der Beschreibungen des Modulhandbuchs oder der Projektbeschreibungen durchgeführt wurden. Es kann, aufgrund der Eigendynamik des Moduls oder des Projektes, nicht mit Sicherheit davon ausgegangen werden, dass die Veranstaltungen in der Praxis in voller Gänze mit den

5. Abschlussarbeiten mit BNE-Bezug

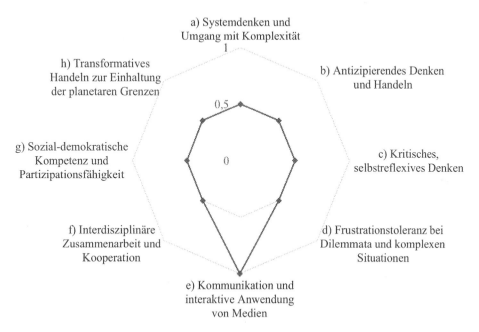

Abb. 9 Ausprägungen der Kompetenzen der Abschlussarbeiten mit BNE-Bezug (5.)

Beschreibungen übereinstimmen. Beispielsweise kommt es zu kleineren inhaltlichen Abweichungen, die wiederum Änderungen der Untersuchung und schlussendlich der Ergebnisse nach sich ziehen. Empfehlenswert ist aus diesem Grund, konkrete und semesterbezogene Veranstaltungen, die z. B. präzise deklarierte Themen in Fallstudien behandeln, auszuwerten anstatt das Vorgehensmodell generisch auf ein Modul und/oder Projekt anzuwenden. Darüber hinaus ist es sinnstiftend, gelehrte BNE-Kompetenzen im Modulhandbuch und/oder in der Projektbeschreibung zu verorten.

Schlussendlich kann inhaltlich konstatiert werden, dass die Lehr- und Projektveranstaltungen der Professur BUN zum großen Teil den aus der Literatur erarbeiteten BNE-Kompetenzen genügen. Innerhalb der Untersuchung der Lehr- und Projektveranstaltungen fällt auf, dass die Abschlussarbeiten mit BNE-Bezug (5.) die am wenigsten vollumfänglichen BNE-Kompetenzen aufweisen und somit folglich die kompetenzbeschränkte Ausrichtung von Abschlussarbeiten als Einzelarbeit aufzeigt. Hinsichtlich der Kompetenzen ist festzuhalten, dass zukünftig besser und vertiefend auf die sozial-demokratische Kompetenz und die Partizipationsfähigkeit (g) geachtet und Veranstaltungen dementsprechend geändert werden sollte, da diese am wenigstens bisher umgesetzt werden (OECD, 2005).

6. Nachtigall

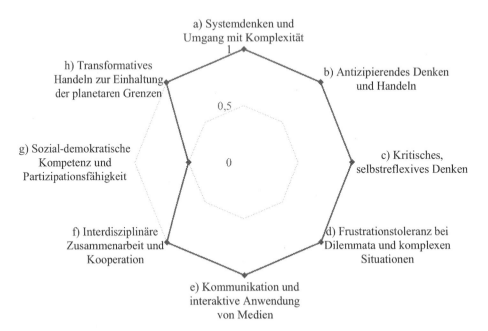

a) Systemdenken und
Umgang mit Komplexität

h) Transformatives
Handeln zur Einhaltung
der planetaren Grenzen

b) Antizipierendes Denken
und Handeln

g) Sozial-demokratische
Kompetenz und
Partizipationsfähigkeit

c) Kritisches,
selbstreflexives Denken

f) Interdisziplinäre
Zusammenarbeit und
Kooperation

d) Frustrationstoleranz bei
Dilemmata und komplexen
Situationen

e) Kommunikation und
interaktive Anwendung
von Medien

Abb. 10 Ausprägungen der Kompetenzen innerhalb von Nachtigall (6.)

6   Fazit

Als Antwort auf die Forschungsfrage des vorliegenden Artikels kann festgehalten werden, dass die Lehrveranstaltung der Professur BUN bis auf eine Annahme ein stark ausgeprägtes Kompetenzprofil im Bereich BNE aufweisen. Lediglich die Abschlussarbeiten mit BNE-Bezug (5.) als Einzelarbeiten weisen ein mittelmäßig ausgeprägtes Kompetenzprofil auf. Hier braucht es kreative Ideen für die Überwindung pfadabhängiger Prüfungsformen hin zu einer stärkeren Kompetenzausrichtung. Die sog. „sozial-demokratische Kompetenz und Partizipationsfähigkeit" ist über alle Lehrveranstaltungen hinweg am geringsten angesprochen, während Kommunikation und interaktive Anwendung von Medien und Systemdenken und Umgang mit Komplexität die stärksten Profile aufweisen. Als Limitation bleibt anzumerken, dass nur Kompetenzen beachtet wurden, welche laut Curriculum vermittelt werden. Ob sich die Vermittlung auch in messbaren Lernergebnissen zeigt, wurde nicht geprüft – das entwickelte Modell beachtet nur die Soll-Kompetenzen der Studierenden. Ferner wurde auch die Sicht der Praxispartner_innen hinsichtlich der Transferergebnisse nicht erfasst.

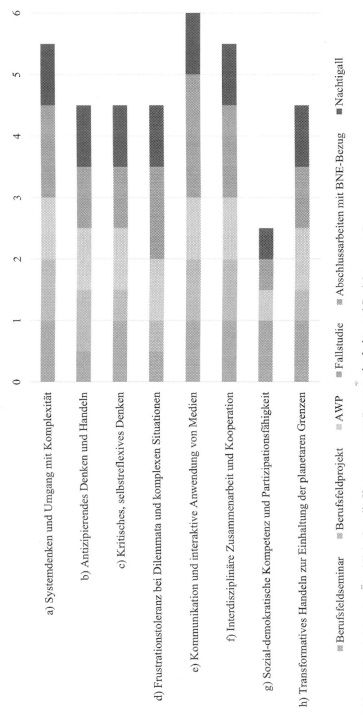

Abb. 11 Vergleichender Überblick über die Kompetenzausprägungen der Lehr- und Projektveranstaltungen

Zukünftig ist es empfehlenswert, eine quantitative und/oder qualitative Evaluation durch die Studierenden einzubeziehen sowie kompetenzausgerichtete Anpassungen vorzunehmen. Zu beachten ist dabei die Integration der sozial-demokratischen Kompetenz. Forschungsbedarf besteht darüber hinaus darin, welche Kompetenzen Lehrende für die erfolgreiche BNE-Kompetenzvermittlung mitbringen müssen.

Anhang

Tab. 14 Kompetenzkategorien der OECD (2005)

	Teilkompetenzen	Beschreibungen
A	interaktive Anwendung von Sprache, Symbolen und Texten	z. B. Kommunikationskompetenz, Lesekompetenz, Mathematikkompetenz
	interaktive Nutzung von Wissen und Informationen	die Erkennung und Bestimmung des Unbekannten
		die Identifikation, Lokalisierung und den Zugriff auf geeignete Informationsquellen (ein- schließlich der Beschaffung von Wissen und Informationen im Cyberspace)
		Bewertung der Qualität, der Eignung und des Wertes der Information und ihrer Quellen
		Organisation von Wissen und Information.
	interaktive Anwendung von Technologien	Auseinandersetzung mit technologischen Möglichkeiten im Alltagsleben
		Auseinandersetzung mit Beschaffenheit und Potenzial von Technologien
		Einbeziehung von Technologien in die alltägliche Praxis
B	Gute und tragfähige Beziehungen unterhalten	Empathie und Selbstreflexion
		Wirksamer Umgang mit Emotionen
	Fähigkeit zur Zusammenarbeit	die Fähigkeit, Ideen einzubringen und die der anderen Menschen anzuhören
		Verständnis für die Dynamik von Diskussionen und die Folgen einer Ablaufplanung
		die Fähigkeit, taktische bzw. dauerhafte Vereinbarungen einzugehen
		die Verhandlungsfähigkeit
		die Fähigkeit, Entscheidungen unter Berücksichtigung unterschiedlicher Standpunkte zu treffen
	Bewältigen und Lösen von Konflikten	die Probleme und Interessen, um die es geht (z. B. Macht, Anerkennung, Arbeitsteilung, Gleichbehandlung), die Ursprünge des Konflikts und die Argumente aller Seiten unter Anerkennung mehrerer möglicher Standpunkte analysieren
		Bereiche der Übereinstimmung und Nichtübereinstimmung ermitteln
		das Problem neu zu umreißen
		Prioritäten unter den Erfordernissen und Zielen zu setzen und zu entscheiden, worauf man unter welchen Umständen zu verzichten bereit ist
C	Handeln im größeren Kontext	Muster erkennen
		Systemverständnis (d.h. Strukturen, Kultur, Praxis, formelle und informelle Regeln, Erwartungen, die eigene Rolle, Gesetze und Vorschriften, ungeschriebene gesellschaftliche Normen, Moralkodizes und Sitten zu kennen)
		die direkten und indirekten Folgen ihrer Handlungen abzuschätzen
		zwischen verschiedenen Handlungsweisen unter Berücksichtigung möglicher Folgen und im Hinblick auf individuelle und gemeinsame Normen und Ziele wählen
	Realisieren von Lebensplänen und persönlichen Projekten	ein Projekt zu definieren und Ziele zu setzen
		Ziele zu präzisieren und Prioritäten zu setzen
		erforderliche Ressourcen zur Erreichung mehrerer Ziele einzusetzen
		aus vergangenen Handlungen zu lernen und zukünftige Ergebnisse zu planen
		Fortschritte zu überwachen und im Verlauf des Projekts nötige Korrekturen vorzunehmen
	Verteidigung und Wahrnehmung von Rechten, Interessen, Grenzen und Erfordernissen	die eigenen Interessen zu erkennen (z. B. bei einer Wahl)
		schriftliche Regeln und Grundsätze zu kennen, mit denen man seinen Standpunkt begründen kann
		Argumente für die Anerkennung seiner Bedürfnisse und Rechte zu finden
		Vereinbarungen oder alternative Lösungen vorzuschlagen

Literatur

Arnold, M. G. (2018). Systemische Strukturaufstellungen in Beratung und Management. *Springer, 10*, 978–983.

de Haan, G. (2010). The development of ESD-related competencies in supportive institutional frameworks. *International Review of Education, 56*(2), 315–328. https://doi.org/10.1007/s11159-010-9157-9. Zugegriffen: 12. Dez. 2022.

Glasser, H., & Hirsh, J. (2016). Toward the development of robust learning for sustainability core competencies. *Sustainability, 9*(3), 121–134. https://doi.org/10.1089/sus.2016.29054.hg. Zugegriffen: 3. Jan. 2023.

Götze, U., Lindner, R., Kolesnikov, A., & Paetzold, J. (2013). Energetisch-wirtschaftliche Bewertung des Einsatzes drehzahlgeregelter Antriebe in Werkzeugmaschinen. *Energetisch-Wirtschaftliche Bilanzierung und Bewertung Technischer Systeme – Erkenntnisse aus dem Spitzentechnologiecluster (EniPROD): 1. Und 2. Methodenworkshop der Querschnittsarbeitsgruppe 1 Energetisch-Wirtschaftliche Bilanzierung, 343*–357. https://monarch.qucosa.de/api/qucosa%3A19870/attachment/ATT-26/. Zugegriffen: 5. Jan. 2023.

OECD. (2005). *Definition und Auswahl von Schlüsselkompetenzen – Zusammenfassung.* https://www.oecd.org/pisa/35693281.pdf. Zugegriffen: 4. Jan. 2023.

Rieckman, M. (2018). Learning to transform the world: Key competencies in ESD. In A. Leicht, J. Heiss, & W. J. Byun (Hrsg.), *Issues and trends in Education for Sustainable Development* (S. 39–59). UNESCO.

Rieckmann, M. (2012). Future-oriented higher education: Which key competencies should be fostered through university teaching and learning? *Futures, 44*(2), 127–135. https://doi.org/10.1016/j.futures.2011.09.005. Zugegriffen: 10. Jan. 2023.

Technische Universität Chemnitz. (2009). Studienordnung für den konsekutiven Studiengang Value Chain Management mit dem Abschluss Master of Science (M.Sc.). https://www.tu-chemnitz.de/verwaltung/studentenamt/abt11/ordnungen/2009/AB%2017-2009_5.pdf. Zugegriffen: 15. Dez. 2022.

Technische Universität Chemnitz. (2018a). Amtliche Bekanntmachungen: Studienordnung für den konsekutiven Studiengang Management & Organisation Studies mit dem Abschluss Master of Science (M.Sc.) an der Technischen Universität Chemnitz. https://www.tu-chemnitz.de/verwaltung/studentenamt/abt11/ordnungen/2018/AB_32_18_1.pdf. Zugegriffen: 15. Dez. 2022.

Technische Universität Chemnitz. (2018b). Amtliche Bekanntmachungen: Studienordnung für den Studiengang Wirtschaftswissenschaften mit dem Abschluss Bachelor of Science (B.Sc.) an der Technischen Universität Chemnitz. https://www.tu-chemnitz.de/verwaltung/studentenamt/abt11/ordnungen/2018/AB_27_2018_1.pdf. Zugegriffen: 15. Nov. 2022.

UNESCO. (2021). Bildung für nachhaltige Entwicklung. Eine Roadmap. https://www.unesco.de/sites/default/files/2021-10/BNE_2030_Roadmap_DE_web-PDF_nicht-bf.pdf. Zugegriffen: 07. Nov. 2022.

Wals, A. (2015). Beyond unreasonable doubt. Education and learning for socio-ecological sustainability in the anthropocene. In *Inaugural address held upon accepting the personal Chair of Transformative Learning for Socio-Ecological Sustainability at Wageningen University on 17 December 2015* (Issue December). https://library.wur.nl/WebQuery/wurpubs/fulltext/365312. Zugegriffen: 10. Nov. 2022.

Weinert, F. E. (2014). Vergleichende Leistungsmessung in Schulen: Eine umstrittene Selbstverständlichkeit. In F. E. Weinert (Hrsg.), *Leistungsmessungen in Schulen* (3. Aufl., S. 17–31). Beltz.

Wiek, A., Withycombe, L., & Redman, C. L. (2011). Key competencies in sustainability: A reference framework for academic program development. *Sustainability Science, 6*(2), 203–218. https://doi.org/10.1007/s11625-011-0132-6. Zugegriffen: 22. Nov. 2022.

Kompetenz- und lernergebnisorientierte Minor-Studienprogramme in Nachhaltiger Entwicklung an der Universität Bern: Erkenntnisse aus der Evaluation der Studienprogramme

Anna Lena Lewis und Thomas Hammer

1 Einführung

Die Universität Bern bietet Minor-Studienprogramme in Nachhaltiger Entwicklung – nachfolgend auch als „NE-Studienprogramme" bezeichnet – auf Bachelor-Stufe seit 2013 (Programme im Umfang von 15, 30 und 60 ECTS-Punkten) und auf Master-Stufe seit 2015 (Programm im Umfang von 30 ECTS-Punkten) an. Diese sind auf der Grundlage des damaligen Standes der Diskussionen um Bildung für Nachhaltige Entwicklung (BNE) auf Hochschulebene, Kompetenzenzförderung, Lernergebnisorientierung, inter- und transdisziplinäres Arbeiten sowie die gesamtgesellschaftliche Transformation Richtung Nachhaltigkeit entwickelt worden. Bis Ende 2021 schlossen insgesamt 457 Studierende eines der Studienprogramme erfolgreich ab. Aufgrund der Neuartigkeit der Studienprogramme, der universitären Vorgaben und im Hinblick auf die Weiterentwicklung der Studienpläne und Programme wurde während knapp zwei Jahren eine umfangreiche Evaluation der Studienprogramme durchgeführt. Diese beinhaltete u. a. schriftliche Befragungen der Studierenden, der Studienabgänger_innen (im Folgenden als „Absolvierende" bezeichnet), von Praktikumsbetreuenden in nachhaltigkeitsorientierten Betrieben oder in betrieblichen Nachhaltigkeitsabteilungen sowie zwei Workshops mit den beteiligten Dozierenden, einen

A. L. Lewis (✉) · T. Hammer
Interdisziplinäres Zentrum für Nachhaltige Entwicklung und Umwelt (CDE), Universität Bern, Bern, Schweiz
E-Mail: anna.lewis@unibe.ch

T. Hammer
E-Mail: thomas.hammer@unibe.ch

W. Leal Filho (Hrsg.), *Lernziele und Kompetenzen im Bereich Nachhaltigkeit,* Theorie und Praxis der Nachhaltigkeit, https://doi.org/10.1007/978-3-662-67740-7_15

Studierenden-Workshop und die Einholung von zwei Fachgutachten von international führenden BNE-Forschenden.

Das Ziel dieses Beitrags ist, wesentliche Erkenntnisse aus der Evaluation in Bezug auf die kompetenz- und lernergebnisorientierte Konzipierung von NE-Studienprogrammen zu präsentieren und kritisch zu diskutieren. Dazu werden zuerst die Studienprogramme und deren theoretische Grundlagen (Kap. 2) sowie die Evaluation der Studienprogramme dargestellt (Kap. 3), anschließend die Ergebnisse zur Kompetenz- und Lernergebnisorientierung und diesbezügliche Zusammenhänge mit den Lehr-/Lernarrangements erläutert (Kap. 4), bevor die Ergebnisse eingeordnet und kritisch diskutiert (Kap. 5) und Schlussfolgerungen für die (Weiter-)Entwicklung von Studienprogrammen mit NE-Bezug gezogen werden (Kap. 6).

2 Die Minor-Studienprogramme in Nachhaltiger Entwicklung an der Universität Bern und deren theoretische Fundierung

2.1 Grundlagen der Minor-Studienprogramme in Nachhaltiger Entwicklung

Bei der Konzipierung und Einführung der Minor-Studienprogramme konnte auf die Erfahrungen mit den bereits auf NE ausgerichteten, jedoch auf umweltverantwortliches Handeln für NE fokussierten interdisziplinären Minor-Studienprogrammen in Allgemeiner Ökologie/Umweltwissenschaften an der Universität Bern zurückgegriffen werden (Di Giulio et al., 2007). Diese Programme wurden ab 2013 im Rahmen des auf NE ausgerichteten „wohle-university approach" der Universität Bern zu NE-Studienprogrammen weiterentwickelt (Trechsel et al., 2018). Diese NE-Studienprogramme sind als Ergänzung zu den disziplinären Major-Programmen konzipiert. Sie sollen eine spezifische Zusatzqualifikation ermöglichen und von Studierenden aller Major-Programme, die eine Minor-Möglichkeit offerieren, anrechenbar belegt werden können. Damit soll die transversale Integration von NE in der Lehre an der Universität Bern gestärkt werden.

Zu den wesentlichen theoretischen Grundlagen der Studienprogramme gehören die Diskussionen um a) das NE-Verständnis der Vereinten Nationen und um die gesamtgesellschaftliche Transformation Richtung Nachhaltigkeit (inhaltliche Ebene), b) Bildung für Nachhaltige Entwicklung (BNE) (pädagogisch-didaktische Ebene) und c) inter- und transdisziplinäres Arbeiten und Forschen (methodische Ebene):

(a) Das integrative NE-Verständnis der Vereinten Nationen und die gesamtgesellschaftliche Transformation Richtung Nachhaltigkeit innerhalb der biophysikalischen Grenzen der Erde als inhaltlicher Orientierungsrahmen: Das sogenannte integrative Nachhaltigkeitsverständnis der Vereinten Nationen begreift NE als alle gesellschaftlichen Bereiche umfassender Wandel hin zu Gesellschaften, die allen Menschen, auch zukünftiger Generationen, die fundamentalen Bedürfnisse erfüllen und eine angemessene Lebensqualität ermöglichen können (Christen, 2013; Di Giulio, 2004; Grunwald & Kopfmüller, 2022; Kopfmüller et al., 2001). Dazu sind die natürlichen Ressourcen von Generation zu Generation intakt weiterzugeben. Vorgegeben sind übergeordnete Sachziele bezüglich der Bewältigung globaler Herausforderungen (s. bspw. die Agenda 21 aus dem Jahr 1992 und die *Sustainable Development Goals* aus dem Jahr 2015) wie auch prozedurale Aspekte (u. a. Beteiligung und Befähigung aller Akteur_innen). Akteur_innen auf allen Handlungsebenen (individuell, lokal, national, international, global) sind aufgerufen, ihre Handlungsmöglichkeiten im Sinne der übergeordneten NE-Ziele wahrzunehmen. Entsprechend sind die Studierenden (wie alle Akteur_innen) zu befähigen, sich für diesen Wandel einzusetzen und diesen mitzugestalten, sodass in der Summe allen Handelns ein gesamtgesellschaftlicher Wandel Richtung Nachhaltigkeit stattfindet, der auch als „Große Transformation" bezeichnet wird (Schneidewind, 2018; Wissenschaftlicher Beirat Globale Umweltveränderungen [WBGU], 2011) und innerhalb der bestehenden biophysikalischen planetaren Grenzen der Erde im Sinne von Rockström et al. (2009) zu erfolgen hat.

   (b) BNE und Kompetenzförderung als pädagogisch-didaktischer Orientierungsrahmen: Bezüglich der pädagogisch-didaktischen Aspekte der Studienprogramme orientierte sich die Curricula-Entwicklung an der Diskussion um BNE und speziell an der Diskussion um die Kompetenzförderung. Die Diskussion um die zu fördernden Kompetenzen stellte dabei den übergeordneten Rahmen für die gesamte Curricula-Entwicklung und aller damit verbundener pädagogisch-didaktischer Herausforderungen wie Herleitung und Begründung von Lernergebnissen, Lehr-Lernarrangements und Leistungskontrollen dar (Lozano et al., 2019; Lozano et al., 2017; Marope, et al., 2017; Mochizuki & Fadeeva, 2010; Wilhelm et al., 2019). In Abgrenzung zu einer sogenannten „instrumentellen" BNE, welche auf die Aneignung von Wissen, Fertigkeiten und Verhaltensweisen setzt, sollen die Studierenden im Sinne einer „emanzipatorischen" BNE befähigt werden, kritisch, reflexiv und inklusiv mit Werten, Wissen, Theorien und den NE-Herausforderungen umzugehen (Wals, 2011, 2015; Rieckmann & Schank, 2016) um selbstmotiviert und verantwortungsvoll ihre Handlungsmöglichkeiten zur Bewältigung realweltlicher Probleme wahrnehmen zu können (zu diesem BNE-Verständnis und entsprechender Definitionen von Kompetenzen siehe Brundiers et al., 2010; Glasser & Hirsh, 2016; Mulder et al., 2009; Wiek et al., 2011). Bei der Curricula-Entwicklung wurden die allgemeine Kompetenz-Diskussion (Erpenbeck et al., 2007/2017), die von der OECD geförderte sogenannte DeSeCo-Diskussion *(Definition and Selection of Competencies)* (Organization for Economic Co-operation and Development [OECD], 2002; Rychen & Salganik, 2001; Rychen & Salganik, 2003), die Diskussion um die Gestaltungskompetenz (Bormann & de Haan, 2008; de Haan, 2006, 2010) und die erweiterte Diskussion um Kompetenzen einer BNE (Barth et al., 2007; Michelsen, 2008; National Council for Curriculum and Assessment [NCCA], 2009; Rieckmann, 2011, 2012; United Nations Economic Commission for Europe [UNECE], 2012; Wals, 2010, 2011; Wiek et al., 2016; Willard, et al., 2010) einbezogen. Die allgemeine BNE-Diskussion war dahingehend von Bedeutung,

als diese sich mit Fragen der Abstimmung der Lernergebnisse mit dem angestrebten Kompetenz-Aufbau, angemessener Lehr-Lern-Arrangements und Leistungskontrollen
sowie der Rolle von Dozierenden auseinandersetzt (Barth & Michelsen, 2013; Sterling,
2012; Stoltenberg & Burandt, 2014).

(c) **Inter- und transdisziplinäres wissenschaftliches Arbeiten und Forschen als
methodischer Orientierungsrahmen:** Für die Bestimmung des methodischen Orientie-
rungsrahmens mit dem Fokus auf inter- und transdisziplinäres wissenschaftliches Arbeiten
und Forschen ist zentral, dass die Minor-Studienprogramme – wie oben bereits erwähnt –
als Ergänzung und Zusatzqualifikation zu einem disziplinären Major-Programm konzipiert
worden sind. Die Studierenden stammen aus verschiedenen Disziplinen und bringen
insbesondere disziplinäres Wissen (inhaltlich und methodisch) mit. Von Bedeutung ist
deshalb, sie zu befähigen, NE-Fragen, die sich in ihrer Disziplin stellen, zu bearbeiten
und dabei relevantes überfachliches Wissen und Können und solches aus anderen Disziplinen einzubeziehen und auch mit Akteur_innen anderer Disziplinen und von außerhalb der
Wissenschaft und Forschung zusammenzuarbeiten, um NE-Fragestellungen zu bearbeiten.
(s. dazu Defila & Di Giulio, 2018, 2019; Di Giulio & Defila, 2017).

Diese drei Orientierungsrahmen dienten als Referenzpunkte bei der Entwicklung der
Studienpläne und Studienprogramme und in der Umsetzung dieser in Form von Modulen,
Ausbildungselementen, Lehr-Lernarrangements und Leistungskontrollen. Im Rahmen der
Umsetzung entstand eine eigene Vorstellung der zu fördernden Kompetenzen, die sich
in den Studienprogramm-Beschreibungen, Lernergebnissen, Lehr-Lernarrangements und
Leistungskontrollen niederschlägt (s. Tab. 1).

Die Studienleitung teilte die Kompetenzen aus pragmatischen Gründen in die vier
Kompetenz-Kategorien „Fach- und Methodenkompetenzen", „personale Kompetenzen",
„soziale und kommunikative Kompetenzen" und „Handlungskompetenzen" ein. Diese von
de Haan (2010) so genannten „klassischen" Kompetenz-Kategorien, wie sie ähnlich auch
von Erpenbeck et al. (2007), Nölting et al. (2018) und Zinn (2018) verwendet werden,
erleichterte die Kommunikation mit den Dozierenden aus den verschiedenen Disziplinen,
die mit der Diskussion um BNE auf Hochschulebene und spezifischen BNE-Kompetenzen
nicht vertraut waren. Die Begründung der Kompetenz-Kategorien ist in Hammer & Lewis
(2023) erläutert.

2.2   Die Minor-Programme in Nachhaltiger Entwicklung

Die Bachelor-Studierenden an der Universität Bern können je nach fakultärem Reglement
ein oder mehrere Minor-Programme mit bis zu maximal 60 ECTS-Punkten zusätzlich
zu ihrem Major-Programm anrechenbar belegen. Deshalb werden auf Bachelor-Stufe
drei Minor-Programme im Umfang von 15, 30 und 60 ECTS-Punkten angeboten. Die
60 ECTS-Punkte waren zum Zeitpunkt der Evaluation in folgende sechs Komponenten
(nachfolgend als „Module" bezeichnet) gegliedert:

Tab. 1 Die 13 Kompetenzen in vier Kompetenzkategorien, die den pädagogisch-didaktischen Rahmen für die Ausgestaltung der Minor-Studienprogramme in Nachhaltiger Entwicklung an der Universität Bern bilden (aus: Hammer & Lewis, 2023, leicht verändert)

	Kompetenzen	Erläuterung
Fach- und Methodenkompetenzen	Disziplinunabhängige Kenntnisse von NE (u.a. Theorien, Modelle, Konzepte, Verständnisse, Herausforderungen)	In Minor-Programmen, die komplementär zu disziplinären Major-Programmen BNE-Kompetenzen fördern, ist die Aneignung disziplinenübergreifender Kenntnisse bspw. zu NE-Herausforderungen, Transformationskonzepten und aktuellen Forschungsfragen von Bedeutung.
	Methodenwissen sowie inter- und transdisziplinäre Vorgehens- und Arbeitsweisen	Zur disziplinenübergreifenden Bearbeitung von NE-Fragen ist entsprechendes Methodenwissen, insbesondere zu spezifisch inter- und transdisziplinären Vorgehens- und Arbeitsweisen, wichtig.
	Vernetzt, vorausschauend und in systemdynamischen Zusammenhängen denken	Vernetzendes, vorausschauendes, systemisches resp. systemdynamisches Denken wird in der BNE-Kompetenz-Diskussion als eigentliche Schlüsselkompetenz betrachtet.
	Fachfremdes Wissen erschließen und sich mit disziplinärem Wissen in inter- und transdisziplinäre Diskurse einbringen und zur Bearbeitung von NE-Fragestellungen beitragen	Für die Bearbeitung von Fragestellungen, welche über die Major-Disziplin hinausreichen, ist grundlegend, fachfremdes Wissen erschließen und das eigene disziplinäre Wissen und Können in inter- und transdisziplinäre Diskurse und die Bearbeitung von NE-Fragestellungen einbringen zu können.
Personale Kompetenzen	Die eigene Perspektive auf eine Sach- und Problemlage erkennen und reflektieren, sich in andere Perspektiven hineinversetzen und diese bei Problemlösungen berücksichtigen	Im Rahmen individueller Arbeiten wie auch in der inter- und transdisziplinären Zusammenarbeit ist zentral, die eigene Perspektive auf eine Sach- und Problemlage zu erkennen, zu reflektieren und andere Perspektiven bei Problemlösungen angemessen zu berücksichtigen.
	Mit Zielkonflikten und Entscheidungsdilemmata umgehen	Ein lösungsorientierter Umgang mit individuellen und kollektiven Zielkonflikten und Entscheidungsdilemmata stellt für eine NE eine grundlegende Herausforderung dar.
	Kritisch und reflexiv mit Werten, Leitbildern, Theorien und den eigenen Kompetenzen umgehen	Ein reflektierter und kritischer Umgang mit individuellen und gesellschaftlichen Werten, gesellschaftlichen Normen, Leitbildern, Theorien und den eigenen Kompetenzen ist für individuelles und kollektives lösungsorientiertes Handeln NE zentral.
Soziale und kommunikative Kompetenzen	Arbeits- und Organisationsprozesse in einem multidisziplinären Team zielführend und effizient gestalten	In Forschung, beruflicher Praxis und gesellschaftlichem Engagement finden die Aktivitäten für NE wesentlich in multidisziplinären Teams statt, was bedingt, Arbeits- und Organisationsprozesse zielführend und effizient gestalten zu können.
	Akteure außerhalb der Wissenschaft angemessen in den Forschungsprozess einbeziehen	In Forschung wie in wissenschaftlicher Berufstätigkeit ist wichtig, die relevanten Akteure angemessen in die wissenschaftliche Tätigkeit einzubeziehen.
	Verständlich und zielgruppenorientiert kommunizieren	In Forschung, beruflicher Praxis und gesellschaftlichem Engagement stellt die verständliche und den Zielgruppen in Inhalt und Form angemessene Kommunikation ein wichtiger Erfolgsfaktor dar.
Handlungskompetenzen	Inter- und transdisziplinäre Prozesse zu gesellschaftlich relevanten Themen einer NE konzipieren, durchführen und reflektieren	Zur Wahrnehmung der Rolle als Akteur resp. Change Agent ist es wichtig, inter- und transdisziplinäre Prozesse zu relevanten NE-Fragen konzipieren, durchführen und reflektieren zu können.
	Problemstellungen aus entsprechenden Berufsfeldern wissenschaftlich bearbeiten und Beiträge zur Weiterentwicklung der Berufsfelder leisten	Im Hinblick auf die Integration von NE in die Berufsfelder und die berufliche Praxis ist es zentral, NE-Fragestellungen in den Berufsfeldern wissenschaftlich bearbeiten und zur Weiterentwicklung der Berufsfelder beitragen zu können.
	Sich an kollektiven Arbeits- und Entscheidungsprozessen zur Transformation der Gesellschaft Richtung Nachhaltigkeit beteiligen	In Forschung, beruflicher Praxis und gesellschaftlichem Engagement ist grundlegend, sich mit der eigenen Nachhaltigkeitsperspektive angemessen in kollektive Arbeits- und Entscheidungsprozesse einzubringen und damit zur Transformation der Gesellschaft Richtung Nachhaltigkeit zu beteiligen.

- NE-Grundlagen (Modul 1; Einführung in NE-Herausforderungen; Einführung in interdisziplinäres Arbeiten mit Bearbeitung eines NE-Themas)
- Disziplinäre Zugänge zu NE (Modul 2; Verschiedene disziplinäre Zugänge zu NE)
- Einblicke in interdisziplinäre Fallstudien (Modul 3; Einführung in und Reflexion von Fallstudienmethoden in verschiedenen Fachbereichen)
- Inter- und transdisziplinäre Projektarbeit (Modul 4; Einführung ins Projektarbeiten sowie Konzeption und Durchführung eines Gruppenprojekts mit realweltlicher Problemstellung)
- NE-Praxisbezug (Modul 5; betreutes Praktikum in einem nachhaltigkeitsorientierten Betrieb oder einer betrieblichen Nachhaltigkeitsabteilung mit schriftlicher Praktikumsarbeit)
- Individuelle NE-Forschungsarbeit (Modul 6; begleitete individuelle Arbeit zu einer NE-Fragestellung)

Je nach Programm-Umfang (15, 30 oder 60 ECTS-Punkte) weisen einzelne Module eine unterschiedliche Anzahl Ausbildungselemente und entsprechend eine unterschiedliche Anzahl ECTS-Punkte auf. Das Programm zu 15 ECTS-Punkten umfasst die Module 1 bis 3, das Programm zu 30 ECTS-Punkten die Module 1 bis 4. Im Studienprogramm zu 60 ECTS-Punkten haben die Studierenden zusätzlich die Möglichkeit entweder ein Ausbildungspraktikum in einer betrieblichen Einheit, die sich mit NE beschäftigt, zu absolvieren (z. B. bei einer Behörde, in einem Unternehmen oder bei einer NRO; Modul 5), oder eine individuelle Forschungsarbeit zu einer NE-Fragestellung durchzuführen (Modul 6).

Das auf Master-Stufe angebotene Minor-Programm zu 30 ECTS-Punkten ist nicht-konsekutiv gestaltet; dadurch haben maximal viele Studierende Zugang zu einem Minor-Programm in NE. Das Master Minor-Programm besteht aus drei Modulen:

- Grundlagen der Analyse und Steuerung NE (Modul A)
- Integration NE in die Major-Disziplin und individuelle Schwerpunktsetzung (Modul B)
- Inter- und transdisziplinäre Forschungsarbeit NE (Modul C)

Modul A besteht aus drei Ausbildungselementen, die in konzentrierter Form in die NE-Herausforderungen und die theoretischen Grundlagen der Bewältigung dieser einführen. In Modul B steht die Integration von NE in die verschiedenen Disziplinen und die Reflexion dieser Integration in die eigene Major-Disziplin im Vordergrund. Modul C beinhaltet vergleichbar mit Modul 4 im Bachelor Minor eine inter- und transdisziplinäre Forschungsarbeit zu einer NE-Fragestellung in multidisziplinär zusammengesetzten Gruppen. Im Vergleich zu den Bachelor Minor-Programmen ist das Master Minor-Programm forschungsorientierter ausgerichtet.

Für jedes Studienprogramm, Modul und Ausbildungselement sind Lernergebnisse formuliert. In den Lernergebnissen der Studienprogramme sind die zu fördernden Kompetenzen grob konkretisiert. Die Lernergebnisse der Module sind spezifischer formuliert und drücken die konkreten Schwerpunktsetzungen in der Kompetenzförderung aus. Die Lernergebnisse der verschiedenen Ausbildungselemente innerhalb eines Moduls sind spezifisch und überprüfbar formuliert und decken über alle Ausbildungselemente innerhalb eines Moduls die Modul-Lernergebnisse ab.

Handlungsleitend für die Dozierenden für die Ausgestaltung ihrer Ausbildungselemente sind primär deren Lernergebnisse. Zusätzlich zu den „klassischen" Lehr-/Lernarrangements wie Vorlesungen, Seminare, Übungen und individuelle Arbeiten bestehen die Ausbildungselemente insbesondere aus inter- und transdisziplinären Gruppen- und Forschungsarbeiten, Fallstudienanalysen, Praxiseinblicken und Reflexionsbeiträgen. Begleitetes „forschendes Lernen" in unterschiedlichen Gruppenkonstellationen und im Austausch mit Dozierenden aus verschiedenen Disziplinen und Praxisgebieten durchzieht die Ausbildung. Die Dozierenden nehmen insbesondere die lernendenzentrierte Rolle als Lerncoaches ein, welche die Arbeits-, Forschungs- und Reflexionsprozesse der Studierenden begleiten.

3   Die Evaluation der Minor-Studienprogramme

Eine Evaluationskommission mit Vertretenden der Dozierenden, des Mittelbaus, der Studierenden und der fakultären und universitären Qualitätssicherungsprozesse sowie eine Fachperson aus einem ähnlichen Fachbereich einer anderen Universität begleitete den gut zwei Jahre dauernden Evaluationsprozess von März 2019 bis Mai 2021 konzeptionell, methodisch und inhaltlich. Durchgeführt wurden drei schriftliche Befragungen (Studierende, Absolvierende, Praktikumsbetreuende), zwei Dozierenden-Workshops, ein von den Studierenden selbst durchgeführter und ausgewerteter Workshop und Gespräche mit verantwortlichen Ausbildungspartnern anderer Universitäten (deren Studierende ebenfalls zu den Studienprogrammen oder Teilen davon zugelassen sind). Ebenso wurden zwei Gutachten internationaler BNE-Fachpersonen eingeholt.

Die wesentliche Grundlage für die nachfolgenden Ausführungen ist der Schlussbericht der Evaluation. Dieser fasst die Ergebnisse und vorgeschlagenen Maßnahmen zur Weiterentwicklung der Studienprogramme zusammen und enthält 19 Anhänge mit allen ausgewerteten Umfragen, Gesprächen und Workshops. Im vorliegenden Beitrag können die Erhebungs- und Auswertungsmethoden wie auch die wesentlichen Ergebnisse und Erkenntnisse nur summarisch erläutert werden. Verwiesen wird an dieser Stelle auf die Publikation von Hammer & Lewis (2023), die sich mit der Förderung der Kompetenzen befasst. Hier in Kürze einige Angaben zu den drei umfangreichen Befragungen (Studierende, Absolvierende, Praktikumsbetreuende), die für die Ergebnisse und Erkenntnisse wesentlich sind:

Die elektronische Befragung (67 meist geschlossene Fragen) der Studierenden (November 2019 bis Januar 2020) wurde an alle 441 im Herbstsemester 2019 eingeschriebenen Studierenden per E-Mail versandt. 183 Studierende füllten den Fragebogen aus, davon konnten 124 Antworten in die Auswertung einbezogen werden (gültige Rücklaufquote von 28.1 %). 49 Personen studierten das Bachelor-Programm zu 60 ECTS-Punkten, 40 jenes zu 30 ECTS-Punkten, sieben das Programm zu 15 ECTS-Punkten und 28 Personen das Master-Programm zu 30 ECTS-Punkten. Die Studierenden belegten zum Zeitpunkt der Befragung 23 verschiedene disziplinäre Major-Programme.

Die elektronische Befragung der Absolvierenden (Januar und Februar 2020) wurde an 337 (von insgesamt 353) Personen mit gültiger E-Mail-Adresse und die von 2014 bis 2019 ein Programm abgeschlossen haben, per E-Mail versandt (59 meist geschlossene Fragen). 137 Antworten gingen ein, davon konnten 121 Antworten in die Auswertung einbezogen werden (gültige Rücklaufquote von 36 %). 45 Personen absolvierten das Bachelor-Programm zu 60 ECTS-Punkten, 35 jenes zu 30 ECTS-Punkten, 15 das Programm zu 15 ECTS-Punkten und 26 Personen das Master-Programm zu 30 ECTS-Punkten. Die Absolvierenden studierten insgesamt 24 Major-Disziplinen.

Die elektronische Befragung (mit 37 meist geschlossenen Fragen) der Praktikumsbetreuenden (Januar und Februar 2020) wurde an 54 (der insgesamt 61) Betreuungspersonen in den Betrieben, die von 2014 bis 2019 mindestens ein Praktikum der Studierenden in ihrem Betrieb betreut haben, mit gültiger Emailadresse versandt. Antworten von 21 Personen gingen ein, wovon alle in die Auswertung einbezogen werden konnten (gültige Rücklaufquote von 39 %).

Die Praktikumsbetriebe sind in verschiedenen Branchen tätig und können der öffentlichen Verwaltung, privaten und öffentlich-rechtlichen Unternehmen sowie den Nicht-Regierungsorganisationen zugeordnet werden. Die Praktikumsbetreuenden in den Betrieben begleiten eine studierende Person während ihres zu 100 % drei Monate dauernden Praktikums (oder entsprechend länger bei reduzierter Beschäftigungsdauer) in einer betrieblichen Einheit, welche sich mit Nachhaltigkeitsfragen auseinandersetzt. Dabei bearbeiten die Studierenden während mindestens der Hälfte der Praktikumszeit eine wissenschaftliche NE-Fragestellung, welche für den Betrieb und das Berufsfeld von Bedeutung ist. Das daraus entstehende Produkt wird von der Betreuungsperson im Betrieb und einer Betreuungsperson der Universität gemeinsam betreut und beurteilt.

Die beiden Workshops mit den Dozierenden wurden von Fachpersonen der universitären Abteilung Hochschuldidaktik & Lehrentwicklung mitkonzipiert, moderiert und ausgewertet. Alle Workshops und Gespräche wurden protokolliert und ausgewertet.

4   Ergebnisse aus der Evaluation

Nachfolgend werden zuerst die Ergebnisse zur Förderung der oben erwähnten Kompetenzen (s. Abschn. 4.1) und anschließend jene zur Abstimmung des Kompetenzaufbaus mit den Lernergebnissen und den Lehr-/Lernarrangements (s. Abschn. 4.2) erläutert.

4.1   Ergebnisse zur Förderung der Kompetenzen

Der elektronischen Befragung der Studierenden, Absolvierenden und Praktikumsbetreuenden in den Betrieben zu den Kompetenzen lagen drei Ausgangsfragen zugrunde:
- Welche Kompetenzen sollen aus Sicht der Studierenden, der Absolvierenden und der Praktikumsbetreuenden in den Betrieben in den NE-Studienprogrammen wie stark gefördert werden? (Frage im Fragebogen: „Als wie wichtig erachten Sie die Förderung der jeweiligen Kompetenz innerhalb des Studienprogramms?")
- Als wie wichtig erachten die drei befragten Gruppen die Kompetenzen im Hinblick auf die angestrebte Berufstätigkeit (Studierende), die aktuelle Berufstätigkeit (Absolvierende) respektive für das Berufsfeld (Praktikumsbetreuende)? (Frage im Fragebogen: „Als wie wichtig erachten Sie die Förderung der jeweiligen Kompetenz für die angestrebte resp. für die aktuelle Berufstätigkeit resp. für Ihr Berufsfeld?")
- Wie weit wurden die Kompetenzen im Studium aus Sicht der Absolvierenden auch wirklich gefördert? (Frage im Fragebogen: „Inwiefern stimmen Sie zu, die jeweilige Kompetenz während Ihres NE-Studiums erworben oder vertieft zu haben?)
Die 13 Kompetenzen wurden dabei in zufälliger Reihenfolge mit einer Frage-Matrix abgefragt (Antwortmöglichkeiten: „sehr unwichtig", „eher unwichtig", „teils/teils", „eher wichtig", „sehr wichtig" und „weiß nicht"; resp. „trifft voll und ganz zu", „trifft eher zu", „teils/teils", „trifft eher nicht zu", „trifft gar nicht zu"). Die Ergebnisse zu den Kompetenzen sind in Hammer & Lewis (2023) detailliert dargestellt worden.
Bezüglich der in den Studienprogrammen zu fördernden Kompetenzen sind sich die Studierenden, Absolvierenden und Praktikumsbetreuenden einig, dass alle 13 Kompetenzen gefördert werden sollen (je nach Kompetenz mit kumulierten „sehr wichtig" und „eher wichtig"-Antworten von 69 bis 89 %). Im Durchschnitt der drei Gruppen betrachten maximal 12 % der Befragten eine Kompetenz als „eher unwichtig" oder „sehr unwichtig". Keine Kompetenz wird somit als nicht wichtig eingestuft. Ein deutliches Ergebnis ist, dass alle drei befragten Gruppen die beiden Kompetenzen „Vernetzt, vorausschauend und in systemdynamischen Zusammenhängen denken" sowie „Die eigene Perspektive auf eine Sach- und Problemlage erkennen und reflektieren (…)" am wichtigsten einschätzen (Hammer & Lewis, 2023).
Die Analyse der Ergebnisse zur Frage, als wie wichtig die drei befragten Gruppen die Kompetenzen im Hinblick auf die angestrebte Berufstätigkeit (Studierende), die aktuelle Berufstätigkeit (Absolvierende) respektive für das Berufsfeld (Praktikumsbetreuende)

einschätzen, zeigt, dass alle 13 Kompetenzen auch diesbezüglich und mehrheitlich als wichtig erachtet werden. Jedoch sind bei der Einschätzung der Wichtigkeit der Kompetenzen pro Gruppe teils größere Unterschiede festzustellen. Die beiden als die wichtigsten im Studium zu fördernden Kompetenzen („Vernetzt, vorausschauend und in systemdynamischen Zusammenhängen denken"; „Die eigene Perspektive auf eine Sach- und Problemlage erkennen und reflektieren …") gehören aus Sicht der drei befragten Gruppen auch für die angestrebte (Studierende) resp. aktuelle Berufstätigkeit (Absolvierende) und das Berufsfeld (Praktikumsbetreuende) zu den fünf wichtigsten Kompetenzen. Doch werden die Kompetenzen „Verständlich und zielgruppenorientiert kommunizieren", „Mit Zielkonflikten und Entscheidungsdilemmata umgehen" und „Arbeits- und Organisationsprozesse in einem multidisziplinären Team zielführend und effizient gestalten" als ebenso wichtig oder wichtiger betrachtet (Hammer & Lewis, 2023).

Die drei befragten Gruppen sehen Unterschiede zwischen der Wichtigkeit einer Kompetenz im Beruf und der Wichtigkeit der Förderung in den Studienprogrammen. Erachten die drei befragten Gruppen durchschnittlich die Wichtigkeit der Förderung der Kompetenzen pro Kompetenz-Kategorie in den Studienprogrammen als in etwa gleich wichtig, so wird die durchschnittliche Wichtigkeit der Kompetenz-Förderung in den beiden Kategorien mit den personalen, sozialen und kommunikativen Kompetenzen für den Beruf als deutlich wichtiger angeschaut als die Fach-, Methoden- und Handlungskompetenzen.

Auffällig ist das Ergebnis zur Einschätzung der Wichtigkeit der Kompetenzen für die aktuelle Berufstätigkeit durch die Absolvierenden: Im Vergleich zu den Studierenden und den Praktikumsbetreuenden schätzen die Absolvierenden die 13 Kompetenzen im Durchschnitt für die aktuelle Berufstätigkeit als ziemlich weniger wichtig ein als die Studierenden im Hinblick auf ihre angestrebte Berufstätigkeit und die Praktikumsbetreuenden für das Berufsfeld. Eine mögliche Erklärung ist, dass die Absolvierenden ihr Studium bei Befragungszeitpunkt maximal vor fünf Jahren abgeschlossen haben, sie in der beruflichen Laufbahn am Anfang stehen und sie verschiedene Kompetenzen in der Berufseinstiegsphase noch wenig einbringen können.

Bezüglich der Frage, inwieweit die Kompetenzen im Studium aus Sicht der Absolvierenden auch wirklich angeeignet oder vertieft wurden, ist ein überraschendes Resultat entstanden. Mit Anteilen von 2 bis 22 % „trifft voll und ganz zu" ist maximal nur rund ein Fünftel der Absolvierenden der Meinung, eine Kompetenz auch wirklich angeeignet oder substanziell vertieft zu haben. Mit bis zu zwei Fünfteln der Absolvierenden (10 bis 42 %) ist ein relativ großer Anteil die Meinung, eine Kompetenz nicht oder eher nicht erworben oder vertieft zu haben. Doch haben immerhin durchschnittlich knapp zwei Fünftel (39 %) den Eindruck, eine Kompetenz eher angeeignet oder vertieft zu haben. Eine plausible Erklärung für dieses ernüchternde Ergebnis ist, dass die 13 relativ umfassend formulierten Kompetenzen in Minor-Programmen zu maximal 60 ECTS-Punkten nicht wirklich von Grund auf neu angeeignet oder ganz wesentlich vertieft werden können, zweitens den Studierenden während der Ausbildung zu wenig kommuniziert wurde, wie der Kompetenzaufbau über das Studienprogramm hinweg gedacht ist, und drittens die

Lernergebnisse, die Lehr-/Lernarrangements sowie die formativen und summativen Leistungskontrollen der verschiedenen Ausbildungselemente nicht immer ausreichend auf den Kompetenzerwerb abgestimmt waren (Hammer & Lewis, 2023).

Zu letzterem Punkt ist ein Ergebnis aus den beiden Workshops mit den Dozierenden von Bedeutung: Die Workshops offenbarten, dass sich ein ansehnlicher Teil der Dozierenden bezüglich des angestrebten Kompetenzaufbaus über die einzelnen Ausbildungselemente hinweg nicht ausreichend bewusst ist. Dies macht es den Dozierenden schwierig, den Beitrag der von ihnen verantworteten Ausbildungselemente zum insgesamtem Kompetenzaufbau innerhalb eines Studienprogrammes zu verorten und diesen Beitrag den Studierenden auch angemessen zu kommunizieren. Ebenso ist möglich, dass der Kompetenzaufbau nicht in allen Ausbildungselementen entsprechend den Vorgaben im Studienplan und im Sinne der ausformulierten Lernergebnisse erfolgte.

4.2 Ergebnisse zur Abstimmung des Kompetenzaufbaus mit den Lernergebnissen und den Lehr-/Lernarrangements

Bezüglich Abstimmung der Lernergebnisse und Lehr-/Lernarrangements wurden die Studierenden und Absolvierenden u. a. gefragt, inwieweit die verschiedenen Veranstaltungsformate ihren Kompetenzerwerb unterstützten, ob und wenn ja welche weiteren Formate einbezogen werden sollen, wie sie das Verhältnis der verschiedenen Veranstaltungsformate beurteilen (Vorlesungen, Proseminare/Seminare, Übungen, Gruppenarbeiten etc.), und als wie wichtig sie die multidisziplinäre Zusammensetzung der Studierenden wie auch der Dozierenden einschätzen.

Bezüglich der Frage, inwieweit die verschiedenen Veranstaltungsformate den Kompetenzerwerb unterstützten, wurden die Einschätzung der Studierenden und Absolvierenden zu den Veranstaltungsformaten „Vorlesungen", „Proseminare/Tutorien", „Übungen (individuell)", „Übungen (Gruppenarbeit)", „Seminare/Begleitseminare", „Projekt-/Forschungsarbeit (individuell)", „Projekt-/Forschungsarbeit (Gruppenarbeit)", „Praktika", „Exkursionen/Praxiseinblicke", „individuelle Vertiefung (freie Wahl)" und „elektronische Lehrformate" ebenfalls in Form einer Matrix abgefragt (Antwortoptionen „stark unterstützend", „eher unterstützend", „weder noch", „eher erschwerend", „stark erschwerend", „weiß nicht"). Insgesamt werden alle Formate als unterstützend („stark unterstützend" und „eher unterstützend" zusammen) betrachtet, wobei doch teils größere Unterschiede in den Einschätzungen pro Format festgestellt werden können. Für die Bachelor-Studierenden und -Absolvierenden sind das Praktikum (die Master-Studierenden haben diese Möglichkeit nicht) und – wie auch für die Master-Studierenden und -Absolvierenden – die Exkursionen/Praxiseinblicke stark kompetenzfördernd. Auch die anderen Formate werden als mehrheitlich kompetenzfördernd betrachtet, doch erachten rund 15 % der Studierenden und 20 % der Absolvierenden Übungen in Gruppen als erschwerend („eher erschwerend" und „stark erschwerend" zusammen). Je nach Gruppe (Bachelor-/Master-Studierende und -Absolvierende) betrachten ebenfalls rund 4 bis 20 % das Format Projekt-/Forschungsarbeit in der Gruppe als erschwerend (wobei auch andere Formate wie Vorlesungen, Seminare/Begleitseminare, individuelle Übungen je nach Gruppe mit bis zu 8 % der Befragten als erschwerend eingestuft werden).

Dieses Ergebnis zu den Arbeiten in Gruppen ist angesichts der hohen Bedeutung dieser zur Förderung der Kompetenzen erklärungsbedürftig. Aufgrund weiterer Ergebnisse (s. gleich unten) und der Kommentare in den offenen Antwortfeldern können dafür mehrere plausible Gründe angeführt werden: Der relativ hohe Anteil an länger dauernden Gruppen- und Projektarbeiten wird nicht von allen Studierenden geschätzt. Zweitens äußerten mehrere Studierende Zweifel an der Qualität der Aufgabenstellung und der Ergebnisse von Gruppenarbeiten. Drittens werden Umfang und Qualität der Betreuung von Gruppen- und Projektarbeiten infrage gestellt, und viertens weisen organisatorische (und nicht inhaltliche, bspw. Gruppengröße) Aspekte auf Vorbehalte gegenüber Arbeiten in der Gruppe hin.

Der erstgenannte Grund widerspiegelt sich in den Antworten zur Frage, wie die Studierenden und Absolvierenden das Verhältnis der verschiedenen Ausbildungsformate beurteilen (Antwortmöglichkeiten pro Ausbildungsformat: „viel zu viel", „eher zu viel", „genau richtig", „eher zu wenig", „viel zu wenig", „weiß nicht"). Der Anteil der meisten Formate wird von den Gruppen (Studierende und Absolvierende auf Bachelor- und auf Master-Stufe) zwar mehrheitlich als „genau richtig" eingeschätzt, doch vertreten je nach Gruppe 32 bis 50 % die Meinung, der Anteil der Übungen in Gruppen sei zu hoch. Ebenfalls schätzen je nach Gruppe 16 bis 69 % der Befragten den Anteil an Projektarbeiten in Gruppen als zu hoch ein. Dem steht gegenüber, dass je nach Gruppe 26 bis 68 % der Befragten der Meinung sind, der Anteil an Exkursionen und Praxiseinblicken sei zu gering.

Auffällig ist auch, dass je nach befragter Gruppe 19 bis 39 % den Anteil an individuellen Vertiefungsmöglichkeiten als zu gering betrachtet. Ebenso wird der Anteil elektronischer Formate je nach Gruppe von 20 bis 36 % der Befragten als zu gering eingeschätzt. Der Wunsch nach mehr elektronischen Lehrformaten ist wohl auch der Tatsache zuzuschreiben, dass während des Erhebungszeitpunkts erste COVID-19 Infektionen in Europa nachgewiesen wurden und die Studierenden und Absolvierenden auch dadurch einen vermehrten Einsatz von elektronischen Lernformaten befürwortet haben dürften.

Auf die offene Frage ob weitere Lehr- und Lernformate einbezogen werden sollten, wurden Formate genannt (46 Vorschläge), welche das individuelle Lernen unterstützen; die meisten Vorschläge betrafen aber das Lernen im Austausch mit Akteur_innen aus der Praxis und anderen Studierenden.

Letzter Punkt weist auf die Bedeutung hin, welche die Studierenden und Absolvierenden der inter- und transdisziplinären Zusammenarbeit beimessen, was sich auch in den Ergebnissen zur offenen Frage „Was ist das Wichtigste, das Sie im NE-Studienprogramm gelernt haben?" widerspiegelt. Die Absolvierenden nannten dazu mit Abstand am meisten Aspekte, die mit inter- und transdisziplinärem Arbeiten zusammenhängen (34 von insgesamt 92 Äußerungen), vor Aspekten, die mit dem Aneignen eines vertieften NE-Grundverständnisses (19) und der Aneignung vernetzenden und kritischen Denkens (12) zu tun haben. Für die Studierenden stehen Aspekte, die mit inter- und transdisziplinärem Arbeiten in Zusammenhang stehen, erst an zweiter Stelle (51 von 173 Äußerungen), vor Aspekten, die mit dem Studienaufbau (16) und dem vernetzenden resp. kritischen Denken (9) zusammenhängen. An erster Stelle nannten die Studierenden Aspekte, die mit konkreten Ausbildungsinhalten (u. a. Themen; 72 Äußerungen) in Verbindung stehen.

Da die Formulierung der angestrebten Kompetenzförderung eine inter- und transdisziplinäre Zusammensetzung der Studierenden wie der Dozierenden erfordert, wurden die Studierenden und Absolvierenden mittels zwei geschlossener Fragen auch gefragt, als wie wichtig sie eine diesbezügliche Zusammensetzung einschätzen („Als wie wichtig erachten Sie die multidisziplinäre Zusammensetzung der Studierenden resp. der Dozierenden?"). Gut drei Viertel der Studierenden und über Vierfünftel der Absolvierenden betrachten die multidisziplinäre Zusammensetzung der Studierenden als wichtig („sehr wichtig" und „eher wichtig" zusammen), und die multidisziplinäre Zusammensetzung der Dozierenden wird sogar mit je über 90 % der Studierenden und Absolvierenden als wichtig eingestuft, wobei jeweils weit über die Hälfte „sehr wichtig" ankreuzte.

5   Diskussion und Lehren aus der Evaluation

Die Ergebnisse zu den Kompetenzen (s. Abschn. 4.1) bestätigen die Sicht von Expert_innengruppen, dass in NE-Studienprogrammen die Förderung von systemischem Denken im Verbund mit der Förderung inter-personaler resp. sozialer und intra-personaler resp. personaler Kompetenzen zentral sein soll (Brundiers et al., 2020; Wiek et al., 2011). Alle drei Gruppen – und damit auch die Studierenden – vertreten die Sicht, dass zusätzlich zu Fach- und Methodenkompetenzen ebenso personale, soziale, kommunikative und Handlungskompetenzen gefördert werden sollen. Insgesamt bestätigen die Ergebnisse die in den breit diskutierten Kompetenz-Rastern wie jenen von Brundiers et al. (2020), Wiek et al. (2011), Riekmann (2012, 2018) und United Nations Educational, Scientific and Cultural Organization [UNESCO] (2017) enthaltene Sicht, dass ein gesamtheitlicher Kompetenzaufbau gefördert werden soll, der zu einer umfassenden Befähigung führt, sich selbstmotiviert, verantwortungsvoll und wirksam an der Bewältigung gesellschaftlicher NE-Herausforderungen zu beteiligen.

Dass die drei befragten Gruppen Unterschiede zwischen der Wichtigkeit einer Kompetenz im Beruf und der Wichtigkeit der Förderung in den Studienprogrammen sehen, ist ein Hinweis darauf, in den Studienprogrammen nicht einfach jene Kompetenzen in den Vordergrund zu rücken, die für spätere Berufsfelder zentral sind. Vielmehr ist im Sinne einer

„emanzipatorischen" BNE grundsätzlicher zu überlegen, welche Kompetenzen weshalb wie stark gefördert werden sollen.

Eine wichtige Erfahrung mit den evaluierten Studienprogrammen ist, dass die allgemeinen Kompetenz-Rahmen nicht unmittelbar operationalisiert werden können, sondern diese vielmehr als Inspirationsquelle und Orientierungsrahmen dienen für Schwerpunktsetzungen und das Erkennen allfälliger Lücken. Insgesamt ist mit der Evaluation der Studienprogramme die Angemessenheit des Kompetenzrahmens mit seinen 13 Kompetenzen in vier Kategorien bestätigt worden.

Bezüglich der Ergebnisse zu den Veranstaltungsformaten (s. Abschn. 4.2) lässt sich feststellen, dass die Diversität von verschiedenen Formaten innerhalb eines Studienprogramms von den Studierenden und Absolvierenden geschätzt wird und diese den Kompetenzerwerb großmehrheitlich unterstützen. Aus Sicht der Master- und Bachelor-Studierenden sind Formate, die den Austausch mit Praxisakteur_innen ermöglichen, am stärksten kompetenzfördernd; dies deckt sich somit mit dem Diskurs, dass Lernen an realweltlichen Problemen als besonders anregend empfunden wird: Erworbenes Wissen kann in die Praxis überführt und zur Lösung eines Nachhaltigkeitsproblems angewendet werden. Durch die Betreuung durch akademische Fachpersonen und Zusammenarbeit mit Praxisakteur_innen können wissenschaftlich fundierte und gesellschaftlich robuste Lösungsansätze entwickelt und dadurch ein Beitrag zur gesamtgesellschaftlichen Transformation geleistet werden. Dabei erleben die Studierenden eine positive Wirkung, die sie auf die Welt haben können (Brundiers et al., 2010; Schneidewind & Singer-Brodowski, 2015). Dementsprechend wünschen sich Studierende und Absolvierende auch einen höheren Anteil an Exkursionen und Praxiseinblicken.

Dem Wunsch nach mehr individuellen Vertiefungsmöglichkeiten sollte insbesondere in Studienprogrammen mit einer heterogenen Studierendenschaft Rechnung getragen werden. Die Studierenden der evaluierten Studienprogramme bringen unterschiedliche disziplinäre Hintergründe mit und verfügen über stark heterogenes Vorwissen (auf inhaltliche wie auch methodische Aspekte bezogen). Die Evaluationsergebnisse haben dies erneut verdeutlicht, sodass im Rahmen eines universitätsinternen Projekts „Förderung innovativer Lehre" ein Self-Assessment Tool entwickelt wird, welches zukünftig von allen Studierenden genutzt werden kann. Dieses Tool soll ermöglichen, dass die Studierenden ihren Wissensstand resp. ihre thematischen und methodischen Lücken einschätzen können. Dadurch können sie zur Verfügung gestellte E-Learning-Module, angebotene thematische Vertiefungen sowie Wahlpflichtleistungen zielgerichtet auswählen.

Die inter- und transdisziplinäre Zusammenarbeit hat auf Bachelor- und Master-Stufe aus Sicht der Studierenden und Absolvierenden einen hohen Stellenwert: Die Absolvierenden bewerten inter- und transdisziplinäre Aspekte als das Wichtigste, das sie im Studienprogramm gelernt haben, bei den Studierenden steht dies an zweitwichtigster Stelle. Diese Einschätzung deckt sich mit der Forderung, interdisziplinäre Ansätze vermehrt in Curricula zu verankern und entsprechende pädagogisch-didaktische Praktiken umzusetzen. Die Integration von Perspektiven verschiedener Disziplinen verbessert die

Problemlösungskapazitäten von Studierenden und erweitert ihren Horizont, um Lösungen für verschiedene Herausforderungen zu finden (Howlett et al., 2015; Žalėnienė & Pereira, 2021), und die Auseinandersetzung mit externen, nicht-wissenschaftlichen Partnern ermöglicht Studierenden den Zugang zu neuen und anderen Arten von Wissen (Stoltenberg & Burandt, 2014).

Eine weitere Erkenntnis aus der Studienprogrammevaluation betrifft die Rolle der Dozierenden. Gerade in einer multidisziplinären Zusammensetzung ist bedeutend, dass die Dozierenden angemessen über den inhaltlichen und kompetenzorientierten Aufbau der Studienprogramme informiert sind und sie sich entsprechend über die verschiedenen Ausbildungselemente hinweg absprechen. So können sie ihre Ausbildungsbeiträge im jeweiligen Studienprogramm (insbesondere die Lernergebnisse) angemessen verorten und auch gegenüber den Studierenden gut kommunizieren. Dies bedingt zudem eine Studienleitung, welche über die finanziellen Mittel und pädagogisch-didaktischen Kompetenzen verfügt, die Ausbildungselemente gemeinsam mit dem Dozierenden-Team fortlaufend zu reflektieren und gegebenenfalls anzupassen.

6 Fazit/Schlussfolgerungen

Für nachhaltigkeitsorientierte Studienprogramme ergeben sich aus der Evaluation nachfolgende Empfehlungen: (i) Bei der Neu- und Weiterentwicklung von solchen Studienprogrammen ist es sinnvoll, einen eigenen Kompetenz-Rahmen zu entwickeln, welcher einen expliziten Bezug zu anerkannten Kompetenz-Rahmen herstellt. Dadurch wird ermöglicht, allfällige konzeptionelle Lücken im kompetenzorientierten Programmaufbau zu erkennen. (ii) Innovative Lehr- und Lernformate mit inter- und transdisziplinärem Charakter fördern den Erwerb von Nachhaltigkeitskompetenzen und sollten einen wesentlichen Bestandteil von nachhaltigkeitsorientierten Studienprogrammen ausmachen. Dabei ist zu beachten, dass insbesondere Gruppenprozesse von Seiten der Dozierenden angemessen betreut sowie Sinn, Zweck und Aufgabenstellung den Studierenden ausreichend kommuniziert werden. In Bezug auf eine multidisziplinäre Zusammensetzung der Studierendenschaft ist deren unterschiedlicher Vorwissensstand Rechnung zu tragen, und es sind entsprechende individuelle Lerngelegenheiten anzubieten. (iii) Indem die Dozierenden bereits in die Konzipierung resp. Überarbeitung von Studienprogrammen einbezogen werden, können der Kompetenzaufbau, die Ausbildungselemente, die Lehr- und Lernformate und die Inhalte abgestimmt und vergemeinschaftet werden, was einem gemeinsamen Verständnis der Ausbildung zuträgt. Dabei ist darauf zu achten, dass in die Lehre involvierte Personen ausreichend mit den Studienprogrammen vertraut sind und Gefäße für einen entsprechenden Austausch implementiert werden. Im Fall der evaluierten Studienprogramme wurde der gesamte Evaluationsprozess seitens des Lehre-Teams rückblickend als stark motivierend und teamfördernd und für die Weiterentwicklung der Programme als ausgesprochen bereichernd eingeschätzt – trotz hohem Zusatz- und Ressourcenaufwand.

(iv) Der Einbezug einer Außensicht aus der Praxis in den Evaluationsprozess (in diesem Fall die Praktikumsbetreuenden) bietet Potenzial allfällige Verbesserungsmöglichkeiten zwischen Aufbau und Ausrichtung von Studienprogrammen und Arbeitsmarktfähigkeit *(Employability)* zu identifizieren. Auch die Berücksichtigung von anderen Perspektiven auf Studienprogramme (bspw. von Partnerinstitutionen, Gutachen von Expert_innen) ist als gewinnbringend einzuschätzen.

Literatur

Barth, M., & Michelsen, G. (2013). Learning for change: An educational contribution to sustainability science. *Sustainability Science, 8*(1), 103–119. https://doi.org/10.1007/s11625-012-0181-5.

Barth, M., Godemann, J., Rieckmann, M., & Stoltenberg, U. (2007). Developing key competencies for sustainable development in higher education. *International Journal of Sustainability in Higher Education, 8*(4), 416–430. https://doi.org/10.1108/14676370710823582.

Bormann I., & de Haan, G. (Hrsg.) (2008). *Kompetenzen der Bildung für nachhaltige Entwicklung. Operationalisierung, Messung, Rahmenbedingungen, Befunde.* Wiesbaden: VS Verlag für Sozialwissenschaften. https://doi.org/10.1007/978-3-531-90832-8.

Brundiers, K., Wiek, A., & Redman, C.L. (2010). Real-world learning opportunities in sustainability: From classroom into the real world. *International Journal of Sustainability in Higher Education, 11*(4), 308–324. https://doi.org/10.1108/14676371011077540.

Brundiers, K., Barth, M., Cebrián, G., Cohen, M., Diaz, L., Doucette-Remington, S., Dripps, W., Habron, G., Harré, N., Jarchow, M., Losch, K., Michel, J., Mochizuki, Y., Rieckmann, M, Parnell, R., Walker, P., & Zint, M. (2020). Key competencies in sustainability in higher education— Toward an agreed-upon reference framework. *Sustainability Science, 16*(1), 13–29. https://doi.org/10.1007/s11625-020-00838-2.

Christen, M. (2013). *Die Idee der Nachhaltigkeit. Eine werttheoretische Fundierung.* Metropolis.

de Haan, G. (2006). The BLK '21' programme in Germany: A ‚Gestaltungskompetenz'-based model for education for sustainable development. *Environmental Education Research, 12*(1), 19–32. https://doi.org/10.1080/13504620500526362.

de Haan, G. (2010). The development of ESD-related competencies in supportive institutional frameworks. *International Review of Education, 56*(2), 315–328. https://doi.org/10.1007/s11159-010-9157-9.

Defila, R., & Di Giulio, A. (Hrsg.). (2018, 2019). *Transdisziplinär und transformativ forschen. Eine Methodensammlung* (Bd. 1 2018, 2 2019). Springer VS. Bd. 1. https://doi.org/10.1007/978-3-658-21530-9, Bd. 2.: https://doi.org/10.1007/978-3-658-27135-0.

Di Giulio, A. (2004). *Die Idee der Nachhaltigkeit im Verständnis der Vereinten Nationen. Anspruch, Bedeutung und Schwierigkeiten.* Lit.

Di Giulio, A., & Defila, R. (2017). Enabling university educators to equip students with Inter- and transdisciplinary competencies. *International Journal of Sustainability in Higher Education, 18*(5), 630–647. https://doi.org/10.1108/IJSHE-02-2016-0030.

Di Giulio, A., Defila, R., Hammer, T., & Bruppacher, S. (Hrsg.). (2007). *Allgemeine Ökologie. Innovationen in Wissenschaft und Gesellschaft.* Haupt.

Erpenbeck, J., von Rosenstiel, L., Grote, S., & Sauter, W. (Hrsg.). (2007/2017) *Handbuch Kompetenzmessung. Erkennen, verstehen und bewerten von Kompetenzen in der betrieblichen, pädagogischen und psychologischen Praxis* (1. Aufl. 2007, 3. Aufl. 2017). Schäffer-Poeschel.

Glasser, H., & Hirsh, J. (2016). Toward the development of robust learning for sustainability core competencies. *Sustainability, The Journal of Record, 9*(3), 121–134. https://doi.org/10.1089/SUS. 2016.29054.hg.

Grunwald, A., & Kopfmüller, J. (2022). *Nachhaltigkeit. Eine Einführung* (3. Aufl.). Campus.

Hammer, T., & Lewis, A.L. (2023). Which competencies should be fostered in education for sustainable development at higher education institutions? Findings from the evaluation of the study programs at the University of Bern, Switzerland. *Discover Sustainability 4*(19). https://doi. org/10.1007/s43621-023-00134-w

Howlett, C., Ferreira, J. A., & Blomfield, J. (2015). Teaching sustainable development in higher education: Building critical, reflective thinkers through an interdisciplinary approach. *International Journal of Sustainability in Higher Education, 17*(3), 306–321. https://doi.org/10.1108/IJSHE-07-2014-0102.

Kopfmüller, J., Brandl, V., Jörissen, J. Paetau, M., Banse, G., Coenen, R., & Grunwald, A. (2001). *Nachhaltige Entwicklung integrativ betrachtet. Konstitutive Elemente, Regeln, Indikatoren.* Edition sigma.

Lozano, R., Barreiro-Gen, M., Lozano, F. J., & Sammalisto, K. (2019). Teaching sustainability in European higher education institutions: Assessing the connections between competences and pedagogical approaches. *Sustainability, 11*(6), 1602. https://doi.org/10.3390/su11061602.

Lozano, R., Merrill, M. Y., Sammalisto, K., Ceulemans, K., & Lozano, F. J. (2017). Connecting competences and pedagogical approaches for sustainable development in higher education: A literature review and framework proposal. *Sustainability 9*(10), 1889. https://doi.org/10.3390/su9 101889.

Marope, M., Griffin, P., & Gallagher, C. (2017). Future competences and the future of curriculum: A global reference for curricula transformation. Paris: International Bureau of Education [IBE]. http://www.ibe.unesco.org/sites/default/files/resources/future_competences_and_ the_future_of_curriculum.pdf. Zugegriffen: 19. Dez. 2022.

Michelsen, G. (2008). Kompetenzen und Bildung für nachhaltige Entwicklung (BNE). In T. Lucker & O. Kölsch. (Hrsg.), *Naturschutz und Bildung für nachhaltige Entwicklung. Fokus: Lebenslanges Lernen* (S. 45–57). Bundesamt für Naturschutz [BfN].

Mochizuki, Y., & Fadeeva, Z. (2010). Competences for sustainable development and sustainability: Significance and challenges for ESD. *International Journal of Sustainability in Higher Education, 11*(4), 391–403. https://doi.org/10.1108/14676371011077603.

Mulder, M., Gulikers, J., Biemans, H., & Wesselink, R. (2009). The new competence concept in higher education: Error or enrichment? *Journal of European industrial Training, 33*(8/9), 755–770. https://doi.org/10.1108/03090590910993616.

NCCA [National Council for Curriculum and Assessment]. (2009). Senior cycle key skills framework. NCCA. https://ncca.ie/media/3380/ks_framework.pdf. Zugegriffen: 19. Dez. 2022.

Nölting, B., Dembski, N., Pape, J., & Schmuck, P. (2018). Wie bildet man Change Agents aus? Lehr-Lern-Konzepte des berufsbegleitenden Masterstudiengangs „Strategisches Nachhaltigkeits-management" an der Hochschule für nachhaltige Entwicklung Eberswalde. In W. Leal Filho (Hrsg.). *Nachhaltigkeit in der Lehre. Eine Herausforderung für Hochschulen.* (S. 89–106). Springer Spektrum. https://doi.org/10.1007/978-3-662-56386-1_6.

OECD [Organization for Economic Co-operation and Development]. (2002). *Defining and Selection of Competences (DeSeCo). Strategy Paper.* OECD. https://www.deseco.ch/bfs/deseco/en/index/ 02.parsys.34116.downloadList.87902.DownloadFile.tmp/oecddesecostrategypaperdeelsaedceric d20029.pdf. Zugegriffen: 19. Dez. 2022.

Rieckmann, M. (2011). Schlüsselkompetenzen für eine nachhaltige Entwicklung der Weltgesellschaft. Ergebnisse einer europäisch-lateinamerikanischen Delphi-Studie. *GAIA: Ecologial Perspectives for Science & Society, 20*(1), 48–56. https://doi.org/10.14512/gaia.20.1.10.

Rieckmann, M. (2012). Future-oriented higher education: Which key competencies should be foste-red through university teaching and learning? *Futures, 44*(2), 127–135. https://doi.org/10.1016/j.futures.2011.09.005.

Rieckmann, M. (2018). Learning to transform the world: Key competencies. In A. Leicht, J. Heiss, & W. J. Byun. (Hrsg.), *Education for sustainable development. Issues and trends in education for sustainable development* (S. 39–59). UNESCO. Hhttps://www.academia.edu/359 41134/Chapter_2_Learning_to_transform_the_world_key_competencies_in_ESD. Zugegriffen: 20. Dez. 2022.

Rieckmann, M., & Schank, C. (2016). Sozioökonomisch fundierte Bildung für nachhaltige Entwick-lung. Kompetenzentwicklung und Werteorientierungen zwischen individueller Verantwortung und struktureller Transformation. *SOCIENCE, Journal of Science-Society Interfaces, 1*, 65–79.

Rockström, J. et al., (2009). Planetary boundaries: Exploring the safe operating space for humanity. *Ecology and Society, 14*(2), 32. http://www.ecologyandsociety.org/vol14/iss2/art32/.

Rychen, D. S., & Salganik, L. H. (Hrsg.). (2001). *Definition and Selection of Competencies (DeSeCo). Theoretical and conceptual foundations.* Hogrefe & Huber Publishers.

Rychen, D. S., & Salganik, L. H. (Hrsg.). (2003). *Key competencies for a successful life and a well-functioning society.* Hogrefe & Huber Publishers.

Schneidewind, U. (2018). *Die Grosse Transformation. Eine Einführung in die Kunst gesellschaftli-chen Wandels.* Fischer.

Schneidewind, U., & Singer-Brodowski, M. (2015). Vom experimentellen Lernen zum transformati-ven Experimentieren. Reallabore als Katalysator für eine lernende Gesellschaft auf dem Weg zu einer nachhaltigen Gesellschaft. *Zeitschrift für Wirtschafts- und Unternehmensethik, 16*, 10–23. https://doi.org/10.5771/1439-880X-2015-1-10.

Sterling, S. (2012). *The future fit framework. An introductory guide to teaching and learning for sustainability in higher education.* The Higher Education Academy.

Stoltenberg, U., & Burandt, S. (2014). Bildung für eine nachhaltige Entwicklung. In H. Heinrichs, & G. Michelsen. (Hrsg.), *Nachhaltigkeitswissenschaften* (S. 567–594). Springer. https://doi.org/10. 1007/978-3-642-25112-2_17.

Trechsel, L. J., Zimmermanna, A. B., Graf, D., Herweg, K., Lundsgaard-Hansen, A., Rufer, L., Tri-belhorn, T., & Wastl-Walter, D. (2018). Mainstreaming education for sustainable development at a Swiss University: Navigating the traps of institutionalization. *Higher Education Policy, 31*, 471–490. https://doi.org/10.1057/s41307-018-0102-z.

UNECE [United Nations Economic Commission for Europe]. (2012). Learning for the future: Competences in education for sustainable development. Strategy for education for sustainable development. UNECE. https://www.unece.org/fileadmin/DAM/env/esd/ESD_Publications/Com petences_Publication.pdf. Zugegriffen: 20. Dez. 2022.

UNESCO [United Nations Educational, Scientific and Cultural Organization]. (2017). Education for sustainable development goals. Learning objectives. UNESCO. ISBN 978–92–3–100209–0.

Wals, A. E. J. (2010). Mirroring, Gestaltswitching and Transformative Social Learning: Stepping stones for developing sustainability competence. *International Journal of Sustainability in Higher Education, 11*(4), 380–390. https://doi.org/10.1108/14676371011077595.

Wals, A. E. J. (2011). Learning our way to sustainability. *Journal of Education for Sustainable Development., 5*(2), 177–186. https://doi.org/10.1177/097340821100500208.

Wals, A. E. J. (2015). *Beyond unreasonable doubt. Education and learning for socio-ecological sustainability in the Anthropocene.* Wageningen University.

WBGU [Wissenschaftlicher Beirat Globale Umweltveränderungen]. (2011). *Welt im Wandel – Gesellschaftsvertrag für eine Grosse Transformation. Hauptgutachten.* WBGU.

Wiek, A., Withycombe, L., & Redman, C. L. (2011). Key competencies in sustainability: A Rreference framework for academic program development. *Sustainability Science, 6*(2), 203–218. https://doi.org/10.1007/s11625-011-0132-6.

Wiek, A., Bernstein, M. J., Foley, R. W., Cohen, M., Forrest, N., Kuzdas, C., Kay, B., & Withcombe Keeler, L. (2016). Operationalising competencies in higher education for sustainable development. In M. Barth, G. Michelsen, M. Rieckmann, & I. Thomas. (Hrsg.), *Routledge handbook of higher education for sustainable development* (S. 241–260.). Earthscan from Routledge.

Wilhelm, S., Förster, R., & Zimmermann, A. B. (2019). Implementing competence orientation: Towards constructively aligned education for sustainable development in university-level teaching-and-learning. *Sustainability, 11*(7), 1891. https://doi.org/10.3390/su11071891.

Willard, M., Wiedmeyer, C., Warren Flint, R., Weedon, J. S., Woodward, R., Feldman, I., & Edwards, M. (2010). *The sustainability professional 2010 competency survey report. A research study conducted by the international society of sustainability professionals.*International Society of Sustainability Professionals. https://www.academia.edu/1206379/The_sustainability_professional_2010_competency_survey_report. Zugegriffen: 20. Dez. 2022.

Zinn, S. (2018). Nachhaltigkeit durch die partizipative Entwicklung von Kompetenzprofilen implementieren. In W. Leal Filho (Hrsg.). *Nachhaltigkeit in der Lehre. Eine Herausforderung für Hochschulen.* (S. 127–143). Springer Spektrum. https://doi.org/10.1007/978-3-662-56386-1_8.

Žalėnienė, I., & Pereira, P. (2021). Higher education for sustainability: A global perspective. *Geography and Sustainability, 2*(2), 99–106. https://doi.org/10.1016/j.geosus.2021.05.001.

EWIG Erfahrungswissen teilen – intergenerativ lernen: Chancen nachhaltigen Handelns für eine gesellschaftliche Transformation im Hochschulsetting

Susanne Esslinger, Christian Schadt und Isabelle Reißer

1 Hochschulen als Orte transformativen Handelns

Hochschulen segeln aktuell hart am Wind und sind mit vielfältigen Herausforderungen konfrontiert: Es ist ein deutlicher Rückgang der Studierendenzahlen zu verzeichnen (Schneider & Schneider, 2019). Ebenso nehmen Stress, Unsicherheit und Leistungsdruck bei Studierenden zu (Klüser & Neitzner, 2019), was der Bereitschaft einer Verantwortungsübernahme durch sie gegenübersteht. Jüngere Menschen wandern speziell aus ländlichen Regionen ab und oftmals fehlt es an einem Selbstverständnis für ein generationenübergreifendes Miteinander (Brünner et al., 2016). Hinzukommende allgemeine aktuelle Herausforderungen münden darin, an der zunehmend notwendigen gesellschaftlichen Transformation (WBGU, 2021) mitzuwirken. Eine Bildung für sozial-ökologische

Wir bedanken uns bei unseren Seniorexpert:innen und Projektmitarbeiter:innen der Hochschule Coburg Denise Heinrich und Stefan Schwuchow sowie dem Verbundpartner, ohne ihr Engagement und ihre Unterstützung wären die Planung, Umsetzung und Weiterentwicklung der im Beitrag beschriebenen Maßnahmen nicht möglich gewesen.

S. Esslinger (✉) · C. Schadt · I. Reißer
Referat Nachhaltigkeit/Projekt EWIG, Hochschule für angewandte Wissenschaften Coburg, Coburg, Deutschland
E-Mail: susanne.esslinger@hs-coburg.de

C. Schadt
E-Mail: christian.schadt@hs-coburg.de

I. Reißer
E-Mail: isabelle.reisser@hs-coburg.de

313

W. Leal Filho (Hrsg.), *Lernziele und Kompetenzen im Bereich Nachhaltigkeit,* Theorie und Praxis der Nachhaltigkeit, https://doi.org/10.1007/978-3-662-67740-7_16

Transformation fokussiert dabei auf die inter- und intragenerationelle Gerechtigkeit angesichts planetarer Begrenztheit von Ressourcen. Ziel der „Bildung für sozialökologische Transformation" ist *„eine Kultur der Achtsamkeit (aus ökologischer Verantwortung) mit einer Kultur der Teilhabe (als demokratische Verantwortung) sowie mit einer Kultur der Verpflichtung gegenüber zukünftigen Generationen (Zukunftsverantwortung)"* (WBGU, 2011, S. 282). Hochschulen haben in diesem Kontext insbesondere den Auftrag als Bildungseinrichtung die akademische Ausbildung zu gewährleisten. Sie folgen hierbei dem jeweilig geltenden Rechtsrahmen der Länder. In dem hier vorgestellten Praxisbeispiel ist das bayerische Hochschulinnovationsgesetz gültig für Strategieentwicklung, Zielsetzungen, Maßnahmen und deren Umsetzung an entsprechenden Institutionen. In Art 2. werden konkrete Aufgaben für alle bayerischen Hochschulen dargelegt (Auszug), die auch konkret die Nachhaltigkeit betreffen:

- *Absatz 3, Satz 3:* „Sie unterstützen den Übergang in das Berufsleben und fördern die Verbindung zu ihren ehemaligen Studierenden."
- *Absatz 4, Satz 3 und 4:* „Die Hochschulen wirken als offene und dynamische Bildungseinrichtungen in die Gesellschaft hinein. Sie betreiben und fördern den Wissens- und Technologietransfer für die soziale, ökologische und ökonomische Entwicklung."
- *Absatz 8:* „Die Hochschulen sind dem Erhalt der natürlichen Lebensgrundlagen, dem Klimaschutz und der Bildung für nachhaltige Entwicklung verpflichtet."

Diesem Auftrag verpflichtet sind Hochschulen eingebunden in ein regionales und überregionales Umfeld und interagieren mit vielfältigen Stakeholdergruppen. In Anlehnung an den Beitrag von Esslinger und Greger (2009) werden die entsprechenden Interessen anhand der nachfolgenden Abb. 1 kurz skizziert.

Zunächst besteht zu *(potenziellen) Studierenden* bei gelungener Bindung der engste Kontakt. Sie sind als „active partners" (Sperlich & Spraul, 2007; Sperlich, 2007, S. 4) bzw. „partial employees" (Kelley et al., 1990, S. 316) zu betrachten. Ihre Erwartungen hängen von der Phase im Studiumsverlauf ab, beziehen sich aber stets auf die Entwicklung individueller Fähigkeiten und Kompetenzen sowie Möglichkeiten einer aktiven Beteiligung (Esslinger & Greger, 2010). Die *unternehmerische Praxis* gehört zu einer Anspruchsgruppe, die vor allem Absolvent:innen erwartet, die neben Grundlagen- und Fachwissen auch interdisziplinäre und fachübergreifende Fähigkeiten und Kompetenzen mitbringen (Schaeper & Briedis, 2004, S. 34). Sie erwartet seit vielen Jahren eine Employability, die Problemlösungsfähigkeiten (Enders & Teichler, 1995) und Agilität (i. d. S. z. B. Eissler, 2008) einschließt. Für die *Gesellschaft* wird bedeutsam, eine soziale Bildungsrendite zu erhalten (Spraul, 2006), die technischen und sozialen Wohlstand fördert. Dies bedeutet, dass Studierende selbst soziale und gesellschaftliche Werte verinnerlichen bzw. diese neu schaffen. Der *Staat* erwartet von den Hochschulen einen zunehmend effektiven und effizienten Mitteleinsatz. Seine Forderungen, wie z. B. nach Effizienzsteigerung,

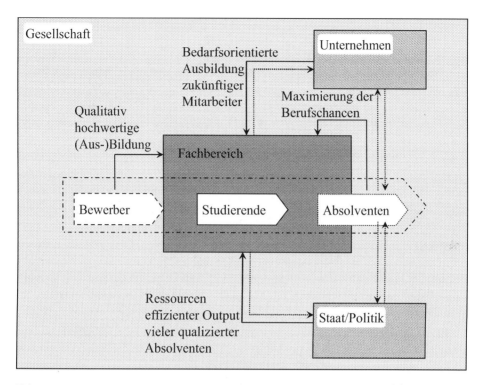

Abb. 1 Hochschule im Stakeholderkontext (Eigene Abbildung)

Kostentransparenz, Qualität der Lehre und Studienberatung, Einhaltung der durchschnitt-lichen Studiendauer und nach spezifischen Studienangeboten (vgl. Bloch et al., 2006, S. 56 ff.) sowie aktuelle Forderungen nach Umsetzung von Chancengleichheit, Beachtung von Diversityaspekten und Umsetzen einer Bildung für Nachhaltige Entwicklung (BNE), setzt er ggf. mit Druckmitteln und Sanktionen insb. durch eine entsprechende Ressourcen-steuerung i. S. der Mittelvergabe um. Insgesamt muss eine Hochschule allen Stakeholdern gleichermaßen Rechnung tragen, ein möglichst individuelles Profil für sich herausarbei-ten und möglichst erfolgreich Studierende attrahieren, die mit Zukunftskompetenzen und -fähigkeiten ausgestattet werden.

Da Bildung ein wichtiger Schlüssel ist, die notwendigen Anstrengungen bzw. Poten-ziale für eine lebenswerte, gerechte Zukunft zu bewältigen (Euler, 2021), kann es mit Ansätzen der Bildung für nachhaltige Entwicklung (BNE) zur Befähigung der Studierenden kommen, die eine (über)regionale Wirkkraft entfaltet (siehe auch differen-zierter den Beitrag von Esslinger & Schadt). Entsprechend erhalten in zunehmendem Maße geeignete Formate Einzug in den Lehrkanon, indem Studierende interdisziplinär Fragestellungen erörtern und Themen der Nachhaltigkeit bearbeiten sowie an gemein-samen systemischen Lösungen für die Transformation arbeiten. Ebenso werden Module im Rahmen beispielsweise der Public Climate School (https://publicclimateschool.de/) angeboten oder aber zusätzliche – in Bayern zum Beispiel über die virtuelle Hochschule – Nachhaltigkeitsangebote in der Lehre offeriert. Insgesamt gelten Hochschulen als Orte transformativen Handelns, d. h. eines Handelns, das die nachhaltige Entwicklung unserer Gesellschaft voranbringt, um in diesem Sinne einen Beitrag zu leisten, das menschliche Überleben zu sichern. So ein Zitat aus dem Netzwerk für Nachhaltige Hochschulen Bayern: „Als zentrale Orte der gesellschaftlichen Selbstreflexion sehen sich die Hochschulen in Bayern in Mitverantwortung für die vielschichtigen Transformationsprozesse hin zu einer nachhaltigen Entwicklung. Nachhaltigkeit wird dabei als ein ethisches Ordnungs- und Handlungsprinzip verstanden, dem für die globale Suche nach einem zukunftsfähigen Gesellschaftsvertrag für das 21. Jahrhundert zentrale Bedeutung zukommt. Sein Gegenstand ist die unteilbare Verantwortung für die dauerhafte Sicherung ökologischer Tragfähigkeit, sozialer Gerechtigkeit und wirtschaftlicher Leistungsfähigkeit." (NHNB, 2016). Hochschulen sind so engagierte Demonstrator:innen der Transformation und Transformationsgegenstände zugleich (HRK, 2018). Sie verbinden Fachwissen und Gestaltungskompetenzen um partizipative Entscheidungs- und Problemlösungsfähigkeit mit personalen Kompetenzen. Reflexionsfähigkeit und der Umgang mit Unsicherheit und Komplexität werden geschult. Innerhalb des Lernortes Hochschule werden Studierende zu einem kritisch-reflexiven und systemisch vernetzten Denken befähigt. Sie lernen zudem interkulturell und erlangen Urteils-, Gestaltungs- und Transformationskompetenz über die gesamte Lebensspanne. Dazu wird auch erforderlich, dass bei den Lehrenden selbst und weiteren Multiplikator:innen (vgl. „Prioritäre Handlungsfelder" 2 und 3 des BNE-Weltaktionsprogramms, WAP) das entsprechende Wissen und die Kompetenzen zu Nachhaltigkeit vorhanden sind bzw. geschult werden.

2 Nachhaltigkeit und regionale Bedeutung

Die Bedeutung nachhaltigen Handelns tritt zunehmend in das Bewusstsein von Entscheidungsträger:innen. Nicht immer allerdings ist klar, was Nachhaltigkeit eigentlich bedeutet, wenngleich der Begriff geradezu inflationär gebraucht wird und bei seiner Eingabe (Stand Januar 09.02.2023) bei der Suchmaschine Google direkt über 385 Mil. Treffer angezeigt werden. Deshalb erfolgt hier zunächst eine Begriffsklärung. Nachhaltigkeit war ursprünglich in der Forstwirtschaft gebräuchlich und bedeutete, stets lediglich nur so viel Holz im Walde zu schlagen, dass der Wald in der Lage war, sich selbst zu regenerieren. An der Hochschule Coburg wird heute – wie oft – einem Verständnis Rechnung getragen, das dem Brundtland Report der UN 1987 (Our Common Future) folgt: Aktuelle Handlungen werden so ausgerichtet, dass die Möglichkeiten zukünftiger Generationen für die Befriedigung ihrer Bedürfnisse nicht gefährdet wird. Bis heute werden in der Diskussion um Nachhaltigkeit die Säulen Ökologie, Ökonomie und Soziales (vgl. Enquete-Kommission, 1998) genannt und ausgeführt. Hinzu kommen die im Jahr 2015 verabschiedeten 17

Nachhaltigkeitsziele der UN (Sustainable Development Goals – SDGs), an denen global gearbeitet wird und die gleichermaßen eine normative Leitschnur jeglichen Handelns darstellen. Die Ziele sind an sich selbsterklärend formuliert sowie auf den Internet-Seiten der UN weiterführend heruntergebrochen und sollen hier nicht in Gänze ausgeführt werden. Vielmehr wird im Folgenden auf die aus Hochschulperspektive für die Region besonders relevanten und somit fokussierten Ziele abgehoben. Sie werden in einen spezifischen regionalen Kontext mit jeweiligen exemplarischen Situationsbeschreibungen aus der allgemeinen Umwelt gesetzt. Das Profil der Hochschule ermöglicht es, bei den nachfolgenden Zielen einen substanziellen Mehrwert zur Zielerreichung einzusteuern.

Am hier relevanten Hochschulort mit der Hochschule als Akteur in einem wirtschaftlich starken räumlichen sogenannten „Innovationsdreieck" (Coburg-Lichtenfels-Kronach) werden insbesondere die folgenden Ziele verfolgt:

- **Gesundheit für alle (vgl. SDG 3):** In einer alternden ländlichen Region ist die Gewährleistung der Gesundheitsversorgung für alle Personengruppen eine spezielle Herausforderung. Vor dem Hintergrund des Hausärztemangels in ländlichen Regionen in Kombination mit noch nicht überall bestehenden flächendeckend ausgebauten Netzen für sichere telemedizinische Lösungen ist die Zielerreichung durchaus schwierig. Ebenso fehlen Pflegekräfte und ambulante Dienste, die aufgrund langer Anfahrtswege und Personalmangels Angebote nicht offerieren (können). Eine flächendeckende klinische Gesundheitsversorgung ist aber auch für jüngere Menschen nicht selbstverständlich gewährleistet und aktuell ist in der politischen Diskussion beispielhaft der Erhalt einer Frühchenstation im ansässigen Krankenhaus (steht zur Disposition). Die Hochschule ist im Bereich Soziale Arbeit und Gesundheit als Expert:innenorganisation an der Entwicklung einer zukünftigen regionalen Gesundheitsagenda beteiligt. Gesundheit für alle bedeutet stets, die individuelle Lebensqualität so gut wie möglich zu fördern.
- **Bezahlbare und saubere Energie (vgl. SDG 7):** Vor dem Hintergrund der steigenden Energiepreise und Anforderungen an den Abbau fossiler Brennstoffe im Rahmen der großen Transformation (WBGU, 2011) ist in der Region, die unter anderem stark durch die Automobilzuliefererindustrie geprägt ist, die Situation aktuell herausfordernd, da etliche Arbeitsplätze in Gefahr sind und nachhaltige Gründungen erforderlich werden. Alternative Energieversorgungslösungen und deren Nutzung wurden in der Vergangenheit vor Ort wenig vorangebracht (Energieatlas, 2023) und aufgrund beispielsweise etlicher denkmalgeschützter Gebäude in der Innenstadt Überlegungen zu Photovoltaik auf Dächern wenig verfolgt. Als Expert:innenorganisation im Bereich der Energietechnik und für erneuerbare Energien arbeiten Hochschulmitglieder an geeigneten Lösungen für die Zukunft der Region.
- **Industrie, Innovation und Infrastruktur (vgl. SDG 9):** Vor benanntem Hintergrund wird relevant, insbesondere zukunftsfähige Unternehmen anzuziehen und innovative Gründungsideen umzusetzen. Gleichermaßen aber ist der Handlungsdruck (noch) nicht

hoch genug, um proaktiv Lösungen zu erarbeiten und umzusetzen. Infrastrukturell befindet sich die Region in einer Grenzregion nahe an den Landesgrenzen zu Thüringen und Hessen, aber auch zum europäischen Ausland Tschechien. Dies bedingt oftmals erhöhte Koordinationsbedarfe für umfassende Lösungen. Verkehrstechnisch gilt es, wie in den meisten ländlichen Räumen Bayerns die relevante Infrastruktur öffentlicher Verkehrsmittel im Nah- und Fernverkehr deutlich auszubauen. Insbesondere durch die Expertise der Mitglieder technischer und wirtschaftswissenschaftlicher Bereiche sowie Zukunftsdesigner:innen wird durch die Hochschule ein regionaler Mehrwert geschaffen.

- **Weniger Ungleichheiten (vgl. SDG 10):** Auch am Standort ist das Thema Ungleichheit ein real auftretendes Phänomen, das alle Bereiche des Lebens betrifft. Es gilt, vor Ort Ungleichheiten zu beseitigen und Unterstützungsbedarfe frühzeitig zu erkennen und ihnen proaktiv zu begegnen. Forschende der Sozialen Arbeit bearbeiten in Kooperation mit diversen Hochschulmitgliedern und Akteursgruppen relevante Themen für eine soziale Transformation.
- **Nachhaltige Städte und Gemeinden (vgl. SDG 11):** Hier ist die Region konservativ geprägt und unternimmt eher langsam innovative Schritte. Die Hochschule kann als Inkubator und Reallabor für die Entwicklung nachhaltiger Lösungen dienen. Insbesondere die Fakultät Design konnte bereits in der Vergangenheit Beiträge leisten.
- **Nachhaltiger Konsum und Produktion (vgl. SDG 12):** Geprägt durch eine ländliche Bevölkerung mit entsprechenden Konsumgewohnheiten nehmen alternative Formen nur langsam Einzug in den Alltag der Bürger:innen. Auch hier kann die Hochschule nicht nur, aber vor allem durch die Wirtschaftswissenschaften wegweisende Projekte mit anstoßen.

Zudem verpflichtet sich die Hochschule selbstredend dem Ziel „Hochwertige Bildung (vgl. SDG 4)" und der „Geschlechtergleichheit" (vgl. SDG 5) in einer Kultur der Vielfalt und Inklusion. Potenziale von Partnerschaften und Kooperationen zur gemeinsamen Erreichung der Nachhaltigkeitsziele werden identifiziert und genutzt, um gemeinschaftlich durch Engagement vor Ort die Nachhaltigkeitsziele zu erreichen. (Vgl. SDG 17). (Auszug Strategiepapier, Entwurf 02/2022).

3   Seniorexpert:innen als Motor für die Zukunft: Ein Praxisbericht

An der Hochschule wird ein „ganzheitliches Bildungsverständnis" in Vielfalt gepflegt. „Wir denken ganzheitlich, vernetzt und nachhaltig" und ermutigen zu einer „rationalen, wissenschaftsbasierten Denkkultur" (https://www.hs-coburg.de/ueber-uns/profil/lei tbild-und-werte.html). In sieben Fakultäten studieren in 20 Bachelor- und 17 Masterstudiengängen 5.351 Studentinnen und Studenten (https://www.hs-coburg.de/ueber-uns/zah

len-daten-fakten.html; 2022). Um eine ganzheitliche BNE an Hochschulen umzusetzen, bedarf es neben der Wissensbasis auch der ausreichenden Vermittlungspersonen. In diesem Sinne kann es sinnhaft sein, erfahrene Menschen in ihrer nachberuflichen Phase als ehrenamtliche Personen an der Hochschule als Expert:innen und Unterstützende für die Gruppe der Studierenden und auch anderer Organisationsmitglieder zu integrieren und „nutzen".

Seniorcoaches (seit Januar 2023: Seniorexpert:innen) sind eine solche Gruppe ehemaliger Hochschulabsolvent:innen, die seit 2019 ein ergänzendes ehrenamtliches Angebot zu dem der Hochschule geben. „Studienbegleitung, die auf langer Berufserfahrung basiert" (Seniorcoaches, o. J.), wird angeboten. Zum Beispiel temporär oder kontinuierlich kann Unterstützung in Anspruch genommen werden, indem man sich bei den Seniorexpert:innen meldet und nach einem Kennenlernen in einer „Tandemlösungen" begleiten lässt. Ebenso bieten die Senior:innen Unterstützung und Reflexion in schwierigen Situationen im Studium oder bei Bewerbungen auf Basis ihrer diversen beruflichen Erfahrungen an.

Der Satz und Gedanke „Es braucht ein ganzes Dorf, um ein Kind zu erziehen" auf die Organisation Hochschule zu übertragen, bedeutet, bestehende Lehrformen und Lehrkräfte anzureichern durch zivilgesellschaftliches Engagement, das eine Verbindung von Theorie und Praxis als Bindeglied zwischen Bildung und Berufstätigkeit im Anwendungsbezug und in der Haltung in Richtung Nachhaltigkeit schafft. Hierbei sind die Angebote vielfältig und reichen von punktueller Unterstützung bis zu lehrveranstaltungsbegleitenden Lehr- und Lernreflexionen, Lernstützen (z. B. für ausländische Studierende), Lehrevaluator*innen zwischen Lehrenden und Studierenden, Bewerbungstrainings und/oder der Mitarbeit bei Hochschulprojekten. (Lebenslanges Lernen: Weltaltenplan, 2002; Intergenerationales Lernen: Simon, 2013).

Am ländlich geprägten Standort Coburg mit einer alternden Gesellschaft und der Notwendigkeit, nachhaltig zu handeln, gilt es als Gesellschaft gemeinsam partizipativ und lösungsorientiert Übereinkünfte im Handeln zu schaffen und die Zukunft zu gestalten. So sind die Senior:innen Botschafter:innen und Beispielgeber:innen nachhaltigen Handelns. Sie wirken prägend für junge Generationen, sich für Nachhaltigkeit einzusetzen und zukunftsfähige Lebensbedingungen zu entwickeln. Dies gelingt nur in einem generationsübergreifenden Miteinander, indem Erfahrungswissen und Kreativität, Ideenvielfalt und Diversität vereint und unterstützend durch einen Prozess des „Voneinander Lernens" befördert werden. Die Hochschule bietet hier einen Lernort, der die Generationen von Morgen darin bestärkt und befähigt, selbstverständlich im Dialog auf Augenhöhe theoretisches Wissen in die Praxis zu transferieren und verantwortlich zu entscheiden, was für eine nachhaltige Zukunft wesentlich ist. Dies kann nur gelingen, wenn entsprechende Freiräume und Angebote bestehen, die von allen Stakeholdern genutzt werden können. Türen öffnen, Brücken bauen, Lernen begleiten, Studierende coachen, Lehrender und Lernender zugleich sein, Potenziale von Menschen entfalten und selbst wachsen. Alle diese Facetten befruchten sich durch ein dialogorientiertes Miteinander über Generationen hinweg. Lehr- und Lernroutinen werden aufgebrochen, Reflexionsräume möglich und Freiräume für Lehrende geschaffen, indem ihr Angebot bereichert und ergänzt wird durch die „Serviceleistungen der Seniorexpert:innen", die wiederum selbst Teil einer Lernenden Organisation sind.

3.1   Auf dem Weg: Idee und Klarheit der Zielsetzung

Die Initiative Seniorcoaches wird seit Herbst 2022 als Projekt „EWIG" (Akronym für Erfahrungswissen weitergeben – intergenerativ lernen) gefördert durch die „Stiftung Innovative Hochschullehre" und ist ein Verbundprojekt mit dem „Bayerischen Zentrum für innovative Lehre" (BayZiel). BayZiel ist ausgewiesener Anbieter von Didaktikschulungen im Hochschulbereich. Sein Angebot kann auch an die Gruppe der ehrenamtlichen Seniorexpert:innen vermittelt werden. BayZiel sichert zwar zunächst den erforderlichen gemeinsamen Standard und die gemeinsame Verständigungsbasis für alle Lehrenden an bayerischen Hochschulen. Darüber hinaus kann es als erfahrene Einrichtung der didaktischen Weiterbildung Erwachsener spezielle Lehrformate für die Zielgruppe „älterer entberuflichter Ehrenamtlicher mit umfassendem beruflichen Erfahrungswissen" generieren, um sie für ihren professionellen Lehreinsatz zu qualifizieren, zu begleiten und ihre Wirksamkeit zu bewerten.

Ziel des Projektes EWIG ist insbesondere einen spezifischen Beitrag aus Sicht der Senior:innen und der Hochschule für die Region im Hinblick auf die folgenden (bereits zuvor genannten) SDGs zu leisten:

- **Gesundheit und Wohlergehen aller (SDG 3):** individuelle Lebensqualität Älterer bleibt altersunabhängig erhalten, hier insb. durch ihre soziale Teilhabe; Abbau von Stereotypen (UN Altenplan, 2002; Ludescher et al., 2016a, b; Majer, 2004)
- **Hochwertige Bildung für alle (SDG 4):** Generationen von Morgen finden im intergenerativen Dialog Lösungen für die Gesellschaft (vgl. Franz, 2014; Meese, 2005; Ludescher et al., 2016a, 2016b) und Wissenstransfer findet statt (Ludescher et al., 2016a, b).
- **Nachhaltige Städte und Gemeinden (SDG 11):** Arbeitskräfte werden in der Region qualifiziert und bleiben vor Ort. Die durch die Seniorexpert:innen begleiteten Studierenden sind Zukunftsgestalter:innen und verändern als Change Agents für Transformation aktiv die Region mit; zunächst auch insb. über das Green Office (GO Movement, 2023) und später als Absolvent:innen und Berufsbeginner:innen.
- **Partnerschaften zur Erreichung der Ziele (SDG 17):** Hochschulen öffnen sich und handeln ressourcenschonend. Sie sichern inklusiv mit der Zivilgesellschaft die Zukunftsfähigkeit der Region. Integrative Kraft entsteht durch Wissenserhalt und Wertschätzung entfaltet sich.

Bis zum Projektstart EWIG konnten bereits (trotz Corona) erste positive Erfahrungen in der (Lern)Begleitung (ausländischer) Student*innen gesammelt werden, im Rahmen der Projekt- und Selbstreflexion einer Gruppe Studierender nach einer durchgeführten Projektphase mit der Praxis sowie durch durchgeführte Bewerbungstrainings mit Feedbackrunden. Hierbei waren die Seniorexpert:innen jeweils entsprechend ihrer Expertise (Fach- und/oder Führungskompetenzen) im Einsatz. Auch die Funktion als Beirat im Kuratorium eines großen mehrjährigen Lehr-Forschungsprojektes für das Thema Nachhaltigkeit an der Hochschule konnte übernommen werden,

Darüber hinaus wurden in einem ersten kreativen Brainstorming weitere Ideen gesammelt, wie punktuelle oder lehrveranstaltungsbegleitende Lehr- und Lernreflexion durchführen, Lernstütze sein (für Studierende mit Migrationshintergrund), als Lehrevaluator*in – vermittelnd zwischen Dozent*in und Studierenden agieren, zum Lehrprogramm ergänzende Exkursionsangebote offerieren, in der frühen Berufsphase i. S. eines Coaches und eines „After Sales Services" der Hochschule fungieren (kein „Kaltstart" nach Qualifizierungsphase Hochschulabschluss).

Im Sommersemester 2022 wurden im Rahmen zweier studentischer Projekte in einer ersten Befragung die Bedürfnislagen der Studierenden erfasst. Zudem wurden Zugangsmöglichkeiten zu potenziellen Seniorexpert:innen erörtert. Zwischenzeitlich werden die Senior:innen durch 1,5 wissenschaftliche Mitarbeiter:innen begleitet und entwickeln sich weiter.

Folgende Fragestellungen sind im Rahmen des Projektes EWIG zu beantworten: Strukturell/organisatorisch/Governance – Verstetigung:

- Wo werden die Seniorexpert:innen zukünftig dauerhaft organisatorisch verankert?; Gründen sie eventuell besser einen Verein aus?
- Welche Aufgaben sind zu erledigen und wer nimmt sich der Aufgaben an (Verantwortung)?; Wer hat welche Rolle?
- Welche Ressourcen werden benötigt und wo kommen sie dauerhaft her?

Strategisch: Klärung von Mission, Vision, Strategie, Zielen, Marketing – Angebote

- Selbstverständnis und Einsatzmöglichkeiten: Was wollen die Senior:innen erreichen und wie schaffen sie das? Welche Leistungen wollen die Senior:innen für wen und wie anbieten (insb. Vielfalt versus Spezialisierung?)
- Marketing: Wie wird die Gruppe nach innen mit ihrer Expertise sichtbar (Ansprache der Klientengruppen Studierende, Dozierende etc.); Wie wird die Gruppe nach außen sichtbar (Gewinnung potenzieller Senior:innen und weiterer Unterstützungsleistungen (z. B. Spenden, Kooperationen))
- Welche Erwartungen haben die Stakeholder der Seniorexpert:innen? Und welches „Nutzer:innenverhalten" haben sie?

Operativ: qualitativ/inhaltlich – wissenschaftliche Begleitung

- Wie wird eine professionelle Qualität (z. B. in der Dozent:innenrolle) der Senior-expert:innen gewährleistet? (Stichwort Schulungen; Kooperationspartner BayZiel); Identifikation geeigneter Lehrformate, partizipativ mit Klient*innen (Studierende und hauptamtlich Dozierende) und durch das BayZiel auf Machbarkeit geprüft; Train-the-Trainer-Kurse für die Seniorexpert:innen zu Themen wie „Stand aktueller Hoch-schuldidaktik", „Organisation Hochschule und Formalitäten", laufende Angebote der „Supervision ihrer Tätigkeit" geplant und durchgeführt durch das BayZiel
- Wie können Begegnungsräume und Plattformen für ein soziales Miteinander gestaltet aussehen und wo sind sie? Wie werden (gegenseitige) Hilfsangebote koordiniert?
- Messung der Wirksamkeit aller Projektaktivitäten

3.2 Umsetzung: Angebote verfolgen und Selbstprofessionalisierung leisten

Die Seniorexpert:innen bieten zum Sommersemester 2023 zum dritten Mal in Folge gezielte Unterstützung Studierender in Lehre, Forschung, Transfer und für die Hochschule als Ganzes an, wie in Tab. 1 im Ausschnitt als Beispiel ersichtlich wird:

Die Seniorexpert:innen bieten kontinuierliche Sprechzeiten an, um Studierende in spezifischen Situationen zu **begleiten und** zu **unterstützen.** Dies ist für sie sehr gut leist-bar, da sie auf umfassende Lebenserfahrung und Expertise zurückgreifen können. Zum Teil haben sie eine professionelle Coaching-Ausbildung. Die Studierenden können sie dementsprechend über die Homepage oder auch bei Informationstagen (z. B. Einführung Semesteranfang) erreichen. Sie sind aktiver Teil als **„Co-Teacher"** in der innovativen Lehrwoche „Impact 2023", einer einwöchigen interdisziplinären Seminarwoche im Pro-jektformat. Hier nehmen mehr als 250 Studierende diverser Fakultäten teil und bearbeiten Fragestellungen aus der Praxis zu nachhaltigen Themen. Darüber hinaus **begleiten und beraten** die Seniorexpert:innen die Lehrangebote, die aus dem **Green Office** heraus erfolgen. Sie werden im Studium Generale über alle Fakultäten hinweg angeboten und adressieren Studierende und Akteursgruppen aus der Gesellschaft gleichermaßen. So fin-det z. B. eine „Baumpflanzaktion" in Kooperation mit einer Bildungseinrichtung, einem Waldpädagogen und der Hochschule statt. Es qualifizieren sich hier insbesondere die Stu-dierenden der Sozialen Arbeit. Das **Green Office** existiert räumlich auf dem Campus und ab Sommersemester im Stadtzentrum direkt am Marktplatz. Die Räumlichkeiten sind zu **gestalten.** Hierbei wirken Studierende, Mitarbeitende und Seniorexpert:innen gemein-sam. Einige der Senior:innen haben einen gestalterischen Hintergrund (Architektur und Design) und bringen sich hier sehr aktiv ein. Die **Coburger Nachhaltigkeitstage,** die die Hochschule gemeinsam mit Making Culture (e. V.) durchführt, werden zum zweiten Mal

Tab. 1 Exemplarisches Tätigkeitsportfolio im Sommersemester 2023

Aktivität	Beschreibung	Rolle Seniorexpert:innen
Reguläres Angebot: Gespräche, Individuelle Begleitung	Erreichbarkeit von und Begleitung durch Seniorexpert:innen, jederzeit für Studierende in individuellen Situationen	Begleiten/„coachen"
Impact 2023 – Lehre	Einwöchige Lehrveranstaltung im Projektformat	Co-teachen
Green-Office – Lehrformate	Lehrangebote im Studium Generale aus dem Green Office heraus organisiert	Begleiten, unterstützen
Green Office Gestaltung	Ertüchtigung des neu zu gestaltenden Green Office durch Hochschulangehörige	Mitarbeiten bei Konzept und umsetzen
Nachhaltigkeitstage der Hochschule für Studierende und regionale Akteure	Nachhaltigkeitstage der Hochschule (Referate, Diskussionsgruppen, Bar Camps, Festival)	Mitwirken in allen Bereichen
Forschung und Transfer	Projektvorhaben – Ideen und Antragstellung	Impulse geben, mitarbeiten, mit verantworten
Forum Hochschulentwicklung	Strategieworkshop mit allen Hochschulmitgliedern	Aktiv teilnehmen

veranstaltet. Von der **Planung** bis hin zur **Umsetzung** sind drei Seniorexpert:innen mit eingebunden. Ihre Kompetenzen erstrecken sich über Organisation/Management, IT und Gestaltung. So kann die Hochschule vom Know-how, dem lokalen Netzwerk der Älteren, ihrem Engagement bis hin zur Räumlichkeitsgestaltung durch das Einbringen einer Kunstausstellung in die Veranstaltung profitieren. Die Nachhaltigkeitstage sind für Studierende eine attraktive zusätzliche Veranstaltung, die sie sich für die Erlangung eines Zertifikats im Bereich Nachhaltigkeit anrechnen lassen können. Im Bereich der **Forschungs- und Transferaktivitäten** werden sich die Seniorexpert:innen vereinzelt bei konkreten geplanten Projektantragstellungen mit einbringen. Diese sind derzeit insbesondere im Bereich „Gesundheit" verortet. Die Senior:innen wirken schließlich aktiv mit bei den Forentagen der Strategieentwicklung der Hochschule, die durch die Hochschulleitung veranstaltet werden. So prägen sie die Zukunft der Hochschule mit.

Um nicht „nur" aktivistisch auf Zuruf zu handeln, sondern effektiv und effizient zu arbeiten, befinden sich die Senior:expertinnen seit Wintersemester 2022/23 in einem Strategieentwicklungsprozess. Dieser ist Abb. 2 zu entnehmen.

Neben den laufenden **operativen Angeboten [1]** (siehe Tab. 1) ist es im Zeitverlauf nötig, strategisch zu handeln und über die Nutzenkomponente des Angebots der

Abb. 2 Strategieentwicklungsprozess EWIG. (Eigene Abbildung)

Seniorexpert:innen nachzudenken **[2]**. Es wird ausführlicher zu erörtern sein, was die **konkreten Bedarfslagen der Studierenden** sind und welchen **Nutzen** diese erwarten. In diesem Zusammenhang wird im April 2023 eine umfassende **Befragung Studierender** durchgeführt. Die Befragung zu den Seniorexpert:innen wird Teil einer größer angelegten Studie zum Themenkomplex „Nachhaltigkeit" sein und ist an alle Studierende der Hochschule gerichtet. Nach Abschluss und Auswertung dieser Befragung erfolgt im Anschluss die Konzeptionalisierung angemessener **Marketingaktivitäten** für die Seniorexpert:innen ab Juli 2023. Das zu erarbeitende Marketingkonzept ist an die **Zielgruppe Studierender** gerichtet. Es muss ebenso das **Anwerben potenzieller Senior:innen** aus der Zivilgesellschaft beinhalten, damit die Schlagkraft der Gruppe der Seniorexpert:innen zunimmt. Parallel neben regelmäßig stattfindenden Teambesprechungen im 14-tägigen Rhythmus finden pro Quartal Strategieworkshops mit externer Begleitung statt, um das **Team** zu **entwickeln [3].** Der **erste Workshop** diente dazu, den Status Quo zu erheben. Es wurde das Selbstverständnis jedes Einzelnen, sein Rollenverständnis und seine Erwartungen geklärt. Im Ergebnis wurde klar und in einer Metapher zusammenfassend abgebildet, dass sich eine Gruppe Älterer mit hoher Motivation an einem Bahnhof befindet. Sie weiß noch nicht, in welchen Zug sie steigt und wohin die Reise geht. Gepäck und Proviant hat die Gruppe genug dabei. Entsprechend wird im **zweiten Workshop** die Orientierung festgelegt und beschlossen, wohin die Reise geht. Es werden die möglichen Angebotsschwerpunkte und -formate aus Anbietersicht festgezurrt, das Selbstverständnis weiter verfestigt und Teamprozesse erlebt. Im **dritten Workshop** wird genauer besprochen, wie die „PS auf die Straße gebracht werden können". Es wird überlegt, welche Aufgaben anstehen und welche Arbeitsgruppen nötig werden. Hierbei geht es insbesondere darum, dass Verantwortlichkeiten geklärt sind. Der **vierte Workshop** dient dann dazu, die Seniorexpert:innen in die Routine zu versetzen. Sie übernehmen ihre Arbeitspakete selbständig. Noch nicht abgebildet, aber **in der Folgezeit** strategisch zu erörtern, wird in der Projektlaufzeit von EWIG, wie weitere Aufgaben zu bewältigen sind (insb. zur Frage der dauerhaften organisatorischen Verankerung, Außendarstellung, Ressourcensicherung). Neben der strategischen Teamentwicklung müssen auch die **einzelnen Senior:innen** im Projekt EWIG im Sinne der Sache **weiterentwickelt** werden [4]. Seit Februar 2022 finden durch die Mitarbeiterin von BayZiel Einzelinterviews mit den Senior:innen statt. Es werden ihre Profile, Selbsteinschätzungen, Stärken und Schwächen sowie Entwicklungsbedarfe und -erfordernisse erörtert. Daraus werden über den Projektzeitverlauf entsprechende Maßnahmen abgeleitet und umgesetzt, denn es ist als eine der größten Ressource stets die Individualität aller zu berücksichtigen. Die Beiträge einzelner Senior:innen sind anzuerkennen und zu würdigen. Die Wirkkraft der heterogenen Gruppe ist umso größer, je mehr Freiraum zur Entfaltung die Einzelnen inhaltlich erfahren.

Nach dem Motto „Gut Ding will Weile haben", werden die Meilensteine nach und nach in hoher Qualität erreicht und die Seniorexpert:innen dazu befähigt sein, selbst ihr Management zu übernehmen. Erst wenn es ihnen gelingt, ihre Nutzenpotenziale sichtbar umzusetzen, werden sie als attraktiver Mehrwert vonseiten der Hochschule dauerhaft in diese integriert. Die koordinative Kraft des Handelns wird in allen Belangen zum Erfolgsfaktor. Deshalb sind die Orchestrierung und das Management der Gruppe in der Routine so wichtig.

3.3   Auftretende Herausforderungen und Lösungen

Zunehmend deutlich wird, dass es wesentlich zum Erfolg beiträgt, individuelles Engagement in ein „großes Ganzes" integrieren zu können und dieses Ganze auch selbständig zu managen. In Tab. 2 werden erkennbare Herausforderungen und Lösungen damit aufgezeigt.

Tab. 2 Auftretende Herausforderungen in EWIG und Lösungsansätze

Herausforderung	Lösung
Starke Persönlichkeiten mit individuellen Überzeugungen	Dialogorientierte Aushandlungsprozesse finden statt
Unterschiedliche Vorstellungen über Umgang mit Projektressourcen	Aufgaben und Grenzen werden klar aufgezeigt
Lernbedarfe in Punkto neue Techniken	Schulungen finden bedarfsorientiert (wer, wie umfangreich) statt
Unterschiedliche Motivationslagen, Einsatzzeit	Wertschätzung jeglichen Ehrenamts (viel – wenig Zeit) untereinander erfolgt
Anspruch auf Partizipationsmöglichkeit	Realistische Zeitplanung gelingt

Aufgrund der umfassenden Erfahrungen, Kompetenzen und Verantwortung in ihrer zurückliegenden aktiven Berufsphase sind die Seniorexpert:innen jeweils **starke Persönlichkeiten.** Es eint sie zwar der Wille zur Veränderung und des kooperativen Handelns, gleichermaßen prallen aber durchaus manches Mal unterschiedliche Ansichten und Wertvorstellungen aufeinander. So ist das dialogorientierte Aushandeln von Themen untereinander eine nicht zu vernachlässigende Größe in der gemeinsamen Arbeit.

Die Seniorexpert:innen haben bezüglich der **Ressourcen aus dem Projekt** EWIG eine sehr **heterogene Vorstellung.** Zwar sind sie prinzipiell zufrieden mit der Unterstützungsleistung durch Personal und Sachmittel, gleichermaßen gehen aber die Meinungen bezüglich der zu übernehmenden Aufgaben durch die wiss. Mitarbeiter:innen auseinander. Obwohl im Projektantrag die Aufgaben selbstredend klar ausgeführt wurden, entsteht immer wieder der Versuch, das Personal als ausführende Ressource zu nutzen, über das „man verfügen könne". Dies wird zum Beispiel darin deutlich, dass manch einer der Experten wiederholt versucht, das Protokollschreiben der Sitzungen wissenschaftlichen Kräften zu übertragen. Immer wieder ist nötig zu erläutern, dass das Projekt vor allem dazu dient, Unterstützung entbehrlich zu machen.

Der **Umgang mit moderner Technologie** und der Einsatz von digitalen Formaten (Miroboard etc.) erfordert von der Gruppe einen hohen Willen Neues zu erlernen und sich selbst weiter zu entwickeln.

Die unterschiedlichen Interessenlagen der Einzelnen schlagen sich auch in ihrem **zeitlichen Kontingent,** das sie in die Arbeit als Seniorexpert:in einbringen wollen und können, nieder. Manche der Seniorexpert:innen sehen die Gruppe als neuen ehrenamtlichen „Teilzeitjob", während andere hierin ein Ehrenamt neben vielen in einem ansonsten sehr aktiven und vielseitigen Alltag betrachten.

Insgesamt führen die Herausforderungen und die Tatsache, dass es sich bei den Seniorexpert:innen um durchweg überdurchschnittlich kreative und kluge Köpfe handelt dazu, dass sie anspruchsvoll sind. Dies wird auch im **Anspruch auf Partizipationsmöglichkeit** deutlich. So müssen in dieser noch frühen Projektphase etliche Aktivitäten in zeitlich aufwendigen Diskussionsrunden (über direkte Treffen, Emails, Telefonate und WhatsApp-Gruppe) abgestimmt werden. Dies ist sicherlich auch ein Qualitätsmerkmal und Ausdruck eines hohen Commitments der Einzelnen für das Projekt. Gleichermaßen führt es dazu, dass ausreichend Zeit für die einzelnen Prozesse eingeplant werden muss.

4   Reflexion und Fazit

Im Ergebnis wird durch das Projekt EWIG das Angebot der Seniorexpert:innen klar erarbeitet, sichtbar und etabliert sich als Zusatznutzen für die Hochschule und insbesondere die größte Stakeholdergruppe Studierende. Sie werden in der Interaktion mit den Seniorexpert:innen befähigt, ihre Potenziale besser einzuschätzen und nutzen zu können. Ebenso bieten sich im Projekt Möglichkeiten des gegenseitigen Lernens. So ist intendiert, dass aus der generationenübergreifenden Kooperation bislang nicht vorhandene Beziehungen entstehen, aus denen positive Effekte im Hinblick auf die Lebensqualität aller Beteiligten resultieren. Auch die Dozent:innen werden gestärkt im Hinblick auf ihre eigene Ressourcensteuerung, ihre Selbstwahrnehmung in ihrer Rolle und ihrer integrativen Kraft für die Gesellschaft. Nachhaltigkeit als Thema aller Generationen durch gemeinsame Projekte findet Unterstützung.

Ganzheitlich, vernetzt und nachhaltig denken, eine rationale, wissenschaftsbasierte Denkkultur pflegen, gelingt der Hochschule Coburg über alle Fakultäten hinweg, wenn sie sich öffnet und die Chance des Angebots des diversen bürgerschaftlichen Engagements nutzt, um sich der Zivilgesellschaft auch in der Lehre „zu öffnen", denn bei den entberuflichten Leistungsträger:innen bestehen ein hohes Potenzial und Mitwirkungsbereitschaft. Übliche Lehrformate werden angereichert durch eingerichtete „Denk-, Erfahrungs- und Handlungsräume". Dies ermöglicht die Entfaltung der Reflexion und Kreativität in einem generationsübergreifenden Setting. Erfahrungswissen und Praxisbezüge stützen Lehr- und Lerninhalte und ein gegenseitiges Befruchten aller Beteiligten (Studierende, Dozierende, Seniorexpert:innen) gelingt. So kann das Projekt als Blaupause für weitere Hochschulen und Regionen dienen.

Den Herausforderungen in einer ländlich geprägten Region zu begegnen, wird erleichtert, indem alle Potenziale des Ausbildens von Entscheidungsträger*innen von Morgen genutzt werden. Früh erlernen sie, dass Jung und Alt zusammen einen höheren Wert ergeben als Scheuklappendenken und gemeinsam Lösungen für konkrete anstehende Verteilungs- und Gerechtigkeitsfragen in einem partizipativen Aushandlungsprozess gefunden werden können. Durch Reflexion und kritisches Denken sind sie selbst befähigt, als Fach- und Führungskräfte von Morgen nachhaltige Entscheidungen zu treffen, die die Würde des Einzelnen im Mittelpunkt allen Handelns in einer diversen Welt stellen und die inhaltlichen Herausforderungen im Sinne der Entwicklung hin zu einer gelingenden Transformation meistern.

Literatur

BayHIG. (2022). Das Bayerische Hochschulinnovationsgesetz. https://www.stmwk.bayern.de/wissenschaftler/hochschulen/hochschulrechtsreform.html. Zugegriffen: 02. Jan. 2023.

Bloch, R., Gellert, C., & Pasternack, P. (2006). Schwerpunkte gegenwärtiger Entwicklungen in der Hochschulbildung. In Bundesministerium für Bildung, Wissenschaft und Kultur (Hrsg.), *Die Trends der Hochschulbildung und ihre Konsequenzen: Wissenschaftlicher Bericht für das Bundesministerium für Bildung* (S. 47–100). Wissenschaft und Kultur der Republik Österreich.

Brünner, A., Hechl, E., Simon G., & Stöckl G. (2016). Intergenerationelles Lernen: Begriffe und Begründungen. In M. Ludescher et al. (Hrsg.), *Intergenerationelles Lernen – Ein Leitfaden für die wissenschaftliche Weiterbildung in der nachberuflichen Lebensphase* (S. 7–12). Graz. Karl-Franzens-Universität Graz; Zentrum für Weiterbildung. Graz.

Eissler, S. (o. J.). Employability. http://www.wip-online.org/lexicon/en/index/23/index.html. Zugegriffen: 29. Apr. 2008.16:04 Uhr. Universität Tübingen.

Enders, J., & Teichler, U. (1995). Berufsbild der Lehrenden und Forschenden an Hochschulen: Ergebnisse einer Befragung des wissenschaftlichen Personals an westdeutschen Hochschulen. Bundesministerium für Bildung, Wissenschaft, Forschung und Technologie.

Enquete-Kommission (1998). *Abschlußbericht der Enquete-Kommission „Schutz des Menschen und der Umwelt – Ziele und Rahmenbedingungen einer nachhaltig zukunftsverträglichen Entwicklung; Konzept Nachhaltigkeit: Vom Leitbild zur Umsetzung*; Drucksache 1311200; 26.06.98; Sachgebiet 110. https://dserver.bundestag.de/btd/13/112/1311200.pdf.

Energieatlas. (2023). *Energieatlas Bayern.de – Karten.* https://www.energieatlas.bayern.de/. Zugegriffen: 12. März 2023.

Esslinger, A. S., & Greger, M. (2010). Beziehungspflege zu den Studierenden als strategische Herausforderung an das *Fakultätsmanagement von Hochschulen: Ein Fallbeispiel.* In R. Voss (Hrsg.), *Relationshipmarketing und Wissenschaftsmarketing von Hochschulen* (S. 57–103). Haupt.

Euler, P. (2021). „Nicht-Nachhaltige Entwicklung" und ihr Verhältnis zur Bildung. Das Konzept „Bildung für nachhaltige Entwicklung" im Widerspruch. In C. Michaelis & F. Berding (Hrsg.), *Berufsbildung für Nachhaltige Entwicklung. Umsetzungsbarrieren und interdisziplinäre Forschungsfragen* (S.71–90). Wbv.

Franz, J. (2010). *Intergenerationelles Lernen ermöglichen. Orientierungen zum Lernen der Generationen in der Erwachsenenbildung* (=Erwachsenenbildung und lebensbegleitendes Lernen 14). W. Bertelsmann.

GO Movement. (2023). Green office movement. https://www.greenofficemovement.org/de/. Zugegriffen: 7. März 2023.

HRK. (2018). *Empfehlung der 25. Mitgliederversammlung der HRK*, 6. November 2018 in Lüneburg. Für eine Kultur der Nachhaltigkeit.

Kanning, H., & Meyer, C. (2019). Verständnisse und Bedeutungen des Wissenstransfers für Forschung und Bildung im Kontext einer Großen Transformation. In M. Abassiharofteh et al. (Hrsg.), *Räumliche Transformation: Prozesse, Konzepte, Forschungsdesigns* (S.9–28). Verlag der ARL.

Klüser R., & Neitzner I. (2019). Die Hochschulen im Wandel – welche Risiken bergen aktuelle und anstehende Veränderungen. *HSW 1+2*, S. 4–10.

Ludescher, M., Waxenegger, A., & Simon, G. (2016). Intergenerationelles Lernen in der wissenschaftlichen Weiterbildung in der nachberuflichen Lebensphase. In M. Ludescher et al. (Hrsg.), *Intergenerationelles Lernen – Ein Leitfaden für die wissenschaftliche Weiterbildung in der nachberuflichen Lebensphase* (S. 13–26). Karl-Franzens-Universität Graz, Zentrum für Weiterbildung. Graz.

Ludescher, M., Waxenegger, A., Simon, G. (2016). *Intergenerationelles Lernen – Ein Leitfaden für die wissenschaftliche Weiterbildung in der nachberuflichen Lebensphase*, Karl-Franzens-Universität Graz, Zentrum für Weiterbildung. Graz.

Meese, A. (2005). Lernen im Austausch der Generationen. Praxissondierung und theoretische Reflexion zu Versuchen intergenerationeller Didaktik. *DIE – Zeitschrift für Erwachsenenbildung, 2,* 39–41.

Netzwerk Hochschule und Nachhaltigkeit Bayern. (2016). *Memorandum of Understanding zur Zusammenarbeit von Hochschulen im Rahmen des Netzwerks Hochschule und Nachhaltigkeit Bayern* https://www.nachhaltigehochschule.de/mou/. Zugegriffen: 12. März 2023.

Schaeper, H., & Briedis, K. (2004). *Kompetenzen von Hochschulabsolventinnen und Hochschulabsolventen, berufliche Anforderungen und Folgerungen für die Hochschulreform* (HISProjektbericht). HIS Hochschul-Informations-System.

Schneider, D., & Schneider, T. D. (2019). Entwicklung von Hochschulstrategien in Zeiten stagnierender und rückläufiger Studienbewerber. *Die neue Hochschule, 2,* 24–27.

Schütt-Sayed, S., Casper, M., & Vollmer, T. (2021). Mitgestaltung lernbar machen – Didaktik der Berufsbildung für nachhaltige Entwicklung. In C. Melzig, W., Kuhlmeier, & S. Kretschmer (Hrsg.), *Berufsbildung für nachhaltige Entwicklung. Die Modellversuche 2015–2019 auf dem Weg vom Projekt zur Struktur* (S.200–230). Bundesinstitut für Berufsbildung.

Spraul, K. (2006). *Bildungsrendite als Zielgröße für das Hochschulmanagement.* Berlinger Wissenschaftsverlag.

United Nations. (2015). *Resolution adopted by the General Assembly on 25 September 2015.* https://documents-dds-ny.un.org/doc/UNDOC/GEN/N15/291/89/PDF/N1529189.pdf? OpenElement. Zugegriffen: 5. Jan. 2023.

WBGU. (2011). *Hauptgutachten – Welt im Wandel: Gesellschaftsvertrag für eine große Transformation, Wissenschaftlicher Beirat der Bundesregierung.* https://www.wbgu.de/de/publikationen/pub likation/welt-im-wandel-gesellschaftsvertrag-fuer-eine-grosse-transformation. Zugegriffen: 12. März 2023.

Projektvorhaben: Nudging als Instrument zur Erhöhung von BNE-Kompetenzen bei Fernstudierenden im Rahmen des Projektvorhabens Versand Digital

Vera Lenz-Kesekamp und Lamia Arslan

1 Einführung

Im Rahmen der Diskussion um eine nachhaltige Zukunft und eine nachhaltige Entwicklung wird der Bildung für nachhaltige Entwicklung (BNE) eine Schlüsselrolle zugeschrieben. BNE ist als Unterziel 4.7 der 17 nachhaltigen Entwicklungsziele (Sustainable Development Goals – SDGs,) von den Vereinten Nationen im Jahr 2015 erstmals als eigenständiges Handlungsfeld bzw. -ziel definiert worden, welche die besondere Relevanz von Bildung hervorhebt. Demnach soll bis 2030 sichergestellt werden, dass alle Lernenden durch die Stärkung von BNE-Kompetenzen die für eine nachhaltige Entwicklung notwendigen Kenntnisse und Fähigkeiten erwerben, um die gesellschaftliche Transformation voranzutreiben. BNE wird daher als Triebfeder für die gesamte Agenda 2030 verstanden. Diese Agenda sieht Bildung als Ziel und Mittel zu nachhaltiger Entwicklung (Bundesministerium für Bildung und Forschung, 2023).

Hierbei adressiert bspw. der Nationale Aktionsplan die Schulung von BNE-Kompetenzen besonders in Richtung der Hochschulen, welche als zentrale Akteur_innen in einem gesellschaftlichen Wandel zur Nachhaltigkeit agieren können, da sie eine besondere Rolle bei der Aus- und Weiterbildung von Lernenden und Multiplikator_innen innehalten. Die Kompetenzentwicklung dieser Zielgruppe ist daher als ein Handlungsfeld festgelegt (Nationale Plattform BNE, 2017, S. 101).

V. Lenz-Kesekamp (✉) · L. Arslan
Europäische Fernhochschule Hamburg GmbH, University of Applied Sciences, Hamburg, Deutschland
E-Mail: vera.kristina.lenz-kesekamp@euro-fh.de

L. Arslan
E-Mail: lamia.arslan@euro-fh.de

W. Leal Filho (Hrsg.), *Lernziele und Kompetenzen im Bereich Nachhaltigkeit,* Theorie und Praxis der Nachhaltigkeit, https://doi.org/10.1007/978-3-662-67740-7_17

Diese Kompetenzen stehen für die Fähigkeit, durch welche Individuen dauerhaft nachhaltig denken und handeln (Wiek et al., 2015). So nehmen Hochschulen in der Befähigung von heutigen und zukünftigen Entscheidungsträger_innen für BNE eine gewichtige Rolle ein (Nationaler Aktionsplan BNE, S. 51). Einerseits sollen zum Beispiel Kompetenzen entwickelt werden, um komplexe Probleme erkennen sowie analysieren und hierfür nachhaltige Lösungen herausbilden zu können. Andererseits sind auch Kompetenzen im Fokus, welche dabei helfen, vorausschauend zu denken und zukunftsorientiert zu handeln, damit Konsequenzen ganzheitlich verstanden werden. Zudem ist eine weitere wichtige BNE-Kompetenz, sich selbst und das eigene Verhalten kritisch zu reflektieren und weiterzuentwickeln, sodass nachhaltiges Handeln im täglichen Leben integriert werden kann.

Beim verstärkten Einbezug von BNE-Kompetenzen in die Erwachsenen- und Weiterbildung können Studierende auf das Handeln in zukünftigen Berufsfeldern vorbereitet und dazu befähigt werden, nachhaltiges Denken und Handeln täglich im Blick zu haben. Somit leisten Hochschulen einen relevanten Beitrag zur Schaffung einer nachhaltigen Zukunft. Dies ist ganz im Sinne der allgemeinen Definition von Lernen als „der lebenslange Prozess der Umwandlung von Informationen und Erfahrungen in Wissen, Fertigkeiten, Verhaltensweisen und Einstellungen" zu verstehen (Cobb, 2012).

Die enge Verbindung von Beruf, Alltag und Studium während eines Fernstudiums trägt dazu bei, dass die Theorie und das erlernte BNE-Wissen direkt in den Berufsalltag integriert werden können. Berufsbegleitende Studierende sind hierdurch prädestiniert, die erlernten BNE-Kompetenzen unmittelbar in die Praxis umzusetzen und anzuwenden. Die Vermittlung des Wissens in einem Fernstudium erfolgt vornehmlich über Print-Studienmaterialien, welche durch Online-Lehre wie zum Beispiel Online-Lernplattformen, digitale Lehrmaterialien und Online-Seminare begleitet wird. Dennoch steht der Druck der Lehrmaterialien auf Papier noch im Fokus der meisten Fernhochschulen.

Die allgemeine Papierproduktion und der Papierkonsum haben jedoch erhebliche Auswirkungen auf die Umwelt und somit auf eine Nachhaltige Entwicklung global (Umweltbundesamt, 2023). In Industriestaaten wie Deutschland hat der Papierverbrauch in den letzten Jahrzenten stark zugenommen. So gehört Deutschland zu den Spitzenreitern unter den Industrieländern beim Papierkonsum: Im Jahr 2021 wurden ca. 19 Mio. t Papier, Pappe und Karton verbraucht. Es wird davon ausgegangen, dass etwa 90 % der Papiere dabei nur eine kurze Lebensdauer hat. Diese werden in der Regel nur einmal bzw. nur kurz genutzt, bevor sie bereits wieder entsorgt werden (NABU, 2022a, b). Trotz der voranschreitenden Digitalisierung sinkt der Papierverbrauch aus verschiedenen Gründen (z. B. Anstieg des Onlineversands während der Corona-Pandemie oder aufgrund der Orientierung an Verhaltensgewohnheiten bei Mitmenschen) weltweit nicht (Fellows digital, 2020, S. 4). Die Papierindustrie basiert zu einem wesentlichen Teil auf der Zufuhr frischen Holzes, so hat eine hohe Papierproduktion enorme Umweltauswirkungen auf das Ökosystem Wald und somit auf das Klima.

Das notwendige Holz zur Papierherstellung wird insbesondere aus den Ländern Schweden, Brasilien oder Indonesien bezogen. Jedoch stellen die Holzwälder in diesen Ländern hochsensible Ökosysteme dar, die bedeutend für einen globalen Klimaschutz und den Erhalt der Biodiversität sind. So wird jeder fünfte gefällte Baum für die Papierherstellung verwendet (Schönheit & Traut, 2012, S. 7). Stark betroffen von dem hohen Papierbedarf sind tropische Regenwälder, sie werden durch Zellstoff-Plantagen im Amazonasgebiet ersetzt. Diese Auswirkungen auf die Umwelt sind enorm: Tiere sowie Pflanzen sterben aus und der Klimawandel wird verstärkt (OroVerde, 2023).

An Fernhochschulen ist durch den postalischen Versand von Studienmaterialien wie Studienhefte (auch Studienbriefe genannt) und Studienführer der Papierverbrauch sehr hoch. Im Rahmen der Digitalisierung und dem stärkeren Fokus auf Nachhaltigkeit bieten bereits einige Fernhochschulen, wie die Fernuniversität Hagen oder Apollon-Hochschule der Gesundheitswirtschaft, die Option an, die Studienbriefe digital zu bestellen bzw. abonnieren.

Das vorliegende Projektvorhaben forciert ein experimentelles Konzept, wie nachhaltiges Verhalten von Fernstudierenden am Beispiel der Digitalisierung von Studienmaterialien am Beispiel der Europäischen Fernhochschule (Euro-FH) gefördert werden kann. Zentral ist dabei der Einsatz von *Nudging*. Dies bedeutet, dass Studierenden durch Nudges motiviert werden sollen, ihr (Studier-)Verhalten zu reflektieren und auf die Verwendung von Print-Studienunterlagen zu verzichten. Unter der Begrifflichkeit *Nudging* werden gezielte Anstöße verstanden, die in einer konkreten Entscheidungssituation ein Verhalten in eine bestimmte Richtung lenken sollen (Thaler & Sunstein, 2008). Nudges werden bereits im Bereich umweltfreundliches und nachhaltiges Verhalten erfolgreich eingesetzt (Lehner et al., 2016) und können auch im Bereich Bildung als ein sinnvolles Instrument dazu beitragen, nachhaltiges Verhalten zu fördern (Weijers et al., 2020, S. 883; Kurokawa et al., 2023, S. 1 ff.).

2   Fernstudium: Digitalisierung und Integration von BNE-Kompetenzen

Im Jahr 2020 lag die Übergangsquote von Schule auf Hochschule auf einem Höchststand von 48 %, wie eine Mitteilung des Statistischen Bundesamts (2021) zeigt. Jede/r vierte Hochschulabsolvent_in ist dabei Fernstudierende (Siebert, 2018, S. 69). In Deutschland bieten 43 Hochschulen und 234 Fachhochschulen Studienmöglichkeiten in Form von Fern- und Abendstudium für Berufstätige an. Gemäß einer Trendstudie der IUBH (2021) waren zum Wintersemester 2019/20 etwa 190.000 Fernstudierende in Deutschland eingeschrieben, 35 % mehr als 2017/2018.

Allgemein betrachtet hat ein Fernstudium einen anwendungsorientierten Anspruch und stellt durch den Fokus von Vereinbarkeit von Studium und Beruf optimale Bedingungen für berufstätige Studieninteressierte dar. Dabei werden die relativen Stärken eines traditionellen Präsenzunterrichts (wie Präsenz und Interaktion) mit den Vorteilen des asyn-chronen Online-Lernens (wie Flexibilität und Individualisierung) vereint und damit die Durchlässigkeit in der Hochschullandschaft erhöht (Porter et al., 2014).

Die Corona-Pandemie stellte für viele Präsenzhochschulen eine Art Zäsur dar. War es vorher undenkbar, eine Vorlesung digital zu verfolgen oder eine Klausur online abzulegen, wurde dieses Vorgehen aufgrund der Kontaktbeschränkungen notwendig. Damit beschleu-nigte die Gesundheitskrise ab Frühjahr 2020 den Digitalisierungsprozess an Universitäten und (Fach-)Hochschulen extrem. So mussten innerhalb kurzer Zeit Lehrveranstaltungen, Meetings, Workshops, Seminare und Prüfungen von analog auf digital umgestellt wer-den. Für Fernhochschulen war und ist dies jedoch Alltag, da in der Fernlehre bereits vor COVID-19 auf den breiten Einsatz von digitalen Lernoptionen gesetzt wurde (Schwinger et al., 2022). Auf einem sogenannten „Online-Campus" werden den Fernstudierenden für die jeweiligen Lehreinheiten umfassende Studienhefte digital bereitgestellt, welche von weiteren digitalen Unterrichtsinhalten (wie virtuelle Seminare, digitale Tutorien, Videos, Quizfragen etc.) ergänzt und gegebenenfalls durch Präsenzseminare vertieft werden. Zudem ist es möglich, Neuigkeiten der Fernhochschule auf einer Art virtuellem schwarzen Brett zu verlesen, einen Einblick in die Dokumentation des persönlichen Studienfort-schritts zu erhalten und mit Mitstudierenden oder Lehrenden virtuell in Kontakt zu treten. Dies stellt eine Spiegelung der analogen Campus in eine virtuelle Welt dar und macht ein Studium zeitlich und örtlich ungebunden möglich. Oftmals wird die Desktop-Version eines Campus auch über eine mobile App verlängert, sodass von einem Studienbegleiter in der Hosentasche gesprochen werden kann. Aufgrund des ungehinderten digitalen Zugriffs auf Lerninhalte offenbart sich die umfassende Flexibilität eines Fernstudiums und damit die perfekte Passung in die jeweilige Lebens- und Berufssituation. Digitales Studieren und Lernen ist damit *always-on, anytime, anywhere* möglich.

Hiermit wird deutlich, dass die voranschreitende Digitalisierung nicht nur die Wirt-schaft und Gesellschaft verändert hat, sondern auch die Bildung. Das Bundesministerium für Bildung und Forschung (BMBF) geht noch einen Schritt weiter und sieht in der Digitalisierung übergeordnet „einen innovativen Werkzeugkasten zur Erreichung der Nach-haltigkeitsziele" (BMBF, 2019, S. 5), sodass viele Chancen für die Nachhaltigkeit und eine nachhaltige Entwicklung erreicht werden können. Als konkretes Beispiel für die zunehmende Digitalisierung und die entsprechenden gesellschaftlichen Veränderungen kann gemäß der Studie „Papierloses Arbeiten – Monitor 2020" die gesteigerte Anzahl der sogenannten papierlosen Büros dienen. Dennoch bestätigt die Studie, dass sich die Praxis meist als schwieriger erweist als vorhergesagt: Es wird weiterhin viel gedruckt (Fellow Digitals, 2020, S. 18).

Dies betrifft auch die Europäische Fernhochschule (Euro-FH), an welcher die Zahl der Fernstudierende seit Beginn der Gesundheitskrise beträchtlich zugenommen hat. Die 2003 gegründete Fernhochschule gehört mit ca. 10.000 Studierenden und über 50 Bachelor- und Master-Studiengängen mittlerweile zu den bekanntesten Fernhochschulen Deutschlands

(Euro-FH, Stand 2023). Sie ist Teil der Ernst Klett Aktiengesellschaft, die zu den führenden Bildungsunternehmen Europas gehört. Als Bildungseinrichtung des Geschäftsbereichs Erwachsenen- und Weiterbildung (EUW) der Klett Gruppe ermöglicht die Euro-FH individuelles Studieren in jeder Lebenslage und bildet als staatlich anerkannte und durch den Wissenschaftsrat akkreditierte Hochschule Fach- und Führungskräfte für Wirtschaft und Gesellschaft mit einem anwendungsorientierten Bildungsanspruch aus und weiter.

Zwar wird an der Euro-FH durch die Aufnahme des Themas Nachhaltigkeit in das allgemeine Leitbild der Hochschule und der Gründung eines Nachhaltigkeitsrates ein Zeichen gesetzt, um dieses Thema verstärkt an der Hochschule zu verankern. Jedoch wird deutlich, dass der Papierverbrauch durch die Steigerung der Studierenzahlen enorm zunimmt, da die Studienmaterialien (Studienhefte, Studienführer) bis jetzt standardmäßig noch in Print versendet werden. Da es sich bei dem ausgedruckten Papier in der Regel um konventionelles Papier handelt und eine Umstellung auf mit dem Blauen Engel zertifiziertes Recyclingpapier aus verschiedenen Gründen (wie alte Drucker) noch nicht umgesetzt werden konnte, wird davon ausgegangen, dass ein digitaler Versand der Studienmaterialien als nachhaltiger anzusehen ist. Bis dato ist es wissenschaftlich nicht belegt, ob digitale Medien, die ebenfalls Energie verbrauchen oder Printmedien nachhaltiger bzw. ökologischer sind. Jedoch vertritt die Umweltdruckerei folgende Auffassung: „Die elektronischen Medien sind im Vergleich zu den Printvarianten ökologischer, wenn der Druck auf Frischpapier vollzogen wird. Wird hingegen Recyclingpapier verwendet, sind die Printmedien den Onlinevarianten überlegen" (Die Umweltdruckerei, 2021).

Daher werden ab Sommer 2023 werden den Studierenden an der Euro-FH die Wahloption erhalten, die Studienmaterialien digital oder per Postversand und die Bereiterstellung der digitalen Unterlagen über den Online Campus zu erhalten. Die Umstellung in der Versandart der Studienmaterialien wurde aufgrund von geäußerten Wünschen seitens der Studierenden sowie der Nachhaltigkeitsziele der Euro-FH ins Leben gerufen.

Um die Fernstudierenden mehr Richtung ein nachhaltigeres Verhalten zu animieren bzw. lenken, sieht das Projektteam vor, gezielt Nudges in diesem Prozess einzusetzen und die Wirkung dieser empirisch zu begleiten. Die Fernstudierenden sollen durch die Nudges „angeschubst" werden, ihr Verhalten zu reflektieren und ein generelles Bewusstsein für Nachhaltigkeit und den Umgang mit Ressourcen, in dem Fall Ressource Holz, zu entwickeln. Durch die Besonderheit des berufsbegleitenden Studiums besitzt diese Kompetenzentwicklungsmaßnahme das Potenzial, das Thema Nachhaltigkeit unmittelbar in die Berufspraxis zu integrieren. Dies stellt einen Vorteil gegenüber einem konventionellen Hochschulstudium dar (Leal Filho, 2018, S. 2 f.).

3   Persuasive Technologie und Nudging

Einen wesentlichen Beitrag zur Lenkung von Entscheidungen kann der Ansatz der persuasiven Technologie leisten. Unter dieser Begrifflichkeit wird eine Technologie verstanden,
welche so aufgebaut ist, dass diese Personen motiviert, ein bestimmtes Verhalten zu zeigen
(Sundar et al., 2012; Kegel & Wieringa, 2014). Laut B.J Fogg – einer der führenden Forschenden in diesem Bereich – ist die Funktionsweise dergestalt aufgesetzt, dass diese gilt
als „intentionally designed to change a person's attitudes or behavior in a predetermined
way" (Fogg, 1999, S. 27).

Die Forschung von Fogg zur persuasiven Technologie basiert auf sozialpsycholo-
gischen Theorien, wie z. B. das Elaboration Likelihood Model (ELM) von Richard
Petty und John T. Cacioppo (1986) oder das heuristisch-systematische Modell (HSM)
von Shelly Chaiken (1980). Diese beiden sozialpsychologischen Modelle werden den
sogenannten Zwei-Prozess-Modellen zugeordnet und beschreiben in ihrem Kern die
Auswirkungen einer persuasiven Botschaft bzw. eines persuasiven Stimulus auf die
Einstellung, Motivation oder das Verhalten des Empfängers dieser Botschaft oder des
Stimulus.

Damit eine Technologie persuasiv einwirken kann, ist auf Basis des sogenannten Fogg
Behavior Model (FBM; Fogg, 2003, 2009) das Zusammenspiel von drei Faktoren notwendig: Es bedarf 1) eines erfolgreichen Triggers, der bemerkt sowie mit dem gewünschten
Zielverhalten verbunden wird und der Adressat zugleich 2) motiviert und 3) fähig ist,
dieses Verhalten auszuführen. Ein Trigger kann dabei als gut positionierter Auslöser verstanden werden, der Personen dazu auffordert, eine bestimmte Verhaltensentscheidung zu
einem spezifischen Zeitpunkt zu zeigen (Fogg, 2009). Für den Begriff Trigger gibt es
in der Literatur noch weitere Bezeichnungen, wie Stimulus, Prompt oder Nudge (engl.
für „Stups") (Thaler & Sunstein, 2008). Letztere Begrifflichkeit erfährt besonders durch
die Forschungsarbeiten der Forschenden R. H. Thaler und C. R. Sunstein und durch die
Verleihung des Wirtschaftsnobelpreises an Thaler im Jahr 2017 Bekanntheit in Forschung
und Praxis. Für das vorliegende Forschungsvorhaben gilt dabei folgende Definition:

*„A nudge, as we will use the term, is any aspect of the choice architecture that alters
people's behavior in a predictable way without forbidding any options or significantly
changing their economic incentives. To count as a mere nudge, the intervention must be
easy and cheap to avoid."* (Thaler & Sunstein, 2008, S. 6).

Auf Basis des FBM kann somit davon ausgegangen werden, dass bei ausreichender
Motivation und Fähigkeit einer Person, der Nudge dazu beitragen kann, dass sich ein
bestimmtes Zielverhalten einstellt. Dabei gilt im Sinne des Nudging-Ansatzes, dass der
Nudge gezielt und kurzfristig erfolgt, ohne Verpflichtung und ohne Einschränkung der
Entscheidungsfreiheit (van den Berg & Leenes, 2013; Meske & Potthoff, 2017; Thaler &
Sunstein, 2008). Hiermit wird deutlich, dass durch das Anstupsen (engl. *Nudging*) in
bestimmten Situationen mithilfe von verbaler und bzw. oder nonverbaler Kommunikation

aktiv Einfluss auf die (Verhaltens-)Entscheidungen genommen werden kann (Maier & Reimer, 2016; Mullainathan & Thaler, 2000).

Die Ursprünge des *Nudging* liegen laut R. H. Thaler und C.R. Sunstein (2008) im Bereich des liberalen Paternalismus. Dieser stellt einen neuen Weg dar, wie man durch die gezielte Förderung von rationalem Verhalten Probleme wie Umweltverschmutzung oder ungünstige Ernährungsweisen lösen kann. Dies geschieht durch eine zielorientierte Architektur der Wahl, das sogenannte *Choice Design*. So fand die Theorie bislang Anwendung in folgenden Bereichen: Krankheits- und Gewaltprävention, Impfaktionen im Rahmen der COVID-19-Pandemie, Steigerung von karitativen Tätigkeiten, Energie- und Finanzsparmaßnahmen, Reformen für eine gesündere Ernährung, Organspenden, Initiativen zur Förderung von Jugendlichen sowie im Bereich des nachhaltigen Lebensmittelkonsums und der nachhaltigen Mobilität (Lehner et al., 2016; Whitehead et al., 2014; Oyibo et al., 2018; Signoretti et al., 2015; Thorndike et al., 2014).

Wie solche Nudges ausgestaltet werden können, wird in der bisherigen Forschung sehr unterschiedlich beschrieben. Laut Kaptein et al. (2012) gibt es bislang keine eindeutige Klarheit darüber, wie viele Nudges bzw. wie viele persuasive Kommunikationsstrategien existieren. So werden bei Cialdini sechs (1997), bei Rhoads 100 (Kaptein et al., 2012) und bei Fogg sieben verschiedene genannt (2003). Neben der unterschiedlichen Anzahl gibt es verschiedene Granularitätsstufen und voneinander abweichende Definitionen (Kaptein et al., 2012).

Im Bereich der Bildungsforschung wurde der Nudging-Ansatz jedoch nur mit Bezug auf das Präsenzstudium (Mintz & Aagaard, 2012; Azmat et al., 2019; Bandiera et al., 2015) und im Bereich von Massive Open Online Courses, sogenannte MOOCs, berücksichtigt (Perna et al., 2014; Patterson, 2018; Davis et al., 2017). In den letzten Jahren fand zudem vereinzelt Forschung zur Verbesserung der Motivation von Studierenden, z. B. durch gezielten Einsatz von Learning Analytics statt (van Oldenbeek et al., 2019; Purarjomandlangrudi & Chen, 2019; Alshammari, 2021; Murillo-Muñoz et al., 2021). Jedoch fehlt es nach aktuellem Kenntnisstand an einer Untersuchung zur Wirkung von digitalen BNE-Nudges.

Werden digitale Nudges angewandt, so wird von „the use of user-interface design elements to guide people's behaviour in digital choice environments" (Weinmann et al., 2016, S. 433) gesprochen. Hierfür können vorzugsweise in Form von digitalen Medien, wie z. B. E-Mails, Sofortnachrichten, Blogs und Social-Media-Plattformen eingesetzt werden (Lehto et al., 2012). Dies gilt ebenfalls für den Bildungskontext in Bezug auf die Befähigung zu BNE-Kompetenzen, zu welchen ein Online-Campus, ein Online-Studienzentrum oder eine entsprechende App eingesetzt werden können. So kann es sich beispielsweise in digitalen Lernumgebungen um eine E-Mail („Sie haben noch zwei Tage Zeit bis zur Abgabe der Projektarbeit") oder eine Push Notification innerhalb der App („Sie haben bereits die Hälfte Ihrer Studienzeit erfolgreich gemeistert – Weiter so") handeln oder auch in Form von Onsite-Optimierungen wie Farben, Texte und Symbole oder in Form

Abb. 1 Darstellungen von Nudges in digitalen Lernumgebungen. (Quelle: Eigene)

von mobilen Push Notifications eingesetzt werden können (siehe umrandete Bestandteile in Abb. 1).

Oinas-Kukkonen und Harjumaa (2009, S. 487 f.) haben im Sinne des *Choice Design* bzw. der Entscheidungsarchitektur ein Persuasives Designmodell entwickelt, laut welchem bestimmte Voraussetzungen erfüllt sein müssen, um Gewohnheiten und das Verhalten von Menschen durch Überzeugung und sozialen Einfluss, nicht aber durch Zwang, zu ändern. Das Persuasive Designmodell hat somit Auswirkungen auf das Nutzerverhalten und deren Einstellung. Der Fokus liegt dabei auf der Motivation und Befähigung des Individuums, ein bestimmtes Verhalten auszuführen und entspricht damit der Voraussetzungen des FBM (Fogg, 2003, 2009).

Verbindet man die Forschungsstränge zu persuasiver Technologie und *Nudging* sowie der Steigerung von BNE-Kompetenzen, so kann die Hypothese aufgestellt werden, dass mittels erfolgreichem *Nudgings* auf einer digitalen Lernplattform die BNE-Kompetenzen gestärkt werden können und dies sich langfristig auf nachhaltige Verhaltensentscheidungen auswirkt, was letztendlich zum bewussten Umgang mit Printmaterialien führt.

Die Evaluation solcher digitalen BNE-Nudges im Umfeld einer Online-Lernplattform und das Tracking ihrer Wirkung als persuasive Technologie auf die Kompetenzen von Fernlernenden und der daraus resultierende geringere Papierverbrauch stellt eine technologische Innovation dar, welche jedoch weder aufseiten der Fernlehrinstitutionen noch in der aktuellen Forschung Beachtung findet und daher die übergeordnete Zielsetzung des vorliegenden Forschungsvorhabens darstellt. Aus dieser Zielsetzung leitet sich die zentrale Forschungsfrage ab: Wie kann eine Bewusstseinsbildung von Fernstudierenden und deren BNE-Kompetenzen mithilfe von digitalen BNE-Nudges in einer digitalen Lernumgebung gefördert werden?

Der Innovationscharakter des vorliegenden Forschungsvorhabens liegt in der Kombination der Ansätze der persuasiven Technologie und des Nudging-Konzepts im Konstrukt der *Captology*. Dieses Akronym wurde von Fogg für die Erforschung von persuasiver Technologie eingeführt und bedeutet „Computers As Persuasive Technologies" ([CAPT]; Fogg, 1999, S. 27). Foggs Captology-Ansatz konzentriert sich dabei auf das Design, die Forschung und die Analyse von interaktiven Computereigenschaften, die zum Zwecke der Veränderung der Verhaltensweisen von Personen entwickelt werden. Dabei besteht eine

Überlappung von Technologie und Persuasion (Fogg, 2003). Im Sinne des zeitlich und örtlich unabhängigen Zugriffs auf Lerninhalte im Fernstudium können diese Eigenschaften
auch auf digitale Lernumgebungen übertragen werden, welche sodann persuasiv auf die
Steigerung von BNE-Kompetenzen von Fernstudierenden wirken können (Engelbertink
et al., 2020).

4 Methodisches Vorgehen und Design der Untersuchung

Ab Sommer 2023 werden die Studierenden der Euro-FH auf dem Online Campus (OC) –
der zentralen Lernplattform der Studierenden – über die Möglichkeit informiert, dass sie
ihre Studienmaterialien entweder als Print-Version oder als digitale Unterlagen beziehen
können. In der jeweiligen persönlichen Lernumgebung werden zudem weitere Informationen zum Einsatz von digitalen Lehrmaterialien zur Verfügung gestellt. Das vorliegende
Forschungskonzept sieht vor, dass vor der Entscheidungsmöglichkeit zwischen Print- und
Online-Unterlagen digitale BNE-Nudges eingefügt werden, um die Entscheidungen in
Richtung der digitalen Varianten zu lenken.

Technische Voraussetzungen für den Einsatz solcher digitalen BNE-Nudges im Bereich
der Fernlehre sind bereits durch die breite Nutzung von CMS-Systemen innerhalb des
OC gegeben. Die Nudges können dabei als Onsite-Optimierungen wie Farben, Texte und
Symbole gesetzt werden, wie die Abb. 1 verdeutlicht.

Daher gestaltet sich das experimentelle 2×2-Untersuchungsdesign auf Basis des Persuasiven Designmodells (Oinas-Kukkonen & Harjumaa, 2009) sowie den Ansätzen des
FBM und *Captology* (Fogg, 2003, 2009) folgendermaßen (siehe Abb. 2):

Die realen Studierende eines Studiengangs werden bei randomisierter Gruppenzuord-
nung als Versuchsteilnehmende in drei Gruppen eingeteilt, zwei Gruppen erhalten einen
digitalen BNE-Nudge in je zwei Ausführungen (2×2-Design) und eine Gruppe agiert
als Kontrollgruppe ohne Nudge (Rack & Christophersen, 2009). Nach Wahl des Nudges

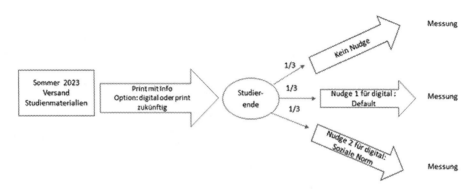

Abb. 2 Ablauf des Designs. (Quelle: Eigene)

werden die Auswirkungen des Nudges in einem web-basiertem Fragebogen empirisch gemessen und analysiert. Die Teilnehmenden erhalten vor Erscheinen des Nudges ein explizites Briefing zum Thema nachhaltiges Verhalten und BNE-Kompetenzen.

Wie bereits ausgeführt stehen eine Vielzahl von Nudges zur Verfügung. Auf Basis bestehender Forschungsarbeiten fällt im Rahmen des Vorhabens die Wahl auf die zwei Nudges *Default* und *Social Norm* bzw. *Soziale Norm.*

Der Nudge *Default* ist eine voreingestellte Handlungsoptionen, die gewünschtes und positives Verhalten mittels Standardvorgabe darlegen. Menschen neigen dazu, dem zu folgen, was ihnen angeboten wird – Es sei denn, sie entscheiden sich explizit dagegen (Thaler & Sunstein, 2008; Samson, 2014). Das Ziel dabei ist es, die Wahrscheinlichkeit zu erhöhen, dass Menschen die gewünschte Entscheidung treffen, ohne dass die jeweilige Freiheit eingeschränkt wird. Solange keine aktive Entscheidung oder Handlung gefordert wird, die oft zu (zeit)aufwendig ist, sind Defaults unausweichlich. Beispiele sind hierfür die Einstellung des Einsparens von Druckerpapier durch voreingestelltes doppelseitiges Drucken (Thorun et al., 2017, S. 28 f.) oder die standardmäßige Option für eine Spende bei Online-Käufen. Hier zeigt sich, dass Personen eher zu Spenden neigen, wenn die Option voreingestellt ist. Für das vorliegende Forschungsvorhaben wird die optische Darstellung der Auswahlmöglichkeit zwischen analogen und digitalen Lehrmaterialien in der Voreinstellung „digital" ausgewählt anzeigen.

Der Nudge *Soziale Norm* ist ein weiterer häufig verwendeter Trigger des *Choice Design* (Kaptein et al., 2012; Montini et al., 2015; Rughiniş et al., 2015). Hierbei wird das Verhalten anderer Personen zum Anhaltspunkt genommen, eigene Entscheidungen zu nutzen. So werden Personen darauf aufmerksam gemacht werden, dass ein gewünschtes Verhalten bereits von einer Mehrheit einer relevanten Vergleichsgruppe umgesetzt wird. Untersuchungen zeigen auf, dass z. B. soziale Normen, die darüber informieren, wie sich die Mehrheit oder der Durchschnitt der Mitglieder einer sozialen Gruppe verhält, Einfluss auf das Verhalten einer Person haben können. In diesem Fall beschreibt die soziale Norm den Istzustand und enthält keinerlei Handlungsempfehlung. Für das vorliegende Forschungsvorhaben wird der Nudge *Sozial Norm* dergestalt formuliert, dass ein Großteil der Studierenden ein nachhaltiges Verhalten zeigen und ihre Studienmaterialien digital wünschen.

5   Fazit und Schlussfolgerungen

Die Zusammenführung von den Konzepten Persuasiver Technologie und *Nudging* zur Steigerung von BNE-Kompetenzen von Fernstudierenden stellt eine Forschungslücke dar, sodass das vorliegende Forschungsvorhaben durch die umfassende Beantwortung der Forschungsfrage „Wie kann eine Bewusstseinsbildung von Fernstudierenden und deren BNE-Kompetenzen mithilfe von Digital BNE-Nudges in einer digitalen Lernumgebung gefördert werden?" einen wesentlichen Beitrag zur Erforschung zur Stärkung von

BNE-Kompetenzen an Hochschulen beitragen kann. Darüber hinaus soll die Reduktion von Printmaterialien vorangetrieben werden, um den Zielen des Nachhaltigkeitsrates der Euro-FH zu entsprechen.

Zudem ist es Ziel des Vorhabens, bei den Fernstudierenden gesamthaft das Bewusstsein für das Thema Nachhaltigkeit zu steigern, sodass Verhaltensentscheidungen in diesem Bewusstsein getroffen werden und diese Reflexion Einzug in den Lebens- und Arbeitsalltag dieser erhält.

Dieses Projekt ist für eine Laufzeit von einem Jahr angesetzt, sodass die Wirkung des Nudges ganzheitlich gemessen und analysiert werden kann. Es wird davon ausgegangen werden, dass der Papierverbrauch abnehmen wird, da der Wunsch nach digitalen Studienmaterialien ebenfalls von einer hohen Zahl den Fernstudierenden geäußert wurde. Zudem kann angenommen werden, dass eine Anzahl von Studierenden für das Thema Nachhaltigkeit sensibilisiert werden kann und das Bewusstsein sich auf das Berufsleben auswirken kann und auch im Beruf weniger bzw. bewusster gedruckt wird. Darüber hinaus wird ein Beitrag zur wissenschaftlichen Diskussion geleistet, ob digitale Medien generell umweltfreundlicher und ökologischer sind als Printmedien.

Das Projektvorhaben ist jedoch folgenden Limitationen unterworfen: Zwar werden durch die langfristige Projektzeit diverse Kontrollmechanismen eingebaut, jedoch kann nicht ausgeschlossen werden, dass zusätzliche extrinsische und intrinsische Faktoren, wie bisheriges gewohntes Verhalten oder leichteres Erlernen mit Papierunterlagen, Einfluss auf die Verhaltensänderung in Richtung Papierverzicht bzw. -reduzierung haben. Dies gilt es intensiv zu beobachten und empirisch zu analysieren. Daneben kann der soziale Druck im Beruf zum Thema Papierverbrauch einen Einfluss auf den Umgang mit Print-Studienunterlagen bei Fernstudierenden haben.

Literatur

Alshammari, A. (2021). Captology in game-based education: A theoretical framework for the design of persuasive games. *Interactive Learning Environments*, 1–20.

Azmat, G., Bagues, M., Cabrales, A., & Iriberri, N. (2019). What you don't Know… Can't hurt you? A natural field experiment on relative performance feedback in higher education. *Management Science, 65*(8), 3714–3736.

Bandiera, O., Larcinese, V., & Rasul, I. (2015). Blissful ignorance? A natural experiment on the effect of feedback on students' Performance. *Labour Economics, 34,* 13–25.

Bundesministerium für Bildung und Forschung. (2023). Education for sustainable development: Learn for our planet. Act for sustainability. https://www.bne-portal.de/bne/de/weltweit/bne-2030/education-for-sustainable-deve--planet-act-for-sustainability.html. Zugegriffen: 20. Jan. 2023.

Bundesministerium für Bildung und Forschung. (2019). Natürlich. Digital. Nachhaltig. https://www.bmbf.de/SharedDocs/Publikationen/de/bmbf/7/31567_Aktionsplan_Natuerlich_Digital_Nachhaltig.pdf?__blob=publicationFile&v=3. Zugegriffen: 30. Jan. 2023.

Chaiken, S. (1980). Heuristic versus systematic information processing and the use of source versus message cues in persuasion. *Journal of Personality and Social Psychology, 39*(5), 752.

Cialdini, R. B. (1997). *Die Psychologie des Überzeugens.* Huber.

Cobb, J. (2012). *10 ways to be a better learner.* Create Space Independent Publishing Platform.

Damberger, T. (2021). Zum Verhältnis von Bildung, Nachhaltigkeit und Digitalisierung. *Medienimpulse, 59*(1), 24.

Davis, D., Jivet, I., Kizilcec, R. F., Chen, G., Hauff, C., & Houben, G. J. (2017). Follow the successful crowd: Raising MOOC completion rates through social Comparison at Scale. In Proceedings of the *seventh international learning analytics & knowledge conference,* 454–463.

Die Umweltdruckerei. (2021). *Nachhaltige Medien: Digital oder Print?* https://www.dieumweltdruckerei.de/blog/digital-oder-print/. Zugegriffen: 24. März 2023.

Engelbertink, M. M., Kelders, S. M., Woudt-Mittendorff, K. M., & Westerhof, G. J. (2020). Participatory design of persuasive technology in a blended learning course: A qualitative study. *Education and information technologies,* 1–24.

Fellows digital. (2020). *Papierloses Arbeiten Monitor 2020.* https://www.noord360.eu/wp-content/uploads/2021/05/Fellow-Digitals-Papierlos-Arbeiten-Monitor-2020.pdf. Zugegriffen: 21. März 2023.

Fogg, B. J. (1999). Persuasive technologies. *Communications of the ACM, 42*(5), 27–29.

Fogg, B. J. (2003). *Persuasive technology: Using computers to change what we think and do (Interactive technologies).* Morgan Kauffmann.

Fogg, B. J. (2009). A behavior model for persuasive design. In Proceedings of the *4th international Conference on Persuasive Technology,* 1–7.

Holst, J., & Singer-Brodowski, M. (2022). *Nachhaltigkeit und BNE im Hochschulsystem: Stärkung in Gesetzen und Zielvereinbarungen, ungenutzte Potentiale bei Curricula und Selbstverwaltung: Kurzbericht des Nationalen Monitorings zu Bildung für nachhaltige Entwicklung.*

Kaptein, M., De Ruyter, B., Markopoulos, P., & Aarts, E. (2012). Adaptive persuasive systems: A study of tailored persuasive text messages to reduce snacking. *ACM Transactions on Interactive Intelligent Systems (TiiS), 2*(2), 10,1–10:25.

Kegel, R. H. P., & Wieringa, R. J. (2014). Persuasive Technologies: A Systematic Literature Review and Application to PISA. *CTIT Technical Report Series; No. TR-CTIT-14–07.* Enschede: Centre for Telematics and Information Technology (CTIT).

Kurokawa, H., Igei, K., Kitsuki, A., Kurita, K., Managi, S., Nakamuro, M., & Sakano, A. (2023). Improvement impact of nudges incorporated in environmental education on students' environmental knowledge, attitudes, and behaviors. *Journal of Environmental Management, 325,* 116612.

Leal Filho, W. (2018). Identifizierung und Überwindung von Barrieren für die Umsetzung einer nachhaltigen Entwicklung an Universitäten: Von Studienplänen bis zur Forschung. *Nachhaltigkeit in der Lehre: Eine Herausforderung für Hochschulen,* 1–21.

Lehner, M., Mont, O., & Heiskanen, E. (2016). Nudging – A promising tool for sustainable consumption behaviour? *Journal of Cleaner Production, 134,* 166–177.

Lehto, T., Oinas-Kukkonen, H., & Drozd, F. (2012). Factors affecting perceived persuasiveness of a behavior change support system. *Thirty third International conference on information systems.* Orlando.

Internationale Hochschule IU. (2021). *Trendstudie Fernstudium. Bildung 21: Digitales Lernen wird zum Standard,* https://is.gd/WNr5Q0. Zugegriffen: 11. März 2023.

Maier, E., & Reimer, U. (2016). Motivationsunterstützung für Verhaltensänderungen durch E-Nudging. *Bulletin des médecins suisses, 97*(43).

Meske, C., & Potthoff, T. (2017). The DINU-Model – A process model for the design of nudges. In *Proceedings of the 25th European Conference on Information Systems (ECIS),* Guimarães, Portugal, June 5–10, 2017, 2587–2597.

Mintz, J., & Aagaard, M. (2012). The application of persuasive technology to educational settings. *Educational Technology Research and Development, 60*(3), 483–499.

Montini, L., Prost, S., Schrammel, J., Rieser-Schüssler, N., & Axhausen, K. W. (2015). Comparison of travel diaries generated from smartphone data and dedicated GPS devices. *Transportation Research Procedia, 11,* 227–241.

Mullainathan, S., & Thaler, R. H. (2000). *Behavioral economics* (No. w7948). National Bureau of Economic Research.

Murillo-Muñoz, F., Navarro-Cota, C., Juárez-Ramírez, R., Jiménez, S., Nieto Hipólito, J. I., Molina, A. I., & Vazquez-Briseno, M. (2021). Characteristics of a persuasive educational system: A systematic literature review. *Applied Sciences, 11*(21), 10089.

NABU. (2022a). *Papierverbrauch in Deutschland*, https://www.nabu.de/umwelt-und-ressourcen/ressourcenschonung/papier/30377.html. Zugegriffen: 11. März 2023.

NABU (2022b). *Papierherstellung belastet Umwelt und Natur.* https://www.nabu.de/umwelt-und-ressourcen/ressourcenschonung/papier/30384.html. Zugegriffen: 11. Feb. 2023.

Nationale Plattform Bildung für nachhaltige Entwicklung. (2017). *Nationaler Aktionsplan Bildung für nachhaltige Entwicklung.*, http://www.bneportal.de/. Zugegriffen: 16. Oktober 2023

Oinas-Kukkonen, H. & Harjumaa, M. (2009). Persuasive Systems Design: Key Issues,Process Model, and System Features. *Communications of the Association forInformation Systems, 24*(1), 28.

OroVerde – Die Tropenwaldstiftung. (2023). *Paper – Was Papierverbrauch mit Regenwald zu tun hat.* https://www.regenwald-schuetzen.org/verbrauchertipps/papier. Zugegriffen: 11. Jan. 2023:

Oyibo, K., Adaji, I., & Vassileva, J. (2018). Social cognitive determinants of exercise behavior in the context of behavior modeling: A mixed method approach. *Digital Health, 4,* 2055207618811555.

Patterson, R. W. (2018). Can behavioral tools improve online student outcomes? Experimental evidence from a massive open online course. *Journal of Economic Behavior & Organization, 153,* 293–321.

Perna, L. W., Ruby, A., Boruch, R. F., Wang, N., Scull, J., Ahmad, S., & Evans, C. (2014). Moving through MOOCs: understanding the progression of users in massive open online courses. *Educational Researcher, 43*(9), 421–432.

Petty, R. E., & Cacioppo, J. T. (1986). *Communication and persuasion: Central and peripheral routes to attitude change.* Springer.

Porter, W. W., Graham, C. R., Spring, K. A., & Welch, K. R. (2014). Blended learning in higher education: Institutional adoption and implementation. *Computers & Education, 75,* 185–195.

Purarjomandlangrudi, A., & Chen, D. (2019). A causal loop approach to uncover interrelationship of student online interaction and engagement and their contributing factors. *Research in Learning Technology, 27.*

Rack, O., & Christophersen, T. (2009). Experimente. *Methodik der empirischen Forschung* (S. 7–32). Gabler.

Rughiniş, C., Rughiniş, R., & Matei, Ş. (2015). A touching app voice thinking about ethics of persuasive technology through an analysis of mobile smoking-cessation apps. *Ethics and Information Technology, 17*(4), 295–309.

Schönheit, E., & Trauth, J. (2012). *Papier, Wald und Klima schützen*, Umweltbundesamt.

Schwinger, D., Markgraf, D., & Blumentritt, M. (2022). Das Rollenverständnis von Lehrenden und Studierenden im digitalen Fernstudium. *Die Hochschullehre, 8*(1), 346–361. https://doi.org/10.3278/HSL2225W.

Siebert, H. (2018). Erwachsenenbildung in der Bundesrepublik Deutschland. In Von A. Hippel, R. Tippelt, & J. Gebrande (2018). *Adressaten-, Teilnehmer- und Zielgruppenforschung in der Erwachsenenbildung. Handbuch Erwachsenenbildung/Weiterbildung*, 1131–1147.

Signoretti, A., Martins, A. I., Almeida, N., Vieira, D., Rosa, A. F., Costa, C. M., & Texeira, A. (2015). Trip 4 all: A gamified app to provide a new way to elderly people to travel. *Procedia Computer Science, 67,* 301–311.

Statistisches Bundesamt. (2021). *Pressemitteilung Nr. N 071 am 15. Dezember 2021.* https://www.destatis.de/DE/Presse/Pressemitteilungen/2021/12/PD21_N071_21.html;jsessionid=88D16F22CFA2F55C95BC3BAD0212EAF5.live731.

Sundar, S. S., Oh, J., Kang, H., & Sreenivasan, A. (2012). How does technology persuade? *The SAGE handbook of persuasion: Developments in theory and practice,* 388.

Thaler, R. H., & Sunstein, C. R. (2008). *Nudge: Improving decisions about health, wealth, and happiness.* Penguin.

Thorndike, A. N., Riis, J., Sonnenberg, L. M., & Levy, D. E. (2014). Traffic-light labels and choice architecture: Promoting healthy food choices. *American Journal of Preventive Medicine, 46*(2), 143–149.

Thorun, C., Diels, J. L., Vetter, M., Reisch, L. A., Bernauer, M., Micklitz, H. W., ... & Forster, D. (2017). *Nudge-Ansätze beim nachhaltigen Konsum: Ermittlung und Entwicklung von Maßnahmen zum „Anstoßen" nachhaltiger Konsummuster.* Umweltbundesamt.

Umweltbundesamt. (2023). *Altpapier.* https://www.umweltbundesamt.de/daten/ressourcen-abfall/verwertung-entsorgung-ausgewaehlter-abfallarten/altpapier. Zugegriffen: 11. Feb. 2023.

United Nations. (1987). *Report of the world commission on environment and development: Our common future (Brundtland Report).* http://www.un-documents.net/our-common-future.pdf. Zugegriffen: 11. Feb. 2023.

van den Berg, B., & Leenes, R. E. (2013). Abort, retry, Fail: Scoping techno-regulation and other techno-effects. In M. Hildebrandt, J. Gaakeer (Hrsg.), *Human law and computer law: Comparative perspectives. Ius Gentium: Comparative perspectives on law and justice, 25,* 67–87. Springer.

van Oldenbeek, M., Winkler, T. J., Buhl-Wiggers, J., & Hardt, D. (2019). Nudging in blended learning: Evaluation of email-based progress feedback in a flipped-classroom information systems course. In Proceedings of the *27th European Conference on Information Systems (ECIS),* Stockholm & Uppsala, Sweden, June 8–14, 2019. ISBN 978–1–7336325–0–8 Research Papers.

Weinmann, M., Schneider, C., & Vom Brocke, J. (2016). Digital nudging. *Business & Information Systems Engineering, 58*(6), 433–436.

Weijers, R. J., de Koning, B. B., & Paas, F. (2021). Nudging in education: From theory towards guidelines for successful implementation. *European Journal of Psychology of Education, 36,* 883–902.

Whitehead, M., Jones, R., Howell, R., Lilley, R., & Pykett, J. (2014). *Nudging all over the world.* Swindon/Edinburgh: ESRC Report.

Wiek, A., Bernstein, M., Foley, R., Cohen, M., Forrest, N., Kuzdas, C., & Withycombe Keeler, L. (2015). Operationalising competencies in higher education for sustainable development. In M. Barth, G. Michelsen, M. Rieckmann, I. Thomas (Hrsg.), *Handbook of higher education for sustainable development* (S. 241–260).

Ein Transformationsökosystem für Change Agents: die Bedeutung transformativer Praxisgemeinschaften für die Entwicklung von Schlüsselkompetenzen für nachhaltige Entwicklung

Anke Strauß

1 Einleitung: Kompetenzvermittlung für Change Agents: vom Lehr-Lernkonzept zu transformativen Lerngemeinschaften

Nachhaltige Entwicklung wird heute zunehmend als kulturelles Projekt verstanden, welches eine andauernde Auseinandersetzung mit dem Begriff Nachhaltigkeit als kulturelle Vision aber auch den daraus resultierenden Handlungsoptionen erfordert. Nachhaltige Entwicklung als kulturelles Projekt wahrzunehmen bedeutet, dass die damit verbundenen Problemstellungen nicht (rein) technisch gelöst werden können, sondern dass tiefgreifende Veränderungen in Wirtschafts- und Lebensweisen stattfinden müssen. Diese Veränderungen hat der WBGU 2011 mit dem von Karl Polanyi entlehnten und sozio-ökologisch gewendeten Begriff der „großen Transformation" beschrieben. Dieser Begriff umfasst kulturelle, wirtschaftliche, technologische und politische Veränderungen nicht nur einzelner Nischen und Sektoren, sondern der gesamten Gesellschaft. Nachhaltige Entwicklung als kulturelles Projekt bedeutet auf der einen Seite, dass Zukunft nicht lediglich als Ergebnis ökonomischer oder technologischer Entwicklungen, sondern als (mit-)gestaltbar wahrgenommen wird. Auf der anderen Seite bedeutet es aber auch, dass Zukunft nicht eine Fortschreibung der vergangenen oder gegenwärtigen Wirtschafts- und Lebensweisen ist. Zukunft wird heute als sehr viel offener wahrgenommen und gerade auch im organisationalen Kontext – sei es auf kommunaler, sei es auf Unternehmensebene – herrscht Unsicherheit bezüglich sinnvoller Verhaltensänderungen. Sinn kann nicht mehr in Bezug

A. Strauß (✉)
Hochschule für Nachhaltige Entwicklung Eberswalde, Eberswalde, Deutschland
E-Mail: Anke.Strauss@hnee.de

auf Vergangenes hergestellt werden, sondern muss explorativ entwickelt werden. „Die Große Transformation," so Schneidewind (2018, S. 39), „ist vielmehr auf Erzählungen und auch auf Experimente angewiesen." In Veränderungsprozessen spielen Change Agents eine zentrale Rolle (WBGU, 2011). Als Pioniere des Wandels testen sie zukünftige Veränderungsoptionen und treiben diese durch unterschiedliche Formen von Fürsprache voran.

Change Agents werden als Schlüsselakteure für das Initiieren und Begleiten von Veränderungen in Organisationen hin zu einer nachhaltigen Entwicklung angesehen (Bliesner et al., 2013). Die dafür benötigen Kompetenzen wurden in den letzten 10 Jahren in der BNE-Forschung ausführlich diskutiert (vgl. Rieckmann, 2016, S. 89). Im aktuellen Diskurs existieren zahlreiche umfassende Darstellungen zur Kategorisierung von Kompetenzen, über die Individuen verfügen sollten, um als Change Agent ihre Umwelt und die Gesellschaft aktiv und nachhaltig mitzugestalten (für einen Überblick siehe: Rieckmann, 2016). Wiek et al. (2011, 2016) führen verschiedene Konzepte zusammen und unterscheiden fünf Schlüsselkompetenzen für Nachhaltigkeits-Change-Agents: Systems Thinking Competence, Anticipatory Competence, Normative Competence, Strategic Competence, Interpersonal Competence. Ein solches kompetenzbasiertes Lernen, das über reine Wissensvermittlung hinaus auf eine Veränderung des Wertekanons, Sicht- und Denkweisen abzielt, wird mit dem Terminus transformatives Lernen beschrieben (Mezirow, 1991; siehe auch Schneidewind, 2018).

Dabei spielen vor allem prospektive Strategien eine Rolle. Das bedeutet, dass zur Lösung von Problemen nicht kognitive Muster der retrospektiven Strategie angewendet werden, also dem Ausgehen von Bewährtem bzw. Bekanntem und dem Suchen nach Fakten zur Verifizierung. Stattdessen werden prospektive Strategien eingesetzt, die der Entwicklung neuer Lösungsmöglichkeiten dienen und die Akteurinnen und Akteure darin stärken, in unsicheren Handlungsfeldern strategisch agieren zu können (de Haan, 2008). Es ist also vor allem der produktive Umgang mit Offenheit, der neben einer systemischen Perspektive und ethischer Reflexionsfähigkeit an Relevanz gewinnt.

Die Vermittlung solcher Kompetenzen ist herausfordernd, da dies über die formal-kognitive Ausbildung hinausgeht, die an Hochschulen noch immer dominiert. Die Fähigkeit, über dominante, nicht-nachhaltige Strukturen und Prozesse hinauszudenken und die Veränderungsprozesse zu initiieren und zu begleiten, benötigt ein ganzheitliches, integriertes und Zielgruppenspezifisches Lehr-Lernkonzept. Didaktische Lehrsettings, die im kontinuierlichen Austausch zwischen Hochschule und Praxis entstehen und weiterentwickelt werden, sind dabei laut Nölting et al. (2018, S. 91) zentral: „Je mehr die Kompetenzvermittlung ganzheitlich und integrativ ausgerichtet ist, desto stärker müssen die Lehr-Lern-Konzepte zu didaktischen Lernsettings mit einem realitätsnahen Austausch zwischen Hochschule und Praxis weiterentwickelt werden." Eine logische Ableitung davon ist, dass solche Studien- und Lernangebote dann besonders wirkungsvoll sind,

„wenn sie in ein Konzept transformativer Hochschulen eingebettet sind, bei dem sich Forschung, Lehre, Betrieb und Transfer für nachhaltige Entwicklung gegenseitig befruchten." (Nölting et al., 2018, S. 91).

Der Begriff der transformativen Hochschule ist eine Weiterentwicklung des Konzepts der nachhaltigen Hochschule (Schneidewind, 2014). Ausgehend von der Annahme, dass Hochschulen einen erheblichen Beitrag zur gesellschaftlichen Nachhaltigkeitstransformation leisten können, wenn sie ihre gesamten Aktivitäten so ausrichten, dass sie das reflexive Potenzial von Gesellschaft stärken, stellt Schneidewind (2014) dabei zwei Elemente als zentral da: 1) die Orientierung von Forschung und Lehre an gesellschaftlich relevanten Themen und 2) die Einbeziehung gesellschaftlicher Akteure in die Entwicklung und Bearbeitung wissenschaftlicher Fragestellungen von Anfang an. Hier werden inhaltliche Ausrichtung und sozio-ökologische Ausgestaltung des Betriebs der Hochschule mit einer Diskussion um die Third Mission einer Hochschule zusammengebracht und integriert (Schneidewind, 2016).

Ein solch integriertes Bild wurde zuletzt um die Aufgabe des Transfers erweitert und sowohl auf Innovations- als auch transformatives Potenzial verwiesen, wenn Transferaktivitäten konsequent auf den Beitrag zu einer nachhaltigen Entwicklung ausgerichtet werden (Nölting et al., 2015). Dabei spielen Netzwerke von Angehörigen und Assoziierten der Hochschule eine besondere Rolle, wie Nölting und Pape (2017) am Beispiel der Hochschule für Nachhaltige Entwicklung Eberswalde zeigen. Hier wurde im Rahmen der (nachhaltigen) Transferstrategie der Hochschule unter anderem der Weiterbildungsstudiengang „Strategisches Nachhaltigkeitsmanagement" aufgesetzt. Im Jahr 2012 wurde dessen innovatives Lehr-Lernkonzept kompetenzorientiert und gemeinsam mit Praxispartner*innen aus Unternehmen, Non-Profit Organisationen und Verwaltungen entwickelt (Nölting & Pape, 2015) und über die Jahre kontinuierlich angepasst und verbessert. Während die Herausforderungen und Potenziale dieses innovativen Lehr-Lernkonzepts bei der Vermittlung von Schlüsselkompetenzen für Change Agents umfassend beschrieben wurden (Nölting et al., 2018), wird im Folgenden die Rolle und Bedeutung von (heterogenen) Lerngemeinschaften bei der Entwicklung von Kompetenzen in den Blick genommen.

Seit den 1990er haben Lerntheorien, die Lernen im Kontext sozialer Beziehungen denken an Bedeutung gewonnen und werden zunehmend mit Blick auf Nachhaltigkeitsherausforderungen diskutiert (vgl. Harvey et al., 2013). Zentral dafür ist u. a. das von Lave und Wenger (1991) entwickelte Konzept der Community of Practice (CoP), welches zunächst Lernen in Gruppen beschrieb, deren Mitglieder derselben Profession oder Handwerk angehören. Schnell wurde dieses Konzept um Situationen kollektiven Lernens innerhalb von Gruppen mit einem gemeinsamen Anliegen oder Interesse erweitert. Eine CoP zeichnet sich durch drei Elemente aus: das Lern-Anliegen oder Fokus (domain), die Gemeinschaft, die durch kollektives Lernen über die Zeit entsteht (community) und die Aktivitäten (practice), die Wissen und andere Ressourcen generieren und die die individuellen Praxen der Lernenden verändern (Wenger, 2007). Im Zentrum steht dabei die

Annahme, dass neue Sinnzusammenhänge nicht individuell, sondern in der Auseinander-setzung mit anderen generiert, getestet und verhandelt werden. CoP verbindet dezidiert individuelles und kollektives Lernen, wobei letzteres auf unterschiedlichen Ebenen statt-finden kann (bspw. beteiligte Organisationen oder Gemeinschaften) und nicht auf einen sozialen Kontext (bspw. eine bestimmte Organisation) beschränkt sein muss (Harvey et al., 2013). Gerade mit Blick auf Nachhaltigkeitsherausforderungen wird in der Verschrän-kung von individuellem und sozialem Lernen erhebliches Potenzial gesehen. „[I]t is in our participation in a CoP that we negotiate with each other around what constitutes sustainable practice" (Benn et al., 2013, S. 187). Neben dem Begriff der Sustainability Community of Practice (Benn et al., 2013) wurde jüngst CoP mit dem Begriff Community of Transformation (Kezar et al., 2018) erweitert, um Praxis-basierte Lerngemeinschaften zu beschreiben, die tiefgreifende, transformative Veränderungen anstreben. „We define CoTs as communities that *create and foster innovative spaces that envision and embody a new paradigm of practice* [...] aimed at embedding innovative/transformational prac-tices within departments and institutions. Transformational practice breaks with current practice by challenging and altering underlying values." (Kezar et al., 2018, S. 833).

Während sich das Konzept der CoP vor allem in Unternehmenskontexten als Teil organisationalen Lernens verbreitete und mit Blick auf Nachhaltigkeit verhandelt wird (Benn et al., 2013), stieß es im Bildungswesen auf weit weniger Resonanz, was mit-unter daran liegt, dass die Konsequenz einer solchen Lerntheorie eine Transformation des Bildungswesens selbst ist (Wenger, 2007). Mit den veränderten Anforderungen an Bildungsinstitutionen durch aktuelle Nachhaltigkeitsherausforderungen, gerät dieses Kon-zept auch im Hochschulkontext zunehmend in den Blick (Murray & Salter, 2014; Benn et al., 2013; siehe auch Kezar et al., 2018).

Im Folgenden wird gezeigt, wie CoP – und dessen Erweiterung CoT – eine sinnvolle Ergänzung zu den Konzepten des transformativen Lernens und der transformativen Hoch-schule sein kann, um Lernumgebungen zu gestalten, in denen zukünftige Change Agents Schlüsselkompetenzen erwerben, diese kontinuierlich weiterentwickeln und im Dialog mit anderen Stakeholdern zu einem transformativen Milieu beitragen, welches mit dem Terminus Transformationsökosystem beschrieben wird. Dafür wird als Beispiel der Wei-terbildungsstudiengang „Strategisches Nachhaltigkeitsmanagement" herangezogen, der an der Hochschule für Nachhaltige Entwicklung Eberswade angeboten wird. Dieser pra-xisorientierte Weiterbildungsstudiengang, der dezidiert auf die Ausbildung von Change Agents ausgelegt ist, ist Teil des Transfers der Hochschule, im dem transformatives Lernen mit dem Konzept einer transformativen Hochschule zusammen gedacht wurden (Nölting et al., 2018; Nölting & Pape, 2017). Während dieser Weiterbildungsstudiengang als Pionier in Sachen Transformation des Bildungswesens angesehen werden kann, geht dieser Beitrag vor allem auf die erfolgreichen Lehr-Lernsettings transformativen Lernens ein. Die Bedingungen, die es bräuchte, um auch transformativ in die Hochschule wir-ken zu können werden nur begrenzt im Fazit angesprochen und bedürften einer eigenen Forschung.

2 Kompetenzentwicklung in Communities of Transformation (CoT) am Beispiel des Weiterbildungsstudiengangs Strategisches Nachhaltigkeitsmanagement

Der Studiengang „Strategisches Nachhaltigkeitsmanagement" wurde 2012 in Zusammenarbeit mit einem Beirat bestehend aus Expert*innen aus Wissenschaft, Wirtschaft, Verwaltung und Verbänden entwickelt und kontinuierlich weiterentwickelt. Viele Beiratsmitglieder sind auch in der Lehre des Studiengangs tätig und gewährleisten damit einen hohen Problemlösungs- und Praxisbezug zum beruflichen Alltag der Studierenden (Nölting & Pape, 2017). Die Teilnehmenden des Studiengangs sind Personen, die bereits Berufserfahrung haben. Sie zeichnen sich zudem durch starke Diversität bezüglich der Branchen und Unternehmensformen aus in der sie arbeiten. Die Unternehmensform reicht von internationalen Konzernen, über klein- und mittelständische Unternehmen bis hin zu öffentlichen Institutionen wie Universitäten, Verwaltungen oder Stiftungen, aber auch Selbstständige nehmen das Angebot wahr. Aktuell finden sich unter anderem Studierende aus der Automobil-, Textil, Lebensmittel-, Chemie-, IT-, Medien-, Tourismus- und Eventbranche aus der gesamten DACH-Region (Stand September 2022).

Das Weiterbildungsangebot versteht sich als Ideenlabor (Nölting & Pape, 2015). Studierende arbeiten zusammen mit Lehrenden aus der Wissenschaft und Praxis an nachhaltigkeitsrelevanten Fragestellungen und Herausforderungen, die sie oder die Lehrenden aus ihrem beruflichen Alltag mitbringen (Nölting & Pape, 2017). Das Lehr-Lernkonzept wurde in den letzten Jahren kontinuierlich überarbeitet und gilt mittlerweile inhaltlich als auch methodisch ausgereift, sodass zunehmend die Bedeutung der sich jahrgangs-, professions- und institutsübergreifend bildenden praxisbasierten Lerngemeinschaften in den Blick gerät.

Von Anfang an lernen Studierende problemzentriert in Gruppen, deren Zusammensetzung nach Aufgabe, Interesse und Modul wechseln. Damit werden nicht nur soziale Kompetenzen gefördert, die laut OECD (2005) für neue Formen der Zusammenarbeit in einer zunehmend fragmentierten und diversifizierten Welt unerlässlich sind. Kollektives Lernen ist auch zentral für die Entwicklung der anderen, beispielsweise von Wiek et al. (2016) aufgeführten Schlüsselkompetenzen.

Im Folgenden wird auf unterschiedliche Aspekte des sozialen Lernkontexts des ersten Semesters eingegangen, in denen sich die Studierenden und andere Akteure des „Strategischen Nachhaltigkeitsmanagements" miteinander bewegen und sich so eine bestimmte Praxis des transformativen Lernens aneignen, in der Schlüsselkompetenzen für die Gestaltung der Nachhaltigkeitstransformation entwickelt werden.

Problemzentriertes Arbeiten in Gruppen

Im ersten Modul erarbeiten die Studierenden eine systemische Kartierung von Nachhaltigkeitsherausforderungen und diskutieren gemeinsam mögliche Lösungsansätze. Dafür bilden sie Gruppen, die sich jeweils um ein gemeinsames Thema ihrer Wahl bilden.

Die gruppenbasierte Recherche zu diesem Thema läuft über das gesamte Semester und wird in den Präsenzphasen mit anderen Gruppen geteilt und diskutiert. In mehreren Onlinephasen teilen Dozierende aus der Praxis ihre Perspektive auf die von den Studierenden kartierten Nachhaltigkeitsherausforderungen und zeigen auf, wie Akteure aus ihrem Bereich (Politik/Verwaltung und NGOs) damit umgehen. Gemeinsam werden existierende Lösungsansätze befragt und diese mit Blick auf ethische Aspekte reflektiert. Auch im parallellaufenden zweiten Modul arbeiten Studierende in Gruppen, die sich interessegeleitet bilden. Im Gegensatz zum ersten Modul, in dem Kompetenzen die mit systemischem Denken verbunden sind im Vordergrund stehen, liegt hier der Schwerpunkt der Kompetenzentwicklung auf prospektiven Kompetenzen, die sich über die Entwicklung von Zukunftsszenarien entfalten und geübt werden. In enger Zusammenarbeit mit einem Lehrenden aus der Unternehmenspraxis widmen sich die Studierenden einem Sektor (Kaffee), der vor komplexen Nachhaltigkeitsherausforderungen steht, die den Sektor absehbar starken Veränderungen unterwerfen. Während der Lehrende aus der Praxis eine Einführung in den Sektor gibt, werden die Studierenden von den wissenschaftlichen Lehrenden Schritt für Schritt in die explorativ-narrative Szenarioentwicklung (Kosow & Gaßner, 2008) eingeführt. Die Studierenden recherchieren eigenständig Trends und Treiber, die die globale Entwicklung des Sektors beeinflussen könnten. In ihren Gruppen diskutieren sie, schätzen ab und wählen aus, welche Trends und Treiber sie für ihr Szenario nutzen. Rohszenarien werden mit allen Studierenden und den Lehrenden aus Wissenschaft und Praxis geteilt und kommentiert. Bei den Präsentationen der Szenarien am Ende des Semesters sind neben Studierenden und Lehrenden auch weitere Mitarbeiter*innen des Unternehmens – vornehmlich aus der Nachhaltigkeitsabteilung – anwesend. An die präsentierten Zukunftsvisionen schließen fruchtbare Diskussionen an, vor allem auch mit Blick auf sinnvolle Strategien, Handlungen und erste Schritte, die heute durchgeführt werden müssten, um Zukunft nachhaltig mitzugestalten.

Über das erste Semester lernen die Studierenden im wechselseitigen Austausch neue Perspektiven einzunehmen, unterschiedliche Ansätze der Problemanalyse kennenzulernen, transdisziplinäre Lösungswege zu erarbeiten und diverse Zukunftsvisionen zu entwickeln. Die interessenszentrierte Gruppenarbeit in allen Modulen erlaubt den Teilnehmenden von der Diversität von Studierenden und Lehrenden zu profitieren. Der stetige Wechsel zwischen intensiver Gruppenarbeit und reflexiver Öffnung hin zu den anderen Mitstudierenden, Lehrenden und Praxispartner*innen unterschiedlichsten Hintergrunds, ermöglicht zudem das Gewahrwerden, Hinterfragen und Erweitern der eigenen Vorannahmen und Denkweisen. Dies gibt daran beteiligten Studierenden, Lehrenden und Praxispartner*innen wertvolle Impulse für die Selbstreflexion und nicht zuletzt -transformation (Nölting et al., 2015) ihrer eigenen Arbeit gibt. Darüber hinaus bietet kollektives Lernen die Möglichkeit immer wieder zwischen einem spezifischen Problem, einer übergeordneten systemischen Perspektive und akteursspezifischen Zugängen zu wechseln und diese sinnhaft aufeinander zu beziehen.

Neben der Fähigkeit systemischen Denkens und der Entwicklung eines „Möglichkeits-sinns" (Musil, 2013 in Schneidewind, 2018, S. 463) spielt laut Schneidewind (2018) auch ein reflektiertes Gefühl der Selbstwirksamkeit eine Rolle, welches nicht theoretisch ver-mittelt, sondern in praktischen Experimenten ausgebildet wird, das durch Theorie begleitet und moralisch reflektiert wird.

Erfahrungswissen teilen und reflektieren

Im Praxismodul, welches über 1 ½ Jahre parallel zu den Modulen mit eher theoretisch-inhaltlichem Charakter läuft, werden Studierende eingeladen, ein eigenes Nachhaltig-keitsprojekt zu entwickeln und gemeinsam mit einem Praxispartner umzusetzen. Während des ersten Semesters entwickeln die Studierenden die Projektidee und bringen diese in einem zweiten Schritt in eine bearbeitbare Projektform. Dabei werden sie neben den Lehrenden auch von Studierenden aus höheren Semestern unterstützt, deren Nachhaltig-keitsprojekte schon abgeschlossen oder sich in der Umsetzungsphase befinden. In einer Onlineveranstaltung teilen die Studierenden des höheren Fachsemesters ihre Erfahrungen bei der Entwicklung und Umsetzung ihrer Projekte und tragen dazu bei, dass die aktuel-len Studierenden nicht nur weitere Ideen für ihr Nachhaltigkeitsprojekt erhalten, sondern auch den Umfang eines solchen Praxisprojekts abschätzen können.

Am Ende des ersten Semesters bilden die Studierende sogenannte Erfolgsteams (vgl. Bergmann, 2000), um sich auch außerhalb von Präsenz- und Onlineveranstaltungen gegenseitig zu unterstützen. Mit maximal 5 Mitgliedern, treffen sich diese Gruppen selbstorganisiert über ein Jahr in regelmäßigen Abständen. Ziel dieser in ihrer zeitlichen Abfolge sehr strukturierten Treffen ist es, dass Studierende ihre Erfahrungen mit anderen teilen und reflektieren, sich Hilfe bei Herausforderungen und Konflikten holen und sich lösungsorientiert beim Erreichen der Ziele unterstützen. Neben dem sehr unterschiedli-chen Erfahrungswissen und diversen Perspektiven, die in diesen Gruppen als kollektive Ressource für die Verarbeitung, Reflexion und Einordnung der gemachten Erfahrun-gen in den Nachhaltigkeitsprojekten genutzt werden, spielt auch gegenseitige emotionale Unterstützung eine Rolle. Eine nichtwertende Haltung und Offenheit für die gemachten Erfahrungen der anderen erlaubt es, Perspektiven auf die eigene Situation und den damit verbundenen Handlungsoptionen zu erweitern.

Eine solch kollegiale Beratung findet auch am Ende des Studiums noch einmal Eingang in das Curriculum, innerhalb dessen das eigene Kompetenzprofil erarbeitet und mit Blick auf eine Weiterentwicklung im Sinne des lebenslangen Lernens besprochen wird. Kompe-tent in transformativen Prozessen zu werden bedeutet auch, Erfahrungswissen darüber zu erlangen. Da es sich dabei nicht um formales Wissen, sondern implizites Wissen im Sinne des „tacit knowledge" handelt, das nur erfahrungsbasiert erworben werden kann, trägt der Austausch mit anderen Studierenden dazu bei, ihre Erfahrungen reflexiv in transformatives Wissen umzuwandeln.

Scheitern als Lernmoment nutzen

Ein weiterer Aspekt der Gestaltung dieser transformativen Lernpraxis ist, dass die Module als Ideenlabore konzipiert sind (Nölting & Pape, 2015), in denen Scheitern dezidiert erlaubt und als wertvolle Lernmomente gerahmt ist. Neben den individuellen Modulen wird Scheitern in der Jahrgangsübergreifenden Onlineveranstaltung „Schöner Scheitern" positiv konnotiert. Der Einladung, seine Erfahrungen mit Projekten oder Situationen zu teilen, in denen man in den eigenen Augen gescheitert ist, kommen meist Studierende der höheren Fachsemester nach. Jüngere Jahrgänge hingegen nehmen zahlreich als Zuhörende teil. Die Offenheit, mit der höhere Jahrgänge über unterschiedliche Arten und Formen ihres Scheiterns, und den damit verbundenen Erfahrungen und Entwicklungen, reden wird von einer vertrauensvollen Atmosphäre getragen, die sich im Zuge transformativer Lernpraxen gebildet hat. Dies gibt wiederum den Studierenden der jüngeren Jahrgänge das Vertrauen, Fragen zu stellen, die sie persönlich umtreiben, während sie denjenigen, die ihre Erfahrungen teilen mit großer Wertschätzung begegnen. Transformatives Lernen ist immer mit einem hohen Maß an Unsicherheit verbunden, bei dem Scheitern nicht ausgeschlossen werden kann. Dies als Entwicklungsmoment zu rahmen und aufzuwerten benötigt ein sicheres Lernumfeld. Die Selbstverständlichkeit mit der Studierende aus den höheren Fachsemestern ein Lernen auf Augenhöhe praktizieren, erlaubt Studierenden der unteren Jahrgänge, Praxen der Offenheit, Wertschätzung und Neugier zu erfahren, die nicht nur erlauben, Scheitern als Teil von explorativem Lernen anzuerkennen, das prospektiven Strategien zugrunde liegt (de Haan, 2008). Es transportiert auch die grundsätzliche Haltung mit der Nachhaltigkeitsherausforderungen betrachtet und gemeinsam mit anderen behandelt werden.

3   Erweiterung der Community of Transformation in ein Transformationsökosystem

Kollektives Lernen ist für das Lehr-Lern-Konzept des Weiterbildungsstudiengangs „Strategisches Nachhaltigkeitsmanagement" zentral. Nicht nur innerhalb, sondern auch Modul- und Jahrgangsübergreifend hat sich eine Community of Practice gebildet, die sich durch eine kollektive Lernpraxis auszeichnet, die experimentell, problemzentriert, erfahrungsbasiert und reflexiv ist. Diese Lernpraxis dient explizit dazu, existierende Denk- und Handelsweisen kritisch zu hinterfragen, neue Sichtweisen und Ansätze, zu entwickeln, zu testen und miteinander in Bezug zu bringen. Sie erlaubt auchHerausforderungen und Konflikte produktiv zu verhandeln, sodass sie als Community of Transformation (Kezar et al., 2018) bezeichnet werden kann. Die permanente Auseinandersetzung mit anderen im geschützten Raum einer Community of Transformation, erlaubt es Studierenden sich Schlüsselkompetenzen für eine Nachhaltigkeitstransformation zu erschließen, wie beispielsweise normativ-ethisches Reflexionsvermögen, emotionales Mitfühlen, systemisches und vorausschauendes Denken, Gestaltungskompetenz, interpersonelle Kompetenz und Entscheidungsfähigkeit unter Unsicherheit (Nölting et al., 2018).

Studiengangsleitung und -koordination stellen durch modulübergreifende Veranstaltungen und durch aktives Verbinden einzelner Teilnehmer*innen permanent Verknüpfungen zwischen unterschiedlichen Studierenden, zwischen Studierenden und Lehrenden und zwischen Lehrenden her.

Diese Community of Transformation umfasst jedoch nicht nur Studierende und Lehrende. Sie umfasst auch verstärkt den Praxisbeirat des Studiengangs und erweitert sich zunehmend um Alumni, sodass sich die Community of Transformation des Weiterbildungsstudiengangs „Strategisches Nachhaltigkeitsmanagement" in vier Dimensionen abbildet (siehe Abb. 1).

Aufgrund der steigenden Absolvierendenzahlen wurde Ende 2021 eine aktive Alumniarbeit als neues Aufgabenfeld für die Verantwortlichen des Studiengangs identifiziert. Es wurde beschlossen, das Konzept dafür gemeinsam mit Studierenden – vor allem der höheren Semester – zu entwickeln, um nicht an Bedarfen vorbei zu agieren. In 2022 wurden daher in 2 Workshops Bedarfe ermittelt und erste Konzepte entwickelt. Dabei wurde klar, dass sich neben einer eher klassischen Alumniarbeit die Studierenden vor allem einen über das Studium hinausgehendes, gemeinsames Lernen wünschten. Dies solle von Teilen von Wissensressourcen, Veranstaltungen und Kontakten, über gemeinsame Exkursionen bis hin zum Entwickeln gemeinsamer Projekte gehen. Auch wurde

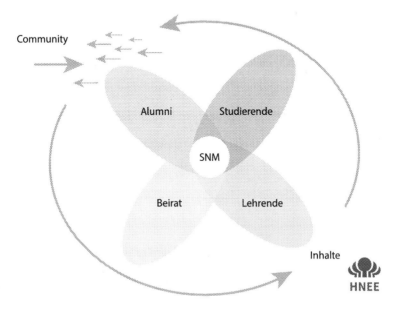

Abb. 1 Community of Transformation des Weiterbildungsstudiengangs „Strategisches Nachhaltigkeitsmanagement"

geäußert, dass sie ihre Erfahrungen gerne auch an aktuelle Studierende weitergeben und in der Lehre aktiv werden würden. Diese Bedarfe zeigen, dass die Studierenden ihre weitere Entwicklung auch nach Abschluss des Studiums weiterhin stark mit Praxen transformativen Lernens verbinden, sodass die Erweiterung der Community of Transformation auf ehemalige Studierende, als ein sinnvoller Schritt erscheint.

Da eine solche erweiterte Alumniarbeit über die Kapazitäten der an der Hochschule für Nachhaltige Entwicklung (HNE) beteiligten Verantwortlichen geht, wurde eine geteilte Verantwortung vereinbart, die die Alumniarbeit in organisierte und selbstorganisierte Bereiche aufteilt. Ab 2023 wird einmal im Jahr ein an der HNE stattfindendes Alumnitreffen, sowie eine jährliche Onlineveranstaltung zentral organisiert. Gleichzeitig entwickeln Studierende gemeinsam mit der sozio-ökologischen Genossenschaft WeChange derzeit eine Onlineplattform, die einen kontinuierlichen Austausch und kollaboratives Arbeiten ermöglicht. Einige Alumnis sind mittlerweile in die Lehre eingebunden oder arbeiten für langjährige Praxispartner wie das terra Institut.

Der Beirat des Studiengangs wurde anfangs für die Entwicklung des Curriculums und des Lehr-Lernkonzepts gebildet. Anders als bei anderen Studiengängen blieb der Beirat jedoch auch nach Akkreditierung des Studiengangs bestehen und kommt einmal im Jahr zu einer Beiratssitzung zusammen. Hier erfahren die Beiratsmitglieder etwas über aktuelle Entwicklungen im Studiengang, in einzelnen Modulen oder im Studiengangskonzept, beraten mit Blick auf Herausforderungen oder inhaltlichen Ausrichtungen und tauschen sich über Erfahrungen zu aktuellen Nachhaltigkeitsthemen aus. In einem während der Beiratssitzung 2022 durchgeführten Workshop zur Weiterentwicklung der Rolle und Funktion des Beirats, bezeichneten die Beiratsmitglieder die Sitzungen des Beirats als wertvoller Raum für Austausch, Reflexion und Selbstvergewisserung. Dabei nehmen sie sich selbst als Teil derer wahr, die sich aktiv an der Nachhaltigkeitstransformation beteiligen. Einige Beiratsmitglieder, die auch in die Lehre eingebunden sind, äußerten zudem, dass im Austausch mit den Studierenden neue Impulse für ihre eigene Arbeit entstehen. Einer systematischeren Verknüpfung des Beirats mit den Alumni stand der Beirat positiv gegenüber und schlug vor, das erste Alumnitreffen zu nutzen, um in Kontakt mit ehemaligen Studierenden zu kommen. Statt diesen Tag einzig als Netzwerktreffen zu nutzen, wurde zudem die Idee entwickelt, dieses Treffen als „Tag der Transformation" zu bezeichnen und sich dezidiert mit transformativen Themen auseinander zu setzen und auszutauschen.

Diese Verknüpfungen unterschiedlicher Akteure in und die Erweiterungen von der transformativen Praxisgemeinschaft (CoT), die sich durch den Weiterbildungsstudiengang „Strategisches Nachhaltigkeitsmanagement" gebildet hat, verändern auch den Blick auf Transferaktivitäten der Hochschule und ihre Rolle darin. In der konstanten Auseinandersetzung zwischen Studierenden, Lehrenden, Alumni und Beirat entsteht ein transformatives Milieu, das den Akteuren einen sicheren Raum gibt, um Fragen zu stellen, Erfahrungen zu teilen, Zweifel zu äußern, Experimente zu wagen, ethisch zu reflektieren, andere Perspektiven und Ansätze kennen zu lernen. Es ermöglicht so ihre eigenen

Denk- und Handlungsweisen zu erweitern und nicht zuletzt sich im Austausch mit anderen seiner Transformationsbemühungen zu versichern. Dieses Milieu existiert nicht nur als Binnenmilieu der Institution an dem der Weiterbildungsstudiengang angeboten wird. Es entwickelt sich zwischen – und *weitet sich aus* auf – diverse Menschen und unterschiedlichste Institutionen, die mit traditionellem Blick auf Hochschulen und den ihr zugerechneten Akteuren (Lehren, Forschende, Studierende) nicht als Teil der Hochschule erkannt werden. Um das transformative Potenzial dieses Milieus auszuschöpfen, würde dies im Bereich Weiterbildung bedeuten, die Community of Transformation zeitlich, auch über das Studium hinaus i. S. d. lebenslangen Lernens hin ausweiten. Dies würde die Systemgrenze der Hochschule im Bereich Weiterbildung verschieben. Um dies adäquat zu fassen und die Rolle der Hochschule darin beschreiben zu können, bezeichnen wir im Folgenden dieses Milieu als Transformationsökosystem.

4 Die Hochschule für Nachhaltige Entwicklung als Teil und Treiber eines Transformationsökosystems

Hochschulen nehmen eine zentrale Rolle ein, um die wissensbasierten gesellschaftlichen Veränderungsprozesse zur Gestaltung nachhaltiger Gesellschaften im Zusammenspiel mit Politik, Zivilgesellschaft, Wissenschaft und Wirtschaft zu gewährleisten (WBGU, 2011, S. 26). Die heutigen Funktionen von Hochschulen gehen dabei weit über die Kernaufgaben Forschung („first mission") und Lehre („second mission") hinaus und versammeln sich unter dem Terminus „third mission". Aktivitäten der „third mission" sind „dadurch charakterisiert, dass sie Interaktionen mit Akteuren außerhalb der akademischen Sphäre darstellen, gesellschaftliche Entwicklungsinteressen bedienen, die mit der herkömmlichen Leistungserbringung in Lehre und Forschung allein nicht zu bedienen sind, und dabei Ressourcen aus Forschung und/oder Lehre nutzen" (Henke et al., 2016, S. 13). Während im Diskurs „third mission" oft als Leistungserbringung der Hochschule gegenüber anderen gesellschaftlichen Akteuren gerahmt wird, argumentieren Nölting und Pape (2015), dass hohes Innovationspotenzial in der Verknüpfung von „third mission" und Transfer mit dem Konzept transformativer Wissenschaft liege, was die Beziehung zwischen den Akteuren von einer Serviceorientierung in eine Austauschbeziehung überführe.

Die Hochschule für Nachhaltige Entwicklung (HNEE) versteht Nachhaltigkeit als andauernden Lern- und Gestaltungsprozess in kooperativem Austausch mit der Gesellschaft. Nachhaltigkeit als Querschnittsthema ist in allen Studiengängen curricular verankert und Forschungsprojekte orientieren sich lösungs- und anwendungsorientiert an den Herausforderungen der Nachhaltigen Entwicklung. Ihre im Rahmen der „third mission" formulierte Transferstrategie, die 2016 vom Senat der Hochschule verabschiedet wurde, richtet sich nach den Grundsätzen zur Nachhaltigen Entwicklung der HNEE aus und versteht Transfer als wechselseitigen Austausch von Ideen, Wissen, Technologie, Dienstleistungen und Erfahrungen. Dies schließt auch die Weiterbildungsstudiengänge mit ein,

die darauf ausgelegt sind, Change Agents für die Nachhaltigkeitstransformation aus-
zubilden und auch hier wird Transfer nicht als einseitige Übermittlung von Wissen
gedacht.

Schlüsselkompetenzen für nachhaltige Entwicklung zu vermitteln, gelingt am besten in
einem transformativen Umfeld. Laut Nölting und Pape (2015, S. 124) deutet dies „darauf
hin, dass sich Hochschulen mit Blick auf nachhaltige Entwicklung selbst neu positionieren
und vielleicht sogar neu erfinden müssen." (Nölting & Pape, 2015, S. 124). Transferaktivitäten im Rahmen einer nachhaltigkeitsfokussierten „third mission", so die Autoren,
sind für eine solche Selbsttransformation durchaus geeignet, da sie problembezogen und
anwendungsorientiert weltliche Bezüge herstellen, die auch „anregend auf Forschung
und Lehre wirken und Treiber für die Nachhaltigkeitstransformation von Hochschulen
sein" können (Nölting & Pape, 2017, S. 270). Die Autoren beschreiben die Interaktion mit außerhochschulischen Akteuren als Austauschbeziehung, in der die Hochschule
vornehmlich die Rolle des Nachhaltigkeitspromotors einnimmt.

Der Begriff des Transformationsökosystems erweitert diese Idee, indem es die immer
noch hierarchisch angelegte Austauschbeziehung zwischen Hochschule und außerhochschulischen Akteuren in flache Strukturen überführt und die Hochschule in einen größeren
Zusammenhang einbettet, der durch ein forschendes Interesse an Möglichkeiten einer
Nachhaltigkeitstransformation entsteht und diesen gleichzeitig nährt. So kooperierten
2021 und 2022 Studierende des „strategischen Nachhaltigkeitsmanagements" mit ihrer
Hochschule, um das Thema suffiziente Hochschule zu erschließen und eine Suffizi-
enzstrategie für die HNEE zu entwickeln auf die die Hochschule bei ihrer eignen
Weiterentwicklung zurückgreifen kann.

Der Begriff des Transformationsökosystems ist jedoch sehr viel weiter gefasst als eine
Community of Transformation. Es beschreibt ein komplexes und dynamisches System,
welches aber – im Gegensatz zum Begriff der Community – offen ist. Das bedeutet, dass
ein Transformationsökosystem zwar Communities of Transformation enthält – wie etwa
die, die sich in und um den Weiterbildungsstudiengang „Strategisches Nachhaltigkeitsmanagement" entwickeln -, nicht aber darauf reduziert werden kann. Dies gibt Raum für
unterschiedliche Arten, Rhythmen, Konstellationen und Formen der Interaktion und des
Austauschs zwischen Akteuren mit unterschiedlichen Kenntnissen aber mit großen Überschneidungen mit Blick auf Haltung und Fähigkeiten bezüglich transformativen Lernens
(Nölting & Pape, 2015).

Gleichzeitig findet dieser Austausch nicht (nur) im Binnenmilieu der Hochschule,
statt, sondern lenkt den Blick auf die unterschiedlichen Beziehungen zu außerhochschulischen Akteuren und das transformative Potenzial von Beziehungen. Ein solch relationaler
Ansatz, der Hochschulen nicht als autonome Entitäten wahrnimmt, sondern sie in Beziehung zu anderen Akteuren denkt, lässt Systemgrenzen, die bestimmen, wer und was der
Hochschule zugehörig ist, zumindest porös werden. Statt Systemgrenzen als Markierun-
gen des Ausschlusses wahrzunehmen, die eine Entität (bspw. eine Hochschule) von ihrer

Umwelt trennen und alles außerhalb der Hochschule zu Externalitäten werden lassen, werden Systemgrenzen als Interfaces gedacht, an der die Hochschule mitgestaltet wird.

5   Fazit

Für eine Nachhaltige Transformation ist die Ausbildung von Change Agents, die über Schlüsselkompetenzen für eine nachhaltige Entwicklung verfügen, unabdingbar. Transformative Praxisgemeinschaften spielen für die Entwicklung solcher Kompetenzen eine zentrale Rolle, wie am Beispiel des Weiterbildungsstudiengangs „Strategisches Nachhaltigkeitsmanagement" der Hochschule für Nachhaltige Entwicklung Eberswalde gezeigt wurde. Das Potenzial dieser transformativen Lernsettings über den individuellen Studiengang hinaus liegt in der Verknüpfung von hochschulischen und außerhochschulischen Akteuren in einem als größer begriffenen Transformationsökosystems, das die teilnehmenden Change Agents auch über ihre Zeit als Studierende hinaus stärkt.

Um das transformative Potenzial für alle Akteure in einem solchen Ökosystem und darüber hinaus auch für die Gesellschaft fruchtbar zu machen, müssen diese Grenz-Beziehungen gepflegt und lebendig gehalten werden. Dafür braucht es einen Ausbau und eine systematische Ausrichtung der Transferinfrastruktur nach innen und außen, der über den bereits etablierten Technologietransfer hinaus geht (Nölting & Pape, 2015). Zeitliche, finanzielle und strukturelle Ressourcen müssen zur Verfügung gestellt werden, um über individuelles Engagement hinaus systematisch, langfristig und effektiv einen Beitrag zur Nachhaltigkeitstransformation leisten zu können (Roose et al., 2022). Im Bereich Weiterbildung bedeutet das unter anderem die Schaffung nachhaltiger organisationaler, institutioneller und rechtlicher Strukturen nicht nur auf Hochschul-, sondern auch auf Landesebene. Diese sollten nicht nur Studierende innerhalb des Studiums unterstützen, sondern eine aktive Alumniarbeit, die den regelmäßigen Austausch, Netzwerke, aber auch gemeinsames forschendes Lernen in – über das Studium hinausgehenden – Projekten fördert. Während in Zeiten knapper werdender finanzieller Ressourcen Transfer vornehmlich als Drittmittelfinanzierte Aufgabe gesehen wird, ist eine weitere, auch ressourcenrelevante Integration von Transferaktivitäten in die Aktivitäten der Hochschule sinnvoll. Durch die Aufwertung, Pflege und Integration solcher Verbindungen als Transformationsökosystem hätte die Hochschule nicht nur Zugriff auf eine Fülle von Ressourcen, die von Wissen, Kontakten, Kompetenzen und Institutionen bis hin zu finanziellen und materiellen Mitteln reicht, die das Angebot der Hochschule erweitern könnte. Sie würde auch aktiv von den „Communities of Transformation" (Kezar et al., 2018) profitieren, die in den Weiterbildungsstudiengängen entstehen und zu einem Transformationsmilieu beitragen, das sich durch die Verknüpfungen der unterschiedlichen Akteure und deren Institutionen durch eine konstante Auseinandersetzung mit Fragen der Nachhaltigkeitstransformation bildet. Während die am Weiterbildungsstudiengang beteiligten Akteure sich zunehmend Teil einer solchen transformativen Praxisgemeinschaft wahrnehmen, dessen transformatives

Potenzial erkennen, ausbauen und nutzen, könnte eine aktive Beteiligung der Hochschule, über die Lehre hinaus, zur Weiterentwicklung der HNEE in eine transformative Hochschule beitragen, die Nachhaltigkeit effektiv in der Gesellschaft verankert.

Literatur

Benn, S., Edwards, M., & Angus-Leppan, T. (2013). Organizational learning and the sustainability community of practice: The role of boundary objects. *Organization & Environment, 26*(2), 184–202.

Bergmann, U. (2000). *Erfolgsteams: Der ungewöhnliche Weg, berufliche und persönliche Ziele zu erreichen.* MVG.

Bliesner A., Liedtke C., & Rohn H. (2013). Change agents für Nachhaltigkeit: Was müssen Sie können? *Zeitschrift Führung + Organisation, 82*(1), 49–53.

Haan, G. de (2008). Gestaltungskompetenz als Kompetenzkonzept der Bildung für Nachhaltige Entwicklung. In I. Bormann & G. Haan de (Hrsg.), *Kompetenzen der Bildung für nachhaltige Entwicklung. Operationalisierung, Messung, Rahmenbedingungen, Befunde* (S. 23–43). VS Verlag für Sozialwissenschaften.

Harvey, B, Ensor, J, Garside, B, Woodend, J, Naess, L. O., & Carlile L. (2013). Social learning in practice: A review of lessons, impacts and tools for climate change. *CCAFS Working Paper no. 38.* CGIAR Research Program on Climate Change, Agriculture and Food Security (CCAFS). www.ccafs.cgiar.org. Zugegriffen: 20. Sep. 2022.

Henke, J., Pasternack, P., & Schmid, S. (2016). Third Mission bilanzieren. Die dritte Aufgabe der Hochschulen und ihre öffentliche Kommunikation. (HoF-Handreichungen 8). Institut für Hochschulforschung (HoF), Halle-Wittenberg. https://www.hof.uni-halle.de/web/dateien/pdf/HoF-Handreichungen8.pdf. Zugegriffen: 10. Nov. 2022.

Kezar, A., Gehrke, S., & Bernstein-Sierra, S. (2018). Communities of transformation: Creating changes to deeply entrenched issues. *The Journal of Higher Education, 89*(6), 832–864.

Kosow & Gaßner. (2008). *Methoden der Zukunfts- und Szenarioanalyse Überblick, Bewertung und Auswahlkriterien,* Werkstattbericht Nr. 103. Institut für Zukunftsstudien und Technologiebewertung (IZT). URL: https://www.izt.de/fileadmin/downloads/pdf/IZT_WB103.pdf. Zugegriffen: 12. Okt. 2022.

Lave, J., & Wenger, E. (1991). *Situated learning: Legitimate peripheral participation.* Cambridge University Press.

Mezirow, J. (1991). *Transformative dimensions of adult learning.* Jossey-Bass.

Murray, S., & Salter, S. (2014). Communities of Practice (CoP) as a model for integrating sustainability into higher education. In K. D. Thomas & H. E. Muga (Hrsg.), *Handbook of research on pedagogical innovations for sustainable development* (S. 170–188). IGI Global.

Nölting, B., Dembski, N., Pape, J., & Schmuck, P. (2018). Wie bildet man Change Agents aus? Lehr-Lern-Konzepte und Erfahrungen am Beispiel des berufsbegleitenden Masterstudiengangs „Strategisches Nachhaltigkeitsmanagement" an der Hochschule für nachhaltige Entwicklung Eberswalde. In W. Leal Filho (Hrsg.), *Nachhaltigkeit in der Lehre. Theorie und Praxis der Nachhaltigkeit* (S. 89–106). Springer Spektrum.

Nölting, B., & Pape, J. (2015) Ein Ideenlabor für Nachhaltigkeit: Forschendes Lernen im berufsbegleitende Masterstudiengang Strategisches Nachhaltigkeitsmanagement. *UmweltWirtschaftsForum, 23*(3), 123–128.

Nölting, B., & Pape, J. (2017). Third-mission und Transfer als Impuls für nachhaltige Hochschulen. In W. Leal Filho (Hrsg.), *Innovation in der Nachhaltigkeitsforschung. Theorie und Praxis der Nachhaltigkeit* (S. 265–280). Springer Spektrum.

Nölting, B., Pape, J., & Kunze, B. (2015). Nachhaltigkeitstransformation als Herausforderung für Hochschulen – Die Hochschule für nachhaltige Entwicklung Eberswalde auf dem Weg zu transdisziplinärer Lehre und Forschung. In W. Leal (Hrsg.), *Forschung für Nachhaltigkeit an deutschen Hochschulen* (S. 131–147). Springer.

OECD. (2005). Organisation für wirtschaftliche Zusammenarbeit und Entwicklung (OECD): Definition und Auswahl von Schlüsselkompetenzen. http://www.oecd.org/dataoecd/36/56/35693281.pdf. Zugegriffen: 21. Sep. 2022.

Rieckmann, M. (2016). Kompetenzentwicklungsprozesse in der Bildung für nachhaltige Entwicklung erfassen – Überblick über ein heterogenes Forschungsfeld. In M. Barth & M. Rieckmann (Hrsg.), *Empirische Forschung zur Bildung für nachhaltige Entwicklung – Themen, Methoden und Trends* (S. 89–109). Leverkusen.

Roose, I., Nölting, B., König, B., Demele, U., Crewett, W., Georgiev, G., & Göttert, T. (2022). *Nachhaltigkeitstransfer – ein Konzept für Wissenschafts-Praxis-Kooperationen. Eine empirische Potentialanalyse am Beispiel der Hochschule für nachhaltige Entwicklung Eberswalde.* (Diskussionspapier-Reihe Nachhaltigkeitstransformation & Nachhaltigkeitstransfer, Nr. 2/22). Eberswalde: Hochschule für nachhaltige Entwicklung Eberswalde. https://opus4.kobv.de/opus4-hnee/files/272/Diskussionspapier_FZ_NTT_Nr02_22_04_final.pdf.

Schneidewind, U. (2016) Die „Third Mission" zur „First Mission" machen? *Hochschule, 1,* 14–22.

Schneidewind, U. (2014). Von der nachhaltigen zur transformativen Hochschule: Perspektiven einer „True University Sustainability" *Umweltwirtschaftsforum, 22*(4), 221–225.

WBGU – Wissenschaftlicher Beirat der Bundesregierung Globale Umweltveränderungen (Hrsg.). (2011). *Welt im Wandel. Gesellschaftsvertrag für eine Große Transformation.* WBGU.

Wenger, E. (2007). Introduction to communities of practice: A brief overview of the concepts and its uses. URL: http://wenger-trayner.com/introduction-to-communities-of-practice/. Zugegriffen: 08. Mai 2020.

Wiek, A., Withycombe, L. & Redman, C. L. (2011). Key competencies insustainability: a reference framework for academic program development. *Sustainability Science 6*(2), 203–218.

Wiek, A., Bernstein, M. J., Foley, R. W., Cohen, M., Forrest, N., Kuzdas, C., Kay, B., Withycombe, L., & Keeler, L. (2016). Operationalising competencies in higher education for sustainable development. In M. Barth, G. Michelsen, I. Thomas, & M. Rieckmann (Hrsg.), *Routledge handbook of higher education for sustainable development* (S. 241–260). Routledge.

Planetary Health: Einsatz von Strukturmodellen im Kontext der Vermittlung von Transformationskompetenzen im Public Health Studium – Ein Beitrag zur Bildung für nachhaltige Entwicklung

Magdalène Lévy-Tödter

1   Einleitung

Der Logik des Strategiekonzepts *Health in All Policies* folgend, werden zur Förderung planetarer Gesundheit sowohl intersektorale Kooperationen als auch die Einbeziehung öffentlicher und privater Akteure als wichtige Voraussetzungen für eine klimaresiliente und gesundheitsfördernde Stadt- und Regionalentwicklung betrachtet. Somit steigt der Druck auf Hochschulen, ihre Studierenden auf das Nutzen, In Betracht ziehen neuer Kooperationsformate wie Multi-Akteurs-Netzwerke (MAN) und auf die Weiterentwicklung von Modellen für die Analyse von komplexen Beziehungen vorzubereiten. Mit Blick auf die Entfaltung der vergleichsweise jungen Diskussion zur Bedeutung der Nachhaltigkeit und planetarer Gesundheit im Gesundheitswesen lassen sich in den Gesundheitswissenschaften „Transformationspfade" erkennen, die für die Integration von Bildung für nachhaltige Entwicklung an Hochschulen (Giesenbauer & Müller-Christ, 2020) nicht untypisch sind. Der Schwerpunkt der Lehre verschiebt sich mit Fokus auf Wissenserwerb (z. B. über den Klimawandel und seine Auswirkung auf die Gesundheit) auf kompetenz- und transferorientierte Lehr- und Lernformate, wie Publikationen und Initiativen mit Überschriften wie 'Bildung für transformationales Handeln´ (Wabnitz et al., 2021; KLUG, 2023) erkennen lassen.

M. Lévy-Tödter (✉)
Deutsche Gesellschaft für Nachhaltigkeit an Hochschulen e.V., Bremen, Deutschland
E-Mail: mlt@dg-hochn.de

W. Leal Filho (Hrsg.), *Lernziele und Kompetenzen im Bereich Nachhaltigkeit,* Theorie und Praxis der Nachhaltigkeit, https://doi.org/10.1007/978-3-662-67740-7_19

In der Literatur wird aufgrund seiner Berührungspunkte mit anderen Fachdisziplinen mehrfach auf die Komplexität des Berufsfelds und Studienfaches Public Health (Liedtke et al., 2020) hingewiesen. Es ist von daher nicht verwunderlich, dass für die Lehre und Forschung in diesem Studienfach sehr unterschiedliche Ansätze, Modelle und Instrumente aus verschiedenen Fachdisziplinen in der Hochschuldidaktik empfohlen werden wie 1) Planungs- und Evaluationsmodelle wie der Policy Zyklus „*Public Health Action Cycle*" oder das *Intervention-Mapping-Model* (van der Vliet et al., 2018; Rosenthal, 2021) und 2) Instrumente zur partizipativen (Gesundheits)forschung wie das Community Mapping, die Standortanalyse oder der Ansatz der *Positive Deviance* (Hartung et al., 2020; Pratt et al., 2023). Die Anwendung dieser Modelle und Instrumente in der Lehre- und Forschung in den Gesundheitswissenschaften soll Studierende dazu befähigen und darin stärken, eine Transformation zu gesundheitsfördernden Gesellschaften mitzugestalten. Service Learning-Ansätze oder Experimentierräume werden in Gesundheitswissenschaften bereits genutzt. Weniger verbreitet sind hochschuldidaktische Konzepte, die Studierende ermutigen, diese Instrumente in transdisziplinären Projekten je nach Fragestellung zu kombinieren. So erläutern Liedtke et al. (2020), um ein Beispiel zu nennen, einen „Methodenparcours", den Studierende in einem Semester absolvieren können. Im Kontext der Bildung für nachhaltige Entwicklung im Studienfach Public Health stellt sich die Frage, wie der Übergang vom projektorientierten Lernen über Forschendes Lernen hin zum Umgang mit ‚*wicked problems*' mit Instrumenten der qualitativen und quantitativen Forschung erfolgen kann.

Während hochschuldidaktische Formate wie das projekt- bzw. challenge-orientierte Lernen oder das forschende Lernen im Kontext der Bildung für Planetare Gesundheit zunehmend thematisiert werden, werden Konzepte zur konkreten Anwendung von Strukturmodellen (Fehr, 2005) wie das DPSEEA-Modell der WHO samt Ergänzungen und Weiterentwicklungen im Umgang mit ‚*wicked problems*' (Ritter & Webber, 1973) seltener angesprochen. Strukturmodell bezeichnet in diesem Kontext laut Literatur einen Rahmen, der die Auswertung von Daten und das Treffen von Entscheidungen in einem komplexen Umfeld unterstützen soll. Aufgrund der Heterogenität der Studentenschaft und des Arbeitsfelds Public Health wirft die Komplexität dieser Strukturmodelle als Bestandteil der Nachhaltigkeitsmanagements die Frage auf, ob sie Teile der Lösung oder Teile des Problems sind.

Der Beitrag befasst sich zunächst mit der Frage, inwiefern das Konzept Planetary Health einen Paradigmenwechsel für die Didaktik im Studienfach Public Health darstellen kann. Im Anschluss daran werden Konzepte für eine schrittweise Einführung zum Umgang mit komplexen Problemen bei der Planung und Gestaltung einer integrierten kommunalen Gesundheitsstrategie im Kontext des Planetary Health diskutiert und mithilfe der Ergebnisse einer Analyse von Handbüchern, Forschungsberichten und Fallstudien ergänzt.

## 2	Planetary Health als neue Wissenschaft

Seit den 70er Jahren befassen sich Fachdisziplinen wie die ökologische Gesundheits-förderung systematisch mit der Analyse von Risikofaktoren aus der Umwelt und ihren Auswirkungen auf die Gesundheit. Es wurden dabei unter anderem klassische Modelle der Gesundheitsförderung wie das Salutogenese-Modell von Antonovsky oder Strukturmo-delle wie DPSEEA (weiter)entwickelt, um die gesundheitsbezogenen Wechselwirkungen des Menschen und seiner Umwelt zu systematisieren (Malsch, 2021). Die weltweite Zunahme von klimabedingten Todesfällen und Krankheiten hat dazu beigetragen, dass eine Verbindung zwischen Ressourcenschonung und Klimaresilienz im Gesundheitswe-sen stetig an Bedeutung (vgl. Punnakitikashem & Hallinger, 2020) gewonnen hat, auch wenn Berichte wie die Dokumentation „Zur Nachhaltigkeit im Gesundheitswesen" der Wissenschaftlichen Dienste des Bundestages (Oktober 2022) zeigen, dass das Ungleich-gewicht zwischen den Themen Umweltschutz und Klimaresilienz im Gesundheitswesen noch sehr ausgeprägt ist.

Angesichts dieser Wende zur Planetarer Gesundheit im Gesundheitswesen ist es nicht verwunderlich, dass die Begrifflichkeit im Public Health angepasst wird und Bedeu-tungserweiterungen oder Wortneuschöpfungen wie Planetary Health, One Health neben Begriffen wie ökologische Gesundheitsförderung oder nachhaltige StadtGesundheit in den letzten Jahrzehnten entstanden sind (de Castañeda et al., 2023). Ein Vergleich zweier Definitionen des Begriffs Planetary Health aus dem Jahr 2015 und dem Jahr 2021 zeigt Parallelitäten zwischen dem Begriff Planetary Health und wichtigen Meilenstei-nen der Nachhaltigkeitsdiskussion wie dem Brundtland-Bericht (1987) oder der Agenda 2030 (2015), wenn es zum Beispiel von Limitationen oder intra- und intergenerationelle Gerechtigkeit die Rede, von Lösungsorientierung, von Rolle von Narrativen oder von Transformationsgedanken die Rede ist.

Planetary Health is *"the achievement of the highest attainable standard of health, well-being, and equity worldwide through judicious attention to the human systems – political, economic, and social – that shape the future of humanity and the Earth's natural systems that define the safe environmental limits within which humanity can flourish. Put simply, planetary health is the health of human civilisation and the state of the natural systems on which it depends"* (The Rockefeller Foundation–Lancet Commission on Planetary Health, 2015, S. 1978).

Planetary Health bezeichnet „[…] die Intaktheit der Beziehungen innerhalb, von und zwischen planetaren Ökosystemen als Voraussetzung für das Wohlergehen der menschli-chen Zivilisation. Dabei ist Planetary Health untrennbar verbunden mit der Erarbeitung von Lösungen, angefangen z. B. bei Modellierungen, welche Form der Ernährung gesund ist für Menschen und unseren Planeten, bis hin zu der Entwicklung von Narrativen, die wichtig sind für ein Gelingen der Transformation" (Schulz & Herrmann, 2021, S. 4).

Planetare Gesundheit als Konzept zieht eine Steigerung der Komplexität von Interven-tionsprogrammen in der Gesundheitsförderung nach sich, da mit diesem Konzept sowohl

Maßnahmen im Kontext des Klimaschutzes als auch der Klimaresilienz gemeint sind. In der Literatur der vergleichsweise jungen Disziplin Planetary Health sind bereits wissenschaftlich fundierte Listen von Studien zu den Auswirkungen des Klimawandels das Gesundheitswesen (Traidl-Hoffmann et al., 2021).

Die Agenda 2030 spannt mit ihren 17 Nachhaltigkeitszielen ein Zielsystem mit zahlreichen Wechselwirkungen auf, das in Anlehnung an das ‚Magische Viereck‘ der Wirtschaftspolitik als „Magisches Vieleck der Nachhaltigkeit" bezeichnet werden kann (Herlyn & Lévy-Tödter, 2020). Dieses herausfordernde Zielsystem wird deshalb als Anlass genommen, neue Formen von Kooperationen zu entwickeln und auszuprobieren. Zu diesen sozialen Innovationen gehören Multi-Akteurs-Netzwerke (MAN), die über eine reine Ausweitung „klassischer" interorganisationaler Kooperationen hinausgehen (Herlyn et al., 2023). Wie die Covid-19-Pandemie gezeigt hat, kann die gesundheitspolitische Umsetzung von Prävention und Gesundheitsförderung auf nationaler oder regionaler Ebene vor allem gelingen, wenn Strategien auf die „Herstellung neuer sinnvoller Verbindungen zwischen unterschiedlichen Themenbereichen, wissenschaftlichen Disziplinen und gesellschaftlichen Sektoren" (Trojan & Fehr, 2020, S. 957) ausgerichtet werden. So führen Multi-Akteurs-Partnerschaften zwischen den Gesundheitsfachkräften und Akteuren aus anderen Sektoren zu einer größerer Kohäsion und kollektivem Lernen und helfen, Lösungen an der Schnittstelle zwischen Klimaschutz und Klimaresilienz auszuloten und gemeinsam umzusetzen (Prior, 2018, S. 4).

3   Blickfelderweiterung' im Kontext von Lehre zu Planetary Health

Eine erfolgreiche Umsetzung integrativer Nachhaltigkeitskonzepte wie die Agenda 2030 setzt eine Analyse potenzieller Wechselwirkungen verschiedener Nachhaltigkeitsziele und ergriffener Maßnahmen auf globaler, nationaler und lokaler Ebene (Herlyn & Lévy-Tödter, 2020) voraus. Hinzu kommt, dass die Inter- und Transdisziplinarität von Kooperationsprojekten im öffentlichen Gesundheitsdienst (‚Blickfelderweiterung‘ Trojan & Fehr, 2020, S. 953) eine hohe Anzahl an involvierten Fachdisziplinen impliziert, was die Komplexität in Entscheidungsprozessen erhöhen dürfte.

Systemisches Denken zielt darauf ab, die „Qualität der Wahrnehmung des Ganzen, seiner Teile und der Wechselwirkungen innerhalb und zwischen den Ebenen" (Peters, 2014, S. 1) zu erhöhen. In einem komplexen System wie Planetary Health hängt die Qualität einer guten Forschung davon ab, wie mit Modellen gearbeitet wird. So überrascht es nicht, dass Instrumente der *System Theory* oder der *Complexity Science* im Public Health bereits bekannt sind auch wenn sich ihre Anwender den Grenzen dieser Verfahren bewusst sind:

"In global health, we are concerned with both theory and practice, and are in need of models that match the complex conditions in which we work. A common thread of all these theories, methods, and tools is the idea that the behavior of systems is governed by common principles that can be discovered and expressed. They are all helpful in trying to conceptualize the systems in place. Some are more focused on ways to change the system to produce better outcomes. In using these theories, methods, and tools, we are reminded by the statistician George EP Box that "all models are wrong, but some are useful"" (Peters, 2014, S. 4)

Im Kontext von Public Health oder des Health Policy haben Rusoja et al. (2018) in 515 Journals aus der Medizin und Public Health die Verbreitung von acht Methoden wie z. B. *System Dynamics Modeling, Social Network Analysis* oder *Scenario Technique* beobachtet, wobei die wenigsten dieser Studien über die Anwendung dieser Modelle in der Praxis berichtet haben. Insbesondere bei der Skalierung von isolierten Maßnahmen im Kontext von Planetary Health kann es besonders schwierig sein, bestehende Modelle für die Planung und das Monitoring von Interventionen an die jeweiligen Fragestellungen anzupassen. Die Digitalisierung vieler Arbeits- und Lebensbereiche verstärkt diese Fokussierung auf Daten, da Ansätze wie *Data Analytics* nun die Möglichkeit bieten, immer komplexere Wechselwirkungen abzubilden.

Eine Analyse der Anwendung von Modellen, die im Kontext von Planetary Health in empirischen Studien oder Fallstudien genutzt werden, könnte deshalb verhelfen, didaktische Konzepte für die Nutzung dieser Modelle in projektorientierten Kursen anzuwenden. Zunächst soll kurz auf Curricula des Studiengangs Public Health eingegangen werden.

Public Health ist eine junge und aktive Fachdisziplin, die seit circa 30 Jahren in Deutschland studiert werden kann (Dierks, 2016). Die Autoren der „Eckpunkte einer Public-Health-Strategie für Deutschland" stellen dennoch 2021 fest, dass es in Deutschland noch an einem „verbindlichen Lernzielkatalog für Public Health im akademischen Bereich" (Zukunftsforum Public Health, 2021) mangelt. In der Praxis des Public Health arbeiten vielfach Mitarbeiter_innen aus verschiedenen Disziplinen und in geringerem Maßen Absolventen des Faches Public Health. Landesvereinigungen, Berufsverbände und Akademien für Öffentliche Gesundheitsdienste bieten Fort- und Weiterbildungen für die Vermittlung von Methoden- und Transformationskompetenzen. Aus diesem Grund ist der Aussagewert einer Curricula-Analyse im Hinblick auf die Vorbereitung von Studierenden des Faches Public Health auf die Planung und Umsetzung von Multi-Akteurs-Netzwerke für eine planetare Gesundheit begrenzt. In ihrem Kurzbericht der Arbeitsgruppe 9 des Zukunftsforums Public Health „Lehre, Fort- und Weiterbildung in Public Health" bezeichnen Dragano et al., (2017, S. 930) Public-Health-Expert_innen als einen Personenkreis, der „in der Regel breite Public-Health-Kompetenz benötigt, um inter- und transdisziplinäre Lösungen für komplexe Probleme der Bevölkerungsgesundheit zu finden" und plädieren deshalb für eine stärkere Verknüpfung zwischen Lehre und Forschung sowie eine engere Kooperation zwischen Hochschulen und dem Öffentlichen Gesundheitsdienst (ÖGD).

4 Kompetenzorientierung im Kontext von Bildung für nachhaltige Entwicklung an Hochschulen

Mit Bildung für nachhaltige Entwicklung (BNE) ist ein normatives pädagogisches Konzept gemeint, das mit seinen fünf prioritären Handlungsfeldern für alle Bereiche des Bildungssystems relevant sein sollte (vgl. UNESCO, 2014). Im Hochschulkontext wird Nachhaltigkeit als „eine drängende gesellschaftliche Entwicklungsaufgabe" bezeichnet, mit der Hochschulen wie „alle anderen gesellschaftlichen Akteur: innen" sich auseinandersetzen müssen (Bormann et al., 2020). Ein Zeichen dafür, dass Hochschulen sich dieser Verantwortung zunehmend stellen, ist die steigende Zahl der Gründungen regionaler, nationaler und internationaler hochschulübergreifender Netzwerke. Im Hochschulkontext werden üblicherweise die fünf Handlungsfelder Lehre, Forschung, Governance, Betrieb und Transfer unterschieden (Bormann et al., 2020). Mit Blick auf das Handlungsfeld Lehre ermöglicht Bildung für Nachhaltige Entwicklung (BNE) „Menschen, zukunftsfähig zu denken und zu handeln, also die Auswirkungen des eigenen Handelns auf die lokale Umwelt und auf Menschen in anderen Erdteilen zu verstehen, sich die Auswirkungen auf zukünftige Generationen vorstellen zu können, und daraufhin verantwortungsvolle Entscheidungen treffen zu können. BNE bereitet Menschen darauf vor, aktiv mit den Problemen umzugehen, die eine Nachhaltige Entwicklung unseres Planeten bedrohen, und gemeinsam Lösungen für diese Probleme zu finden" (Bellina et al., 2020, S. 24).

In der Nachhaltigkeitsforschung wurde die Phase der Transfers des Wissens in die Gesellschaft hinein zunächst als ‚Third Mission' oder ‚Transfer' bezeichnet. Erst später kamen mit Begriffen wie ‚Transformative Bildung' oder 'Transformatives Wissen´ Ausdrücke, die den dynamischen Aspekt von Bildung versprachlichen. Kern der Hochschulbildung für nachhaltige Bildung liegt demnach in der Förderung von Reflexions- und Gestaltungskompetenzen von Studierenden, damit sie in Transformationsprozessen eine treibende Rolle einnehmen können. Im Kontext des Planetary Health ist ebenfalls von der Relevanz eines Transformationalen Lernens, das ein Grundverständnis für komplexe Systeme voraussetzt, die Rede (KLUG, 2023). Unter Transformationskompetenzen versteht man „systemisches Denken, vorschauendes Denken, inter- und transdisziplinäres Arbeiten, partizipatives Denken, Grundlagen und Methoden" (vgl. Ruesch Schweizer et al., 2018).

In der Kompetenzforschung trifft man seit den 1990er auf umfangreiche Modelle mit Blick auf die Evaluation von Kompetenzen (Weinert, 2001, Redman et al., 2021) für nachhaltiges Handeln. In einigen Fachdisziplinen wie der Medizin steht die Kompetenzorientierung erst jetzt im Mittelpunkt des Nationalen Kompetenzbasierten Lernzielkatalogs Medizin (Schwienhorst-Stich, o. D.), anhand dessen Fakultäten bis zum Jahr 2026 ihre Curricula überarbeiten sollen. Im Katalog ist die Rede vom reflektierten Verhalten beim Forschen. Forschendes Lernen als hochschuldidaktischer Ansatz bietet die Möglichkeit, einschlägige Kompetenzen für die Praxis zu erwerben, ohne dass die Reflexion zu kurz kommt. In der Literatur werden zum einen „klassische" Kompetenzen wie Fach-,

Methoden-, Sozial- und Selbstkompetenzen für diesen Lernkontext angepasst (Huber & Reinmann, 2019, S. 224). Zum anderen werden eigens für die Planung und Durchführung von Multi-Akteurs-Partnerschaften neue Kompetenzen wie Forschungskompetenz, Kompetenz im Umgang mit der Praxis, Kompetenz für interdisziplinäre Zusammenarbeit (ebd.) empfohlen. Der in diesem Kontext häufig genannte Begriff Transformationskompetenz geht über „klassische" Methodenkompetenzen hinaus, da er Elemente wie systemisches Denken, vorschauendes Denken, inter- und transdisziplinäres Arbeiten oder partizipatives Denken einbezieht (vgl. Ruesch Schweizer et al., 2018).

Für die kompetenzorientierte Curriculum-Entwicklung im Kontext des Transformationalen Lernen greifen Experten im Bereich Public Health auf nationale und internationale Standards wie die 12 Prinzipien von Planetary Health Lehre (Health for Future, KLUG, Planetary Health Academy, 2022) oder die Kompetenzlisten aus dem AMEE Consensus Statement (2021) zurück.

Eine Studie über die Situation von Studierenden während und nach dem Studium des Faches Public Health erklärt den ‚Praxisschock' vieler Studierenden dadurch, dass Absolvent_innen vieles über einzelne Disziplinen wie Epidemiologie, Gesundheitsökonomie und Medizin lernen, aber weder üben, das Wissen dieser Disziplinen zu integrieren, noch lernen mit komplexen Fragestellungen umzugehen (vgl. Liedtke et al., 2020). In der Hochschuldidaktik wird vor diesem Hintergrund mithilfe von Modellen zur Entwicklung von Kompetenzen aufgezeigt, wie Studierende Semester für Semester mit aufeinander abgestimmten Lehr- und Lernformaten (reine Vermittlung von Wissen, projektorientiertes Lernen, Forschendes Lernen) befähigt werden, empirische Instrumente der Forschung in lokalen Interventionen anzuwenden. Schwieriger wird es, wenn Studenten auf komplexe und unvorhersehbare Situationen vorbereitet werden sollen. Liedtke et al., 2020 bieten bereits eine gute Grundlage, um Studierende auf die Bearbeitung von ‚*wicked problems*' vorzubereiten. Dort stellen sie ein semesterübergreifendes Konzept zur Vermittlung von Kompetenzen (Forschendes Lernen) vor, in dem Studierende in einem dreischrittigen Vorgehen dazu animiert werden, ein Projekt durchzuführen. Die erste Phase der ‚Lageanalyse' besteht aus einer Literaturrecherche, einer Stakeholderanalyse und Interviews von relevanten Akteuren in der betreffenden Lebenswelt. In der zweiten Phase soll ein Interventionskonzept mit Verfahren wie „Evidenz, Modellprojekte und Wirkmodelle" (ebd., S. 308) entwickelt werden. Das Projekt endet mit der Entwicklung eines Evaluationskonzepts (vgl. Schwienhorst et al., 2021).

5   Anwendung von Rahmenkonzepten und Strukturmodellen im Kontext von Planetary Health

Für die Planung und das Monitoring von Maßnahmen im Kontext von Planetary Health greifen Expert_innen auf Rahmenkonzepte bzw. Strukturmodelle wie DPSEEA zurück, um modellgestützte Planungsprozesse zu erarbeiten (Iyer et al., 2021). Edokpolo et al., (2019, S. 3) fassen die Vorteile von konzeptuellen Rahmen wie folgt:

> "A conceptual framework for environmental health tracking provides an organized approach that helps visualize, collate, and analyze issues related to actual or predicted environmental health relationships. In addition, conceptual frameworks can connect individual monitoring programs and support development of new indicators, policies, and programmes."

Boylan et al. (2018) und Van der Vliet et al. (2018) haben u. a. anhand von Meta-Analysen eine Reihe von konzeptuellen Rahmen für Klimawandel und Gesundheit in der Forschung und Praxis identifiziert, wobei anzumerken ist, dass kein einzelner Rahmen für alle sozialen, politischen, ökonomischen und ökologischen Kontexte geeignet ist. Diese Dynamik in der Entwicklung von Rahmenkonzepten und Modellen verdeutlichen die Bedeutung dieser Instrumente, die in der für so verschiedene Zwecke wie die Steuerung von Entscheidungsprozessen, die Evaluation von Maßnahmen oder die Sammlung von Daten für Apps in Citizen Science-Projekten (Workman et al., 2021) verwendet werden.

Was verbirgt sich hinter dem Begriff „Strukturmodelle" und wie wird diese Art von Modellen in der Literatur (Handbücher, Forschungsberichte, Case Studies) präsentiert? In diesem Kapitel wird zunächst das DPSEEA-Modell der WHO in seinen Grundzügen vorgestellt. Darauf folgt die Analyse der Verwendung von Strukturmodellen in Lehrwerken und Handbüchern im Bereich Public Health und Gesundheitsförderung sowie in ausgewählten Fachartikeln, in denen das Modell weiterentwickelt wurde. Die Ausgangsfrage zu dieser Analyse ist: Wie können Studierende dazu animiert werden, Modelle für eigene Fragestellungen anzupassen oder neu zu konzipieren, damit ihnen für den beruflichen Alltag ein größeres Handlungsrepertoire für den Umgang mit komplexen Themen/Systemen zur Verfügung steht?

Die Geschichte und nicht nur die Beschreibung des Modells könnte schon Bestandteil der Lehre sein. Das Akronym DPSEEA steht für die sechs Stufen des Modells des 1996 von den Mitarbeitenden des Office of Global and Integrated Environmental Health (WHO), Corvalán, Briggs und Kjellström entwickelten Modells. Es ist so konzipiert worden, dass für jede Stufe dieser linearen Ursache-Wirkungs-Kette (*Driving force* (dt. Entwicklungsdynamik), *Pressure* (dt. Druck auf die Umwelt), *State* (dt. Umweltzustand, *Exposure* (dt. Exposition), *Effect* (dt. Gesundheitliche Wirkung), *A*ction (dt. Handlung) Maßnahmen zugeordnet werden konnten (dt. Fehr, 2005, S. 83; Corvalán et al., 1999; Boylan et al., 2018).

Kurz nach seinem Entstehen wurde das Modell aufgrund seiner Linearität und des Risikos einer zu starken Vereinfachung von Ursache-Wirkungszusammenhängen kritisiert, was dazu führte, dass D. Briggs bereits im Jahre 2003 das – zunächst auf Kinder zuge-schnittene – *Multiple Exposures-Multiple Effects* (MEME)-Modell daraus ableitete (Liu et al., 2021). Trotz der berechtigten Kritik am DPSEEA-Modell ist es bemerkenswert, dass eine Verknüpfung zur Nachhaltigkeit von Anfang an gegeben war und dass in diesem Modell Klimaschutz und Klimaresilienz vereint waren (Boylan, 2018). Es folgten weitere Überarbeitungen des Modells, in denen die Bedeutung von Aspekten wie sozialer Kontext (mDPSEEA, Morris et al., 2006), Gesundheitliche Chancengleichheit (Flacke et al., 2016), Vulnerabilität (Boyan et al., 2018) oder *educational performance* (Liu et al., 2021) anders bewertet wurden. Inzwischen sind weitere Modelle mit Namen wie INHERIT, SUHEI oder ,*Conceptual Framework*' hinzugekommen, die eine ähnliche Struktur wie DPSEEA aufweisen. Aktuell werden Ansätze wie die *Theory of Change* bei der Erweiterung des Modells berücksichtigt (Cash-Gibson et al., 2023).

5.1 Besprechung von Strukturmodellen in Lehrwerken des Fachs Public Health

Es gibt verschiedene Zugänge zur Analyse der Vermittlung von Kompetenzen im Hochschulkontext (Interviews von Lehrenden oder Studierenden, Textanalysen von Lehr-werken, Analyse von Curricula, Audio- oder Videoaufnahmen von Lehrveranstaltungen). In kommentierten Vorlesungsverzeichnissen von Hochschulen oder in anderen Informa-tionsquellen über Public Health Studiengänge werden vielfach Lehr- und Arbeitsbücher als Pflicht- oder weiterführende Lektüre angegeben. Auch wenn Bücherempfehlungen noch wenig über die tatsächliche Wissensvermittlung und den Wissenserwerb in einem Kurs aussagen, können sie ein guter Indikator sein für die Art und Weise, wie mit-hilfe von Modellen wie Strukturmodellen komplexe Zusammenhänge eingeführt werden bzw. veranschaulicht werden (vgl. Westbrook & Harvey, 2022). Aus diesem Grund bietet sich an, explorativ einen Blick auf die Darstellung von Strukturmodellen in Lehr- und Arbeitsbücher sowie Sammelbände zu werfen.

Die Stichprobenziehung in der vorliegenden Lehrwerkanalyse basiert hauptsächlich auf den Angaben der Deutsche Gesellschaft für Public Health e. V., auf den Modulhandbü-chern einzelner Universitäten, in denen Public Health studiert werden kann (n = 33) und auf Webseiten einschlägiger Verlage für die Hochschullehre in den Gesundheitswissen-schaften. Die Datengrundlage für die Analyse bestand aus 14 deutschsprachigen Sammel-, Lehr- und Handbüchern, die zwischen 2014 und 2022 erschienen sind. Aufgrund der unterschiedlichen Mengen an Informationen in den drei Quellen ist diese Auswahl eher als unsystematisch bzw. explorativ zu betrachten. Die Analyse erfolgte in drei Schritten: Nach einer Suche nach Namen von Strukturmodellen oder Hinweise auf Strukturmodelle im Index und Inhaltsverzeichnissen der ausgesuchten Handbücher, wurde geschaut, ob Strukturmodelle dort angesprochen wurden und wenn ja, wie sie behandelt wurden. Eine Inhaltsanalyse hat zum Zeitpunkt der Publikation nicht stattgefunden.

Bei der Durchsicht von Handbüchern im Bereich Public Health wurde festgestellt, dass der Fokus der Methodenvermittlung vieler Lehrwerke auf Instrumenten des Policy-Management und der Forschung zum Gesundheitsverhalten liegt. Wenn Strukturmodelle eingeführt werden, beschränken sich die meisten Verfasser darauf, die Bausteine des Modells kurz zu erläutern. Seit dem Jahre 2020 nimmt die Anzahl an Lehrwerken zu Methoden zu, in denen Interdisziplinarität, Umgang mit komplexen Problemen oder Systemisches Denken thematisiert wird (vgl. Niederberger & Finne, 2021; Tiemann & Mohokum, 2021). Da diese Lehrwerke für die Veranschaulichung der Arbeit mit Strukturmodellen bedingt hilfreich sind, soll im nächsten Kapitel aufgezeigt werden, wie Case Studies in wissenschaftlichen Journals als Anregung für die Hochschullehre genutzt werden können.

5.2   Analyse der Besprechung von Strukturmodellen in Forschungspraxis und Fallstudien

Im zweiten Teil der Studie wurde nach Beiträgen in wissenschaftlichen Journals gesucht, in denen die Entwicklung von Indikatoren für das Monitoring von gesundheitlichen Belastungen durch Umwelteinflüsse mit einem regionalen/nationalen Bezug thematisiert wurde. Die Suche erfolgte zuerst über Metaanalysen von Studien, in denen Modelle im Public Health besprochen wurden. Die Liste wurde mithilfe von Suchmaschinen und Literaturdatenbanken ergänzt. In einem zweiten Schritt wurden Studien ausgewählt, wenn mehrere dieser Arbeitsschritte im Text behandelt wurden: Kooperation mit Akteuren aus anderen Sektoren, Darstellung der Anwendung der Modelle und deren Anpassung, Darstellung der eigenen Erfahrungen mit dem ausgesuchten Modell und Implikationen für die Forschung und/oder Praxis.

Es wurden keine regionalen Eingrenzungen vorgenommen. Es fällt aber auf, dass DPSEEA- Projekte aktuell eher außerhalb Europas stattfinden. Die Liste beträgt sechs Beiträge über Projekte basierend auf dem DPSEEA-Modell (u. a. Boylan et al., 2018, New South Wales, Australia; Flacke et al., 2022, Kathmandu, Nepal; Edokpolo, 2019, Victoria, Australia), zwei Beiträge mit dem INHERIT-Modell (van der Vliet et al., 2018 sowie Bell et al., 2019 in diversen Städten), ein Beitrag mit dem SUSHEI-Modell (Flacke et al., 2016, Dortmund, Germany) und ein Beitrag mit dem ,Conceptual Framework' (Marí-Dell'Olmo, 2022, diverse Städte im Mittelmeer-Raum). In diesen Beiträgen erläutern die Autor_innen, wie sie aufbauend auf DPSEEA Schritt für Schritt eigene Modelle entwickelt haben. Aus dieser Analyse der Fallstudien oder Forschungsberichte lassen sich folgende Erkenntnisse für den Aufbau eines studentischen Forschungsprojekts ableiten:

1. Wahl eines konzeptuellen Rahmens.
2. Suche nach Stakeholdern, die Daten zu den relevanten Wirkfaktoren liefern können.
3. Anpassung des Modells DPSEEA und Entwicklung eines neuen Modells.

4. Ausprobieren und Evaluation des Modells in einem studentischen Forschungsprojekt.
5. Verbreitung des Modells in einer Open Access-Plattform.

Diese Arbeitsschritte sind zeitintensiv und eignen sich eher für Gruppenarbeiten. Wichtig ist vor allem eine frühzeitige Vorbereitung auf die einzelnen „Herausforderungen" dieser flexiblen und reflexiven Vorgehensweise.

6   Implikationen für die Lehrpraxis

Im Folgenden soll ein übergeordnetes Lehrkonzept zur Förderung des systemischen Denkens exemplarisch am Beispiel des Masterstudiengangs Public Health an der FOM Hochschule aufgezeigt werden.

1. Semester Masterstudiengang

In einem ersten Schritt sollten die Studierenden zum systemischen Denken ermuntert werden, in dem sie üben, eine (subjektive) systemische Landkarte einschlägiger Akteure aus der Region zu Themen der Prävention/Gesundheitsförderung zu erarbeiten. Informationsquellen für diese Bestandsanalyse in Form von ‚Akteurs- und Aktionskarten' stellen Organisationen wie die Landesvereinigungen für Gesundheitsförderung auf Länderebene, Methoden wie das Kategoriensystem der Public-Health-Landschaft in Hommes et al. (2022) oder Beiträge in Sammelbänden (Gemeinschaftswerken) mit regionalem Fokus wie „Nachhaltige StadtGesundheit Hamburg Band II" (Fehr & Augustin, 2022) dar.
Ein zweiter Schritt im Aufbau des Systemischen Denkens wäre der Zugang zu Orten des Diskurses. Damit sind nicht nur Besuche von Institutionen gemeint, sondern gemeinsame Exkursionen an ‚Orte des Handelns' wie z. B. Stadtteile mit Akteuren aus verschiedenen Sektoren und aus verschiedenen Fachdisziplinen, die eine mehrperspektivische Zugangsweise zu Themen fördern.

2. Semester Masterstudiengang

Viele Studierende haben Schwierigkeiten, die Begriffe Modelle und Theorien zu unterscheiden. Bevor die Studierenden „einen Forschungsprozess selbst forschend vollständig durchlaufen" (Huber & Reinmann, 2019, S. 3), ist es von daher wichtig, dass sie Schritt für Schritt an empirischer Forschung herangeführt werden. Dazu gehört die Arbeit mit Modellen. Der kritische Umgang mit Modellen setzt Wissen über die Hintergründe ihres Entstehens voraus, da sie genauso wie Definitionen Momentaufnahmen eines Forschungsprozesses darstellen. Eine Möglichkeit wäre die Arbeit mit narrativen Ankern (Scharnhorst, 2001) wie Entstehungsgeschichten von Modellen mit ihren Höhen und Tiefen z. B. in Form von Lehrvideos. Ziel dieser Narrative wäre aufzuzeigen, dass Modelle

und Theorien nicht statisch sind, sondern jederzeit angepasst und verbessert werden können. Da Strukturmodelle vielleicht einen abschreckenden Charakter haben, könnte man
für die erste Phase einer Interventionsplanung mit Verfahren oder Tools, die in der
Praxis erprobt wurden, wie der Standort Analyse und dem StadtRaumMonitor (BZgA,
o. D.) zu arbeiten. Eine weitere Maßnahme wie die Teilnahme an bestehenden lokalen
transdisziplinären Arbeitskreisen rund um Public-Health-Themen könnte diese Lernphase
abschließen.

Ein wichtiger Aspekt in diesem Zusammenhang ist die sogenannte „Twin Transformation" bzw. das Zusammendenken von Digitalisierung und Nachhaltigkeit. Im Kontext
von Planetary Health bedeutet dies zum einen, dass auf regionaler und nationaler Ebenen Strategien entwickelt werden, um das Bereitstellen, Vernetzen und Koordinieren von
Daten *(Data Analytics)* für die Planung, Steuerung und Evaluation von transdisziplinären Projekten zu ermöglichen. Wichtig wäre auch, dass Studierende in Grundlagen
des Forschungsdatenmanagements eingeführt werden und dass ihre *Data Literacy* gefördert werden. Für diesen Zweck bieten sich Lehreinheiten zu Forschungsdatenerhebung,
-analyse und -management in Vorlesungen zur quantitativen Forschung.

Im 3.-4. Semester eines Masterstudiengangs sollen neben der Vermittlung von Wissen vor allem Methodenkompetenzen für die Planung, Durchführung und Monitoring
von transdisziplinären Projekten gefördert werden. Die Analyse von Wechselwirkungen
zwischen Parametern kann mit Hilfe der Cross-Impact Analyse geübt werden (Hummel
et al., 2021). Planspiele oder Formate aus dem digital *Game-based Learning* können als
Grundlage für Simulationen (Fjællingsdal & Klöckner, 2019) genutzt werden.

7   Fazit

Wie der vorliegende Beitrag gezeigt hat, steht die Diskussion über das Heranführen von
Studierenden an komplexe Modellen, um im Kontext von Planetary Health ‚*wicked problems*' gemeinsam mit Akteuren aus verschiedenen Sektoren zu bearbeiten, noch am
Anfang. Bildung für nachhaltige Entwicklung meint nicht nur die Vermittlung von transformativem Wissen im Sinne von Wissen über Transformationsprozesse, sondern ebenfalls
das Ausprobieren und Weiterentwickeln von Messinstrumenten in Experimentierräumen,
die einen ‚Praxisschock' nach dem Studium abmildern können. Die vorliegende explorative Analyse des Vorkommens von Strukturmodellen in ausgesuchten Lehrwerken,
Handbüchern und Sammelbänden im Vergleich zu deren Rolle in Forschungsberichten
und Case Studies deutet an, dass das Potenzial solcher Modellen für die Darstellung von
komplexen Ursachen-Wirkungs-Zusammenhängen in der Hochschullehre zu wenig wahrgenommen zu sein scheint. In weiteren Untersuchungen könnte man zum Beispiel mithilfe
von Interviews die Frage des Nutzens nachgehen, den Strukturmodelle beim Projektmoni-
toring für eine gesunde und nachhaltige Stadtentwicklung aus der Sicht von Studierenden

und Lehrenden erbringen können. Um auf die bereits zitierte Feststellung von Box (Peters, 2014, S. 1) zurückzugreifen: *"all models are wrong, but some are useful"*.

Literatur

AMEE Consensus Statement. (2021). Planetary health and education for sustainable healthcare. *Medical Teacher, 43*(3), 272–286.

Bellina, L., Tegeler, M. K., Müller-Christ, G., & Potthast, T. (2020). *Bildung für Nachhaltige Entwicklung (BNE) in der Hochschullehre. BMBF-Projekt „Nachhaltigkeit an Hochschulen: Entwickeln – vernetzen – berichten (HOCHN)".* Bremen und Tübingen. https://www.hochn.uni-hamburg.de/-downloads/handlungsfelder/lehre/hochn-leitfaden-lehre-2020-neu.pdf. Zugegriffen: 14. März 2023.

Bormann, I., Rieckmann, M., Bauer, M., Kummer, B., Niedlich, S., Doneliene, M., Jaeger, L., & Rietzke, D. (2020). *Nachhaltigkeitsgovernance an Hochschulen (BMBF-Projekt „Nachhaltigkeit an Hochschulen: Entwickeln – vernetzen – berichten (HOCHN)). Freie Universität Berlin, Universität Vechta.* https://www.hochn.uni-hamburg.de/-downloads/handlungsfelder/governance/leitfaden-nachhaltigkeitsgovernance-an-hochschulen-neuauflage-2020.pdf. Zugegriffen: 14. März 2023.

Boylan, S., Beyer, K., Schlosberg, D., Mortimer, A., Hime, N., Scalley, B., Alders, R., Corvalán, C., & Capon, A. (2018). A conceptual framework for climate change, health and wellbeing in NSW, Australia. *Public Health Res Pract, 28*(4), e2841826. https://doi.org/10.17061/phrp2841826.

BZgA. (o. D.). *StadtRaumMonitor. Wie lebenswert finde ich meine Umgebung.* https://stadtraummonitor.bzga.de/. Zugegriffen: 14. März 2023.

Cash-Gibson, L., Muntané Isart, F., Martínez-Herrera, E., Martínez Herrera, J., & Benach, J. (2023). Towards a systemic understanding of sustainable wellbeing for all in cities: A conceptual framework. *Cities, 133,* 141–143.

Corvalán, C., Kjellström, T., & Smith, K. (1999). Health, environment and sustainable development: Identifying links and indicators to promote action. *Epidemiology, 10*(5), 656–660.

de Castañeda, R. R., Villers, J., Faerron Guzmán, C. A., Estanloo, T., de Paula, N., Machalaba, C., et al. (2023). One health and planetary health research: Leveraging differences to grow together. *The Lancet Planetary Health, 7*(2), e109–e111.

Dierks, M. L. (2016). Aus-, Fort- und Weiterbildung in Public Health – wo stehen wir heute? Übersichtsarbeit. *Gesundheitswesen, 79,* 954–959.

Dragano, N., Geffert, K., Geisel, B., Hartmann, T., Hoffmann, F., Schneider, S., Voss, M., & Gerhardus, A. (2017). Lehre, Fort- und Weiterbildung in Public Health. Ergebnisse der AG 9 des Zukunftsforums Public Health. *Gesundheitswesen, 79,* 929–931.

Edokpolo, B., Allaz-Barnett, N., Irwin, C., Issa, J., Curtis, P., Green, B., Hanigan, I., Dennekamp, M. (2019). Developing a conceptual framework for environmental health tracking in Victoria, Australia. *International Journal of Environmental Research and Public Health, 16*(1748). https://doi.org/10.3390/ijerph16101748.

Fehr, R. (2005). Ökologische Prävention und Gesundheitsförderung. In R. Fehr, H. Neus, & U. Heudorf (Hrsg.), *Gesundheit und Umwelt. Ökologische Prävention und Gesundheitsförderung* (S. 357–370). Hans Huber.

Fehr, R., & Augustin, J. (Hrsg.). (2022). *Nachhaltige StadtGesundheit Hamburg II. Neue Ziele, Wege, Initiativen.* Oekom.

Fjællingsdal, K. S., Klöckner, C. A. (2019). Gaming green: The educational potential of eco – A digital simulated ecosystem. *Front. Psychol, 10*(2846). https://doi.org/10.3389/fpsyg.2019.02846.

Flacke, J., Schüle, S. A., Köckler, H., & Bolte, G. (2016). Mapping environmental inequalities relevant for health for informing urban planning interventions—A case study in the city of Dortmund, Germany. *Int. J. Environ. Res. Public Health, 13*(711) https://doi.org/10.3390/ijerph13070711.

Flacke, J., Maharjan, B., Shrestha, R., & Martinez, J. (2022). Environmental Inequalities in Kathmandu, Nepal—Household Perceptions of Changes Between 2013 and 2021. *Front. Sustain. Cities, 4,* https://doi.org/10.3389/frsc.2022.835534.

Giesenbauer, B., & Müller-Christ, G. (2020). University 4.0: promoting the transformation of higher education institutions toward sustainable development. *Sustainability, 12*(8), 3371. https://doi.org/10.3390/su1208337.

Hartung, S., & Wihofszky, & P. Wright, M. T. (Hrsg.). (2020). *Partizipative Forschung. Ein Forschungsansatz für Gesundheit und seine Methoden.* VS Springer.

Health for Future, KLUG, Planetary Health Academy. (2022). *Klima. Umwelt. Gesundheit. Ein Leitfaden für Lehrangebote zu planetarer Gesundheit.* https://www.klimawandel-gesundheit.de/wp-content/uploads/2022/01/Leitfaden-Planetary-Health-Lehre-2022_01.pdf. Zugegriffen: 14. März 2023.

Herlyn, E., & Lévy-Tödter, M. (Hrsg.). (2020). *Die Agenda 2030 als Magisches Vieleck der Nachhaltigkeit – Systemische Perspektiven.* Springer Gabler.

Herlyn, E., Lévy-Tödter, M., Fischer, K., & Scherle, N. (Hrsg.). (2023). *Multi-Akteurs-Netzwerke: Kooperation als Chance für die Umsetzung der Agenda 2030.* Springer Gabler.

Hommes, F., Mohsenpour, A., Kropff, D., Pilgram, L., Matusall, S., von Philipsborn, P., & Sell, K. (2022). Überregionale Public-Health-Akteure in Deutschland – eine Bestandsaufnahme und Kategorisierung. *Bundesgesundheitsbl, 65,* 96–106.

Huber, L., & Reinmann, G. (2019). *Vom forschungsnahen zum forschenden Lernen an Hochschulen. Wege der Bildung durch Wissenschaft.* Springer VS.

Hummel, E., Weimer-Jehle, W., & Hoffmann, I. (2021). Die Cross-Impact Bilanzanalyse: Grundlagen und Anwendung am Beispiel Ernährungsverhalten. In M. Niederberger & E. Finne (Hrsg.), *Forschungsmethoden in der Gesundheitsförderung und Prävention* (S. 899–925). Springer VS.

Iyer, H. S., DeVille, N. V., Stoddard, O., Cole, J., Myers, S. S., Li, H., Elliott, E. G., Jimenez, M. P., James, P., & Golden C. D. (2021). Sustaining planetary health through systems thinking: Public health's critical role. *SSM – Population Health, 15.* https://doi.org/10.1016/j.ssmph.2021.100844.

KLUG. (2023). *Handlungsfeld Transformative Bildung.* https://www.klimawandel-gesundheit.de/handlungsfelder-und-projekte/transformative-bildung/. Zugegriffen: 14. März 2023.

Liedtke, J., Schilling, I., Seifert, I., & Gerhardus, A. (2020). Vorbereitung auf komplexe Berufsfelder – Ein Projektmodul im Masterstudiengang Public Health – Gesundheitsversorgung, -ökonomie und -management. In T. Hoffmeister, H. Koch, & P. Henning (Hrsg.), *Forschendes Lernen als Studiengangsprofil. Zum Lehrprofil einer Universität* (S. 301–317). Springer VS.

Liu, A. Y., Trtanj, J. M., Lipp, E. K., & Balbus, J. M. (2021). Toward an integrated system of climate change and human health indicators: A conceptual framework. *Climate Change, 166*(49). https://doi.org/10.1007/s10584-021-03125-w.

Malsch, A. (2021). Umwelt und Gesundheitsförderung, *BZgA.* https://doi.org/10.17623/i0150-1.0 In M. Marí-Dell"Olmo, L. Oliveras, L. Estefanía Barón-Miras, C. Borrell, & T. Montalvo et al. (Hrsg.), Climate change and health in urban areas with a mediterranean climate: A conceptual framework with a social and climate justice approach. *Int. J. Environ. Res. Public Health, 19*(12764). https://doi.org/10.3390/ijerph191912764.

Morris, G. P., Beck, S. A., Hanlon, P., & Robertson, R. (2006). Getting strategic about the environment and health. *Public Health, 120*(10), 889–903. https://doi.org/10.1016/j.puhe.2006.05.022.

Niederberger, M., & Finne, E. (Hrsg.). (2021). *Forschungsmethoden in der Gesundheitsförderung und Prävention.* Springer VS.

Peters, D. H. (2014). The application of systems thinking in health: Why use systems thinking? Commentary. *Health Research Policy and Systems, 12*(51). http://www.health-policy-systems.com/content/12/1/51. Zugegriffen: 14. März 2023.

Pratt, N., Lubjuhn, S., & García-Sánchez, D. (2023). Vom Handeln zum Wissen: Unterstützung von transformativem Wandel in Multi-Akteurs-Partnerschaften mittels des Positive Deviance Ansatzes. In E. Herlyn, M. Lévy-Tödter, K. Fischer, & N. Scherle (Hrsg.), *Multi-Akteurs-Netzwerke: Kooperation als Chance für die Umsetzung der Agenda 2030* (S. 165–195). Springer Gabler.

Prior, J. H. (2018). Built environment interventions for human and planetary health: Integrating health in climate change adaptation and mitigation. *Public Health Research & Practice, 28*(4), E28411831.

Punnakitikashem, P., & Hallinger, P. (2020). Bibliometric teview of the knowledge base on healthcare management for sustainability, 1994–2018. *Sustainability, 12*(205). doi:https://doi.org/10.3390/su12010205.

Redman, A., Wiek, A., & Barth, M. (2021). Current practice of assessing students' sustainability competencies: A review of tools. *Sustainability Science, 16*(1), 117–135. https://doi.org/10.1007/s11625-020-00855-1.

Ritter, H. W. J., & Webber, M. M. (1973). Dilemmas in a general theory of planning. *Policy Sciences, 4,* 155–169.

Rosenthal, T. (2021). Projektmanagement in der Prävention und Gesundheitsförderung. Grundlegende Ansätze, spezifische Herausforderungen, praktische Empfehlungen. In M. Tiemann & M. Mohokum (Hrag.), *Prävention und Gesundheitsförderung* (S. 1- 21). Springer.

Ruesch Schweizer, C., Di Giulio, A., & Burkhardt-Holm, P. (2018). Qualifikationsziele von Lehrangeboten zu Nachhaltigkeit. Ein Blick in die Hochschulpraxis in Deutschland und der Schweiz. In W. Leal Filho (Hrsg.), *Nachhaltigkeit in der Lehre, Theorie und Praxis der Nachhaltigkeit* (S. 257–276). Springer Spektrum.

Rusoja, E., Haynie, D., Sievers, J., Mustafee, N., Nelson, F., Reynolds, M., Sarriot, E., Swanson, R. C., & Williams, B. (2018). Thinking about complexity in health: A systematic review of the key systems thinking and complexity ideas in health. *Journal of Evaluation in Clinical Practice, 24*(3), 600–606.

Scharnhorst, U. (2001). Anchored Instruction: Situiertes Lernen in multimedialen Lernumgebungen. *Schweizerische Zeitschrift für Bildungswissenschaften, 23*(3), 471–492.

Schulz, C. M., & Herrmann, M. (2021). Planetary Health. In C. Traidl-Hoffmann, C. Schulz, M. Herrmann, & B. Simon (Hrsg.), *Planetary Health. Klima, Umwelt und Gesundheit im Anthropozän* (S. 2–6). Medizinisch Wissenschaftliche Verlagsgesellschaft.

Schwienhorst-Stich (o.D.). *NKLM Planetare Gesundheit. Liste der Lernziele aus dem NKLM 2.0 mit Anwendungsbeispielen aus dem Bereich Planetare und Globale Gesundheit.* https://www.med.uni-wuerzburg.de/lehrklinik/globale-und-planetare-gesundheit/forschung-und-projekte/nklm-planetare-gesundheit/. Zugegriffen: 14. März 2023.

Schwienhorst-Stich, E. -M., Wabnitz, K., & Eichinger, M. (2021). Lehre zu planetarer Gesundheit: Wie Menschen in Gesundheitsberufen zu Akteur:Innen des Transformativen Wandels werden. In C. Traidl-Hoffmann, C. Schulz, M. Herrmann, & B. Simon (Hrsg.), *Planetary Health. Klima, Umwelt und Gesundheit im Anthropozän* (S. 317–324). Medizinisch Wissenschaftliche Verlagsgesellschaft.

The Rockefeller Foundation–Lancet Commission on Planetary Health. (2015). Safeguarding human health in the Anthropocene epoch: Report of The Rockefeller Foundation–Lancet Commission on planetary health. *The Lancet.* https://doi.org/10.1016/S0140-6736(15)60901-1. Zugegriffen: 14. März 2023.

Tiemann, M., & Mohokum, M. (Hrsg.), (2021). *Prävention und Gesundheitsförderung, Springer Reference Pflege – Therapie – Gesundheit*. Springer.

Traidl-Hoffmann, C., Schulz, C., Herrmann, M., & Simon, S. (Hrsg.). (2021). *Planetary Health. Klima, Umwelt und Gesundheit im Anthropozän*. Medizinisch Wissenschaftliche Verlagsgesellschaft.

Trojan A., & Fehr R. (2020). Nachhaltige StadtGesundheit: Konzeptionelle Grundlagen und aktuelle Initiativen. *Bundesgesundheitsblatt – Gesundheitsförderung – Gesundheitsschutz, 63,* 953–961.

UNESCO. (2014). *Shaping the future we want. UN Decade of Education for Sustainable Development (2005–2014). Final Report, DESD Monitoring and Evaluation.* https://unesdoc.unesco.org/ark:/48223/pf0000230171. Zugegriffen: 14. März 2023.

Van der Vliet, N., Staatsen, B., Kruize, H., Morris, G., Costongs, C., Bell, R., Marques, S., Taylor, T., et al. (2018). The INHERIT model: A tool to jointly improve health, environmental sustainability and health equity through behavior and lifestyle change. *International Journal of Environmental Research and Public Health, 15*(7), 1435. https://doi.org/10.3390/ijerph15071435.

Wabnitz, K., Galle, S., Hegge, L., Masztalerz, O., Schwienhorst-Stich, E. -M., & Eichinger, M. (2021). Planetare Gesundheit – transformative Lehr- und Lernformate zur Klima- und Nachhaltigkeitskrise für *Gesundheitsberufe. Bundesgesundheitsblatt, Gesundheitsforschung, Gesundheitsschutz, 3,* 378–383.

Weinert, F. E. (2001). Vergleichende Leistungsmessung in Schulen – eine umstrittene Selbstverständlichkeit. In F. E. Weinert (Hrsg.), *Leistungsmessungen in Schulen* (S. 17–31). Beltz

Westbrook, M., & Harvey, M. (2022). Framing health, behavior, and society: A critical content analysis of public health social and behavioral science textbooks. *Critical Public Health.* https://doi.org/10.1080/09581596.2022.2095255.

Wissenschaftliche Dienste des Bundestages. (2022). *Zur Nachhaltigkeit im Gesundheitswesen. Dokumentation.* https://www.bundestag.de/resource/blob/923754/116a5d45dc6efa6de377cb0f9ffa9cd8/WD-9-066-22-pdf-data.pdf. Zugegriffen: 14. März 2023.

Workman, A., Jones, P. J., Wheeler, A. J., Campbell, S. L., Williamson, G. J., Lucani, C., Bowman, D. M. J. S., Cooling, N., & Johnston, F. H. (2021). Environmental hazards and behavior change: User perspectives on the usability and effectiveness of the AirRater smartphone app. *International Journal of Environmental Research and Public Health, 18,* 3591. https://doi.org/10.3390/ijerph18073591.

Zukunftsforum Public Health. (2021). Eckpunkte einer Public-Health-Strategie für Deutschland. https://zukunftsforum-public-health.de/public-health-strategie/. Zugegriffen: 14. März 2023.

CO$_2$-Fußabdruck von „klassischen" und „neuen" bildungstechnologischen Formaten in Hochschulen am Beispiel der Technischen Hochschule Mittelhessen

Julia Schomburg, Holger Rohn und Sebastian Vogt

1   Einleitung

Digitalisierung, Nachhaltigkeit, Klimawandel und Ressourcenschutz haben hohe Prioritäten auf der gesellschaftlich globalen und regionalen Agenda. Digitale Transformationsprozesse in der Hochschullehre, welche u. a. durch die COVID-19-Pandemie seit dem Jahr 2020 beschleunigt werden, führen dazu, dass „klassische" Prozesse der Wissen- und Informationsvermittlung sowie Kompetenzentwicklung in Form von Präsenzlehre durch „neue" bildungstechnologische Formate wie bspw. Online- und Hybridlehre substituiert werden (Kehrer & Thillosen, 2021). Diese Transformation der Hochschullehre bietet nicht nur die Möglichkeit einer strategischen Neuausrichtung auf hochschuldidaktischer Ebene. Vielmehr bedeuten diese digitalen Transformationsprozesse auch einen sich verändernden Verbrauch von natürlichen Ressourcen sowie damit einhergehend ökologische Auswirkungen u. a. auf den Klimawandel.

Im Rahmen dieses Beitrages wird der Frage nachgegangen, welche ökologischen Auswirkungen „neue" bildungstechnologische Formate im Vergleich zu „klassischen" bildungstechnologischen Formaten im Rahmen von Vorlesungen an der Technischen Hochschule Mittelhessen (Kurzform THM) haben. Konkret wird dies an den Effekten auf den CO$_2$-Fußabdruck (englisch Carbon Footprint) in CO$_2$-Äquivalenten (Kurzform CO$_2$e) für die funktionelle Einheit „eine Stunde Kompetenzerwerb" untersucht (siehe Abschn. 5).

J. Schomburg · H. Rohn (✉) · S. Vogt
Technische Hochschule Mittelhessen, Friedberg, Deutschland
E-Mail: holger.rohn@wi.thm.de

S. Vogt
E-Mail: sebastian.vogt@iem.thm.de

Im Folgenden wird die Relevanz der Fragestellung (siehe Abschn. 2) und der Stand der Forschung (siehe Abschn. 3) aufgezeigt sowie in die Grundlagen und Methodik der Ökobilanzierung (siehe Abschn. 4) kurz eingeführt. Der Beitrag endet mit einem Fazit und Ausblick (siehe Abschn. 6).

2 Relevanz der Fragestellung

Die Welt ist in einem tiefgreifenden Wandel bedingt durch immense soziale, ökologische und ökonomische Herausforderungen des 21. Jahrhunderts: Klimawandel, Verbrauch von Rohstoffen, Digitalisierung, Mobilität, Arbeitswelt, Gesundheit und Stadtentwicklung sind nur einige Beispiele für Problemfelder, mit denen sich die Weltgesellschaft aktuell intensiv beschäftigt und die (zukünftig) herausfordernd sind (Dixson-Declève et al., 2022). Diese Herausforderungen werden durch aktuelle Krisen wie den Krieg in der Ukraine weiter verschärft. Mit der UN-Resolution „Transformation unserer Welt: die Agenda 2030 für nachhaltige Entwicklung" (im Folgenden Agenda 2030) hat sich die Staatengemeinschaft zu einem transformativen Wandel im Sinne des normativen Leitbildes Nachhaltigkeit verpflichtet (Vereinte Nationen, 2015). Teil dessen sind siebzehn Ziele einer Nachhaltigen Entwicklung (englisch Sustainable Development Goals, Kurzform SDGs, siehe Department of Economic and Social Affairs, 2021), welche mit 169 quantitativen Zielvorgaben ökonomische, ökologische und soziale Aspekte von Nachhaltigkeit umfassen und die eingangs benannten Herausforderungen aufgreifen. Im Kern beinhaltet dies die Verpflichtung, planetare Grenzen u. a. durch Reduzierung von extremer Armut, Bekämpfung von Ungerechtigkeit und Ungleichheit sowie das Stoppen des Klimawandel nicht (weiter) zu überschreiten. Unter den Begriffen der Transformation bzw. dem transformativen Wandel werden hierbei die dazu notwendigen Veränderungsprozesse verstanden (Schneidewind, 2018). Die Wege und Ansätze zur Umsetzung und Ausgestaltung der Agenda 2030 sind vielfältig und vom Grundsatz her nicht festgelegt. Die Effekte von Digitalisierungsprozessen, zu denen auch die stetig wachsende Nutzung von digitalen Medienangeboten (Beisch & Schäfer, 2020) zählt, wird im Gutachten des Wissenschaftlichen Beirats der Bundesregierung Globale Umweltveränderungen (Kurzform WBGU, siehe Fromhold-Eisebith et al., 2019) ambivalent mit hohen Risiken aber auch hohen Potenzialen bewertet. Gleichzeitig nimmt der gesellschaftliche Diskurs, die Brisanz und die Dynamik zum Thema Klimaschutz stark zu. Dies wird u. a. an der Anpassungen des deutschen Klimaschutzgesetz (Bundesministerium für Umwelt, Naturschutz und nukleare Sicherheit, 2021) deutlich.

Hochschulen stellen nicht nur im Kontext des transformativen Wandels Orte dar, in denen Antworten auf gesellschaftlich relevante Fragen in wissenschaftlichen Prozessen gefunden werden sowie der akademische Wissenstransfer, welcher Hochschullehre einschließt, im Fokus zukunftsorientierten Handelns steht. Vielmehr sind Hochschulen Reallabore (zum Begriff Reallabor und dessen Geschichte siehe Backhaus et al., 2022;

Böschen, 2022; Rose et al., 2009; Wanner et al., 2018), die einen demokratisierten Zugang zum akademischen Wissenstransfer u. a. durch medientechnisch induzierte Innovationen (Daniel, 1999) bspw. in Form von „neuen" bildungstechnologischen Formaten (Ehlers, 2020; Vogt, 2012) ermöglichen. Für Hochschulen als System rücken u. a. neben den Fragen des Zugangs zu lebenslangen Lernangeboten, den damit verbundenen Kosten sowie der Qualität bspw. in Form der Ausgangsgröße Studienerfolg (siehe Maschwitz & Hanft, 2012) Fragen der Nachhaltigkeit (u. a. klimaneutrale Hochschule) durch gesetzliche Vorgaben (siehe Novelle des Hessischen Hochschulgesetzes; Hessisches Ministerium für Wissenschaft und Kunst, 2021) in den Mittelpunkt des institutionellen Interesses.

3 Stand der Forschung

Die in diesem Beitrag adressierte Fragestellung der ökologischen Auswirkungen von bildungstechnischen Formaten an Hochschulen kann auf Basis der Literaturanalyse in Anzahl und Umfang als noch sehr junges und nur punktuell in der Forschung aufgegriffenes Thema eingeordnet werden.

Valls-Val und Bovea (2021) geben einen systematischen Literaturüberblick zur CO₂-Fußabdruck-Bewertung von akademischen Bildungseinrichtungen. Dabei werden verschiedene Parameter wie Auswahl und Anwendung von Methoden, Systemgrenzen, Berechnungsmethoden sowie Emissionsquellen analysiert und miteinander verglichen. Die Studie zeigt vor allem auf, dass die Berechnung des CO₂-Fußabruckes von Bildungsinstitutionen kaum standardisiert ist.

Versteijlen et al. (2017) untersuchen explorativ das Mobilitätsverhalten von Studierenden sowie des Personals an Hochschulen in der Niederlande und den damit verbundenen Effekt auf den CO₂-Fußabdruck einer Bildungseinrichtung. Die reisebezogenen Scope-3-Emissionen (vgl. dazu Abschn. 4) tragen zwischen 40 und 90 % zum gesamten CO₂-Fußabdruck der untersuchten Hochschulen bei. Auf Basis der Studienergebnisse stellen Versteijlen et al. (2017) fest, dass durch den Einsatz von Onlinelehre die Scope-3-Emissionen signifikant verringert werden können.

Silva et al. (2021) untersuchten explizit die Umweltauswirkungen von Präsenz- und Onlinelehre mit einer definierten Gruppengröße von 60 Studierenden im Kontext der COVID-19-Pandemie. Zusätzlich zum Mobilitätsverhalten, der Mediennutzung und des Energieverbrauchs wird u. a. der Lebensmittelkonsum sowie der Wasserverbrauch im Hygienebereich berücksichtigt. Silva et al. (2021) zeigen auf, dass die Umweltbelastungen vor allem durch den Lebensmittelverzehr sowie durch das Mobilitätsverhalten verursacht werden. Letzteres kann durch den Einsatz von Onlinelehre substituiert werden und somit zu einer Reduktion des CO₂-Fußabruckes führen (Silva et al., 2021).

Das beteiligte Autorenteam hat im Rahmen einer Kurzstudie ebenso methodische Vorarbeiten zur Berechnung des CO₂-Fußabdruckes am Beispiel der Übertragung einer

Ringvorlesung an der THM erarbeitet, die in diese Ausarbeitung eingeflossen sind (Schomburg et al., 2021).

4 Ökobilanzierung und CO_2-Fußabdruck: Grundlagen und Methodik

Die Ökobilanz (englisch Life Cycle Assessment, Kurzform LCA) ist eine systematische Analyse und Bewertung von potenziellen Umweltwirkungen von Produkten, Dienstleistungen oder Verfahren über deren gesamten Lebensweg (ISO 14040/14044; siehe DIN Deutsches Institut für Normung e. V., 2019). Dabei umfasst der Lebensweg alle relevanten Prozesse von der Rohstoffgewinnung über die Herstellung, Nutzung bis zum Recycling oder der Entsorgung des betrachteten Systems (DIN Deutsches Institut für Normung e. V., 2019). Durch den Ansatz der Lebenszyklusbetrachtung werden alle relevanten Input-ströme (Ressourcen) sowie Outputströme (u. a. Abfälle und Emissionen), die mit dem betrachteten Produktsystem oder mehreren Produktsystemen verbunden sind, entlang des gesamten Lebensweges quantifiziert und hinsichtlich ihrer Auswirkungen auf die Umwelt bewertet (DIN Deutsches Institut für Normung e. V., 2019).

Durch den ganzheitlichen Ansatz der Methode wird sichergestellt, dass alle direkten und indirekten Umweltfolgen von Produkten, Dienstleistungen, Organisationen, Produktionsstandorten und Prozessen betrachtet werden. Dabei werden sämtlich relevante Entnahmen aus sowie Eintragungen in die Umwelt betrachtet (DIN Deutsches Institut für Normung e. V., 2019).

Seit dem Jahr 2006 ist die systematische Vorgehensweise der Ökobilanz in ihrer aktuellen Fassung durch die Internationale Organisation für Normung (Kurzform ISO) standardisiert und dient als Leitfaden bei der Durchführung einer Ökobilanz. Damit wird die Qualität von ökobilanziellen Studien als auch die Vergleichbarkeit von Bilanzen gefördert (DIN Deutsches Institut für Normung e. V., 2019).

Die Ökobilanz gliedert sich gemäß ISO 14040/14044 in vier Phasen, die in iterativen Prozessen miteinander verbunden sind (DIN Deutsches Institut für Normung e. V., 2019):

- Phase 1 Ziel und Untersuchungsrahmen: Hier werden die Rahmenbedingungen für die Untersuchung getroffen. Dazu zählen die Definition des Untersuchungsziels, welche Absicht mit der Studie verfolgt wird, wo und in welchem Rahmen die Ergebnisse Anwendung finden sowie welche Zielgruppen mit den Ergebnissen angesprochen werden. Der Untersuchungsrahmen wird entsprechend der Betrachtungstiefe und – breite definiert, um die Modellierung des Produktsystems sicherzustellen, damit das vorgegebene Ziel erreicht wird.
- Phase 2 Sachbilanz: Bei der Sachbilanz werden alle relevanten Energie- und Material-ströme in einem Produktsystem und innerhalb der Systemgrenzen erfasst. Demzufolge

umfassen Sachbilanzen die Datenerhebung sowie -berechnungen zur Quantifizierung der Input- und Outputdaten und das Festlegen von Allokationen.

- Phase 3 Wirkungsabschätzung: Die Sachbilanzergebnisse werden im Rahmen der Wirkungsabschätzung mit Wirkungsindikatoren verknüpft, um die potenziellen Umweltwirkungen der betrachten Produktsysteme bzw. des definierten Nutzens zu erheben.
- Phase 4 Auswertung: In der letzten Phase werden die Ergebnisse der Sachbilanz und der Wirkungsabschätzung gemeinsam betrachtet. Dabei werden die Ergebnisse in Übereinstimmung mit dem Untersuchungsziel und –rahmen dargestellt und Schlussfolgerungen für die Zielgruppe der Ökobilanz aufbereitet.

Die Vorgehensweise zur Berechnung des CO_2-Fußabdruckes erfolgt analog zur oben beschriebenen Vorgehensweise bei der Ökobilanzierung, die Wirkungsabschätzung erfolgt hierbei jedoch nur in Bezug auf die klimawirksame Treibhausgase und damit deren Beitrag zum Klimawandel. Zur Berechnung des CO_2-Fußabdruckes bestehen verschiedene Ansätze (auf die in diesem Artikel nicht näher eingegangen wird), wobei sich in der Praxis eine Berechnung auf Basis des Greenhouse Gas Protocols (DIN Deutsches Institut für Normung e. V., 2019) durchgesetzt hat. Für die vorliegende explorative Studie wurden die Richtlinien des Intergovernmental Panel on Climate Change (IPCC et al., 2006) genutzt. Hierbei erfolgt grundsätzlich eine Unterscheidung in Scope 1, 2, und 3 Emissionen. Diese sind wie folgt definiert (Ranganathan et al., 2015): Scope 1 bilanziert alle direkten Emissionen, die durch die Aktivitäten einer Organisation entstehen. In Scope 2 werden die indirekten Emissionen, die durch die externe Erzeugung von Energie entstanden sind, bilanziert. Scope 3 bilanziert hingegen die Emissionen, die außerhalb der Aktivität einer Organisation entstehen, jedoch direkt mit der unternehmerischen Aktivität zu tun haben.

5   Explorative Studie: Ökobilanzierung von drei bildungstechnologischen Formaten der THM

Zentraler Gegenstand der explorativen Studie ist die Ermittlung des CO_2-Fußabdrucks der drei bildungstechnologischen Formate Onlinelehre (Lehre aus der „Ferne", welche online geschieht; siehe Johnson, 2021), Präsenzlehre (Lehre auf dem Campus; Johnson, 2021) sowie Hybridlehre (Mischung aus Online- und Präsenzlehre; Johnson, 2021): Die Durchführung erfolgt aus forschungsökonomischen Gründen in Form von Vorlesungen am Fallbeispiel des Masterstudiengangs „Wirtschaftsingenieurwesen Produkt- und Prozessmanagement" der THM im Wintersemester 2021/2022. Dies erlaubt einen Summenvergleich der CO_2-Äquivalente mit der funktionellen Einheit eine Stunde Kompetenzerwerb sowie damit verbunden die Entwicklung von ökologischen Indikatoren. Dies bietet nicht nur für die THM die Möglichkeit, die Treibhauswirksamkeit des eigenen

Lehrbetriebes zu erfassen, sondern auch im Rahmen einer ganzheitlichen, institutionellen CO_2-Bilanz den Einfluss des Lehrbetriebs auszuweisen. Darauf aufbauend können entsprechende Reduktionen des institutionellen CO_2-Fußabdrucks abgeleitet werden.

Zielgruppe der explorativen Studie sind alle Akteure im Lehrbetrieb, die in die Gestaltung, die Durchführung und/oder die Planung von Modulen involviert sind (Mikroebene). Darüber hinaus haben die Ergebnisse u. a. Relevanz für das Nachhaltigkeitsmanagement (Mesoebene) sowie für die strategische hochschulpolitische Ausrichtung (Makroebene).

5.1   Datenerhebung und Allokation

Im Zeitraum vom 3. Februar 2022 bis 8. März 2022 wurden vierzehn Lehrende mit siebzehn Vorlesungen im Wintersemester 2021/22 des Masterstudiengangs „Wirtschaftsingenieurwesen Produkt- und Prozessmanagement" der THM rückblickend zu ihrer Mediennutzung (hier primär die verwendeten IKT-Geräte) in und zu semesterspezifischen Parametern ihrer Vorlesung (u. a. bildungstechnologisches Format, Anzahl der Studierenden) per Email befragt. Zeitgleich fand eine Befragung von 100 Studierenden via Moodle-Fragebogen u. a. bzgl. ihrer individuellen Mediennutzung im oben genannten Sinne der jeweiligen Vorlesungen statt.

Ausgehend von den drei untersuchten bildungstechnologischen Formaten Online-, Präsenz- und Hybridlehre werden alle mit der Erfüllung der funktionellen Einheit „eine Stunde Kompetenzerwerb" in Zusammenhang stehenden vor- und nachgelagerten Prozesse betrachtet. Dies bedeutet, dass der gesamte Lebensweg von IKT-Geräten wie bspw. eines Laptops sowie die Energiebereitstellung für die Herstellung und Nutzung inklusive Form des Energieträgers in die Untersuchung miteinbezogen sind.

Die primär erhobenen Sachbilanzdaten werden mit generischen Datensätzen aus der Umweltdatenbank ecoinvent der Version 3.8 und vereinzelnd durch Ökobilanz-Studien erweitert und verknüpft. Die Modellierung und Berechnung der Umweltauswirkungen mittels Umweltwirkungsindikatoren (hier CO_2-Fußabdruck) erfolgt mit der Software Umberto LCA + (Version 10).

Funktionelle Einheit und Untersuchungsrahmen

Der individuell ausdifferenzierte Kompetenzerwerb (siehe Erpenbeck et al., 2017) stellt im Kern den Sinn von Bildung (siehe Deimann, 2018) in Form von unterschiedlichen bildungstechnologischen Formaten in der Hochschule dar. Weiterhin sind u. a. Vorlesungen, in der IKT-Geräte bspw. in Form von Medientechnik zum Einsatz kommen, im Sinne von Grau und Hess (2007) Medienproduktionen, die einem spezifischen Prozess aus Produktion, Distribution und Rezeption unterliegen. Dementsprechend wird i.e.S. als funktionelle Einheit die Produktion, die Distribution sowie die Rezeption eines einstündigen Kompetenzerwerbes (Kurzform: eine Stunde oder 1h Kompetenzerwerb) definiert.

Im Rahmen der Analyse zeigt sich eine sehr inhomogene Verteilung der Studierenden-zahl bei den untersuchten Vorlesungen. Hingegen ist die Anzahl der Lehrenden konstant. Die Studierenden sind bzgl. ihrer Anzahl in drei Gruppen unterteilt und definieren die Ausprägung der funktionellen Einheit wie folgt:

- Eine Stunde Kompetenzerwerb (Vorlesung) mit einem Lehrenden und vier Studieren-den
- Eine Stunde Kompetenzerwerb (Vorlesung) mit einem Lehrenden und zwölf Studie-renden
- Eine Stunde Kompetenzerwerb (Vorlesung) mit einem Lehrenden und 32 Studierenden

Im folgenden Auszug der Untersuchung wird ausschließlich das Treibhauspotenzial der drei bildungstechnologischen Formate Onlinelehre (n = 13), Präsenzlehre (n = 1) und Hybridlehre (n = 3) im Kontext der funktionellen Einheit betrachtet. Die Wirkungsab-schätzung orientiert sich an den Richtlinien des IPCC et al. (2006). Als Wirkungskategorie wird das Treibhauspotenzial für die nächsten 100 Jahre (GWP 100) und somit das Potenzial der verschiedenen Treibhausgasemissionen zur Erderwärmung berücksichtigt (Hottenroth et al., 2014).

Produktsystem Onlinelehre als Vorlesung

Die Produktion der Onlinelehre in Form einer Vorlesung findet am räumlich-flexiblen Arbeitsplatz des Lehrenden zeitlich synchron statt. Dieser ist durch verschiedene IKT-Geräte (Referenz: Laptop und Tablet mit Videokonferenz- und Präsentationssoftware) sowie dazugehörige Peripherie (Referenz: Webcam, Headset, Monitor, Keyboard und Mouse) charakterisiert (siehe Abb. 1). In der Regel wird das gesprochene Wort des Lehrenden in Bewegtbildern mit Ton übertragen. Zeitgleich werden „Bild-in-Bild" Präsen-tationsfolien mit den Vorlesungsinhalten dargestellt. Im Sinne von Grau und Hess (2007) werden produktionsseitig die einzeln erzeugten modularen Medieninhalte gebündelt und anschließend distributionsseitig über IP-Netzwerke zu den Studierenden als Livestream übertragen. Diese können über ihre lokalen IKT-Geräte (Referenz: Laptop, Smartphone, Tablet und PC-Tower) mit externen Peripheriegeräten (Referenz: Webcam, Headset, Moni-tor, Keyboard und Mouse) den audiovisuellen Datenstrom der Vorlesung räumlich-flexibel rezipieren (siehe Abb. 1).

Die Systemgrenze vom Teilbereich Produktion zum Teilbereich Distribution stellt die Netzwerkschnittstelle des IKT-Gerätes des Lehrenden dar, über den der produzierte Livestream an den Videokonferenzanbieter (im Fall der THM Zoom) übergeben wird (siehe Abb. 1). Die Systemgrenze von der Distribution zur Rezeption bildet die Netz-werkschnittstelle des IKT-Gerätes (Endgerät), über die der jeweilige Studierende via Videokonferenzsoftware an der Vorlesung teilnimmt (siehe Abb. 1). Es ist abschließend

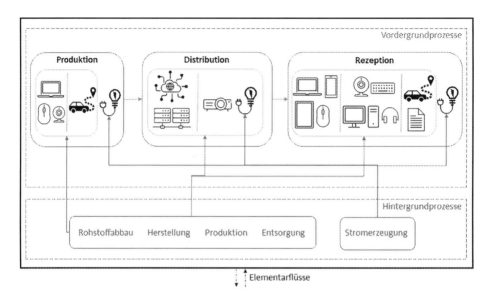

Abb. 1 Produktsystem Onlinelehre als Vorlesung im Überblick

anzumerken, dass im Idealfall Onlinelehre als Vorlesung ein bidirektionaler Kommunikationsprozess ist, an dem sich Studierende auch aktiv als „Sender" beteiligen (siehe Salmon, 2020).

Produktsystem Präsenzlehre als Vorlesung

Die Produktion der Präsenzlehre in Form einer Vorlesung findet an einem Ort (wie bspw. in einem Hörsaal der Hochschule) zeitlich synchron statt, an dem Studierende und Lehrende anwesend sind. Beide Gruppen reisen zur Vorlesung an. Neben dem gesprochenen Wort, das elektroakustisch verstärkt werden kann, präsentiert der Lehrende über ein IKT-Gerät (Referenz: Laptop) mit Peripheriegerät (Referenz: Mouse) die medialen Artefakte der Vorlesung. Über eine Mediensteuerungsanlage erfolgt der Zugang zur Projektion und Beschallung im Raum (siehe Abb. 2).

Die Systemgrenze zwischen Produktion und Distribution stellt den Ausgang der Mediensteuerungsanlage dar, an der die audiovisuellen Signale an die Projektion und Beschallung übergeben werden. Aus forschungsökonomischen Gründen wird das Thema Beschallung im Folgenden nicht weiter betrachtet. Das Auftreffen der Schallwellen auf das Ohr sowie des Lichtes auf das Auge bildet die Systemgrenze von der Distribution zur Rezeption. Zur Rezeption zählt auch die Nutzung von Schreibwaren (Referenz: Papier) sowie zusätzlichen IKT-Geräten (Referenz: Laptop, Tablet, Smartphone) mit Peripheriegerät (Referenz: Mouse) durch die Studierenden. Die Rezeption endet mit der Abreise vom Vorlesungsort.

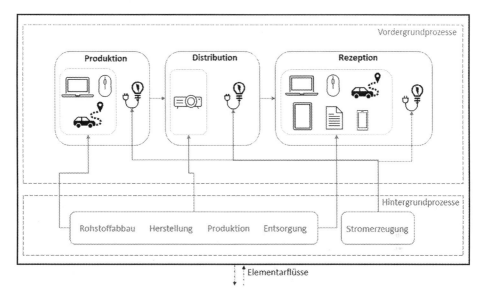

Abb. 2 Produktsystem Präsenzlehre als Vorlesung im Überblick

Produktsystem Hybridlehre als Vorlesung

Die Hybridlehre ist eine Mischform aus Präsenz- und Onlinelehre. In Form einer Vorlesung findet sie an einem Ort (wie bspw. in einem Hörsaal der Hochschule) zeitlich synchron statt. Der Lehrende und ein Teil der Studierenden sind räumlich lokal anwesend. Hybridlehre in Form einer Vorlesung besitzt alle Charakteristika der Präsenzlehre in Form einer Vorlesung bzgl. der Produktion, Distribution und Rezeption (siehe und vgl. Abb. 2 und 3). Weitere Studierende nehmen räumlich-flexibel an der Hybridlehre in Form der Vorlesung teil. Hier werden alle Charakteristika der Onlinelehre in Form einer Vorlesung bzgl. der Produktion, Distribution und Rezeption (siehe und vgl. Abb. 1 und 3) übernommen.

5.2   Sachbilanzen

Im Rahmen der Sachbilanz wird der Rohstoffabbau, der Herstellungsaufwand, die Nutzung sowie die Entsorgung der verwendeten IKT-Geräte und Peripheriegeräte anteilig auf die Nutzungsdauer sowie der jeweilige Energieverbrauch berücksichtigt und erfasst. In der Modellierung werden die verwendeten IKT-Geräte und Peripheriegeräte mithilfe der ermittelten Nutzungsdauer auf die funktionelle Einheit „1h Kompetenzerwerb" skaliert.

Ein Lehrender nutzt verschiedene IKT-Geräte sowie dazugehörige Peripheriegeräte zur Produktion der Vorlesung. Im Sinne der Afa-Tabelle für die allgemein verwendbaren Anlagegüter (hier 6.14.3.2, siehe Bundesministerium der Finanzen, 2000) sind dies

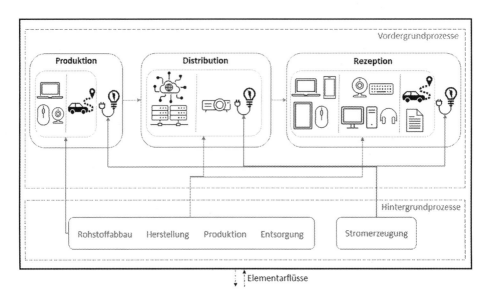

Abb. 3 Produktsystem Hybridlehre als Vorlesung im Überblick

durchschnittlich 5280 h (3 Jahre á 220 Tage á 8 h). Für einen Studierenden wird davon ausgegangen, dass die lokalen IKT-Geräte Laptop und Tablet sowie alle externen Peripheriegeräte durchschnittlich drei Jahre (5280 h) in Gebrauch sind. Für das Smartphone werden durchschnittlich 13.140 h (2 Jahre á 365 Tage á 18 h) sowie für den PC-Tower 8800 h (5 Jahre á 220 Tage á 8 h) Nutzungsdauer angenommen. Allgemein gilt für alle Produktsysteme, dass der Stromverbrauch für die Produktion und die Rezeption von allen IKT-Geräten sowie von dem Peripheriegerät Monitor für eine Stunde nach Prakash et al. (2016) erhoben wird. Der Stromverbrauch für alle weiteren Peripheriegeräte wird aus forschungsökonomischen Gründen vernachlässigt.

Produktsystem Onlinelehre als Vorlesung
Auf dreizehn Vorlesung in der Onlinelehre gemittelt verbraucht ein Lehrender produktionsseitig 0,037 kWh Energie. Weiterhin besteht ein spezifischer produktionsseitiger Verbrauch an Equipment, nachfolgend als „Unit" bezeichnet (siehe Tab. 1).

Für die Distribution wird ein Datensatz aus der Studie des Forschungsprojekt „Green Cloud Computing" (Gröger et al., 2021) verwendet, der den Herstellungsaufwand und Stromverbrauch von Rechenzentruminfrastruktur sowie des Übertragungsnetzwerkes berücksichtigt. Der Datensatz ist auf die Teilnahme einer Person an einer einstündigen Videokonferenz normiert. Rezeptionsseitig verbrauchen zwölf Studierende auf dreizehn Vorlesungen in der Onlinelehre gemittelt 0,71 kWh Energie. Weiterhin haben sie rezeptionsseitig einen spezifischen Verbrauch an Equipment (siehe Tab. 2).

Tab. 1 Produktionsseitiger Energieverbrauch sowie produktionsseitig spezifischer Verbrauch an Equipment eines durchschnittlichen Lehrenden (Onlinelehre als Vorlesung) für die funktionelle Einheit „1h Kompetenzerwerb"

Wert	Einheit	Name
0,037	kWh	Energieverbrauch
0,778	Unit	Gerätenutzung Laptop
0,444	Unit	Gerätenutzung Keyboard
0,444	Unit	Gerätenutzung Mouse
0,667	Unit	Gerätenutzung Monitor
0,149	Unit	Gerätenutzung Headset
0,222	Unit	Gerätenutzung Tablet
0,444	Unit	Gerätenutzung Webcam

Tab. 2 Rezeptionsseitiger Energieverbrauch sowie rezeptionsseitiger spezifischer Verbrauch an Equipment von zwölf Studierenden in Summe (Onlinelehre als Vorlesung) für die funktionelle Einheit „1h Kompetenzerwerb"

Wert	Einheit	Name
0,71	kWh	Energieverbrauch
10	Unit	Gerätenutzung Laptop
4	Unit	Gerätenutzung PC-Tower
4,2	Unit	Gerätenutzung Tablet
10,42	Unit	Gerätenutzung Monitor
2,66	Unit	Gerätenutzung Smartphone
8,28	Unit	Gerätenutzung Mouse
6	Unit	Gerätenutzung Keyboard
7,78	Unit	Gerätenutzung Headset
3,34	Unit	Gerätenutzung Webcam

Produktsystem Präsenzlehre als Vorlesung

Für eine Vorlesung in Präsenz verbraucht ein Lehrender produktionsseitig durchschnittlich 0,013 kWh Energie sowie spezifische Einheiten an Equipment (siehe Tab. 3).

In diesem Produktsystem ist aufgrund der Lehre auf dem Campus die Betrachtung der An- und Abreise des Lehrenden sowie der Studierenden notwendig. Durch Annahmen

Tab. 3 Produktionsseitiger Energieverbrauch sowie produktionsseitig spezifischer Verbrauch an Equipment eines durchschnittlichen Lehrenden (Präsenzlehre als Vorlesung) für die funktionelle Einheit „1h Kompetenzerwerb"

Wert	Einheit	Name
0,013	kWh	Energieverbrauch
1	Unit	Gerätenutzung Laptop
1	Unit	Gerätenutzung Mouse
1	Unit	Gerätenutzung Webcam

Tab. 4 Distributionsseitiger Energieverbrauch sowie distributionsseitiger spezifischer Verbrauch des Projektors für die funktionelle Einheit „1h Kompetenzerwerb"

Wert	Einheit	Name
0,46	kWh	Energieverbrauch Projektor
1	Unit	Gerätenutzung Projektor

Tab. 5 Rezeptionsseitiger Energieverbrauch sowie rezeptionsseitiger spezifischer Verbrauch an Equipment von vier Studierenden in Summe (Präsenzlehre als Vorlesung) für die funktionelle Einheit „1h Kompetenzerwerb"

Wert	Einheit	Name
0,11	kWh	Energieverbrauch
8	Unit	Gerätenutzung Laptop
5,25	Unit	Gerätenutzung Tablet
1,83	Unit	Gerätenutzung Smartphone
5	Unit	Gerätenutzung Mouse
5	Unit	Gerätenutzung Headset
20	g Papier /h	Verwendung Schreibpapier

zu Arbeits- und Vorlesungszeiten sowie Informationen zu Wohnorten und Verkehrsmittelnutzung aus einer unveröffentlichten Fallstudie (Poths & Makiola, 2020) sind die zurücklegten Kilometer – auf die funktionelle Einheit „1h Kompetenzerwerb" skaliert 10,1 km/h pro Lehrende sowie 8,8 km/h pro Studierende – ermittelt und werden in einem Verkehrsmodalmix verwendet. Der distributionsseitige Energieverbrauch sowie der distributionsseitige spezifische Verbrauch des Projektors sind in Tab. 4 aufgeführt.

Rezeptionsseitig verbrauchen vier Studierende in einer Vorlesung als Präsenzlehre in Summe 0,11 kWh Energie. Weiterhin haben sie rezeptionsseitig einen spezifischen Verbrauch an Equipment (siehe Tab. 5). Darüber hinaus zeigte die Befragung der Studierenden, dass zusätzlich zu den IKT-Geräten und den Peripheriegeräten Schreibpapier – Annahme 10 g/h skaliert auf die funktionelle Einheit „1h Kompetenzerwerb" – genutzt werden.

Produktsystem Hybridlehre als Vorlesung

Das Produktsystem Hybridlehre als Vorlesung (n = 3) stellt eine Mischform aus beiden vorherigen Produktsystemen dar. Für eine Vorlesung verbraucht ein Lehrender produktionsseitig durchschnittlich 0,013 kWh Energie sowie spezifische Einheiten an Equipment (siehe Tab. 6).

Distributionsseitig gelten die gleichen Annahmen zu An- und Abreise von Lehrenden und Studierenden sowie zu Energie- und Stoffströme des Projektors wie beim Produktsystem Präsenzlehre als Vorlesung. Zusätzlich wird distributionsseitig die Verwendung eines Telekommunikationsnetzwerkes bilanziert (siehe Tab. 7).

Tab. 6 Produktionsseitiger Energieverbrauch sowie produktionsseitig spezifischer Verbrauch an Equipment eines durchschnittlichen Lehrenden (Hybridlehre als Vorlesung) für die funktionelle Einheit „1h Kompetenzerwerb"

Wert	Einheit	Name
0,013	kWh	Energieverbrauch
1	Unit	Gerätenutzung Laptop
1	Unit	Gerätenutzung Mouse
1	Unit	Gerätenutzung Webcam

Tab. 7 Distributionsseitiger Energieverbrauch sowie distributionsseitig spezifischer Verbrauch an Equipment (Hybridlehre als Vorlesung) für die funktionelle Einheit „1h Kompetenzerwerb"

Wert	Einheit	Name
0,46	kWh	Energieverbrauch Projektor
1	Unit	Gerätenutzung Projektor
1	Unit	Verwendung des Telekommunikationsnetzwerks durch Lehrenden
8	Unit	Verwendung des Telekommunikationsnetzwerks durch Studierende online

Tab. 8 Rezeptionsseitiger Energieverbrauch sowie rezeptionsseitiger spezifischer Verbrauch an Equipment von acht online teilnehmenden Studierenden in Summe (Hybridlehre als Vorlesung) für die funktionelle Einheit „1h Kompetenzerwerb"

Wert	Einheit	Name
0,50	kWh	Energieverbrauch
6	Unit	Gerätenutzung Laptop
3	Unit	Gerätenutzung Desktop-PC
2,84	Unit	Gerätenutzung Tablet
7,71	Unit	Gerätenutzung Monitor
1,59	Unit	Gerätenutzung Smartphone
5,96	Unit	Gerätenutzung Mouse
4,53	Unit	Gerätenutzung Keyboard
5,46	Unit	Gerätenutzung Headset
2,57	Unit	Gerätenutzung Webcam

Rezeptionsseitig werden die online teilnehmenden Studierenden (siehe Tab. 8) und die lokal teilnehmenden Studierenden (siehe Tab. 9) bilanziert.

5.3 Wirkungsabschätzung und erste vorläufige Ergebnisse

Zum jetzigen Stand der Untersuchung liegen erste vorläufige Ergebnisse der Berechnungen der Wirkungsabschätzung vor. Diese werden nachfolgend anhand von wesentlichen ausgewählten Ergebnisdarstellungen vorgestellt.

Tab. 9 Rezeptionsseitiger Energieverbrauch sowie rezeptionsseitiger spezifischer Verbrauch an Equipment von vier lokal teilnehmenden Studierenden in Summe (Hybridlehre als Vorlesung) für die funktionelle Einheit „1h Kompetenzerwerb"

Wert	Einheit	Name
0,043	kWh	Energieverbrauch
3	Unit	Gerätenutzung Laptop
2,3	Unit	Gerätenutzung Tablet
0,78	Unit	Gerätenutzung Smartphone
2	Unit	Gerätenutzung Mouse
2	Unit	Gerätenutzung Headset

Als Energiequellenreferenz für den produktionsseitigen Energiedatensatz wird Strom aus erneuerbaren Energiequellen spezifisch für die THM mit 0,039 kg CO_2e/kWh (Stengel, 2020) verwendet. Beim rezeptionsseitigen Stromverbrauch wird der deutsche Strommix als allgemeine Energiequellenreferenz mit 0,578 kg CO_2e/kWh (Treyer, 2020) gewählt. Es ist angenommen, dass die Studierenden keinen Strom aus erneuerbaren Energien beziehen. Im Rahmen der funktionellen Einheit „1h Kompetenzerwerb" weist die Onlinelehre als Vorlesung mit 1,94 kg CO_2e im Vergleich zu den beiden alternativen bildungstechnologischen Formaten Präsenz- und Hybridlehre als Vorlesung den geringsten CO_2-Fußabdruck auf (siehe Abb. 4). Im betrachteten Fall beträgt der CO_2-Fußabdruck für eine Stunde Kompetenzerwerb von Präsenzlehre als Vorlesung das 12,5-fache, der von Hybridlehre als Vorlesung das 5,6-fache im Vergleich zur Onlinelehre als Vorlesung. Dies ist im Wesentlichen auf den Wegfall der produktions- und rezeptionsseitigen An- und Abreise zurückzuführen.

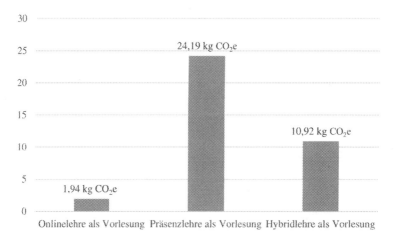

Abb. 4 CO_2-Fußabdruck [in kg CO_2e] verschiedener bildungstechnologischer Formate für die funktionelle Einheit „1h Kompetenzerwerb"

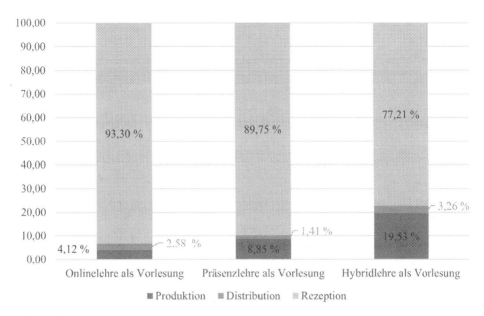

Abb. 5 Übersicht Verteilung der Bereich Produktion, Distribution und Rezeption am C0$_2$-Fußabruck verschiedener bildungstechnologischer Formate [in %] für die funktionelle Einheit „1h Kompetenzerwerb"

Die prozentuale Verteilung der Bereiche Produktion, Distribution und Rezeption an der Gesamtauswirkung variiert zwischen den einzelnen bildungstechnologischen Formaten deutlich. Es zeigt sich, dass der Teilbereich Distribution bei allen drei bildungstechnologischen Formaten prozentual den geringsten Anteil, gefolgt von der Produktion hat (siehe Abb. 5).

Für eine verbesserte Aussage, welches Format einen geringeren CO$_2$-Fußabdruck hat, ist eine Prokopf-Betrachtung u. a. pro Studierender sinnvoll. Die Spanne reicht hier von 0,16 kg CO$_2$e pro Studierender für Onlinelehre als Vorlesung über 0,91 kg CO$_2$e pro Studierender bei Hybridlehre als Vorlesung bis hin zu 2,02 kg CO$_2$e pro Studierender bei der Präsenzlehre als Vorlesung im Rahmen der funktionellen Einheit „1h Kompetenzerwerb". Bei den Hybrid- und Präsenzlehre dominiert die berücksichtigte An- und Abreise.

6   Fazit und Ausblick

Die explorative Studie zur Ökobilanzierung von bildungstechnologischen Formaten hat gezeigt, dass die Onlinelehre als „neues" Format einen deutlich niedrigeren CO$_2$-Fußabdruck im Vergleich zu einem „klassischen" Format wie die Präsenzlehre für

Vorlesungen im Masterstudiengangs „Wirtschaftsingenieurwesen Produkt- und Prozessmanagement" der THM im Wintersemester 2021/2022 besitzt. Dies ist vor allem auf das Mobilitätsverhalten zurückzuführen. Selbst eine rezeptionsseitige Reduktion von vier auf einen lokal anwesenden Studierenden und die dadurch bedingte Erhöhung der onlineteilnehmenden Studierenden von acht auf elf in der Hybridlehre bedeutet weiterhin einen pro Kopf-CO_2-Fußabdruck von 0,49 kg CO_2e auf Grund einer fossilen Individualmobilität in Form eines PKW. Stellt die Präsenzlehre als „klassisches" bildungstechnologisches Format bisher einen wichtigen Faktor für soziale Aspekte der Nachhaltigkeit dar, so kann die Onlinelehre als „neues" bildungstechnologisches Format einen wichtigen Beitrag für die Verringerung der ökologischen Auswirkungen leisten. Es gilt, aus beiden (zukünftig) eine ausgewogene Balance herzustellen. Hierzu gilt es, die individuelle An- und Abreise zum Campus der Hochschule von den Wohnorten der Studierenden und Lehrenden zu optimieren. Wesentliche Einflussfaktoren sind hier die gewählten Verkehrsmittel bzw. der Modalsplit und die zu überbrückende Distanz zum Wohnsitz. Der sozialverträgliche Wohnungsbau nicht nur in der Nähe oder am Campus Friedberg der THM im Sinne von Gehl und Svarre (2013) sowie Sim (2019) kann ein weiterer Schlüssel zur erfolgreichen Reduktion des CO_2-Fußabdruckes von Präsenzlehre sein.

Die Ausführungen in Abschn. 5.3 zeigen erste vorläufige Ergebnisse der Wirkungsabschätzung. Weitergehende detaillierte Auswertungen und Szenarien werden noch ausgearbeitet. Darüber hinaus werden aktuell Untersuchungen zur Konfiguration des rezeptionsseitigen Equipments durchgeführt, um Auswirkungen des unterschiedlichen Mediennutzungsverhalten auf die CO_2-Fußabdrücke der bildungstechnologischen Formate zu analysieren. Hierbei soll geprüft werden, ob Handlungsempfehlungen hinsichtlich des Nutzerverhaltens erarbeitet werden können.

Des Weiteren werden die Effekte von verschieden Szenarien zur Mediennutzungsdauer analysiert und kritisch überprüft.

Methodisch war und ist die explorative Studie eine Herausforderung: Vor allem aus forschungsökonomischen Gründen wie bspw. ein beschränktes Zeitbudget oder beschränkter Zugang zu Daten im Feld hat das Autorenteam an verschiedenen Stellen Annahmen und modellhafte Vereinfachungen getroffen. Das weitere Öffnen gegenüber dieser Komplexität ist für zukünftige Forschung im Bereich CO_2-Fußabdruck bzw. Umweltauswirkungen von bildungstechnologischen Formaten angedacht. Bis dahin bleibt dieser Beitrag ein weiterer Schritt in ein neues spannendes transdisziplinäres Forschungsfeld im Sinne einer Hochschule als Reallabor für Nachhaltigkeit.

Literatur

Backhaus, J., John, S., Böschen, S. K. J., de la Varga, A., & Gramelsberger, G. (2022). Reallabore um die RWTH Aachen: Rückblicke, Einblicke, Lichtblicke. *pnd – rethinking planning 2022 : Transformatives Forschen trifft Stadtentwicklung – Einführung und Reflexion, 104–123*(1), 104–123. https://doi.org/10.18154/RWTH-2022-05170

Beisch, N., & Schäfer, C. (2020). Ergebnisse der ARD/ZDF-Onlinestudie 2020 Internetnutzung mit großer Dynamik: Medien, Kommunikation, Social Media. *Media Perspektiven, 9*, 462–480.

Böschen, S. (2022). Reallabore: Demokratiepolitische Herausforderungen sozial-expansiver Wissensproduktion. In A. Bogner, M. Decker, M. Nentwich, & C. Scherz (Hrsg.), *Digitalisierung und die Zukunft der Demokratie: Beiträge aus der Technikfolgenabschätzung* (1., S. 131–142). Nomos Verlagsgesellschaft. https://doi.org/10.5771/9783748928928-131

Bundesministerium der Finanzen. (15. Dezember 2000). *AfA-Tabelle für die allgemein verwendbaren Anlagegüter.* https://www.bundesfinanzministerium.de/Content/DE/Standardartikel/Themen/Steuern/Weitere_Steuerthemen/Betriebspruefung/AfA-Tabellen/Ergaenzende-AfA-Tabellen/AfA-Tabelle_AV.html

Bundesministerium für Umwelt, Naturschutz und nukleare Sicherheit. (12. Mai 2021). *Entwurf eines Ersten Gesetzes zur Änderung des Bundes-Klimaschutzgesetzes.* https://www.bmuv.de/gesetz/entwurf-eines-ersten-gesetzes-zur-aenderung-des-bundes-klimaschutzgesetzes

Daniel, J. S. (1999). *Mega-universities and knowledge media. Technology strategies for higher education* (Reprinted with rev.). Kogan Page.

Deimann, M. (2018). *Open Education: Auf dem Weg zu einer offenen Hochschulbildung.* Transcript.

Department of Economic and Social Affairs. (30. Juni 2021). *THE 17 GOALS | Sustainable development.* United Nations. https://sdgs.un.org/goals

DIN Deutsches Institut für Normung e. V. (Hrsg.). (2019). *Treibhausgase—Teil 1: Spezifikation mit Anleitung zur quantitativen Bestimmung und Berichterstattung von Treibhausgasemissionen und Entzug von Treibhausgasen auf Organisationsebene (ISO 14064-1:2018); Deutsche und Englische Fassung EN ISO 14064-1:2018.* Beuth Verlag.

Dixson-Declève, S., Gaffney, O., Ghosh, J., Randers, J., Rockström, J., & Stoknes, P. E. (2022). *Earth for all: Ein Survivalguide für unseren Planeten: der neue Bericht an den Club of Rome, 50 Jahre nach „Die Grenzen des Wachstums"* (Club of Rome, Hrsg.; R. Seuß & B. Steckhan, Übers.; 4. Aufl.). Oekom.

Ehlers, U.-D. (2020). *Future Skills: Lernen der Zukunft – Hochschule der Zukunft.* Springer Fachmedien. https://doi.org/10.1007/978-3-658-29297-3

Erpenbeck, J., Rosenstiel, L. von, Grote, S., & Sauter, W. (Hrsg.). (2017). *Handbuch Kompetenzmessung: Erkennen, verstehen und bewerten von Kompetenzen in der betrieblichen, pädagogischen und psychologischen Praxis* (3., überarbeitete und erweiterte Aufl.). Schäffer-Poeschel.

Fromhold-Eisebith, M., Grote, U., Matthies, E., Messner, D., Pittel, K., Schellnhuber, H. J., Schieferdecker, I., Schlacke, S., & Schneidewind, U. (2019). *Hauptgutachten—Unsere gemeinsame Zukunft.* Wissenschaftlicher Beirat der Bundesregierung Globale Umweltveränderungen (WBGU). https://www.wbgu.de/fileadmin/user_upload/wbgu/publikationen/hauptgutachten/hg2019/pdf/wbgu_hg2019.pdf

Gehl, J., & Svarre, B. (2013). *How to study public life.* Island Press.

Grau, C., & Hess, T. (2007). Kostendegression in der digitalen Medienproduktion: Klassischer First-Copy-Cost-Effekt oder doch mehr? *MedienWirtschaft – Zeitschrift für Medienmanagement und Kommunikationsökonomie, 2007* (Sonderheft), 26–37.

Gröger, J., Liu, R., Stobbe, L., Druschke, J., & Richter, N. (2021). *Abschlussbericht: Green Cloud Computing—Lebenszyklusbasierte Datenerhebung zu Umweltwirkungen des Cloud Computing* (Nr. 94/2021; Für Mensch & Umwelt : Texte, S. 202). Umweltbundesamt & IZM. http://www.umweltbundesamt.de/publikationen

Hessisches Ministerium für Wissenschaft und Kunst. (2021). *Gesetz zur Neuregelung und Änderung hochschulrechtlicher Vorschriften und zur Anpassung weiterer Rechtsvorschriften.* https://wissenschaft.hessen.de/sites/wissenschaft.hessen.de/files/2021-12/HHG-Novellierung%202021.pdf

Hottenroth, H., Joa, B., & Schmidt, M. (2014). *Carbon Footprints für Produkte: Handbuch für die betriebliche Praxis kleiner und mittlerer Unternehmen.* Monsenstein und Vannerdat.

IPCC, Eggleston, S., Buendia, L., Miwa, K., Ngara, T., & Tanabe, K. (Hrsg.). (2006). *2006 IPCC Guidelines for National Greenhouse Gas Inventories*. Institute for Global Environmental Strategies. https://www.ipcc-nggip.iges.or.jp/public/2006gl/index.html

Johnson, N. (2021). *Evolving definitions in digital learning: A National framework for categorizing commonly used terms* (S. 12). Canadian Digital Learning Research Association. http://www.cdlra-acrfl.ca/wp-content/uploads/2021/07/2021-CDLRA-definitions-report-5.pdf

Kehrer, M., & Thillosen, A. (2021). Hochschulbildung nach Corona – ein Plädoyer für Vernetzung, Zusammenarbeit und Diskurs. In U. Dittler & C. Kreidl (Hrsg.), *Wie Corona die Hochschullehre verändert* (S. 51–70). Springer Fachmedien. https://doi.org/10.1007/978-3-658-32609-8_4

Maschwitz, A., & Hanft, A. (2012). Verankerung von Lebenslangem Lernen an Hochschulen. *Hessische Blätter für Volksbildung, 2012*(2), 113–124. https://doi.org/10.3278/HBV1202W113

Poths, M., & Makiola, N. (o. J.). *Fallstudie zur An und Abreise zur THM und der damit verbundenen Treibhausgasemissionen* (Technische Hochschule Hessen, Hrsg.).

Prakash, S., Antony, F., Köhler, A. R., & Liu, R. (2016). *Ökologische und ökonomische Aspekte beim Vergleich von Arbeitsplatzcomputern für den Einsatz in Behörden unter Einbeziehung des Nutzerverhaltens (Öko-APC)* (Nr. 66/2016; Für Mensch & Umwelt : Texte, S. 2018). http://www.umweltbundesamt.de/publikationen

Ranganathan, J., Corbier, L., Bhatia, P., Schmitz, S., Gage, P., Oren, K., Dawson, B., Spannagle, M., McMahon, M., Boileau, P., Frederick, R., Vanderborght, B., Thomson, F., Kitamura, K., Woo, C. M., Pankhida, N., Miner, R., Segalen, L., Koch, J., … Eaton, R. (2015). *The greenhouse gas protocol: A corporate accounting and reporting standard* (Hrsg.; überarbeitete Aufl.). World Business Council for Sustainable Development & World Resources Institute. https://ghgprotocol.org/sites/default/files/standards/ghg-protocol-revised.pdf

Rose, M., Wanner, M., & Hilger, A. (2009). *Das Reallabor als Forschungsprozess und -infrastruktur für nachhaltige Entwicklung: Konzepte, Herausforderungen und Empfehlungen* (Nr. 196; Wuppertal Papers, S. 39). Wuppertal Institut für Klima, Umwelt, Energie. https://nbn-resolving.de/urn:nbn:de:bsz:wup4-opus-74333

Salmon, G. (2020). *Five stage model—Participants perspective*. Gilly Salmon. https://www.gillysalmon.com/five-stage-model.html

Schneidewind, U. (2018). *Die große Transformation: Eine Einführung in die Kunst gesellschaftlichen Wandels* (Originalausgabe). Fischer Taschenbuch.

Schomburg, J., Muth, P., Racky, R., Rohn, H., & Vogt, S. (2021). CO2-Fußabdruck einer Live-Produktion—Fallbeispiel eines audiovisuellen akademischen Online-Formates anhand der Ringvorlesung „Verantwortung Zukunft". *Fachzeitschrift für Fernsehen, Film und Elektronischen Medien, 75*, 29–34.

Silva, D. A. L., Giusti, G., Rampasso, I. S., Junior, A. C. F., Marins, M. A. S., & Anholon, R. (2021). The environmental impacts of face-to-face and remote university classes during the COVID-19 pandemic. *Sustainable Production and Consumption, 27*, 1975–1988. https://doi.org/10.1016/j.spc.2021.05.002

Sim, D. (2019). *Soft city: Building density for everyday life*. Island Press.

Stengel, J. (2020). *Energie- und Ressourcenbericht 2020: Berichtszeitraum 2014–2020* (S. 39). Technische Hochschule Mittelhessen. https://www.thm.de/site/images/stories/FM/ECO2/20210907-ERB-2020-MG-js-Homepage.pdf

Treyer, K. (2020). *Ecoinvent 3.7.1 dataset documentation: Electricity production, hydro, pumped storage—NO*. ecoinvent. https://v371.ecoquery.ecoinvent.org/Details/LCIA/857953dd-4821-4e01-bebf-2f4c315d26cc/290c1f85-4cc4-4fa1-b0c8-2cb7f4276dce

Valls-Val, K., & Bovea, M. D. (2021). Carbon footprint in Higher Education Institutions: A literature review and prospects for future research. *Clean Technologies and Environmental Policy, 23*(9), 2523–2542.https://doi.org/10.1007/s10098-021-02180-2

Vereinte Nationen. (2015). *Resolution der Generalversammlung: 70/1. Transformation unserer Welt: Die Agenda 2030 für nachhaltige Entwicklung.* https://www.un.org/depts/german/gv-70/band1/ar70001.pdf

Versteijlen, M., Perez Salgado, F., Janssen Groesbeek, M., & Counotte, A. (2017). Pros and cons of online education as a measure to reduce carbon emissions in higher education in the Netherlands. *Current Opinion in Environmental Sustainability, 28,* 80–89. https://doi.org/10.1016/j.cosust.2017.09.004

Vogt, S. (2012). Lifelong learning in the long tail age—The educational technology challenge of distance learning. *Journal of Lifelong Learning Society, 8*(2), 23–37

Wanner, M., Hilger, A., Westerkowski, J., Rose, M., Stelzer, F., & Schäpke, N. (2018). Towards a cyclical concept of real-world laboratories: A Transdisciplinary research practice for sustainability transitions. *DisP – The Planning Review, 54*(2), 94–114. https://doi.org/10.1080/02513625.2018.1487651

Printed in the United States
by Baker & Taylor Publisher Services